Bilder-Atlas

zur

Zoologie der Säugetiere.

Mit beschreibendem Text

von

Prof. Dr. William Marshall.

Mit 258 Holzschnitten nach Photographien und nach Zeichnungen von G. Mützel, Fr. Specht, Rob. Kretschmer, W. Kuhnert u. a.

Neuer Abdruck.

Leipzig und Wien.
Bibliographisches Institut.
1908.

Unveränderter Nachdruck der
Bände „Bilder-Atlas zur Zoologie der Säugetiere“ (1908),
„Bilder-Atlas zur Zoologie der Niederen Tiere“ (1913),
„Bilder-Atlas zur Zoologie der Fische, Lurche und Kriechtiere“ (1910)
und „Bilder-Atlas zur Zoologie der Vögel“ (1898)
des Bibliographischen Instituts, Leipzig und Wien,
als Sammelband durch
Weltbild Verlag GmbH, Augsburg 1998
Umschlaggestaltung: KA BA factory, Augsburg
Gesamtherstellung: Wiener Verlag, Himberg bei Wien
Printed in Austria
ISBN 3-8289-1518-3

Vorwort.

Es ist eine vom wissenschaftlichen Standpunkt aus unrichtige Auffassung, in den Säugetieren die hauptsächlichsten Vertreter der Tierwelt sehen zu wollen, denn in der Natur gibt es, entsprechend ihrem großartigen, allgemeinen Zusammenhange, nichts Hauptsächliches und nichts Nebensächliches. Erst der Mensch hat diese Unterscheidung in sie hineingetragen, und es ist leicht begreiflich, daß ihm die Säugetiere die wichtigsten Tiere sein mußten, ja, in der Sprache des Volkes sind sie die „Tiere" schlechthin, die man als solche z. B. den Vögeln oft genug gegenübergestellt sieht.

Die Gründe einer solchen Beurteilung der Tierwelt liegen nahe genug und sie sind triftig: der Mensch, wenn er überhaupt ein Gefühl von seiner, den Organisationsverhältnissen und den Lebensverrichtungen, normalen und krankhaften, nach nicht wegzuleugnenden Zugehörigkeit zur Tierwelt hat, wird in den Säugetieren gewiß immer diejenigen ihrer Angehörigen erkannt haben, die ihm am nächsten stehen. Sie waren aber auch außerdem seit grauer Vorzeit in vielen und großen Gebieten der Erde die einzigen Faktoren, die ihm das Dasein ermöglichten, sie waren seine Jagdbeute und boten ihm Nahrung und Kleidung zugleich, sie sind es, um die im großen und ganzen die Tierfabeln und Tierepen, nicht zu unterschätzende, uralte geistige Leistungen der Volksseele, sich drehen, sie spielten als Hauptopfertiere eine nicht unwichtige Kulturrolle, ja ihnen wurden vielfach und werden stellenweise noch heute göttliche Ehren erwiesen.

Ganz besonders mußten aber die Haussäugetiere dem Menschen nahetreten und teilweise zu wahren Mitgliedern seiner Familie werden, ohne deren Beihilfe er nun und nimmer die hohe Stelle, die er doch in der Natur einnimmt, hätte erringen und behaupten können. Man stelle es sich einmal mit allen Folgen vor, daß die Menschheit sich niemals das Rind, das Pferd, den Hund, und wie sie alle heißen mögen, zu ihren Lebensgenossen herangezogen und sich ihre Kräfte, ihr Fleisch, ihre Milch, ihre Körperbedeckungen und viele andere durch sie gewährte Dinge zu nutze zu machen verstanden hätte!

Der „Bilder-Atlas zur Zoologie der Säugetiere" soll breiteren Schichten der Bevölkerung und namentlich der heranwachsenden, lernenden Jugend Gelegenheit geben, durch Anschauung von in jeder Hinsicht klassischen Abbildungen Belehrung und würdige Unterhaltung zugleich zu finden. Es lag in der Natur der Sache, daß der beschreibende Text sich auf das Maß des zum Verständnis unumgänglich Nötigen beschränken mußte. Der Verfasser dieses Textes hat sein Hauptaugenmerk darauf gerichtet, den auf die einzelnen Abbildungen Bezug nehmenden Bemerkungen immer eine allgemeine, kurze Beschreibung der verschiedenen Gruppen vorauszuschicken, in der nicht bloß dem „Wie", sondern namentlich auch dem „Warum" der Eigentümlichkeiten der einzelnen Säugetierordnungen Rechnung getragen wird.

Leipzig, im Oktober 1897.

Prof. Dr. **William Marshall.**

Inhalt des Textes.

Verzeichnis der Abbildungen.

Raubtiere: Flossenfüßler.

Insektenfresser.

Pelzflatterer.

Fledermäuse.

Lemuren.

Affen der Neuen Welt.

Affen der Alten Welt.

Die Säugetiere.

Einleitung.

Die Säugetiere, in denen das Tierreich seine höchste Vollendung findet, sind (mit Ausnahme einiger Wale am Kopf) äußerlich streng bilateral-symmetrische Wirbeltiere mit runden, roten Blutkörperchen; nur bei Kamelen und Lamas sind sie oval. Die Temperatur ihres Blutes ist unabhängig von der der umgebenden Luft oder des Wassers. Ihr Herz enthält zwei völlig voneinander getrennte Kammern und zwei ebenso getrennte Vorkammern. Ein vollkommenes, muskulöses Zwergfell zerlegt die Leibeshöhle in einen vorderen Brust- und in einen hinteren Bauchabschnitt. Ihre Körperbedeckung besteht aus Haaren, sie werfen, mit Ausnahme der Kloakentiere, lebende Junge, die ausnahmslos im Anfang ihres Lebens mit einer Absonderung gewisser Hautdrüsen der Mutter (Milch) ernährt werden.

Die Wirbelsäule der Säugetiere besteht aus den drei äußerlich bemerkbaren Abschnitten des Halses, des Rumpfes und des Schwanzes. Der Hals enthält, ganz unabhängig von seiner verhältnismäßigen Länge, in nur sehr seltenen Fällen mehr oder weniger als 7 Wirbel, die einen beweglichen Stiel des Kopfes darstellen und einen um so beweglicheren, je länger er ist, und mit dessen oberen Ende sich das Hinterhaupt mit 2 Gelenkhöckern verbindet. Seine Muskulatur ist entsprechend entwickelt, und es treten von den Halswirbeln Bündel an den Kopf und vom Brustkorb an diesen und an jene. Besonders stark sind die Tragmuskeln des Kopfes dann entwickelt und häufig noch durch ein von den oberen, in der Mitte gelegenen Dornfortsätzen der vorderen Rücken- und der Halswirbel kommendes und an das Hinterhaupt tretendes Nackenband verstärkt, wenn er durch die Gegenwart von Hörnern und Geweihen beträchtlich beschwert ist, oder wenn der vordere Teil des Schädels oft wiederkehrende Bewegungen von unten nach oben, wie bei hauenden und wühlenden Schweinen, zu machen hat. Säugetiere, die, wie die Katzen, beim Kampfe mit ihren Beutestücken und mit Feinden und beim Zerreißen und Fortschaffen der ersteren den Kopf mit großer Kraft nach allen Seiten bewegen müssen, haben auch eine entsprechend starke, aber mehr gleichmäßig und allseitig entwickelte Halsmuskulatur.

In der Regel ist der Besitz hoher vorderer Gliedmaßen mit dem eines langen Halses verbunden, so daß die Tiere ihre Nahrung vom Boden aufnehmen können, ohne allgemeine Beeinträchtigung der Schnelligkeit ihrer Bewegungen, und meist verhält es sich so bei auf großen Flächen laufenden, aber nicht bei kletternden Tieren. Die Giraffe frißt mit Vorliebe von hohen Büschen, nur selten und ungern vom Boden, und durch die hohen Vorderbeine und den langen Hals wird ihr jene Art des Nahrungserwerbes wesentlich erleichtert. Die Elefanten machen eine Ausnahme, aber ihr gewaltiger, an und für sich schon schwerer und durch die Stoßzähne noch um soviel mehr belasteter Kopf würde bei einem langen Hals eine so kolossale ihn bewegende oder aufrecht haltende Muskulatur voraussetzen, daß ihre Ursprungs- und Ansatzstellen an den Skeletteilen über das Mögliche hinaus entwickelt sein müßten. Dieses Mißverhältnis wird durch das Auftreten des langen, so überaus beweglichen Rüssels vermieden, wie ihn gewiß auch das kurzhalsige, mit gewaltigen Geweihen ausgerüstete Siwatier (Sivatherium), ein ausgestorbener Verwandter der Giraffe, besessen hat. Auch solche Tiere mit langen oder ziemlich langen vorderen Gliedmaßen, die, wie manche Beuteltiere und Bärenformen, viele Nager, Halbaffen und Affen, besonders die ausgesprochenen alt- und neuweltlichen Baumaffen, die Gibbons und Spinnenaffen, ihre Nahrung mit den Vorderpfoten zum Maule führen, bedürfen keines langen Halses. Die Faultiere haben zwar keine handartig entwickelten Vorderpfoten, aber sie sind auch ausgesprochene Baumtiere und weiden, an ihren langen Gliedmaßen hängend, das kleine auf einem kurzen Halse sitzende Köpfchen hin und her wendend, das Laub, in dem sie sitzen, einfach ab und haben es nicht nötig, sich zu bücken. Bei den Fledermäusen sind die vorderen Extremitäten als Ganzes gewiß sehr lang, aber auch ihnen genügt ein kurzer Hals, denn sie fangen entweder ihre tierische Nahrung aus der Luft oder finden ihre pflanzliche in freischwebenden Baumfrüchten, an denen sie sich anklammern. Ein langer Hals würde beim Fliegen unbequem sein, er müßte denn, wie bei vielen Vögeln, auf den Rücken zurückgebogen werden können, da aber bei einer Fledermaus gar kein Bedürfnis zu einer solchen Einrichtung vorhanden war, wurde sie auch nicht erworben. Den kürzesten Hals, der sich äußerlich gar nicht und am Skelett kaum als solcher ausweist, haben die Waltiere, und aus naheliegenden Gründen, den nämlichen, die auch den Fischen und den ausgestorbenen Fischechsen oder Ichthyosauren den Halsmangel angezüchtet haben: ein im Wasser schwimmendes Tier wird den Widerstand des Mediums, in dem es sich bewegt, am besten überwinden, wenn sein Kopf ohne Grenze in den Rumpf übergeht und fest mit ihm verbunden ist.

Die Wirbelsäule des Rumpfes, die ihrerseits wieder in 3 Abschnitte, in den der Brust, der Lende und des mit dem Becken fest verbundenen Kreuzbeines, zerfällt, ist nur wenig beweglich, und ihre Wirbel nehmen nach hinten hin an Umfang zu. In der bei den verschiedenen Säugetierarten, auch bei naheverwandten, in der Zahl der Wirbel und dadurch auch in ihrer Länge so verschieden entwickelten Schwanzwirbelsäule nehmen die Wirbel in Größe und Kompliziertheit des Baues nach der Spitze zu wieder ab. Die menschenähnlichen Affen, der braune Bär, das Reh u. a. m. haben einen äußerlich nicht oder kaum wahrnehmbaren Schwanz, in anderen Fällen, wie z. B. bei Schlankaffen, Meerkatzen, Mardern, Eichhörnchen und vielen anderen mehr, ist er ganz bedeutend entwickelt. Wo er aber vorhanden ist, ist er immer willkürlich beweglich, manchmal, z. B. beim Hunde, fast nur an der Wurzel; bei der Katze hat er die Möglichkeit weit mehr und weit verschiedenere Bewegungen auszuführen, und er kann unter Umständen die Rolle einer unpaaren, mittleren, fünften Extremität völlig übernehmen. Häufig (schon beim Hunde, mehr noch bei dem Fischotter und dem Wychocholj) ist er ein ausgezeichnetes Steuer beim Schwimmen, bei den gewöhnlichen und sogenannten fliegenden Eichhörnchen sowie bei den Flugbeutlern ist er ein solches beim Springen und den flugartigen Bewegungen durch die Luft und wirkt mit als ein Stück des Fallschirms. Öfters dient er, bei Tieren, die zwar klettern können, aber nicht einseitig in dieser Richtung angepaßt sind, als Balancierstange, wenn sie etwa auf einem schmalen Ast hinlaufen, wie z. B. bei den Meerkatzen. Bei den Känguruhs unterstützt er sehr wesentlich die vorwärts treibende Kraft der Hinterschenkel beim Sprunge, und bei so ausgesprochenen Baumtieren, wie es die australischen und papuanischen Kusus, namentlich aber gewisse Waldbewohner Amerikas, die Klammeraffen, die Wickelbären, die Baumstachelschweine, kleinen Ameisenfresser und besonders die Spinnenaffen sind, ist er zu einem die Kletterbewegungen mächtig fördernden Greifapparat geworden, der mit der an der Unterseite meist haarlosen und sehr feinfühligen Spitze die Zweige umfaßt, ja, bei den Affen wenigstens, zum Abreißen von Früchten verwendet wird.

Der Schädel der Säugetiere, den man die Blüte der Wirbelsäule nennen könnte, so gut wie das Gehirn die Blüte des Rückenmarks, ist sehr verschieden gestaltet, aber wesentlich liegt diese Verschiedenheit in dem Bau des als Gesichtsschädel bezeichneten vorderen, die Höhlungen des Mundes, der Nase und zum Teil wenigstens der Augen und Ohren umschließenden Abschnittes, während der hintere Gehirnteil bei immerhin zahlreichen, kleineren Modifikationen im ganzen doch eine größere Übereinstimmung aufweist. Diese Modifikationen können auf Gestaltungsverhältnisse der Hirnhöhle, also des Gehirns, beruhen, öfters sind sie aber auf die Gegenwart von starken Kaumuskeln zum Ursprunge dienenden Knochenleisten (anthropoide Affen, Paviane, Raubtiere 2c.) zurückzuführen. Die Schwankungen in der Form des Gesichtsschädels, die in einer Ordnung der Säugetiere, wie z. B. in der der sogenannten Zahnarmen (bei den Faultieren einer- und bei den Ameisenfressern anderseits), ganz bedeutend sein können, beruhen wesentlich auf seiner Längenentwickelung, von der man ganz im allgemeinen wohl zugeben kann, daß sie um so beträchtlicher wird, je tiefer wir von den Affen in die Reihe der Säugetiere hinabsteigen: der psychische Teil des Schädels tritt immer mehr auf Kosten des physischen, des bestialischen zurück. Der Hirnteil ist bei ausgewachsenen Individuen stets eine allseitig geschlossene Kapsel, die bloß von Austrittsöffnungen für Nervenstränge (einschließlich des Rückenmarks) und Blutadern und von den Eintrittslöchern für ernährende Schlagadern durchbrochen und vom Gehirn völlig ausgefüllt ist. Die Augenhöhlen liegen nur bei den Affen nach vorn, bei den anderen Säugetieren aber immer nach den Seiten gerichtet.

Wagerechte Gliedmaßen sind 2 Paare vorhanden, von denen das hintere bei Walen ganz verkümmert und äußerlich nicht sichtbar ist. Meist ist eine oft weitgehende Arbeitsteilung in der Thätigkeit des vorderen und hinteren Paares eingetreten, die ihren Bau um so mehr verändernd beeinflußt, je größer sie ist. Im allgemeinen läßt sich wohl sagen, daß das hintere mehr der plumpen Ortsbewegung dient, das vordere aber, das unter dem Bereiche der Augen und des Mundes seines Inhabers liegt, auch feinere Bewegungen auszuführen hat: viele Tiere drücken ihre Nahrung mit ihnen beim Fressen auf den Boden fest (z. B. der Hund) oder führen sie gar damit zum Munde (Affen, Halbaffen, Wickelbären, Kusus), benutzen sie, und oft mit großer Virtuosität (Bären), zum Schlagen (Katzen), zum Graben (Maulwürfe, viele Nager &c.) und Scharren (Hunde, Katzen &c.); gewisse Affen (Orang Utans, Paviane) verstehen zu werfen, und die Organisation ihrer Vorderpfoten befähigt sie sogar dazu, ein gut Teil von dem, was der Mensch mit seinen Händen ausführt, nachzuahmen. Bei den Fledermäusen dienen die zu großen, häutigen Flügeln umgebildeten vorderen Extremitäten ausschließlich zur Ortsbewegung, die kurzen hinteren aber in der Ruhe als Henkel, an denen sie, im Winterschlaf monatelang, sich aufhängen. Je mehr die Ansprüche, die an die Thätigkeit beider Gliedmaßen gestellt werden, miteinander übereinstimmen, desto ähnlicher werden sie sich in ihrer Organisation sein, am meisten bei Lauf- und Wandeltieren, wie es Wiederkäuer, Pferde, Schweine, Elefanten, Nashörner, Flußpferde &c. sind. Bei Säugetieren, die sich springend bewegen, sind die hinteren Gliedmaßen, besonders in der Muskulatur der Schenkel, sehr stark entwickelt und oft beträchtlich verdickt (Hasen, Springmäuse, Rohrrüßler und vor allen Känguruhs). Die Säugetiere treten entweder mit ganzer Sohle (als Plantigraden: typisch die Bären) oder mit halber (als Semiplantigraden: Marder &c.) oder mit den Zehen (als Digitigraden: Hunde, Katzen, Wiederkäuer) oder endlich mit der Spitze einer Zehe (als Unguligraden: Pferde) auf.

Jede Gliedmaße besteht aus 2 Hauptabschnitten: einem inneren, der sich mit dem Rumpfskelett unmittelbar verbindet, und einem äußeren, freien, der am Rumpfe pendelt. Die inneren Skeletteile der vorderen Gliedmaßen bilden zusammen den Schultergürtel, der ursprünglich aus drei getrennten Stücken jederseits besteht: dem Schulterblatt, dem Schlüsselbein und dem Rabenbein. So hat sich das Verhältnis aber nur bei den Kloakentieren erhalten, wo thatsächlich ein Rabenbein, wohl auch hinteres Schlüsselbein genannt, als besonderer Knochen vorhanden ist und das Schulterblatt mit dem Brustbein verbindet. Bei den übrigen Säugetieren ist das Rabenbein verkümmert und bildet, mit dem Schulterblatte verschmolzen, einen einfachen Fortsatz desselben. Auch das Schlüsselbein verbindet das Schulterblatt mit dem Brustbeine, fehlt aber häufig oder ist nur als sehniger, höchstens irgendwo in seinem Verlaufe ein kleines Knochenkörperchen bergender Strang entwickelt. Das ist da der Fall, wo die Bewegungen der Gliedmaßen einfach und im wesentlichen gleichartig sind (bei Walen, Raub- und Huftieren). Der äußere Abschnitt der vorderen Extremität besteht aus 3 Teilen, die nach dem Vorgange der menschlichen Anatomie als Oberarm, Unterarm und Hand zu bezeichnen sind. Es ist ein Oberarmbein jederseits vorhanden, dem in typischen Fällen 2 Unterarmbeine, Speiche und Elle folgen. Das Knochensystem der Hand ist am verwickeltsten: es besteht aus 2 Reihen Handwurzelknochen und aus den Gliedern der 5 Finger. Die beiden inneren Abschnitte der hinteren Gliedmaßen bilden zusammen das, bei Walen fast völlig verkümmerte, Becken und verbinden sich auf der Rückenseite innig mit einer Anzahl Wirbeln, die das Kreuzbein darstellen, und stoßen vorn in der Mittellinie in der Schambeinfuge, bisweilen auch noch in einer Sitzbeinfuge zusammen. Jede Beckenhälfte besteht ursprünglich aus 3 Stücken: dem oben nach hinten gelegenen Darmbein, dem oben und nach vorn gelegenen Schambein und dem nach unten gelegenen Sitzbein; von allen drei Knochen beteiligen sich Stücke an der Bildung der Pfanne, in der der Gelenkkopf des Oberschenkels spielt. Bei den Kloaken- und Beuteltieren sitzt dem Vorderrande des Beckens an jeder Seite noch ein Knochen, richtiger ein verknöcherter Teil einer Bauchmuskelsehne, auf, der Beckenknochen, der sich andeutungsweise auch bei einigen anderen Säugetieren findet.

Der äußere Abschnitt der hinteren Gliedmaßen besteht jederseits gleichfalls aus 3 Teilen: Oberschenkel, Unterschenkel und Fuß, der sich seinerseits aus 2 Unterteilen, der Fußwurzel und den 5 Zehen, zusammensetzt. Vor der Verbindungsstelle, in der der Oberschenkel und der aus Schien- und Wadenbein bestehende Unterschenkel winkelig zusammenstoßen und das Knie bilden, liegt meist ein runder, platter Knochen, die Kniescheibe.

Diese typischen Verhältnisse erfahren indessen in beiden Extremitätenpaaren mannigfache und teilweise sehr bedeutende Umbildungen, die sich von ihrem obersten Abschnitte zum untersten häufen. Die Länge des Oberarm- und Oberschenkelknochens steht in der Regel im umgekehrten Verhältnis zur Länge der Hand- und Fußwurzel, und der Unterarm und Unterschenkel sind meist länger als der Oberarm und Oberschenkel. Wenn Elle und Speiche wohl entwickelt sind, kann sich diese um jene drehen, was bei einigen Beuteltieren auch das Wadenbein um das Schienbein zu thun vermag. Meist aber sind Speiche und Wadenbein rudimentär und verwachsen mit der Elle und dem Schienbeine. Hand und Fuß zeigen nun die größten Modifikationen: sie treten am stärksten zur Außenwelt in Beziehung und müssen daher auch am stärksten den Einflüssen der Anpassung unterliegen. Daß die Säugetiere in verschiedener Art auftreten, sahen wir schon, aber außerdem vermindert sich die Zahl der Finger und Zehen, und zwar verschwinden zuerst die innersten, dann die äußersten, darauf die zweiten und endlich die vierten, so daß unter Umständen bloß die mittelsten völlig, die zweiten und vierten nur als die rudimentäreren, oberen Teile der Mittelhand- und Mittelfußknochen, als Griffelbeine übrigbleiben (bei den Pferdeformen).

Die Körperhaut und ihre Gebilde sind bei den Säugern gleichfalls großen Verschiedenheiten unterworfen und bedingen oft ihre äußere Körpergestalt sehr wesentlich mit, wie z. B. bekanntlich ein glatt geschorener Schnurenpudel ganz anders aussieht als ein behaarter.

Die Haut selbst besteht aus zwei Schichten: aus der Unter- oder Lederhaut und aus der Oberhaut; jene ist, und oft in sehr hohem Grade, auf dem ganzen Körper oder an gewissen Stellen, besonders an den Sohlen der Füße, derb und dick, diese ist nur zart. In die Lederhaut dringen außer Gefäßen auch Nerven ein, die sie zum Sitze des Tastsinnes machen, und sie ist mit den darunter gelegenen Muskelpartien durch lockere, oft ganz beträchtlich fettreiche (Thran der Wale) Bindegewebsmassen verbunden. Auf der Oberseite der als Gürteltiere bekannten zahnarmen Säuger verknöchert sie und bildet Panzer, und auch die Geweihe der hirschartigen Wiederkäuer gehen, soweit sie abgeworfen werden, aus Hautverknöcherungen hervor. Gebilde der Oberhaut sind die Hornscheiden der Stirnzapfen bei den hohlhörnigen Wiederkäuern, die Hörner der Nashörner, die Schuppen der Schuppentiere, der Schnabel der Schnabeltiere, der Schwanzstachel des Löwen, die Nägel, Krallen, Klauen der Zehen und besonders die Haare, die bei Insektenfressern (gewöhnliche Igel und Madagaskarigel), Nagern (Stachelschweinen) und Kloakentieren (Ameisenigel) zu Stacheln sich steigern können.

Die Nägel, von denen man flache Plattnägel und gewölbte Kuppnägel unterscheidet, decken die freien Enden der Zehen oben und stehen nur wenig über ihre Spitzen hervor und dienen wesentlich zum Schutz, doch auch zum Kratzen. Gebogene spitze und scharfe Krallen besitzen Klettertiere (Eichhörnchen, Faultiere, Marderformen u. a. m.), Grabtiere (Maulwürfe), Bären und Dachse zum Wurzelausscharren, Ameisenfresser, Gürteltiere, Erdferkel, Ameisenigel zum Öffnen der Ameisen- und Termitenhaufen, katzenartige Raubtiere 2c. als Waffen. Die paarhufigen und unpaarhufigen Säugetiere haben zum Schutz der Zehen Hufe, bei Pferden verstärken sie auch die Gewalt der Tritte der als Waffe dienenden Beine.

Die Haare fehlen keinem Säugetiere völlig; bei Walen finden sich nur einige wenige an den vorderen Teilen des Kopfes, auch bei Elefanten, Nashörnern und Flußpferden stehen sie sehr vereinzelt, und bei Gürtel- und Schuppentieren sind sie sehr zurückgedrängt. Selten hat eine Säugetierart eine ganz gleichmäßige Behaarung; meist finden sich gröbere längere und weichere kürzere Haare, die in der Regel durcheinander stehen, doch können sich die längeren als Mähnen, Schwanzquasten, Kopfschöpfe 2c. auf gewisse Stellen beschränken. Bei einigen auf lockerem Sand oder Schnee hausenden ist die seitliche Behaarung der Füße verlängert, so daß die Tiere nicht einsinken. Im Pelz vieler in gemäßigten und kalten Gegenden wohnenden Säuger zeigen die Wollhaare periodische Wechsel, indem sie sich gegen den Winter hin vermehren, gegen den Sommer hin aber wieder vermindern. Die Farbe der Säugetierhaare ist immer schlicht: schwarz, bräunlich, gelblich bis ins rötliche, grau oder weiß. Nur bei den südafrikanischen Goldmullen schillern sie. Der grünliche Ton, den die struppige Behaarung der Faultiere zeigt, beruht auf der Gegenwart von in den Haaren schmarotzenden Algen. Selten ist ein einzelnes Haar durchaus gleichmäßig gefärbt, mindestens ist sein Wurzelteil heller; doch gibt es auch gebänderte, wie es bekanntlich auch die Stacheln der Stachelschweine sind. Daß die ganze Behaarung eines wilden Tieres auf dem ganzen Körper gleichmäßig gefärbt ist, gehört zu den Ausnahmen (Maulwurf, Eisbär, Winterbalg des Schneehasen, Eisfuchses, Hermelins und Wiesels 2c.), in der Regel ist wenigstens die Unterseite etwas heller als die Oberseite, selten ist das Umgekehrte der Fall (Hamster, manche Individuen des gemeinen Fuchses). Zeichnungen, bedingt durch gruppenweise zusammenstehende Haare verschiedener Färbung, sind keine Seltenheit, sie erscheinen als Längs- und Querstreifen, um den Schwanz auch als Ringel, als Tupfen, Flatschen (Giraffe) und Ringflecke (verschiedene Katzenarten). Selten ist bei wilden Säugetieren die Zeichnung asymmetrisch und größeren individuellen Unterschieden unterworfen, doch kommt auch das vor (z. B. bei den Kusus, vielen Seehunden, dem Hyänenhund). Geschlechtsunterschiede in der Färbung des Haarkleides finden sich gleichfalls nur sehr vereinzelt, solche in seiner partiellen Längenentwickelung (Mähne des Löwen, Mantel des Mantelpavians 2c.) kommen öfters vor. Altersunterschiede sind nicht selten, wobei die jungen Tiere bisweilen Zeichnungen aufweisen, die den Erwachsenen fehlen (Streifung der jungen Löwen, Wildschweine, Fleckung der jungen Pumas, Damhirsche 2c.). In der Regel sind junge Tiere heller als alte, doch tritt gelegentlich auch das Gegenteil auf (z. B. ist unser Fuchs in der Jugend rauchfarbig, schwarzgrau).

Bemerkenswert ist der schon angeführte periodische Farbenwechsel der Haare mancher Säugetiere: im Herbst färbt sich der Sommerbalg in weiß um, und ein neuer weißer Unterbalg wächst hinzu, im Frühling gehen beide nach und nach verloren, und stellt sich statt ihrer der dunklere Sommerbalg nach und nach ein.

Kahle Hautstellen finden sich an der Schnauze und auf der Sohle, bez. an den Zehenspitzen; bei vielen Wiederkäuern, am stärksten beim Kamel, verdicken sich die letzteren zu wahren Polstern. Bei manchen Affen ist auch das Gesicht kahl oder doch nur mit sehr kleinen Härchen bewachsen, desgleichen ein Teil der Hinterbacken, und gerade bei diesen Tieren können die betreffenden Stellen eine lebhafte, blaue und rote Färbung annehmen.

Bei einer Reihe von Säugetieren bildet die Haut Falten. Der männliche, alte Orang Utan hat sehr beträchtliche Hautvorsprünge an den Wangen, die weiblichen Beuteltiere haben am Unterleib eine taschenartige Hautduplikatur zur Aufnahme der Jungen; das Schwanzende der Wale bildet durch seitliche Hautverbreiterungen eine wagerechte Flosse, manche dieser Tiere haben außerdem auch noch eine senkrechte Rückenflosse. Bei gewissen Eichhörnchen und Beuteltieren ist eine ansehnliche Hautfalte an den Seiten des Rumpfes zwischen den Gliedmaßen vorhanden, die beim Flattermaki sehr breit wird, den Schwanz mit einschließt und sich vom Handgelenk nach dem Halse zu fortsetzt. Am großartigsten entwickelt treten derartige Hautfalten als Flughaut bei den Fledermäusen auf. Eine Anzahl an das Leben im Wasser angepaßter Säugetiere (Biber, Fischotter, Seehund, manche Rassen des Haushundes, am stärksten das Schnabeltier) haben Hautfalten zwischen den Zehen und verschiedene Fledermäuse, abgesehen von der an und für sich sehr großen Ohrmuschel, noch Hautvorsprünge vor derselben und auf der Nase. Besonders ansehnlich sind die Ohrmuscheln sonst noch bei solchen Säugern, die große, baumlose Flächen bewohnen (Wüstenfuchs, Hasen, Antilopen, Wildpferde), und bei verschiedenen, ein mehr nächtliches Leben führenden (Mäuse, Fingertier). Bei dem nordamerikanischen Sternmaulwurf hat die Schnauze vorn eine Anzahl im Kreise stehender Anhänge.

Die Oberhaut der meisten Säugetiere vermehrt stellenweise ihre Oberfläche nach unten zu durch in die Lederhaut eindringende Schläuche und Säcke, die als Schweiß- und Talgdrüsen besondere Stoffe abscheiden, aber keineswegs scharf voneinander getrennt werden können. Die Schweißdrüsen sondern wie die Nieren überschüssige und schädliche Substanzen aus dem Blute ab, die Thätigkeit der Talgdrüsen aber ist eine höchst verschiedene. Sehr allgemein sind sie zahlreich und klein und fetten die Haut und die Haare, an deren Wurzel sie ausmünden, ein.

Sie können aber auch an gewissen Stellen eine ansehnliche Größe erreichen und ganz andere physiologische Bedeutungen haben. Modifizierte Talgdrüsen sind die den Säugetieren ohne Ausnahme zukommenden Milchdrüsen, die einzigen zu jener Drüsengruppe gehörigen Hautdrüsen der Faultiere und die einzigen Hautdrüsen der Wale überhaupt. Die Milchdrüsen sind Drüsenpakete, die stets in symmetrischer Anordnung auf der Unterseite, selten (Pekari) höher hinauf an den Rumpfseiten, über den Achselgruben (Stachelschwein) oder gar (Sumpfbiber) auf dem Rücken gelegen sind und in der Regel auf oder in einem kegelförmigen Hautfortsatze (der Zitze), der von den Jungen beim Saugen in das Maul genommen wird, münden. Bei den Kloakentieren sind es Schweißdrüsen, und sie münden in Taschen, in die die Jungen den Kopf stecken, so daß sie eigentlich nicht zu saugen, sondern die durch eine eigene Muskulatur aus den Milchdrüsen in die Taschen gepreßte Milch aufzuschlürfen scheinen. Die Zahl und besondere Lage dieser Drüsen ist sehr verschieden: jene richtet sich einigermaßen, aber durchaus nicht genau, nach der Zahl der zu ernährenden Jungen, diese nach der Bewegungsart der Mutter. Das ursprünglichste Verhältnis ist, daß sie in zwei Reihen, gewissermaßen als Drüsenleisten, entlang des größten Teils der Unterseite verlaufen, so daß es Brust-, Bauch- und Leistenzitzen gibt, wie bei den Madagaskarigeln, bei denen ihre Zahl 22 ist. Sonst entwickeln sich bloß gewisse Abschnitte der Drüsenleisten als Brust-, Bauch- oder Leistenzitzen: so haben die Schweine 4 bis 12, die Spitzmäuse 8 bis 10 Bauchzitzen, da der vorderste und hinterste Abschnitt der Drüsenleiste nicht zur Entwickelung kommen. Bloß Brustzitzen haben die meisten Halbaffen (2 Paar), Biber, Sirenen, Elefanten, Fledermäuse, Affen und der Mensch (je 1 Paar). Die Hirsche, Kamele, Rinder und viele Antilopen haben 2 Paar, andere Antilopen, Ziegen, Schafe, Pferde, Tapire, Nashörner und das Flußpferd ein Paar Leistenzitzen.

Modifizierte und zum Teil sehr bedeutend vergrößerte Talgdrüsen finden sich im äußeren Gehörgang (Ohrenschmalzdrüsen), in den Augenlidern, am äußeren, bez. hinteren Augenwinkel (Thränendrüsen) oder am inneren (Elefanten), bez. vorderen (in den Thränengruben der Hirsche und verschiedener Antilopen im männlichen Geschlechte), an den Backen (andere Antilopen), hinter den Hörnern (Brunstfeigen der männlichen Gemsen), an den Kiefern (manche Fledermäuse und Nager), am Kinn (Zwerghirsche). Bei männlichen Fledermäusen kommen umstülpbare Drüsensäcke an den Wangen, der Nase, dem Unterkiefer und der Kehle vor. Zwei Paar große Talgdrüsen liegen beim Kamel hinten auf dem Hals, eine einzige beim Pekari in der Mitte des Rückens, in der Umgebung des Afters (als „Viole" bei den Füchsen, bei dem Wychocholj, den Rohrrüßlern), im After selbst (bei Stinktieren, marderartigen Raubtieren, Hunden, Katzen, enorm groß bei Hyänen), unterhalb des Afters (Viverren, ansehnlich und in einer tiefen Tasche beim Zibettier), in Verbindung mit den Geschlechtsorganen (gering entwickelt sehr allgemein, vergrößert beim Biber und der Bisamratte), weit hinten am Bauch (beim Moschustier), in der Leistengegend (viele Wiederkäuer), an den Brustseiten (Spitzmäuse), unten und vorn am Halse, am hinteren Ende des Oberarms oder am Ellbogen (bei ausländischen Fledermäusen). Bei Hirschen finden sich in der Nähe des Fußgelenkes Felder mit vergrößerten Talgdrüsen und mit etwas größeren Haaren besetzt (die sogenannten Bürsten). Große Hautdrüsen haben die Nashörner über der Hand- und Fußwurzel an der Beugeseite. Viele, besonders in Herden und auf trocknem Terrain lebende Wiederkäuer haben in dem Spalt zwischen den Klauen eine Drüse, die sogen. Klauen- oder Fährtendrüse.

Die Bedeutung dieser Talgdrüsen ist, soweit sie eben nicht Milchdrüsen sind, verschieden: viele, besonders wenn sie nur den männlichen Individuen zukommen oder bei ihnen stärker entwickelt sind, stehen offenbar mit dem Geschlechtsleben, als auf die weiblichen Individuen reizend wirkend, in Verbindung und sondern demgemäß ihre riechenden Sekrete in der Brunstzeit ausschließlich oder am stärksten ab. In anderen Fällen (Stinktiere, Spitzmäuse) dienen sie dazu, die Feinde vom Leibe zu halten, oder Gelenke ꝛc. besonders ausgiebig zu salben; die Klauendrüsen haben wahrscheinlich die Funktion, einen Geruch abzusondern, der die versprengten Mitglieder einer Herde wieder zusammenführt.

In der Lederhaut der Säugetiere treten zweierlei Arten von in ihr entspringenden und in ihr sich wieder ansetzenden Muskeln auf: solche, die von dem Willen des Inhabers nicht abhängen (glatte), und solche, die wohl von ihm abhängig sind (quergestreifte). Die ersteren, nur kleine, setzen sich an die Wurzelscheide der Haare und ziehen sich in Reaktion auf äußere

Einflüsse (Kälte, Zorn, Schreck) zusammen, senken gewisse Hautpartien (Gänsehaut) und sträuben die Haare (zornige Hunde). Die willkürlichen Muskeln der Haut bilden größere Massen und bewegen die Haut (sehr deutlich beim Pferde zu sehen) im ganzen oder gewisse Teile ihrer Anhangsgebilde (entlang der Mitte des Halses und des Rückens 2c.). Auch die, bei Affen besonders wohl entwickelten, das Mienenspiel verursachenden Gesichtsmuskeln gehören zum größten Teil in die Reihe der Hautmuskeln.

Die Haut der Säugetiere ist auch die Trägerin von Sinnesorganen, besonderer Nervenendigungen, der Tastkörperchen, die sich stellenweise (Fingerspitzen und Lippenränder der Affen, Flughäute nebst Ohren- und Nasenanhängen der Fledermäuse, Schnauze vieler Insektenfresser und der Schweine, Rüsselspitze der Elefanten, Schwanzspitze amerikanischer Affen 2c.) sehr stark häufen können. Oft stehen die Wurzeln besonders kräftig entwickelter Haare (Spürhaare) mit solchen größeren Tastkörperchen in Verbindung (Raubtiere, Nager 2c.).

Das **Maul** der Säugetiere ist mit wenig Ausnahmen von weichen Lippen umgeben, und der meist ein System von Querfalten zeigende Hautüberzug des Gaumens verlängert sich meist als Gaumensegel oder weicher Gaumen nach hinten, bildet hier aber nur selten (bei Affen) ein Zäpfchen. Von der Mundhöhle aus treten gelegentlich (bei Nagern, Affen u. a. m.) beutelartige Ausstülpungen in die Backen (Backentaschen).

Die Zunge der Säugetiere ist, abgesehen davon, daß sie Sitz des Geschmacksinnes ist und vielfach auch als Tastorgan funktioniert, wesentlich behilflich, die Nahrungsbissen im Maule zurechtzuschieben, doch dient sie gelegentlich auch zur Zuführung von Flüssigkeiten als eine Art Löffel (Hunde beim Saufen) oder als Saugapparat (blutsaugende Fledermäuse); bei den Rindern, bei denen sie auf der Oberfläche zottig rauh ist, drückt sie die abgebissenen Pflanzenteile gegen den Gaumen, und die Giraffe bedient sich ihrer als Greiforgan, um Baumzweige damit zu fassen und abzureißen. Bei manchen, wesentlich von Ameisen oder Termiten lebenden Tieren ist sie wurmartig, lang und dünn und stellt, mit klebrigem Speichel überzogen, eine Leimrute dar (Ameisenfresser, Ameisenigel).

Das **Gebiß** der Säugetiere ist sehr mannigfaltig, und die Zähne sitzen im Unter-, Ober- und Zwischenkiefer, aber nie in den Gaumen- und Flügelbeinen. Die Kloakentiere, verschiedene zahnarme Säuger und die Bartenwale haben keine Zähne. Selten sind die Zähne unter sich von gleichartiger Beschaffenheit, in der Regel sind sie zufolge von Arbeitsteilung verschiedenartig, und meist lassen sich Schneide-, Eck-, vordere und hintere Backenzähne unterscheiden. Mit wenig Ausnahmen werden sie einmal im Leben, in der Jugend, gewechselt. Die Zahl der Zähne und der einzelnen Zahnformen ist sehr verschieden, aber mit seltenen Ausnahmen (Narwal) treten sie, ihrer bilateral-symmetrischen Anordnung entsprechend, in geraden Zahlen auf. Schneidezähne kann es geben 0—8 in jeder Reihe, Eckzähne nie mehr als 2, und die Backenzähne sind in sehr schwankender Zahl vorhanden. Die Durchschnittszahl der Zähne des ganzes Gebisses ist etwa 36 oder 38, am zahlreichsten sind sie bei Delphinen (bis 200) und Gürteltieren (bis 100). Die Zahlen, in denen die verschiedenen Zahnarten bei den verschiedenen Gattungen der Säugetiere auftreten, geben ein zwar richtiges, früher aber überschätztes Merkmal für ihre künstliche Einteilung ab. Man redet von Zahnformeln, in denen die Zahl der Zähne im Ober- und Unterkiefer einer Seite von innen nach außen gerechnet wird. Die Zahnformel des Menschen ist z. B. $\frac{2.1.5.}{2.1.5.}$, d. h. der Mensch hat oben und unten jederseits 2 Schneide-, einen Eck- und 5 (2 vordere und 3 hintere) Backenzähne, also zusammen 32 Zähne. Gelegentlich kommen im Gebiß in der Gestalt und Größe (Elefanten, Walrosse, Schweine 2c.) oder in der Zahl (Hakenzähne der Hengste und männlichen Hirsche) der Zähne Geschlechtsunterschiede vor.

Im wesentlichen richtet sich die Beschaffenheit des Gebisses der Säugetiere nach der Art ihrer Nahrung und nach der Weise, wie sie sich dieselbe beschaffen. Die Nahrung wird entweder ausschließlich dem Tier- oder dem Pflanzenreiche entnommen, oder setzt sich aus tierischen und pflanzlichen Bestandteilen in verschiedenen Verhältnissen zusammen. Ausschließlich tierische Kost genießen die Hunde, Katzen (die Gewohnheiten der Haustiere in dieser Beziehung kommen hier nicht in Betracht), Marder, Otter (meist Fische), Seehunde (meist Fische), Hyänen (meist Aas), Wale (Fische und kleinere Seetiere, doch auch ihresgleichen), Fledermäuse und Insektenfresser (Insekten, erstere gelegentlich auch Blut von Säugetieren und Vögeln), die Ameisenfresser, Erdferkel, Gürtel- und Kloakentiere ꝛc. Reine Vegetarier sind die Wiederkäuer (mit seltenen Ausnahmen, wie Lemminge fressende Renntiere), Pferde, Elefanten, Nashörner, Flußpferde, Tapire, viele Nager (z. B. Hasen und Biber), die Sirenen (Tang), die fliegenden Hunde (Früchte) u. a. m. Die übrigen Säugetiere fressen sowohl tierische als pflanzliche Stoffe, meist mit Bevorzugung der einen oder der anderen, oft nach Gelegenheit der Jahreszeit.

Die weiteren Organe der Verdauung und die des Kreislaufes zeigen gar keine Komplikationen, die in der äußeren Körperbeschaffenheit ihren Ausdruck fänden, die des Atmungsapparats nur wenige, seinen vorderen Abschnitt betreffende und auf das Geschlechtsleben zurückführbare. So entwickelt sich bei männlichen Hirschen in der Brunftzeit eine Art Kropf; die alten männlichen Orang Utans haben am Kehlkopf große, unter der Brust sich hinziehende seitliche Hautsäcke, und bei den männlichen Brüllaffen ist der Körper des Zungenbeins zu einer großen, auch äußerlich sich verratenden Knochenblase aufgetrieben. Einige Säugetiere (Wale, viele Beuteltiere ꝛc.) sind völlig stumm, aber die meisten haben zwar charakteristische, aber selten melodische Stimmen von oft beträchtlicher Macht und Fülle, die sie besonders in der Zeit der Brunst hören lassen. Nur von einem Affen wissen wir, daß er im männlichen Geschlechte wirklich singt: es ist das der braune Gibbon (Hylobates agilis), der Ungkaputi der Javaner.

Vom Nervensystem ist nur zu erwähnen, daß das Gehirn eine sehr schwankende, relative Größe und eine sehr verschiedene Entwickelung der Oberfläche der Hemisphären hat, die man sogar zur systematischen Einteilung hat benutzen wollen: man unterscheidet gyrencephale Säuger, deren Großhirn oben Windungen hat, und lyssencephale, bei denen es glatt ist. Zu den letzteren gehören Fledermäuse, Insektenfresser, Nager, Zahnarme, Beuteltiere und Kloakentiere. Die beiden letzten Klassen unterscheiden sich auch noch dadurch von allen übrigen Säugetieren, daß bei ihnen die beiden Hemisphären unten nicht durch eine Querbrücke, den Balken, verbunden sind. Sie werden deshalb als Lyencephalen oder Lockerhirnige bezeichnet.

Die Sinne und die Sinnesorgane sind bei den Säugern sehr ungleichartig entwickelt. Das Sehvermögen scheint nur selten ein sehr hervorragendes und unter allen Umständen ein mit dem der Vögel nicht vergleichbares zu sein. Die Augen fehlen nirgends, sind aber bei gewissen unterirdisch lebenden Formen nur schwach entwickelt. Ihre Größe steht zu der des Körpers in keinem bestimmten Verhältnis. Die Elefanten haben relativ viel kleinere Augen als die Mäuse, und die größten finden sich bei Formen mit nächtlichen Gewohnheiten, besonders bei kleinen Halbaffen. Die Pupille hat meist eine runde Gestalt; bei solchen Säugetieren aber, die sowohl am Tage wie in der Nacht thätig sind, in der Regel eine schlitzförmige; sehr groß ist sie bei rein nächtlichen. Die Durchschnittsfarbe der Regenbogenhaut ist braun, zeigt aber allerlei Übergänge bis zum Schwefelgelb einer- und bis zum Lauchgrün anderseits. Die Aderhaut enthält in ihrem hinteren Abschnitte nicht immer Farbstoff, sondern zeigt bisweilen einen starken metallischen Glanz und reflektiert in der Dunkelheit die wenigen vorhandenen Lichtstrahlen stark, wodurch das bekannte, besonders bei Raubtieren sehr allgemein verbreitete Leuchten der Augen zu stande kommt.

Bei einer Anzahl von Säugetieren, besonders bei Herdentieren und bei sich von diesen ernährenden Raubtieren, ist der Geruchssinn so hoch entwickelt, daß wir Menschen uns keinen rechten Begriff von ihm zu machen vermögen. Die innere Oberfläche der Nase ist durch die kolossale Entwickelung der in sich aufgerollten Muscheln ganz beträchtlich vergrößert, und oft sind mit den Nasenhöhlen noch bedeutende, in den umgrenzenden Knochen gelegene Höhlungen verbunden. Bei den Walen ist das Geruchsorgan verkümmert. Manche tauchende Säugetiere haben Klappen, mit denen sie ihre Nasenlöcher zu verschließen im stande sind.

Der Gehörsinn scheint bei den Säugetieren fast immer gut, unter Umständen sogar ganz ausgezeichnet entwickelt zu sein, und nicht wenige Formen zeichnen sich durch große schallauffangende und durch besondere Hautmuskeln leicht und nach allen Seiten hin bewegbare Ohrenmuscheln aus. Solche Säuger, die im Wasser oder in der Erde leben, haben keine äußeren Ohren, und ihre Hörfähigkeit ist gewiß nur gering entwickelt. Wahrscheinlich werden sie weniger mittels der Gehörorgane in dem Sinne hören wie wir, als vielmehr die Erschütterungen des Bodens oder des Wassers, in dem sie leben, empfinden und so die Gegenwart oder das Nahen von Feinden oder Beutetieren gewahr werden. —

Aus dem bis jetzt Ausgeführten geht hervor, daß der äußere Gesamthabitus der Säugetiere wesentlich auf der Lebensweise, auf der Art der Bewegung und der Ernährung beruht.

Da ist es überraschend zu sehen, wie dann, wenn dieselbe bei sehr verschiedenen Säugetieren nahezu die gleiche ist, sie diesen Tieren auch eine große äußere Ähnlichkeit angezüchtet hat. Fliegende Eichhörnchen und Flugbeutler, Mäuse und Zwergbeutler sind ohne nähere Untersuchung nicht in ihren großen systematischen Unterschieden zu erkennen. Die Flossenfüßer bestehen sicher, die Wale wahrscheinlich aus zwei nicht näher miteinander verwandten Gruppen. Nebenher ist auch das Geschlechtsleben häufig von nicht geringem Einfluß auf die Gestalt der Säugetiere, und die beiden Geschlechter können sich demzufolge ganz bedeutend unterscheiden; immer aber erscheint unter solchen Umständen das männliche als das bevorzugtere.

Die sogen. sekundären Geschlechtscharaktere haben mit der Vermehrung der Tiere unmittelbar gar nichts zu thun, desto mehr aber mittelbar. Sie laufen darauf hinaus, daß sie entweder auf die Sinnlichkeit der weiblichen Individuen einwirken oder deren Erlangung erleichtern oder endlich die Bekämpfung etwaiger Nebenbuhler ermöglichen. Nur sehr selten sind die besonderen Eigenschaften der Männchen derart, daß sie auf Ohr und Auge der Weibchen wirken können, wohl aber auf ihr Geruchsorgan. Hierin liegt ein bedeutender Unterschied in dem Geschlechtsleben der Säugetiere und dem der Vögel, bei denen die sekundären Geschlechtscharaktere ausschließlich auf körperlicher Schönheit und musikalischen Leistungen beruhen, niemals aber die Entwickelung besonderer Gerüche und besonderer, riechende Stoffe abscheidender Drüsen umfassen. Die den männlichen Individuen zukommenden besonderen Eigenschaften finden sich fast ausschließlich bei in Vielweiberei lebenden Säugetieren (Wiederkäuern, Robben, Affen).

Unterschiede in der Körpergröße der beiden Geschlechter sind in der Regel vorhanden, meist sind sie indessen nur gering; nur bei einigen Robbenarten, dem Seeelefanten und dem Seelöwen, sind sie so beträchtlich, wie sie sonst nur bei Insekten vorzukommen pflegen. Viel weiter verbreitet ist unter den männlichen Säugetieren der Besitz von Schutz- und besonders von Trutzwaffen, durch den sich in erster Linie die Wiederkäuer auszeichnen.

In der Brutpflege leisten die Säugetiere und namentlich die männlichen nicht sehr Hervorragendes, wenn die weiblichen auch zärtliche Mütter sind. Die Väter trachten ihren Kindern nicht selten nach dem Leben (Nager). Die Beuteltiere tragen ihre Jungen in einer Bauchtasche, die amerikanischen, die Opossums, auf dem Rücken mit sich herum, bei den Fledermäusen und Faultieren klammern sie sich an der Behaarung der Brust fest, und die Äffinnen schleppen sich lange mit ihnen. Die Frischgeborenen werden in der Regel sauber geleckt und gereinigt. Eigentlicher Nestbau im Interesse der Nachkommen ist bei den Säugetieren sehr selten (bei einigen Nagetierarten kommt er vor); manche Weibchen scharren sich Gruben oder Höhlungen, in denen sie hecken. Auch sonst sind die Kunsttriebe der Säuger nur gering: die Orang Utans und Schimpansen bauen sich Schutzdächer, manche Raubtiere, Insektenfresser und Nager (namentlich der Hamster) graben sich ziemlich verwickelte Wohnhöhlen. Nur die Biber stehen als Baumeister auf einer höheren Stufe.

Die Zahl der Jungen, die die Säugetiere auf einmal werfen, steht in der Regel zu ihrer Körpergröße in umgekehrtem Verhältnis: sehr große werfen nur eins, ebenso die Affen, die bei ihrer Lebensweise und der Gewohnheit, ihre Nachkommen bei sich zu führen, nur schwer mit zwei würden zurechtkommen. Auch die Fledermäuse, obwohl kleine Tiere, haben wohl kaum je mehr als 2 Junge, und auch für sie wäre eine größere Zahl nicht wohl zulässig. Am fruchtbarsten sind die Nager und die Insektenfresser; die ersteren hecken mehrere Male im Jahre und werden sehr zeitig fortpflanzungsfähig, was bei ihrer Schwäche und bei den zahlreichen Gefahren, denen sie ausgesetzt sind, eine Notwendigkeit und bei ihrer geringen Körpergröße eine Möglichkeit ist. Wenn Hausschweine gelegentlich bis 20 Junge werfen, so ist das eine Ausnahme und eins der vielen abnormen Verhältnisse, die bei Haustieren vorkommen.

Viele Säugetierarten leben in größeren (Rinder, Antilopen, Seehunde und Robben) oder kleineren (Affen, Wildziegen, Gemsen, Hirsche, Pferde, viele Nager u. a. m.) Gesellschaften oder thun sich gelegentlich zu solchen zusammen (Wölfe, um gemeinsam zu jagen, Fledermäuse, um zu übernachten und zu überwintern). Manche kümmern sich um ihresgleichen nur in der Brunstzeit (Maulwurf, Hamster), verlassen einander aber nach derselben sofort wieder und führen ein einsiedlerisches Leben. Bei anderen in Monogamie lebenden Formen scheint eine Art Bund der Geschlechter für Lebenszeit zu existieren (Löwen, Tiger, Bären u. a. m.).

In der Klasse der Säugetiere sind Formen, die ein rein nächtliches Leben führen, selten,

Fledermäuse, verschiedene Halbaffen, Insektenfresser und Beuteltiere ausgenommen; auch ausschließliche Tagtiere sind in ihr nicht allzu häufig, die meisten ihrer Mitglieder sind am Tag und in der Nacht thätig, die einen mehr an jenem, die anderen mehr in dieser.

Bemerkenswerte Anpassungen an die Jahreszeiten kommen bei Säugern vor; so ist besonders der Winter- und Sommerschlaf hierher zu rechnen. Während die Tiere mit wechselwarmem Blute fast ausnahmslos in Erstarrung fallen, wenn die Temperatur der Umgebung unter einen gewissen Grad gesunken ist, und dieser Vorgang in der physiologischen Beschaffenheit ihrer Natur begründet ist, liegt bei gleichwarmen Tieren, also bei Säugern und Vögeln, die Sache ganz anders: wenn über Fledermäuse und gewisse Nager in kälteren Gegenden im Winter ein rein lethargischer Zustand kommt, so ist die Kälte unmittelbar nicht daran schuld.

Es ist gewiß eine auffallende Erscheinung, daß Fledermäuse, Igel, Hamster, Ziesel, Murmeltiere einen Winterschlaf halten, die kleinen Spitz- und Feldmäuse aber nicht. Der Grund liegt darin, daß die letzteren entweder Allerleifresser (Mäuse) sind, oder überall herumsuchend in und über der Erde ihre Nahrung zu finden wissen. Die Fledermäuse leben hauptsächlich, ja fast ausschließlich von fliegenden Insekten, die es im Winter nicht gibt, die betreffenden winterschlafenden Nager aber von Feldfrüchten oder von Kräutern und Wurzeln, die im Winter entweder nicht vorhanden sind, oder zu denen sie, wenn Schnee liegt und der Boden festgefroren ist, nicht gelangen können. Auch der Sommerschlaf, der bei verschiedenen Säugetieren (Insektenfressern und Nagern) warmer, besonders afrikanischer Länder vorkommt, ist auf Nahrungsmangel und nur auf ihn zurückzuführen.

Der Winterschlaf tritt übrigens bei verschiedenen Säugetieren in verschiedenen Graden auf: am tiefsten und mit weitgehenden physiologischen Veränderungen verbunden ist er bei Zieseln und Murmeltieren, etwas weniger tief bei Fledermäusen, dem Dachs und dem Igel, die sich bei eintretender wärmerer Witterung auch während des Winters im Freien zeigen. Auch der braune Bär und der Hamster sind keine Winterschläfer strengster Observanz, denn damit ließen sich die Thatsachen nicht in Übereinstimmung bringen, daß die Bärin mitten in der kalten Jahreszeit wirft und der Hamster den Winter über von seinen im Herbst eingetragenen Vorräten frißt. Manche Formen (Eichhörnchen) verschlafen im sicheren Verstecke die grimmigsten, kältesten und schneereichsten Wintertage, verfallen deswegen aber noch in keinen Winterschlaf.

Gewisse Säugetiere unternehmen zu bestimmten Zeiten größere oder kleinere Wanderungen. So ziehen sich Gemsen und Renntiere im Herbst im Gebirge tiefer herab und steigen im Frühling wieder in die Höhe; ähnlich wandern nördliche Fledermäuse von Norden südwärts, um in weniger kalten Gegenden ihren Winterschlaf abzuhalten; die Herdentiere Afrikas sind in einer fortwährenden, durch jeweilig lokal mangelnde oder vorhandene Nahrung bedingten Bewegung. Manche Seesäugetiere, sowohl Wale wie Robben, unternehmen weite Reisen, namentlich um an geeigneten Stellen das Wochenbett abzuhalten. Außer diesen regelmäßig wiederkehrenden Wanderungen gibt es noch ab und zu, in ganz unregelmäßigen Zwischenräumen auftretende, die besonders bei Nagetieren (Lemmingen, Wanderratten, Eichhörnchen) durch Übervölkerung und Nahrungsmangel veranlaßt werden. In nördlichen Teilen der Erde streichen in sehr strengen Wintern größere Raubtiere oft sehr weit, aber ohne bestimmte Richtungen einzuhalten, nach Beute herum.

Die geographische Verbreitung der einzelnen Ordnungen der Säugetiere, deren Verhältnisse hier nur angedeutet werden können, ist eine sehr ungleichmäßige, und diese Erscheinung beruht auf verschiedenen Ursachen, die wesentlich durch die im Laufe der Zeiten stattgefunden habenden klimatischen und geologischen Veränderungen der Oberfläche der Erde, zum Teil aber auch durch die eigene Natur, namentlich durch die größere oder geringere Anpassungsfähigkeit der Tiere selbst bedingt worden sind und bedingt werden. Säugetiere, die, wie die Fledermäuse, durch die Art ihrer Ortsbewegung kaum an die Scholle gebunden sind, vermögen selbstverständlich Orte, wie z. B. entlegene Inseln zc., zu erreichen, die für andere Formen nur durch günstige Zufälligkeiten (etwa durch die Dazwischenkunft des Menschen bei Ratten und Mäusen) zugänglich werden.

Es gibt keine über die ganze Oberfläche unserer Erde verbreiteten Tiere überhaupt, geschweige denn Säugetiere. Zunächst müssen wir unter diesen schon einmal landbewohnende, wasserbewohnende und amphibische Formen unterscheiden. Ausschließlich Bewohner des

Wassers, hauptsächlich des Meeres, doch in einzelnen Fällen auch tropischer Flüsse, sind die Wale; amphibische Formen finden sich in Abstufungen; mehr an das Wasser gebunden sind die Sirenen, Robben, Seehunde und Walrosse, weniger der Eisbär, die Fisch- und Seeotter, der Wychocholj, der Biber, die Zibetratte, das Wasserschwein, das Flußpferd, das Schnabeltier u. a. m., noch weniger die Wasserratte ꝛc. Die weitaus größte Mehrzahl der Säugetiere sind Landbewohner, von denen viele gelegentlich wohl einmal in das Wasser gehen, ohne damit ein unumgänglich notwendiges Bedürfnis zu befriedigen, andere aber verlassen freiwillig nie den trocknen Boden.

Selbstverständlich hat ein jedes größere Gebiet der Erde seine eigene Säugetierfauna, aber die Verschiedenheiten dieser Faunen unter demselben Breitengrade nehmen zu, je mehr wir uns, vom Nordpol kommend, dem Südpol nähern.

Um den Nordpol herum enthält die Säugetierfauna in den europäischen, asiatischen und amerikanischen, bez. grönländischen Gebieten fast durchaus die gleichen Bestandteile: Eisbär, Polarfuchs, Polarhase, Renntier, Lemmingarten. Südlicher finden sich auch noch viele gleiche Arten, aber meist doch schon mit geringen Modifikationen (vikariierende Formen): Luchs, Bär, Wolf, Vielfraß, Biber, Elentier, Wisent, bez. Büffel ꝛc. Je weiter man aber nach Süden gelangt, desto mehr schwinden die Übereinstimmungen der Elemente der Säugetierfaunen, und desto selbständiger sind sie entwickelt. Die Ursache hiervon ist, daß einmal die Lebensbedingungen äquatorwärts immer mannigfacher werden, dann aber auch, daß im Süden die Lage der Kontinente nebst den von ihnen abhängenden Inseln immer isolierter, daß ein Austausch der Mitglieder ihrer Säugetierfaunen immer schwieriger und schließlich zur Unmöglichkeit wird.

Zufolge des Isoliertseins und zufolge der großen Verschiedenheiten der Existenzbedingungen auf den einzelnen weitgetrennten Landmassen des südlichen Teiles der Erdkugel müssen sich hier in langer Zeit Formen, deren Vorfahren einander noch ziemlich nahe standen, immer mehr durch Sonderanpassungen voneinander entfernt und einen immer selbständigeren Charakter gewonnen haben.

Wo indessen größere Ländergebiete in Zusammenhang getreten sind, hat seit je ein Austausch der Faunen stattgefunden, und dieser Austausch ist um so größer, je länger die Verbindung besteht. Ja es kann vorkommen, daß Säugetiere in einem Gebiete, in das sie erst später eingedrungen sind, sich gehalten haben, in früher betretenen Gebieten aber verschwunden sind.

In dieser Beziehung ist Afrika von hohem Interesse. Ein Teil von dem, was wir jetzt das kontinentale Afrika nennen, bildete einst mit Madagaskar, den Maskarenen und Teilen von Indien einen Kontinent. Dieser Kontinent sank, und seine höchsten Teile blieben als Inseln eines großen Archipels zurück mit einer eigenen charakteristischen Fauna. Das versunkene Land hob sich wieder mitsamt seiner Fauna, und die Inseln traten zu einem neuen Kontinent zusammen, aber nicht alle, z. B. Madagaskar und die Maskarenen nicht. In dieses große, aus einem Archipel neu entstandene Land wanderten aus nördlichen und nordöstlichen Gegenden, mit denen jenes in Verbindung getreten war, Tiergestalten ein, deren Wiege zum Teil weit im Nordosten gestanden hatte, in Nordamerika, das durch eine Landbrücke mit Asien im Zusammenhang gewesen war. So erschienen auf afrikanischem Boden: Affen, Katzen, Hyänen, Hunde, Marder, Pferde, Nashörner, Wiederkäuer, Elefanten, Maulwurfsratten, Springmäuse, Siebenschläfer, Eichhörnchen, Stachelschweine, Hasen und Edentaten. Diese neu eingewanderte Säugetierfauna, deren Bestandteile in den alten nördlichen und nordöstlichen Wohnstätten zum großen Teil ausstarben, mischte sich der ursprünglichen auf den Inseln des früheren Archipels vorhanden gewesenen bei. Auf die Inseln dieses Archipels, die sich, wie Madagaskar und die Maskarenen, an der Hebung nicht beteiligt hatten oder wenigstens nicht in dem Grade, daß sie den neuentstandenen Kontinent mit bilden helfen konnten, vermochten diese späteren Eindringlinge nicht zu gelangen. Daß aber die Vorfahren dieser einst ein gutes Stück von Europa bewohnten, dafür sprechen ihre hier erhaltenen Reste.

Ähnlich wie die Verhältnisse zwischen der Säugetierfauna Nordasiens, Europas, Afrikas einerseits und Madagaskars nebst den Maskarenen anderseits, liegen sie zwischen der Nordamerikas, Südamerikas und der der westindischen Inseln. Seitdem die beiden großen jetzigen neuweltlichen Kontinenthälften sich verbunden haben, findet ein lebhafter Austausch ihrer Faunen herüber und hinüber statt, an dem das altertümliche Westindien unbeteiligt bleibt. Hier fehlen

Spitzmäuse, Katzen, Hunde, Marder, Waschbären, Schweine, Wiederkäuer, Eichhörnchen, Baumstachelschweine und Hasen, die in der Gegenwart in Nord- und Südamerika Vertreter haben, aber in dieses erst nach Zustandekommen der Verbindungsbrücke aus jenem werden eingewandert sein.

Die Verhältnisse des kontinentalen Amerika sind auch noch in anderer Beziehung tiergeopraphisch lehrreich, da wir aus ihnen entnehmen können, wie in der Richtung der Längengrade gelegene hohe Gebirge (die Kordilleren-Andenkette) die Verbreitung der Tiere zu vermitteln vermögen. Solche Gebirge werden auch zwischen den Wendekreisen in ihren höheren und höchsten Lagen ein gemäßigtes, selbst ein kaltes Klima besitzen. Nehmen sie nun, wie das bei dem Rückgrate des amerikanischen Kontinents der Fall ist, weit in Norden und Süden in kälteren Gegenden ihren Anfang, so werden ihnen Tiere, die an solche Verhältnisse angepaßt sind, bis unter den Äquator, ja bis über ihn hinaus folgen können, nur daß sie die untere Grenze ihrer vertikalen Verbreitung immer höher legen müssen, wenn sie die entsprechenden Lebensbedingungen finden wollen. So dringen Säugetierformen des südlichen gemäßigten Tieflandes als Gebirgstiere weit äquatorwärts vor (Lamas, verschiedene Nager) und ebenso solche von Norden her.

Hohe mit den Meridianen verlaufende Gebirge sind, wie sehr große Ströme, Wüsten und vor allen Dingen Meere, Schranken für die Verbreitung der Säugetiere.

Während die Kontinente von Amerika, Asien, Europa und Afrika nebst den ihnen angegliederten kontinentalen Inseln im Lauf der Zeiten mannigfache Schicksale durchlaufen haben, jetzt gehoben, jetzt gesenkt waren, und sich in ihren einzelnen Teilen mannigfach untereinander verbanden und diese Teile wie die Blätter im Kartenspiele sich bald so, bald so zu einander und miteinander gruppierten, beharrte Australien nebst den Papuainseln und Molukken und mehr noch Neuseeland isoliert, in einem Stillstande. Wenn sich hier Säugetiergestalten im Laufe der Zeiten änderten, so vollzog sich diese Änderung im eigenen, engeren Hause, ohne wesentliche Beeinflussung von außen: Australien mit seinen Beuteltieren ist auf einer altertümlichen Stufe stehen geblieben. Wir wissen, daß die Beuteltiere in der Vorzeit eine viel weitere Verbreitung besaßen als jetzt, aber sie gingen außerhalb Australiens und der ihm benachbarten Inselwelt, mit Ausnahme der Opossums, entweder im Kampf ums Dasein spurlos zu Grunde, oder es entwickelten sich aus ihnen im Laufe der Äonen nach und nach die übrigen Säugetierformen. Einst muß ein Meer von bedeutender Breite und stellenweise bedeutender Tiefe zwischen dem indischen und australischen Gebiete gewesen sein, dessen Reste nach Erhebung von Inseln an beiden Seiten die sehr tiefe Lombokstraße und die Makassarstraße sind.

Für den ersten Augenblick befremdlich erscheinen eine Reihe mehr oder weniger weit voneinander getrennter Vorkommensherde von Familien, Gattungen und selbst Arten der Säugetiere. In allen diesen Fällen muß man annehmen, daß einst eine länger, manchmal (Mönchsrobbe in der Adria und im Meerbusen von Mexiko) vielleicht auch nur kürzer dauernde unmittelbare oder mittelbare (Einwanderung) Verbindung zwischen den betreffenden Bewohnern dieser Punkte bestand. So finden sich Bartenwale bloß in den gemäßigten Meeren beider Erdhälften; Borstenigel (Centetidae) bewohnen ausschließlich Madagaskar und einige westindische Inseln, die Tapire die Gebirge von Zentralamerika und Sumatra nebst Malakka, die Achtzähner (Octontidae, eine Nagetierfamilie) Südamerika einschließlich Westindien sowie Nordwest- und Ostafrika, die Schrotmäuse (Echimyidae) Südamerika und Südafrika, die Zwerghirsche (Tragulidae) Indien nebst den großen Sundainseln und Westafrika, die Wychocholj (Myogale) in einer Art die Flüsse des südöstlichen Rußland und in einer anderen die der Pyrenäen; Schneehasen finden sich in den europäischen Hochgebirgen und zirkumpolar im Norden.

Hier auf die Beziehungen der Säugetiere der Vorwelt zu denen der Gegenwart einzugehen, verbietet uns der Raum und der Plan dieses Buches.

I. Unterklasse:

Eierlegende Säugetiere (Ootoca).

I. Ordnung: **Kloakentiere (Monotremata).**

Die Kloakentiere nähern sich durch eine Reihe altertümlicher Wirbeltiercharaktere den Reptilien und entfernen sich dem entsprechend von den übrigen Säugetieren.

Zunächst haben sie, wie Vögel und Reptilien, eine Kloake, d. h. die Afteröffnung und die Öffnungen der Harn- und Geschlechtsorgane sind nicht wie sonst bei den Säugern durch den sogen. Damm oder das Mittelfleisch voneinander getrennt, liegen vielmehr in einer gemeinsamen Tasche. Eine Gebärmutter ist nicht vorhanden. Die Milch absondernden Hautdrüsen sind nicht wie bei anderen Säugetieren modifizierte Talg-, sondern Schweißdrüsen, bilden keine Zitze und haben keine Saugwarzen, sie münden vielmehr jederseits mit zahlreichen Öffnungen in einem Porenfeld der auch hier mit Haaren bedeckten Haut; der Saugmechanismus der Jungen ist noch nicht bekannt.

Diese kommen als Frühgeburten, wenn man will als Eier, auf die Welt, d. h. der Embryo steht erst im Anfange seiner Entwickelung, und der Nahrungsdotter ist, wie bei Vögeln und Reptilien, sehr groß. Eine eigentliche, harte Schale haben diese Eier nicht, sie sind lediglich von den Häuten umgeben. Zur Zeit der Fortpflanzung entwickeln sich neben den Milchdrüsen zwei Hautfalten, die sich aneinander legen und eine Art Tasche bilden, in die die Eier aufgenommen werden, und in denen sie sich weiter entwickeln.

Die Kloakentiere haben im ausgebildeten Zustande keine Zähne und keine Lippen, ihre Kiefer sind vielmehr mit hornigem Epithel überzogen. Eine echte Vogeleigenschaft ist darin zu sehen, daß die Knochen des Hirnschädels zeitig zu einer nahtlosen Kapsel verwachsen. Auch haben sie, wie die Vögel und Reptilien, zwei Paar Schlüsselbeine, es ist nämlich bei ihnen außer den vorderen eigentlichen Schlüsselbeinen noch ein zweites Paar entwickelt, das bei anderen Säugetieren das Brustbein nicht erreicht, sondern rudimentär bleibt und, mit dem Schulterblatt zeitig verwachsend, seine Selbständigkeit als Knochen einbüßt und nur einen Fortsatz des Schulterblattes, den Rabenschnabelfortsatz, bildet.

Wie bei den Beuteltieren verknöchern die unteren Partien der schrägen Bauchmuskeln und sind als sogen. Beutelknochen etwas beweglich mit dem Vorderrande des Beckens verbunden. Die Augen sind klein, und äußere Ohren fehlen vollkommen. Die Hautbedeckung besteht aus Haaren (beim Schnabeltier) oder aus diesen und Stacheln (bei Ameisenigeln). Die Männchen haben an den Hinterfüßen neben den Fersen eine dornartige Klaue, die von einem Kanal, dem Ende des Ausführungsganges einer besonderen Drüse, durchbohrt ist. Das Sekret dieser Drüse ist nicht, wie man früher meinte, giftig, und der Apparat stellt keine Waffe dar, dient vielmehr höchst wahrscheinlich als ein Reizorgan bei der Paarung, da die weiblichen Individuen an den entsprechenden Stellen eine Grube haben, in die der betreffende Nagel der Männchen hineinpaßt. Bemerkenswert, weil an ähnliche Verhältnisse bei Vögeln erinnernd, ist auch die Thatsache, daß der rechte Eierstock und der rechte Eileiter nur schwach ausgebildet sind und kaum funktionieren dürften. Das Gehirn der Kloakentiere ist nur sehr gering entwickelt, und ihre Bluttemperatur ist auffallend niedrig (28° Celsius).

Der Körper der Monotremen ist ziemlich flach gedrückt, die Beine sind sehr niedrig und nach außen gewendet, so daß die Tiere, um Bekanntes zum Vergleich heranzuziehen, einigermaßen den Habitus von Maulwürfen haben. Ihre Körpergröße ist unbedeutend.

Der schwachen Entwickelung des Gehirns entsprechen die geringen geistigen Fähigkeiten der Kloakentiere. Sie bewohnen den Kontinent von Australien, Tasmanien und Neuguinea, und ihre drei Arten bilden zwei Familien.

1. Familie: **Ameisenigel** (Echidnidae). Der Körper der Ameisenigel ist mit Stacheln bedeckt, neben denen indessen auch Haare vorhanden sind, die bei einer Art (Echidna Bruynii

von Neuguinea) das Stachelkleid derart überwuchern, daß es nicht sichtbar ist. Die Zehen sind getrennt und, besonders die zweite und dritte der Hinterfüße, mit starken, großen Grabnägeln versehen. Die Schnauze bildet einen spitzen, etwas abgeflachten Schnabel, an dessen Ende die sehr kleine Mundöffnung sich befindet, durch die die sehr lange, wurmförmige, mit klebrigem Speichel überzogene Zunge tritt. Die wesentlich nächtlichen Tiere leben von Insekten und zwar hauptsächlich von Ameisen. Sie besitzen eine große Fertigkeit, sich einzugraben, rollen sich bei drohender Gefahr, wenn sie nicht entfliehen können, zusammen und bilden dann eine unangreifbare Stachelkugel.

Die bekanntere Art (Echidna aculeata) bildet drei Unterarten oder Lokalrassen: den sehr wenig behaarten Papuanischen Ameisenigel (Echidna aculeata Laweri, S. 57) vom südöstlichen Neuguinea, den viel stärker behaarten Tasmanischen (Echidna aculeata setosa) und den mit gering entwickeltem Haarkleide versehenen Australischen (Echidna aculeata typica oder hystrix) vom Kontinent von Australien und der südlich von ihm gelegenen Gruppe der Känguruhinseln.

2. Familie: **Schnabeltiere** (Ornithorhynchidae). Diese Familie umfaßt bloß eine Gattung und eine das kontinentale Australien und Tasmanien bewohnende Art (Ornithorhynchus paradoxus, S. 57), die sich durch den Bau ihres Körpers als ein wesentlich an ein Leben im Wasser angepaßtes Säugetier ausweist. Die 5 Zehen der vorderen und hinteren Gliedmaßen sind durch Schwimmhäute verbunden, die an den vorderen sogar über die Nägel hervorragen, aber sich, da sie sehr biegsam sind, beim Graben, das diese Tiere meisterlich verstehen, zurückschieben, und der, bei alten Individuen unten fast kahle Schwanz ist breit abgeflacht und hinten ziemlich plötzlich abgestutzt. Die Hautbedeckung besteht aus einem sehr weichen und dichten, seidenartigen Unterpelz von gräulichbrauner Farbe, in dem dunkelbraune grobe Grannhaare stecken. Die verbreiterten, abgeplatteten Kiefer sind mit einer Hornhaut umgeben, die, ganz wie bei einer Ente, am Oberkiefer über den Unterkiefer vorsteht und in letzterem mit Papillen versehen einen Seihapparat darstellen, durch den das mit der Nahrung aufgenommene Wasser abfließt. Nach hinten setzt sich die Schnabelhaut in eine frei vorspringende, schildartige Falte fort. In jeder Hälfte des Ober- und Unterkiefers hat das Schnabeltier zwei eigentümliche Verdickungen des Hornepithels, die eine Art von Zähnen darstellen; die vorderen sind lang, schmal und scharfkantig, die hinteren breit und abgeflacht. Die jugendlichen Individuen haben acht unregelmäßig rundliche und höckerige echte Zähne.

Das Schnabeltier gräbt sich an den Ufern träge fließender, vegetationsreicher und stark beschatteter Flüsse Höhlungen mit einem unter und einem über dem Wasserspiegel befindlichen Ein-, bez. Ausgang. Es sucht seine aus wasserbewohnenden Kerbtieren und Mollusken bestehende Nahrung wesentlich in der Dämmerung. Das ganze kontinentale Australien und Tasmanien ist die Heimat dieses seltsamen Wesens.

II. Unterklasse: **Lebendiggebärende Säugetiere** (Zootoca).

A. Tribus: Aplacentalia.

1. Ordnung: **Beuteltiere** (**Marsupialia**).

Die Beuteltiere bilden eine in sich wohl abgeschlossene Ordnung, deren einzelne Familien sehr stark differenziert eine den anderen Säugetieren teilweise parallele Reihe bilden: es gibt unter ihnen raubende Fleischfresser, pflanzenfressende Nageformen und Grasfresser, Nachttiere und Tagtiere, laufende, springende, kletternde und grabende Formen, aber keine fliegenden und einseitig an ein Wasserleben angepaßten.

Die Weibchen haben am Bauch eine Hautfalte, die meist die Form einer nach vorn oder hinten offenen Tasche oder eines Beutels hat, selten nur durch zwei einfache nebeneinander gelegene Hautfalten vertreten wird. Zwei Beutelknochen, ganz von der Art wie bei den Kloakentieren, dienen diesem Apparate zur Stütze. In ihm befinden sich die Zitzen, an die sich die von der Mutter nach der Geburt mit dem Maule hinein praktizierten Jungen sofort festsaugen, und an denen sie festhängend einen großen Teil ihrer embryonalen Entwickelung durchlaufen.

Die Jungen der Beuteltiere kommen nämlich als sehr wenig ausgebildete Embryonen auf die Welt, die des bis 1,60 m langen Riesenkänguruhs sind beispielshalber nur etwa 2 cm lang, werden bloß 4 Wochen von der Mutter getragen und haben bei der Geburt noch stummelartige Gliedmaßen und einen kurzen Schwanz. Selbstverständlich sind sie nackt und blind. Sie entwickeln sich nur aus dem Materiale des Nahrungsdotters; die Beuteltiere sind, wie verschiedene Reptilien, ovovivipar, d. h. sie brüten ihre Eier gewissermaßen im Körper aus. Die Jungen scheinen weniger zu saugen als aktiv von der Mutter ernährt zu werden, deren Milchdrüsen mit willkürlichen Muskeln umgeben sind, durch deren Zusammenziehungen den Jungen die Milch in das Maul gespritzt wird. In dem Beutel bleiben die Jungen lange Zeit (6 bis 8 Monate), anfangs an den Zitzen festgesogen, bis ihre Gliedmaßen und Sinneswerkzeuge sich entwickelt haben, dann verlassen sie die Zitze und kehren nur gelegentlich zu ihr zurück, endlich verlassen sie auch zeitweilig den Beutel, den sie aber noch lange bei drohenden Gefahren oder bei dem Bedürfnis nach Nahrung und Ruhe wieder aufsuchen. Man will sogar beobachtet haben, daß weibliche Beuteltiere, die selbst schon Junge im Beutel trugen, noch bei ihrer Mutter wenigstens saugten.

Über den äußeren und inneren Körperbau der Beuteltiere läßt sich wenig allgemein Gültiges sagen. Am Skelett ist vielleicht noch zu bemerken, daß der Winkel des Unterkiefers (mit Ausnahme des Taït oder Tarsipes) einen nach innen vorspringenden, hakenförmigen Fortsatz hat. Alle besitzen vier, wenn auch sehr verschiedene, so doch immer gut gebildete Gliedmaßen und die zwei gewöhnlichen Schlüsselbeine. Das Gehirn ist nur schwach entwickelt, entbehrt des die Hemisphären des Großhirns bei anderen Säugern verbindenden Balkens und des mit ihm verbundenen durchscheinenden Schieds (septum pelucidum), doch sind bei manchen Formen die Windungen des Großhirns ausgeprägter und zahlreicher als bei gewissen zahnarmen Säugern oder Insektenfressern, und dürften jene wohl auch geistig höher stehen als diese.

Die Beuteltiere sind geologisch die ältesten Säugetiere, die wir kennen, und sie waren in der Vorwelt über den größten Teil der Erde verbreitet, schon im Trias von Nordamerika und Europa finden sich ihre Reste. Während sie aber im Lauf der Zeiten fast allenthalben ausgestorben sind, bez. sich zu höheren Säugetierformen entwickelt haben, sind sie in zwei Gebieten der Erde als Beuteltiere erhalten geblieben, in Amerika (die abweichenden Opossums) und in der australischen Region östlich von der Straße von Makassar auf Celebes, den Molukken, den Papuainseln, Neuguinea, Australien und Tasmanien, aber nicht auf den Inseln des Stillen Ozeans und Neuseeland.

1. Familie: **Opossums** (Didelphydae). Die Opossums oder Beutelratten sind kletternde Beuteltiere mit einem meist langen, halbnackten Wickel- oder Greifschwanz, mit fünfzehigen,

krallenbewehrten Füßen; nur an deren hinteren sind die nagellosen Innenzehen gegengesetzt und daumenartig entwickelt, was der Lebensweise entspricht. Die Tiere haben eine zugespitzte gestreckte Schnauze, kahle Ohren, ziemlich große Augen, ein dichtes, meist helles Wollvlies, zwischen dem einzelne, sehr lange, spröde Grannhaare stehen. Die Weibchen haben entweder einen nach vorn oder hinten aufstehenden Beutel oder statt seiner nur ein Paar Hautfalten. Die Äneasratte trägt ihre Jungen auf dem Rücken mit sich herum, und diese schlingen ihre Schwänze um den Schwanz der Mutter. Im Beutel stehen die Zitzen in einem Kreis, die Zahl der Jungen ist meist bedeutend (bis 16 Stück).

Das Gebiß ist ein Raubtiergebiß, und die Opossums leben auch wesentlich von Vögeln und deren Eiern sowie von anderen kleineren Wirbeltieren und Insekten, viele verschmähen aber auch den Genuß von Früchten nicht. Sie führen ihre Raubzüge nächtlich aus, klettern dabei zufolge des langen Wickelschwanzes langsam, aber sicher. Manche besitzen die Fähigkeit, sich einzurollen, ihre Stimme ist ein schwaches Grunzen oder Fauchen, in der Todesangst verbreiten sie einen sehr unangenehmen Geruch. In ihrer Körpergröße schwanken sie von 10 (Didelphys pusilla) bis 64 cm (Didelphys aurita).

Die Beutelratten bewohnen ausschließlich den Kontinent von Amerika vom 32. Grad nördlicher Breite im Osten bis zum 34. Grad und im Westen bis zum 42. Grad südlicher Breite. Ihre Hauptwohnstätte bilden die tropischen Urwälder. Die Zahl der Arten, auch der bekannten, läßt sich schwer feststellen, da hier die Ansichten darüber, was Art oder was Lokalrasse ist, sehr auseinander gehen.

Am zahlreichsten ist die Gattung der eigentlichen Opossums (Didelphys), von der das gemeine Opossum (Didelphys marsupialis, S. 58) am weitesten nach Norden geht; nur eine Art enthält die zweite Gattung Chironectes (variegatus, S. 58), das einzige Beuteltier, das einigermaßen dem Aufenthalt im Wasser angepaßt ist: es hat Schwimmhäute, Backentaschen und lebt von Fischen.

2. Familie: **Bandikuts** (Peramelidae). Die Bandikuts, Beuteldachse oder Nasenbeutler haben einen Nagetierhabitus, einen stark zugespitzten Kopf mit rüsselartiger Schnauze, große Ohren und einen mäßig langen Schwanz. Ihre hinteren Gliedmaßen sind nicht unbedeutend länger als die vorderen. Diese haben vorn 5 Zehen, von denen die 2. und die 3. groß und mit ansehnlichen Nägeln bewaffnet sind. An den Hinterfüßen fehlt die Innenzehe oder ist nur rudimentär; die 2. und 3. Zehe sind hier bis an die Nägel miteinander verwachsen und die 4. beträchtlich verlängert, die 5. wieder ziemlich verkümmert. Der Beutel der Weibchen steht nach hinten offen. Die Bandikuts graben sich Höhlen, leben gesellig und ernähren sich hauptsächlich von Insekten.

Sie sind nächtliche Tiere, bewohnen Australien, in einer Art auch Neuguinea und die Aruinseln. Eine der größten Formen ist der langnasige Bandikut (Perameles nasutus, S. 59) von Neusüdwales. Hierher gehört ferner der Stutzbeutler (Choeropus castanotis, S. 59) von Südaustralien.

3. Familie: **Raubbeutler** (Dasyuridae). Bei den Raubbeutlern sind die beiden Gliedmaßenpaare nahezu gleichlang, das vordere Paar hat 5, das hintere 4 oder 5 Zehen. Das Gebiß dieser Fleischfresser ist ein echtes Raubtiergebiß. Ihre Größe schwankt von der einer Maus bis zu der eines Wolfes. Sie bewohnen Australien, Tasmanien, Neuguinea und die umliegenden Papuainseln.

Der Beutelwolf (Thylacinus cynocephalus, S. 60) ist ein ansehnlicher Raubbeutler vom Habitus der Hunde, mit lockerem graubraunen, mit 12—14 dunkeln Querbinden gezeichnetem Pelz. Er ist ein nächtliches, in Höhlen hausendes Tier, das den Schafherden sehr gefährlich wird, und findet sich nur noch in den innersten, wildesten Teilen Tasmaniens.

Der Teufel (Sarcophilus ursinus, S. 60) ist das wildeste und wohl auch das abstoßendste Beuteltier, mit plumpem, nach hinten stark abfallendem Körper, unverhältnismäßig großem Kopf und kurzen starkkralligen Gliedmaßen. Er hat einen ziemlich buschigen Schwanz, breite abstehende, mäßig lange Ohren, kleine Augen und einen aus kurzen, groben Haaren bestehenden Pelz von schwarzer Farbe, nur mit einer weißen Binde über die Brust und den Unterhals. Das Tier bewohnt Tasmanien und ist ein kecker, nächtlicher Räuber. Auch die das südliche und westliche Australien bewohnende Tafa (Phascogale penicillata, S. 61) ist sehr räuberisch und wild.

4. Familie: **Ameisenbeutler** (Myrmecobiidae). Die Familie der Ameisen- oder Spitzbeutler besteht nur aus einer einzigen Gattung mit einer einzigen Art (Myrmecobius fasciatus, S. 61). Ihr Kopf ist spitz, die Beine sind mäßig hoch, die vorderen kräftigeren 5-, die hinteren schwächeren 4zehig. Die Zunge ist wurmförmig, lang und weit vorstreckbar, die Gesamtzahl der scharfen, spitzen Zähne ist sehr beträchtlich (54). Das Weibchen hat keinen Beutel. Die Farbe ist oben rostbraun und steigert sich entlang des Rückens zu schwarz, unten weißgelb. Quer über den Rumpf verlaufen 8 bis 9 weiße Querbinden. Das Tier bewohnt waldige Gegenden Süd- und Westaustraliens und lebt von Ameisen.

5. Familie: **Kletterbeutler** (Phalangistidae). Die Kletterbeutler sind nächtliche, von Pflanzen und zwar hauptsächlich von Früchten lebende Beuteltiere mit 5zehigen Hinterfüßen, die, da ihre nagellosen Innenzehen gegenständig sind, einen Greiffuß bilden. Die 2. und 3. Zehe sind hier verwachsen und zusammen nicht so stark wie jede einzelne der übrigen. Auch die Vorderfüße haben 5, aber ziemlich gleichmäßig entwickelte Zehen. Diese in ihren einzelnen Gattungen im übrigen recht verschiedenartig organisierte Familie der Beuteltiere hat ein sehr ausgedehntes Wohngebiet von Celebes im Westen bis Tasmanien im Osten.

Man kann die Familie der Kletterbeutler in 3 Unterfamilien zerlegen.

a) Unterfamilie: **Beutelbären** (Phascolarctinae) oder Koalos, sind sehr plumpe, großköpfige, schwanzlose Tiere und bilden nur eine Gattung mit einer Art (Phascolarctos cinereus, S. 62), an deren Vorderfüßen der Daumen und die 2. Zehe verwachsen sind und einen gemeinsamen Opponenten gegen die 3 übrigen Zehen bilden. Der Beutelbär, der übrigens Backentaschen hat, lebt paarweise in Ostaustralien und frißt nachts Baumblätter.

b) Unterfamilie: **Kuskuse** (Phalangistinae), bewohnen die Inseln von Celebes an östlich bis und mit Nordaustralien. Die echten Kuskuse (Phalanger) haben einen langen, nur an der Wurzel behaarten, starken Greifschwanz, einen weichen Pelz und als echte Nachttiere eine spaltförmige Pupille. Der Tüpfelkuskus (Phalanger maculatus, S. 62) hat einen gräulichgelben Pelz mit unregelmäßig verteilten dunklen Flecken. Bewohnt Neuguinea, Banda und Amboina.

c) Unterfamilie: **Flugbeutler** (Petaurinae), gleichen den fliegenden Eichhörnchen sowohl in Lebensweise als in Gestalt. Zwischen den Gliedmaßen spannt sich eine Seitenfalte als Flughaut, als deren Fortsetzung die meist lange seitliche Behaarung des starken Schwanzes betrachtet werden kann. So kommt ein Fallschirm zu stande, der die Tiere bei ihren Luftsprüngen in der Schwebe tragend erhält. Sie fressen nachts Blätter, Schößlinge, Blüten und Früchte, verschmähen aber auch Insekten, Eier und junge Vögel nicht. Eine sehr kleine Art ist die mit einer besonders breiten Flughaut und einem seitlich stark behaarten Schwanze ausgestattete, oben bräunlichgrau, unten weißlich gefärbte Opossummaus (Acrobates pygmaeus, S. 63) von Ostaustralien.

6. Familie: **Wombats** (Phascolomyidae). Die Familie der Wombats umfaßt eine Gattung (Phascolomys) mit 3 Arten von Dachsgröße und plumpem Baue. Der breitstirnige Kopf ist groß und dick, die kräftigen, gleichgroßen Gliedmaßen sind kurz und haben vorn und hinten Zehen, die mit Ausnahme der unbewehrten hinteren Innenzehen stark gekrümmte Nägel haben. In jeder Kieferhälfte steht, abgesehen von den 4 langen gebogenen Backenzähnen und einem Lückenzahn, ein breiter, vorderer Nagezahn. Die Tiere treten mit ganzer Sohle auf, haben einen rudimentären Schwanz, verschlafen den Tag in weitläufigen, selbstgegrabenen Höhlen und gehen nachts ihrer aus Wurzeln und Gras bestehenden Nahrung nach. Ihre Färbung ist ein düsteres Graubraun. Der breitstirnige Wombat (Phascolomys latifrons) bewohnt Südaustralien, eine andere Art (ursinus, S. 63) Tasmanien und die Inseln der Baßstraße.

7. Familie: **Maulwurfbeutler** (Notoryctrdae). Diese noch wenig gekannte und erst vor einigen Jahren entdeckte Familie umfaßt nur eine im wüstesten Innern des kontinentalen Australien hausende Gattung und Art (Notoryctes typhlops), die unterirdisch lebt, so groß wie ein Maulwurf ist, einen goldgelben, seidenartig glänzenden Pelz, rudimentäre Augen und sehr enge Ohröffnungen hat. Die Nase ist mit einer Art Hornschild bedeckt. Der kurze Schwanz ist nackt, in der Mitte am breitesten. Die Gliedmaßen sind kurz, die Füße eigentümlich verdreht. Die 1. und 2. Zehe der Vorderfüße haben schmale Nägel und sind von der 3., 4. und 5., von denen die beiden letzteren gewaltige schaufelartige Krallen tragen, durch einen tiefen Spalt getrennt. Die 5zehigen Hinterfüße sind nach innen gedreht, so daß die innerste Zehe nach außen liegt. Dem Mageninhalt nach ernähren sich die Tierchen von Ameisen.

8. Familie: **Springbeutler** (Macropodidae). Die Springbeutler oder känguruhartigen Beuteltiere sind meist von ansehnlicher Größe. Ihre hintere Körperhälfte übertrifft die vordere an Masse ganz bedeutend, einmal durch die starke Entwickelung der hinteren Gliedmaßen, die 5—6mal länger und entsprechend dicker und schwerer als die vorderen sein können, und zweitens durch den gewaltigen Schwanz, der die springende Bewegung der Känguruhs sehr wesentlich unterstützt und beim Sitzen neben den Hinterfüßen als dritter Stützpunkt dient. Die kurzen Vorderbeine werden nur beiläufig zur Ortsbewegung benutzt, am meisten noch bei den kletternden Formen der Baumkänguruhs.

An dem vorderen Fußpaare finden sich 5 ziemlich gleich große und mit starken, gekrümmten Krallen bewaffnete Zehen, an dem hinteren 4, aber sehr ungleichartig entwickelte. Die Innenzehe fehlt, die 2. und 3. sind klein und namentlich sehr dünn und verwachsen bis vorn an die Spitze miteinander, so daß sie scheinbar eine Zehe mit 2 Nägeln bilden. Die 4. Zehe ist sehr groß und mit einem hufartigen Nagel versehen, die 5. ist wieder schwächer entwickelt.

Im Oberkiefer sind 3 von innen nach außen an Größe abnehmende und im Unterkiefer 2 zugespitzte und gerade nach vorn stehende Schneidezähne. Die Backenzähne (in jeder Kieferhälfte oben und unten 5) haben lange, mit starken Querwulsten versehene Kauflächen und verraten die ausgesprochenen Pflanzenfresser. Der Zwischenraum zwischen ihnen und den Schneidezähnen ist bedeutend. Der Magen ist sehr groß, grimmdarmartig verlängert und besteht aus einer Anzahl hintereinander gelegenen Kammern oder Zellen. Der Beutel ist nach vorn offen.

Ihrer ganzen Organisation nach kann man die Känguruhs nicht unrichtig als die Vertreter der Wiederkäuer unter den Beuteltieren bezeichnen, die dabei aber doch auch wieder in vielen Punkten an die Hasen erinnern. Diese Familie ist die umfangreichste Beuteltierfamilie und umfaßt 56 Arten, die über die Papuainseln, Neuguinea, Australien und Tasmanien verteilt sind. Wir unterscheiden 2 Unterfamilien: echte Känguruhs und Känguruhratten.

a) Unterfamilie: **Echte Känguruhs** (Macropodinae). Die echten Känguruhs haben an allen Zehen der vorderen Gliedmaßen mittellange Nägel und graben nicht in der Erde. Ihre Bewegungen sind entweder, wenn es sich darum handelt, rasch vom Flecke zu kommen, ein Springen in langen Sätzen, wozu bloß Hinterbeine und Schwanz benutzt werden, oder aber beim ruhigen Weiden ein gemächliches Gehen, wobei sie die Vorderfüße aufstemmen und die Hinterbeine ruckweise nachziehen, so daß jene zwischen diesen zu stehen kommen.

Die Gattung Macropus, einschließlich Osphranter und Halmaturus, umfaßt 29 Arten, die das kontinentale Australien, Tasmanien und verschiedene benachbarte Inseln bewohnen. In diese Gattung gehören die mittelgroßen und sehr großen Arten, wie das Riesenkänguruh (Macropus giganteus). Die Felsen- oder Bergkänguruhs (Petrogale) haben dicht behaarte und an der Spitze buschige Schwänze, die sie beim Sitzen nicht als Stützen benutzen. Es sind nächtliche, am Tage in Höhlen versteckt lebende Tiere, die mit großem Geschick auf Felsen klettern. Sie bewohnen in 7 Arten das kontinentale Australien. Das gelbfüßige Bergkänguruh (Petrogale xanthopus, S. 64) findet sich in Neusüdwales. Die Baumkänguruhs (Dendrolagus) werden in 2 Arten in Neuguinea angetroffen. Bei ihnen ist das Mißverhältnis zwischen den hinteren und vorderen Gliedmaßen weniger groß, und sämtliche Zehen tragen sichelförmige Krallen. Die Tiere klettern sehr geschickt auf Bäumen, von deren Blättern sie sich ernähren. Das schwarze Baumkänguruh (Dendrolagus inustus, S. 64) ist die bekannteste Art.

b) Unterfamilie: **Känguruhratten** (Potorinae) sind von ziemlich geringer Größe und haben an den Mittelzehen der Vorderfüße große Nägel, die zum Graben von Höhlungen befähigen; ihre Bewegungen sind weniger springend als laufend. Die Opossumratte (Bettongia penicillata, S. 65) ist etwa so groß wie ein Kaninchen, aber kurzohrig und hat einen weichen, oben graubraunen, unten gelblichweißen Pelz. Sie macht sich Erdhöhlen, die sie mit Gras ausfüttert, zu Wohnstätten zurecht und bewohnt das kontinentale Australien. Die Känguruhratte (Potorous tridactylus, S. 65) hat einen zum Teil ganz nackten, zum Teil nur spärlich behaarten Schwanz, einen ziemlich langen, oben dunkelbraunen, unten gelblichweißen Pelz. Das nächtliche Tier gräbt sich gleichfalls Höhlen, die es mit Gras auspolstert, und findet sich in Südaustralien und Tasmanien.

B. Tribus: Placentalia.

Bei den beutellosen Säugetieren werden die Jungen auf einer viel höheren Stufe der Entwickelung geboren als bei den Säugetieren und sie ernähren sich eine verhältnismäßig nur kurze Zeit von der Milch der Mutter. Der Rest eines Beutels tritt in Gestalt von Hautfalten gelegentlich (z. B. bei Schafen) auf, bisweilen finden sich auch Spuren von Beutelknochen.

Dieser Tribus der Säuger ist weit höher differenziert als der der Beutler und umfaßt unter andern auch fliegende (Fledermäuse) und ausschließlich an ein Wasserleben angepaßte (Wale) Formen. Es ist sehr wenig wahrscheinlich, daß sich die zahlreichen und so verschieden organischen Ordnungen, in der er uns entgegentritt, aus einer einzigen beutellosen Ursäugetierform entwickelt haben sollten, es spricht vielmehr sehr vieles dafür, daß dieser Tribus in mehreren Zweigen aus dem der Beuteltiere hervorgegangen ist.

Die Zahl der lebenden Arten mag rund 2500, also etwa 18mal größer als die der lebenden Beuteltierarten sein. Sie bewohnen das Festland und die Meere vom Äquator bis weit über die Polarkreise hinaus und gehen in die Gebirge bis in die Regionen des ewigen Schnees. Auf Neuseeland und den Ozeanischen Inseln finden sich indessen nur Arten der flugfähigen Fledermäuse, während andere Säugetiere vom Menschen entweder absichtlich oder unabsichtlich (Mäuse, Ratten) eingeführt wurden.

Keine anderen Tiere haben seit je so bedeutend, wir können wohl sagen bestimmender, in das menschliche Treiben eingegriffen wie sie. Wo wäre die Menschheit ohne Haussäugetiere stehen geblieben?

1. Ordnung: Zahnarme Säugetiere (Edentata).

Die Edentaten sind eine altertümliche Säugetierordnung, deren jetzt lebenden einzelnen Familien jede für sich sehr eigenartig entwickelt sind und ohne verbindende Glieder in die Gegenwart hereinragen und dem entsprechend auch eine zerstreute geographische Verbreitung haben, indem sie auf die tropischen Gebiete der Alten und die tropischen und südlich subtropischen der Neuen Welt beschränkt sind, aber in Westindien, auf Madagaskar und in dem Inselgebiet östlich von Java sowie in Australien keine Vertreter haben.

Von allen Placentalsäugern stehen sie wohl am tiefsten, und ihr Gehirn ist dem entsprechend niedrig organisiert, namentlich entbehrt das Großhirn aller Windungen. Das Zahnsystem hat eine sehr verschiedene, aber immer altertümliche Bauart, aber die Bezeichnungen Zahnarme oder gar Zahnlose auf die ganze Ordnung anzuwenden, ist eigentlich nicht zulässig, da es neben Formen, die, wie die Ameisenfresser, allerdings ihre Zähne verloren haben, solche gibt (Priodontes), die bis 25 Zähne oben und unten in jeder Kieferhälfte haben. Schneidezähne fehlen fast immer, gelegentlich selbst die Zwischenkiefer, die sonst die Träger der oberen sind, und wenn solche Zähne, wie bei manchen Gürteltieren, vorhanden sind, zeichnen sie sich nicht durch besondere Bauart vor den Backenzähnen aus. Von diesen unterscheiden sich die gleichfalls nur sehr selten vorkommenden Eckzähne höchstens dadurch, daß sie etwas größer sind. Sehr charakteristisch für die Zähne der Edentaten ist es, daß sie nur aus Zahnbein und Zement bestehen, aber des Emails entbehren. Sie stehen einzeln, ohne sich zu berühren, sind cylindrisch oder prismatisch, und ihr einfaches Wurzelende ist hohl. Auch sind sie keinem Wechsel unterworfen, wachsen aber in dem Maße, wie sie abgenutzt werden, beständig nach.

Was die Hautbedeckung anlangt, so haben alle Ordnungen ansehnliche Krallen, im übrigen ist sie bei den einzelnen Familien außerordentlich verschieden, aber immer anders wie bei anderen Säugetieren Die Haare sind eigenartig straff, trocken und hart, selten seidenartig weich, daneben finden sich bei den einen (Schuppentiere) der Oberhaut angehörige Hornschuppen, bei den anderen aus Verknöcherungen der Lederhaut hervorgegangene Tafeln (Gürteltiere). Gemeinsame Charaktere der weiteren Organisation sind nicht vorhanden.

Die Ordnung teilt sich in zwei Unterordnungen: in die der Scharrtiere und die der Faultiere.

A. Unterordnung: **Scharrtiere (Effodientia).** Die Scharrtiere haben eine verlängerte, spitze Schnauze, meist einen, oft sogar ansehnlichen Schwanz, kurze Beinpaare, von denen das hintere das längere ist, starke, zum Graben geeignete Nägel und leben von tierischer Kost, hauptsächlich von Insekten. Sie zerfallen in 4 Familien.

1. Familie: **Ameisenfresser** (Myrmecophagidae). Die Ameisenfresser haben keine Zähne, eine entweder sehr straffe, rauhe und lange oder eine kurze, mehr seidenartige Behaarung, eine sehr lange, röhrenförmige Schnauze, an deren Ende die sehr kleine Mundöffnung sich befindet, und die eine mit klebrigem Speichel überzogene wurmförmige, weit vorstreckbare Zunge enthält. Die Tiere bewohnen das waldige Südamerika östlich von den Anden von Honduras bis Paraguay. Sie fressen Ameisen und Termiten.

Der große Ameisenfresser (Myrmecophaga jubata, S. 66) hat an den hinteren Füßen, mit deren ganzer Sohle er auftritt, je 5 Zehen mit kurzen Nägeln, an den vorderen aber 4 mit sehr kräftigen, stark nach innen gekrümmten Klauen, die er beim Gehen nach innen, nach der Sohle zu, eingeschlagen trägt, so daß er nur mit deren äußerem Rand auftritt. Das rauhe, borstige Haar bildet am Hals und auf dem Rücken einen Kamm, an den Seiten aber einen Behang, der am Schwanze eine Länge bis zu 40 cm erreicht. Die Färbung ist ein unreines Aschgrau. Von der Kehle nach dem Becken zu verläuft ein schwarzer, hellgrau eingefaßter, sich hinterwärts stark verjüngender Streifen. Der Vorderarm hat eine schwarze Binde und schwarze Zehen. Die einzige Art der Gattung findet sich vom Karibischen Meerbusen bis zum La Plata.

Die Gattung Tamandua enthält 2 Arten, hat vorn nur 4 Zehen mit verhältnismäßig noch stärkeren Krallen und einen Greifschwanz. Hierher gehört Tamandua tetradactyla (S. 66).

Die Zwergameisenfresser (Cycloturus) umfassen auch 2 naheverwandte Arten und haben hinten 5, vorn 4 Zehen, aber nur an der 3. und besonders der 4. starke Krallen. Es sind nächtliche Tiere von der Größe der Eichhörnchen, die einen noch ausgesprocheneren Wickelschwanz haben und noch mehr an ein Baumleben als die Tamanduas angepaßt sind. Sie suchen die Nester baumbewohnender Ameisen auf. Cycloturus didactylus (S. 67) hat einen oben rotbraunen, unten grauen, dichten, weichen, seidenartigen Pelz und findet sich von Honduras bis Nordbrasilien.

2. Familie: **Schuppentiere** (Manididae). Die Schuppentiere sind gleichfalls zahnlos und haben auch eine lange, wurmförmige Zunge, aber ihre Körperbedeckung, die sich auf dem Rumpfe und Kopfe oben befindet, den Schwanz aber ringsum umgibt, besteht aus großen, von vorn nach hinten wie an einem Tannenzapfen sich deckenden Hornschuppen. Alle Füße haben 5 Zehen, die an den vorderen besonders starke Krallen haben, die beim Gehen eingeschlagen getragen werden. Die Schuppentiere rollen sich leicht ein und schlagen in eingerolltem Zustande den bisweilen verbreiterten Schwanz über den Kopf und die eingezogenen Beine weg. Sie bewohnen das kontinentale tropische Afrika, Indien, Südchina und die asiatische Inselwelt bis und mit Java und Formosa. Es sind nächtliche Tiere, die von Ameisen und Termiten leben. Die Gattung umfaßt 3 asiatische und 3 afrikanische Arten.

Temmincks Schuppentier (Manis Temminckii, S. 68) hat einen breiten, kurzen Rumpf und einen sehr breiten, hinten ziemlich plötzlich abgerundeten Schwanz. Die sehr großen, abgerundeten Schuppen stehen auf dem Rücken in 11 bis 15, im vorderen Teil des Schwanzes in 5 und im hinteren in 4 Längsreihen. Es bewohnt das ganze tropische Afrika von der West- bis zur Ostküste.

3. Familie: **Erdferkel** (Orycteropodidae). Diese kleine, bloß eine Gattung und 2 nahe verwandte Arten umfassende Familie ist in ihrem Vorkommen auf das kontinentale Afrika beschränkt, kommt im Norden nicht vor, geht aber weit nach Süden. Die Gestalt der Erdferkel ist plump, ihr Rumpf geht äußerlich allmählich in den langen, kräftigen Schwanz über, der Kopf ist lang und hat einen kegelförmigen, vorn abgestutzten Schnauzenteil. Die äußeren Ohren stehen aufrecht und sind sehr lang, die kräftigen Gliedmaßen sind kurz, die vorderen kürzer als die hinteren. Die Hinterfüße haben 5, die Vorderfüße 4 sehr kräftige hufartige Zehen. Die Haut ist schwartenartig, dick mit einer spärlichen, aber straffen Behaarung. Die Zähne gleichen auf dem Querschnitte spanischem Rohr und sind sehr hinfällig. Bei jungen Individuen ist die höchste Zahl 48, die aber bei alten auf 18 sinkt. Die platte Zunge ist zwar lang und schmal, aber nicht wurmförmig. Die Erdferkel zerscharren nachts die Bauten der Termiten und Ameisen, von welchen Tieren sie leben, und halten sich über Tag in selbstgegrabenen Erdhöhlen versteckt.

Das kapische Erdferkel (Orycteropus capensis, S. 69) hat eine rötliche, graue Färbung.

4. Familie: **Gürteltiere** (Dasypodidae). Die Gürteltiere zeichnen sich vor allen anderen Säugetieren durch ihren Knochenpanzer aus, der durch tafelförmige Verknöcherungen der Lederhaut zu stande kommt. Diese Verknöcherungen treten gruppenweise zusammen und bilden Schutzdecken für den Rumpf, Kopf, Schwanz und teilweise für die Gliedmaßen. Am Rumpfe

zerfällt die Bedeckung meist in 3 Abschnitte: je eine gleichmäßige für die Hals- und Schulter- und für die Beckengegend und eine in bald mehr, bald weniger (3 bis 13) zahlreiche Halbringe oder Gürtel zerlegte für den Mittelteil. Die Gürteltiere können sich, da die Ringe des Mittelteils gegeneinander und gegen den Schulter- und Beckenpanzer beweglich sind, vollkommen aufrollen. Auf der Unterseite, zwischen den einzelnen Knochenplättchen und am Hinterrande der Gürtel stehen spärlich straffe Haare. Bei der Gürtelmaus sind die Panzerteile anders geordnet.

Die Ohren sind gut entwickelt, der Schwanz ist kräftig, öfters auch lang (beides wieder mit Ausnahme der Gürtelmaus). Die Beine sind kurz, aber stark, und die Zehen mit starken Grabkrallen versehen. Die Länge schwankt zwischen 15 cm und über 1 m.

Die Tiere leben einsam, halten sich am Tage in selbstgegrabenen Erdlöchern verborgen und gehen nachts ihrer, hauptsächlich aus Insekten, aber auch aus Würmern und Schnecken, selbst aus Aas und abgefallenen Früchten bestehenden Nahrung nach. Sie bewohnen die Südhälfte des kontinentalen Amerika von Mexiko und Südtexas bis zum 50.° südlicher Breite. Die Familie besteht aus zwei Unterfamilien: den eigentlichen Gürteltieren und den Gürtelmäusen.

a) Unterfamilie: **eigentliche Gürteltiere** (Dasypodinae). Der Rumpfpanzer der eigentlichen Gürteltiere zerfällt in 3 Abschnitte. Sie haben gut entwickelte Ohren und Schwänze.

Das sechsringelige Gürteltier (Dasypus sexcinctus, S. 70) oder Tatu hat 6 Gürtel, an den Seiten und am Unterleib eine sehr starke Behaarung und an allen Füßen 5 Zehen. Es bewohnt Südamerika von Guayana bis Paraguay. Das Kugelgürteltier (Tolypeutes tricinctus, S. 70) hat 3 Gürtel und versteht sich zu einer vollständigen Kugel zusammenzurollen, wobei ihm die sehr hohe Wölbung des Panzers zu statten kommt. Seine Ohren sind nur kurz. An den Vorderfüßen hat es bloß 4 Zehen mit sehr langen Krallen, auf deren Spitzen es läuft. Es findet sich im westlichen Argentinien zwischen dem 34. und 36.° südlicher Breite.

b) Unterfamilie: **Gürtelmäuse** (Chlamydophorinae). Diese Unterfamilie umfaßt bloß eine Gattung und eine Art (Chamydophorus truncatus, S. 68), die Gürtelmaus oder den Schildwurf, die die Gegend von Mendoza im westlichen Argentinien bewohnt. Das Tierchen hat die Größe und die Lebensweise des Maulwurfs. Sein Panzer ist lederartig und besteht aus einem 24reihigen Rückenteil, der sich vom Kopf ohne Unterbrechung bis in die Steißgegend erstreckt, wo sich der Panzer plötzlich in einem rechten Winkel nach unten umschlägt und ein aus 4 konzentrischen Bogenreihen bestehendes Steißschild bildet. An dessen Unterrand in einem Mittelausschnitt entspringt das 3,5 cm lange Schwänzchen, das nach vorn zu unter den Bauch zwischen die Schenkel geschlagen getragen wird. Das Rückenschild verjüngt sich von seinem Hinterrand nach und nach bis zur Stirn, und dem entsprechend nimmt die Zahl der Schilder in den Querreihen ab.

B. Unterordnung: **Faultiere (Bradypoda).** Die Faultiere sind langsam sich bewegende, auf Bäume kletternde und sich von Blättern ernährende Edentaten, die auf das tropische Amerika beschränkt sind. Ihr Kopf ist klein, vorn verkürzt, abgerundet, der Hals ist ziemlich lang. Die Gliedmaßen sind schmächtig und sehr lang, besonders die vorderen. Diese haben 2 oder 3, die hinteren immer 3 Zehen mit sehr langen Krallen, die eingeschlagen getragen werden und vortreffliche Kletterhaken darstellen, an denen sich die Tiere in die Höhe ziehen. Der Schwanz ist ganz winzig oder fehlt äußerlich überhaupt, ebenso fehlt eine Ohrmuschel. Die Behaarung ist lang und äußerst struppig. Ihre grünliche Farbe rührt von einer in den Haaren schmarotzenden Alge her. Es gibt 2 Gattungen: Bradypus (10 Arten), vorn mit 3, und Choloepus (2 Arten), vorn mit 2 Zehen. Zu den 3zehigen Formen gehört das Aï (Bradypus tridactylus, S. 67).

2. Ordnung: Waltiere (Cetacea).

Die Wale sind Säugetiere, die an einen ausschließlichen Aufenthalt im Wasser angepaßt sind. Ihre Körpergestalt ist spindelförmig, der der wahren Fische sehr ähnlich, und läuft hinten in eine wagerechte Schwanzflosse aus. Außerdem haben sie noch ein wagerechtes Gliedmaßenpaar, das vordere, dessen aus einer gering entwickelten Handwurzel und 5 Fingern bestehender freier Teil von einer gemeinsamen Bindegewebs- und Hautmasse umgeben eine Flosse darstellt. Doch ist die Zahl der aufeinander folgenden Fingerglieder weit bedeutender als bei anderen Säugetieren. Spuren von Nägeln fehlen. Hintere Gliedmaßen sind äußerlich nicht vorhanden und sind nur durch einige innen in der Fleischmasse des Rumpfes gelegene Knöchelchen vertreten. Manche Formen haben eine senkrechte, von knöchernen Elementen nicht gestützte Rückenflosse. Ein Hals ist äußerlich gar nicht, innerlich am Skelette nur wenig wahrnehmbar.

Das Haarkleid ist bis auf einige wenige in der Schnauzengegend befindliche, leicht übersehbare Borsten völlig geschwunden, und die dicke, einer mächtigen, außerordentlich fettreichen Unterschicht von Bindegewebe aufliegende Haut ist glatt und schlüpfrig. Die Nasenlöcher, hier Spritzlöcher genannt, liegen dicht nebeneinander in einer gemeinsamen Grube hoch oben auf der Stirn, und der Kehlkopf kann dicht an die inneren, hinten im Gaumen befindlichen Nasenlöcher gepreßt werden, so daß die eingeatmete Luft durch diese unmittelbar in die Lungen gelangen kann. Im Verhältnis zur Körperlänge ist der Kopf immer groß, oft sogar sehr groß. Die Knochen sind sehr schwammig und völlig von Fett durchzogen, so daß das ganze Skelett sehr leicht ist. Die Schädelknochen sind in der Regel auffallend asymmetrisch entwickelt. Die Augen sind relativ sehr klein, und äußere Ohren fehlen vollkommen. Die Zitzen liegen in Taschen sehr weit nach hinten. Das Gehirn der geistig trotz ihrer Plumpheit gut beanlagten Tiere zeigt eine hohe Stufe der Entwickelung, namentlich weist das Großhirn zahlreiche Windungen auf.

Die Wale sind durchaus Bewohner des Wassers, das sie niemals freiwillig verlassen, und in dem sie sogar gebären. Bei weitem die meisten Arten finden sich in den Meeren, besonders in deren polnahen, kälteren Teilen, doch hausen einzelne auch in großen tropischen Strömen. Die meisten leben gesellschaftlich in sogenannten von einem alten Männchen angeführten Schulen und ernähren sich ausschließlich von tierischer Kost. Alle Wale sind große, zum Teil riesenhafte Tiere, und unter ihnen finden sich die größten und schwersten Säuger, die es überhaupt gibt.

Man teilt diese Ordnung in 2 Unterordnungen, die wahrscheinlich gar nicht näher miteinander verwandt sind, und deren große Ähnlichkeit nur die Folge ähnlicher Anpassung an höchst ähnliche Lebensbedingungen ist. Diese Unterordnungen sind die Zahn- und die Bartenwale.

A. Unterordnung: **Die Zahnwale (Denticete).** Bei diesen Tieren liegen die Nasengänge nicht bloß mit ihren Außenöffnungen in einer gemeinsamen Grube, sie sind überhaupt durch keine Scheidewand voneinander getrennt, und die Kiefer sind, allerdings in sehr verschiedenem Umfange, zeitlebens mit Zähnen bewaffnet. Die Zahnwale leben von größeren Tieren, von Fischen, selbst von anderen Walen, die sie gesellschaftlich überfallen. Einige von ihnen sind Süßwasserbewohner. Diese Unterordung zerfällt in 4 Familien: Delphine, Narwale, Schnabelwale und Pottwale.

1. Familie: **Delphine** (Delphinidae). Die Familie der Dephine ist die artenreichste der Wale und umfaßt etwa 100 Arten, die sich in allen Meeren, zum Teil auch in Flüssen finden. Sie haben ein aus meist zahlreichen kegelförmigen Zähnen bestehendes Gebiß, in dem durch Arbeitsteilung noch keine verschiedene Gestaltung der Zähne eingetreten ist. Fast immer ist eine Rückenflosse vorhanden. Hierher gehören die mittelgroßen und kleineren Walformen.

Der gemeine Delphin (Delphinus delphis, S. 71) hat eine glatte, glänzende, teilweise sogar opalisierende Haut, oben von grünlichschwarzer, unten von schneeweißer Farbe. Er bewohnt die kälteren und gemäßigteren Meere der nördlichen Erdhälfte und hat durchschnittlich etwa 100 Zähne. Der Susuk (Platanista gangetica, S. 71), von 2 m Länge, ist oben grauschwarz und unten schmutzig weiß. Er findet sich im Ganges und seinen Nebenflüssen. Das Meerschwein (Phocaena communis, S. 73) ist von gedrungener Gestalt, hat einen vorn abgerundeten Kopf und eine ziemlich weit nach vorn stehende Rückenflosse. Oben ist es schwarz mit grünlichem oder violettem Schimmer, unten weiß. Sein Gebiß besteht aus 80—100 Zähnen. Es findet sich im Atlantischen Ozean vom hohen Norden bis an die afrikanische Küste, geht auch in die Nord- und Ostsee, gelegentlich tritt es sogar in die großen Flüsse über.

2. Familie: **Entenwale** (Hyperoodontidae). Die Entenwale haben eine Schnauze von Schnabelgestalt und ein sehr mangelhaftes Gebiß, indem sich bei erwachsenen Individuen oben gar keine, unten in jedem Kiefer höchstens 2 Zähne finden.

3. Familie: **Narwale** (Monodontidae). Die einzige Art der einzigen Gattung dieser Familie (Monodon monoceros, S. 72) hat statt einer Rückenflosse nur eine Hautfalte und einen abgerundeten Kopf. Das Gebiß ist eigentümlich, denn es besteht aus einem einzigen, im männlichen Geschlechte sehr langen Stoßzahn (ca. von halber Körperlänge), einem Paar rudimentärer Vorder- und einem schwach entwickelten Backenzahn in jedem Oberkiefer, während der Unterkiefer zahnlos bleibt. In der Regel befindet sich der hohle, geradeaus stehende, von rechts nach links

gewundene Stoßzahn im linken Oberkiefer, während der der rechten Seite nur sehr selten zur Entwickelung kommt. Dem Weibchen fehlt dieser Zahn. Die weiche Haut des Narwals ist in der Färbung zahlreichen individuellen Schwankungen unterworfen: der Grund kann weiß, gelblich oder hellgrau sein, und auf ihm stehen in unregelmäßiger Verteilung, nur am Kopfe und auf dem Rücken etwas dichter braune bis schwarze Flecke. Er bewohnt ausschließlich das nördliche Polarmeer und tritt oft in großen Gesellschaften auf.

4. Familie: **Pottwale** (Catodontidae). Diese Familie umfaßt 6 Arten. Es sind die größten Zahnwale mit ungeheuren Köpfen von fast 1/3 Körperlänge. Die knöchernen Kiefer sind schnabelartig zusammengedrückt, und bloß im unteren finden sich jederseits bis 27 Zähne, während die des Oberkiefers, 8 an jeder Seite, unentwickelt bleiben. Der Schädel ist stark asymmetrisch. Die Gestalt des Kopfes, an dem das gemeinsame Nasenloch vorn links an der Schnauze liegt, wird durch die des Schädels nur wenig bedingt, indem seine Profillinie vorn senkrecht abfällt. Die Masse vor dem Hirnschädel und oberhalb der Kiefern besteht aus Bindegewebe, ist von Höhlungen durchzogen, in denen sich eine merkwürdige, flüssige, beim Erkalten gerinnende Masse, das Walrat (sperma ceti), befindet. Die Pottwale oder Cachelots treten hauptsächlich zwischen den Wendekreisen auf und sind im Indischen und Stillen Ozean häufiger als im Atlantischen, doch dringen sie nicht selten weiter polwärts vor. Die bekannteste Art (Catodon macrocephalus, S. 72) hat eine glatte, glänzende, oben grünlichschwarze, nach unten hin hellere Haut.

B. Unterordnung: **Bartenwale (Mysticete).** Die Bartenwale sind die größten und schwersten Tiere der Jetztwelt. Sie sind sehr großköpfig, und ihre im reifen Zustande zahnlosen, bei ganz jungen Tieren mit Zahnkeimen versehenen Kiefer bilden eine Art Schnabel. Der untere verläuft gerade, der obere stellt einen hohen Bogen dar und trägt rechts und links am Rande die Barten oder das Fischbein. Das sind lange, quer dicht hintereinander stehende Hornplatten, Wucherungen des Epithels der Mundhöhle, von dreieckiger Gestalt, mit vereinigten Basen. Die äußere Seite ist ganzrandig und gerade, aber die schief aufsteigende innere ist in ein System langer Fasern zerfallen. So bilden die Barten einen Seihapparat, in dem die kleinen Nahrungstiere, die die Bartenwale mit dem Seewasser in das Maul schöpfen, hängen bleiben, wenn das Wasser zwischen ihm abläuft. Bartenwale finden sich in allen Meeren, in den nördlichen, kälteren aber am zahlreichsten.

1. Familie: **Glattwale** (Balaenidae). Die Glattwale sind ohne Rückenflosse, ohne Furchen an der Unterseite und von plumper, gedrungener Gestalt. Ihre Brustflossen sind breit, ihre Barten lang und schmal. Unsere systematischen Kenntnisse dieser Ungeheuer stehen auf schwachen Füßen. Der zu ihnen gehörige Grönlandwal (Balaena mysticetus, S. 73) ist von schwankender Färbung, bald heller, bald dunkler grau oder bläulich, bisweilen auch gescheckt. Er bewohnt das Eismeer und die nördlichsten Teile des Atlantischen und Stillen Ozeans.

2. Familie: **Furchenwale** (Balaenopteridae). Die Furchenwale sind weit schlanker und zierlicher als die Glattwale gebaut, haben eine weit nach hinten gelegene Rückenflosse und vom Unterkiefer zum Bauch verlaufende Hautfurchen. Ihre Schwanzflosse ist kleiner, die Brustflossen sind schmäler, und ihre Barten kürzer, aber breiter.

Die bekannteste Art ist der Finnwal (Balaenoptera longimana, S. 74), dessen Kopf etwa den vierten Teil seiner Gesamtlänge mißt. In dem am Rande etwas vom Unterkiefer überragten Oberkiefer sitzen über 800 Barten. Auf der Unterseite verläuft in der Mitte eine Längsfurche, an die sich jederseits 10 von vorn nach hinten allmählich kürzer werdende Seitenfurchen anschließen. Die Farbe ist oben grauschwarz und geht nach unten in Weißgrau über. Der Finnwal findet sich fast von Pol zu Pol, ist aber im Nördlichen Eismeer am häufigsten. Durch seine Zeichnung fällt der Zwergwal (Balaenoptera rostrata, S. 74) auf.

3. Ordnung: **Seekühe (Sirenia).**

Die Seekühe sind wie die Wale sehr stark an das Wasserleben angepaßt, darin beruht aber auch die einzige Übereinstimmung, die zwischen beiden Tierordnungen herrscht. Durch diese Anpassung haben sie eine fast ganz nackte Haut und eine horizontale Schwanzflosse erworben, aber die hinteren Gliedmaßen bis auf im Innern gelegene Rudimente eingebüßt. Der Kopf ist verhältnismäßig kleiner als bei den Walen, der Hals äußerlich wenigstens angedeutet, die Nasenlöcher sind getrennt und liegen vorn an der stumpfen Schnauze, und die Milchdrüsen liegen vorn neben der Achselhöhle. Die Sirenen bilden die kleinste Ordnung der beutellosen Säugetiere, die gegenwärtig in ihrem Vorkommen auf die tropischen Gewässer beschränkt ist. Es gibt bloß 2 lebende Gattungen dieser harmlosen Pflanzenfresser, aber über die Zahl ihrer Arten, Unterarten, Lokalrassen 2c. gehen die Ansichten auseinander.

Die Lamatine (Manatus) haben eine hinten abgerundete Schwanzflosse, eine sehr spärliche und kurze Borstenbehaarung. Auch die Brustflossen sind abgerundet und tragen am oberen Rande oft, aber nicht immer, 4 kleine, flache Nägel. Schneidezähne finden sich nur im Oberkiefer junger Tiere, Eckzähne fehlen überhaupt, und Backenzähne stecken oben und unten in jeder Kieferhälfte 10. Sie haben eine breite, viereckige Krone mit 2 durch eine Grube getrennten Querhöckern. In dem Maße, wie die vorderen nach und nach ausfallen, treten hinten neue auf. Die Lamatine finden sich an den tropischen Küsten beider Seiten des Atlantischen Ozeans, gehen aber auch in die großen Flüsse und Seen, in Afrika bis in den Tsadsee hinein. Sie ernähren sich von Tang, Gräsern und anderen Wasserpflanzen, die sie abrupfen, indem sie ihre Oberlippe in Gestalt einer halbmondförmigen Klappe oder einer Art von Rüssel über das Maul schieben. Die fehlenden Schneidezähne werden durch rauhe Hornplatten ersetzt.

Die am besten gekannte Art (Manatus latirostris, S. 75) ist graulichblau von Farbe, oben etwas dunkler als unten und findet sich an der Küste und in den hier mündenden Flüssen Mittelamerikas einschließlich der westindischen Inseln, von Florida im Norden bis zum Kap Nord im Süden.

Die Dujongs (Halicore) bewohnen die Küsten des Indischen Ozeans von Mosambik bis zum Roten Meer im Westen und von da die von Indien, Ceylon und den Malaiischen Inseln im Osten und die nordaustralischen im Süden. Eine Art (Halicore dujong, S. 75) ist sicher bekannt. Sie hat eine halbmondförmig ausgeschnittene Schwanzflosse und auch im erwachsenen Zustande in jeder Oberkieferhälfte einen sehr großen Schneidezahn. Im Unterkiefer kommen Schneidezähne nicht zur Entwickelung, statt ihrer findet sich eine Hornplatte. Eckzähne fehlen. Von den flachkronigen 5 Backenzähnen in jeder Kieferhälfte oben und unten fallen 3 zeitig aus. Der Dujong geht nicht in das süße Wasser und hat niemals Nägel an seinen Brustflossen.

4. Ordnung: **Paarzeher (Artiodactyla).**

Die Angehörigen dieser Ordnung haben nur 2 wohl entwickelte Zehen hinten und vorn, die 3. und die 4., während die anderen mehr oder weniger in der Entwickelung zurückbleiben. Die Paarzeher fehlen in Neuseeland, auf dem Festlande von Australien und auf den westindischen Inseln. Diese Ordnung zerfällt in 3 Unterordnungen.

A. Unterordnung: **Plumptiere (Obesae).** Die Plumptiere umfassen nur eine Familie (Hippopotamidae) mit einer Gattung und 2 Arten, einer kleineren westafrikanischen und dem die Flüsse des größten Teils Afrikas bewohnenden gemeinen Flußpferde (Hippopotamus amphibius, S. 76).

Die Gestalt dieses Tieres ist äußerst plump, der große, fast kubische Kopf hat kleine Augen und Ohren, aber ansehnliche Nasenlöcher und eine breite, stumpfe Schnauze. Der Rumpf ist dickbauchig, in der Kreuzgegend am höchsten, in der Mitte eingesattelt. Der Schwanz ist kurz, höchstens den 9. Teil so lang wie der übrige Körper. Die Beine sind sehr kurz und äußerst plump. Die Vorder- und Hinterfüße haben 4 nach vorn gerichtete und durch schwache Schwimmhäute miteinander verbundene Zehen, die mit derben kurzen Hufen versehen sind und alle den Boden berühren. Die Haut ist sehr dick, am Halse und an der Brust faltig, sonst von Rissen durchfurcht, von graurötlicher Farbe und fast nackt. Nur hin und wieder stehen einzelne kurze, starke Haare, die an der Schwanzspitze eine strähnige Quaste bilden.

Das ungeheure Maul birgt ein gewaltiges Gebiß, oben und unten jederseits mit 2, unten horizontal nach vorn gerichteten Schneidezähnen, die Eckzähne sind nach hinten gebogen, die unteren sehr groß. Höckerige Backenzähne stehen im Ober- und Unterkiefer jederseits 7, im höheren Alter, nachdem der vorderste verloren ist, nur noch 6. Der Magen ist vierteilig, aber die ausschließlich von Pflanzenkost lebenden Flußpferde sind keine Wiederkäuer. Sie werden bis 50 Zentner schwer, halten sich mehr im Wasser als auf dem Lande auf und werfen bloß ein Junges auf einmal.

B. Unterordnung: **Schweine (Suinae).** Die kleineren Schweine haben eine weniger plumpe Gestalt, namentlich zierlichere Gliedmaßen, einen seitlich zusammengedrückten Rumpf, eine verlängerte und zugespitzte oder abgestumpfte rüsselartige Schnauze und 4zehige Füße, deren Zehen von ungleicher Entwickelung sind, indem nämlich die 3. und 4. den Körper tragen, die 2. und 5. aber dahintergelegene, den Boden nicht berührende Afterzehen sind. Die Ohren sind groß, die Augen klein. Die Körperbedeckung besteht aus mehr oder weniger dicht stehenden Borstenhaaren, die gelegentlich einen Rückenkamm und eine Schwanzquaste bilden. Die unteren Schneidezähne stehen fast wagerecht, die oberen fast senkrecht, die Eckzähne sind kräftig, die oberen oft in hohem Grade und dann, wie die unteren als Hauer, nach oben und vorn gebogen. Die vorderen Backenzähne sind meist klein, kegelförmig, die hinteren sind breit mit kräftigen Höckern und Falten. Der Magen zeigt eine schwache Dreiteilung. Die Nahrung wird dem Pflanzen- und Tierreich entnommen. Die Schweine sind sehr fruchtbar, und ihre Jungen haben oft ein buntgescheckte Kleid. Sie bewohnen ganz Europa und Asien bis nahe an den Polarkreis, ganz Afrika mit Madagaskar, die Molukken, die Papuainseln und Neuguinea. In Amerika haben sie nur auf dem Kontinent von Arkansas bis Paraguay Vertreter. Sie bilden eine Familie (Suidae).

Die Gattung der Nabelschweine (Dicotyles) ist die einzige, 2 Arten umfassende, amerikanische. An ihren Hinterfüßen fehlt die Außenzehe. Es sind zierliche, ziemlich dicht, namentlich entlang des Rückens, behaarte Tiere von schwärzlichgrauer Farbe mit sehr kurzem Schwänzchen. Das Pekari (Dicotyles torquatus, S. 76) hat einen hellen Brustfleck, von dem rechts und links nach oben sich verjüngende Halbbinden nach dem Rücken zu aufsteigen.

Das Warzenschwein (Phacochoerus africanus, S. 77) hat oben jederseits bloß einen, unten 3 Schneidezähne und an allen Füßen 4 Zehen. Es bewohnt den Kontinent des tropischen Afrika.

Bei dem fast nackten Hirscheber (Porcus babyrussa, S. 77) sind die Füße 4zehig, und im Oberkiefer stehen sehr lange, dünne Eckzähne. Wird auf Celebes und der Insel Buru gefunden.

Die weitest verbreitete und artenreichste (14) Gattung ist die der echten Schweine (Sus), die ganz Europa und Asien und die malaiisch-papuanische Inselwelt bis und mit Neuguinea bewohnt. Ihre vorderen und hinteren Gliedmaßen haben 4 Zehen, und Ober- und Unterkiefer enthalten je 3 Schneide- und 7 Backenzähne. Hierher gehört das gemeine Wildschwein (Sus scrofa, S. 78), dessen Haare borstig und lang sind und entlang des Rückens einen Kamm bilden. Beim Eber sind die Eckzähne stärker entwickelt als bei der Sau. Das Wildschwein bewohnte ursprünglich ganz Europa mit Ausnahme von Skandinavien und Nordrußland, ebenso Sibirien, die Mongolei, Kleinasien und Nordafrika, hat aber an sehr vielen Stellen der sich immer mehr ausbreitenden Kultur weichen müssen.

Die europäischen Wildschweine gehören auch zu den Stammeltern der Hausschweine, eine zweite Gruppe stammt vom Wildschwein von Celebes und eine dritte vom indischen Schwein ab. Mitglieder der ersten Gruppe sind unter anderen die Berk-, York- und Hamshireschweine (S. 79), der letzten die wunderlichen japanischen Maskenschweine (S. 79).

C. Unterordnung: **Wiederkäuer (Ruminantia).** Die in ihrer Gestalt sehr verschiedenen, aber immer hochbeinigen Wiederkäuer haben vorn und hinten je 2 Haupt- oder Tragezehen, deren Mittelhand- und Mittelfußknochen fast immer verwachsen sind. Die 2. und 5. Zehe sind immer rudimentär (Afterklauen) und fehlen zuweilen fast völlig. Im Oberkiefer finden sich nur ganz ausnahmsweise Schneide- und Eckzähne, im Unterkiefer sind jene durch 3, diese durch ein Stück vertreten. In jeder Kieferhälfte sitzen ferner oben und unten 5 oder 6 oder 7 Backenzähne, die durch einen weiten Zwischenraum von den Vorderzähnen getrennt sind und platte Kauflächen haben. Die Behaarung ist meist kräftig, straff und fest, bisweilen aber auch wollig und weich. Auf der Stirn finden sich häufig paarige Kopfzierate in Gestalt von Hörnern oder Geweihen. Der Magen besteht meist aus 4, selten nur aus 3 Abschnitten: dem am weitesten nach links gelegenen geräumigen Panzen oder Wanst, an den sich der Netzmagen oder die Haube anschließt; hierauf folgt der Blättermagen oder Psalter, und den Beschluß rechts macht der Labmagen. Das gefressene Futter gelangt zunächst in den Pansen. Ist der gefüllt, oder ist das Futter verzehrt, so verhält sich der Wiederkäuer ruhig, drängt einen Teil der genossenen Nahrung durch eine willkürliche Bewegung der Flanken in den Netzmagen, wo der Nahrungsballen durchweicht wird, von diesem steigt er die Speiseröhre hinauf wieder in die Mundhöhle.

Nachdem er hier nochmals gründlich durchgekaut ist, wird er verschluckt und kommt nun unmittelbar in den Blättermagen.

Die Wiederkäuer gehen sehr hoch nach Norden und in die Gebirge hinauf, fehlen aber in Westindien, auf Madagaskar und in den Landgebieten östlich von Timor und den Molukken.

1. Familie: **Kamelartige Wiederkäuer** (Tylopoda). Diese Tiere haben weder Hörner noch Geweihe, jederseits oben 1, unten 3 Schneide-, oben und unten 1 Eck- und oben 6, unten 5 Backenzähne. An den Füßen fehlen die Afterklauen, und die 3. und 4. Zehe treten ganz auf und sind unten mit einer schwieligen Sohle bedeckt. Wilde Tylopoden scheinen sich bloß in Südamerika zu finden, die Stammeltern der altweltlichen, gezähmten, aber ausgestorben zu sein.

Diese altweltlichen Formen bilden die Gattung Kamele (Camelus, S. 80) mit 2 Arten, dem Trampeltier (Camelus bacterianus) mit 2 Höckern, von Zentralasien, und dem Dromedar (Camelus dromedarius) mit einem Höcker, von Westasien und Afrika, neuerdings auch in Australien, Kalifornien und Texas eingebürgert. Beide Formen dürften nur zufolge künstlicher Zuchtwahl voneinander abweichen.

Die Lamas (Auchenia, S. 81) bewohnen das südliche und die gebirgigen Teile des mittleren und nördlichen Südamerika, sind viel kleiner als die Kamele, haben einen verhältnismäßig größeren, seitlich zusammengedrückten, spitzeren Kopf, größere Augen und Ohren, einen schmächtigeren Hals, dünnere und längere Beine, stärker getrennte Zehen, wolligeres, längeres Haarkleid und keinen Buckel.

Das echte Lama (Auchenia lama) ist ein Haustier, wofür schon der große Variationskreis seiner Färbung spricht, dessen Stammrasse nicht bekannt ist, und kommt am besten in den peruanischen Hochlanden fort. Auch das Alpaca (Auchenia pacos) ist ein ausschließliches Haustier. Wirklich wilde Formen, die man aber nicht so ohne weiteres als die Stammeltern der gezähmten ansehen darf, sind das Huanaco (Auchenia huanaco), das die gebirgigen Teile Südamerikas von Feuerland bis Nordperu bewohnt, und die kleinere Vicuña (Auchenia vicugna) vom Kamm der Kordilleren.

2. Familie: **Moschushirsche** (Tragulidae). Die Moschushirsche sind zierliche kleine Wiederkäuer vom Habitus der Rehe, mit sehr kurzem Schwänzchen, ohne Blättermagen und ohne Kopfzierat in beiden Geschlechtern, jedoch haben die alten Böcke im Oberkiefer starke, nach unten gerichtete hauerartige Eckzähne.

3. Familie: **Moschustiere** (Moschidae). Die kurzschwänzigen Moschustiere sind gleichfalls geweihlos, haben im männlichen Geschlecht auch verlängerte Eckzähne im Oberkiefer, aber ihr Magen besitzt die typischen 4 Abteilungen des Wiederkäuermagens, und die Böcke haben einen hinter dem Nabel gelegenen Beutel am Bauche, der eine stark riechende Substanz absondert, den Moschus. In einigen Punkten der Entwickelung weicht diese Familie von den übrigen Wiederkäuern ab. Es gibt nur eine Art (Moschus moschiferus, S. 82), die die Hochgebirge Zentralasiens vom Amur und Nordchina bis Tibet und Siam bewohnt.

4. Familie: **Hirsche** (Cervidae). Die Hirsche sind ansehnliche bis sehr ansehnliche Wiederkäuer, die im männlichen (in einem Falle auch im weiblichen) Geschlechte Geweihe auf dem Kopfe tragen. Diese Geweihe bestehen aus 2 Teilen, einem zu dem betreffenden Stirnbein gehörigen Postament, dem Rosenstock, der nie verloren geht, und einer sekundären Hautverknöcherung, dem eigentlichen Geweih, das alljährlich zu bestimmten Zeiten abgeworfen wird, sich sehr bald aber wieder erneuert. Das frische Geweih ist weich, gefäßreich, nimmt am Stoffwechsel teil und hat einen behaarten Hautüberzug, den Bast. Hat es seine Maximalgröße erreicht, so stirbt es nach und nach ab, der Knochen wird nekrotisch, und der Bast fällt ab oder wird, da die Erscheinung mit einem juckenden Gefühl verbunden ist, vom Träger abgerieben (gefegt). Meist ist das Geweih wiederholt gabelig geteilt, und es nimmt nach jedem Wechsel an Umfang, in der Regel auch an Zahl der gabeligen Teilungen (Enden) zu bis zur Entwickelung der höchsten Lebenskraft des Hirsches. Ist diese vorbei, so hört nicht nur die Steigerung in der Bildung der neuen Geweihe auf, diese werden vielmehr nach und nach schwächer (der Hirsch setzt zurück). Der unterste, nach vorn gerichtete Geweihast heißt der Augensproß. Der Oberkiefer hat keine Schneide- und auch nur selten Eckzähne Backenzähne finden sich oben und unten beiderseits 6. Vor dem Auge liegt eine Vertiefung, die Thränengrube. Die Füße haben 4 Zehen. Die Hirsche bewohnen ganz Amerika mit Ausnahme der westindischen Inseln, ganz

Europa und ganz Asien, Afrika aber bloß in den nördlichsten Teilen, und von den Gebieten östlich von der Straße von Makassar bloß die Molukken und Timor, sind hierher aber wahrscheinlich von Menschen eingeführt und verwildert.

Die Mundjakhirsche (Cervulus) sind verhältnismäßig klein, haben im männlichen Geschlechte verlängerte Eckzähne der Oberkiefer und im eigentlichen Geweihteile schlecht entwickelte Kopfzierate mit nur einer Sprosse, aber sehr lange Rosenstöcke. Der Kidang (Cervulus muntjac, S. 82) bewohnt Vorder- und Hinterindien, Birma, Hainan und die Sundainseln.

Am artenreichsten (40) ist die Gattung der echten Hirsche (Cervus), die auch die Verbreitung der ganzen Familie hat. Sie hat mehrfach verästelte, runde Geweihe, und alte Individuen, namentlich, aber nicht ausschließlich, männliche, bekommen Eckzähne (Haken).

Eine der zierlichsten Formen ist das schwanzlose Reh (Cervus capreolus) und die stattlichste altweltliche Form der Rot- oder Edelhirsch (Cervus elaphus, S. 83), der in Nordamerika durch den noch größeren Wapiti (Cervus canadensis) vertreten wird.

Die Gattung der Damhirsche (Dama) hat Geweihe mit runden Stangen, die sich oben schaufelartig verbreitern. Nur die Augensprosse ist selbständig, die übrigen Sprossen sitzen am Rande der Schaufeln. Das Tier bewohnt wild Kleinasien und die Mittelmeerländer, wird aber auch vielfach sonst in Tierparken in halbgezähmtem Zustande gehalten.

Das in beiden Geschlechtern geweihte Renntier (Rangifer tarandus, S. 84) ist in seiner vorderen Körperhälfte wesentlich stärker als in seiner hinteren und hat wie die folgende Gattung eine behaarte Schnauze und an der Kehle eine Mähne. Es bewohnt die nördlichsten Gegenden der Alten und Neuen Welt bis weit über den Polarkreis hinaus und ist der einzige hirschartige Wiederkäuer, der zum Haustier geworden ist.

Das gewaltigste Hirschtier ist der Elch (Alces palmatus, S. 84) mit breiter, behaarter Schnauze, überhängender Oberlippe, großen Ohren, kleinen Augen, kurzem Schwanz und starker Kehlmähne. Die vordere Körperhälfte ist weit kräftiger als die hintere entwickelt. Nur die Männchen haben im oberen Teile schaufelartig entwickelte Geweihe. Der Elch oder das Elen findet sich in Deutschland lebend nur noch in Ostpreußen, dann weiter in den Ostseeprovinzen, in Skandinavien und in einigen Gegenden des nördlichen Rußland. Das nordamerikanische Moosedeer ist artlich nicht vom Elch verschieden.

5. Familie: **Giraffen** (Camelopardetidae). Diese Familie umfaßt bloß eine lebende Gattung (Camelopardalis) mit 2 nahe verwandten Arten, von denen aber bloß eine (Camelopardalis giraffa, S. 85) näher bekannt ist.

Dem Gliedmaßenbau nach sind die Giraffen gewissermaßen umgekehrte Känguruhs, indem ihre vordere Körperhälfte ein ganz unverhältnismäßiges Übergewicht über die hintere erworben hat. Der Hals ist außerordentlich lang und stark, und der Rücken fällt von den Schultern nach dem Becken zu sehr steil ab. Der Kopf ist gestreckt und zwar an und für sich nicht klein, macht aber bei dem ungeheuern Hals einen kleinen Eindruck. Sehr schön sind die großen Augen des Tieres. Auf der Stirn befindet sich jederseits ein ursprünglich von den Stirnbeinen getrennter, beständig von Haut überzogener Knochenzapfen, und eine dritte unpaare Erhöhung findet sich auf der Mitte des Nasenrückens. Der Oberkiefer ist ohne Schneide- und Eckzähne, hat aber, wie der Unterkiefer, jederseits 6 Backenzähne. Der Schwanz ist lang und trägt am Ende einen Haarpinsel. Das Fell ist kurzhaarig, hat eine sandgelbe Grundfarbe mit unregelmäßig eckigen, großen, heller oder dunkler braunroten Flecken.

Die Giraffe frißt hauptsächlich beblätterte Zweige von Bäumen und hohen Sträuchern, die sie mit ihrer langen, sehr beweglichen Zunge umschlingt und abreißt. Sie bewohnt die Savannengebiete Afrikas.

6. Familie: **Gabelböcke** (Antilocapridae). Auch die Familie der Gabelböcke besteht aus nur einer Gattung mit nur einer einzigen Art (Antilocapra americana), die die nordamerikanischen Gebirge vom Kolumbiafluß im Norden bis nach Mexiko in Süden und vom östlichen Kalifornien im Westen bis zum Missouri im Osten herdenweise bewohnt.

7. Familie: **Horntiere** (Bovidae). Diese sehr große und sehr stark differenzierte Familie zeichnet sich mindestens im männlichen, oft auch im weiblichen Geschlechte durch den Besitz von stark verhornten Epithelscheiden aus, die knöcherne Zapfenfortsätze der Stirnbeine bedecken und keinem periodischen Wechsel unterworfen sind. Im Oberkiefer fehlen die Schneide-

und Eckzähne, Backenzähne finden sich jederseits oben und unten 6. Wir teilen diese etwa 150 Arten umfassende Familie der Wiederkäuer, die auf Madagaskar, den westindischen Inseln fehlt und in den Gebieten östlich von der Straße von Makassar nur auf Celebes Vertreter hat, in die 3 Unterfamilien: der Antilopen, Schafe und Rinder.

a) Unterfamilie: **Antilopen** (Antilopinae). Die antilopenartigen Horntiere zeichnen sich in der Regel durch einen zarten Bau aus, sie haben schlanke, die guten Läufer verratende Beine und meist eine spitze Schnauze. Stets haben die in der Regel gesellig lebenden Tiere Afterklauen, Klauen- und Weichendrüsen und Thränengruben. Die Augen sind groß und stehen ziemlich weit nach hinten, Geruch und Gehör sind bewunderungswürdig hoch entwickelt. Die Körpergröße ist sehr verschieden. Die Antilopen haben mindestens im männlichen, häufig auch im weiblichen Geschlecht Hörner von sehr verschiedener relativer Größe und Gestalt. Sie sind mit Ausnahme einer einzigen nordamerikanischen Art Bewohner der Alten Welt, betreten auch das papuanisch-australische Inselreich nicht. Besonders artenreich ist die Familie in Afrika, sehr arm an Arten (2) aber in Europa. Wir können aus der großen Menge der Formen nur einige interessantere hervorheben.

Die Gemse (Capella rupicapra, S. 86) hat kleine, im männlichen Geschlecht etwas größere als im weiblichen, fast senkrecht aufsteigende und an der glatten Spitze plötzlich zurückgebogene Hörner (Krickeln), die drehrund und schwach geringelt sind. Die Augen sind groß und schön. Die Hufe haben sehr scharfe Kanten, das Rückenhaar ist lang, im Winter bis 18 cm, und hinten an der Handwurzel steht ein ansehnlicher Haarbüschel. Die Hauptfarbe ist grau, im Sommer etwas heller und mehr rötlich, im Winter dunkler und ins Schwärzliche ziehend. Das Gesicht ist, mit Ausnahme eines jederseits vom Auge zur Nase verlaufenden dunkelbraunen Strichs, gelblichweiß. Die Gemse bewohnt die Pyrenäen, die Schweizer und österreichischen Alpen, den hohen Balkan, die Zentralkarpathen und den Kaukasus.

Die Tiere leben gesellig und sind äußerst gewandte Kletterer und Springer.

Ein sehr merkwürdiger Wiederkäuer ist die Saiga-Antilope (Colus tataricus, S. 87), die im äußersten Südosten eben noch Europa betritt, aber im südwestlichen asiatischen Sibirien allgemein verbreitet ist. Sie ist besonders ausgezeichnet durch die wunderlich aufgetriebene, Hohlräume umschließende Knorpelnase, die das Tier ebenso häßlich wie interessant macht. Der Klippspringer (Oreotragus saltator, S. 86) lebt paarweise in Süd- und Ostafrika.

Reizende Geschöpfe sind die Schopfantilopen (Cephalolophus) mit ihren kurzen, geraden, im weiblichen Geschlechte von einem Haarschopf verdeckten oder ganz fehlenden Hörnern. Der Ducker (Chephalolophus mergens, S. 88) ist eine der größten Arten, von Rehgröße, hat aber einen 20 cm langen Schwanz. Die Färbung dieser Südafrika bewohnenden Antilope ist sehr schwankend. Ein durch den Besitz von 4 Hörnern vor allen lebenden, wilden Wiederkäuern ausgezeichnetes Tier ist die Schikara (Tetraceros quadricornis, S. 88) aus Bengalen.

Der Kudu (Strepsiceros kudu, S. 89) ist eine der größten Antilopenarten und trägt im männlichen Geschlecht von allen die längsten Hörner, während die Weibchen hornlos sind. Die Grundfarbe dieses die tropischen Berggegenden Afrikas bewohnenden Tieres ist bräunlichgrau mit einem weißen Rücken- und 8—9 weißen Querstreifen an jeder Seite.

Artenreich ist die Gattung der Kuhantilopen (Bubalis, S. 90), zu der das nördliche (Bubalis bubalis) und das westafrikanische Hartebeest (Bubalis senegalensis) gehören. Der Buntbock (Bubalis pygarga) und der Bleßbock (Bubalis albifrons) bewohnen Südafrika.

Wie ein Zwitterding von Rind und Pferd erscheint das zu Wutausbrüchen geneigte und daher gefährliche, wunderliche Gnu (Catoblepas gnu, S. 87). Von Farbe ist es dunkelbraun mit helleren, langen Schwanz- und Mähnenhaaren. Die Nase ist breit, die Nasenlöcher haben eine Art von Klappe, und an Stelle von Thränengruben finden sich drüsenreiche, mit Haaren überwachsene Höcker. Merkwürdig sind die Hörner, und sie tragen nicht wenig dazu bei, dem Tier ein rindähnliches Vorkommen zu geben. Bei jungen Individuen sind sie rund und gerade nach oben gewachsen, bald aber wenden sich ihre Spitzen nach unten und seitwärts, sie flachen sich ab, wachsen noch mehr nach unten, um sich endlich wieder nach oben zu wenden. An den nahe bei einander stehenden Wurzeln sind sie sehr breit und verjüngen sich sehr rasch nach der Spitze.

b) Unterfamilie: **Ziegen und Schafe** (Ovinae). Die Mitglieder dieser Unterfamilie sind meist mittelgroße Wiederkäuer, die niemals runde, sondern seitlich zusammengedrückte, rückwärts oder seitwärts gerichtete Hörner haben, die durch stärkere oder schwächere Wulste runzelig erscheinen und entweder nur dem männlichen oder auch dem weiblichen Geschlechte zukommen. Ihre ursprüngliche Zweizahl kann bei domestizierten Formen überschritten werden. Die Schnauze ist ganz oder bis auf eine kleine Stelle zwischen den Nasenlöchern behaart. Alle haben kurze, etwas abgerundete Afterklauen und die meisten Klauendrüsen. Ebenso ist die Gegenwart von Thränengruben die Regel. Die Weibchen haben bloß 2 Zitzen. Die Tiere bewohnen Europa, das nördliche Asien bis zu und mit dem Himalaja (mit einer versprengten Art auf den Nilgiris im südlichen Vorderindien), Persien, Kleinasien, die Hochlande von Abessinien und den Atlas. In Nordamerika findet sich eine Art, das Berg- oder Dickhornschaf, im Felsengebirge, und eine zweite, der Moschusochs, im Nordwesten und in Grönland bis weit über den Polarkreis hinaus. Die meisten Formen sind Bewohner der hohen und höchsten Gebirge, denen ihrer ganzen Natur nach auch die niederen Polargegenden entsprechen. Sie leben gesellig, bilden aber nie so große Herden wie Antilopen.

Die Unterschiede zwischen Ziegen und Schafen sind nicht derart, daß man aus beiden Gruppen eigene Unterfamilien machen könnte.

α) Gruppe: Ziegen (Capra). Die Ziegen haben eine kräftige, gedrungene Gestalt, eine breite und hohe Stirn und eine spitz zulaufende Schnauze. Die Hörner sind seitlich stark zusammengedrückt und mit kräftigen Querwülsten versehen. Sie sind bei den männlichen Individuen ansehnlicher, kantiger und rauher als bei den weiblichen und bilden entweder einen einfach nach hinten gebogenen Kreisabschnitt oder sind etwas spiralig gewunden und enden in einer nach außen oder innen gerichteten Spitze. Bei der Schraubenziege sind sie schraubenförmig gewunden. Die meisten Arten haben einen, besonders im männlichen Geschlechte stark entwickelten Kinnbart und tragen den kurzen Schwanz aufrecht. Die längere Achse der nicht runden Pupille steht senkrecht. Thränengruben und Klauendrüsen sind nur in seltenen Ausnahmefällen vorhanden. Die wilden Formen haben ein im Sommer bisweilen stark schwindendes Wollvlies und rauhere und längere Grannenhaare. Die munteren und lebhaften, gewandt kletternden Tiere haben in der Neuen Welt keine Vertreter.

Die echten Ziegen (Hircus) haben seitlich stark zusammengedrückte Hörner, die vorn mit einer Art Kiel versehen sind. Die Schraubenziege (Hircus Falconerii, S. 91) oder der Markhur ist ein schönes, durch seine schraubenförmig gewundenen, beim Bock fast 1 m lang werdenden, nahezu geraden, nur an der Spitze schwach gebogenen Hörner sehr auffallendes Tier. Sie hat eine Rücken- und Halsmähne, und die letztere geht in den sehr starken Bart über. Ihre Hauptfarbe ist ein unreines Weiß, die Seiten sind braun, ebenso die Schnauze und das Kinn und eine Fessel an den Vorderfüßen. Der Bart und die Hörner sind schwarz. Die Schraubenziege bewohnt die Gebirge im nordwestlichen Indien, den Hindukusch, Tibet und Afghanistan.

Ein größeres Wohngebiet hat die Bezoarziege (Capra aegagrus), die sich von Afghanistan und Belutschistan über den Taurus und den Kaukasus bis auf einige Inseln des griechischen Meeres (z. B. Kreta), vielleicht bis in die wenig besuchten Gegenden des Balkan verbreitet. Die Hörner alter Böcke sind sehr kräftig und groß (über 80 cm lang), an der Vorder- und Hinterseite gekielt, mit 10—12 Knoten, und beschreiben nahezu einen Halbkreis. Der Bart ist stark, auch bei der Ziege, das Wollvlies ist gering, aber die Grannenbehaarung kräftig entwickelt. Die Farbe ist graurötlich, an der Unterseite des Halses sehr dunkelbraun, am Bauch und an der Innenseite der Schenkel weiß. Ein wohlmarkierter schwarzer Mittelstreifen läuft über den Rücken und nimmt die Oberseite des Schwanzes ein.

Die Bezoarziege ist sicher eine der Stammarten der Hausziege, doch dürfte diese, wenigstens in einigen Rassen (Angoraziege), auch Blut der Schraubenziege, vielleicht auch noch von anderen west- und zentralasiatischen, bis jetzt noch nicht bekannten Wildziegenarten in sich haben.

Die Ziege ist ein uraltes Haustier und bildet daher auch eine ganze Anzahl beträchtlich voneinander abweichende Rassen. Die schönste und vornehmste ist die Angoraziege (S. 91), die kleiner und kurzbeiniger als die gewöhnliche Ziege ist. Beide Geschlechter haben Hörner, die beim Bock groß, sehr schön und elegant gewunden sind. Das sehr weiche Vlies ist dicht, lang und in jeder Hinsicht üppig entwickelt. Nur das Gesicht, die hängenden Ohren und der untere Teil der Läufe sind kurz behaart. Die Farbe dieser Haare, die bloß eigenartig entwickelte Wolle ist, während die Grannenhaare fast völlig verschwunden sind, ist fast immer rein weiß. Die Heimat des schönen Tieres ist die Umgebung von Angora, einer kleinen Stadt in Kleinasien.

Die Steinböcke (Ibex) haben ungekielte Hörner, die vorn breit und hinten schmal sind. Die Tiere finden sich in verschiedenen, nahe miteinander verwandten Arten und Lokalrassen von den Pyrenäen, der Sierra Nevada und Sierra Ronda durch die Alpen (jetzt fast ganz ausgerottet), den Kaukasus und von hier einerseits bis in den Himalaja, anderseits bis in die sibirischen Hochlande. Eine weitere Art, der Beden, bewohnt die Sinaihalbinsel, das steinige Arabien und die Hochlande von Abessinien.

Der Steinbock der Alpen (Ibex alpinus, S. 92) ist ein sehr kräftiges, muskelstarkes Tier mit ganz schwachem Kinnbart, großen, 20wulstigen Hörnern, die unter Umständen zusammen 10 kg wiegen können. Die Hauptfärbung ist dunkelgrau mit einem Stich ins Rötliche, im Sommer dunkler als im Winter, die Umgebung der Augen, die Innenseite der Ohren, die Schnauze und die Unterseite des Halses sind etwas fahler. Auch an den kurzen kräftigen Beinen finden sich hellere Flecke. Seine Hufe sind ausnehmend stark und hart, und er spreizt sie bei rascher Flucht auseinander.

β) Gruppe: Schafe. Die Schafe haben in der Richtung von vorn nach hinten schwach zusammengedrückte, in derselben Richtung und seitwärts spiralig gekrümmte Hörner, meist mit queren Wellenrunzeln, selten glatt. Ein Bart fehlt, aber es findet sich manchmal eine starke Mähne. Thränengruben und Klauendrüsen sind fast immer vorhanden. Die Haare sind ziemlich verschieden, bald straffer und schlicht, bald weicher und gekräuselt. Diese Gruppe verbreitet sich über das ganze von der Unterfamilie überhaupt bewohnte Terrain.

Die Gruppe umfaßt 2 Gattungen: Schafe und Moschusochsen.

Das Bergschaf (Ovis montana, S. 95) hat einige Eigentümlichkeiten (besonders schlichtes, straffes Haar), die es an Ort und Stelle während einer langen Isolierung erworben haben dürfte, und es kann das das Felsengebirge Nordamerikas bewohnende Tier als der äußerste Ausläufer der Kette von Arten und Lokalrassen der Wildschafe aufgefaßt werden, die im Atlas und in Spanien beginnt, sich über Corsica, Sardinien (früher auch über Griechenland), über die west- und zentralasiatischen Gebirge bis nach Kamtschatka hinzieht. Die Hörner des Bergschafes sind gewaltig umfangreich, wohl im Verhältnis die stärksten, die es überhaupt bei hohlhörnigen Wiederkäuern gibt, sie sind, entlang der fast kreisförmigen Krümmung gemessen, fast 70 cm lang, dabei haben sie einen bedeutenden Durchmesser, so daß es wohl erklärlich wird, daß sie zusammen bis 25 kg wiegen können. Die Farbe des noch wenig gekannten, das Felsengebirge vom 68. bis zum 40. Grad nördlicher Breite und besonders die unter dem Namen mauvaises Terres bekannten Gegenden bewohnenden Wildschafes ist hauptsächlich dunkel graubraun, bisweilen (vielleicht im Alter, im Winter oder im hohen Norden) heller.

Weit bekannter ist der Mufflon (Ovis musimon, S. 93), der gegenwärtig Sardinien und Corsica, früher auch Südspanien und die Balearen, vielleicht überhaupt weitere Striche Europas bewohnte. Die Hörner, die den Weibchen zu fehlen pflegen, sind sehr groß, an der Basis fast gleichseitig dreieckig, platten sich aber weiter nach oben von rechts nach links mehr ab. Sie beschreiben fast einen Kreis, wenden sich erst nach hinten, dann nach unten und außen und endlich wieder nach vorn. Das kurze, straffe, unten am Hals und an der Brust etwas verlängerte Vlies ist dunkelbraun, an der Schnauze, der Brust, dem Bauch und oben an der Innenseite beider Gliedmaßenpaare weiß. Verwandte Arten leben in den Hochgebirgen Mittelasiens von Kleinasien bis Kamtschatka. Wir wissen nicht viel über diese Formen, die zum Teil wahrscheinlich nur Lokalrassen sind.

In Afrika werden die Wildschafe durch das Mähnenschaf (Ovis tragelaphus, S. 93) vertreten, das das Atlasgebirge, Nubien, Kordofan, Abessinien und Ostägypten bewohnt. Es hat, wie eine andere, in den Gebirgen von Nepal vorkommende Art (O. nahoor), keine Thränengrube. Bemerkenswert ist die Entwickelung des rotbraunen Vlieses zu einer bis 20 cm langen Mähne an Kehle, Vorderbrust, dem oberen Teile der Vorderbeine, Oberhals und Widerrist.

Das Hausschaf, das schon die alten Pfahlbauern hatten, dürfte von mehreren Wildschafen aus der Musimonsippe abstammen, vielleicht daß auch bei gewissen Rassen Verwandtschaften zum Mähnenschaf hereinspielen. Der Mensch nimmt am Schaf wesentlich ein doppeltes Interesse, der Wolle und des Fleisches wegen, und muß danach die künstliche Zuchtwahl wirken lassen. Milch und aus ihr bereiteter Käse kommen nur ganz beiläufig in Betracht.

Die zahlreichen Rassen und Unterrassen lassen sich in kurzschwänzige (Urrassen) und langschwänzige (Kulturrassen) einteilen: jene haben bis 13, diese mehr als 13 Schwanzwirbel. Wir können hier nur einige der wichtigeren Rassen hervorheben. Die kurzschwänzigen, meist dunkelfarbigen, selten weißen und dunkelhörnigen Heidschnucken (S. 94), bei denen auch die Weibchen gehörnt sind, haben grobes, langhaariges Vlies und sind wesentlich Fleischschafe, die in den Heidegegenden des nördlichen Europa in mehreren Unterrassen gezogen werden. Das namentlich in England allgemein verbreitete, gleichfalls kurzschwänzige Leicesterschaf ist ein gutes Fleisch-, aber zugleich auch ein Wollschaf, mit weißem, langem, etwas lockigem Grannenhaar. Ausgesprochene Wollschafe sind die Merinoschafe (S. 94) mit ihren verschiedenen Unterrassen, von denen in Deutschland namentlich die Elektoral- und Negrettischafe gezüchtet werden.

Der Moschusochs (Ovibos moschatus, S. 95), der die einzige Art der zweiten Gattung der echten Schafe ist, kann als einer der in jeder Beziehung merkwürdigsten Wiederkäuer bezeichnet werden, und es ließe sich sehr wohl verteidigen, wenn man eine eigene Unterfamilie der Wiederkäuer aus ihm bilden wollte. Er ist ein wahres Verbindungsglied zwischen den Schafen und den Rindern, und lange Zeit hat man ihn thatsächlich den letzteren zugezählt. Gleichwohl herrschen Schafcharaktere bei dem Tiere vor: er hat keine nackte Schnauze, keine Halswamme, nur ein kurzes Stummelschwänzchen und nur 2 Zitzen am Euter. Die kurzen Hörner des Moschusochsen sind an den Basen, mit denen sie zusammenstoßen, sehr breit, krümmen sich etwas nach außen und nach abwärts und endigen in aufrecht stehenden Spitzen. Die Behaarung ist mit Ausnahme des Kopfes und der unteren Teile der Beine sehr lang und dicht, und mit Ausnahme der Füße, der Schnauze und eines Sattels in der Rückenmitte, wo sie weiß ist, von sehr dunkelbrauner, fast schwarzer Farbe. Die Hufe sind klein und machen die Tiere zum raschen Lauf auf Eis, gefrorenem Schnee und Felsen sehr geschickt.

Die Moschusochsen, die einst weit über die nördlichen Teile der Erde verbreitet waren, finden sich jetzt nur noch und zwar herdenweise in Grönland und in Nordamerika jenseits des 60. Grades nördlicher Breite.

c) Unterfamilie: **Rinder** (Bovinae). Diese aus 13 Arten bestehende Unterfamilie der hohlhörnigen Wiederkäuer enthält die größten und kräftigsten Formen der ganzen Familie, deren Hörner nach außen gedreht und mindestens an der Spitze rollrund sind. Thränengruben und Klauendrüsen fehlen, die Schnauze ist nackt, und die weiblichen Individuen haben 4 Zitzen. Die Beine sind kräftig, aber nicht sehr hoch, der Schwanz ist lang und entweder im ganzen oder an der Spitze länger behaart als der übrige Körper, an dem die Behaarung mit wenig Ausnahmen durchaus glatt und fest anliegend ist.

Die wilden Rinder haben die Verbreitung der ganzen Familie, nur gehen sie weniger hoch nach Norden hinauf wie die Schafe und Moschusochsen. In Europa und Nordamerika halten sie sich (in derselben Art) nur noch unter Zuthun des Menschen. Auch in Asien, nördlich von den zum Himalaja gehörigen Gebirgen hat diese Familie, abgesehen vom Kaukasus, keine Vertreter; im südlichen geht sie aber und noch dazu in einer bloß hier vorkommenden, sehr eigentümlichen Art bis Celebes. In den Hochgebirgen Tibets findet sich ein Rind noch bei 6000 m Höhe.

Die Celebes bewohnende Rinderform, der Anoa (Anoa depressicornis, S. 96), hat manche Ähnlichkeit mit den Antilopen und wird wohl auch Celebes-Antilope genannt. Der Anoa ist die kleinste lebende Art der wilden Rinder, da sie bei einer Höhe am Widerrist von 1,4 m nur 2 m Länge erreicht, wovon 30 cm auf den in einer Haarquaste endigenden Schwanz entfallen. Der Kopf ist breitstirnig und gegen die nackte Schnauze hin etwas zugespitzt. Die geraden, im unteren Teile nahezu dreiseitige Pyramiden darstellenden, im oberen Teile runden Hörner beginnen mit breiten, ziemlich weit auseinander stehenden Basen, verjüngen sich nach der Spitze zu rasch, sind nach hinten gerichtet und divergieren nach außen. Der Hals ist für ein Rind auffallend lang. Die wenig dichte Behaarung ist dunkelbraun, am Kopf und innen an den Ohren heller. Die Fesseln beider Gliedmaßenpaare sind weiß. Dieses merkwürdige Tier bewohnt die Gebirgswälder von Celebes. Über sein Freileben ist wenig bekannt.

Am nächsten mit dem Anoa ist unter den Rindern die Gattung der schwerfälligen, plumpen Büffel verwandt (Bubalus), die eine kurze, gewölbte Stirn, einen kurzen Hals, kurze, starke Beine, eine breite, nackte Schnauze, einen bequasteten Schwanz und in der Regel ansehnliche Ohren haben. Die Hörner wurzeln weit hinten am Schädel, sind stark, an der Basis sehr dick, auf ihrer Oberfläche höckerig oder wulstig, biegen sich erst rück- und abwärts, dann seit- und endlich aufwärts. Das sehr schwache Haarkleid verrät die Wasserfreunde. Von den 5 Arten dieser Gattung sind 3 kontinental-afrikanisch, eine findet sich im nördlichen und mittleren Indien, und sie ist wahrscheinlich die Stammform einer auf die Sundainseln, Timor, Celebes und die Philippinen vom Menschen eingeführten und dann verwilderten fünften, scheinbar eigenen Art.

Der in der Jugend schwach behaarte, im Alter fast ganz nackte, bläulichschwarze Kaffer- oder Schwarzbüffel (Bubalus caffer, S. 97) ist ein sehr starkes, wildes und gefährliches Tier mit verhältnismäßig kurzen Hörnern. Diese sind an der Basis ungeheuer breit und stoßen beim Bullen oben auf dem Scheitel zusammen (bei der Kuh nicht), verjüngen sich aber nach der Spitze zu sehr rasch, richten sich erst nach unten und vorn, dann nach oben und hinten und mit der Spitze endlich wieder nach oben und innen. Der Kafferbüffel ist ein Herdentier des östlichen und zentralen, früher auch des südlichen Afrika bis zur Kapstadt, also im ganzen des nicht oder nur gering bewaldeten. Die Jagd auf dieses Tier ist ein sehr gefährliches Vergnügen.

Quer durch das zentrale Afrika von den Gestaden des Atlantischen Ozeans im Westen bis zum oberen Nil im Osten lebt, und stellenweise mit dem Kafferbüffel zusammen, eine andere wesentlich kleinere Art, der Rotbüffel (Bubalus brachyceros, S. 96). Die Färbung schwankt, wie es scheint, nach der engeren Heimat dieser Tiere von rötlichgelb bis beinahe schwarz. Die Behaarung ist etwas besser als beim Kafferbüffel entwickelt, stellenweise ist sie, wie am Schwanzende und am Oberrande der großen Ohren, sogar zottig. Das Gehörn ist, wie es scheint gleichfalls als lokale Rasseneigentümlichkeit, sehr verschieden gestaltet, aber immer wesentlich geringer als beim Kafferbüffel entwickelt, auch bildet der Rotbüffel nie so große Herden wie dieser.

Ein weit schwächeres Rind, aber, was die Färbung anlangt, das schönste von allen wilden Arten, ist der Hinterindien von Birma an, Ostsumatra, Borneo und Java bewohnende Banteng (Bibos sondaicus, S. 98). Sein Fell ist oben schwarzbraun, nach den Seiten hin dunkler, auch der Schwanz ist oben von der Farbe des Rückens, unten an der Wurzel aber weiß, und um die Afterregion herum steht ein großer, weißer Spiegel, auch sind die 4 Gliedmaßen von der Fessel an abwärts weiß. Die kleinen, schwarzen, weit auseinander stehenden Hörner bilden zusammen einen eleganten Halbmond. Auch die Gestalt des Tieres muß für ein Rind als elegant bezeichnet werden. Die kleinhörnige Kuh ist da, wo der Bulle dunkelbraun ist, hell rötlichbraun und hat einen dunkeln Rückenstreifen. Die Rippen dieses in feuchten Wäldern hausenden Tieres sind flach und außerordentlich breit. Der Banteng läßt sich leicht zähmen und geht mit dem Hausrinde Kreuzungen ein.

Gebirgige und waldige Gegenden Vorderindiens bewohnt der Gaur (Bibos gaurus, S. 97), der größer und schwerer als der Banteng wird, ihm aber in der Färbung gleicht, nur fehlt ihm hinten der weiße Spiegel.

Eine andere hinterindische Rinderform ist der Gayal (Bibos frontalis), dessen Kühe sehr ähnlich wie der Gaur gefärbt, während die größeren und plumperen Bullen einfarbig braunschwarz sind. Die kurzen, unten sehr dicken, kegelförmigen, sich nur in geringem Grade biegenden Hörner sind bei den männlichen Individuen weit stärker als bei den weiblichen und flankieren eine mächtige, breite Stirn.

In seiner Körpergestalt gleicht der Gayal schon einigermaßen den Angehörigen der Gattung der Wisent (Bison), die in einer Art, aber 2 Lokalrassen (europaeus und americanus, S. 100), einst den größten Teil Europas und Westasiens einerseits und Nordamerikas anderseits in großen Herden bewohnten, jetzt aber in diesen Ländern nur an einzelnen Stellen und wesentlich unter Schutz seitens des Menschen ihr kümmerliches Dasein fristen: in Europa im Walde von Bialowicza in Litauen, in Asien am nördlichen Abhang des Kaukasus und in Nordamerika im Nationalpark des Yellowstone-Thales. Die Stirn dieser Rinderform ist sehr breit und vorgewölbt, ihre kurzen Hörner und ihre kleinen Augen stehen weit auseinander. Durch die kolossale Entwickelung der oberen Dornfortsätze der ersten Rückenwirbel haben die Tiere ein hochbuckeliges Widerrist, wie es keinem anderen Säugetiere eigen ist. Hierdurch fällt die Rückenlinie nach der wesentlich schwächeren hinteren Körperhälfte sehr stark ab. Die Haare sind weich, von graubrauner Farbe und werden im Winter zu einem wahren Wollvlies. An der vorderen Körperhälfte bilden sie eine Art von Mähne. Die Kühe sind in allen Punkten schwächer. Die amerikanische Rasse hat einen größeren Kopf als die altweltliche, auch ist bei ihr die vordere Körperregion in jeder Beziehung, im Buckel, in der Behaarung 2c., stärker entwickelt.

Wir haben nur noch eine wilde Rinderart zu betrachten: das ist der Yak oder **Grunzochse** (Poëphagus grunniens, S. 99), ein echtes, die westlichen, zum Himalaja gehörigen Berge zwischen 4000 und 6000 m bewohnendes Gebirgstier. Durch ihre starke, lange und weiche Behaarung, die an den Seiten und den Beinen bis zur Erde reicht, erinnern die Tiere entfernt an die Moschusochsen, doch haben sie einen langen, sehr stark behaarten Schwanz, der auf dem Boden schleift. Die alten Individuen sind schwarz, an den Seiten mit einem braunen Hauch, bisweilen mit einem weißen Schwanz und einem weißen Stirnflecken. Die Hörner sind nicht allzu groß, glatt, halbmondförmig und biegen sich auf-, aus-, auch etwas vorwärts und mit der Spitze nach innen. In seinem Vaterlande wird der Yak seit langer Zeit gezüchtet und ist ein wahres Haustier geworden, das als solches auch eine sehr verschiedenartige Färbung angenommen hat.

Eins der nützlichsten, wenn nicht das nützlichste Haustier, das die vielseitigste Verwendung durch Fleisch, Milch nebst den aus ihr gewonnenen Produkten, Haut, Horn, Knochen, Dung und Arbeitskraft findet, ist das **Hausrind**. Die Geschichte der Züchtung des Hausrindes verliert sich in die graue Vorzeit, und wir können über seine Herkunft, wie über die so vieler Haustiere, nur mehr oder weniger einleuchtende Vermutungen aufstellen.

Es ist sehr wahrscheinlich, daß das Hausrind verschiedene Stammväter hat, und daß durch Kreuzungen von deren Nachkommen in verschiedenen Graden die mannigfachen Rassen jenes Haustieres zu stande gekommen sind. Wir sahen im Vorhergehenden, daß der Mensch noch heutigentags wilde Rinder zähmt und gezähmte mit wilden kreuzt. Es ist sehr möglich, daß das älteste europäische Hausrind von dem in historischer Zeit ausgestorbenen wilden Auerochsen (Bos primigenius) und vielleicht von einer oder zwei anderen, früher ausgestorbenen Arten abstammt, das indische und durch dieses das afrikanische aber von indischen wilden Formen, vom Banteng, oder vom Gaur oder Gayal, oder ein Mischprodukt aus allen dreien ist. Wir können auf das Wesen der verschiedenen Rinderrassen hier unmöglich näher eingehen und müssen uns begnügen, nur ein paar flüchtig zu streifen.

Das schönste Hausrind ist das in einigen Wildparken Nordenglands und Südschottlands in halbwildem Zustande gehegte **Parkrind** von milchweißer Farbe mit schwarzer Schnauze, schwarzen Ohren, Hörnern und Hufen.

In Nordwesteuropa ist der **Holländer Schlag** (S. 101) der verbreitetste, den manche Forscher für die unvermischte Nachkommenschaft des Wisent halten. Der Schweiz entstammt der Freiburger Schlag. Eine häßliche, dickleibige, kurzbeinige, kleinköpfige, aber hinsichtlich des Fleisches unübertroffene Rasse ist das dem östlichen England angehörige **Durhamrind** (S. 101).

Eine andere Gruppe von Hausrindern bilden die **Höckerrinder**, die in zwei großen Hauptrassen, in die afrikanischen oder **Sangas** und in die indischen oder **Zebus** (S. 98), zerfallen. Die afrikanischen Höckerrinder sind jedenfalls kein Landesprodukt, sondern stammen von in sehr früher Zeit eingeführten indischen ab, ob man nun den Ursprung dieser auf den Banteng oder auf andere Arten zurückzuführen habe, ist noch nicht mit Sicherheit festgestellt. In der Färbung, Beschaffenheit der Hörner (es gibt hornlose, kurz- und langgehörnte Formen) und in der Größe schwanken die Tiere sehr, aber allen ist der, an und für sich bedeutungslose, nach hinten überhängende Fettbuckel eigentümlich, ein Produkt der künstlichen Zuchtwahl, wie es wahrscheinlich auch der einfache Rückenhöcker Dromedars und der des doppelte des Trampeltieres ist.

5. Ordnung: **Unpaarzeher (Perissodactyla).**

Die Unpaarzeher sind große Säugetiere mit Schneidezähnen auch im Oberkiefer, meist auch mit Eckzähnen, mit 3 Zehen an den hinteren, 4 an den vorderen Gliedmaßen, oder mit 3 Zehen oder mit 1 Zehe an allen vieren. Der Schwund der ursprünglichen Fünfzahl der Zehen der Ahnen dieser Ordnung ging nach und nach so vor sich, daß erst die innerste, dann die äußerste bei den dreizehigen, dann die zweite, darauf die vierte bei den einzehigen in Wegfall kamen. Der Schwindprozeß begann wahrscheinlich an der hinteren Extremität. Die Perissodactylen haben kein Schlüsselbein und einen einfachen Magen. Die Zitzen stehen in den Weichen. Diese Ordnung ist arm an Familien, aber diese sind die sehr verschiedenartig entwickelten Überreste eines in der

Vorwelt mächtigen Tierstammes. Vertreten ist sie auf dem Kontinent des tropischen Amerika, in der südlichen Hälfte des nördlichen Asien, am familienreichsten in Indien, am artenreichsten in dem kontinentalen Afrika. Abgesehen von Westindien, Madagaskar, der indisch-australischen Inselwelt, östlich von Java, fehlen Unpaarzeher gegenwärtig auch noch in Europa und Nordamerika.

1. Familie: **Tapire** (Tapiridae). Diese eigentümlich verbreitete Familie hat 4 Arten, zum Teil allerdings von sehr zweifelhaftem Werte, in den Gebirgen von Zentralamerika und eine in Malakka, auf Sumatra und Borneo. Die Tapire sind mittelgroße Tiere von ziemlich gestreckter Gestalt und einem pyramidenartig zugespitzten Kopf, der in einen kurzen, des Greifens fähigen, vorn abgestumpften Rüssel ausläuft. Die Augen sind klein, die Ohren mäßig groß, oben abgerundet, der Schwanz ist stummelartig entwickelt, die vorn vier-, hinten dreizehigen Gliedmaßen sind kräftig. Die Behaarung ist nicht stark, kurz und steigert sich nur entlang der Mitte des Nackens gelegentlich zu einer niedrigen Mähne. Die Hufe sind nicht groß, aber kräftig. Oben und unten finden sich jederseits 3 Schneidezähne, 1 Eckzahn, Backenzähne sind oben 7 und unten 6 vorhanden. Die Tiere sind ausschließlich Pflanzenfresser und führen ein amphibisches Leben.

Die indische Art, der Schabrackentapir (Tapirus indicus), ist ein schönes Geschöpf. Sein Kopf und Hals, das vordere Viertel des Rumpfes, die Gliedmaßen, die Steißregion nebst der unteren Hälfte des Schwanzes und ein breiter Längsstreifen der Unterseite sind tiefschwarz, die Ohrenränder und der nicht schwarze Teil des Rumpfes ist weiß mit einem Stich ins Bläulichgraue. Eine Nackenmähne ist nicht vorhanden.

Von den 4 oder 5 nur teilweise näher gekannten Arten sei nur der Anta (Tapirus americanus, S. 102) erwähnt, von schwarzgrauer Farbe mit hellgrau gesäumten Ohren. Die Behaarung bildet eine kurze Nackenmähne. Der Anta ist kleiner als der Schabrackentapir. Er findet sich im südlichen und im östlichen tropischen und subtropischen Südamerika. In den nördlichen und westlichen Teilen dieses Kontinents wird er durch mehr oder weniger nahe verwandte Arten verteten. Es ist bemerkenswert, daß die so weit und jedenfalls auch sehr lange voneinander getrennten indischen und amerikanischen Formen einen so hohen Grad der Übereinstimmung in der Organisation bewahrt haben.

2. Familie: **Nashörner** (Rhinocerotidae). Die Mitglieder dieser, in der Gegenwart auf das tropische Asien und Afrika, ausschließlich Madagaskar, beschränkten Familie sind sehr große Tiere von außerordentlich plumper Gestalt, mit sehr dicker, in verschiedenem Umfange faltiger, meist fast völlig nackter oder nur sehr spärlich behaarter Haut, mit 1 oder 2 zapfenlosen Hörnern auf dem Nasenrücken, von denen, im Falle es ihrer zwei sind, das vordere das längere ist, und mit 3 Zehen an beiden Gliedmaßenpaaren. Im Ober- und Unterkiefer findet sich jederseits ein Paar Schneidezähne, die aber entweder gar nicht zum Durchbruch kommen oder zeitig verloren gehen und zwar oben zuerst die äußeren, unten die inneren. Eckzähne sind nicht vorhanden, wohl aber jederseits oben und unten 7 kräftige Mahlzähne. Es sind reine, das Wasser sehr liebende Vegetarier, die mehr einzeln oder in kleinen Trupps leben.

Man kann 2 Gruppen unterscheiden: eine einhörnige, indische, mit starkgefaltener Haut, und eine zweihörnige, afrikanische, mit mehr glatter Haut, aber beide sind geographisch doch nicht scharf geschieden, da es auch in Indien zweihörnige, glatthäutige Formen gibt.

Aus der indischen Gruppe sei das gewöhnliche einhörnige Nashorn (Rhinoceros unicornis) hervorgehoben, dessen Haut ein System von Platten bildet, die durch regelmäßig verlaufende, tiefe Furchen getrennt sind. Die Farbe ist bräulichgrau mit einem Stich ins Rötliche oder Bläuliche. Die Nase ist in der Umgebung des Horns ein wenig behaart, auch trägt das freie Schwanzende eine Haarquaste. Diese Nashornart findet sich in Vorder- und Hinterindien. Eine zweite einhörnige, kleinere Art (Rhinoceros javanicus), vielleicht auch nur Unterart, bewohnt Java und die anderen Sundainseln, ein zweihörniges (Rhinoceros sumatrensis) Sumatra und Malakka, ein zweites mit langhaarigen Ohrbüscheln (Rhinoceros lasiotis) Hinterindien und Malakka.

Bei den afrikanischen ist die Haut nur schwach faltig und niemals bilden sich auf ihr Schilder.

Die am längsten von ihnen in Europa bekannte Art ist das gemeine zweihörnige Nashorn (Rhinoceros bicornis, S. 102). Außer am Schwanze finden sich nur noch am Ohr einige sehr kurze, aber dicke Haare. Die Färbung ist schmutzig blau- bis rotgrau. Das Tier bewohnt den größten Teil Afrikas, besonders im Osten vom 15. Grad nördl. Br. an südwärts, einst bis in die Nähe der Kapstadt. Eine zweite sogenannte Art, der Keitloa (Rhinoceros Keitloa), unterscheidet sich nur durch ein längeres, hinteres Horn und ist kaum als Unterart anzusehen. Eine wirkliche 2. Art ist aber das Stumpfnashorn (Rhinoceros simus). Der sehr lange Kopf mißt über den vierten Teil des Körpers, ohne Schwanz, seine Oberlippe ist vorn nicht zugespitzt, und er trägt 2 Hörner, von denen das hintere nur kurz, meist etwa 12—15 cm lang ist, das vordere, gerade aufsteigende oder schwach nach vorn gebogene aber bis 1 m und darüber lang wird. Die Farbe ist weit heller als bei anderen Nashornarten, meist ein unreines Gelbgrau. Das gewaltige Tier bewohnt Südafrika.

3. Familie: **Pferde** (Equidae). Bei den Pferden, einer wenig differenzierten, nur eine Gattung (Equus) und 8 Arten enthaltenden Familie der Unpaarzeher ist die Zahl der Zehen an allen Füßen auf eine gesunken (d. h. auch „Einhufer"), die Mittelzehe, und die Tiere gehen auf den Spitzen der 4 ihnen gebliebenen Zehen, die mit zierlichen Hufen versehen sind. Doch können Reste der 2. und 4. Zehe, die innerlich stets vorhanden sind, auch äußerlich (als sogenannte „Kastanien") entweder an beiden Fußpaaren oder mindestens am vorderen auftreten. Die Pferde haben oben und unten jederseits 3 mit einem queren Eindruck versehene Schneidezähne, je einen kleinen Eckzahn und 6—7 Backenzähne mit breiter Kaufläche in jedem Kiefer. Der Schädel der Pferde ist gestreckt, ihre mittelgroße Gestalt ist zierlich, ebenso sind es die Beine. Der Schwanz ist wohl entwickelt und entweder nur am Ende oder ganz behaart. Das im übrigen kurze Haarkleid bildet nur noch auf dem Nacken eine seitlich herabhängende, oder eine aufrecht stehende kürzere Mähne. Wilde Pferde finden sich quer durch Mittelasien südlich bis zum westlichen Indien und gehen von hier ohne Unterbrechung durch Arabien, Syrien und das nordöstliche Ägypten in das kontinentale Afrika über. Sie sind Herden bildende Pflanzenfresser.

Gestreifte Wildpferde, von denen wohl 5 Arten angenommen werden, aber wahrscheinlich nur 3 mit Recht, sind ausschließlich zentralafrikanisch.

Das Zebra (Equus zebra) ist am ganzen Leib, auch an den Füßen, weiß und schwarz oder schwarzbraun gestreift. Es hat eine aufrechte, kurz-, aber dichthaarige Mähne und einen bloß am Ende lang-, sonst aber kurzbehaarten Schwanz. Sehr nahe verwandt mit dem Zebra, vielleicht artlich nicht von ihm verschieden, ist eine schmäler, aber dichter gestreifte Form (Equus Grevyi). Die Tiere bewohnen die waldarmen Gebiete Afrikas, besonders den Süden und Osten. Sie gleichen mehr Eseln als Pferden. Der Dauw (Equus Burchellii, S. 103) hingegen hat weit mehr das Ansehen eines Pferdes und ist die schönste wilde Art von ungefähr derselben Größe wie das Zebra. Die Farbe ist oben gelblichweiß, unten weiß; der Kopf, der Hals und die Mähne sind schmal schwarz und weiß; der Rumpf ist abwechselnd mit breiteren schwarzen und schmäleren braunen Streifen auf hellem Grund geziert, die Füße sind vom Knie- und Ellbogengelenk an einfach weiß. Es sei aber bemerkt, daß die Färbung der Dauws nicht unwesentlichen individuellen Schwankungen unterworfen ist. Die Heimat dieses Tieres ist Süd- und die östliche Hälfte von Mittelafrika bis nach Abessinien nordwärts.

Das Quagga (Equus quagga) ist etwas größer als der Dauw, hat einen in ganzer Ausdehnung langbehaarten Schwanz und eine kurze, aufrechte Mähne. Die Grundfarbe ist braun, nach dem Rücken und dem Kopf zu dunkler. Der Bauch, der Schwanz und die Innenseite der Schenkel sind weiß. Nur der Kopf, der Hals und die Oberseite des Rumpfes bis an die Hinterschenkel heran zeigen hellere und dunklere Streifen. Die Heimat des Quaggas ist Südafrika.

Der echte Wildesel ist der Stammvater unseres Hausesels und bewohnt in zwei Lokalrassen Afrika, als Equus africanus oder taeniopus die nördlichen Teile des mittleren Ostafrika von Hochnubien bis an das Rote Meer, und als Equus somalicus das Somaliland. Die erstere Unterart ist hell graulichgelb, unten heller mit einem schwarzen Schulter- und einem von diesem rückwärts laufenden, medianen Rückenstreifen. Auf den Fußteilen der Gliedmaßen finden sich nach innen nicht ganz durchgehende Querstreifen. Der Somali-Esel ist größer, mit hängender Mähne, ohne Schulter- und mit nur schwachem Rückenstreifen. Die Beine haben viele und deutliche, dunkle Querringe.

Der Hausesel (S. 103) ist ein sehr altes Haustier, dessen Züchtung schon in vorgeschichtlicher Zeit und wahrscheinlich zuerst in Oberägypten ihren Anfang nahm. Man unterscheidet den arabischen, ägyptischen und südeuropäischen, besonders spanischen Esel. In Nordeuropa ist das Tier entartet. Kreuzungsprodukte von Eselhengst und Pferdestute bezeichnet man als Maultiere, solche von Eselstute und Pferdehengst als Maulesel. Beide sind selten fortpflanzungsfähig.

Westasien wird von Syrien bis in das nordwestliche Indien vom **Onager** (Equus onager) bewohnt, einem zierlichen Wildpferd von gelblicher, beim Hengst durch ein doppeltes, dunkleres Schulterkreuz gehobener Farbe. Ostwärts schließt sich an den Verbreitungsbezirk des Onager der einer zweiten wilden Pferdeart, des **Dschiggetai** (Equus hemionus) oder **Kulan** an, der von den Ostabhängen des Ural bis zu den Nordabhängen des Himalaja und bis zur chinesisch-mongolischen Grenze gefunden wird. Er ist größer als der Onager und ein ungemein rasches, zartgliederiges Tier mit etwas schwerem Kopfe, geradem Rücken, einer kurzen, aufrecht stehenden Mähne und einem bloß am Ende behaarten Schwanze. Der Dschiggetai hat ein sandfarbenes Fell, das nach der Schnauze zu in Weiß und nach der Unterseite zu in ein sehr helles Grau übergeht. Entlang des Rückens verläuft ein mittler brauner Längsstreifen.

Die Tarpane (S. 104) der südrussischen Steppen werden wohl mit mehr Recht als verwilderte zahme Pferde, wie sie in vielen Gegenden der Erde vorkommen, denn als wirklich wilde angesehen.

In einem neuerdings in der Dsungarei entdeckten Wildpferde (Equus Przevalskii) glaubte man den wahren, bis dahin noch unbekannten Stammvater des **Hauspferdes** aufgefunden zu haben, was wieder mehr als zweifelhaft geworden ist, so daß die Geschichte der Herkunft unserer domestizierten Pferde nach wie vor in Dunkel gehüllt bleibt. Unser Wissen von der Zähmung des Pferdes ist nicht größer als unsere Kenntnis von der der meisten anderen Haustiere — sie fing in vorhistorischer Zeit an.

Man kann die Rassen der Hauspferde in 2 Gruppen teilen: in die der abendländischen und die der morgenländischen. Die ersteren sind im allgemeinen größer, schwerer und plumper. Zu ihnen gehören unter anderen die englische Vollblutrasse, die britische Ponyrasse, die Ardennerrasse, die dänische Rasse und noch 18 andere Rassen, die zum Teil wieder in zahlreiche Unterrassen zerfallen (die englische Ponyrasse z. B. in 4). Die morgenländische Gruppe umfaßt nur 4 Rassen, die häufig, wie die mongolisch-tatarische, sehr reich an Unterrassen und Schlägen sind. Auch das bekannte Trakehner Pferd (S. 104) ist morgenländischer Herkunft. Die berühmtesten Rassen dieser Gruppe sind die der Berberei und vor allen die arabisch-persische.

6. Ordnung: **Rüsseltiere (Proboscidea).**

Die Ordnung der lebenden Rüsseltiere umfaßt nur eine Gattung: Elefant (Elephas), mit 2 Arten: dem indischen (indicus) und dem afrikanischen (africanus).

Die **Elefanten** haben ein eigenartiges Gebiß. Die langen Hauer sind nicht etwa Eckzähne, die überhaupt fehlen, sondern Schneidezähne, denn sie finden sich im Zwischenkiefer und nur in ihm, normalerweise im Unterkiefer auch nicht rudimentär. Die 8 Backenzähne (2 in jeder Kieferhälfte) bestehen aus einer größeren Anzahl ursprünglich getrennter Lamellen, die erst sekundär miteinander durch Zement verschmelzen. Zuerst werden die vorderen schräg von vorn und unten nach hinten und oben abgeschliffen. Je mehr dieser Prozeß weiter vor sich geht, desto mehr rücken die hinteren Zähne nach vorn, so daß es eine Zeit im Elefantenleben gibt, wo der hintere Teil des vorderen und der vordere des hinteren zugleich in Thätigkeit sind. Der Körper der Elefanten ist außerordentlich plump gebaut, sehr kurz zu der Höhe des buckelartig entwickelten Widerristes. Der Hals ist kurz, der Kopf sehr groß, im Profil durch die Entwickelung großer und zahlreicher Lufträume in den betreffenden Knochen sehr steil ansteigend. Nach vorn verlängert sich die Schnauze in einen äußerst beweglichen, langen, durch eine innere Scheidewand der Länge nach geteilten Rüssel, der am sehr nervenreichen, einen sehr feinen Tastapparat darstellenden vorderen Ende die beiden Nasenlöcher und am oberen Rande einen fingerartigen, zum Greifen eingerichteten Fortsatz hat. Die Beine sind besonders plumpe Cylinder mit fast kreisrunder Sohle. Die 5 Zehen sind durch Haut so vollkommen miteinander vereinigt, daß die freie Bewegung der einzelnen ausgeschlossen ist, und haben platte nagelartige Hufe. Der Schwanz ist lang und trägt am Ende eine aus straffen, drahtartigen Haaren bestehende Quaste. Die Haut ist sehr dick, von vielen kleineren und größeren, spaltartigen Runzeln durchzogen, aber nur sehr spärlich behaart. Die Augen der Elefanten sind klein, ihre äußeren Ohren aber sehr groß.

Die Elefanten leben ausschließlich von pflanzlicher Kost, lieben den Aufenthalt in der Nähe das Wassers und bewohnen die für sie geeigneten Gegenden der altweltlichen Tropen.

Geistig sind die Elefanten sehr hoch, wenn nicht die am höchsten stehenden Tiere, besonders der indische.

Der afrikanische Elefant (Elephas africanus) hat ganz außerordentlich große äußere Ohren. Die gegenwärtigen, vielfach wechselnden Aufenthaltsorte der wanderlustigen Tiere sind wesentlich auf Zentralafrika beschränkt.

Der indische Elefant (Elephas indicus, S. 105) ist kleiner und verhältnismäßig niedriger. Sein Kopf ist vorn und oben gewölbter als beim afrikanischen, sein Rüssel ist dicker, seine Stoßzähne sind kürzer und seine äußeren Ohren bei weitem kleiner.

Die Heimat des indischen Elefanten ist fast ganz Vorder- und Hinterindien, soweit das Land nicht öde Steppe und das Tier nicht ausgerottet ist, sowie die Inseln Ceylon, Sumatra und Borneo. Die diese beiden letzteren Inseln bewohnenden Individuen bilden eine eigene Lokalrasse (Elephas indicus sumatranus).

7. Ordnung: Klippdachse (Lamnungia).

Diese kleine nur eine Familie (Hyracidae) mit einer Gattung (Hyrax), aber mit etwa 10, zum Teil allerdings sehr zweifelhaften Arten umfassende Ordnung bewohnt das kontinentale Afrika (auch auf Fernando Po wird eine eigene Art gefunden) und Syrien.

Die Klippdachse oder Damans sind kleine Tiere vom Nagetierhabitus, mit einem länglichen, cylindrischen Rumpf, kurzem Hals, großem, nach vorn zugespitztem Kopf, zierlichen, mittellangen Beinen, die vorn vier, hinten drei bis fast an die Spitzen in einer gemeinsamen Hautscheide steckende Zehen haben. Die Innenzehe der Hinterfüße trägt eine Kralle, die übrigen Nägel. Der Schwanz ist äußerlich kaum wahrnehmbar. Im Oberkiefer findet sich jederseits ein bleibender, dreikantiger, stark nach unten gebogener Schneidezahn, während die 2 jederseitigen des Unterkiefers eine horizontale Richtung haben. Die Schneidezähne wechseln in dem Maße, wie sie vorn abgenutzt werden, von hinten her nach. Eckzähne fehlen durchaus, so daß zwischen den Schneidezähnen und den 7 vierkantigen, mit einer Reibfläche versehenen Backenzähnen in jeder Seite des Ober- und Unterkiefers eine ansehnliche Lücke ist. Die Weibchen haben 6 Zitzen, werfen aber doch nur 2, schon auf einer hohen Stufe der Entwickelung stehende Junge.

Die Damans haben einen dichten, weichen Pelz, eine gespaltene Schnauze und kurze, runde Ohren. Die Fußsohlen haben in der Mitte eine Spalte, die sich beim Aufsetzen und Anpressen des Fußes auseinander gibt, so daß sich unter ihnen ein luftleerer Raum bildet. Auf diese Art saugen sich die Klippdachse beim Klettern an sehr steilen, ja senkrechten Felswänden, was sie ausgezeichnet verstehen, vorübergehend fest. Sie leben wohl ausschließlich von Pflanzenkost.

Die bekannteste Art ist der abessinische Damander Aschkoko (Hyrax abyssinicus, S. 106), welcher einen grau und braun gesprenkelten, unten etwas helleren Pelz hat. Der syrische Klippdachs wird schon im Alten Testament erwähnt; Luther hat seinen hebräischen Namen mit „Kaninchen" übersetzt.

8. Ordnung: Nagetiere (Rodentia).

Die Ordnung der Nagetiere ist die artenreichste der Säuger und umfaßt außerordentlich verschiedenartig entwickelte Elemente, die gleichwohl niemals mit den Angehörigen anderer Ordnungen verwechselt werden können, sondern sich durch einige äußere und innere Eigentümlichkeiten sofort als das ausweisen, was sie sind.

Da ist zunächst das Gebiß, das bei allen Nagern mit einziger Ausnahme der Hasen oben und unten in jeder Kieferhälfte einen einzigen Schneidezahn von hoch charakteristischer Beschaffenheit enthält, der durch die Art seiner Benutzung auch den Knochen des Kopfes aller Formen gewisse gemeinsame Eigenschaften verliehen hat. So verläuft namentlich die Längsachse der vorn offenen, gestreckt-ovalen zur Verbindung des Schädels mit dem Unterkiefer dienende Gelenkgrube ausnahmslos von hinten nach vorn, so daß die Bewegung des Unterkiefers in derselben Richtung sehr erleichtert, ein seitliches Ausweichen seiner Gelenkflächen aber so gut wie ausgeschlossen ist. Die Schneidezähne (Nagezähne) selbst sind stark gekrümmt und die oberen längeren greifen über die unteren weg. Alle haben nur an der vorderen Fläche einen harten Schmelzüberzug, wodurch sich beim Gebrauch die übrige Zahnsubstanz rascher abnutzt und der Zahn die Beschaffenheit einer Art von Meißel mit vorderer scharfer Kante annimmt. Die Zähne sind hinten hohl, ohne eigentliche Wurzel, reichen weit über, bez. unter die Backenzähne nach hinten und wachsen in demselben Maße, wie sie abgenutzt werden, nach. Sie sind keinem Wechsel unterworfen, und ihre Vorderseite ist öfters braungelb pigmentiert. Die Zahl der im Wurzelteil gleichfalls hohlen, mit breiter Kaufläche versehenen Backenzähne ist sehr schwankend (von 2—6 in jeder Ober- und Unterkieferhälfte), und sie sind von den Schneidezähnen durch weite Zwischenräume getrennt. Sehr selten fehlen die Schlüsselbeine (Familie der Ferkelhasen, Caviidae) oder sind rudimentär entwickelt (Familie der Stachelschweine und Hasen). Da bei den Ferkelhasen und Hasen zugleich die Elle und Speiche unbeweglich miteinander verbunden sind, können diese Tiere die Vorderpfoten nicht drehen und sie daher nicht, wie die übrigen Nager, dazu benutzen, das Futter zum Maule zu bringen. Meist finden sich an den Vorder- und Hinterfüßen 5 krallentragende Zehen.

Eine weitere gemeinsame, nur den Bilchmäusen abgehende Eigentümlichkeit ist innerer Natur: die bedeutende, bisweilen kolossale Entwickelung des Blinddarms. Das Gehirn ist bei allen Nagern gering entwickelt, klein, die Hemisphären sind (mit Ausnahme des Wasserschweins) windungslos und lassen das Kleinhirn unbedeckt.

Die Körperbedeckung ist sehr verschieden und schwankt vom weichsten Seidenhaar bis zu Borsten und Stacheln und kann auch in sehr verschiedener Dichtigkeit auftreten. Die oft sehr langen Schwänze sind bisweilen ganz oder fast ganz haarlos und mit einem verhornten Epithel überzogen. Die Spitze der Schnauze und die Oberlippe können in verschiedenem Umfange gefurcht und gespalten sein. Verschiedene Formen haben Backentaschen, deren Innenseite mit Haaren besetzt sein können, und die zum Eintragen von Nahrung dienen.

Die Sinnesorgane sind im allgemeinen mittelmäßig, einzelne bei einzelnen sehr gut entwickelt. Bei den unterirdisch lebenden Blindmollen sind die Augen, wenn sie auch alle typischen Bestandteile enthalten, rudimentär, sehr klein und von der äußeren Haut überzogen. Denselben Tieren und einigen anderen Formen fehlen äußere Ohren. Die Zahl der Zitzen beträgt von 2—14; sind ihrer sehr viel, so bleiben sie nicht auf dem Bauch beschränkt, sondern können auch an die Brust hinaufrücken. Die meisten Nager sind sehr fruchtbar.

Sie sind kleine bis sehr kleine Tiere, die größte Art wird etwa 1 m, die kleinste 7 cm lang. Auch die äußere Gestalt bietet große Verschiedenheiten, je nachdem man es mit laufenden, springenden, kletternden, grabenden, schwimmenden, selbst vorübergehend schwebenden Formen zu thun hat. Die meisten sind reine Pflanzenfresser, doch sind viele nebenher auch auf tierische Kost sehr erpicht.

Die Nagetiere sind fast kosmopolitisch verbreitet und fehlen ursprünglich nur auf den ozeanischen Inseln, wohin sie jetzt auch in Gefolgschaft des Menschen gekommen sind (Ratten und Mäuse). Neuseeland soll eine eigene Rattenart besessen haben, die vielleicht mit den Maoris einwanderte und jetzt ausgerottet sein soll. Die Nager haben bis zum äußersten Norden Vertreter, und Arten von ihnen gehen in den Hochgebirgen bis in die Regionen des ewigen Schnees.

Wir teilen die Ordnung in 6 Unterordnungen, in die der hasen-, stachelschwein-, taschennager-, maus-, dscherboa- und eichhornartigen Nager.

A. Unterordnung: **Hasenartige Nager (Lepores).** Die Angehörigen dieser Unterordnung haben oben jederseits 2, ringsum mit Schmelz bedeckte Schneidezähne, der kleinere äußere liegt hinter dem größeren inneren.

Es gehören hierzu 2 Familien:

1. Familie: **Echte Hasen** (Leporidae), mit kurzem, buschigem Schwanz (Blume), langen Ohren (Löffeln), verlängerten und verdickten, zum Springen eingerichteten Hinterbeinen (Hinterläufen) und verkümmerten Schlüsselbeinen.

Hasen finden sich in ganz Europa und Asien mit Ausnahme der Malaiischen Inseln, im kontinentalen Afrika mit Ausnahme des tropischen Westens, in ganz Nordamerika und im kontinentalen Südamerika mit Ausnahme Chiles. Nach Norden und in den europäischen Gebirgen geht der Schneehase (Lepus variabilis) hoch hinauf. Der gemeine europäische

Feldhase (Lepus timidus, S. 106) fehlt in Nordeuropa, geht aber östlich bis Persien. Das Kaninchen (Lepus cuniculus, S. 107) stammt aus Südeuropa, ist seit dem Altertum gezähmt, aber an vielen Punkten der Erde, auch in Deutschland, auf den Madeirainseln, den Antillen, Falklandinseln, ganz besonders aber in Australien verwildert und bildet teilweise von der Stammart in Größe, Färbung und Lebensgewohnheiten sehr abweichende geographische Rassen. Man unterscheidet neben dem gemeinen Kaninchen noch zwei Kulturrassen: das Widder- und Angorakaninchen. Der Leporide oder das Hasenkaninchen soll ein problematisches Kreuzungsprodukt zwischen Hasen und Kaninchen sein. Es gibt zwischen 30 und 40, teilweise sehr unsichere Hasenarten.

2. Familie: **Pfeifhasen** (Lagomyidae). Diese Familie umfaßt eine Gattung (Lagomys) und 11 Arten, die selbstgegrabene Höhlen in gebirgigen, wüsten Gegenden Nordasiens von den Abhängen des Himalaja bis zum Polarkreis und das nordamerikanische Felsengebirge bewohnen. Sie haben kurze Hinterfüße, kurze Ohren und ein vollkommen entwickeltes Schlüsselbein. Der Alpenpfeifhase (Lagomys alpinus, S. 107) kommt rötlichbraun und schwarz vor und findet sich in den Gebirgen Zentralasiens.

B. Unterordnung: **Stachelschweinartige Nager (Hystrices).** Diese Unterordnung enthält sehr verschieden entwickelte Bestandteile, die wesentlich nur in einigen Eigentümlichkeiten des Knochenbaues und darin, daß alle oben und unten 4 Backenzähne in jeder Kieferhälfte haben, sonst aber äußerst wenig übereinstimmen. Bei weitem die meisten Angehörigen dieser Unterordnung sind kontinental-amerikanisch.

1. Familie: **Chinchillen** (Chinchillidae). Die Chinchillen haben ansehnliche Ohren, lange, buschige Schwänze, einen weichen und dichten, seidenartigen Pelz. Sie sind Bewohner Südamerikas, besonders seiner gebirgigen Teile. Die Wollmaus (Eriomys lanigera, S. 108) ist etwa so groß wie eine Ratte, die große Chinchilla (Eriomys chinchilla, S. 109) ist größer. Beide Arten liefern ein sehr gesuchtes Pelzwerk. Die Viscacha (Lagostomus trichodactylus, S. 108) ist bedeutend größer und bewohnt das Flachland des südlichen Südamerika.

2. Familie: **Trugratten** (Octodontidae). Rattenähnliche Nager mit kurzen, nur in der unteren Hälfte behaarten Ohren, langem, meist beschupptem Schwanze, vorn nur mit 4, hinten mit 5 Zehen. Sie bewohnen Südamerika von Brasilien bis Feuerland, die Antillen und in je einer Art das nordwestliche und das östliche Afrika. Die bekannteste Art ist der Schweifbiber (Myopotamus coypa), eine Wasserform des gemäßigten Südamerika. Die Hutia-Cong (Capromys pilorides, S. 110) gehört in die Gattung der Ferkelratten, von deren 3 Arten zwei Cuba und eine Jamaica bewohnen. Die in Frage stehende Art kommt von Cuba, hat einen oben tief dunkelbraunen, unten helleren Pelz. Der Tukotuko (Ctenomys magellanicus) gehört zu der Gattung der das gemäßigte Südamerika bewohnenden Kammratten, die sich durch den Besitz eigenartiger, kammähnlicher Borsten oberhalb der Nägel der Hinterfüße auszeichnen. Sie wohnen in selbstgegrabenen Höhlen, lassen häufig den Ruf Tukotuko erschallen und haben den Habitus des Hamsters, nur sind sie kleiner. Die typische Gattung dieser Familie sind die Achtzahner (Octodon), oben und unten jederseits mit 4 Backenzähnen, mittellangen Ohren und ziemlich langem, im hinteren Drittel stark behaartem Schwanze. Der Degu (Octodon Cummingii, S. 110), ein Bewohner Chiles, haust in Höhlen, vermag zu klettern und sammelt Wintervorräte ein, verfällt jedoch nicht in einen Winterschlaf. Die westafrikanische Rohrratte (Aulacodus swinderianus, S. 109) hat eine borstige Behaarung.

3. Familie: **Ferkelhasen** (Caviidae). Das ist eine, wenigstens in einer Art, dem Meerschweinchen, allgemein bekannte Familie, mit hufartigen, oben gekielten Nägeln an den 4 Zehen jedes Vorder- und an den 3 jedes Hinterfußes. Die 6 Gattungen und 28 Arten bewohnen ganz Südamerika einschließlich der westindischen Inseln. Die Ferkelhasen und die echten Hasen sind die abweichendsten Formen der Nagetiere.

Das gemeine Meerschweinchen (Cavia cobaya, S. 111) fanden die Eroberer Perus schon als Haustier der Eingebornen vor. Über die wilde Stammform desselben herrscht Unsicherheit, nach Ansicht vieler Forscher ist es Cavia aparea, nach der anderer Cutleri, oder ein Kreuzungsprodukt beider. Sie sind meist dreifarbig: gelb, schwarz oder grau und weiß, selten einfarbig: weiß oder gelb, am seltensten zweifarbig. Die Mara (Dolichotis patagonica, S. 112) ist ein eigentümlicher, hochbeiniger, langohriger Bewohner des südlichen Südamerika, der sich

Höhlen gräbt. Das größte und plumpste Nagetier ist das 1 m lange und ½ m hohe Wasserschwein (Hydrochoerus capybara, S. 113), das sehr kurze Ohren, keinen äußerlich wahrnehmbaren Schwanz, starke Hufe und als echtes Schwimmtier zwischen den Hinterzehen Schwimmhäute hat. Es findet sich an den Ufern süßer Gewässer im ganzen westlichen Südamerika. Das gewöhnliche Aguti (Dasyprocta aguti, S. 114) ist ein niedliches Tierchen, mit zierlichen, ziemlich hohen Gliedmaßen und einer kurzen, glatt anliegenden Behaarung, die in der Steißgegend sich verlängert. Das Paka (Coelogenys paca, S. 114) ist von Gestalt etwas dem Meerschweinchen ähnlich, aber bedeutend größer und hochbeiniger. Es hat Backentaschen und an allen Füßen 5 Zehen. Sein borstiger Balg ist schmutzig braungelb von Farbe mit jederseits 5 Längsreihen weißgelber runder Flecken. Das Tier lebt in selbstgegrabenen Höhlen von Paraguay bis Nordbrasilien und den nächstgelegenen Antilleninseln.

4. Familie: **Stachelschweine** (Hystricidae). Die Angehörigen dieser Familie sind ansehnliche Nagetiere, mit langen, zwischen steifen Borstenhaaren sich erhebenden Stacheln. Die Schlüsselbeine sind nicht vollständig entwickelt, die Innenzehe der Vorderfüße ist verkümmert, die Hinterfüße sind 5- oder 4zehig. Die Familie zerfällt in 2 Unterfamilien.

a) Unterfamilie: **Grabende Stachelschweine** (Hystricinae) mit langen, runden Stacheln, einfach gefurchten, sonst glatten Sohlen und starken Grabnägeln. Die Hystricinen, zu denen das südeuropäische und nordafrikanische Stachelschwein (Hystrix cristata, S. 115) gehört, bewohnen außer den Mittelmeerländern das ganze kontinentale Afrika und Asien südlich vom Himalaja nebst Ceylon und den Sundainseln. Sie graben sich Höhlen. Ein merkwürdiges Tier ist der Quastenstachler (Atherura africana, S. 116) von Westafrika mit am Ende verbreiterten Stacheln am Schwanze.

b) Unterfamilie: **Kletternde Stachelschweine** (Cercolabinae) oder Baumstachelschweine, bewohnen ganz Amerika mit Ausnahme der Antillen und der südlichsten Teile. Sie haben eine schlankere Gestalt, ihre Fußsohlen sind rauh, warzig und die Stacheln sind kürzer. Ihre Schwänze sind länger und bei diesen echten Klettertieren meist zu teilweise kahlen Greifapparaten umgestaltet, wie beim gemeinen mittel- und südamerikanischen Greifstachler (Cercolabes prehensilis, S. 111).

C. Unterordnung: **Taschennager (Saccomyes).** Die Taschenratten haben im Ober- und Unterkiefer beiderseits 4 Backenzähne, innen behaarte Backentaschen, ungespaltene, behaarte Oberlippe, 5 Zehen und eine straffe Behaarung ohne Unterwolle. Sie finden sich ausschließlich in Nordamerika.

1. Familie: **Taschenmäuse** (Saccomyidae). Die Taschenmäuse sind schlanke Nager mit langem Schwanze und verlängerten Hinterbeinen. Der hierher gehörige Taschenspringer (Dipodomys Philippii, S. 117) bewohnt die ödesten Gegenden Kaliforniens.

2. Familie: **Taschenratten** (Geomyidae). Die Mitglieder dieser Familie sind auffallend plumpe, dicke Tiere mit langen Grabkrallen an den Vorderfüßen und einem kurzen Schwanz. Sie haben sehr große Backentaschen und als unterirdisch lebende Säuger kleine Augen und keine äußeren Ohren. Der Goffer (Geomys bursarius, S. 116) ist so groß wie ein Hamster und findet sich in Kanada und im östlichen Felsengebirge.

D. Unterordnung: **Mäuse (Mures).** Diese Unterordnung ist nicht nur die artenreichste der Nager, sondern die zweitartenreichste der Säugetiere überhaupt, nur die Unterordnung der insektenfressenden Fledermäuse umfaßt mehr Arten. Die hierher gehörigen Formen haben meist in allen Kiefern je 3 Backenzähne, in der Regel einen etwas verlängerten Kopf, gut entwickelte Schlüsselbeine, an den Vorderfüßen einen verkümmerten Daumen, aber an den Hinterfüßen alle 5 Zehen. Die Gestalt ist meist schlank und gestreckt, die Ohren und der Schwanz sind verschieden entwickelt. Sie sind klein und fast kosmopolisch verbreitet.

1. Familie: **Wurfmäuse** (Spalacidae) oder Blindmäuse haben einen kurzen, gedrungenen Körper, einen dicken Kopf, einen ganz kurzen oder überhaupt keinen Schwanz, sehr kleine, von der Haut überdeckte Augen und keine äußeren Ohren. Die Gliedmaßen sind nahezu gleichlang, aber die vorderen haben stärkere Füße. Diese Tiere haben die Lebensweise der Maulwürfe und demzufolge starke Grabkrallen. Sie sind ausschließlich altweltlich und im südöstlichen Europa, im westlichen Mittelasien, im kontinentalen Afrika und in Indien ziemlich zerstreut verbreitet. Die interessanteste Gattung ist die der nur eine Art umfassenden Blindmolle (Spalax typhlus, S. 117), Eingeborne des südwestlichen Sibirien und Südosteuropas bis nach Ungarn und Galizien

2. Familie: **Wühlmäuse** (Arvicolidae). Die Angehörigen dieser Familie sind meist von geringer Größe, und die einzelnen Formen zeigen ein sehr gleichmäßiges Gepräge: einen wenig zierlichen Körper, einen dicken Kopf, kurze Ohren und einen in der Regel kurzen Schwanz. Die Tiere bewohnen, bisweilen in großen Mengen erscheinend und wandernd, den Norden der Alten und der Neuen Welt bis über den Polarkreis hinaus. Eine der gelegentlich in ungeheuern Massen auftretenden Arten ist der skandinavische Lemming (Myodes lemmus, S. 118), ein hübsches Tier. In welchen geradezu fabelhaften Individuenzahlen unsere gemeinen Feldmäuse (Arvicola arvalis, S. 118) zuweilen vorkommen können, ist allbekannt. Ein sehr bekannter und wegen seiner großen Schädlichkeit stark verfolgter Nager ist die in selbstgegrabenen Höhlungen am Wasser hausende, gern und viel schwimmende Wasserratte (Arvicola amphibia, S. 119). Die einzige nützliche Art der zahlreichen Gesellschaft der Wühlmäuse ist die Bisamratte (Fiber zibethicus, S. 119), eine Bewohnerin Nordamerikas, die ein sehr wertvolles Pelzwerk liefert.

3. Familie: **Echte Mäuse** (Muridae). Die Mäuse haben in der Regel eine spitze Schnauze, eine gespaltene Oberlippe, lange Schnurrhaare, meist lange, in der Regel fast ganz haarlose, mit eckigen Hautschuppen bedeckte Schwänze, zierliche Gliedmaßen und 5zehige Füße, jedoch ist die Innenzehe der Vorderfüße verkümmert. Es sind kleine bis sehr kleine, sehr weit, ja zum Teil durch Anschluß an den Menschen kosmopolitisch verbreitete Tiere, die oft schädlich und lästig werden. Die Familie zerfällt in zwei Unterfamilien: Hamstermäuse und Rattenmäuse.

α) Unterfamilie: **Hamstermäuse** (Cricetinae), verhältnismäßig große, plumpe Mäuse mit ansehnlichen Backentaschen. Hierher gehört unser gemeiner Hamster (Cricetus vulgaris, S. 120), ein 25 cm langer, oben gelbbrauner, unten schwarzer Nager mit kurzen Ohren und Schwänzchen. Er gräbt sich kunstreiche Erdbauten und trägt allerlei Vegetabilien für die kalte Jahreszeit ein, die er größtenteils verschläft. Das sehr schädliche Tier verbreitet sich vom Ob quer durch Mitteldeutschland bis zum Rhein.

β) Unterfamilie: **Rattenmäuse** (Murinae). Die Rattenmäuse haben lange, fast haarlose, geringelte oder beschuppte Schwänze und keine Backentasche. Als Schmarotzer des Menschen treten 3 Arten auf: Die Hausmaus (Mus musculus, S. 120), von gelbgrauer Farbe, die Wanderratte (Mus decumanus, S. 121), erst seit 1727 in das Abendland eingedrungen, oben graubraun, unten grauweiß, und die kleinere, dunklere, im Aussterben begriffene Hausratte (Mus rattus, S. 121). Ein hübsches, Nordafrika bewohnendes Tier ist die Streifenmaus (Mus barbarus), die der Länge nach rotbraun und schwärzlich gestreift ist.

E. Unterordnung: **Springmäuse (Dipoda)** oder Dscherboas. Die Angehörigen dieser Unterordnung sind sofort an den unverhältnismäßig langen Hinterbeinen und an den langen, behaarten Schwänzen zu erkennen. Sie haben außerdem einen stark abgerundeten Hirnschädel. Die vorderen Füße haben 5 Zehen, von denen die innerste bisweilen verkümmert, die hinteren deren 5, 4 oder 3. Die Tiere bewohnen ganz Nordamerika, das ganze kontinentale Afrika, das südöstliche Europa, das gemäßigte Nordasien, Indien und Ceylon.

Die Unterordnung umfaßt 3 Familien: Springhasen, Sandspringer und echte Dscherboas.

1. Familie: **Springhasen** (Pedetidae) haben 4zehige Hinterfüße, deren Zehen alle den Boden berühren, und keine verwachsenen Mittelfußknochen. Der Schwanz hat eine buschige Behaarung. Es gibt bloß eine Südafrika bewohnende Art (Pedetes caffer, S. 122) mit einer ähnlichen Färbung wie unser Hase.

2. Familie: **Hüpfmäuse** (Jaculidae). Diese Tiere sind nordamerikanisch. Ihre Hinterfüße verhalten sich wie in der vorigen Familie, aber ihre sehr langen Schwänze sind ganz dünn behaart.

3. Familie: **Echte Dscherboas** (Dipodidae). Die Dscherboas oder Wüstenspringer haben mit Ausnahme Nordamerikas und Südafrikas die Verbreitung der ganzen Familie. An ihren 4zehigen, außerordentlich verlängerten Hinterfüßen verwachsen die Mittelfußknochen der drei mittelsten Zehen, die allein den Boden berühren, während die äußere oder die innere entweder völlig verschwunden, oder eine von beiden in verkümmerter Gestalt vorhanden ist. Die bekannteste der etwa 20 Arten dieser Gattung ist die ägyptische Wüstenspringmaus (Dipus aegyptiacus, S. 122), mit einem langen, am Ende stark quastenartig behaarten Schwanz. Sie hat große, ausdrucksvolle Augen, lange Ohren und eine im allgemeinen sandartige, graugelbe Färbung. Ihre Heimat ist das nordöstliche Afrika und das westliche gemäßigte Asien.

F. Unterordnung: **Eichhornartige Nager (Sciuri).** Die eichhornartigen Nager haben oben und unten 4, oder oben 5, unten 4 Backenzähne und besitzen wohlentwickelte Schlüsselbeine. Vorn und hinten finden sich 5 Zehen, von denen aber vorn die innere verkümmert ist. Im übrigen sind die einzelnen Formen, besonders im Äußeren, recht verschieden.

1. Familie: **Biber** (Castoridae). Die Angehörigen dieser Familie bewohnen in einer Gattung und in je einer Unterart die Alte (Castor fiber europaeus, S. 123) und die Neue Welt (Castor fiber americanus). In Deutschland lebt das Tier nur noch an beiden Ufern der Elbe, etwa zwischen Wartenberg und Magdeburg. Auch sonst ist es in den südlichen und mittleren Ländern Europas ganz oder fast ganz ausgerottet, aber in nördlicheren Gegenden, auch des asiatischen Sibirien, ist er stellenweise eine noch häufige Erscheinung. Der Biber hat in jedem Ober- und Unterkiefer 4 Backenzähne, an allen Füßen 5 Zehen, zwischen denen der größeren hinteren, von denen die zweite eine Doppelkralle hat, Schwimmhäute, kurze Ohren und einen breiten, größtenteils beschuppten Schwanz. Die Färbung des plumpen Tieres ist oben dunkelbraun und wird nach unten heller. Auch die etwas dunklere und etwas schmalschädeligere nordamerikanische Form ist in starker Abnahme begriffen und in Kanada noch am häufigsten.

2. Familie: **Bilchmäuse** (Myoxidae). Die Bilch- oder Schlafmäuse haben dieselbe Zahl von Backenzähnen wie die Biber. An den Vorderfüßen haben sie 4 wohlentwickelte Zehen und eine innere verkümmerte, und an den Hinterfüßen 5. Der meist dicht behaarte Schwanz ist so lang oder etwas kürzer als der Körper, der Kopf schmal, nach vorn etwas zugespitzt, die nackten Ohren sind groß, und der Pelz ist dicht und weich. Die Bilche erinnern in ihrem Habitus an die Eichhörnchen. Ein innerer, negativer Charakter ist für diese Familie sehr bedeutungsvoll: das Fehlen des Blinddarmes. Die Bilchmäuse finden sich in den nicht zu kalten Gegenden Europas und Nordasiens sowie im kontinentalen Afrika. Die kleine Haselmaus (Muscardinus avellanarius, S. 124) hat einen etwa 6 cm langen Schwanz. Sie ist ein allerliebstes, Mitteleuropa bis Oberitalien im Süden, England und Südschweden im Norden und Galizien im Osten bewohnendes Tierchen, das die Gesellschaft ihresgleichen liebt und sich sehr kunstreiche Nestchen baut, die es nur während seiner nächtlichen Streifzüge verläßt. Die große Haselmaus (Eliomys vitella, S. 124) findet sich in den mittleren Gegenden der westlichen Hälfte Europas und wird in ihrer östlichen durch den auch in ganz Südeuropa vorhandenen Siebenschläfer (Myoxus glis, S. 124) ersetzt.

3. Familie: **Hörnchen** (Sciuridae). Die Hörnchen haben jederseits oben 4 oder 5, unten 4 Backenzähne, einen dichtbehaarten Schwanz und einen großen Blinddarm. Die Familie zerfällt in 2 Unterfamilien, in die der Murmeltiere und die der echten Hörnchen.

a) Unterfamilie: **Murmeltiere** (Arctomyinae). Die Murmeltiere haben kurze Schwänze, rudimentäre Backentaschen. An ihren Vorderfüßen ist die dritte Zehe länger als die übrigen. Sie haben ziemlich plumpe Leiber und hausen in selbstgegrabenen Erdhöhlen. Die Angehörigen dieser Familie finden sich in nördlichen Gegenden der Alten und der Neuen Welt, lieben die Geselligkeit, und die meisten verfallen in einen besonders tiefen Winterschlaf. Die Ostgrenze der Verbreitung des Ziesels (Spermophilus citillus, S. 125) liegt in Süd- und Mittelrußland, und von hier ist er, westwärts langsam vordringend, schon bis in das östliche Thüringen gelangt. Der etwas größere Präriehund (Cynomys ludovicianus, S. 125) hat eine eigentümlich kläffende Stimme und bewohnt in teilweise ungemein individuenreichen Gesellschaften („Dörfern") gewisse Stellen der nordamerikanischen Prärien. Die Steppen Zentralasiens und Süd- und Mittelrußlands von den Gestaden des Stillen Ozeans bis nach Galizien und dem südlichen Polen belebt in ähnlicher Weise der Bobak (Arctomys bobac, S. 126). Die hohen Lagen der Karpathen, Alpen und Pyrenäen beherbergen einen Vetter des Bobak, das Alpenmurmeltier (Arctomys marmota, S. 126).

b) Unterfamilie: **Echte Hörnchen** (Sciurinae). Die Mitglieder dieser Unterfamilie haben oben 5, unten 4 Backenzähne in jeder Kieferhälfte und einen langen, namentlich an den Seiten lang behaarten Schwanz. Sie fehlen bloß auf den Papuainseln, in Australien und Neuseeland, auf den Inseln des Stillen Ozeans und Westindiens und im südlichen Südamerika. Auf den Molukken haben sie wenigstens in Celebes einen Vertreter. Es sind echte, mehr einsam lebende Baum- und Klettertiere mit weichem, bisweilen sehr hübsch streifig gezeichnetem Pelze. Die Gattung Tamias, die mit ansehnlichen Backentaschen versehenen Backenhörnchen, stellen einen Übergang zu den Murmeltieren dar, indem sie bei dem Habitus der Eichhörnchen ein unterirdisches Leben führen. Sie finden sich in Osteuropa, Sibirien und Nordamerika. Letzteres ist die Heimat des Hacker (Tamias Lysteri), eines sehr niedlichen Tierchens. Bei einer Anzahl zu dieser Unterfamilie gehörigen Formen, den Flughörnchen, entwickelt sich zwischen den Gliedmaßen ein schmälerer oder breiterer Hautsaum, der zugleich mit der seitlich verlängerten Schwanzbehaarung eine Art Fallschirm darstellt, der diese Nager bei ihren Sprüngen von Baum zu Baum schwebend erhält. Zu dieser Gruppe gehört der niedliche Assapan (Pteromys volucella, S. 127), ein Bewohner des gemäßigten und subtropischen Nordamerika. Das gemeine Eichhörnchen (Sciurus vulgaris, S. 127) kommt in einer roten und grauschwarzen Abart vor. Es findet sich in ganz Europa von den Gestaden des Mittelmeers bis nach Lappland und im größten Teil des waldigen Sibirien.

9. Ordnung: **Raubtiere (Carnivora).**

Die Raubtiere oder Fleischfresser leben ausschließlich oder hauptsächlich von tierischer Kost, und zwar meist von solcher, die von Wirbeltieren herrührt. Sie haben fast ausnahmslos oben und unten in beiden Kieferhälften 3 meist kleine, meißelförmige, dicht beisammenstehende Schneidezähne. Die Eckzähne sind besonders groß, kegelförmig, spitzig und nach hinten gebogen. Die Backenzähne schwanken in Zahl, und ihre Kronen haben um so schärfere Spitzen, je mehr der betreffende Inhaber ein Fleischfresser ist. Der erste echte, den nach dem Eckzahn folgenden Lückenzähnen (oben 3, unten 4) sich anschließende Backenzahn ist größer als die beiden hinteren und mit schneidender Kante (Reißzahn). Die Gelenkverbindung des Unterkiefers mit dem Hirnschädel läßt eine Verschiebung des ersteren von vorn nach hinten gar nicht und von rechts nach links kaum zu, er kann wesentlich nur in der Richtung von unten nach oben bewegt werden. Die Kau- oder besser Beißmuskulatur ist sehr kräftig, und am knöchernen Schädel finden sich zu deren Ursprung entsprechende Leisten. Die Schlüsselbeine fehlen gänzlich oder sind höchstens unvollkommen entwickelt. Speiche und Elle sind wenig beweglich, und die Vorderpfoten befinden sich immer in einem Zustande der Beugung nach vorn. Die Zahl der Vorder- und Hinterzehen ist 5, oft auch bloß 4. Alle haben Krallen, die bei den Katzenformen teilweise oder ganz zurückgezogen werden können. Die Raubtiere können entweder mit der ganzen Sohle auftreten (Plantigrade) oder nur mit den Zehen (Digitigrade). Die Unterordnung der Flossenfüßer hat flossenartig entwickelte Gliedmaßen. Der Magen ist einfach rundlich, das Verdauungsrohr dem der echten Pflanzenfresser gegenüber kurz.

Man teilt die Ordnung der Raubtiere in 2 Unterordnungen, in die der Land- und in die der Wasserraubtiere, die aber durch Übergänge verbunden sind. In Westindien, auf den Molukken und Papuainseln, in Australien und auf Neuseeland haben die Landraubtiere keine Vertreter, abgesehen von einem (verwilderten) Hund in Australien und einer (eingeführten) Viverre auf den Molukken. Sie leben selten (Seehunde) und dann oft nur vorübergehend (Wölfe) gesellig, meist nur familienweise.

A. Unterordnung: **Landraubtiere (Ferae).** Die Landraubtiere haben oben und unten 6 Schneidezähne, und ihre Gliedmaßen sind zum Laufen geeignet. Sie verteilen sich auf folgende 6 Familien: bären-, marder-, viverren-, hunde-, hyänen- und katzenartige Raubtiere.

1. Familie: **Bärenartige Raubtiere** (Ursidae) mit vier Unterfamilien.

a) Unterfamilie: **Echte Bären** (Ursinae). Diese Unterfamilie ist am wenigsten von allen Raubtierfamilien auf tierische Nahrung angewiesen, daher ist der Reißzahn nur wenig von den ansehnlichen, breiten, echten Backenzähnen (oben 2, unten 3 jederseits) verschieden, und die Schneidezähne sind breit und groß. Die Bären sind vollständige Sohlengänger, haben sehr kurze, äußerlich wenig bemerkbare Schwänze und große, feststehende Krallen. Ihre Bewegungen sind gemessen, höchstens fallen sie in einen plumpen, aber rasch fördernden Trott. Sie vermögen sich auf den Hinterfüßen stehend zu erhalten. Manche sind ausgezeichnete Kletterer und andere vorzügliche Schwimmer.

Die Bären finden sich hauptsächlich in den gemäßigten Gegenden der Alten und der Neuen Welt, wo sie weit über den Polarkreis hinausgehen, auch werden sie in ganz Indien mit den dazu gehörigen Inseln angetroffen. In den Gebieten östlich von Java sind sie gar nicht, in Afrika bloß im Norden und in Südamerika nur in den nördlichen Anden vertreten. Der Eisbär (Thalassarctos maritimus, S. 128) ist ein gewaltiges, mehr an das Wasser- als an das Landleben angepaßtes Tier mit gelblichweißem, langhaarigem Balg und mit schwarzer Nase und schwarzen Krallen. Er bewohnt die Nordpolarländer. Der bis 2,2 m lang werdende, sehr kurzschwänzige braune Bär (Ursus arctos) findet sich in Nordasien, dem nördlichen Hinterindien, im Atlasgebirge und war einst in fast ganz Europa keine Seltenheit. Jetzt findet er sich in diesem Erdteil nur noch in den Pyrenäen, Alpen, Karpathen und im Balkan sowie in Skandinavien und in ganz Rußland. Er ist den dritten Teil kleiner als der Eisbär und von hellerer oder dunklerer brauner Farbe, bildet aber viele Lokalrassen und Varietäten. In Nordamerika wird der braune Bär durch den ebenso großen Baribal (Ursus americanus) und durch den furchtbaren Grislibär (Ursus ferox, S. 129) vertreten.

b) Unterfamilie: **Katzenbären** (Aïlurinae). Die Katzenbären haben kürzere Füße mit behaarten Sohlen und etwas zurückziehbaren Krallen. Die Familie hat 2 Gattungen mit je einer Art. Die bekanntere ist der Panda (Ailurus fulgens, S. 130), ein schönes Tier mit buschigem Schwanze. Die Hauptfarbe seines dichten Pelzes ist ein glänzendes Gelbrot, die Ohren sind innen weiß, und der Schwanz zeigt eine undeutliche hellere und dunklere Ringelung. Die Heimat des Panda sind die hohen Berge im südöstlichen Himalaja.

c) Unterfamilie: **Waschbären** (Procyoninae). Die Waschbären haben im Ober- und Unterkiefer 2 echte Backenzähne, einen ziemlich kurzen Rumpf, kurze Beine mit geraden Zehen, deren Krallen stumpf und nicht einziehbar sind. Der Schwanz ist lang. Der typische Vertreter dieser nur in dem kontinentalen Amerika vorkommenden Familie ist der gemeine Waschbär (Procyon lotor, S. 131) oder Schupp, der einen hinten sehr breiten, gewölbten Schädel, große, abgerundete Ohren und eine spitz zulaufende Schnauze hat. Sein ein wertvolles Pelzwerk liefernder Balg ist dicht, von gelblichgrauer Farbe mit dunkleren Grannhaaren; rechts und links unter den Augen steht, mit der Basis dem Nasenrücken zugewendet, ein schwarzer Fleck auf hellem Grunde. Der Schwanz hat 6 Ringel und eine Spitze von schwarzbrauner Farbe. Der Waschbär bewohnt ganz Nordamerika. Die Nasenbären (Nasua) sind schlanker, kurzbeiniger und breitsohliger als die Waschbären. Sie haben einen schmäleren, sich an der Schnauze in einen Rüssel verlängernden Kopf. Die der Zahl nach unsicheren Arten (3—5?) finden sich auf dem Festland Südamerikas von Südmexiko bis Paraguay. Die bekannteste Art (Nasua narica) hat einen langen, buschigen, sich nach der Spitze elegant verjüngenden Schwanz. Diese Art hat das nördlichste Vorkommen.

d) Unterfamilie: **Wickelbären** (Cercoleptidae). Die Wickelbären haben an jeder Seite oben und unten 2 echte Backenzähne, gerade Zehen mit krummen, in verschiedenem Umfange zurückziehbaren Krallen. Es sind echte Baum- und Klettertiere und haben demzufolge einen Wickelschwanz erworben. Die eine Gattung ist südamerikanisch, die andere indisch. Der Kinkaju (Cercoleptes caudivolvulus, S. 131) oder der gemeine Wickelbär erreicht eine Länge von 90 cm, wovon die Hälfte auf den Schwanz entfällt. Sein schöner, dichter Pelz ist rötlichgrau, und entlang des Rückens verläuft ein dunkler Längsstreifen. Das Tier ist auf dem Kontinent von Amerika heimisch, etwa vom 25. Grad nördlicher bis zum 10. Grad südlicher Breite. Der Binturong (Arctitis binturong, S. 130) ist schlanker und länger behaart, auch ist er bedeutend größer. Sein rauher Pelz ist glanzlos, oben schwarz, nach unten zu bräunlich. Die Augenbrauen und Ohrenränder sind weißlich. Er bewohnt Hinterindien, Malakka und die großen Sundainseln.

2. Familie: **Marderartige Raubtiere** (Mustelidae). Auch diese Familie zerfällt in 4 Unterfamilien.

a) Unterfamilie: **Dachse** (Melinae). Bei den Dachsen ist der letzte echte Backenzahn des Oberkiefers groß, die Vorderkrallen sind lang und zum Graben geschickt. Die Tiere sind Sohlengänger und haben vorn und hinten 5 Zehen. Der gemeine Dachs (Meles taxus, S. 132) ist kurzbeinig, sehr plump und besonders breit gebaut und hat einen kurzen Schwanz. Sein Haarkleid ist lang und einigermaßen borstig, auf dem Rücken grau, nach den Seiten zu heller, die Unterseite, die Gliedmaßen und ein breiter, durch das Auge gehender Streifen an jeder Seite der Schnauze sind schwarz. Er findet sich in ganz Europa (mit Ausnahme der Insel Sardinien und des höheren Nordens) und dem gemäßigten Asien bis Japan. Der Stinkdachs (Mydaus meliceps, S. 133) hat eine spitze, fast rüsselartige Schnauze und kurze Ohren. Die Farbe seines dichten, langen Pelzes ist bis auf einen weißen, auf der Stirn beginnenden und an der Schwanzspitze endigenden Rückenstreifen schön dunkelbraun. Er hat jederseits neben dem Mastdarm eine große, ein entsetzlich stinkendes Sekret absondernde Drüse. Das Tier bewohnt die großen Sundainseln, vielleicht auch Malakka. In Afrika wird die Gattung durch die Bandiltisse, zu der die schöne Zorilla (Rhabdogale mustelina, S. 134) gehört, und im ganzen kontinentalen Amerika durch die Stinktiere, deren bekannteste südamerikanische Art der Surilho (Mephitis suffocans, S. 133) ist, vertreten.

2) Unterfamilie: **Honigdachse** (Mellivorinae). Die Honigdachse sind Sohlengänger, haben gleichfalls am After Stinkdrüsen und im Oberkiefer nur einen, im Unterkiefer aber 2 Backenzähne. Die Tiere sind von sehr dachsartigem Habitus und haben Vertreter in Ostindien und Südafrika. Der afrikanische Ratel (Mellivora capensis, S. 132) ist oben hell-, unten schwarzgrau, und beide Farben sind an den Seiten scharf getrennt.

c) Unterfamilie: **Ottern** (Lutrinae). Die Mitglieder dieser Unterfamilie sind einigermaßen an ein Leben im Wasser angepaßt. Sie haben breit am Körper entspringende, nach hinten spitz zulaufende Schwänze, die abgeplattet, bei manchen Formen sogar mit seitlichen Hautsäumen versehen sind, und an allen Beinen 5, an den Enden nach oben gebogene und durch Schwimmhäute untereinander verbundene Zehen. Ihre Köpfe sind ziemlich flach, und die Stirnlinie setzt sich in die Schnauzenlinie direkt fort. Die Schnauze selbst ist abgerundet. Sie fressen Fische, Krebse und andere Wassertiere und hausen mehr an den Ufern süßer Binnengewässer als an den Meeresküsten. Die Ottern haben die Verbreitung der ganzen Familie. Unser gewöhnlicher Fischotter (Lutra vulgaris) bewohnt ganz Europa und das gemäßigte und nördliche Asien bis zum Amur, ja es ist sogar wahrscheinlich, daß die japanische und eine indische Art nur Lokalrassen sind. Der Fischotter ist ein allerliebstes geschmeidiges, elegantes und auch geistig sehr hochstehendes Tier. Sein wundervolles, glänzendes Fell ist fast ganz gleichmäßig dunkelbraun. Eine amerikanische Art lebt von der Insel Chiloë bis Kalifornien an den Gestaden des Stillen Ozeans. Auch der Seeotter (Enhydris marina, S. 134) ist wesentlich ein Meerestier, das sich an den Küsten des Stillen Ozeans, an der Westseite von den nördlichen Inseln des japanischen Archipels und an der Ostseite von Südkalifornien bis zu den Aleuten findet. Er ist größer, plumper und namentlich bedeutend kurzschwänziger als der Fischotter.

d) Unterfamilie: **Echte Marder** (Mustelinae). Die echten Marder haben einen vollrunden Schwanz und keine Schwimmhäute. Sie sind von geringer Größe, niedrig auf den Beinen, gestreckten Leibes und gewandte Kletterer und fehlen nur in Westindien, auf Madagaskar, den ozeanischen, papuanischen und molukkischen Inseln, in Neuseeland und Australien. Es sind ganze oder halbe Sohlen- oder Zehengänger mit meist nicht zurückziehbaren Krallen, und haben am After in der Regel Stinkdrüsen. Ihre feinen Bälge liefern geschätzte Pelzwaren. Die Hyrare (Galictis barbara, S. 135) hat jederseits oben 4, unten 5 Backenzähne, sie tritt mit ganzer Sohle auf, hat Afterdrüsen, einen asch- oder bräunlichgrauen, dichten Pelz. Die Hyrare bewohnt fast das ganze kontinentale Südamerika. Der Vielfraß (Gulo borealis, S. 135) hat oben 5, unten 6 Backenzähne jederseits, einen stark abgerundeten Schädel, keine Afterdrüsen und tritt nur mit halber Sohle auf. Er ist hochbeiniger als die Marder, und sein langhaariger Balg ist oben dunkelbraun, unten schwarz. Der Norden der Alten und der Neuen Welt ist seine Heimat. Die Stinkmarder (Putorius) haben oben 4, unten 5 Backenzähne jederseits, laufen auf den Zehen und besitzen Afterdrüsen. Zu ihnen gehören von europäischen Arten der Nerz (Putorius lutreola, S. 136), der sich in Deutschland nur noch an wenigen Stellen im Norden findet, das viel verbreitetere große (Hermelin, S. 136) und kleine Wiesel (Putorius erminea und vulgaris, S. 157), die in nördlichen Ländern weiß oder weiß gefleckt werden, und der Iltis (Putorius foetidus, S. 137), von dem das Frett nur ein domestizierter Albino ist. Die Marder (Mustela) haben an jeder Seite im Oberkiefer 5 und im Unterkiefer 6 Zähne, sie sind Zehengänger, haben behaarte Sohlen der Hinterfüße und Afterdrüsen. Zu dieser Gattung zählt das wertvollste Pelztier, der nord- und ostsibirische Zobel (Mustela zibellina, S. 138) mit spitzerer Schnauze, längeren Ohren und höheren und kräftigeren Beinen als die anderen Arten der Marder. Deutsche Arten sind der gemeine Hausmarder (Mustela foina) und der Edelmarder (Mustella martes, S. 138).

3. Familie: **Schleichkatzen** (Viverridae). Die echten Schleichkatzen haben oben und

unten 2, oder oben 2 echte Backenzähne und unten nur einen. Von Gestalt sind sie sehr gestreckt, schmächtig und geschmeidig und haben kurze Beine mit 5- oder 4zehigen Füßen, zurückziehbaren oder feststehenden Krallen und nackten oder behaarten Sohlen. Afterdrüsen sind meist stark entwickelt. Die Schleichkatzen bewohnen die warmen und heißen Länder der Alten Welt. Man kann diese Familie in zwei Unterfamilien, in die der Mangusten und die der echten Schleichkatzen, zerlegen.

a) Unterfamilie: **Mangusten** (Herpestinae). Die Mangusten können ihre stumpfen Krallen nicht zurückziehen, sie haben etwas verlängerte Zehen und nackte oder nur sehr wenig behaarte Sohlen. Statt eigentlicher Afterdrüsen finden sich meist Taschen, deren Innenseite mit kleinen Drüsen besetzt ist. Von den zahlreichen, meist afrikanischen Arten (gegen 70) können wir nur einige hervorheben. Die Krabbenmanguste (Herpestes urva, S. 139) nähert sich in manchen Punkten dem Vielfraßmarder. Die vorderen und hinteren Innenzehen des graufarbigen, am Schwanz mit undeutlichen Querbinden versehenen Tieres erreichen den Boden nicht. Die Krabbenmanguste findet sich an den südöstlichen Abhängen des Himalaja. Vorderindien ist die Heimat des Mungo (Herpestes mungo, S. 141). Das bekannte Ichneumon (Herpestes ichneumon, S. 140) findet sich in verschiedenen Lokalrassen in ganz Afrika, auf Madagaskar, im westlichen Mittelasien und selbst in Spanien. Die Zebramanguste (Herpestes fasciatus, S. 141) ist ein hübsches, ostafrikanisches Tier mit dunkel- und hellgrauen Querbinden am Rumpf und Schwanz. Auch die Kusimanse (Crossarchus obscurus, S. 139) bewohnt Afrika, aber den Westen. Die Fuchsmanguste (Cynictis penicillata, S. 142) ist ähnlich wie ein gemeiner Fuchs gefärbt und hat bei einem rötlichen Körper eine weiße Schwanzspitze; sie findet sich in Südafrika. Die Surikate (Rhyzaena tetradactyla, S. 142) hat eine verlängerte, sehr bewegliche Nase mit nackter Spitze, vorn und hinten 4 Zehen und tritt mit ganzer Sohle auf. Die Heimat der Surikate ist Süd- und Mittelafrika.

b) Unterfamilie: **Viverren** (Viverrinae). Die eigentlichen Viverren haben zurückziehbare Krallen und völlig behaarte Sohlen. Die Mitglieder der Gattung Viverra sind elegante, meist hübsch gezeichnete Tiere mit spitzer Schnauze, langen, nicht rollbaren Schwänzen und treten auf den Zehen auf. Die Ginsterkatze (Viverra genetta, S. 143) bewohnt das nordwestliche Afrika, die Iberische Halbinsel und die Provence. Die Zibetha (Viverra zibetha, S. 143) findet sich in Vorder- und Hinterindien, Ceylon, Südchina und auf den Sundainseln. Berühmt ist die Zibetkatze (Viverra civetta, S. 145) durch den Stoff, den sie in ihren Afterdrüsen absondert, und der zu Wohlgerüchen verarbeitet wird, weshalb sie nicht bloß im tropischen Afrika, ihrem eigentlichen Vaterlande, sondern auch sonst häufig in Gefangenschaft gehalten wird. Die Palmroller (Paradoxurus) treten mit halber Sohle auf, haben unten nackte Zehen und in der Regel einen Rollschwanz. Sie bewohnen Südasien, der indische (Paradoxurus niger, S. 144) Vorderindien und Ceylon, der Larvenroller (Paradoxurus larvatus, S. 144) Südchina und die Insel Formosa.

4. Familie: **Katzen** (Felidae). In der Familie der Katzen kommt der Raubtiertypus zum höchsten Ausdruck. Sie haben kleine Schneidezähne, große, hinten und vorn kantige Eckzähne und besonders in den Oberkiefern starke Reißzähne, echte oder hintere Backenzähne sind jederseits oben und unten je einer, oder oben einer, unten keiner vorhanden. Beide Gliedmaßenpaare sind 5zehig, die Innenzehen des vorderen berühren den Boden nicht. Die Tiere treten auf den Zehen auf und haben in der Regel zurückziehbare Krallen.

Die Katzen fehlen in den Gebieten östlich von der Straße von Makassar, auf Madagaskar und den westindischen Inseln und in den Polargegenden, sonst sind sie allenthalben vertreten, am besten aber unter den Tropen der Alten und der Neuen Welt.

Die Familie zerfällt in 4 Unterfamilien, in die der Fossas, der echten Katzen, der Luchse und der Geparden.

a) Unterfamilie: **Fossas** (Cryptoproctinae). Diese Unterfamilie besteht aus einer Gattung und einer auf Madagaskar beschränkten Art, die Fossa (Cryptoprocta ferox, S. 145), die man früher den Mangusten zuzählte, mit denen sie allerdings in den kurzen Beinen, der gestreckten Rumpfform und durch den Besitz von Afterdrüsen Ähnlichkeit hat, ihrem ganzen übrigen Bau nach ist sie aber eine echte Katze, auch hat sie zurückziehbare Krallen. Ihr Pelz ist dicht, kurz, nicht besonders weich und von oben etwas dunklerer gelblichroter Farbe.

b) Unterfamilie: **Echte Katzen** (Felinae). Die Krallen sind völlig zurückziehbar, Rumpf und Schwanz sind meist gleich oder fast gleich lang, die Ohren sind ohne Pinsel an der Spitze. Diese Unterfamilie geht nicht so hoch nach Norden hinauf wie die nächste. Die zahlreichen (56) Arten stimmen, wenn man von der Größe und Färbung absieht, in allen wesentlichen Charakteren so genau überein, daß es eine müßige Spielerei ist, für sie mehrere Gattungen als die eine, Felis, aufstellen zu wollen. Allenfalls kann man sie der Übersichtlichkeit halber einteilen nach ihrem Vorkommen in alt- und neuweltliche, oder nach ihrer Färbung in einfarbige, gefleckte und gestreifte.

Die *Falbkatze* (Felis maniculata, S. 146), eine Eingeborne Zentral- und Ostafrikas, auch Palästinas, ist von gräulichgelber Farbe, auf dem Rücken etwas dunkler, an den Seiten fahler, am Rumpf undeutlich, an den Beinen und am Schwanz deutlicher mit dunkleren Querbinden gezeichnet. Die Pupille ist vollkommen elliptisch. Sie soll die Stammart der Hauskatze (S. 147) und von den alten Ägyptern domestiziert worden sein, was indessen noch lange nicht bewiesen ist; wahrscheinlich stammt unsere Hauskatze, wie so viele Haustiere, von mehreren wilden Arten ab, unter anderen auch von der Falbkatze, aber *nicht* von der europäischen Wildkatze. Unsere Katze hat sich bei der Domestikation ziemlich unabhängig von dem bestimmenden Einfluß des Menschen gehalten, alles, was er erreicht hat, sind Abänderungen in der Größe, der Färbung und dem Bau der Haare. Man unterscheidet nach der Färbung: Cyperkatzen, spanische oder dreifarbige Katzen, Maskenkatzen und andere mehr. Langhaarige Katzen sind die Angorakatze (S. 147), die persische und chinesische Katze. Die Katze von der zwischen England und Irland gelegenen Insel Man hat verlängerte Hinterbeine und einen Stummelschwanz, als Rasse kann man sie nicht gut bezeichnen.

Die *Wildkatze* (Felis catus) kann ein sehr stattliches Tier werden, aber bei uns, wo sie zu sehr verfolgt wird und kaum alt genug werden dürfte, sind ganz große Exemplare nur sehr selten. Auch sie hat eine elliptische Pupille. Die *Pampaskatze* (Felis pajeros, S. 148) hat der Länge nach unregelmäßig gelbliche und braune Streifen, bewohnt Patagonien; der *Ozelot* (Felis pardalis, S. 149) ist ein schöner Bewohner Mittelamerikas von Texas und Louisiana bis an die Südgrenze der brasilischen Wälder. Der *Nebelparder* (Felis nebulosa, S. 146) hat eine hellgraue, ins Rotgelbe spielende Grundfarbe und an der Seite eigentümliche, verschoben-viereckige, dunkle Flecke; er wird, aber selten, auf Borneo und Sumatra angetroffen. Eine zentralasiatische, vom Altai bis Tibet und Persien vorkommende Steppenart ist der *Irbis* oder die *Unze* (Felis uncia, S. 150), ein seltenes und stattliches Tier von 1,15 m Körper- und 90 cm Schwanzlänge. Der *Panther* oder *Leopard* (Felis pardus, S. 151) ist wohl die am weitesten verbreitete wilde Katzenart, die das ganze kontinentale Afrika, Kleinasien, den Kaukasus, Persien, Nordchina, Sibirien bis zum Aralsee, die Gegenden am Amur, Japan, dann den größten Teil von Vorder- und Hinterindien, Ceylon und die Sundainseln bewohnt. Es ist natürlich, daß ein Tier, das über ein so ungeheures, an den verschiedensten Lebensbedingungen überreiches Gebiet verbreitet ist, eine große Anzahl von Varietäten und Lokalrassen bilden muß, die sich in der Größe, in der Länge, Dichtigkeit und Zeichnung des Pelzes beträchtlich unterscheiden, und die zu besonderen Arten zu machen man nicht unterlassen hat. Außer diesen Lokalrassen tritt unter den gewöhnlichen, gelben Jungen eines Wurfes gelegentlich eine schwarze Spielart (S. 151) auf. Der *Tiger* (Felis tigris, S. 153) ist sehr weit verbreitet, von Java bis an den Kaukasus und in das Stanowoigebirge. Auch der *Löwe* (Felis leo, S. 152) tritt in mehreren Lokalformen, als Senegal-, Berber-, Kap-, Perser- und Gudscharatlöwe, auf, die sich namentlich durch Färbung, Umfang und Dichtigkeitsgrad der Mähne voneinander unterscheiden. In Amerika, einst von Kanada, jetzt von Mexiko an südwärts bis Patagonien vertritt der stattliche, in der Jugend gestreifte *Puma* (Felis concolor, S. 149) den Löwen. Eine kleine südamerikanische Katzenform ist die *Tigerkatze* (Felis tigrina, S. 148). Der *Serval* (Felis serval, S. 150) ist wesentlich hochbeiniger als die übrigen echten Katzen, hat auch einen verhältnismäßig kürzeren Schwanz und größere Ohren. Er bewohnt das ganze kontinentale Afrika mit Ausnahme der Urwaldgebiete.

c) Unterfamilie: **Luchse** (Lyncinae). Die Luchse sind wesentlich Bewohner der gemäßigten und hochnördlichen Gegenden (bis zur Baumgrenze) der Alten und der Neuen Welt. Sie haben höhere Beine und kürzere Schwänze als die echten Katzen und an den Ohrenspitzen pinselartige Haarbüschel. Der *Karakal* (Lynx caracal, S. 154) ist eine tropische Gegenden bewohnende

Luchsart. Er haust auf dem ganzen afrikanischen Festland und in Indien, soweit die großen Wälder fehlen. Seine Behaarung ist seinem Aufenthaltsorte entsprechend kurz und einfarbig lehmgelb, oben etwas dunkler als unten. Der europäische Luchs (Lynx vulgaris, S. 155) findet sich in den Pyrenäen, Karpathen und in Osteuropa von den Donauländern bis nach Lappland hinauf, ferner in Westasien südwärts bis in das Himalajagebirge hinein. Man hat die östlichen europäischen Luchse als eigene Art, Hirschluchs (Lynx cervaria), abtrennen wollen. Nordamerika hat zwei unter sich und mit unserer nahe verwandte Luchsarten.

d) Unterfamilie: **Geparde** (Cynaelurinae). Diese Unterfamilie umfaßt nur eine Gattung mit einer Art, dem Gepard (Cynaelurus jubatus, S. 155), die sich in zwei Rassen, eine asiatische und eine afrikanische (guttata), spaltet. Die Geparde sind die hochbeinigsten Katzen, haben nicht zurückziehbare Krallen, lange Schwänze und ein lehmfarbiges Fell mit dunkeln, in Zahl und Anordnung großen individuellen Schwankungen unterworfenen Tupfen. Die asiatische Form hat entlang des Nackens und des Vorderrückens einen aus längeren Haaren bestehenden Kamm, der bei der afrikanischen fast völlig verschwindet. Die Geparde bewohnen offene Landstriche des kontinentalen Südasien von Hinterindien durch Persien bis Syrien und das ganze, nicht zu stark bewaldete Festland von Afrika.

5. Familie: **Hyänen** (Hyaenidae). Die Hyänen haben in ihrer Gesamtgestalt viel von Hunden, doch sind ihre beiden Gliedmaßenpaare weit ungleichartiger entwickelt, das hintere ist nicht bloß kürzer, sondern in allen seinen Teilen bedeutend schwächer. Der Rücken fällt daher nach dem Kreuz zu sehr stark ab. Meist sind alle Füße 4zehig. Die Hyänen sind Zehengänger und haben zum Graben eingerichtete, nicht zurückziehbare Krallen. Der Hals zeigt eine ganz ungewöhnliche Entwickelung, die oft teilweise verschmelzenden Halswirbel haben beträchtlich lange Querfortsätze, die einer kolossalen Nackenmuskulatur zum Ursprung dienen. Kolossal sind auch die Kaumuskeln, und das macht es begreiflich, daß die Hyäne schwere Kadaver schleppen und die stärksten Knochen mit Leichtigkeit zerbeißen kann. Dazu kommt noch die Kürze der Schnauze, der zufolge die Kiefer wie eine sehr starke Zange wirken. Die Behaarung bildet am Hals und auf dem Vorderrücken eine Art oben sträubbarer Mähne. Die Angehörigen dieser Familie sind gesellig lebende, nächtlich ihrer wesentlich aus Säugetieräsern bestehenden Nahrung nachgehende Bewohner des ganzen kontinentalen Afrika und des mittleren Westasien bis in das westliche Vorderindien hinein, soweit das Gebiet nicht mit zusammenhängenden Waldungen bestanden ist. Die Familie zerfällt in 2 Unterfamilien.

a) Unterfamilie: **Erdwölfe** (Protelinae). Die Erdwölfe haben in jeder Kieferhälfte oben und unten 5 Backenzähne, keine Reißzähne, vorn 5, hinten 4 Zehen und eine spitze Schnauze. Diese Unterfamilie umfaßt eine Gattung mit einer südafrikanischen Art (Proteles lalandii, S. 156), die sich über Tag in selbstgegrabenen Höhlen verborgen hält, nachts aber nach Aas und Termiten umherstreift. Die Färbung ihres Pelzes ist gelbgrau mit schwarzen Querstreifen.

b) Unterfamilie: **Echte Hyänen** (Hyaeninae). Die echten Hyänen haben oben 5, unten 4 Backenzähne in jeder Kieferhälfte, oben und unten wohlentwickelte Reißzähne, vorn und hinten 4 Zehen und eine kurze, abgerundete Schnauze. Sie haben sehr ansehnliche Afterdrüsen. Die Streifenhyäne (Hyaena striata, S. 157) ist von gelbgrauer Farbe mit schwarzen Querstreifen. Sie bewohnt Afrika, Westasien und ganz Hinterindien, wo nur immer offenes Land ist. Die gefleckte Hyäne (Hyaena crocuta) ist größer und kräftiger und hat ein hell gelblichgraues Fell mit schwarzen Tupfflecken. Sie ist ein ausschließlich afrikanisches Tier und bewohnt namentlich den Süden und Osten.

6. Familie: **Hunde** (Canidae). Die Hunde bilden 4 Gattungen mit 54 Arten und haben überall da, wo überhaupt Raubtiere vorkommen, ihre Vertreter. In der Regel haben sie oben 6 und unten 7 Backenzähne an beiden Seiten. Ihr Kopf ist gestreckt, die Füße haben vorn meist 5, hinten 4 Zehen mit stumpfen, nicht zurückziehbaren Krallen. Die Hunde sind Zehengänger, haben meist Afterdrüsen, aber oft auch eine Drüse an der Schwanzwurzel. Der Hyänenhund (Lycaon pictus, S. 156) hat in seiner äußeren Erscheinung viel Hyänenhaftes, vorn und hinten 4 Zehen und Afterdrüsen. Sein Fell ist äußerst bunt, wie aus schwarzen, weißen und lehmgelben Stücken zusammengeflickt, aber bei jedem Individuum anders. Das das freie Land Ost- und Südafrikas bewohnende Tier hat einen dünnen Schwanz. Der Waldhund (Ictycyon venaticus) hat in jeder Hälfte des Oberkiefers bloß 5 und in jeder des Unter-

kiefers 6 Backenzähne. An den kräftigen, starkkralligen Beinen finden sich vorn 5, hinten 4 durch Schwimmhäute verbundene Zehen. Er ist ein seltener Bewohner des tropischen Brasilien. Der Waldhund hat wenig Hundeartiges an sich, aber ein echter Hund ist auch äußerlich der Löffelhund (Otocyon caffer, S. 159) vom Kap. Er hat in jeder Kieferhälfte oben und unten 8 Backenzähne, indem er nämlich als einzige Ausnahme unter den Placentalsäugetieren 4 echte Backenzähne hat. Seine Füße sind vorn 5-, hinten 4zehig und seine Ohren sehr groß. Er ist von schmutzig gelbgrauer Farbe mit einem grünlichen Anflug. Bei der Gattung der eigentlichen Hunde (Canis) finden sich im Ober- und Unterkiefer jederseits 6, oder häufiger unten 7 Backenzähne. Der Polarfuchs (Canis lagopus, S. 159) hat einen buschigen Schwanz und einen rußbraunen oder blaugrauen Pelz, der im Winter in der Regel weiß wird. Er bewohnt die Nordpolarländer jenseits des Polarkreises. Der gemeine Fuchs (Canis vulpes, S. 160) variiert mannigfach in der Färbung, er kommt mit hellerer oder dunklerer, fast schwarzer Unterseite, mit dunkler und weißer Luntenspitze 2c. vor. Der Heulwolf (Canis latrans, S. 158) ist ein in den nordamerikanischen Prärien von Kanada bis Mexiko lebendes Bindeglied zwischen Wölfen und Füchsen, während der Streifenwolf (Canis adustus, S. 160), der ganz Afrika bewohnt, zwischen Wolf und Schakal steht. Der Schakal (Canis aureus, S. 160) ist etwa von Fuchsgröße und variiert nach dem Vaterlande sehr in der Färbung. Er findet sich in den Ländern um das Mittelmeer, abgesehen von Südfrankreich, Italien und Sizilien, in Südrußland, Kleinasien, durch das mittlere Asien, in Vorderindien und Ceylon und in manchen Gegenden Hinterindiens. Man kann ihn auch als eine Art Zwischenform zwischen Wolf und Fuchs auffassen. Der gemeine Wolf (Canis lupus, S. 158), ein allbekanntes Tier, bewohnt den größten Teil Europas, und in England, Nord- und Mitteldeutschland, wo er sich jetzt nicht mehr findet, ist er in historischer Zeit ausgerottet; ob er je Sizilien, Corsica und Sardinien bewohnte, ist zweifelhaft, im nordwestlichen Afrika ist er vorhanden, findet sich in Nordostasien und in ganz Mittelasien bis an die Südabhänge des Himalaja und wird in Nordamerika durch eine kaum artlich verschiedene Form vertreten.

Der Haushund ist wohl das am längsten vom Menschen domestizierte Säugetier, der uralte Jagdgefährte, der Wächter von Hab und Gut, vielfach als Transpotttier verwertet, ja stellenweise als solches unentbehrlich. Über seine Abstammung gehen die Ansichten sehr auseinander, bald soll er nur vom Wolf, bald nur vom Schakal, bald wieder von beiden, bald von verschiedenen lebenden und ausgestorbenen Arten von Wildhunden der Alten und der Neuen Welt herstammen, nur so viel ist wohl als feststehend anzunehmen: Blut des gemeinen Wolfes hat er unbedingt in sich. Ich kann unmöglich in Einzelheiten der Naturgeschichte des Haushundes treten, ja nicht einmal alle seine Rassen und Unterrassen, die sich alle fruchtbar zu kreuzen scheinen, namhaft machen. Am nächsten dem Wolf dürften die Spitzhunde kommen, zu denen die Eskimohunde, der Spitz (S. 161) und der Schäferhund (S. 161) gehören. Eine zweite Gruppe bilden die Pinscher, z. B. mit dem rauhhaarigen Affenpinscher (S. 162). Die Gruppe der Seidenhunde ist langbehaart, und zu ihr zählen verschiedene besonders beliebte Rassen, wie der Pudel (S. 162), der Bernhardiner (S. 163), der Neufundländer. Als Jagdgenossen werden dem Menschen teuer unter andern der Hirsch-, Schweiß- und Vorstehhund, von dem es eine lang- und eine kurzhaarige Unterrasse (S. 163) gibt. Nahe an diese Gruppe schließt sich einerseits die der Teckel (S. 164) und anderseits die der Doggen an, zu der unter andern die dänische Dogge (S. 165), der Bullenbeißer (S. 165) und der degenerierte Mops (S. 164) gehören. Der edelste Vertreter der Gruppe ist der Windhund (S. 166). Über den australischen Dingo (Canis dingo, S. 166) gehen die Ansichten noch auseinander. Nach Meinung der einen Forscher ist er wirklich ein Eingeborner Australiens, nach der der anderen nur ein verwilderter Nachkomme eines vom Menschen eingeführten Haushundes.

B. Unterordnung: **Wasserraubtiere (Pinnipedia).** Die Wasserraubtiere oder Flossenfüßler sind einseitig an das Wasserleben angepaßte Säugetiere, die wahrscheinlich selbst nicht einheitlichen, sondern doppelten, wenn nicht gar dreifachen Ursprungs sind, die Seehunde mögen sich an modifizierte, ausgestorbene Otter-, die Ohrenrobben an Bärenformen angeschlossen haben, während sich über die Herkunft der dritten Gruppe, der Walrosse, kaum Vermutungen aufstellen lassen. Allen gemeinsam sind der plumpe, kurzhalsige, sackförmige Leib und die flossenförmigen, kurzen Gliedmaßen, deren hinteres Paar rückwärts gerichtet ist. Die Schwänze sind sehr kurz.

1. Familie: **Ohrenrobben** (Otariidae). Die Ohrenrobben haben jederseits oben 3 Schneide- und 6 oder 5 Backenzähne und unten 3 Schneide- und immer 5 Backenzähne. Die Vorderzehen nehmen von innen nach außen an Größe ab, die Hinterzehen sind von ziemlich gleicher Länge, alle werden an den Spitzen von Hautlappen überragt, die Sohlen sind unbehaart. Sie haben äußere Ohren und gehören den Meeren der gemäßigten und kalten Gegenden der südlichen Erdhälfte an, von wo sie in dem Stillen Ozean weit nach Norden vorgedrungen sind, in dem Atlantischen aber nicht. Die Ohrenrobben leben gesellschaftlich, scheinen alle Polygamisten zu sein, und ihre Geschlechter unterscheiden sich teilweise beträchtlich. Die Mähnenrobbe (Otaria jubata) hat eine nicht sehr starke mähnenartige Behaarung des Halses, die Weibchen sind bedeutend kleiner als die Männchen und glatthaarig. Die Farbe ist gelblichbraun, oben heller. Diese Art findet sich im antarktischen Meer bis an die Küsten von Neuseeland, Südaustralien und Südamerika, wo sie im Westen bedeutend weiter nordwärts geht. Der Seelöwe (Otaria Stelleri, S. 167) bewohnt die Gestade des Stillen Ozeans vom Äquator nordwärts bis etwa zum 58. Grad nördlicher Breite. Der Seebär (Otaria ursina, S. 167) erreicht im männlichen Geschlecht eine Länge von mehr als 3 m, während die Weibchen bloß halb so groß werden. Die dunkelbraunen Tiere finden sich im nördlichen Stillen Ozean.

2. Familie: **Seehunde** (Phoridae). Die Schneidezähne der Seehunde schwanken an Zahl (entweder jederseits oben 2 und unten 1, oder oben und unten 2 oder endlich oben 3, unten 2), während immer in jeder Ober- und Unterkieferhälfte 5 Backenzähne vorhanden sind. Ein äußeres Ohr fehlt diesen Tieren. An den Vorderfüßen verhalten sich die Zehen wie bei den Ohrenrobben, aber an den Hinterfüßen sind die innerste und äußerste beträchtlich länger als die 3 mittleren. Sie bewohnen die kalten und gemäßigten Gewässer beider Hemisphären, 2 Arten finden sich in den tropischen Gewässern an Amerikas Ostküste. Der gemeine Seehund (Phoca vitulina, S. 168) ist in den nördlichen Meeren von der Nord- und Ostsee nordwärts zu Hause. Der grönländische (Phoca groenlandica, S. 168) ist etwas kleiner. In der Jugend haben beide ein glänzend weißes Fell, im Alter erhält dieser einen schwarzen Kopf und einen schwarzen von der Schulter zum Kreuz reichenden Sattelflecken. Der gemeine Seehund ist im Alter grau oder grau und braun gesprenkelt.

Bei den Blasenrobben (Cystophora) besitzen die männlichen Individuen mit den Nasenhöhlen verbundene Hautsäcke, die beim Kampf mit Nebenbuhlern aufgeblasen werden. Bei der nordatlantischen Klappmütze (Cystophora cristata, S. 168) liegt ein solcher auf der Stirn, bei den antarktischen Seeelefanten (Cystophora proboscidea, S. 168) bildet er eine rüsselförmige Verlängerung der Nase selbst.

3. Familie: **Walrosse** (Trichechidae). Die Familie der Walrosse umfaßt bloß eine Gattung mit einer Art (Trichechus rosmarus, S. 167), ein gewaltiges, plumpes Tier, das in der Jugend allenthalben dunkelbraun behaart ist, aber im Alter sein Haar verliert. Unten hat hat es 1, oben 2 Schneidezähne in jeder Kieferhälfte, und oben auch jederseits einen sehr großen, bis 80 cm lang werdenden Eckzahn. Das Walroß hat 2 getrennte Verbreitungsbezirke im Eismeer, der eine liegt wesentlich um Nowaja Semlja, Spitzbergen und die Bäreninsel herum, der andere zwischen dem nordöstlichen Gestade Asiens und dem nordwestlichen Amerikas.

10. Ordnung: **Insektenfresser** (Insectivora).

Die Insektenfresser sind kleine, bis sehr kleine Säugetiere mit einem scharfen Raubtiergebiß, in dem alle Arten von Zähnen vorkommen. Sie haben einzackige vordere und mehrzackige hintere oder echte Backenzähne. Ein Schlüsselbein ist bei ihnen vorhanden, sie treten mit ganzer Sohle auf und haben meist an beiden Gliedmaßenpaaren 5 Zehen mit zum Graben geschickten Nägel. Das Gehirn steht auf einer sehr niedrigen Stufe der Entwickelung, ist windungslos und die Hemisphären bedecken das Kleinhirn nicht. Manche Formen leben unterirdisch, viele sind nächtlich, und sie ernähren sich wesentlich von Insekten, wenn auch die größeren kleine Wirbeltiere, Vögel und ihre Eier sowie auch Früchte nicht verschmähen. Manche entgehen dem Einfluß der Winterkälte oder der tropischen Sommerdürre durch einen Winter-, bez. Sommerschlaf. Die einzelnen Familien zeigen bedeutende Verschiedenheiten und stehen vielfach verbindungslos nebeneinander. Ihre geographische Verbreitung zeigt gleichfalls einiges Eigentümliche. Sie fehlen in den Gebieten östlich von der Straße von Makassar, mit Ausnahme der Molukken und Timor, und sind in Südamerika auf Guatemala beschränkt. Die Ordnung umfaßt 6 Familien.

1. Familie: **Spitzmäuse** (Soricidae). Die Spitzmäuse haben die Verbreitung der ganzen Ordnung und sind die artenreichste (63) Familie. Sie gleichen zufolge der terrestrischen Lebensweise und der Gewohnheit alles zu durchschnüffeln vielfach gewissen kleinen Nagern sehr. Ihr spitzes Schnäuzchen ist rüsselartig verlängert, ihre Augen und Ohrmuscheln sind klein, ihr Balg ist kurzhaarig und weich. An den Seiten oder auf dem Rücken des Körpers haben sie Hautdrüsen, die einen bisamartig riechenden Stoff absondern. Diese Familie umfaßt 2 Unterfamilien.

a) Unterfamilie: **Echte Spitzmäuse** (Soricinae). Die echten Spitzmäuse haben 28—32 Zähne und in der Regel im Oberkiefer mehr als im Unterkiefer. Der Schädel ist langgestreckt kegelförmig und ihre Beine sind kurz, die vorderen bisweilen kürzer als die hinteren. Es ist die am weitesten verbreitete und artenreichste Gruppe der Insektenfresser und bildet eine Gattung, die man ganz unnötigerweise in eine Reihe von Untergattungen zerlegt hat. Die Arten der Gattung Sorex, die einzige, die wir annehmen, sehen sich sehr ähnlich. Die Wasserspitzmaus (Sorex fodiens, S. 169) bewohnt das westliche Mittelasien und ganz Europa mit Ausnahme des hohen Nordens. Die Wimperspitzmaus (Sorex suaveolens, S. 169) ist das kleinste bekannte Säugetier und findet sich in den Ländern um das Mittelmeer herum. Am häufigsten sind bei uns die Hausspitzmaus (Sorex aranea, S. 169) und die Waldspitzmaus (Sorex vulgaris, S. 169).

b) Unterfamilie: **Desmane** (Myogalinae). Die Desmane haben äußerlich nicht wahrnehmbare Ohren und im Oberkiefer ein Paar sehr große, senkrechte mittlere Schneidezähne. Da es Wassertiere sind, haben sie Schwimmhäute zwischen den Zehen und einen seitlich stark abgeplatteten, kahlen Schwanz. Ihr Rüssel ist lang und sehr beweglich. Die einzige Gattung umfaßt 2 Arten, den russischen Desman (Myogale moschata, S. 172) oder Wychuchol und den viel kleineren pyrenäischen (Myogale pyrenaica).

2. Familie: **Maulwürfe** (Talpidae). Diese sehr originellen Tiere haben einen walzenförmigen Körper, einen verhältnismäßig kleinen Kopf, kaum sichtbare Augen, keine äußerlichen Ohren und sehr merkwürdige, große, starknägelige, zum Graben eingerichtete Vorderpfoten. Sie bewohnen Europa, das mittlere und nördliche Asien und Nordamerika. Unser gemeiner Maulwurf (Talpa europaea, S. 171) hat einen kurzen, samtweichen und samtschwarzen Pelz, rosenrote Pfötchen und eine rosenrote Rüsselschnauze. Er findet sich in ganz Europa mit Ausnahme von Irland und Sardinien und geht östlich bis zur Lena.

3. Familie: **Rohrrüßler** (Macroscelididae). Der Rüssel dieser springenden Insektenfresser ist lang und dünn, ihre äußeren Ohren sind ansehlich, ihre Augen groß und ihre Hinterbeine zufolge der verlängerten Mittelfußknochen bedeutend länger als die vorderen. Auch ihr Schwanz ist lang und dient, wenn sie aufrecht sitzen, zur Stütze. Sie bewohnen das südliche, östliche und nordwestliche Afrika. Die bekannteste Art ist der oben dunkler, unten heller graue, weißpfotige Elefantenspitzmaus (Macroscelidea typicus, S. 170) vom Kap.

4. Familie: **Spitzhörnchen** (Tupaiidae). Die Angehörigen dieser Familie haben viel Ähnlichkeit mit Eichhörnchen, einen buschigen Schwanz wie diese, auch leben sie ähnlich kletternd auf Bäumen, doch haben sie einen längeren, viel gestreckteren, in einen spitzen Rüssel auslaufenden Schädel. Sie sind auf die Malaiischen Inseln und Hinterindien beschränkt; eine Art findet sich in den Bergen Vorderindiens.

5. Familie: **Borsteniget** (Centetidae). Die Verbreitung dieser Tiere ist sehr seltsam, indem sich nämlich 8 Arten auf Madagaskar und je eine Art auf Cuba und Haïti finden. Die Tiere haben einen gestreckten Körper, einen langen, in einen spitzen Rüssel auslaufenden Kopf, einen langen nackten oder keinen äußeren Schwanz, fünf mit starken Grabkrallen bewaffnete Zehen an den kurzen Füßen und eine aus steifen Borsten und auf dem Rücken aus Stacheln zusammengesetzte Körperbedeckung. Der Tanrek (Centetes ecaudatus, S. 170) ist ein schwanzloser Bewohner Madagaskars und der Maskarenen. Die Form von Cuba ist der Almiqui (Solenodon cubanus).

6. Familie: **Igel** (Erinaceïdae). Die Igel haben eine ähnliche Hautbedeckung wie der Tanrek, nur herrschen die Stacheln noch mehr vor. Ihr Körper ist kurz, gedrungen, ihr

Rüssel und ihr Schwanz sind gleichfalls nicht sehr lang, letzterer bisweilen sogar äußerlich kaum wahrnehmbar. Es sind nächtliche Tiere, die das Vermögen besitzen, sich zusammenzurollen. Sie finden sich in Europa und dem größten Teil Asiens, in Nord- und Südafrika. Der gemeine Igel (Erinaceus europaeus, S. 171) ist in den meisten Gegenden Europas ein häufiges Tier, das östlich bis zum Ural und Kaukasus, nördlich bis über den 60. Grad vorkommt.

11. Ordnung: **Pelzflatterer** (Dermatophora).

Diese Ordnung umfaßt nur eine Familie (Galeopithecidae) und eine Gattung (Galeopithecus) mit 2 Arten: dem Kapuang (G. volans, S. 172) von den Großen Sundainseln, Celebes und Timor und dem Philippinenflatterer (G. philippinensis). Die Tiere haben oben jederseits einen, unten 2 Schneide- und 6 breite Backenzähne. Die unteren Schneidezähne sind am Rand eigentümlich kammartig eingekerbt. Vom Hals zu den Vorderpfoten, zwischen den Gliedmaßen, von den Hinterpfoten bis zur Spitze des kurzen Schwanzes und endlich zwischen den fünf Zehen jedes Fußes verläuft eine auf beiden Seiten behaarte, fallschirmartig entwickelte Haut. Die Tiere gehen nachts ihrer hauptsächlich aus Blättern bestehenden Nahrung nach.

12. Ordnung: **Fledermäuse** (Chiroptera).

Die Fledermäuse kann man, wenigstens die eine Unterordnung, die Flugform der Insektenfresser nennen. Zwischen den vier stark verlängerten Zehen der Vorderfüße, zwischen diesen und den Hinterfüßen, meist, wo ein Schwanz vorhanden ist, zwischen diesem und den Hinterschenkeln ist eine dünne, zart behaarte Flughaut ausgespannt. Die Innenzehen der Vorderfüße sind frei und meist mit Krallen, die auch an den Hinterzehen vorhanden sind, versehen. Die Weibchen haben 2 Zitzen an der Brust. Die Fledermäuse besitzen eine starke Brustmuskulatur und zur Vergrößerung derer Ursprungsfläche einen Kamm auf dem Brustbein. Die Elle ist der längste Knochen am Skelett, oft so lang wie der Rumpf, die Speiche ist verkümmert und nur ihr Vorderende als Knochenstäbchen übriggeblieben. An den hinteren Gliedmaßen ist das Wadenbein ähnlich beschaffen. Das Gehirn ist windungslos, der Gefühlssinn außerordentlich entwickelt. Sein Sitz sind außer der Flughaut auch oft große, phantastisch gestaltete Anhänge der Nase und der Ohren. Die Fledermäuse sind weiter als irgend eine andere Säugetierordnung verbreitet, indem sie auch auf Neuseeland und vielen Inseln des Stillen Ozeans Vertreter haben.

Die beiden Unterordnungen, in die man diese Ordnung zerlegt hat, sind möglicherweise gar nicht näher miteinander verwandt, sondern nur durch ähnliche Anpassungen einander ähnlich geworden (durch sogenannte Konvergenz der Charakter).

A. Unterordnung: **Fruchtfressende Fledermäuse (Frugivora).** Die fruchtfressenden Fledermäuse haben in der Regel eine spitze Schnauze, auf der Krone flache Backenzähne, am Zeigefinger 3 Glieder und meist einen Nagel an dem zweiten Finger, kleine äußere Ohren, kurze Schwänze und im Ober- und Unterkiefer jederseits 2 Schneide- und 3 Backenzähne; sie bewohnen die warmen Länder der Alten Welt.

Diese Unterordnung umfaßt nur eine Familie, die fliegenden Hunde (Pteropodidae); ihre bekannteste Art, der Kalong (Pteropus edulis, S. 173), ist ein sehr dunkelbrauner Bewohner der Sundainseln, Timors und der benachbarten Inseln, wahrscheinlich auch Malakkas. Sein Nacken, Hinterkopf und Brustteil sind von rotgelber Farbe. Er klaftert bis 1,28 m.

B. Unterordnung: **Insektenfressende Fledermäuse (Insectivora).** Die Mitglieder dieser Unterordnung haben in der Regel eine stumpfe, abgerundete Schnauze, spitze Zähne und keine Kralle an dem aus 4 Gliedern bestehenden 2. Finger. Sie bilden 2 Familien.

1. Familie: **Glattnasige Fledermäuse** (Gymnorhinidae). Diese Tiere haben keine Hautanhänge an der Nase, in der Regel eine gespaltene Oberlippe und große Ohren, vor deren Eingang sich ein freistehendes, deckelartiges, kleineres Hautblatt erhebt. Schneidezähne finden sich oben jederseits 2, 1 oder keiner, wobei selbst der Zwischenkiefer fehlt. Hierher gehören von anderen deutschen Arten die Zwergfledermaus (Vesperugo pipistrellus), die frühfliegende Fledermaus (Vesperugo noctula, S. 174), die Mopsfledermaus (Synotus barbastellus, S. 175), die Ohrenfledermaus (Plecotus auritus, S. 173) und die abends über

Seen und Teichen der Insektenjagd obliegende **Wasserfledermaus** (Vespertilio Daubentonii, S. 174). Zu dieser Familie zählt auch die kosmopolitisch verbreitete Gattung Vespertilio.

2. Familie: **Blattnasige Fledermäuse** (Phyllorhinidae). Diese Tiere haben auf der Nase einen häutigen, blattartigen Auffatz, der verschieden entwickelt sein kann. Bei höchster Entwickelung, z. B. am Kopf des das tropische Amerika bewohnenden Insekten und Früchte fressenden, aber auch Warmblütern das Blut aussaugenden **Vampirs** (Phyllostoma spectrum, S. 176), besteht er aus einem unpaaren, mittleren, lanzettförmigen Abschnitt. Unter diesem zieht sich ein zweiter, halbmondförmiger hin, dessen nach oben aufsteigenden Fortsätze rechts und links durch den sogenannten Sattel von ihm getrennt sind. Bei der hin und wieder in Deutschland vorkommenden **Hufeisennase** (Rhinolophus ferrum-equinum, S. 176) ist der mittlere Abschnitt durch 2 Paar übereinander liegender seitlicher Eindrücke noch komplizierter. Eine der wunderlichsten hierher gehörigen Formen ist die **Klappnase** (Rhinopoma microphyllum, S. 175) mit einem merkwürdig langen Schwanz. Dieses Tier bewohnt Ägypten.

13. Ordnung: **Lemuren (Lemures).**

Diese sehr verkehrterweise auf deutsch Halbaffen und lateinisch Prosimii genannte Ordnung umfaßt kleine, selten mittelgroße Säugetiere, deren 4 Füße meist die Gestalt von Händen haben, da die Innenzehen in der Regel gegenüberstellbar sind. Hierdurch verraten sich die Lemuren als echte Baum- und Klettertiere. Die 2. Zehe (Finger) der vorderen Pfoten ist bisweilen stark verkürzt, und die 4. ist immer von allen die längste. Die Zehenspitzen sind meist oben mit platten Nägeln bedeckt, bis auf die 2. der Hinterpfoten, die eine krumme Kralle trägt. Das hintere Gliedmaßenpaar ist oft viel länger als das vordere. Der Kopf hat einen abgerundeten Hirnschädel und einen gestreckten Schnauzenteil. Die Ohren sind meist, die Augen immer groß. Die letzteren unter Umständen im Verhältnis größer als bei irgend einem anderen Säugetier. Der Schwanz kann äußerlich fehlen, sehr kurz, aber auch sehr lang entwickelt sein. Die wesentlich von Insekten, aber auch von Früchten lebenden, kleine Wirbeltiere und Eier nicht verschmähenden Lemuren entwickeln nachts ihre Hauptthätigkeit.

Von dieser Ordnung leben 33 Arten auf Madagaskar, 16 im kontinentalen Afrika und 5 in Ostindien. Sie zerfällt in 3 Familien.

1. Familie: **Fingertiere** (Chiromyidae). Diese Familie enthält nur eine Gattung und eine Art, das **Aye-Aye** (Chiromys madagascariensis, S. 177), das nicht bloß der abweichendste Lemur, sondern eins der abweichendsten Säugetiere überhaupt ist. Es besitzt jederseits oben und unten einen großen, nagezahnähnlichen Schneidezahn, keinen Eck- und oben 4, unten 3 Backenzähne. Die vordere Extremität hat einen breiten Daumen, und ihr 3. Finger ist außerordentlich dünn. Alle Finger und Zehen, außer den innersten, haben lange Nägel. Der Pelz ist, besonders am Schwanze, straff- und langhaarig, von grauroter, am langen Schwanze und an den Händen fast schwarzer Farbe. Es gibt hellere und dunklere Individuen. Die Zitzen liegen in den Weichen. Das nächtliche Tier lebt von Insekten und vom Mark des Bambus- und Zuckerrohrs.

2. Familie: **Gespensttiere** (Tarsiidae). Die einzige bekannte Art dieser Familie, der **Koboldmaki** (Tarsius spectrum, S. 177), ist gleichfalls ein äußerst seltsames, kleines Wesen mit sehr verlängerten Wurzeln der Hinterfüße, langem Schwanz, ansehnlichen Ohren, ganz unverhältnismäßig großen, kleinpupilligen Augen und an der Unterseite polsterartig verdickten Zehenenden. An den Vorderpfoten ist ausnahmsweise die 3. Zehe die längste, an den Hinterpfoten sind die 2. und 3. Zehe mit Krallen versehen. Die Vorderbeine sind sehr viel kürzer als die Hinterbeine. Das rötlich gelbbraune Tierchen bewohnt Sumatra, Borneo, Banka, Celebes und die Philippinen. Es sucht in tiefster Nacht seine aus Kerbtieren bestehende Nahrung, die es im Sprunge, wie die Laubfrösche, erhascht.

3. Familie: **Echte Lemuren** (Lemuridae). Die echten Lemuren haben im Ober- und Unterkiefer jederseits 2, oder im Unterkiefer 1, oder endlich im Oberkiefer keine Schneidezähne und 5 oder 6 Backenzähne. Die hinteren Gliedmaßen sind etwas länger als die vorderen, die 2. Zehe der Hinterfüße hat eine Kralle.

Diese Familie zerfällt in 4 Unterfamilien.

a) Unterfamilie: **Galagos** (Galagininae). Die Hinterbeine sind bedeutend länger als die Vorderbeine, was namentlich der sehr verlängerten Fußwurzel zugeschrieben werden muß. Der

Schwanz übertrifft den Körper an Länge, und die Ohren sind groß. Die Galagos finden sich im kontinentalen tropischen Afrika und auf Fernando Po sowie auf Sansibar. Hierher gehört der Riesengalago (Otolicnus crassicaudatus, S. 178) von Ostafrika.

b) Unterfamilie: **Loris** (Nycticebinae). Die Loris sind träge, zum Teil das Festland von Afrika, zum Teil Indien bewohnende Lemuren, die oben und unten jederseits 2 Schneidezähne und 6 Backenzähne haben. Da die Wurzel des Hinterfußes nicht verlängert ist, sind beide Gliedmaßenpaare fast von gleicher Länge. Der Schwanz fehlt oder ist, wenn vorhanden, immer kürzer als der halbe Körper. Zu der Gattung Stenops, die schwanzlos ist, kurze Zeigefinger, ziemlich lange Extremitäten und nahe bei einander stehende Augen mit schlitzförmiger Pupille hat, gehört unter andern der Plumplori (Stenops tardigradus, S. 179), der Schlankflori (Stenops gracilis, S. 180), beides indische Arten, und der afrikanische Bärenmaki (Arctocebus calabariensis, S. 179).

c) Unterfamilie: **Makis** (Lemurinae). Die Mitglieder dieser Unterfamilie werden ausschließlich auf Madagaskar angetroffen. Meist stimmt ihr Gebiß mit dem der Loris überein, es kommt aber auch vor, daß im Oberkiefer Schneidezähne überhaupt fehlen. Die Wurzeln der Hinterfüße sind zwar nicht verlängert, gleichwohl sind die Hinterbeine bedeutend größer als die vorderen. Der Schwanz ist mindestens $^2/_3$ solang wie der Körper. Das ist die zahlreichste Unterfamilie der echten Lemuren, deren Arten aber schwer zu unterscheiden sind, da sie nach Lokalität des Vorkommens, nach dem Alter und Geschlecht Varietäten bilden. Es seien von den zahlreichen nur folgende namhaft gemacht: der einem Siebenschläfer nicht wenig gleichende Bilchmaki (Microcebus myoxinus, S. 178), der wickelbärähnliche Katzenmaki (Chirogaleus furcifer), der Halbmaki (Hapalemur griseus), der hübsch gezeichnete Katta (Lemur catta, S. 180), der Mongoz (Lemur mongoz, S. 181) und der Vari (Lemur varius, S. 181).

d) Unterfamilie: **Indri** (Indrisinae). Die Indri haben jederseits im Oberkiefer 2 Schneide- und 5 Backenzähne, im Unterkiefer aber bloß einen Schneidezahn, kleine Ohren, wenig verlängerten Gesichtsschädel und verschieden lange Schwänze. Diese Unterfamilie umfaßt 3 Gattungen mit 5 auf Madagaskar beschränkte Arten, zu denen der Kronenindri (Lichanotus mitratus, S. 182) gehört, ein wunderlicher Geselle, mit ansehnlichen, fast gleichlangen Gliedmaßen und kurzem Stummelschwänzchen. Sehr auffallend sind die großen Pfoten mit ihren kolossalen Daumen, die aussehen, als ob sie in weitläufigen schwarzen Winterhandschuhen stäken.

14. Ordnung: **Affen (Primates).**

Die Affen haben oben und unten jederseis 2 Schneidezähne. Die Eckzähne sind immer etwas verlängert, und zwischen denen des Oberkiefers und den entsprechenden Schneidezähnen ist immer eine Lücke zur Aufnahme des unteren Eckzahns. Die eigentümlich entwickelten Endabschnitte der Gliedmaßen werden an den vorderen zu wahren Händen, an den hinteren bleiben sie zwar Füße, nehmen aber doch durch die gegengestellte Innenzehe eine eigenartige Beschaffenheit an. Die Endglieder der Finger und Zehen tragen oben Nägel, selten Krallen, die Augen sind nach vorn gerichtet und das Gesicht nebst den Innenseiten der Hände und Füße, oft auch noch Stellen an dem Gesäß sind unbehaart. Die Weibchen haben 2 Zitzen an der Brust.

Die Ordnung der Affen zerfällt in 2 Hauptgruppen, von denen die eine die Tropen der Neuen, die andere die der Alten Welt bewohnt.

A. **Affen der Neuen Welt (Platyrrhinae).** Diese Gruppe enthält die altertümlicheren Formen, deren Nasenlöcher durch eine breite Scheidewand getrennt seitlich liegen. Sie haben fast immer in jeder Kieferhälfte einen Backenzahn mehr (nämlich zusammen 6) als die altweltlichen Affen, auch haben sie immer einen verlängerten Schwanz, aber niemals Gesäßschwielen und Backentaschen. Endlich sind sie sämtlich kleiner. Ihr Vorkommen beschränkt sich auf den Kontinent von Amerika etwa vom 29. Grad südlicher Breite bis zum 22. Grad nördlicher Breite. Sie zerfallen in 3 Familien.

1. Familie: **Krallenäffchen** (Hapalidae). Die Angehörigen dieser Familie haben in jeder Hälfte des Ober- und Unterkiefers bloß 5 Backenzähne. An den Vorderpfoten ist der

Daumen nur in geringem Grade gegenstellbar, alle Finger und Zehen tragen Krallen, nur die Innenzehe des Hinterfußes ist mit einem platten Nagel versehen. Der Schwanz ist nicht zum Greifen eingerichtet. Hierzu gehören die allerliebsten Seidenäffchen: der Saguin (Hapale jacchus, S. 182), das Silberäffchen (Hapale argentata, S. 182) und das Pinseläffchen (Hapale penicillata, S. 182). Sie sind echte Kinder der tropischen Wälder.

2. Familie: **Schweifaffen** (Pitheciidae). Bei den Schweifaffen ist der Schwanz nicht zu einem Greifapparat umgestaltet, er ist auch allenthalben behaart, und seine Wirbel verjüngen sich in der gewöhnlichen Weise der Säugetiere nach hinten zu. Hierher zählt der Saimiri (Chrysothrix sciurea, S. 183) aus Guayana, Nordbrasilien, ferner der Mirikina (Nyctipithecus trivirgatus, S. 184) aus dem mittleren Südamerika und der an den Ufern des Amazonenstroms und Orinokos lebende Satansaffe (Pithecia satanas, S. 185). Ein wunderliches Tier ist der Peru und Brasilien bewohnende Uakari (Brachycorus calvus, S. 183) mit sehr dichtem, langem, gelblichbräunlichem Pelz, rotem Gesicht und einem Stummelschwänzchen.

3. Familie: **Greifschwanzaffen** (Cebidae). Der Schwanz dient zum Greifen und seine Endwirbel sind seitlich verbreitert. Diese Familie umfaßt 2 Unterfamilien.

a) Unterfamilie: **Rollschwanzaffen** (Cebinae). Der Schwanz der Angehörigen dieser Unterfamilie dient zwar zum Greifen, ist aber allenthalben, auch auf der Unterseite, behaart. Hierher gehört bloß die einzige, artenreiche (16) Gattung der Kapuzineraffen (Cebus), die das Festland von Südamerika, von Costa Rica bis Paraguay bewohnt. Es sind gesellschaftliche, lebhafte Tagtiere, von denen sich oft mehrere verschiedene Arten zusammen thun. Sie scheinen in Polygamie zu leben. Der Weißbart (Cebus leucogenys, S. 185) ist kein häufiger Affe, wohl aber der braune Apella (Cebus Apella). Ein besonders schönes Geschöpf ist die Nonne (Cebus hypoleucus), weniger der seltene Fahlaffe (Cebus olivaceus). Aus dem südlichen Brasilien stammt der Sai (Cebus capucinus, S. 186), aus dem östlichen der Faunaffe (Cebus fatuellus, S. 186).

b) Unterfamilie: **Greifschwanzaffen** (Lagothrichinae). Der Schwanz dieser Affen ist an der Unterseite des Hinterendes unbehaart und schwielig. Zu ihnen gehören die größten neuweltlichen Affen, die das Sprungvermögen eingebüßt haben, aber den Schwanz als 5. Hand benutzend vortrefflich zu klettern verstehen. Sie finden sich von Guatemala bis Paraguay. Die Spinnenaffen (Ateles) sind wunderliche Tiere mit kleinen runden Köpfen, sehr langen, schmächtigen Gliedmaßen und sehr langen Schwänzen. An den Vorderpfoten fehlt der Daumen ganz oder ist wenigstens verkümmert. Der ganz schwarze, rauhhaarige Coata (Ateles paniscus, S. 186) erinnert thatsächlich an eine große Spinne. Der Miriki (Ateles hypoxanthus, S. 187) hat einen gelblichgrauen Pelz. Berühmt wegen der kolossalen Stimmkraft der erwachsenen Männchen sind die Brüllaffen (Mycetes), bei denen der Körper des Zungenbeines zu einer großen Knochenblase, einem Resonanzboden, erweitert ist. Der vordere Daumen dieser Tiere ist dünn und sehr lang. Die Männchen des Caraja (Mycetes niger, S. 187) sind glänzend schwarz.

B. **Affen der Alten Welt (Catarrhini).** Die schmalnasigen Affen haben eine dünne Nasenscheidewand, so daß ihre Nasenlöcher nach vorn und unten gerichtet sind. Sie haben in jeder Kieferhälfte oben und unten bloß 5 Backenzähne, niemals einen Greifschwanz, während viele äußerlich schwanzlos erscheinen. Viele haben Gesäßschwielen und Backentaschen.

a) Erste Gruppe: **Mit Gesäßschwielen (Tylopyga).**

1. Familie: **Hundsaffen** (Cynopithecidae) haben verlängerte Schnauzen, einfache Magen und treten mit ganzer Sohle auf. Bei den Pavianen (Cynocephalus) sind die Schnauzen stark verlängert wie bei den Hunden. Sie haben ein gewaltiges Gebiß, namentlich kolossale Eckzähne, leben auf dem Boden und finden sich meist in Afrika. Eine fürchterliche Bestie ist der stummelschwänzige Mandrill (Cynocephalus mormon, S. 188). Der Tschakma (Cynocephalus porcarius, S. 189) hat einen langen, buschigen Schwanz. Eine besonders interessante Form ist der Mantelpavian (Cynocephalus hamadryas, S. 188), der ähnlich wie ein Löwe eine prächtige Mähne und am Schwanzende eine Quaste hat. Die Gattung der Schopfpaviane umfaßt nur eine Art (Cynopithecus niger, S. 189), die durch ihr Vorkommen merkwürdig ist. Sie findet sich nämlich auf der Insel Celebes und ist von hier, wahrscheinlich durch den Menschen, nach Batjan und den Philippinen gebracht worden. Charakteristisch für dieses Tier ist die weniger verlängerte Schnauze, ein Stummelschwanz und ein Haarschopf auf dem Kopf. Der

schwanzlose **Magot** (Inuus ecaudatus, S. 190) ist der einzige in Europa, und zwar auf den Felsen von Gibraltar wild vorkommende Affe, es ist aber zweifelhaft, ob seine Vorfahren nicht vom Menschen eingeführt worden sind. Sonst ist seine Heimat die nördliche Hälfte Afrikas, soweit sie nicht zur Wüste gehört. Der **Schweinsaffe** (Macacus nemestrinus, S. 190) hat einen kurzen, nach unten gekrümmten Schwanz und bewohnt Hinterindien, Malakka, Sumatra und vielleicht Borneo. Der in Vorderindien hausende **Hutaffe** (Macacus sinicus, S. 191) hat einen sehr langen Schwanz. Die Gattung der langschwänzigen, mit Backentaschen ausgestatteten **Meerkatzen** (Cercopithecus) ist reich an Arten (24), lebt wesentlich auf Bäumen und bewohnt das Festland des tropischen Afrika und Fernando Po. Einer der schönsten Affen ist der seltene **Husarenaffe** (Cercopithecus ruber, S. 191), der von Westafrika bis Abessinien vorkommt. Eine der häufigsten und im tropischen Afrika am weitesten verbreiteten Meerkatzen ist der **Grünaffe** (Cercopithecus sabaeus, S. 192).

2. Familie: **Schlankaffen** (Semnopithecidae). Die Schlankaffen haben ein weniger vorspringendes Profil, immer einen langen Schwanz, einen zusammengesetzten Magen und treten gleichfalls mit ganzer Sohle auf. Es sind Baumtiere und finden sich in tropischen Gebieten Asiens und Afrikas, eine Art bewohnt die Hochlande von Osttibet. Sie bilden zwei Gruppen: eine afrikanische und eine ostindische. Die afrikanische besteht aus der Gattung **Stummelaffe** (Colobus) mit verkümmertem Daumen an den Vorderhänden. Zu ihnen gehört der schönste Affe, die **Guereza** (Colobus guereza, S. 193) aus den Hochgebirgen Abessiniens. Der **Bärenstummelaffe** (Colobus ursinus, S. 193) bewohnt Westafrika und der **Teufelsaffe** (Colobus satanas, S. 193) vorzüglich Fernando Po. Die Gattung der **asiatischen Schlankaffen** (Semnopithecus) hat an Vorder- und Hinterhänden wohl entwickelte, wenn auch nur kurze Daumen. Der **Hulman** (Semnopithecus entellus, S. 194), der **heilige Affe** der Hindus, ist das häufigste Mitglied dieser Gattung. Eine besondere Gattung bildet der wunderliche **Nasenaffe** (Nasalis larvatus, S. 194) von Borneo.

3. Familie: **Gibbons** (Hytobatidae). Die Gibbons haben einen kleinen, abgerundeten Kopf, unverhältnismäßig lange Vordergliedmaßen, keinen Schwanz und einen einfachen Magen. Es sind ausgesprochene Baum- und Klettertiere, die in 7 Arten Hinterindien, Borneo, Sumatra, Java, Südchina und die Insel Hainan bewohnen. Eine der bekanntesten Formen ist der **weißhändige Lar** (Hytobates lar).

b) Zweite Gruppe: Altweltliche Affen mit behaartem Gesäß (Dasypyga).

Familie: **Waldmenschen** (Simiidae). Die Angehörigen dieser werden wohl auch mit den Gibbons zu der Familie der **menschenähnlichen Affen** (Anthropomorpha) vereinigt. Sie haben einen abgerundeten Schädel, der bei älteren Individuen sekundär durch die Entwickelung von Muskelleisten diese Gestalt verliert. Beim Gehen treten sie mit dem Außenrand der Füße auf und stützen sich auf die eingebogenen Finger der Hände. Gesäßschwielen fehlen, der Rumpf hat auf der Unterseite eine spärlichere Behaarung, und ebenso ist es bei den Gliedmaßen auf der Innenseite. Auf der Oberseite des Ober- und Unterarms ist sie ellbogenwärts gerichtet. Diese Affen sind Baum- und Klettertiere und bewohnen tropische Wälder in Asien und in dem kontinentalen Afrika. Der **Orang-Utan** (Pithecus satyrus, S. 195) hat lange bis zu den Knöcheln reichende Arme und einen verkürzten Daumen. Er findet sich auf Borneo und Sumatra. Afrikanisch ist der gewaltige **Gorilla** (Gorilla gina, S. 196) und der von allen Affenarten geistig am höchsten stehende **Schimpanse** (Simia troglodytes, S. 197 u. 198). Der erstere hat ein nur beschränktes Vorkommen an der afrikanischen Westküste, der zweite bewohnt ein weit größeres Gebiet, von einem langen Strich der tropischen Westküste bis tief in das Innere, bis in das Gebiet der großen Seen hinein.

Schnabeltier (Ornithorhynchus paradoxus). $^1/_4$.

Australischer Stacheligel (Echidna aculeata). $^1/_5$.

Schwimmbeutler (Chironectes variegatus). 1/3.

Opossum (Didelphys marsupialis). 1/5.

Stutzbeutler (Choeropus castanotis). 1/4.

Nasenbeuteldachs (Perameles nasutus). 1/4.

Teufel (Sarcophilus ursinus). 1/10.

Beutelwolf (Thylacinus cynocephalus). 1/10.

Ameisenbeutler (*Myrmecobius fasciatus*). 1/3.

Tafa (*Phascologale penicillata*). 1/2.

Tüpfelkuskus (Phalanger maculatus). 1/4.

Koala (Phascolarctus cinereus). 1/6.

Tasmanischer Wombat (Phascolomys ursinus) und Breitstirnwombat (Ph. latifrons). 1/8.

Beutelmaus (Acrobates pygmaeus). 1/1.

Bärenkänguruh (Dendrolagus inustus). 1/7.

Gelbfußkänguruh (Petrogale xanthopus). 1/10.

Känguruhratte (Potorous tridactylus). 1/6.

Opossumratte (Bettongia penicillata). 1/4.

Tamandua (Tamandua tetradactyla). $^{1}/_{5}$.

Mähnen-Ameisenbär (Myrmecophaga jubata). $^{1}/_{12}$.

Zwergameisenfresser (Cycloturus didactylus). 1/4.

Dreizehenfaultier (Bradypus tridactylus). 1/4.

Steppenschuppentier (Manis Temminckii). 1/5.

Gürtelmaus (Chlamydophorus truncatus). 1/2.

Erdferkel (Orycteropus capensis). 2 m Länge inkl. Schwanz.

Kugelgürteltier (Tolypeutes tricinctus). 1/4.

Sechsbindengürteltier (Dasypus sexcinctus). 1/5.

Susuk (Platanista gangetica). 1/18.

Gemeiner Delphin (Delphinus delphis). 1/18.

Pottwal (Catodon macrocephalus). $^1/_{125}$.

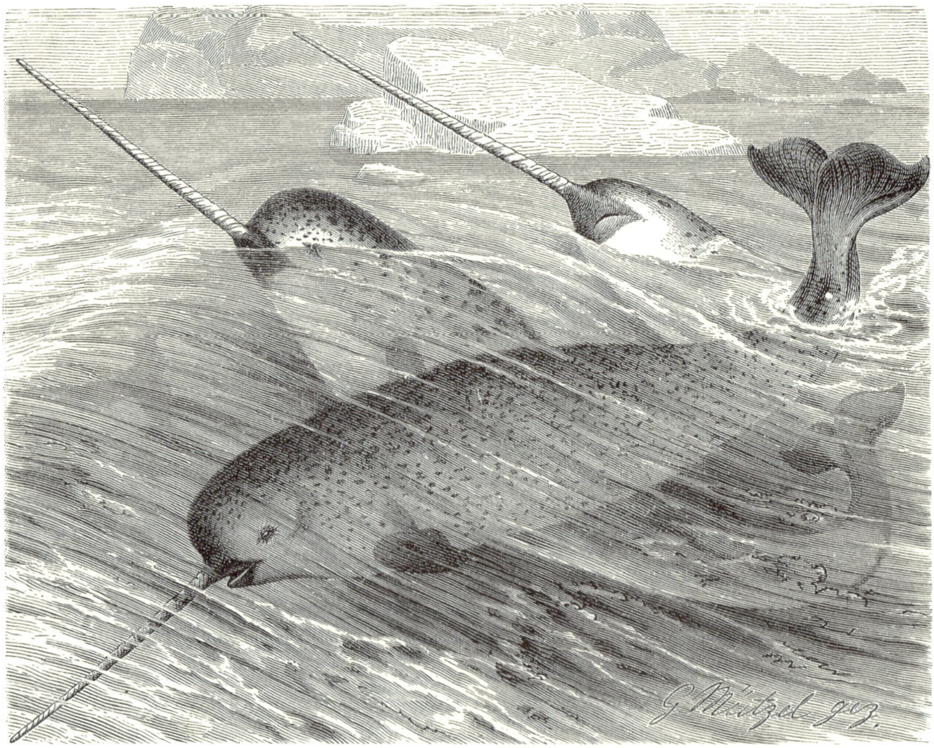

Narwal (Monodon monoceros). $^1/_{40}$.

Meerschwein (Phocaena communis). 1/15.

Grönlandwal (Balaena mysticetus). 1/150.

Zwergwal (Balaenoptera rostrata). 1/75.

Finnwal (Balaenoptera longimana). 1/175.

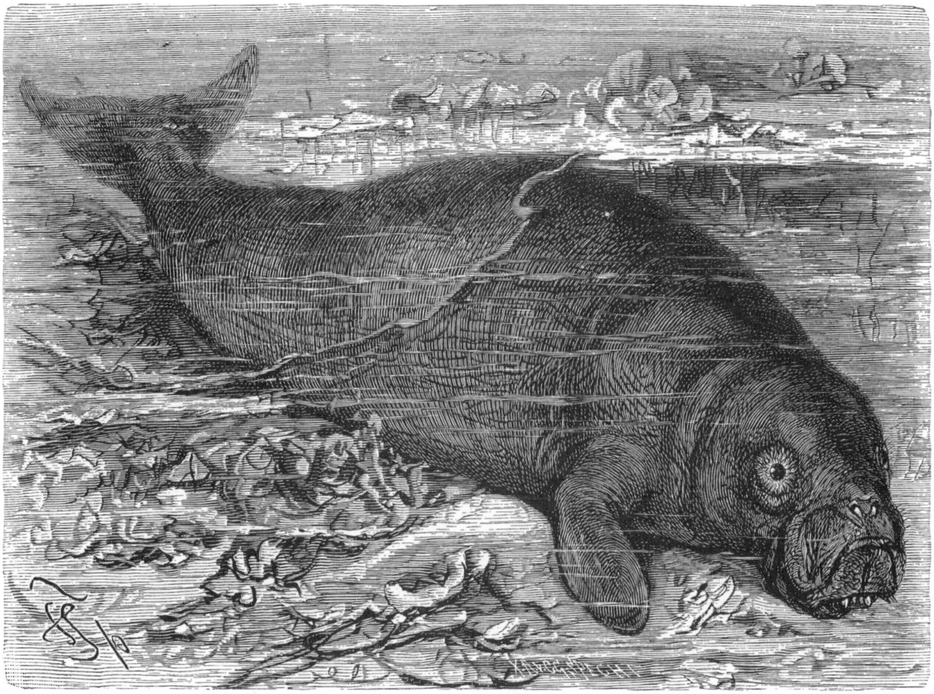

Dujong (Halicore dujong). 1/30.

Lamantin (Manatus latirostris). 1/20.

Flußpferd (Hippopotamus amphibius). 1/20.

Pekari (Dicotyles torquatus). 1/9.

Warzenschwein (Phacochoerus africanus). 1/12.

Hirscheber (Porcus babyrussa). 1/8.

Wildschwein (Sus scrofa). 2 m lang.

Berkshire-Schwein. 1/16.

Japanisches Maskenschwein. 1/16.

Dromedar (Camelus dromedarius). 1/25.

Trampeltier (Camelus bactrianus). 1/25.

Pako (Auchenia paco). 1/25. Lama (Auchenia lama). 1/25. Vicuña (Auchenia vicunna). 1/20.

Moschustier (Moschus moschiferus). 1/12.

Kidang (Cervulus muntjac). 1/12.

Edelhirsch (Cervus elaphus). 2,15 m lang.

Renntier (Rangifer tarandus). 1/30.

Elen (Alces palmatus). 1/30.

Giraffe (Camelopardalis giraffa). 2,25 m Länge, 3 m Schulterhöhe, bis 6 m Kopfhöhe.

Gemse (Capella rupicapra). 1,1 m lang.

Klippspringer (Oreotragus saltator). 1/10.

Gnu (Catoblepas gnu). 1/15.

Saiga (Colus tataricus). 1/12.

Ducker (Cephalolophus mergens). 1/12.

Schikara (Tetraceros quadricornis). 1/10.

Kudu (Strepsiceros kudu). 3 m Länge inkl. Schwanz, 1,7 m Höhe.

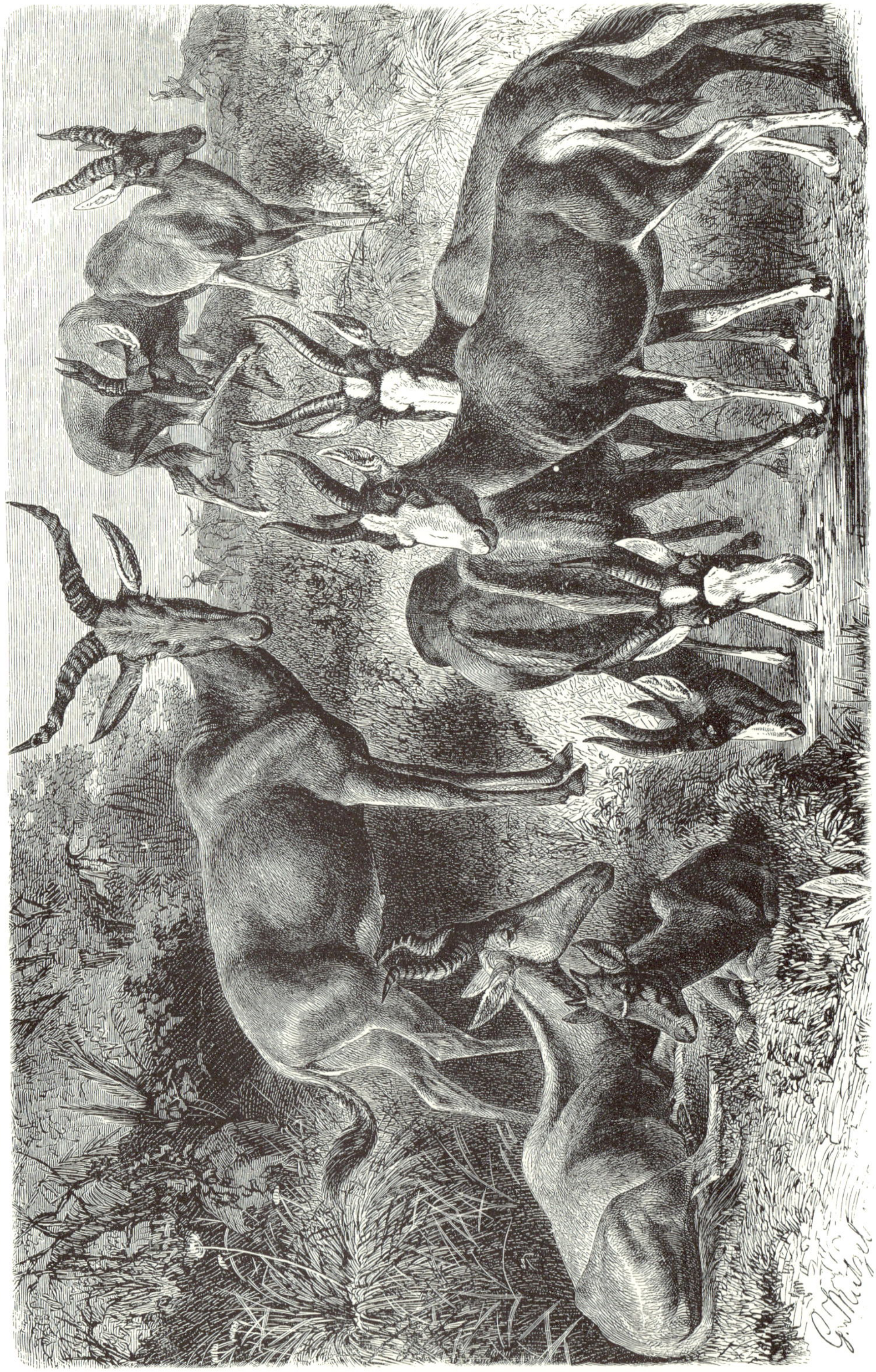

Tora (Bubalis bubalis). 2,8 m. Buntbock (Bubalis pygarga). 2 m. Bleßbock (Bubalis albifrons). 1,9 m. Senegalantilope (Bubalis senegalensis).

Angoraziege (Capra hircus angorensis). 1/12.

Schraubenziege (Capra Falconeri). 1/12.

Alpensteinbock (Ibex alpinus). 1,6 m.

Mufflon (Ovis musimon). 1/12.

Mähnenschaf (Ovis tragelaphus). 1/15.

Heidschnucke. Sehr grobwollig. 1/16.

Merino der Elektoral-Rasse. Höchste Wollfeinheit. 1/12.

Moschusochs (Ovibos moschatus). 1/15.

Bergschaf (Ovis montana). 1/16.

Anoa (Anoa depressicornis). 1/16.

Rotbüffel (Bubalus brachyceros) von Sierra Leone. 1/20.

Gaur (Bibos gaurus). 1/21.

Kafferbüffel (Bubalus caffer). 1/25.

Zebu (Bos indicus). 1/24.

Banteng (Bibos sondaicus). 1/20.

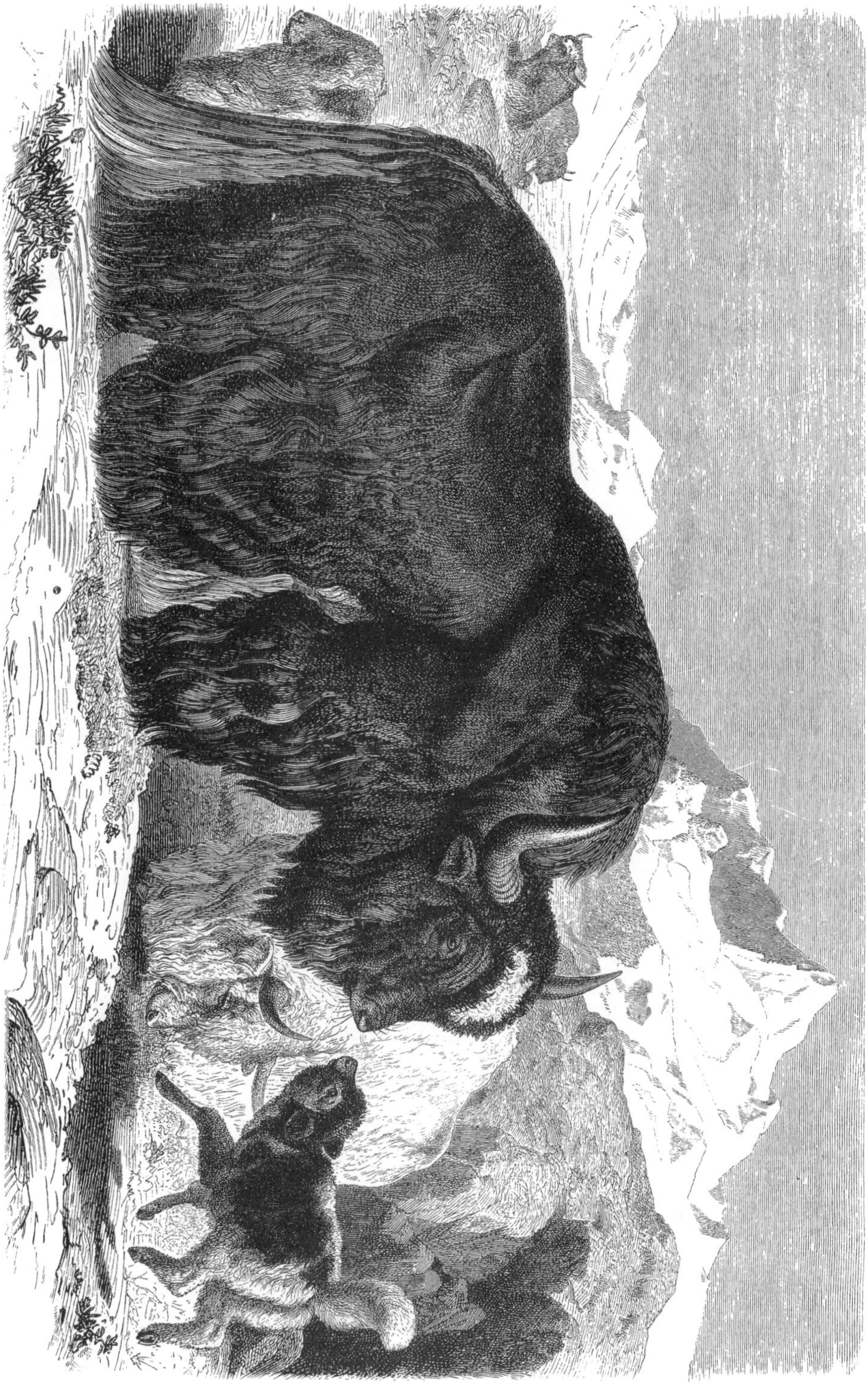

Jak (Poëphagus grunniens). 4,25 m Länge, 1,9 m Höhe.

Wisent (Bos bison). 3,5 m Länge, 1,8 m Höhe.

Durhamrind. 1/20.

Holländer Rind. 1/25.

Doppelnashorn (Rhinoceros bicornis). 1/20.

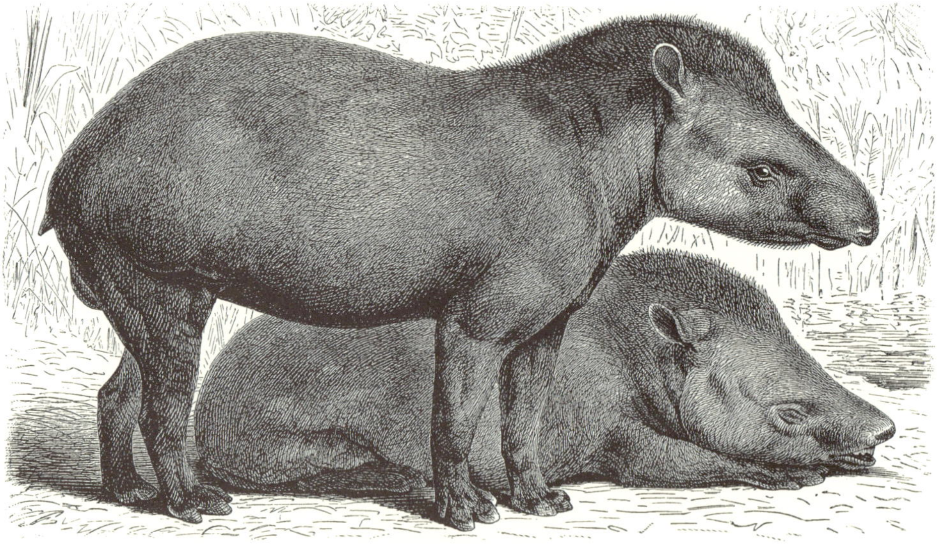

Tapir oder Anta (Tapirus americanus). 1/16.

Dauw oder Tigerpferd (Equus Burchellii). 1/16.

Hausesel. 1/16.

Trakehner. 1/28.

Tarpan. 1/25.

Indischer Elefant (Elephas indicus). Bis 3,5 m lang, bis 3,5 m hoch.

Abessinischer Klippschliefer (Hyrax abyssinicus). 1/4.

Feldhase (Lepus timidus). 1/5.

Alpenpfeifhase (Lagomys alpinus). 1/3.

Kaninchen (Lepus cuniculus). 1/6.

Viscacha (Lagostomus trichodactylus). 1/5.

Wollmaus (Eriomys lanigera). 1/3.

Chinchilla (Eriomys chinchilla). 1/3.

Rohrratte (Aulacodus swinderianus). 1/4.

Hutia-Conga (Capromys pilorides). 1/5.

Degu (Octodon Cummingii). 2/3.

Meerschweinchen (Cavia cobaya). 1/2.

Greifstachler (Cercolabes prehensilis). 1/3.

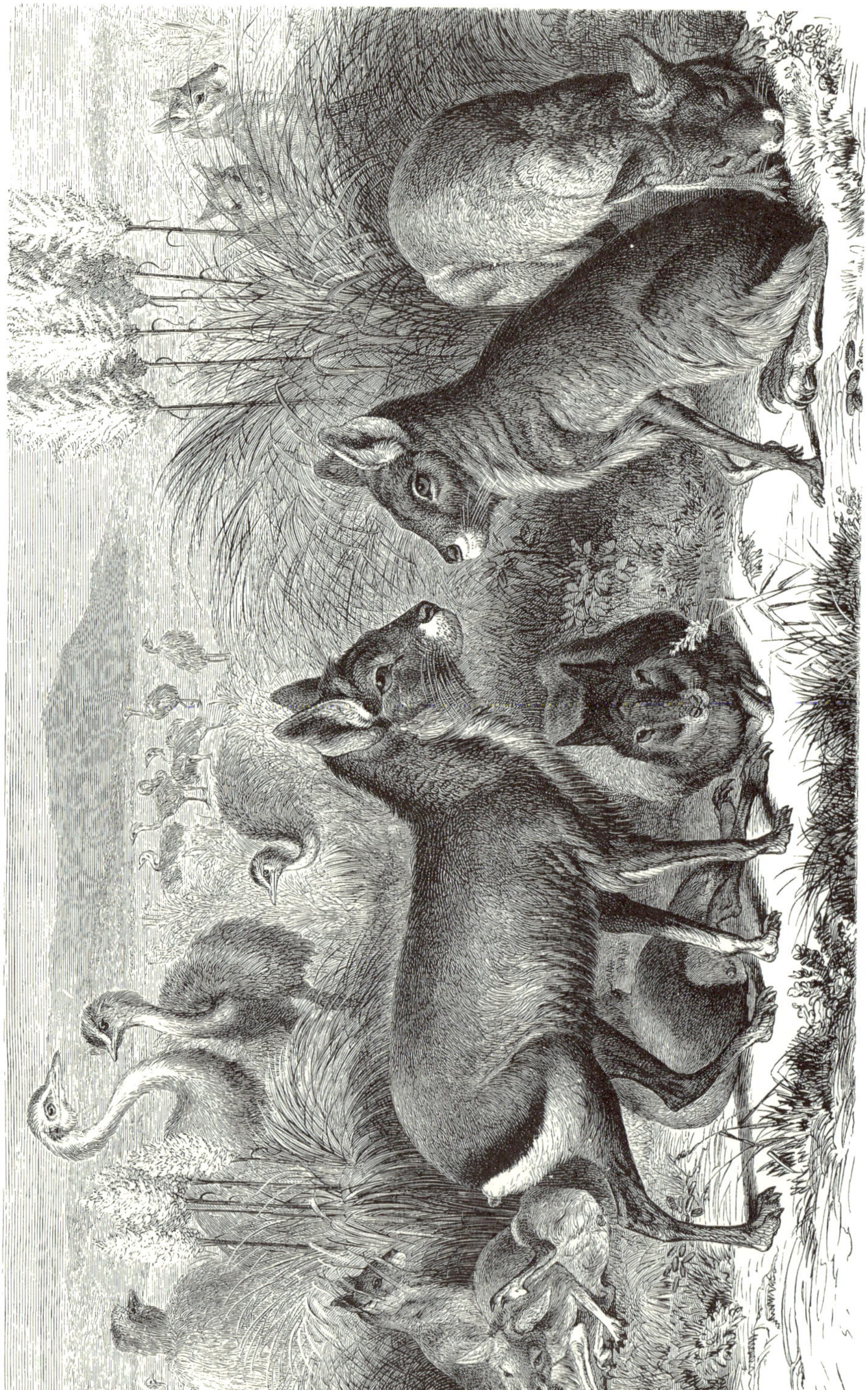

Mara (Dolichotis patagonica). 50 cm Länge, 45 cm Höhe.

Wasserschwein (Hydrochoerus capybara). 1 m lang.

Paka (Coelogenys paca). 1/4.

Aguti (Dasyprocta aguti). 1/4.

Stachelschwein (Hystrix cristata). 65 cm Länge, 24 cm Höhe.

Quastenstachler (Atherura africana). 1/5.

Gopher (Geomys bursarius). 1/4.

Taschenspringer (Dipodomys Philippii). 1/2.

Blindmolle (Spalax typhlus). 1/2.

Lemming (Myodes lemmus). 1/2.

Feldmaus (Arvicola arvalis). 2/3.

Wasserratte (Arvicola amphibia). 2/3.

Bisamratte (Fiber zibethicus). 1/3.

Hamster (Cricetus vulgaris). 1/3.

Hausmaus (Mus musculus). 4/5.

Wanderratte (Mus decumanus). 1/2.

Hausratte (Mus rattus). 2/3.

Springhase (Pedetes caffer). 1/8.

Wüstenspringmaus (Dipus aegyptiacus). 1/2.

Biber (Castor fiber). Bis 95 cm lang.

Haselmaus (Muscardinus avellanarius). 4/5.

Siebenschläfer (Myoxus glis). 1/2. Gartenschläfer (Eliomys nitela). 1/2.

Prairiehund (Cynomys ludovicianus). 1/4.

Ziesel (Spermophilus citillus). 1/3.

Alpenmurmeltier (Arctomys marmota). 1/5.

Bobak (Arctomys bobac). 37 cm lang.

Assapan (Pteromys volucella). 1/2.

Eichhorn (Sciurus vulgaris). 1/3.

Eisbär (Thalassarctos maritimus). 2,8 m lang.

Grislibär (Ursus ferox). 2,5 m lang.

Binturong (Arctictis binturong). 1/7.

Panda (Ailurus fulgens). 1/4.

Wickelbär (Cercoleptes caudivolvulus). 1/4.

Waschbär (Procyon lotor). 1/8.

Honigdachs (Mellivora capensis). 1/5.

Dachs (Meles taxus). 1/7.

Surilho (Mephitis suffocans). 1/4.

Stinkdachs (Mydaus meliceps). 1/4.

Seeotter (Enhydris marina). 1/10.

Zorilla (Rhabdogale mustelina). 1/6.

Hyrare (Galictis barbara). 1/6.

Vielfraß (Gulo borealis). 1/6.

Nerz (Putorius lutreola). 1/3.

Hermelin (Putorius erminea). 1/3.

Wiesel (Putorius vulgaris). 1/3.

Iltis (Putorius foetidus). 1/3.

Zobel (Mustela zibellina). 1/4.

Edelmarder (Mustela martes). 1/4.

Kusimanse (Crossarchus obscurus). 1/4.

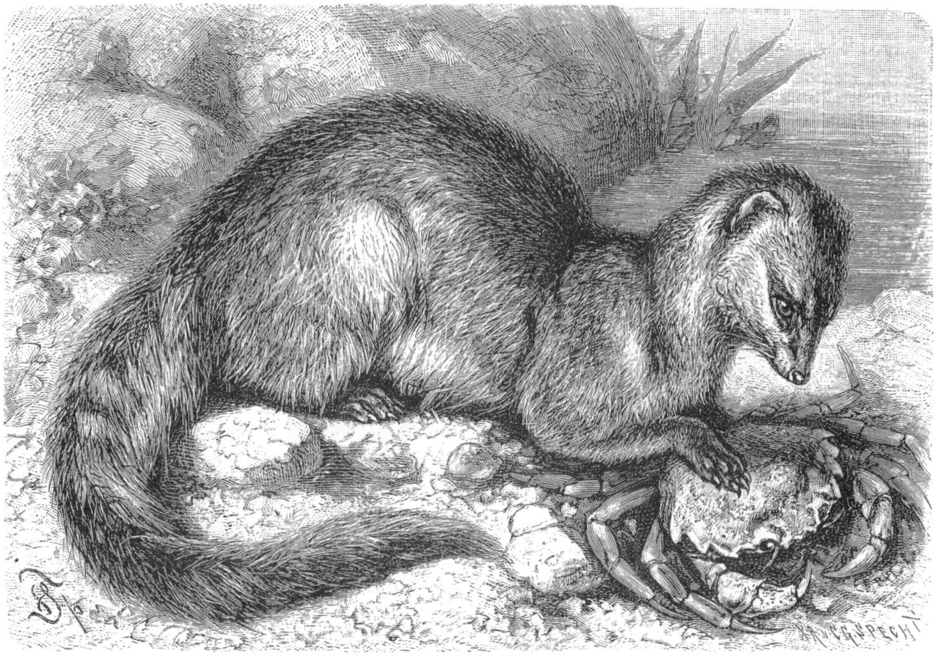

Krabbenmanguste (Herpestes urva). 1/5.

Ichneumon (Herpestes ichneumon). 65 cm lang.

Zebramanguste (Herpestes fasciatus). 1/6.

Mungo (Herpestes mungo). 1/5.

Surikate (Rhyzaena tetradactyla). 1/4.

Fuchsmanguste (Cynictis penicillata). 1/6.

Ginsterkatze (Viverra genetta). 1/4.

Zibethe (Viverra zibetha). - 1/6.

Larvenroller (Paradoxurus larvatus). 1/4.

Indischer Palmroller (Paradoxurus niger). 1/5.

Zibetkatze (Viverra civetta). 1/6.

Fossa (Cryptoprocta ferox). 1/8.

Falbkatze (Felis maniculata). 1/5.

Nebelpardel (Felis nebulosa). 1/10.

Angorakatze. 1/7.

Hauskatze. 1/5.

Pampaskatze (Felis pajeros). 1/6.

Tigerkatze (Felis tigrina). 1/7.

Ozelot (Felis pardalis). 1/6.

Puma (Felis concolor). 1/10.

Serval (Felis serval). 1/6.

Irbis (Felis uncia). 1/10.

Schwarzer Leopard (Felis variegata). 1/12.

Leopard (Felis pardus). 1/12.

Löwe (Felis leo). Bis 1,9 m lang, bis 1 m hoch.

Tiger (Felis tigris). Bis 2,1 m lang, bis 1,06 m hoch.

Karakal (Lynx caracal). 70 cm Länge, 25 cm Höhe.

Gepard (Cynailurus jubatus). 1/9.

Luchs (Lynx vulgaris). 1/10.

Hyänenhund (Lycaon pictus). 1/10.

Zibethyäne (Proteles lalandii). 1/7.

Streifenhyäne (Hyaena striata). 1 m lang.

Wolf (Canis lupus). 1/9.

Heulwolf (Canis latrans). 1/9.

Löffelhund (Otocyon caffer). 1/4.

Polarfuchs (Canis lagopus). 1/8.

Fuchs (Canis vulpes). 1/12. — Oben: Schakal (Canis aureus). 1/12.

Streifenwolf (Canis adustus). 1/8.

Spitz. 1/10.

Schäferhund. 1/13.

Rauhhaarige Affenpinscher. 1/6.

Pudel. 1/10.

Bernhardinerhund. 1/10.

Vorstehhund (kurzhaarige Rasse). 1/10.

Teckel. 1/8.

Möpse. 1/6.

Bullenbeißer. 1/8.

Dänische Dogge. 1/10.

Windhund. 1/10.

Dingo (Canis dingo). 1/8.

Seelöwe (Otaria Stelleri). 1/30.

Seebär (Otaria ursina). 1/20.

Walroß (Trichechus rosmarus). 1/40.

Oben: Gemeiner Seehund (Phoca vitulina). 1/20. — Unten: Grönländischer Seehund (Phoca groenlandica). 1/20.

Klappmütze (Cystophora cristata). 1/20.

Seeelefant (Cystophora proboscidea). 1/50.

Wasserspitzmaus (Sorex fodiens). 1/1.

Hausspitzmaus (Crocidura aranea) und Waldspitzmaus (Sorex vulgaris). 1/1.

Wimperspitzmaus (Sorex suaveolens). 1/1.

Tanrek (Centetes ecaudatus). 1/3.

Elefantenspitzmaus (Macroscelides typicus). 1/2.

Maulwurf (Talpa europaea). 2/3.

Igel (Erinaceus europaeus). 1/3.

Desman (Myogale moschata). 1/2.

Kaguang (Galeopithecus volans). 1/6.

Ohrenfledermaus (Plecotus auritus). 1/1.

Kalong (Pteropus edulis). 1/4.

Frühfliegende Fledermaus (Vesperugo noctula). 1/1.

Wasserfledermaus (Vespertilio Daubentonii). 1/1.

Klappnase (Rhinopoma microphyllum). 1/1.

Mopsfledermaus (Synotus barbastellus). 1/1.

Hufeisennase (Rhinolophus ferrum-equinum). 4/5.

Vampir (Phyllostoma spectrum). 1/4.

Aye-Aye (Chiromys madagascariensis). 1/9.

Koboldmaki (Tarsius spectrum). 1/2.

Riesengalago (Otolicnus crassicaudatus). 1/6.

Bilchmaki (Microcebus myoxinus). 1/2.

Bärenmaki (Arctocebus calabariensis). 1/3.

Plumplori (Stenops tardigradus). 2/5.

Schlankloris (Stenops gracilis) im Erwachen. 1/3.

Katta (Lemur catta). 1/7.

Mongoz (Lemur mongoz). 1/7.

Vari (Lemur varius). 1/7.

Kronenindri (Lichanotus mitratus). 1/6.

Saguin (Hapale jacchus). Silberäffchen (Hapale argentata). Pinseläffchen (Hapale penicillata). 1/4.

Saimiri (Chrysothrix sciurea). 1/4.

Uakari (Brachyurus calvus). 1/7.

Miricina (Nyctipithecus trivirgatus). 35 cm lang.

Satansaffe (Pithecia satanas). 1/5.

1 Weißbart (Cebus leucogenys). 2 Apella (Cebus apella). 3 Weißschulteraffe (Cebus hypoleuca). 4 Fahlaffe (Cebus olivaceus). 1/6.

Faunaffe (Cebus fatuellus). Sai (Cebus capucinus). 1/6.

Coata (Ateles paniscus). 1/15.

Miriki (Ateles hypoxanthus). 1/6.

Caraja (Mycetes niger). 1/5.

Mandrill (Cynocephalus mormon). 1/10.

Mantelpavian (Cynocephalus hamadryas). 1/8.

Tschakma (Cynocephalus porcarius). 1/8.

Schopfpavian (Cynopithecus niger). 1/6.

Magot (Inuus ecaudatus). 1/6.

Schweinsaffe (Macacus nemestrinus). 1/9.

Hutaffe (Macacus sinicus). 1/5.

Husarenaffe (Cercopithecus ruber). 1/8.

Grünaffe (Cercopithecus sabaeus). 1 m Länge inkl. Schwanz.

Bärenstummelaffe (Colobus ursinus). 1/8. Teufelsaffe (Colobus satanas). 1/8.

Guereza (Colobus guereza). 1/10.

Nasenaffe (Nasalis larvatus). 1/10.

Hulman (Semnopithecus entellus). 1/10.

Orang-Utan (Pithecus satyrus). 1,35 m Höhe im Stehen.

Gorilla (Gorilla gina). 1,65 m Höhe.

Schimpanse (Simia troglodytes). Bis 1,7 m hoch.

Verschiedene Stellungen des Schimpanse.

Bilder-Atlas

zur

Zoologie der Fische, Lurche und Kriechtiere.

Mit beschreibendem Text

von

Prof. Dr. William Marshall.

Mit 208 Holzschnitten nach Zeichnungen von
G. Mützel, E. Schmidt, Rob. Kretschmer, Rud. Koch, C. Gerber,
Herm. Braune u. a.

Neuer Abdruck.

Leipzig und Wien.
Bibliographisches Institut.
1910.

Vorwort.

Den Säugetieren und Vögeln folgen hier die Fische, Lurche und Kriechtiere in Wort und Bild. Dienen uns die einen von ihnen, wie viele Fische und Schildkröten, zur Nahrung, so werden uns andere, wie Schlangen, Haifische oder Krokodile, durch giftige Bisse oder durch ihre Raubsucht gefährlich, und seltener als Angehörige jener beiden anderen großen Klassen von Lebewesen bekommt der Mensch die hier vorgeführten Gestalten in der Natur zu sehen. Gründe sind also genug vorhanden, warum die Fische, Lurche und Kriechtiere für uns besonderes Interesse haben dürfen, und darum wird gerade ein Bilder-Atlas, der sich mit ihnen beschäftigt, von jung und alt vielleicht doppelt gern zur Hand genommen werden.

Wie seine Vorgänger, so soll auch er in erster Linie der heranwachsenden, lernenden Jugend ein Anschauungsmittel sein, das mit gründlicher Belehrung abwechselungsreiche Unterhaltung ernsterer Art verbindet, das in Schule und Haus gleichmäßig verwendet werden kann. Und hier im Hause soll auch der erwachsene Tierfreund danach greifen, der, wenn er sich tiefer in die dargebotenen Illustrationen versenkt, bald erkennen wird, wie die abgebildeten Tiere nicht nur naturwissenschaftlich getreu ihrer Gestalt nach dargestellt worden sind, sondern wie auch ihre Lebensgewohnheiten, die Umgebung, in der sie sich zu bewegen pflegen, die Körperhaltung, die sie mit Vorliebe einnehmen, ihre Lieblingsbeschäftigungen 2c. auf Grund zahlreicher Beobachtungen zur Anschauung gebracht werden sollten.

Der beschreibende Text ist kurz gefaßt; es kam auf Übersichtlichkeit, nicht auf verwirrende Ausführlichkeit an. Gleichzeitig gibt er, aber natürlich nicht durch besondere Hinweise, Fingerzeige, nach welchen Gesichtspunkten die Bilder zu betrachten sind, welches die Hauptsachen sind, die gesehen zu werden verdienen, worauf das Augenmerk vor allem gerichtet werden muß. Und wenn eine solche enge Verbindung von Wort und Bild dem Herausgeber geglückt ist, so steht zu hoffen, daß unser Wunsch in Erfüllung gehen wird: auch dieser neue Bilder-Atlas möge sich des Beifalls erfreuen, den seine Vorgänger von so vielen Seiten gefunden haben.

Leipzig, im Oktober 1898.

Inhalt des Textes.

Verzeichnis der Abbildungen.

Die Fische.

Cirrenmäuler.

Rundmäuler.

Knorpelflosser.

Knorpelfische.

Knochenhechtartige und schlammfischartige Glanzschupper.

Haftkiefer.

Büschelkiemer.

Edelfische.

Weichflosser.

Schlundkiefer.

Stachelflosser.

Knochenfische.

Lurchfische.

Die Lurche.

Die Kriechtiere.

Die Fische.

Einleitung.

Die Fische (Pisces) sind wechselwarme, wasserbewohnende Wirbeltiere mit rechts- und linksseitig symmetrischem Körper (die Lanzettfische und Flachfische machen eine Ausnahme) und einem aus einer Kammer und einer bloß bei den Lurchfischen durch eine Längsscheidewand geteilten Vorkammer bestehenden Herzen. Die Temperatur ihres Blutes hängt mit wenig Ausnahmen von der des umgebenden Wassers ab, und sie haben ovale, im erwachsenen Zustande (abgesehen von Lanzettfischen) rote Blutkörperchen. Die Atmung geschieht fast ausnahmslos durch Kiemen. Die Haut ist nur selten nackt, meist vielmehr mit Schuppen oder plattenartigen Knochenbildungen versehen. Die meisten Fische legen Eier, bei einigen kommen die Jungen lebendig zur Welt.

Der Körper der Fische ist selten wurmförmig, meist ist seine Grundgestalt die Spindel, die um so schlanker ist, je besser der Fisch schwimmt. Die auf dem Boden sich aufhaltenden Grundfische haben einen von oben nach unten oder einen seitlich abgeflachten Körper.

Die Elemente des Skeletts sind teils knorpelig, teils und häufiger in verschiedenem Umfang verknöchert, und man unterscheidet danach wohl Knorpel- und Knochenfische, doch ist die Unterscheidung nicht einwandsfrei. Die Wirbelsäule zerfällt in zwei Regionen, in die des Rumpfes und die des Schwanzes; ein Hals konnte sich bei der Art des Schwimmens der Fische nicht entwickeln, und aus denselben Gründen ist der Kopf der Fische mit der Wirbelsäule (mit einer oder zwei Ausnahmen) unbeweglich verbunden. Da sich die Rippen niemals mit einem Brustbein, das überhaupt stets fehlt, vereinigen, so ist kein Brustabschnitt vorhanden, und da sich die Beckenknochen niemals unmittelbar mit der Wirbelsäule verbinden, ist an dieser kein Kreuzbeinabschnitt ausgebildet. Mithin besteht die Wirbelsäule der Fische bloß aus einem Rumpf- und einem Schwanzabschnitt.

Die Wirbelsäule enthält bei den Lanzettfischen, Rundmäulern, Seekatzen und Stören eine sulzigknorpelige, hinten und vorn spitz endigende Achsenmasse (Rückensaite), die von einer aus festem Bindegewebe bestehenden Scheide umhüllt wird. In der Scheide treten Ringe von festerem Knorpel oder von Knochen auf, die nach innen vorwachsend bikonkave (amphicöle) Wirbelkörper bilden. In den zwischen diesen befindlichen Hohlräumen erhalten sich Reste der Rückensaite in Gestalt von Doppelkegeln. In der Regel hat jeder Wirbelkörper ein zentrales Loch, durch das ein die Reste der Rückensaite verbindender Strang tritt. Nur der Knochenhecht hat bloß hinten ausgehöhlte Wirbelkörper, in die je ein runder Gelenkkopf eines folgenden Wirbels eingreift. Nach oben legen sich an die Wirbelkörper obere Bogenstücke an, die in ihrem Zusammenhang einen das Rückenmark umschließenden Kanal bilden. Nach unten setzen sich in gleicher Weise untere Bogenfortsätze an, die hinten gleichfalls einen Kanal bilden zur Aufnahme von großen Blutgefäßen, weiter kopfwärts am Rumpfe aber auseinanderweichen. Mit den Wirbeln verbinden sich Rippen in verschiedenem Umfang und in verschiedener Art.

Ein Schädel fehlt bloß den Lanzettfischen; bei den Rundmäulern, Haien, Rochen und Stören stellt er eine einfache Knorpelkapsel dar, die bei letzteren Fischen mit großen, der Haut angehörigen Knochenplatten belegt ist. Bei den höheren Fischen verknöchern teils Partien der Knorpelkapsel selbständig, teils legen sich Verknöcherungen der tieferen Hautschichten auf sie und verbergen sie. Der Unterkiefer ist nicht mit dem Schädel unmittelbar, sondern durch eine Reihe eingeschalteter Knochen verbunden. An deren Hinterrand setzen sich weitere Knochentafeln an, die vereint eine Platte, den Kiemendeckel, bilden.

Die Fische haben zweierlei Arten aus knorpeligen oder knöchernen Elementen bestehende Gliedmaßen: wagerechte und senkrechte. Die wagerechten bezeichnet man als Brust- (die vorderen) und Bauchflossen (die hinteren). Typisch (bei den Bauchflossern) liegen diese beiden Flossenpaare, die unseren Gliedmaßen entsprechen, ähnlich wie bei anderen Tieren, aber es kommt vor, daß das hintere Paar unter (bei den Brustflossern) oder gar vor (bei den Kehlflossern) dem vorderen zu stehen kommt. Unter Umständen fehlt das hintere Paar völlig, bei Lanzettfischen, Rundmäulern und gewissen aalartigen Fischen sind überhaupt keine wagerechten Gliedmaßen vorhanden. Die Brustflossen stehen immer hinter den Kiemen und sind mit dem aus 2—3 Knochenstücken bestehenden inneren, in der Regel an den Schädel (bei Haien an der Wirbelsäule) befestigten Brustgürtel gelenkig verbunden. Die Bauchflossen werden von dem aus einem einzigen in der Fleischmasse eingebetteten Knochenstück bestehenden Beckengürtel getragen. Bei den Plattfischen bilden alle senkrechten Flossen einen zusammenhängenden Saum entlang des ganzen Körpers bis an den After, aber meist sind sie getrennt, und man unterscheidet sie nach ihrer Lage als Rücken-, Schwanz- und Afterflossen. Die Flossen sind meist durch Knochen- oder Knorpelstäbchen gestützt, aber nicht immer: so findet sich bei lachs- und welsartigen Fischen hinter der wahren Rückenflosse eine kleine, nur aus Fett und Bindegewebe bestehende Fettflosse. Die Rücken- und Afterflossen können in Mehrzahl auftreten und sind meist mit der Wirbelsäule durch zwischen dieser und den Flossenstrahlen eingeschaltete Gräten verbunden. Die Schwanzflosse bietet bemerkenswerte Unterschiede, die auf das Endstück der Wirbelsäule zurückzuführen sind. Dieses verläuft entweder gerade in der Richtung der übrigen Wirbelsäule und wird von der eigentlichen Schwanzflosse oben und unten gleichmäßig umsäumt, oder es biegt sich nach oben um. Im ersten Falle sind die Fische umwachsenschwänzig (diphycerk), im letzteren muß man wieder scheiden. Entweder ist der ober- und unterhalb des Endstückes der Wirbelsäule gelegene Teil der Schwanzflosse von ungleicher Größe und Gestalt, oder die Schwanzflosse ist in ihren oberhalb und unterhalb der Längsachse des Körpers gelegenen beiden Abschnitten gleichartig entwickelt. Je nachdem sind die Fische (wie Haie, Rochen, Störe und verschiedene echte Glanzschupper) ungleichschwänzig (heterocerk), oder sie sind (alle Knochenfische) gleichschwänzig (homocerk). Aber die Homocerkie ist bloß äußerlich und beruht auf Anordnung der Flossenstrahlen, denn inwendig bleibt durch das Verhalten des nach oben gebogenen Endes der Wirbelsäule doch Heterocerkie. Die Flossen bestehen wesentlich aus einer Haut und den diese stützenden, durch Muskeln gegeneinander bewegbaren Strahlen. Öfters treten Strahlen auch vereinzelt auf. Sie bestehen entweder aus einer Anzahl von unten nach oben hintereinander gelegener, unbeweglich miteinander verbundener Stücke, sie sind gegliedert und können sich dann am oberen Ende ein- oder mehrfach gabeln, oder sie sind ungegliedert und laufen am freien Ende spitz zu. Die gegliederten Strahlen sind weich und biegsam, die ungegliederten hart und stachelig, und nach dieser Verschiedenheit unterscheidet man weich- und hartstrahlige Fische. Sehr häufig kommen beide Arten Strahlen in einer Flosse vor; dann stehen aber ungegliederte, harte immer vor den gegliederten, weichen. Die Anzahl, in der besonders die harten Strahlen, namentlich die der Rücken- und Afterflosse, auftreten, ist für die Systematik der Fische von Wichtigkeit.

Die Muskulatur der Fische ist sehr entwickelt und besteht wesentlich aus zwei übereinander liegenden Längsmaßen, deren jede wieder in zwei nebeneinander liegende zerfällt. Im Rumpfabschnitt weichen die beiden unteren Teile zur Aufnahme der Leibeshöhle auseinander, im Schwanz aber liegen sie wie die oberen dicht zusammen. Die Muskeln der wagerechten Gliedmaßen sind nur wenig entwickelt, und die Bewegungen der Fische beruhen wesentlich, die horizontalen ausschließlich auf der Thätigkeit der Muskeln und der Flosse des Schwanzes. Die wagerechten Flossen vermitteln das Wenden, Steigen, Sichsenken und langsame Fortschwimmen. Wenn der Fisch „steht", so schwimmt er eigentlich gegen den Strom, aber mit derselben Kraft, die das ihm entgegenfließende Wasser auf ihn ausübt; diese wird daher neutralisiert, und der Fisch bleibt thatsächlich an Ort und Stelle „stehen".

Die Haut der Fische ist nur bei Lanzettfischen, Rundmäulern, einigen aalartigen Fischen und Haftkiemern (Mondfisch) nackt, meist enthält sie Schuppen, die bisweilen allerdings kaum wahrnehmbar (Flußaal), in anderen Fällen zu großen Platten umgebildet sind. Bei den meisten

Knochenfischen sind die Schuppen dünne, biegsame Plättchen, die in regelmäßigen Reihen, meist wechselständig angeordnet, von vorn nach hinten dachziegelartig übereinander weggreifen. Je nachdem der Rand dieser Schuppen glatt oder gezähnelt ist, unterscheidet man Cykloid- und Ktenoid-, d. h. Kreis- und Kammschuppen. Ganoidschuppen sind solche mit einer äußeren Schmelzlage; sie haben meist eine rhombische, selten eine runde Gestalt und sind für die sogenannten Glanzschupper kennzeichnend. Placoidschuppen stehen meist vereinzelt in der Haut der Haie und Rochen als kleinere oder größere Knochenkörper, die in letzterem Falle auf ihrer Oberseite einen scharfen, zahnartigen Stachel tragen können; bei den Stören sind sie groß und stehen in getrennten Reihen. Häufig bleibt, während der Rumpf und der Schwanz beschuppt sind, der Kopf nackt; sehr selten sind die Flossen mit Schuppen versehen. Sehr weit verbreitet ist bei Fischen die sogenannte Seitenlinie, die aus einer Anzahl entlang beider Körperseiten gelegenen Öffnungen besteht und vom Ende der Schwanzflosse bis zum Oberrand der Kiemspalte in einer geraden oder gebogenen oder unterbrochenen Linie verläuft und sich auch in Gestalt der sogenannten Kopfkanäle auf den Kopf fortsetzt. Die Öffnungen der Seitenlinien führen in einfache oder verzweigte Säcke und Röhren, die innen mit Nervenendigungen derart ausgekleidet sind, daß sie als Organe eines seinem Wesen nach noch nicht völlig aufgeklärten Sinnes anzusehen sind.

Die äußere Erscheinung eines Fisches, die uns hier wichtiger sein muß als die Verhältnisse seiner inneren Organisation, wird auch durch äußere Hilfsteile seiner Atmungswerkzeuge mitbedingt. Diese Hilfsteile sind die äußeren Kiemenspalten und die bei den meisten Knochenfischen diese bedeckenden Kiemendeckel. Die Kiemenspalten sind rund bei Rundmäulern, bei Haien und Rochen sind es einfache, bei ersteren seitlich, bei letzteren unten gelegene Schlitze in verschiedener Zahl. Das Atemwasser wird durch das Maul in die seitlich von den Kiemenspalten durchbrochene, gegen die Speiseröhre abschließbare Rachenhöhle aufgenommen und fließt durch die Kiemenspalten nach außen wieder ab, nachdem das venöse, in den Kiemen enthaltene Blut den ihm mechanisch beigemischten Sauerstoff aufgenommen hat. Die Kiemenspalten werden getrennt durch die knorpeligen oder knöchernen Kiemenbogen, auf denen dünnhäutige, gefäßreiche Fortsätze, die Kiemenblättchen, sitzen. In ihnen geht der Atmungsprozeß vor sich. Bei den meisten Knochenfischen trägt der vorderste Kiemenbogen keine solchen Blättchen, sondern nach hinten gerichtete bewegliche Knochenstäbe, die eine, die eigentlichen Kiemen (Fischohren beim Volk genannt) mit dem Kiemendeckel überspannende Haut, die Kiemenhaut, stützen. Die Zahl jener Stäbe ist systematisch von Wichtigkeit.

Was die Verdauungsorgane der Fische betrifft, so sei nur hervorgehoben, daß ihr meist quer-ovales, selten rundes Maul am vorderen Körperende steht, aber auch auf die Unterseite bis ziemlich weit nach hinten rücken kann. Die Zähne sind sehr verschieden entwickelt, fehlen aber selten; bei Rundmäulern bestehen sie aus Hornsubstanz, sonst aus verknöcherten, meist mit Schmelzsubstanz überzogenen Papillen der Rachenschleimhaut. Ihre Gestalt ist äußerst mannigfach: borsten-, klingen-, kegel-, knopf-, plattenförmig u. s. w. Ebenso verschieden ist ihre Zahl; bisweilen sitzt nur ein Paar in den Rändern der eigentlichen Kieferknochen, in anderen Fällen können alle die Rachenhöhle umgebenden Knochen, selbst Teile des Kiemenbogens, mit ihnen besetzt sein. Die Zunge tritt nur als schwacher, wenig beweglicher Wulst auf, Speicheldrüsen fehlen, der Magen ist meist einfach sackartig, in seltenen Fällen zusammengesetzt, der Darm macht wenig Schlingen und hat an der Stelle, wo er aus dem Magen tritt, häufig und oft zahlreiche blinddarmartige Ausstülpungen von unklarer physiologischer Bedeutung, die Pförtneranhänge. Der Mastdarm ist kurz und besitzt innen bei Haien, Rochen, einigen Glanzschuppern und bei den Lurchfischen eine nach innen vorspringende, wendeltreppenartig verlaufende Längsfalte, die sogenannte Spiralklappe. Die Leber ist groß und fettreich und in der Regel mit einer Gallenblase verbunden. Eine Bauchspeicheldrüse kann fehlen.

Mit dem Darmrohr sehr vieler Fische ist eine als Schwimmblase bekannte Ausstülpung desselben verbunden. Meist ist sie einfach, selten doppelt, aber oft ist sie durch Einschnürungen oberflächlich geteilt oder hat verschiedenartige Fortsätze. Sie liegt oberhalb des Darmes unterhalb der Wirbelsäule und bleibt entweder mit dem Inneren des Darmes durch einen zarten offenen Kanal oder mit seiner Wandung durch ein geschlossenes Band im Zusammenhange oder löst sich völlig von ihm ab. Meist reguliert sie durch ihr auf der Gegenwart eigener Muskeln in den Wandungen beruhendes willkürliches Zusammenziehen und Ausdehnen das Sinken und

Steigen des Fisches. In einigen Fällen, besonders bei den Lurchfischen, tritt sie lungenartig zum Atmungsprozeß in Beziehung. Ab und zu fungiert sie auch als Stimmorgan.

Das Herz, das nur den Lanzettfischen fehlt, liegt weit vorn bei den Kiemen, besteht aus einer muskulösen, kräftigen Kammer und einem schlaffwandigen Vorhof und wird ausschließlich von venösem Blut durchströmt, das der Vorhof aus dem Körper aufnimmt und der Kammer übergibt; diese pumpt es durch ihre Zusammenziehungen in ein mit einer (bei Haien, Rochen, Glanzschuppern und Lurchfischen selbständig pulsierenden) Anschwellung beginnendes, großes ansteigendes Gefäß weiter. Dieses Gefäß löst sich oben in eine Anzahl paariger, den Kiemenbogen entsprechender Äste auf, durch die das venöse Blut in die feinsten Gefäße der Kiemenblättchen gelangt, um durch die Aufnahme von Sauerstoff und die Abgabe von Kohlensäure zu arteriellem umgebildet zu werden. Jene feinen Gefäße gehen ineinander über (bilden ein Kapillarnetz) und sammeln sich weiter zu Kiemengefäßen. Diese, arterielles Blut führend, vereinigen sich zu einem großen absteigenden Rückengefäß, das durch seine sich immer feiner auflösenden Nebengefäße den ganzen Körper mit arteriellem Blut versorgt. Das im Körper venös gewordene Blut sammelt sich in Gefäße, die es als Venen wieder dem Vorhof des Herzens zuführen u. s. w.

Die Weibchen der Fische legen meist Eier (Laich) und bringen nur selten lebendige Junge zur Welt. Bisweilen zeigen Männchen und Weibchen bleibenden oder vorübergehenden auffälligen Unterschied in Größe, Gestalt, Flossenschnitt und Farbe. Viele üben, besonders die Männchen, eine umfassende Brutpflege aus, bauen Nester, nehmen den Laich oder die Jungen bei Gefahr ins Maul u. s. w. Verschiedene Fische durchlaufen eine bisweilen ziemlich verwickelte Verwandlung.

Die Fische sind Wasserbewohner; nur wenige begeben sich vorübergehend auf ganz kurze Zeit auf das Land. Verschiedene, kalte und gemäßigte Gegenden bewohnende verfallen in einen Winter-, einige andere tropische während der trockenen Jahreszeit, eingegraben im Schlamm nach Verschwinden des Wassers, in einen Sommerschlaf. Ein paar Formen können sich aus dem Wasser erheben und durch ihre flügelartig entwickelten Brustflossen kurze Zeit schwebend halten, aber nicht fliegen. Bei weitem die meisten Arten bewohnen das Meer, wobei im allgemeinen das Gesetz gilt, daß nach den Polen hin wenige Arten in sehr zahlreichen Individuen, nach dem Äquator zu umgekehrt immer zahlreichere Arten in weniger zahlreichen Individuen auftreten. Im Meere finden sich Fische von der Oberfläche bis in die tiefsten Tiefen, im süßen Wasser von den Mündungen der Flüsse bis in die Gebirge bei 3850 m. Einzelne Arten leben im Brackwasser oder finden sich sowohl im Meere wie im Süßwasser. Manche Arten wandern des Laichgeschäfts wegen vom Meere in die Ströme und Flüsse ein (Anadrome) oder von den süßen Gewässern in die See (Katadrome), andere wandern meist in großen Scharen (Schulen) im Meere selbst. Viele Familien haben im salzigen und süßen Wasser Vertreter, andere bloß in dem einen oder in dem anderen, und es ist hervorzuheben, daß gerade altertümlichere Formen (Schmelzschupper und unter den Knochenfischen die Weichflosser) Süßwasserbewohner sind.

Die Größe der Fische ist beträchtlichen Schwankungen unterworfen (von 5 oder 6 cm bis über 15 m). Die meisten Fische leben von rein tierischer oder gemischter Kost, wenige von rein pflanzlicher. Gewisse Arten erreichen ihre Maximalgröße erst mit dem Tode und sind viel früher fortpflanzungsfähig als ausgewachsen. Die normale Lebensdauer ist sehr verschieden: unter den Fischen findet sich das einzige Wirbeltier, dessen Dasein nur ein Jahr währt, und anderseits gibt es unter ihnen Formen, die mehrere hundert Jahre alt werden.

Viele Fische sind für den Menschen von ganz bedeutendem Nutzen, ja ohne das Vorhandensein mancher würden große Gebiete der Erde überhaupt für das Menschengeschlecht unbewohnbar sein. Manche sind dadurch, daß sie andere nützliche Wassertiere fressen, für uns mittelbar schädlich, andere sind es unmittelbar, indem sie sich entweder an Menschen vergreifen, oder dadurch, daß ihr Fleisch oder ihr Laich immer oder zu gewissen Zeiten giftig ist und unter Umständen nach dem Genusse tödlich wirkt.

Die Zahl der bekannten Fische mag sich rund auf 9000 belaufen, wovon vielleicht 2/9 das süße Wasser, besonders die Ströme des tropischen Südamerika, bewohnen.

Wir teilen die Fische in 3 Unterklassen: Röhrenherzen, Rundmäuler und echte Fische.

I. Unterklasse:

Röhrenherzen (Leptocardii).

Die Röhrenherzen haben eine ungegliederte Wirbelsäule, keine Schädel, zwar ein Rückenmark, aber kein Gehirn; ihre senkrechten Gliedmaßen werden durch einen Hautsaum am hinteren Körperende vertreten, wagerechte fehlen überhaupt. Anstatt eines Herzens haben sie bloß ein pulsierendes Rückengefäß, aber sie haben ein geschlossenes Gefäßsystem, d. h. die arteriellen und venösen Blutgefäße gehen durch Kapillarnetze ineinander über. Die Blutkörperchen sind weiß. Als Atmungsorgane dienen eine Anzahl hintereinander gelegene, die Wandung der geräumigen Speiseröhre seitwärts durchsetzende Spalten (Kiemen), die durch einen aus feinen Knorpelstäbchen zusammengesetzten Kiemenkorb gestützt werden. Sie öffnen sich in eine besondere Kiemenhöhle, die ihrerseits mit einer bauchständigen Öffnung vor dem After nach außen mündet. Das Maul ist eine Längsspalte und wird von einem Knorpelring gestützt, der Fortsätze in die fühlerartigen Bildungen entsendet, welche die Mundöffnung umgeben und diese abzuschließen vermögen. Der After steht asymmetrisch etwas nach links. Asymmetrisch gleichfalls etwas nach links liegt oben auf dem Vorderende eine trichterförmige Grube, die unten mit der Rachenhöhle zusammenhängt und als Geruchs- und Geschmacksorgan gedeutet wird. Auf dem Vorderende des Rückenmarks treten, individuellen Schwankungen in Größe und Zahl unterworfen, dunkle Pigmentflecke auf, die Augen einfachster Art zur Wahrnehmung von Hell und Dunkel sind. Auch mit der ganzen schuppenlosen Haut vermögen die im weichen Meeresboden eingegraben lebenden Röhrenherzen den Beleuchtungsunterschied genau zu empfinden.

Die Weibchen der Röhrenherzen legen Eier, die aus der Leibeshöhle in die Kiemenhöhle, von dieser durch die Kiemenspalten in den Rachen und weiter durch das Maul nach außen gelangen. Die Jungen durchlaufen eine Verwandlung. Diese Tiere scheinen in den meisten Meeren in der Nähe der Küsten vorzukommen. Sie bilden bloß eine

Ordnung: **Cirrenmäuler (Cirrostomii)**

mit einer Familie: **Lanzettfische** (Amphioxidae), die durch eine Art, durch das 5 cm lang werdende, schmale, etwas abgeflachte gemeine Lanzettfischchen (Amphioxus lanceolatus, S. 55), auch in der deutschen Nordsee bei Helgoland und den friesischen Inseln vertreten ist.

Es wäre durchaus gerechtfertigt, die Röhrenherzen nicht nur als eine Unterklasse der Fische, sondern als einen besonderen Unterkreis der Wirbeltiere überhaupt anzusehen. Wenn das hier nicht geschieht, so sind rein äußere Gründe dafür maßgebend.

II. Unterklasse:

Rundmäuler (Cyclostomata).

Die Rundmäuler haben eine knorpelige, ungegliederte Rückensaite, deren Scheide bloß vorn unter der einfachen, knorpeligen Schädelkapsel etwas verknöchert. Sie haben einen rollrunden, wurmförmigen, sich sehr langsam nach hinten verjüngenden Körper, keine Rippen und keine wagerechten Gliedmaßen, sondern nur unpaare, senkrechte, von Knorpelfäden gestützte. Auch haben sie keine Kiefer, wohl aber ist ihr kreisrunder oder etwas rhombischer Maultrichter inwendig in seinem Rand durch Lippenknorpel gestützt. Die Haut ist schleimig zufolge zahlreicher Drüsen, durchaus nackt, aber oft (bei tropischen Formen) lebhaft gefärbt.

Der Maultrichter ist beim Neunauge und der Lamprete immer mit Hornzähnen (verhornten Schleimhautpapillen) besetzt und führt in das vom Maul zum After in gerader Richtung verlaufende, nicht in Magen, Dünn-, Dick- und Mastdarm zerlegte Darmrohr. Kiemensäcke liegen an beiden Seiten des Schlundes und münden entweder in eine sackartige, bauchständige Ausstülpung desselben (Neunaugen) oder durch Verbindungsgänge in den Schlund selbst (Inger). Die 6—7 Paar Kiemensäcke öffnen sich entweder (bei den Neunaugen) jeder einzelne unmittelbar mit einem eigenen Gang nach außen, oder diese Gänge sammeln sich zu einem gemeinsamen langen Gang jederseits, der bloß mit einer weit nach hinten gelegenen Öffnung nach außen mündet. Eine Schwimmblase fehlt.

Das Geruchsorgan ist einfach und beginnt mit einer einzigen, oberhalb des Mundrandes in der Mittellinie gelegenen Öffnung, die in einen bei den Neunaugen geschlossenen, bei den Ingern nach hinten mit der Rachenhöhle durch einen Gang in Verbindung stehenden Sack führt.

Die Rundmäuler durchlaufen eine Verwandlung. Sie sind artenreicher im Süßwasser als im Meere, und die dieses bewohnenden Arten scheinen in der Mehrzahl, um zu laichen, in die Flüsse hinaufsteigen zu müssen, wobei sie sich, wenigstens das gemeine Neunauge, an andere anadrome Fische (Lachse, Maifische) festsaugen.

Sie leben schmarotzend von anderen Fischen, die sie äußerlich (Neunaugen) annagen und ansaugen, oder in deren Inneres sie sogar eindringen (Inger).

Die Rundmäuler bilden 2 Familien:

1) Familie: **Inger** (Myxinoidae). Die Inger haben bloß eine weit nach hinten liegende Kiemenöffnung jederseits, und ihr Nasensack ist mit dem Schlund durch einen Gang verbunden. Ihre Augen sind verkümmert. Um das Maul befinden sich etliche Barteln, im Gaumen ist ein einfacher mittlerer Zahn, und auf der Zunge stehen mehrere Zähne in Gestalt von zwei kammförmigen Reihen. Die bekannteste Art, der Schleiminger (Myxine glutinosa), findet sich im nördlichen Atlantischen Ozean auf und in Fischen, besonders Schellfischen.

2) Familie: **Neunaugen** (Petromyzontidae). Bei den Neunaugen finden sich jederseits 7 äußere Kiemenöffnungen, und ihr Nasensack ist blind geschlossen. Ihr Mund bildet einen Saugtrichter, dessen Rand von Knorpeln gestützt und dessen ganze Innenseite mit konzentrisch angeordneten Hornzähnchen von ungleicher Größe und Gestalt besetzt ist. Die bekannteste Art, das gemeine Neunauge oder die Flußbricke (Petromyzon fluviatilis, S. 55), steigt, um zu laichen, vom Meer in die Flüsse, die meist nur halb so große Sandbricke (Petromyzon Planeri, S. 55) bewohnt wohl nur ausnahmsweise das Meer, wie die stattliche Lamprete (Petromyzon marinus, S. 55) auch nur ausnahmsweise im süßen Wasser gefunden werden dürfte. Alle drei Arten gehören der deutschen Fauna an.

III. Unterklasse:

Echte Fische (Euichthyes).

Die echten Fische haben einen deutlichen Kieferapparat, wagerechte Gliedmaßen (in den seltenen Fällen, in denen sie fehlen, sind sie sekundär verloren gegangen) und ein doppeltes Geruchsorgan mit zwei äußeren Öffnungen.

1) Ordnung: **Knorpelflosser (Chondropterygii).**

Die Knorpelflosser haben ein knorpeliges Skelett, dessen Bestandteile oft in verschiedenem Umfange von einem eigentümlichen Mosaik kleiner, verknöcherter Körperchen überzogen sind. Ihre Körpergestalt ist, je nachdem sie Schwimmer oder Grundfische sind, sehr verschieden, doch sind die Extreme durch Übergänge verbunden. Ihr knorpeliger Schädel bildet eine kontinuierliche Kapsel und trägt einen wohlentwickelten Ober- und Unterkiefer. Die wagerechten Gliedmaßen sind groß, ebenso der heterocerke Schwanz, der einen größeren oberen und einen kleineren unteren Flossenabschnitt hat, wenn eine Schwanzflosse nicht überhaupt fehlt. Die Rückenflossen führen vorn oft einen freien, spitzen Stachel. Die Haut enthält größere oder kleinere knöcherne Plakoideinlagerungen. An den Seiten des Vorderrumpfes oder unten an demselben finden sich rechts und links meist 5, selten 6 oder 7 Kiemenspalten. Eine Schwimmblase fehlt immer.

Das Maul ist ein unter der Schnauze nach hinten zu gelegener breiter Querschlitz und führt in eine sehr verschieden bezahnte Mundhöhle. Im Mastdarm findet sich eine Spiralklappe.

Es werden entweder große, hornschalige Eier gelegt oder lebendige Junge geboren.

Die Knorpelflosser sind der Entwickelung ihres Gehirns und ihrer Sinnesorgane, auch ihrer geistigen Beanlagung nach eigentlich die am höchsten stehenden Fische. Sie bewohnen hauptsächlich das Meer, doch finden sich einzelne Formen auch in tropischen Flüssen.

Die Ordnung zerfällt in 2 Unterordnungen: die der Quermäuler und die der Seekatzen.

1) Unterordnung: **Quermäuler (Plagiostomi).** Bei dieser Unterordnung liegt das quere Maul weit nach hinten, und die Schnauze springt vor ihm vor. Die Nasenlöcher liegen gleichfalls unten, etwas vor dem Maule. Die Haut enthält fast ausnahmslos kleinere oder größere Plakoidgebilde. Der Oberkiefer ist ein selbständiges, von der Schädelkapsel beweglich gesondertes Knorpelstück, und die Rückensaite ist durch verknorpelte, amphicöle Wirbelkörper mehr oder weniger verdrängt.

Diese Unterordnung zerfällt weiter in 2 Tribus, in den der Haie und in den der Rochen.

1) Tribus: **Haie** (Squali). Die Haie sind die Schwimmformen der Quermäuler und zeigen demzufolge eine schlanke Spindelgestalt, die ihrerseits wieder Ursache davon ist, daß die Kiemenspalten seitlich liegen. Der Rumpf geht nach und nach in den am freien Ende nach oben gebogenen Schwanz über. Die wagerechten Flossen setzen sich scharf gegen den Körper ab und werden mehr pendelnd getragen. Der Tribus zerfällt in zahlreiche Familien und Unterfamilien, auf die wir hier nicht eingehen können. Wir müssen uns darauf beschränken, einige interessantere Formen hervorzuheben. Der Hammerhai (Squatina zygaena, S. 56) ist eine durch den in der Quere stark verbreiterten Kopf sehr auffallende Haiform der wärmeren Meere, die sich aber nicht allzu selten auch in dem nördlichen Atlantischen Ozean vorfindet. Die Jungen dieses Fisches kommen lebendig zur Welt. Ein gewaltiger Geselle, was die Größe anlangt, ist der Rauhhai (Rhinodon typicus, S. 57), der sonst aber sehr harmlos ist, winzige Zähnchen hat, sich auch von Tang ernähren soll. Auffallend klein sind die Augen dieses den Indischen Ozean bewohnenden Riesen. Ein schöner, wahrscheinlich der Tiefsee entstammender Fisch ist der bei Japan vorkommende Krausenhai (Chlamydoselache anguinea, S. 56), dessen die äußeren Öffnungen der Kiemenspalten trennende Hautteile eigentümlich entwickelt sind. Der Port-Jacksonhai (Cestracion Philippi, S. 55) gehört einer uralten Haifischfamilie an, die schon in den devonischen Schichten Vertreter hatte. Das Gebiß des die Küstengewässer Australiens bewohnenden, meist von hartschaligen Krebsen, Weichtieren u. dgl. lebenden Tieres ist pflasterförmig.

Die drei nun folgenden Arten gehören zwar noch zum Tribus der Haie, leiten aber schon zu dem der Rochen hinüber. Beim Japanischen Sägefisch (Pristiophorus japonicus, S. 58) ist der abgeflachte Schnauzenteil des Schädels stark verlängert und trägt an den Seiten außer einem Paar Barteln zahlreiche Zähne. Der das Mittelmeer, den Atlantischen und den Indischen Ozean bewohnende Halawi (Rhinobatus halavi, S. 59) hat eine verlängerte Schnauze; sie ist aber viel kürzer als beim Sägefisch und ohne seitliche Zähne. Sehr wenig einem Engel gleicht der Meerengel (Rhina squatina, S. 59), dessen Körper schon ähnlich wie bei den Rochen verbreitert und abgeflacht ist; auch sind die Kiemenspalten wenigstens zum Teil von den großen Brustflossen bedeckt. Die Meerengel sind Grundfische und leben von anderen Grundfischen in den gemäßigten, nördlichen Teilen des Atlantischen und des Stillen Ozeans.

2) Tribus: **Rochen** (Rajae). Bei den Rochen ist der Körper abgeflacht, die großen Brustflossen reichen meist bis zum Vorderende des Schädels, mit dem sie sich verbinden. Eine Afterflosse fehlt, was ebensowohl wie die Thatsache, daß die Kiemenspalten auf die Unterseite gerückt sind, eine Folge des Lebens auf dem Boden ist. Riesenhafte Formen bewohnen die Ströme des tropischen Südamerika. Der wunderliche Dornrochen (Raja clavata, S. 58) hat einen rautenförmigen Leib und einen dünnen, mit Stacheln besetzten Schwanz. Männchen und Weibchen zeigen einen eigenartigen Unterschied, der auf eine verschiedene Art der Ernährung hindeutet: bei dem Männchen sind nämlich die mittleren Zähne kegelförmig zugespitzt, bei dem Weibchen aber sind alle pflasterförmig. Sie leben, soweit man weiß, von Krebsen und jungen Fischen. Der Dornrochen ist im nördlichen Atlantischen Ozean weit verbreitet und geht auch in die westliche Ostsee. Die in den wärmeren Teilen des Gebietes seines Vorkommens wohnenden Individuen sollen bedeutend größer als die nördlich lebenden werden. Bemerkenswert ist der Zitterrochen (Torpedo marmorata, S. 57), da er ein elektrischer Fisch und als Bewohner des Mittelmeers von allen elektrischen Fischen am längsten bekannt ist.

2) Unterordnung: **Seekatzen (Holocephali).** Holocephali (Ganzschädel) heißen diese Fische, weil bei ihnen der Oberkiefer mit dem übrigen Schädel zu einer festen Einheit vereinigt ist. Der nackte Körper läuft in einen fadenförmigen Schwanz aus. Die Brustflossen sind groß. Der Kopf ist abgestumpft, der Schnauzenteil nicht ausgezogen, und das kleine Maul liegt weit vorn. Es sind oben vier, unten zwei plattenartige Zähne vorhanden. Wirbelkörper sind nicht entwickelt, aber in der Scheide der Rückensaite finden sich Knochenringe. Die männlichen Individuen haben an der Stirn einen merkwürdigen, an der Innenseite mit Zähnchen besetzten Fortsatz von unbekannter Bedeutung. Die bekannteste Art ist die Spöke (Chimaera monstrosa, S. 60), die im Atlantischen, aber auch im Stillen Ozean verbreitet ist; nicht allzu selten ist sie an der norwegischen Küste. Sie lebt ziemlich tief im Meere und frißt kleinere Fische, Krebse und Weichtiere.

2) Ordnung: Glanzschupper (Ganoidei).

Die in der Vorwelt sehr mächtig entwickelte, jetzt nur kleine Ordnung der Glanzschupper enthält Formen mit ganz knorpeligem, teilweise knorpeligem und teilweise knöchernem, endlich ganz knöchernem Skelett. Der Name Glanz- oder Schmelzschupper entspricht nicht immer der Wahrheit, denn die Haut kann nackt sein oder neben feinen knöchernen Einlagerungen noch große, in Reihen angeordnete Schilder besitzen. Die Schuppen der wahren Glanzschupper sind entweder rhombisch oder cykloid und mit einer glatten, glänzenden Schmelzlage überzogen. Die Flossen dieser Fische tragen am Vorderrand meist eine einfache oder doppelte Reihe von schindelartigen Schuppen, die man als Fulcra bezeichnet. Die Schwanzflosse ist meist hetero-, bisweilen auch homo- und sogar diphycerk. Die Kiemenspalten liegen unter Kiemendeckeln. Eine Schwimmblase ist vorhanden und hängt mittels eines hohlen Kanals mit dem Darmrohr zusammen. Man kennt bloß eierlegende Formen.

Die Ganoiden sind, mit Ausnahme der Störe, Süßwasserbewohner, und auch die Störe müssen, um zu laichen, in die Flüsse aufsteigen.

Die Glanzschupper nähren sich teils von pflanzlichen, besonders verwesenden, teils von tierischen Stoffen und erreichen unter Umständen eine gewaltige Größe (Störe).

Die meisten dieser Fische finden sich in gemäßigten Gegenden der nördlichen Erdhälfte, nur in Afrika dringen sie in tropisches Gebiet von Norden her ein.

Wir teilen die Ordnung der Glanzschupper in 4 Unterordnungen: in die der stör-, flösselhecht-, knochenhecht- und schlammfischartigen.

1) Unterordnung: **Störartige Glanzschupper (Chondrostei).** Die Angehörigen dieser Unterordnung haben einen schlanken, spindelförmigen Körper, eine verknöcherte Rückensaite, einen knorpeligen, in einer aus knöchernen Hautplatten bestehenden Kapsel eingeschlossenen Schädel. Die Haut ist entweder nackt oder enthält kleine Verknöcherungen oder endlich Reihen großer Knochenschilder. Die Störe haben 5 Reihen von Hautschildern, eine entlang der Mittellinie des Rückens und je 2 an jeder Seite. Der Schnauzenteil des Schädels ist stark verlängert, um das zahnlose Maul stehen 4 kleine, weit nach hinten gelegene, quere Barteln. Am Vorderrand der senkrechten Gliedmaßen befindet sich eine Reihe von Knochenschindeln. Diese teilweise sehr groß werdenden Fische bewohnen die Meere oder umfangreichen Landseen der nördlich gemäßigten Gegenden der Alten und der Neuen Welt und steigen zu bestimmten Zeiten in die Flüsse auf, um zu laichen. Sie ernähren sich von wirbellosen Wassertieren, Laich u. dgl. Die den besten Fischleim liefernde Form, der Hausen (Acipenser huso, S. 61), findet sich im Schwarzen Meer und steigt zur Laichzeit in die sich darein ergießenden Ströme, so auch in die Donau, auf. Eine andere Art, der gewöhnliche Stör (Acipenser sturio, S. 61), bewohnt den nördlichen Atlantischen Ozean und seine Anhangsmeere, daher auch Nord- und Ostsee, von wo aus sie auch in die deutschen Ströme aufsteigt. Sie liefert den Kaviar. Der Schaufelrüßler (Polyodon folium, S. 60) hat eine sehr bedeutend verlängerte Schnauze von Spatelform, ein weites Maul mit zahlreichen kleinen Zähnen, aber keine Barteln. Er findet sich im Mississippi.

2) Unterordnung: **Flösselhechtartige Glanzschupper (Crossopterygii).** Die Flösselhechte haben eine ziemlich schlanke, cylindrische Gestalt, ein diphycerkes Schwanzende, 2 ansehnliche Kehlplatten zwischen den Ästen des Unterkiefers. Ihre Schuppen sind rhombisch und glatt, und ihre Rückenflosse ist in eine große Anzahl (8—21) sekundärer Flossen aufgelöst, die aus einem vorderen, den Flossenschindeln anderer Glanzschupper entsprechenden Stachel und aus einigen sich in spitzem Winkel an diesen ansetzenden weichen Strahlen bestehen. Diese Fische haben hoch entwickelte Geruchsorgane, und der Gang, durch den die Schwimmblase mit dem Darmrohr in Verbindung steht, mündet von unten, nicht wie bei anderen Fischen von oben, in den Schlund. Verschiedene Arten finden sich in den Strömen des tropischen Afrika.

3) Unterordnung: **Knochenhechtartige Glanzschupper (Euganoides).** Die Knochenhechte sind schlanke Fische mit weit nach hinten stehender, einfacher Rückenflosse. Ihre rhombischen, sehr harten Schuppen stehen in schrägen Reihen, die Kiefer sind verlängert und enthalten zahlreiche kegelförmige Zähne verschiedener Größe. Die Wirbelkörper sind hinten ausgehöhlt, vorn mit einem Gelenkkopf versehen, und die von obenher in den Schlund einmündende Schwimmblase hat einen lungenartigen Bau. Von den 3 bekannten, die süßen Gewässer des südlichen Nordamerika bewohnenden Arten ist der Kaimanfisch (Lepidosteus osseus, S. 62) die häufigste.

4) Unterordnung: **Schlammfischartige Glanzschupper (Amiades).** Bei diesen Fischen ist das Knorpelgewebe des Skeletts fast durchaus verknöchert. Sie haben eine lange, niedrige Rückenflosse und nähern sich durch die schwachen, biegsamen Cykloidschuppen und den Mangel von Schindeln an allen Flossen den Knochenfischen. Sie atmen, den Kopf aus dem Wasser erhebend und das Maul öffnend, wesentlich atmosphärische Luft, und ihre Schwimmblase fungiert als Lunge. Es ist nur eine einzige, süße Gewässer Nordamerikas bewohnende Art (Amia calva, S. 62) bekannt.

Gewöhnlich werden die **übrigen Fische** Knorpelflossern und Glanzschuppern als Knochenfische (Teleostei) gegenübergestellt. Doch erscheint diese Einteilung künstlich, und die ganze Gesellschaft der Knochenfische dürfte aus im Lauf der Zeiten modifizierten Nachkommen verschiedener Ordnungen alter vorweltlicher Glanzschupper bestehen. Es ist daher angebracht, ihre einzelnen Ordnungen einfach ohne Annahme einer gemeinsamen Unterklasse aufeinander folgen zu lassen.

1) Ordnung: **Haftkiefer** (Plectognathi).

Bei den von allen anderen Fischen auffallend abweichenden, sehr gut gekennzeichneten Haftkiefern sind die Knochen der Oberkinnlade fest miteinander verwachsen. Ihre Gestalt ist meist kurz, gedrungen, rundlich oder seitlich stark zusammengedrückt; sie sind homocerk, ihre Skelettteile verknöchern sehr langsam und bisweilen unvollständig, die Zahl ihrer Wirbel ist gering, selten über achtzehn. Rippen fehlen fast völlig. Ihre Haut ist entweder nackt, aber dann sehr stark, oder beschuppt oder stachelig, oder sie enthält starke, aneinanderstoßende Knochenplatten. Das Maul ist klein, das Gebiß besteht meist aus wenigen Zähnen, eine Schwimmblase ist fast ausnahmslos vorhanden; sie ist groß, steht aber nicht mit dem Darmrohr in Verbindung.

Die Haftkiefer bewohnen zum größten Teile tropische Meere, einige auch das süße Wasser. Sie schwimmen sehr langsam und lassen sich gern vom Wind auf der Oberfläche treiben, wozu manche ihren Körper durch Aufnahme von atmosphärischer Luft in den Magen aufblasen. Ihre Nahrung besteht aus festsitzenden oder sehr langsam sich bewegenden Tieren. Bei verschiedenen ist das Fleisch und besonders die Leber in hohem Grade giftig.

Wir teilen die Ordnung in 2 Unterordnungen, in die der rauhhäutigen und in die der nacktzähnigen Haftkiefer.

1) Unterordnung: **Rauhhäutige Haftkiefer** (Sclerodermi). Die Angehörigen dieser Unterordnung haben ein deutlich entwickeltes Gebiß, eine durch Knochenkörper rauhe oder mit eckigen Knochenplatten, die bisweilen einen wahren Panzer bilden, versehene Haut. Das letztere ist namentlich der Fall bei den wunderlichen Kofferfischen, die wie von einem Knochenkasten umhüllt aussehen, an dem die Brust- und die Schwanzflosse beweglich eingelenkt sind. Beim gemeinen Kofferfisch oder Vierhorn (Ostracion quadricornis, S. 63) ist der Körper auf dem Querschnitt dreieckig, indem auf dem Rücken eine und an den Seiten zwei Kanten verlaufen, in denen die Knochentafeln der Haut zusammenstoßen. Er findet sich, wie alle seine Gattungsgenossen, in tropischen Meeren.

2) Unterordnung: **Nacktzähnige Haftkiefer** (Gymnodontes). Die Nacktzähner haben nach außen vorspringende Kiefer, die dadurch, daß sie mit aus verwachsenen Zähnen bestehenden Platten bedeckt sind, entfernt an einen Papageischnabel erinnern. Dieser Plattenapparat ist entweder in seiner oberen und unteren Hälfte ungeteilt oder bloß oben oder endlich oben und unten geteilt. Der Igelfisch (Diodon hystrix, S. 62) hat ungeteilte Zahnplatten, beim Fahak (Tetrodon fahaka, S. 63) ist sowohl die obere wie die untere geteilt. Dieser Fisch, der das Mittelmeer und das Rote Meer bewohnt, besitzt in hohem Grade die Fähigkeit, sich aufzublasen, und ist in diesem Zustande, bei dem seine Hautstacheln nach allen Seiten abstehen, vor feindlichen Nachstellungen geschützt.

2) Ordnung: **Büschelkiemer** (Lophobranchii).

Die Büschelkiemer, ebenso wunderliche Fische wie die Haftkiefer, bilden eine kleine Ordnung von meist meerbewohnenden, kleinen bis mittelgroßen Fischen. Ihr Skelett, an dem stets die Rippen fehlen, ist vollständig verknöchert. Die Haut enthält knöcherne Schilder, durch die der meist gestreckte Körper kantig erscheint. Die Schnauze ist röhrenartig verlängert, und an ihrer Spitze befindet sich das kleine, zahnlose Maul. Die Kiemenöffnungen sind sehr klein und die Kiemen nicht kamm-, sondern büschelförmig. Das Flossensystem ist meist gering entwickelt, namentlich fehlen fast immer die Bauch-, oft auch die Schwanzflossen, und die Büschelkiemer sind schlechte Schwimmer, haben aber trotzdem fast ausnahmslos eine verhältnismäßig große Schwimmblase. Bei den meisten Formen üben die männlichen Individuen Brutpflege aus, indem sie die Eier bis zum Ausschlüpfen, an ihrer Körperunterseite befestigt, mit sich herumtragen. Zu diesem Behuf entwickelt sich bei den mit einem eingeringelten, flossenlosen Greifschwanz ausgestatteten Seepferdchen (Hippocampinae) in der Laichzeit an der Bauchseite eine aus zwei sich aneinander anlegenden Hautfalten bestehende Tasche. Das gemeine Seepferdchen (Hippocampus antiquorum, S. 64) ist weit verbreitet, von der südwestlichen Nordsee bis in den Indischen Ozean. Manche Arten der Seepferdchen zeigen wunderliche Hautanhänge, die die Fische, wenn sie sich mit dem Schwanz an Seepflanzen angeklammert ruhig verhalten, fast unsichtbar machen; denn sie gleichen dann täuschend einem Tangbüschel. Ein solcher Tangfisch ist der australische Fetzenfisch (Phyllopteryx eques, S. 64), den seine olivengrüne und bräunliche Färbung den Meerespflanzen noch ähnlicher erscheinen läßt.

Schlanker gebaut, mit sehr verlängertem Körper sind die Seenadeln (Syngnathinae), deren Schwanz eine Flosse trägt und nicht zum Anklammern dient. Die Eier werden von den Männchen in einer, in der Laichzeit sich mit Schleim füllenden Längsfurche auf der Unterseite aufgenommen. Die Seenadeln, die auch in der Ostsee durch eine Art (Syngnathus acus, S. 64) vertreten sind, gleichen den Blättern der Seegräser in demselben Maße wie die Seepferdchen dem Tang. In der Familie der Röhrenmäuler (Solenostomatidae) ist das Flossensystem weit besser entwickelt, namentlich sind die Brustflossen sehr groß, so daß die Tiere, zumal da sie noch bunt gefärbt sind, etwas Schmetterlingartiges haben. Hier übernehmen die Weibchen die Brutpflege, indem sich aus ihren Bauchflossen eine Tasche zur Aufnahme der Eier bildet. Die wenigen Arten (2—3) bewohnen den Indischen Ozean.

3) Ordnung: **Edelfische (Physostomi).**

Die Edelfische oder Schlundblasenfische bilden die an Arten zweitreichste Ordnung der Fische (über 3000 Arten), zu der die bei weitem größere Mehrzahl unserer Süßwasserfische gehört. Ihr Hauptcharakter, nach dem die Ordnung auch heißt, besteht darin, daß ihre Schwimmblase durch einen Luftgang mit dem Darmrohre in Verbindung steht. Fehlt der Luftgang, so fehlt auch jedesmal die Schwimmblase, was bei einigen Formen vorkommt. Die Edelfische sind, wenn die hinteren Gliedmaßen nicht überhaupt fehlen, Bauchflosser. Ihr Skelett ist völlig verknöchert, die Kiemen sind kammförmig, die Flossenstrahlen gegliedert und weich; nur verknöchert bisweilen der erste Strahl der Rücken- und Brustflossen.

Von den zahlreichen Familien seien nur einige kurz hervorgehoben.

Die aalartigen Fische (Muraenidae) haben einen langgestreckten, rollrunden oder bandartigen Körper, eine nackte oder nur winzige Schüppchen enthaltende Haut und keine Bauchflossen. Die senkrechten Gliedmaßen bilden entweder einen längeren oder kürzeren, zusammenhängenden Saum der hinteren Körperhälfte oder sind nur durch die strahlenlose Schwanzspitze getrennt; sie können auch fehlen. Der Schultergürtel verbindet sich nicht mit dem Schädel, sondern mit der Wirbelsäule. Der After liegt sehr weit nach hinten, Pförtneranhänge fehlen, aber eine Schwimmblase ist meist vorhanden. Der Seeaal (Conger vulgaris, S. 65) hat eine völlig nackte Haut und einen dicht hinter dem Kopf beginnenden und hinter dem After endigenden Gliedmaßensaum. Die ganz jungen Individuen leben auf der Oberfläche des Meeres, sind fast völlig nackt und haben weißes Blut. Der Seeaal dürfte alle Meere der gemäßigten und tropischen Gegenden bewohnen. Der gewöhnliche Aal (Anguilla vulgaris, S. 65) wird nicht ganz richtig auch Flußaal genannt, denn im süßen Wasser finden sich nur die katadromen Weibchen, die, wenn sie in das Meer zurückgewandert sind und gelaicht haben, sterben. Er hat sehr kleine Schüppchen in der Haut, und sein Flossensaum beginnt etwas entfernt vom Kopfe. Die elektrischen Aale (Gymnotidae) oder Zitteraale haben keine Rückenflosse oder statt ihrer höchstens eine Fettflosse; auch die Schwanzflosse fehlt nebst den Bauchflossen, aber die Afterflosse ist sehr lang. Der After liegt sehr nahe hinter der Kehle, die Schwimmblase ist doppelt, und der Schultergürtel verbindet sich mit dem Schädel. Die Familie bewohnt die süßen Gewässer Südamerikas, und ihr berühmtester Angehöriger (Gymnotus electricus, S. 66) hat sehr große, in der hinteren Körperregion jederseits neben der Wirbelsäule gelegene elektrische Organe.

Die für die Menschheit wichtigste Familie der Fische ist die der Heringe (Clupeidae), deren Angehörige nackte Köpfe, aber beschuppte Körper, weite Kiemenöffnungen, eine einfache Schwimmblase, eine kurze Rücken- und keine Fettflosse haben. Die meisten bewohnen das Meer, einige, wie die Finte (Clupea finta, S. 66), sind anadrome Wanderfische. Der Hering (Clupea harengus, S. 66) kommt in verschiedenen, in der Zahl der Wirbel u. s. w. voneinander abweichenden Rassen vor. Wie seine nahe Verwandte, die Sprotte (Clupea sprattus, S. 66), bewohnt er den nördlichen Atlantischen Ozean und wandert wegen des Laichgeschäftes, bleibt aber im Meere, tritt höchstens (z. B. in der Ostsee) in die brackigen Mündungen der Flüsse.

Bei den Hechten (Esocidae) ist sowohl der Kopf wie der Körper beschuppt. Sie haben weder Barteln noch eine Fettflosse. Die Rückenflosse ist weit nach hinten, gleich über die Afterflosse gerückt. Die Schnauze ist verbreitert und abgeflacht. Der bekannteste Vertreter dieser die süßen Gewässer der gemäßigten Gegenden der Alten und der Neuen Welt bewohnenden Familie ist der gemeine Hecht (Esox lucius, S. 67).

Die Salmlinge (Haplochitonidae) haben eine merkwürdige zircumpolare antarktische Verbreitung und finden sich in süßen Gewässern von Australien, Neuseeland und des südlichsten Südamerika, wie der völlig schuppenlose Zebrasalm (Haplochiton zebra, S. 67) in den Flüssen Feuerlands und der Falklandinseln.

Die Schnabelfische (Mormyridae), zu denen Peters' Schnabelfisch (Mormyrus Petersii) aus dem Alt-Calabarflusse gehört, sind Bewohner tropisch-afrikanischer süßer Gewässer. Sie haben einen nackten Kopf, keine Barteln und keine Fettflosse, aber ihre große Rückenflosse ist weit nach hinten über die gleich große Afterflosse gerückt. An jeder Seite der Schwanzwirbelsäule liegt ein sogenanntes pseudoelektrisches Organ, eine gallertartige Masse, die aber keine wahrnehmbaren elektrischen Schläge entwickelt. Durch den nach unten gebogenen verlängerten Unterkiefer erhalten die Tiere eine wunderliche Physiognomie.

Die Familie der Hechtlinge (Galaxiidae) hat eine ähnliche seltsame Verbreitung wie die Familie der Salmlinge. Sie hat Vertreter in den süßen Gewässern von Neusüdwales, Vandiemensland, Neuseeland und dem südlichsten Südamerika, ja eine Art, der Schlankhechtling (Galaxias attenuatus, S. 67), findet sich in Vandiemensland, Neuseeland, Feuerland und auf den Falklandinseln.

Die Familie der lachsartigen Fische (Salmonidae) hat einen mit kleinen Cykloidschuppen bedeckten Körper, einen nackten Kopf, einen nicht gekielten Bauch, hinter der Rückenflosse eine kleine Fettflosse und eine große, einfache Schwimmblase; sie bewohnt in der Mehrzahl die süßen Gewässer der nördlich-gemäßigten Gegenden der Alten und der Neuen Welt, eine Gattung kommt auch in Neuseeland vor. Auch die wenigen, wesentlich im Meere lebenden Arten sind genötigt, des Laichens halber in die Flüsse aufzusteigen. Die Maränen (Coregonus) oder Renken haben sehr schwache und hinfällige Zähne, eine kleine Fettflosse und legen sehr kleine Eier. Die Arten sind sehr schwer zu unterscheiden und unsicher. In Deutschland finden sich mehrere: in der Nord- und Ostsee der anadrome Schnäpel (Coregonus oxyrhynchus, S. 68), in den nordöstlichen Süßwasserseen die gemeine Maräne (Coregonus maraena, S. 68) und die Zwergmaräne (Coregonus albula, S. 68). Auch die Seen am Nordabhange der Alpen werden von verschiedenen Arten bewohnt, so vom Kilch (Coregonus hiemalis, S. 69) in großen Tiefen, ferner vom Blaufelchen (Coregonus Wartmanni, S. 69) und der Bodenrenke (Coregonus fera, S. 69). Einer der wohlschmeckendsten einheimischen Lachsfische ist die Äsche (Thymallus vulgaris, S. 69), die sehr zu Unrecht den Beinamen der „gemeinen" führt. Weniger wohlschmeckend, aber in Norddeutschland ein beliebtes Volksnahrungsmittel ist der Stint (Osmerus eperlanus, S. 68), der die Küstenmeere und die Seen des nördlichen Deutschland bewohnt, aber aus beiden, um zu laichen, in die Flüsse aufsteigt.

Von den echten Lachsen lebt der Huchen (Salmo hucho, S. 70) in der Donau und ihren rechten Nebenflüssen, der Saibling (Salmo salvelinus, S. 69) in den Seen Nordrußlands, Skandinaviens und unserer Alpen. Die Seeforelle (Salmo lacustris, S. 70), die, um zu laichen, von den Seen in die Flüsse eintritt, dürfte eine nahezu gleiche Verbreitung haben. Der Lachs (Salmo salar, S. 70) und die Lachsforelle (Salmo trutta, S. 70) bewohnen nördliche gemäßigte Meere, unter anderen auch die Nord- und Ostsee, aus denen sie, des Laichgeschäftes wegen, in die Flüsse bis weit hinauf steigen.

Die artenreiche Familie der Zahnkarpfen (Cyprinodontidae) gleicht im allgemeinen äußeren Habitus der der Karpfen, hat aber eine weit reichere Bezahnung, zahlreichere knöcherne Stützstäbe in der Kiemenhaut und eine einfache Schwimmblase. Die Zahnkarpfen sind wesentlich Bewohner der süßen Gewässer Nordamerikas und Südamerikas, wo sie hoch in dem Gebirge, bis in den Titicacasee hinauf, vorkommen, finden sich aber in einigen Arten auch im südwestlichen Asien, Nordafrika und Südeuropa. Eine bemerkenswerte Art ist das in Guayana und Nordbrasilien vorkommende Vierauge (Anableps tetrophthalmus, S. 71), bei dem die vorstehenden, aufwärts gerichteten Augen scheinbar doppelt sind, da die Hornhaut und die Iris die Pupille durch quere, von vorn nach hinten verlaufende Fortsätze halbieren. Die Linse ist zwar birnförmig, aber wie die hintere Augenkammer und die Netzhaut einfach.

Bei den Vorderaftlern (Heteropygiidae) liegt die Afteröffnung vor den Brustflossen. Zu dieser kleinen, auf das südöstliche Nordamerika beschränkten Familie gehört der farblose, die Gewässer des großen Höhlensystems des zentralen Nordamerika bewohnende Höhlenfisch (Amblyopsis spelaeus, S. 71), dessen Augen nebst Sehnerven verkümmert sind.

Die Familie der Salmler (Characinidae) umfaßt zahlreiche, die süßen Gewässer des tropischen Afrika und besonders des tropischen Amerika bewohnende Arten (über 300). Die Salmler haben einen nackten Kopf, beschuppten Körper und eine kleine Fettflosse hinter der Rückenflosse. Von den Anwohnern der großen brasilischen Ströme wird der Piraya (Serrasalmo piraya, S. 71) außerordentlich gefürchtet. Er schwimmt in großen Scharen, die über alle freiwillig oder zufällig in das Wasser geratende höhere Tiere, auch über Menschen, mit ihren scharfen Zähnen herfallen und sie bei lebendigem Leibe auffressen.

Die sehr artenreiche (über 1000) Familie der Karpfenfische (Cyprinidae) ist auch bei uns gut vertreten. Sie hat einen nackten Kopf, meist beschuppten Körper und abgerundeten Bauch, keine Fettflosse und keine Zähne im Munde, wohl aber auf dem im Schlund gelegenen, zum Kiemenkorb gehörigen Knochen. Manche Arten haben Barteln. Die Schwimmblase, die nur selten fehlt, ist meist eingeschnürt und zweiteilig. Diese Fische bewohnen fast nur das süße Wasser. Sie finden sich bis zum 70.° nördl. Br., fehlen aber in Neuholland, Neuseeland, auf den ozeanischen Inseln und in Amerika südlich von Mexiko sowie in Westindien. Von unseren einheimischen Arten wird der Schlammbeißer (Cobitis fossilis, S. 72) gern als Wetterprophet in Glasgefäßen gefangen gehalten. Wenig gekannt ist der Steinbeißer (Cobitis taenia, S. 72), während die sehr wohlschmeckende Schmerle (Nemachilus barbatulus, S. 72) sich einer großen Popularität erfreut. Der Sichling (Pelecus cultratus, S. 72) ist ein anadromer Fisch, der sich nur in der Ostsee, den mit ihr im Zusammenhang stehenden Süßwasserseen und im Schwarzen Meere findet. Er steigt hier wie dort in die Flüsse, um zu laichen. Der Rapfen (Aspius rapax, S. 72), der sich von den Nordabhängen der Alpen bis Lappland, aber nicht in Großbritannien findet, ist eins der wenigen räuberischen Mitglieder der sonst friedlichen Karpfensippe. Die Blicke (Abramis blicca, S. 73) gehört wie die Zärthe (Abramis vimba, S. 73) zu unseren gemeinsten Fischen, aber beide sind leider wenig wohlschmeckend. Der Brachsen (Abramis brama, S. 73), der als Speisefisch in Norddeutschland wenig, in Süddeutschland ziemlich geschätzt wird, ist gleichfalls in unseren größeren Flüssen und Seen keine Seltenheit. Die Zope (Abramis ballerus, S. 73) ist weniger verbreitet, da sie sich mehr in dem Unterlauf der größeren Flüsse aufhält. Auch ihr Fleisch wird seines Grätenreichtums halber nur ungern gegessen. Ebenso ist die besonders in Süd- und Ostdeutschland häufige Nase (Chondrostoma nasus, S. 72) nur ein Nahrungsmittel der ärmeren Klassen. Die auch in Südeuropa vorkommende Schleie (Tinca vulgaris, S. 74) hat zahlreiche Verehrer. Auch das etwas bitter schmeckende Fleisch der kleinen, aber niedlichen Elritze (Phoxinus laevis, S. 75) wird von vielen Leuten gern gegessen. Der Strömer (Leuciscus Agassizi, S. 75), der die Gewässer der Alpen, auch einige des südlichen Deutschland bewohnt, ist ziemlich selten. Wohlschmeckend ist ferner der zwar nur kleine, dafür aber in großen Gesellschaften auftretende bekannte Gründling (Gobio fluviatilis, S. 73). Die Barbe (Barbus vulgaris, S. 74) ist ein schlanker Fich mit langen Barteln am Maule. Sie hält sich am liebsten in Flüssen mit reinem, sandigem oder kiesigem Grunde auf. Das Fleisch des Fisches, der eine ziemliche Größe erreichen kann, ist grätenreich und sein Rogen giftig. Auch der Aland (Leuciscus idus, S. 75), das Rotauge (L. erythrophthalmus, S. 75), die Plötze (L. rutilus, S. 75) und der Döbel (L. cephalus, S. 75) sind wenig geschätzte deutsche Weißfische. Die Karausche (Carassius vulgaris, S. 74) bleibt viel kleiner als die Barbe und hat einen im Verhältnis zu seiner Länge weit höheren Körper. Sie findet sich nicht selten in allerlei süßen Gewässern von ganz Europa und Nordasien. Ihr größter Nutzen ist, daß sie ein Lieblingsfutter der Forellen ist, denn ihr Fleisch ist minderwertig. Der berühmteste Speisefisch aus dieser Familie und zugleich ihr am meisten typischer Vertreter ist der Karpfen (Cyprinus carpio, S. 74), der im Abendlande nur als Haustier oder verwildert vorkommt, aber eigentlich aus dem südöstlichen Europa und den westlichen Teilen Mittelasiens stammt. Als Haustier bildet er mancherlei Rassen und Aberrationen, wie den fast schuppenlosen Lederkarpfen und den Spiegelkarpfen (Cyprinus carpio, S. 74), dessen Seitenschuppen zu plattenartigen Bildungen verwachsen.

Die Welse (Siluridae) sind eine zahlreiche, sehr verschiedenartig entwickelte Familie der Edelfische, die entweder einen nackten oder mit Knochenplatten bedeckten Körper, meist Barteln und eine hinter der Rückenflosse gelegene Fettflosse haben. Meist ist auch das System der Seitenlinie und der Kopfkanäle bei ihnen gut entwickelt, und in der Regel haben sie auch eine Schwimmblase. Mit wenig Ausnahmen sind die Welse Süßwasserbewohner. Von den mehr als 500 Arten halten sich keine in kalten, wenige in gemäßigten Gegenden auf, die große Mehrzahl findet sich innerhalb des 35.° nördl. und südl. Br. und ganz besonders in den großen Stromgebieten des tropischen Südamerika. Der brasilische Harnischwels (Loricaria cataphracta, S. 76) hat ein nach hinten gerücktes, von der Schnauze überragtes Maul; der erste Strahl seiner Schwanzflosse ist höchst bedeutend, bis auf die Körpergröße, verlängert. Der Kopf ist gepanzert, und der Körper ist mit vier Reihen von Knochenplatten bedeckt. Der rollrunde Zitterwels (Malapterurus electricus, S. 76) hat keine Rücken-, aber eine ansehnliche Fettflosse und unter der nackten Haut jederseits ein elektrisches Organ von Körperlänge. Er bewohnt die Flüsse des tropischen Afrika. Der Aalwels (Clarias anguillaris, S. 76) aus dem Nil hat einen langen, aalartigen Körper, eine sehr lange Rücken- und Afterflosse und am Maule verschieden lange Barteln.

4) Ordnung: **Weichflosser (Anacanthini).**

Die Flossen der Angehörigen dieser Ordnung sind (mit Ausnahme einer tasmanischen Art) ohne Stachelstrahlen, ihre Haut ist mit Kreis- oder Kammschuppen bedeckt, die Bauchflossen, die indessen bisweilen fehlen, sind brust- oder kehlständig. Die nicht immer vorhandene Schwimmblase ist ohne Luftgang. Die Weichflosser sind mit ganz vereinzelten Ausnahmen Bewohner des Meeres, und zu ihnen zählen die nationalökonomisch wichtigsten Fische nächst dem Hering. Hierher gehört die Familie der wunderlichen Seitenschwimmer (Pleuronectidae) oder Flachfische, Bodenformen, die sich gewöhnt haben, auf einer Seite des Körpers, auf der rechten oder linken, zu liegen und durch Wellenbewegungen ihres flachen Körpers auf einer Seite zu schwimmen. Demzufolge ist diese Seite, die den Augen etwaiger Beschauer und dem Licht entzogen ist, farblos geworden und hat einen Teil ihrer Schuppen eingebüßt, aber ihr Auge, das an Ort und Stelle doch nichts nützen würde, ist auf die gefärbte Seite gerückt, so daß diese auch die sehende ist. Der Körper der Seitenschwimmer ist nur scheinbar flach, in Wahrheit aber sehr hoch und von einem, bloß am Schwanz unterbrochenen Flossensaum umgeben. Eine Schwimmblase fehlt. Die jungen Flachfische leben auf der Meeresoberfläche, sind symmetrisch, schwimmen aufrecht, haben weißes Blut und sind durchsichtig. Manche Arten gehen gelegentlich in die Flüsse. Das Fleisch der meisten ist sehr wohlschmeckend. Der Steinbutt (Rhombus aculeatus, S. 77) findet sich an allen Küsten Europas vom Mittelmeer bis fast zum Polarkreis; auch in der Ostsee kommt er vor. Er ist der lebhafteste Angehörige seiner Sippe und ein gewaltiger Räuber, dessen Augen normalerweise auf der linken Seite liegen. Auf der rechten befinden sie sich beim Goldbutt (Pleuronectes platessa, S. 77), einem in Farbe, Größe, Gestalt u. s. w. sehr veränderlichen Flachfisch, der sich entlang der ganzen europäischen Westküste bis hinauf nach Island findet, in der Nordsee besonders häufig ist und auch die westliche Ostsee besucht. Die gemeine Seezunge (Solea vulgaris, S. 77) hat gleichfalls die Augen rechts. Sie findet sich vom Mittelmeer bis zu den Färöer, und auch in der westlichen Ostsee wird sie, wenngleich selten, angetroffen; gern tritt sie in Brackwasser über und bisweilen auch in die Flüsse; so wurde sie z. B. bei Mainz im Rhein, bei Würzburg im Main und bei Meißen in der Elbe gefunden.

Die Angehörigen der Familie der Schlangenfische (Ophidiidae) haben einen verlängerten, meist seitlich zusammengedrückten Körper und eine nackte oder beschuppte Haut. In der Regel sind die senkrechten Flossen miteinander vereinigt. Die Bauchflossen können fehlen; sind sie vorhanden, so sind sie doch verkümmert und kehlständig. Die Schlangenfische finden sich meist in den wärmeren Meeren. In der Nord- und Ostsee werden sie durch zwei Arten Sandaale (Ammodytes) vertreten, von denen der als Köder zum Fang anderer Fische äußerst wichtige Tobiasfisch (Ammodytes tobianus, S. 78) die bekanntere ist.

Von großer Wichtigkeit ist die Familie der Schellfische (Gadidae), die einen gestreckten Körper, kleine Schuppen und häufig mehr wie eine (2—3) von Strahlen gestützte Rückenflosse haben. Auch zwei Afterflossen können vorkommen. Alle haben eine Schwimmblase. Es sind einige Süßwasserbewohner unter ihnen, die meisten finden sich aber, oft in großen Gesellschaften wandernd, in den kälteren nördlichen Meeren, manche auch in der Nord- und Ostsee. Zu ihnen gehört der Schellfisch (Gadus aeglefinus, S. 78), der Wittling (Gadus merlangus, S. 78) und der Kabeljau (Gadus morrhua, S. 78), der jung Dorsch (S. 78) genannt wird. Alle diese Fische haben drei Rücken- und zwei Afterflossen.

5) Ordnung: Schlundkiefer (Pharyngognathi).

Der Hauptcharakter dieser Ordnung besteht darin, daß die unteren Schlundknochen, d. h. die unteren Teile des 5. Bogens des Kiemenkorbes miteinander verwachsen. Die Haut hat Cykloid- oder Ktenoidschuppen. Die Flossen können nur weiche oder daneben auch harte, stachelartige Strahlen enthalten. Die Schwimmblase hat keinen Luftgang. Es sei bemerkt, daß diese Ordnung jedenfalls keine natürliche, sondern eine künstliche ist. Die Schlundkiefer leben im Meere und zum Teil auch in süßen Gewässern wärmerer und in wenigen Arten auch kälterer Gegenden.

Die Familie der Buntfische (Chromidae) bewohnt süße und salzige Binnengewässer Südamerikas, des westlichen Indien und des Festlandes von Afrika; so findet sich Tristrams Buntfisch (Chromis Tristrami, S. 79) in den salzigen Lachen und Seen der östlichen Sahara und des Aschantilandes.

Die zu der artenreichen Familie der Lippfische (Labridae) gehörigen Fische haben einen mehr oder weniger gestreckten Körper, ansehnliche Cykloidschuppen, ein kräftiges Gebiß, eine einfache Schwimmblase und dicke, wulstige Lippen. Die Lippfische sind oft sehr bunt gefärbt, aber merkwürdigerweise nie silberig. Der Streifenlippfisch (Labrus mixtus, S. 79) unterscheidet sich in der Färbung des Männchens und Weibchens auffällig: das Männchen ist rotbraun mit ansehnlichen, in ihrer Ausdehnung individuellen Schwankungen unterworfenen, wunderschön blauen Längsstreifen, das Weibchen hellrot, auf der hinteren Rückenhälfte mit drei dunkleren Flecken. Der Fisch findet sich vom Mittelmeer entlang der Westküste Europas bis hinauf nach Norwegen.

Die Rifffische (Pomacentridae) haben einen gedrungenen, seitlich zusammengedrückten Körper, keine wulstigen Lippen, große Ktenoidschuppen, eine lange Rückenflosse, deren stachelige vordere Hälfte die größere ist. Die Familie umfaßt etwa 120 meist sehr lebhaft gefärbte, nur das Meer bewohnende Arten, deren Verbreitungszentrum im Indischen Ozean und in den tropisch-afrikanischen Meeren zu suchen ist; von hier aus gehen einzelne bis nach Japan und in das Mittelmeer nach Norden und bis Südaustralien nach Süden. Sie bewohnen mit Vorliebe Korallenriffe. Der Riffdornfisch (Pomacentrus scolopsis, S. 79) findet sich in der Südsee.

6) Ordnung: Stachelflosser (Acanthopterygii).

Diese Ordnung der Fische ist die zahlreichste von allen (gegen 4000 Arten), und ihre Angehörigen bewohnen zum weitaus größeren Teil das Meer. In der Regel haben die Stachelflosser neben ungegliederten, stachelartig entwickelten Strahlen der Bauch-, Rücken- und Afterflossen auch noch die rauhere Art der Schuppen, die Kammschuppen. Manche Formen haben bei sonst nackter Haut einzelne Knochenplatten, bewegliche Schwanzdorne u. s. w. Die Bauchflossen sind in der Regel brust- oder kehlständig. Die Schwimmblase kann fehlen und hat niemals einen Luftgang.

Im übrigen läßt sich über die Stachelflosser wenig Allgemeingültiges sagen, da sie sehr gestaltenreich und sehr verschiedenartig entwickelt sind.

Wir wollen hier, ohne weiter auf die Familien einzugehen, 14 Unterordnungen vorführen.

1) Unterordnung: **Bandfische (Taeniformes).** Sehr lange, hohe, seitlich stark zusammengedrückte Fische mit vielen Rückenwirbeln, nacktem Leib, kleinem Kopf und Maul, sehr langer Rückenflosse, bruſtſtändigen Bauchflossen. Sie sind weichknochige, meist großäugige Tiefseefische, von denen der silberglänzende, mit braunen, schrägen Fleckenbinden gezierte, orangeflossige Riemenfisch (Regalecus Banksii, S. 80) einer der schönsten ist. Er wurde in mehreren Exemplaren an Europas Westküste tot angespült gefunden.

2) Unterordnung: **Labyrinthfische (Labyrinthici).** Die Labyrinthfische haben einen ziemlich hohen, seitlich stark zusammengedrückten Leib, gleichbeschuppten Kopf und Körper und enge Kiemenöffnungen; den dritten Abschnitt des ersten Kiemenbogens bildet ein Labyrinth von Höhlungen, deren Wandungen mit Schleimhautplättchen besetzt sind, und in denen, wenn der gewölbte, genau anschließende Kiemendeckel nicht geöffnet ist, eine gewisse Menge Wasser verbleibt. Dadurch können diese Fische, wenn sie, was sie öfters thun, das Wasser verlassen, doch atmen. Es sind Süßwasserfische, von denen der Kletterfisch (Anabas scandens, S. 81) sich in Ostindien von Südchina bis auf die Malaiischen Inseln findet. Der sehr wohlschmeckende und schöne Gurami (Osphromenus olfax, S. 80) ist ursprünglich auf den Großen Sundainseln zu Hause, aber von hier nach Ile-de-France und Cayenne ausgeführt worden.

3) Unterordnung: **Schlangenköpfe (Ophiocephali).** Diese artenreiche Unterordnung umfaßt lange, schlanke Formen mit zahlreichen Wirbeln, mittelgroßen, mit Schildern bekleideten Köpfen, langen Rücken- und Afterflossen, aber ohne Stacheln an den wage- oder senkrechten Flossen. Es sind Süßwasserfische des indischen Kontinents und Archipels einschließlich Celebes und der Philippinen. Der Keitschel (Ophiocephalus striatus, S. 81) bewohnt das ganze Verbreitungsgebiet der Unterordnung.

4) Unterordnung: **Schnepfenfische (Centrisci).** Die Schnepfenfische haben einen kurzen, hohen, seitlich stark zusammengedrückten Körper, eine verlängerte, röhrenartige Schnauze, an deren Ende die sehr kleine Mundöffnung steht, und die keine Zähne enthält. Es finden sich zwei Rückenflossen, deren erste einen sehr starken Stachel hat. Wenn Bauchflossen vorhanden sind, sind sie bauchständig. Die vier zu dieser Unterordnung gehörenden Arten sind Meeresbewohner, von denen die Seeschnepfe (Centriscus scolopax, S. 81) die wärmeren Teile des Atlantischen Ozeans und das Mittelmeer bewohnt, aber auch nordwärts bis an die englische Küste und südwärts bis Vandiemensland geht.

5) Unterordnung: **Stichlinge (Gasterostei).** Die Angehörigen dieser Unterordnung haben einen spindelförmigen oder sehr gestreckten Leib, eine spitze bis röhrenförmig verlängerte Schnauze. Manche haben einen nackten, andere einen mit Platten gepanzerten Körper. Sie bewohnen teils das Meer, teils das süße Wasser und fehlen auch im Brackwasser nicht. Die Tabakspfeife (Fistularia tabaccaria, S. 82) hat eine sehr lange, röhrenförmige Schnauze und einen Schwanz, dessen sehr dünnes Ende sich weit über seine Flosse hinaus verlängert. Die Rückenflosse steht weit nach hinten. Der merkwürdige Fisch findet sich an der Ost- und Westküste der warmen Gegenden Amerikas. Die echten Stichlinge haben einen zwar auch gestreckten, aber nicht so stark verlängerten, seitlich zusammengedrückten Körper, eine spitze Schnauze und einen dünnen Schwanz. Sie haben entweder eine nackte Haut oder 4—5 Reihen von Seitenschildern. Die stacheligen Strahlen der Rücken- und Afterflosse, von denen die vordersten oft vereinzelt stehen, können aufgerichtet werden. Die Männchen bauen Nester, die sie mit der darin befindlichen Brut bewachen. Der große Stichling (Gasterosteus aculeatus, S. 82) bewohnt die Nord- und Ostsee und die Flüsse Europas (mit Ausnahme der zum Donaugebiet gehörigen und der der Balkanhalbinsel) sowie die Flüsse Algeriens in verschiedenen Lokalrassen. Die Männchen werden während der Laichzeit rot. Der Zwergstichling (Gasterosteus pungitius, S. 82) hat eine ähnliche Verbreitung wie der große, geht aber nicht so hoch in die Flüsse hinauf und fehlt in Südeuropa. Der Seestichling (Gasterosteus spinachia, S. 82) findet sich gleichfalls in der Nord- und Ostsee, wandert aber nicht in die Flüsse ein.

6) Unterordnung: **Meeräschen (Mugiles).** Die Meeräschen haben zwei Rückenflossen, deren zweite weichstrahlige weit von der vorderen nach hinten über der Afterflosse steht. Die Bauchflossen liegen hinter den Brustflossen unter der ersten Rückenflosse. Die Schwanzflosse ist ausgeschnitten. Ihr Körper ist seitlich etwas zusammengedrückt und gestreckt; sie haben ansehnliche Augen, einen abgeflachten Kopf und große, leicht abfallende Cykloidschuppen. Sie finden sich hauptsächlich in wärmeren, nur wenige Arten in kälteren Meeren. Hierher gehört der Harder (Mugil capito), der im Mittelmeer und in den Meeresteilen an Europas Westküste bis Großbritannien hinauf lebt, ein wohlschmeckendes Fleisch hat und besonders gern Aas frißt. Der Ährenfisch (Atherina hepsetus, S. 83) lebt sehr gesellig im Mittelmeer, im Schwarzen und auch im Kaspischen Meer. Der Alet (Tetragonurus Cuvieri, S. 83) ist ein schöner, die Tiefen des Mittelmeeres bewohnender Fisch, dessen Fleisch, wenigstens zuzeiten, giftig ist.

7) Unterordnung: **Schleimfische (Blennii).** Die meisten dieser Unterordnung angehörenden Formen haben eine schleimige, ganz nackte oder nur sehr kleine Cykloidschuppen enthaltende Haut, einen schlanken, zusammengedrückten Körper und einen großen Kopf. Die Rücken- und Afterflossen sind lang, die Brust- und Schwanzflossen auch meist groß, aber die brustständigen Bauchflossen sind schwach und haben nur 2—3 Strahlen. Diese Fische haben ein kräftiges, bisweilen sogar furchtbares Gebiß. Die zahlreichen Arten (über 200) sind fast ausschließlich meerbewohnende Raubfische, einige finden sich zugleich auch oder bloß im süßen Wasser. Die Jungen einiger Arten kommen lebendig zur Welt, wie bei der auch in unseren Meeren nicht seltenen Aalmutter (Zoarces viviparus, S. 85); andere Arten legen Eier, manche in selbstbereitete Nester. Der Wehrschnabel (Mastacembelus armatus, S. 83) ist aalähnlich und hat einen in einen langen, beweglichen Fortsatz ausgezogenen Oberkiefer. Er bewohnt die süßen Gewässer Indiens. Der Ölfisch (Comephorus baikalensis, S. 83) findet sich in ziemlichen Tiefen des Baikalsees, den er nur verläßt, um zu laichen. Ein sehr schönes Tier ist der Seeschmetterling (Blennius ocellaris, S. 84) mit phantastisch geformter Rückenflosse. Er ist im Mittelmeer häufig, aber selten an Europas Westküste. Der Seewolf (Anarrhichas lupus), der die nördlichen Meere, auch die Nordsee, bewohnt und in der Ostsee gefunden wird, ist eine grimmige Bestie, die, gefangen, durch ihr fürchterliches Gebiß gefährlich werden kann.

8) Unterordnung: **Grundeln (Gobii).** Die Grundeln haben ungegliederte, dünne und biegsame Strahlen im vorderen Abschnitt der Rückenflosse; die kehlständigen Bauchflossen enthalten mehr als drei Strahlen, sind häufig breit, liegen dicht nebeneinander, ja können zu einer Saugscheibe verwachsen. Es sind hauptsächlich Seefische. Einer der schönsten europäischen, auch in der Nordsee vorkommenden Angehörigen dieser Unterordnung ist die Goldgrundel (Callionymus lyra, S. 84), deren Männchen und Weibchen sich nicht unwesentlich unterscheiden. Die Bauchflossen vereinigen sich nicht, sind vielmehr weit voneinander getrennt. Die Flußgrundel (Gobius fluviatilis, S. 85) hat zu einer Saugscheibe vereinigte Bauchflossen; sie bewohnt die süßen Gewässer Italiens. Der Seehase (Cyclopterus lumpus, S. 85) ist ein auch in der Nord- und Ostsee nicht seltener Fisch mit vielen, in Reihen stehenden Knochenkörpern in der Haut, wenig verknöchertem Skelett und einer Saugscheibe.

9) Unterordnung: **Panzerwangen (Cataphracti).** Bei den Arten dieser Unterordnung ist der unter der Augenhöhle gelegene Wangenknochen sehr groß und plattenartig entwickelt; er reicht weit nach hinten und verbindet sich gelenkig oder verwächst mit dem Kiemendeckel. Der Körper ist nackt oder beschuppt oder mit knöchernen Panzerplatten bedeckt. Es sind zwei Rückenflossen: eine kleinere, vordere hart- und eine größere, hintere weichstrahlige, vorhanden. Die Bauchflossen sind brustständig. Hierher gehört das zierliche, durch große, flügelartige Brustflossen ausgezeichnete Schwimmrößchen (Pegasus natans, S. 86) aus den chinesischen Gewässern und der prächtige, sehr wohlschmeckende Malarmat (Peristethus cataphractus, S. 86) mit gabelig ausgezogenem Oberkiefer aus dem Mittelmeere. In unserer Nord- und Ostsee findet sich der Steinpicker (Agonus cataphractus, S. 86). Zu einer anderen Gruppe dieser Unterordnung gehört der wunderliche Knurrhahn (Trigla hirundo, S. 88), der sich im Mittelmeere, entlang Europas Westküste und in der Nord- und Ostsee findet. Seine Brustflossen sind groß, flügelartig, mit freien, fingerartig entwickelten ersten Strahlen; sie dienen zum

Tasten, und der Knurrhahn kann sich auf ihnen auch gehend fortbewegen. Er hat zwei Rückenflossen. Nimmt man ihn aus dem Wasser, so gibt er durch das Gegeneinanderreiben der Knochen der Kiemendeckel einen knurrenden Ton von sich. Die bekannteste Art der Flatterfische ist der Flughahn (Dactylopterus volitans, S. 87), der das Mittelländische Meer bewohnt. Die Groppen gehören wieder zu einer anderen Gruppe der Panzerwangen. Sie haben auch zwei Rückenflossen, aber an den Brustflossen niemals freie Strahlen. In der Regel haben sie einen breiten, flachen Kopf und einen sich stark nach hinten verjüngenden Schwanz. Die Haut ist sehr verschieden entwickelt: nackt, geschuppt, stachlig oder gepanzert. Hierher zählen der Seeskorpion (Cottus scorpius, S. 88) und die gemeine Groppe (Cottus gobio, S. 88). Der erstere ist häufig in der Nord- und Ostsee, die letztere ist eine Bewohnerin klarer Binnengewässer mit steinigem, kiesigem Grunde und findet sich allenthalben in Deutschland. Hier schließt sich die Familie der Armflosser (Pediculati) an, deren vordere Gliedmaßen dadurch, daß die die Strahlen tragenden Knochen verlängert sind, eine Art von Arm bilden. Sie haben einen großen Kopf und einen großen Vorderteil des Körpers. Der stachlige Abschnitt der Rückenflosse fehlt, oder seine Stacheln stehen vereinzelt und sind bisweilen selbständig beweglich. Die Bauchflossen sind kehlständig, können aber fehlen. Die Kiemenöffnungen sind sehr klein Diese wenig artenreiche Familie bewohnt ausschließlich das Meer und umfaßt sehr abenteuerlich gestaltete Formen, wie den an den europäischen Küsten bis in die Nordsee hinein häufigen Seeteufel (Lophius piscatorius, S. 89), einen gewaltigen, unersättlichen Räuber, und die Seefledermaus (Malthe vespertilio, S. 89) an der Ostküste des tropischen Amerika.

10) Unterordnung: **Makrelen (Scombri).** Der Körper der makrelartigen Fische ist meist gestreckt, seitlich zusammengedrückt, mit nackter oder klein beschuppter Haut. Der stachlige Abschnitt der Rückenflosse ist geringer als ihr weicher entwickelt und fehlt bisweilen vollkommen. Wenn die Bauchflosse nicht fehlt, so ist sie meist brustständig. Die Schwanzflosse ist oft tief ausgeschnitten. Meist sind die Makrelfische ausgezeichnete Schwimmer und haben ein dem entsprechend entwickeltes Flossensystem. Sie sind Meeresbewohner. Zur Familie der echten Makrelen (Scombridae) gehört der Schiffshalter (Echeneis remora, S. 90), dessen spindelförmiger Körper mit sehr kleinen Schuppen bedeckt ist, und bei dem der stachlige Teil der Rückenflosse sehr weit nach vorn auf dem Kopfe liegt und zu einem merkwürdigen Saugapparat umgebildet ist, mittels dessen sich der Fisch an Haifische, Schildkröten, auch Schiffe festsaugt, um sich von ihnen transportieren zu lassen. Er ist in den Meeren warmer und gemäßigter Länder sehr allgemein verbreitet. Der Thunfisch (Thynnus vulgaris, S. 90) ist ein großer Fisch, dessen Rückenflossen nahe aneinander gerückt sind, und dessen Schwanz jederseits einen scharfen Kiel trägt, auf dem eine Reihe einzelner Stacheln stehen. Die wahre Heimat dieses sehr nützlichen Speisefisches ist das Mittelmeer, von wo aus er sich aber häufig in den Atlantischen Ozean verirrt. Der Gotteslachs (Lampris luna, S. 90) hat einen seitlich stark zusammengedrückten, hohen Körper, sehr ansehnliche Flossen und ein enges, zahnloses Maul. Er bewohnt die Meere an der afrikanischen Westküste und das Mittelmeer, geht aber auch gelegentlich im Atlantischen Ozean weit nordwärts, bis nach Island. Als Typus der Familie der echten Makrelfische ist die gemeine Makrele (Scomber scomber, S. 91) anzusehen. Sie hat eine schlanke Gestalt, und der stachlige Teil ihrer Rückenflosse ist von dem weichen völlig getrennt. Hinter der Rücken- und der Afterflosse folgt noch je eine Reihe kleinerer Beiflossen. Die sehr kleinen Schuppen des Fisches sind über den ganzen Körper gleichmäßig entwickelt. Ihre Heimat ist das Mittelmeer mit den gemäßigten Teilen des Atlantischen Ozeans, wo man ihr des köstlichen Fleisches wegen, das in geräuchertem Zustande einen nicht unwichtigen Handelsartikel ausmacht, eifrig nachstellt.

Eine weitere Familie bilden die Stöcker (Carangidae), zu denen der gemeine Stöcker (Caranx trachurus, S. 91) gehört, der einigermaßen der Makrele gleicht, mit der er auch dieselbe Heimat hat; nur fehlen ihm hinter der Rücken- und Afterflosse die kleinen Beiflossen; dafür aber sind jene beiden sehr lang.

Die Lederfische (Acronuridae) haben einen kurzen, hohen, seitlich stark zusammengedrückten Körper, eine einzige lange Rückenflosse, ein kräftiges Gebiß und an jeder Seite des Schwanzes entweder Knochenplatten oder einen starken Stachel, mit dem sie gefährliche Wunden austeilen können. Wegen dieses Stachels, den man mit einer Lanzette zum Aderlassen verglich, heißt die bekannteste, westindische Art auch der Chirurg (Acanthurus chirurgus, S. 91).

Die Familie der Schwertfische (Xiphiidae) hat einen schmächtigen, seitlich zusammengedrückten Körper, eine ganz nackte oder höchstens verkümmerte Schuppen enthaltende Haut. Über das ganz zahnlose oder nur gering bezahnte Maul verlängert sich der Oberkiefer schwertförmig. Die Bauchflossen fehlen oder sind nur sehr gering entwickelt und dann bauchständig. Beim Fächerfisch (Histiophorus gladius, S. 92) sind die Bauchflossen zu langen, federartigen Anhängen entwickelt, und die vordere Rückenflosse stellt ein großes Segel dar. Er bewohnt die tropischen, besonders ostindischen Meere.

11) Unterordnung: **Umberfische (Sciaenae).** Die Umberfische haben einen ziemlich langen, zusammengedrückten Körper, zwei Rückenflossen, von denen die hintere weiche die viel ansehnlichere ist. Die Brustflossen haben geteilte Strahlen, und die Bauchflossen sind brustständig. Die Schwimmblase hat in der Regel lange Ausstülpungen, die ihrerseits weitere Anhänge tragen können. Auf dieser anatomischen Eigentümlichkeit beruht die Fähigkeit der meisten Umberfische, laute, trommelnde Töne von sich zu geben. Berühmt ist deshalb besonders die Gattung der Trommelfische, von der Pogonias chromis (S. 92) ein hauptsächlich an der Ostküste Amerikas vorkommender Vertreter ist. Ein sehr schöner und wegen seines köstlichen Fleisches sehr hoch geschätzter Fisch des Mittelmeeres ist der Umber (Umbrina cirrhosa, S. 93), der am Kinn eine Fleischwarze trägt. Der die Heimat des Umberfisches teilende Meerrabe (Sciaena nigra, S. 93), seiner schwarzbraunen Farbe wegen so genannt, ist ein minderwertiger Speisefisch.

12) Unterordnung: **Barschfische (Percae).** Diese Unterordnung, zu der zahlreiche Familien und Unterfamilien gehören, umfaßt Stachelflosser mit seitlich zusammengedrücktem, meist hohem Körper und einer einfachen oder geteilten Rückenflosse, deren stachliger Teil in letzterem Falle mindestens von gleicher Länge wie der weiche ist. Die Barschfische sind wesentlich Meeresbewohner. Doch finden sich auch einzelne Formen im süßen Wasser. Die meisten sind Raubfische, aber es gibt auch Pflanzenfresser unter ihnen, wie z. B. die Angehörigen der Familie der Theutisfische (Teuthididae), die einen länglichen, zusammengedrückten Körper, sehr kleine Schuppen, in den Kiefern Schneidezähne und eine besonders im Stachelteil große Rückenflosse haben. Der Schnörkler (Teuthis striolata, S. 93) findet sich in der Nachbarschaft der tropischen Inseln des Stillen Ozeans. Die Kurtoiden (Kurtoidae) sind wesentlich indisch, wie der Tebarere (Pempheris mangula, S. 93), z. T. pacifisch, z. T. indisch, wie der Pöbelfädler (Polynemus plebejus, S. 93). Unter den Drachenköpfen (Scorpaenidae) gibt es sehr abenteuerliche Fischgestalten, so den die östlichen Teile des Indischen Ozeans bewohnenden Sattelkopf (Pelor didactylum, S. 94) und den in den tropischen Meeren der Alten Welt weitverbreiteten Rotfeuerfisch (Pterois volitans, S. 94); weniger auffallend, aber immer noch häßlich genug ist die Seekröte (Scorpaena porcus, S. 94), ein im Mittelmeer und in den Meeren an der europäischen Westküste gemeiner Fisch. Die Brassen (Sparidae) sind eine an Arten reiche (über 100) Familie der Barschfische mit verlängertem, seitlich zusammengedrücktem Körper, glänzenden, glatten Kiemendeckeln und Ktenoidschuppen. Die Bauchflossen sind brustständig, die wagerechten Gliedmaßen sind meist ansehnlich, die Schwanzflosse ist ausgeschnitten. Alle Brassen, die nur in den Kiefern Zähne haben, aber sehr starke, sind räuberische Seefische. Der sehr schöne Goldbrassen (Chrysophrys aurata, S. 95) findet sich im Mittelmeer und entlang der ganzen afrikanischen Westküste. Er gehört zu den wohlschmeckendsten Fischen. Der Ringelbrassen (Sargus annularis, S. 95) ist gleichfalls ein Bewohner des Mittelmeeres, der gern in das Brackwasser geht. Die Mitglieder der nur etwa 40 Arten umfassenden Familie der Meerbarben (Mullidae) sind kleine Barschfische mit gestrecktem, nicht stark zusammengedrücktem Körper und großen, auch den Kopf teilweise bedeckenden Schuppen. Am Kinn haben sie zwei starke Barteln. Die Streifenbarbe (Mullus surmuletus, S. 95) findet sich im Mittelmeer, entlang den portugiesisch-französischen Küsten bis in die Nordsee und in die westliche Ostsee hinein. Prächtige, bunte Tiere von meist sehr eigentümlicher Gestalt sind die Schuppenflosser (Squamipennes), die in mehr als 100 Arten die tropischen Meere, besonders bei Ost- und Westindien, bewohnen und sich mit Vorliebe zwischen Korallen herumtreiben, um den hier zahlreichen kleinen Seetieren nachzustellen. Der Hauptcharakter dieser Familie beruht darauf, daß die senkrechten Flossen teilweise mit Schuppen bedeckt sind, so daß meist nur die Spitzen ihrer Strahlen sichtbar bleiben. Der Körper dieser Fische ist hoch, seitlich stark

zusammengedrückt. Die lange Rückenflosse besteht aus einem vorderen stachligen und einem hinteren weichen Abschnitt. Die Bauchflossen sind bruſtständig, das sehr kleine Maul liegt am Ende einer bisweilen röhrig verlängerten Schnauze und enthält dünne, lange, dicht wie die Haare in einer Bürste bei einander stehende Zähne. Die buntesten Schuppenflosser sind die Korallenfische. Beim Fahnenträger (Chaetodon setifer, S. 96) ist der fünfte gegliederte Strahl der Rückenflosse in einen Faden ausgezogen. Der Fisch findet sich vom Roten Meer bis zu den Ozeanischen Inseln. Der gestreifte Korallenfisch (Chaetodon fasciatus, S. 96) hat eine ähnliche Verbreitung, ebenso der gebänderte Korallenfisch (Chaetodon vittatus, S. 96). Bei dem den Indischen Ozean von Mauritius bis zum nordwestlichen Australien bewohnenden Peitschenfisch (Heniochus macrolepidotus, S. 96) ist der vierte Strahl der Rückenflosse ganz bedeutend verlängert. Die Kaiserfische (Holacanthus) sind die schönsten aller Schuppenflosser, so der Herzogsfisch (Holacanthus diacanthus, S. 96) und der echte Kaiserfisch (Holacanthus imperator, S. 96). Beide Arten bewohnen die indischen Meere. Die Familie der echten Barsche (Percidae) hat einen länglichen Körper, kräftige Ktenoidschuppen, eine stachlige und eine weiche Rückenflosse und eine brustständige Bauchflosse. Das Gebiß ist sehr vollständig, und die echten Barsche sind, obgleich sie nicht groß werden, gewaltige Raubfische. Sie sind reich an Arten (über 500), finden sich in allen Meeren, besonders aber in den tropischen, wo manche wundervoll gefärbt sind. Verschiedene Arten bewohnen auch das süße Wasser, so bei uns der wohlschmeckende, aber grätenreiche gewöhnliche Barsch (Perca fluviatilis, S. 97) und der kleine Kaulbarsch (Acerina cernua, S. 97). Der Zander (Lucioperca sandra, S. 97) bewohnt die Donau und die Flüsse des nordöstlichen Europa, der Zingel (Aspro zingel, S. 97) und der Streber (Aspro vulgaris, S. 97) werden bloß im Flußgebiet der Donau gefunden.

7) Ordnung: **Lurchfische (Dipnoi).**

Die Lurchfische schließen sich zwar in vielen Punkten ihrer Organisation weit mehr an die ursprünglicheren Glanzschupper als an die Knochenfische an, aber anderseits sind sie so ausgesprochene Bindeglieder zwischen den Fischen überhaupt und den Lurchen, daß es geeigneter erscheint, ihnen eine dem entsprechende Stelle im System anzuweisen.

Die knorpelig bleibende Rückensaite, der diphycerke Schwanz mit einer von Knorpelstäben gestützten Flosse und die Spiralklappe im Mastdarm, einigermaßen auch die Beschaffenheit der großschuppigen Körperbedeckung schließen die Lurchfische an die Glanzschupper an. Der Bau ihrer Gliedmaßen ist eine originelle Eigentümlichkeit von ihnen, aber die Fähigkeit, sowohl mittels Kiemen wie mittels Lungen zu atmen, und die beginnende Trennung des Vorhofs des Herzens nähert sie beträchtlich den Lurchen.

Die Gestalt der Dipnoër oder Doppelatmer ist durchaus fischartig, der Körper gestreckt, wenig zusammengedrückt, nach hinten spitz zulaufend. Der Kopf ist flachgedrückt, die Augen sind klein, unmittelbar über der tief gespaltenen Schnauze liegen die beiden Nasenöffnungen. Rücken- und Afterflosse fehlen. Direkt hinter dem Kopfe liegen die vorderen Gliedmaßen, die hinteren liegen weit davon nach hinten, neben dem After. Sie sind aber bei den beiden Unterordnungen nach einem verschiedenen Typus gebaut. Bei der Barramunda sind sie einer Vogelfeder ähnlich, indem an einen mittleren, gegliederten, sich nach der Spitze zu verjüngenden Schaft an beiden Seiten gleichfalls gegliederte, von oben nach unten an Länge abnehmende Knorpelstäbe ansetzen. Das ganze Flossenskelett ist von einer teilweise mit Schuppen bedeckten Haut umgeben. Bei dem afrikanischen und amerikanischen Molchfisch aber sind die Gliedmaßen einfach fadenförmig und durch einen gegliederten, nach der Spitze zu schwächer werdenden und nur vorn Strahlen tragenden Knorpelstab gestützt. Die vorderen Extremitäten sind durch ein Band mit dem Schädel verbunden.

Die knorpelige Rückensaite geht in den hinteren und unteren Teil des Schädels über und trägt Rippen. Der Schädel selbst ist eine größtenteils knorpelige, geschlossene Kapsel; einfache innere Kiemenspalten und Kiemendeckel sind vorhanden und liegen unmittelbar vor den vorderen Gliedmaßen; Kiemen finden sich vier bei der Barramunda, beim afrikanischen Molchfisch sind zwar vier und beim amerikanischen fünf Kiemenbogen vorhanden, aber bei beiden sind bloß zwei mit Kiemenplättchen versehen. Beim ersteren kommen auch noch, aber, wie es scheint, bloß bei jüngeren Individuen, äußere Kiemen in Gestalt dreier kleiner Fädchen vor. Die Schwimmblase öffnet sich von unten in die Speiseröhre (nicht wie eine wahre Lunge in den Rachen). Die Lurchfische haben innere und äußere Nasenlöcher, indem die Nasengänge hinten nicht geschlossen sind. Die Schwimmblase ist entweder einfach (bei der Barramunda) oder doppelt (bei den beiden anderen Arten) und innen in verschiedenem Grade mit blasigen, miteinander und mit dem hohlen Luftgang in Zusammenhang stehenden Hohlräumen versehen. Sie fungiert durchaus als Lunge. Der Vorhof des Herzens ist durch eine nicht lückenlose Scheidewand unvollkommen geteilt, und seine eine Hälfte nimmt das durch ein besonderes Gefäß aus der Schwimmblase zugeführte arterielle Blut auf. Die Bezahnung besteht bei dem afrikanischen und amerikanischen Molchfisch aus hinteren kegelförmigen Zähnen und vorderen lotrecht stehenden Platten; bei der Barramunda sind die beiden hinteren Zähne schneidend, die vorderen (oben und unten je zwei) stellen kräftige, kerbenartig ausgeschnittene Platten dar. Im Mastdarm ist eine Spiralklappe.

Die Lurchfische ernähren sich teils von Fischen und Fröschen, teils von Schlangen und finden sich in süßen Gewässern des tropischen Südamerika, Westafrikas und Queenslands. Der afrikanische Molchfisch gräbt sich beim Beginn der Dürre in den Schlamm ein und verfällt in einen schlafartigen Zustand bis zum Eintritt der Regenzeit, wo seine Wohnstätte wieder neues Wasser erhält.

Man teilt diese Ordnung in zwei Unterordnungen: ein- und zweilungige Lurchfische.

1) Unterordnung: **Einlungige Lurchfische (Monopneumona).** Es ist nur ein Lungensack vorhanden, der Körper ist mit sehr großen Cykloidschuppen bedeckt, die Flossen haben nicht bloß eine mittlere, sondern jederseits von dieser eine Reihe seitlicher, kleinerer Strahlen. Im Gaumen und im Unterkiefer finden sich je zwei große, eingekerbte Zahnplatten. Die beiden Arten dieser eine Familie (Ceratodidae) mit einer Gattung (Ceratodus) bildenden Unterordnung, von denen die Barramunda (Ceratodus Forsteri, S. 98) die bekanntere ist, finden sich in Australien und sind Pflanzenfresser.

2) Unterordnung: **Zweilungige Lurchfische (Dipneumona).** Es sind zwei Lungen vorhanden, die Flossen enthalten nur einen einfachen, gegliederten Mittelstab, der nur vorn Seitenstrahlen trägt. Die Familie der Lepidosirenidae enthält zwei Gattungen: die afrikanischen Molchfische (Protopterus) mit zwei Arten, von denen Protopterus annectens (S. 98) die länger bekannte ist, und die amerikanischen (Lepidosiren) mit nur einer Art (Lepidosiren paradoxa).

Die Lurche.

Einleitung.

Die Lurche (Amphibia) sind wechselwarme, teils das süße Wasser, teils das Land oder je nach Gelegenheit beide bewohnende Wirbeltiere von stets beiderseits streng symmetrischem Körperbau, mit fast immer nackter Haut, einem durch eine Scheidewand in eine rechte und linke Hälfte zerlegten Vorhof des Herzens. Sie atmen entweder zeitlebens mit Lungen und Kiemen oder durch letztere nur in der Jugend. Sie haben keine von Skelettelementen gestützten, senkrechten Gliedmaßen.

Die Lurche sind in dreifacher Weise, den drei ihre Klasse bildenden Ordnungen entsprechend, gestaltet, und die Verschiedenheit ihrer Körperform beruht wesentlich auf der Entwickelung der Wirbelsäule, besonders in ihrem Schwanzende, und auf der Beschaffenheit der Gliedmaßen. Die ursprünglichste Leibesgestalt findet sich bei den geschwänzten Lurchen (Urodelen), die einen gestreckten Körper, einen wohlentwickelten Schwanz und (mit einer Ausnahme) zwei Gliedmaßenpaare, eins an der Brust und eins neben dem After, haben. An sie schließen sich einerseits die frosch-krötenartigen Lurche und anderseits die Blindwühler. Jene haben kurze, breite, in verschiedenem Grade deprimierte Körper, stets zwei deutlich entwickelte Gliedmaßen und einen verkümmerten, äußerlich nicht wahrnehmbaren Schwanz, weshalb man sie, nicht ganz richtig, Anura, Schwanzlose, genannt hat. Die Blindwühler (Gymnophiona) sind langgestreckt, wurmförmig und im ausgebildeten Zustande ohne Schwanz und ohne Gliedmaßen.

Das Skelett der Lurche schließt sich, trotz der verschiedenartigen Entwickelung der Gliedmaßen, näher an das der Fische als an das der Kriechtiere an. Die Wirbelsäule enthält, obwohl die Rückensaite, d. h. der knorpelig-sulzige Strang, der sich im embryonalen Rückgrat der Wirbeltiere findet, sich in großem Umfange bleibend erhalten kann, stets verknöcherte, in letzterem Falle an beiden Seiten ausgehöhlte (bikonkave) Wirbel. Die Urodelen (mit Ausnahme der Olme) haben hinten und die Anuren vorn ausgehöhlte (opistho-, bezw. procöle) Wirbel, in die ein mehr oder weniger stark entwickelter Gelenkkopf des vorhergehenden, beziehentlich des nachfolgenden Wirbelkörpers eingreift. Die Zahl der Wirbel ist großen Schwankungen unterworfen: die Blindwühler haben bis 230, der Armmolch 99, der Feuersalamander 53, bei den Anuren finden sich nie mehr als 10, und diese Zahl kann sich durch lokale Verschmelzung zweier Wirbel auf 9 oder 8 verringern. Bei den Anuren vereinigen sich die allerletzten, in der Zahlenzusammenstellung nur als einer angesehenen Schwanzwirbel zur Bildung eines einzigen Knochens, des Steißknochens oder Pygostyls.

Die Rippen sind sehr ungleichartig entwickelt. Bei den Schwanzlurchen haben die Blindwühler an allen Wirbeln Rippen, mit Ausnahme des ersten und des letzten, die Olme bloß an den vordersten, die übrigen an allen Rumpf-, bisweilen auch noch an den ersten Schwanzwirbeln. Bei den Anuren sind sie sehr klein und verwachsen mit seitlichen Fortsätzen der Wirbel. Sie vereinigen sich, sehr im Unterschied zu den Kriechtieren, Vögeln und Säugetieren, nie mit dem Brustbein, so daß bei den Lurchen die Trennung der Regionen des Leibes eigentlich nur in (Kopf) Rumpf und Schwanz zulässig ist, von einem Hals im gewöhnlichen Sinne aber nicht die Rede sein kann. Den Blindwühlern und Olmen fehlt ein Brustbein überhaupt, und bei den übrigen Urodelen sowie bei den Anuren ist es eine nicht weiter differenzierte Knorpelplatte.

Der Schädel der Lurche verbindet sich mit der Wirbelsäule durch zwei Gelenkhöcker, wie bei den Säugetieren. Seine Knochen sind teils verknöcherte Partien des ursprünglichen Knorpelschädels, teils sind sie in die Tiefe getretene Verknöcherungen der Haut. Sehr auffallend sind die großen Augenhöhlen, die nach der Mundhöhle zu nicht durch Knochen abgeschlossen sind.

Die vorderen Gliedmaßen sind bei den Blindwühlern gar nicht entwickelt, und es fehlt sowohl ihr innerer Abschnitt, der Schultergürtel, wie ihr äußerer, der Arm, vollkommen. Im einfachsten Fall besteht der Schultergürtel aus einem gebogenen Knorpelstück an jeder Seite, das nach dem Rücken zu einen (Schulterblatt-) Fortsatz entsendet und nach unten zwei, einen vorderen (vorderer Rabenschnabelfortsatz) und einen hinteren (hinterer Rabenschnabelfortsatz). Bei den Urodelen bleiben alle diese Stücke, auch wenn sie teilweise, wie beim Feuersalamander, verknöchern sollten, im Zusammenhang. Ein Schlüssel- und ein Zwischenschlüsselbein fehlt ihnen. Bei den Anuren entwickeln sich jene drei Fortsätze zu selbständigen Knochen, und dem Vorderrande des Brustbeins setzt sich eine Platte, das Zwischenschlüsselbein oder Vorbrustbein (episternum), auf. Die Blindwühler und Armmolche haben keinen Beckengürtel, bei den Urodelen bleibt er knorpelig. Das Becken der Anuren ist eigentümlich gestaltet: es besteht wesentlich aus zwei sehr stark verlängerten, nach hinten konvergierenden und in der Mittellinie unten mit den Scham- und Sitzbeinen zu einer Knochenscheibe verwachsenden Darmbeinen, die mit ihrem Vorderende mit den verlängerten Querfortsätzen des Kreuzbeinwirbels meist gelenkig verbunden sind. Bei den Urodelen haben die beiden Gliedmaßenpaare eine große Ähnlichkeit miteinander: dem Oberarmbein entspricht das Oberschenkelbein durchaus, ebenso entsprechen sich die stets untereinander getrennt bleibenden Knochen des Unterarms (Elle und Speiche) und Unterschenkels (Schien- und Wadenbein). Die Hand- und die Fußwurzel dieser Ordnung der Lurche besteht typisch aus zwei Reihen hintereinander gelegener Knochen, die einen zentral gelegenen umschließen. Die einzelnen Knochen können in verschiedener Art miteinander verschmelzen, manche können auch ganz in Wegfall kommen. Die Zahl der Zehen ist sehr verschieden: die Land- und echten Wassersalamander, der Axelotl, der Riesensalamander haben vorn vier, hinten fünf, der kleine südeuropäische Brillensalamander vorn und hinten vier, die Aalmolche vorn und hinten drei stummelförmige, die Olme vorn drei, hinten vier, und von den Armmolchen hat die eine Art drei, die andere vier Vorderzehen.

Bei den Anuren zeigen die Gliedmaßen, namentlich die hinteren, einen eigenartigen Bau. An den vorderen verschmelzen Elle und Speiche und an den hinteren Waden- und Schienbein. In der Fußwurzel folgen dann zwei verlängerte Knochen, die man als Sprung- und Fersenbein bezeichnet, und die den drei Knochen der oberen Reihe der Fußwurzel der Urodelen entsprechen: der innerste verschmilzt mit dem mittelsten zum Sprungbein, und der äußerste ist das Fersenbein. Die Zahl der Zehen ist bei den Anuren vorn fünf, aber die innerste ist nur rudimentär, oder vier, wenn die innerste ganz verloren ging; hinten fünf.

Die Haut bildet bei den Blindwühlern ringförmige Faltenwülste und enthält winzig kleine, innere Schüppchen. Sonst finden sich bei lebenden Formen keine Einlagerungen in ihr, sie ist aber stellenweise oft zu hornigen Buckeln und Stacheln, z. B. an dem zweiten Finger der männlichen Frösche als sogenannte Daumendrüse, ausgebildet. Nagelbildungen sind bei Amphibien sehr selten, aber sehr allgemein verbreitet und teilweise sehr stark entwickelt sind Hautdrüsen, die häufig giftige, unter Umständen sogar sehr giftige Sekrete abscheiden. Bei den Kröten und Salamandern treten an den Kopfseiten kleinere Drüsen zur Bildung der sogenannten Ohrdrüse zusammen. Auch die Wucherungen auf der Rückenhaut der surinamischen Wabenkröte (vgl. S. 39) gehören zu den Hautdrüsen. Hautsäume auf dem Rücken und um den Schwanz sind sehr allgemein bei Jugendformen aller Lurche und bei den erwachsenen Wassermolchen; oft finden sich auch Schwimmhäute zwischen den Zehen. Die Farben der Lurche sind vielfach, besonders bei tropischen Baumfröschen, sehr lebhaft, und bei Fröschen finden sich in der Haut bewegliche Pigmentzellen, die einen Farbenwechsel erlauben.

Vom Nervensystem füllt das Rückenmark in der Regel den Wirbelkanal völlig aus, nur bei den Anuren nicht, wo sein hinterstes Ende sich zu dem sogenannten Endfaden verdünnt. Das Gehirn zeigt eine höhere Entwickelungsstufe als bei den Fischen, namentlich sind die

Hemisphären verhältnismäßig größer. Besondere Vorrichtungen, in denen sich der Gefühlssinn steigern könnte, Tentakeln und dergleichen, sind selten und finden sich meist nur bei Larven, bei denen auch nervöse Endapparate an den Körperseiten und am Kopfe auftreten, die den Seitenlinien und Kopfkanälen der Fische entsprechen. Die Sehorgane sind bei den Blindwühlern und Olmen verkümmert, bei den übrigen Lurchen gut, aber nicht gerade hervorragend entwickelt und bieten nichts Besonderes. Das Gehörorgan der Blindwühler und Urodelen ist noch ziemlich nach der Art des Gehörorgans der Fische beschaffen und besteht aus einem Labyrinth mit drei halbzirkelförmigen Kanälen, aber bei den Anuren tritt noch eine Paukenhöhle hinzu, die mit der Rachenhöhle durch eine weite Eustachische Trompete in Verbindung steht und nach außen durch ein entweder einfaches oder noch von Körperhaut überzogenes Trommelfell abgeschlossen ist. Die Lurche haben stets ein paariges Geruchsorgan mit ziemlich ansehnlichen Nasenhöhlen, deren innere Oberfläche durch Faltungen vergrößert ist, und die vordere oder äußere, oft mit Kläppchen verschließbare sowie innere oder hintere, mit der Mundhöhle in Verbindung stehende Nasenlöcher haben, so daß die Amphibien mittels der Nase atmen. Der Geschmackssinn dürfte nur gering entwickelt sein, beziehungsweise auf ganz anderen Voraussetzungen als bei uns beruhen, da die Bissen ungekaut verschluckt werden. Die Wabenkröte hat überhaupt keine Zunge.

Die Verdauungsorgane der Amphibien bieten wenig Besonderes. Kleine, feine, kegelförmige Zähne, die nicht zum Kauen, sondern, nach hinten übergebogen, nur zum Festhalten der gefangenen lebenden Beute dienen, können (bei Blindwühlern) in allen die Mundhöhle umgrenzenden Knochen, oder im Ober-, Unter- und Zwischenkiefer, oder (wie bei Fröschen) im Oberkiefer und Gaumen sitzen oder endlich, wie bei der Wabenkröte und einigen anderen Kröten, vollkommen fehlen. Die Larven der Anuren haben hornige Scheiden oder Überzüge der Kiefer, die bei den Armmolchen, die bloß bezahnte Gaumenbeine haben, zeitlebens bleiben.

Bedeutend mannigfacher sind die Atmungs- und Zirkulationsorgane der Lurche eingerichtet, besonders die ersteren. Die Amphibien sind die einzigen Wirbeltiere, die auf dreierlei Art ihrem Blute Sauerstoff zuführen können: durch die Haut, durch Kiemen und durch Lungen. Eine Hautatmung (Perspiration) findet sich bei Fröschen, die noch sehr lange, nachdem ihnen die Lungen ausgeschnitten sind, leben können. Durch Kiemen atmen wohl alle Lurche mindestens in der Jugend, eine Gruppe der Urodelen, die Kiemenlurche, zeitlebens, die übrigen Urodelen, Blindwühler und Frösche nur so lange, wie sie als Larven auf den Aufenthalt im Wasser angewiesen sind. Doch gesellt sich, wenn die erste Larvenzeit vorüber ist, zu der Kiemenatmung, wie bei den Perennibranchiaten, auch Lungenatmung. Die Kiemen sind in drei oder vier Paaren vorhanden, liegen seitlich am Hals, entweder in Gestalt verzweigter oder gefiederter Hautanhänge frei hervorragend oder von einer Hautfalte überdeckt in einer Art Kiemenhöhle, die sich durch eine Kiemenspalte nach außen öffnet. Die Luftröhre ist sehr kurz, beginnt aber in der Rachenhöhle mit einem, wenigstens bei den Anuren gut entwickelten Kehlkopf, und jeder Hauptbronchus führt in einen Lungensack, dessen Wandungen in höherem oder geringerem Grade zellig-schwammig gebaut sind. Da sich bei den Lurchen die Rippen nicht mit dem Brustbein verbinden, so haben sie keinen Brustkorb, können folglich auch nicht wie die Angehörigen der drei höheren Wirbeltierklassen durch Erweiterung und Verengerung desselben ein- und ausatmen; sie müssen vielmehr die Luft bei geschlossenem Maule und geschlossenen Nasenlöchern verschlucken, indem sie erst die Zunge und den Zungenapparat senken und dann wieder heben und gegen den Gaumen andrücken. Nimmt man ihnen die Möglichkeit hierzu, indem man ihnen zwischen Ober- und Unterkiefer des geöffneten Maules ein Hölzchen einspannt oder die Klappen der äußeren Nasenlöcher wegschneidet, so müssen sie ersticken.

Verschiedene Lurche, besonders Frösche, entwickeln eine Stimme, haben im Kehlkopf Stimmbänder und in verschiedener Art mit der Mundhöhle in Verbindung stehende Schallblasen, die als Resonanzböden wirken, aber bloß den Männchen zukommen.

Am Herzen und an den großen Gefäßen der Amphibien gehen während ihrer Verwandlung Veränderungen vor sich, indem ersteres, solange nur Kiemenatmung da ist, ein Fischherz mit einfachem Vorhofe ist; sobald aber Lungenatmung hinzukommt, zerlegt sich der Vorhof durch eine Längsscheidewand in eine linke und eine rechte Hälfte: die erste nimmt die Lungenvenen mit dem von den Lungen kommenden gemischten arteriellen und venösen Blute, die letztere die aus dem Körper kommenden Venen mit rein venösem Blute auf. Bei den Blindwühlern und Olmen ist die Scheidung der Vorkammern nur unvollkommen und verrät sich äußerlich nicht, aber bei den übrigen Urodelen und bei den Anuren findet sie durch eine seichte Längsfurche vorn und hinten auf der Außenseite ihren Ausdruck.

Im allgemeinen sind die Unterschiede zwischen Männchen und Weibchen bei den Lurchen nicht groß und beschränken sich auf geringe Steigerung in der Färbung und in der Entwickelung senkrechter Hautsäume der Männchen oder der Stimmbildung derselben.

Die Amphibien legen mit ganz wenig Ausnahmen Eier, und zwar sehr selten anderswohin als in das süße Wasser; doch sind in verschiedenen Fällen in diesen Verhältnissen durch Brutpflege bemerkenswerte Modifikationen eingetreten, und in der Regel übernehmen, wie bei den Fischen, die Männchen die Sorge für die Nachkommenschaft.

Die Lurche ernähren sich im erwachsenen Zustande wohl alle durchaus von tierischen Stoffen; manche fressen in der Jugend auch pflanzliche. In den kälteren Gegenden verfallen sie in einen Winter-, in heißen und trockenen in einen Sommerschlaf. Viele haben nächtliche Gewohnheiten, und die Olme leben unterirdisch in den großen Höhlensystemen Kärnthens, des Friauls und Dalmatiens, vielleicht auch eines großen Teiles der übrigen Balkanhalbinsel.

Man kennt etwa 400 Arten von Tieren dieser Klasse, deren Mehrzahl in warmen Ländern gefunden wird, jedoch fast nur Anuren, und die Blindwühler ausschließlich in den Tropen der Alten und der Neuen Welt, während die Urodelen nur in den hohen und kühlen Gebirgen Südamerikas über den Wendekreis des Krebses hinausgehen.

---

1) Ordnung: **Blindwühler** (Gymnophiona).

Die Blindwühler haben einen wurmförmigen Leib und im erwachsenen Zustande weder Gliedmaßen noch Schwanz, und der After liegt unmittelbar am hinteren Körperpole. Auch fehlen sowohl äußere als innere Kiemen. Als Larven aber haben sie, soweit man weiß, eine bis über den hinteren Körperpol, neben dem die Rudimente von hinteren Gliedmaßen in Gestalt von Warzen liegen, verlängerte Wirbelsäule und ansehnliche, reich verästelte baumförmige Kiemen. Ihre Haut zeigt quere Faltenwülste und enthält sehr kleine, runde Schüppchen. Die Wirbelkörper sind bikonkav, am Ohre fehlt ein Trommelfell und eine Paukenhöhle, die Augen sind in verschiedenem Umfang verkümmert, enthalten aber doch alle typischen Teile eines Wirbeltierauges. In der Regel liegt vor jedem Auge an den Schnauzenseiten ein vorn offenstehender Kanal, der eine Art von Tentakel enthält.

Die Blindwühler leben versteckt in feuchtem Laub, unter Steinen, modernden Baumstämmen, manche auch bei Ameisen und Termiten; sie ernähren sich von allerlei kleinen Tieren.

Die Ordnung umfaßt 1 Familie, Caeciliidae, mit 2 Unterfamilien, den Ringelwühlern (Siphonopinae), ohne Hautschuppen, und den Wurmwühlern (Caeciliinae), mit Schüppchen. Zur ersten gehört der ceylonische Blindwühler (Ichthyophis glutinosa), zur zweiten der bindfadenförmige Wurmwühler (Caecilia gracilis, S. 99) und der fast kleinfingerdicke Ringelwühler (Siphonops annulatus, S. 99). Beide Arten sind tropisch-amerikanisch.

2) Ordnung: **Schwanzlurche** (Urodela).

Die Schwanzlurche haben einen gestreckten Körper, einen runden oder seitlich zusammengedrückten Schwanz, bikonkave Wirbel, zwei oder mindestens ein Paar (das vordere) Gliedmaßen, knorpelig bleibende Skeletteile der Hand- und Fußwurzel und entweder nur in der Jugend oder zeitlebens äußere Kiemen, beziehungsweise ein Kiemenloch.

Wir teilen diese Ordnung in zwei Unterordnungen: in die Fisch- und die Molchlurche.

1) Unterordnung: **Fischlurche (Perennibranchiata).** Die Fischlurche sind Schwanzlurche, die zeitlebens neben Lungen Kiemen oder mindestens Kiemenlöcher behalten.

Ihre Augen haben keine Lider, es geht vielmehr die hier durchsichtige Körperhaut über sie weg. Sie wohnen meist im, seltener in unmittelbarer Nähe am Wasser.

1) Familie: **Buschkiemer** (Phanerobranchiidae). Die Buschkiemer behalten zeitlebens äußere Kiemen und haben keine Ober-, sondern statt ihrer nur Zwischenkieferbeine. Der Olm (Proteus anguinus, S. 100) ist sehr langgestreckt und hat zwei kurze Beinpaare, die vorderen mit drei, die hinteren mit zwei Zehen. Als ein dem Licht entzogener Höhlenbewohner hat er verkümmerte Augen und eine pigmentlose Haut, durch die rötlich das Blut hindurchschimmert. Er legt Eier. Nach dem Ort des Vorkommens auf sehr beschränktem Gebiete (Krain, Balkanhalbinsel rc.), zeigt er sehr unwesentliche Unterschiede, die durchaus nicht dazu berechtigen, diese Lokalrassen zu Arten zu erheben. Die Armmolche (Siren) haben nur ein Paar Vorderbeine (auch das Becken fehlt) und vorn an den Kiefern Hornscheiden. Sie sind schwarzgrau und haben jederseits 3 gefranste, von oben nach unten an Größe abnehmende äußere Kiemen. Sie bewohnen im südlichen Nordamerika bis Texas feuchte Stellen am Ufer der Ströme unter Blättern und modernden Stämmen und haben eine quakende Stimme. Die eine Art (Siren lacertina, S. 100) hat vier, die andere, vielleicht bloß Varietät (striata), nur drei Zehen.

2) Familie: **Lochkiemer** (Cryptobranchiidae). Die Lochkiemer haben keine äußeren Kiemen im erwachsenen Zustande, aber meist ein Loch an jeder Seite des Halses als Überbleibsel des Kiemenapparats. Sie sind Wasserbewohner und haben Vertreter im östlichen Mittelasien und in den östlichen Teilen des südlichen Nordamerika. Zu ihnen zählt der wunderliche Aalmolch (Amphiuma means), ein langgestreckter Lochkiemer mit deutlichem äußeren Kiemenloch jederseits und mit vier inneren Kiemenbogen. Der Kopf ist breit, vorn stumpf mit sehr kleinen Augen. Die außerordentlich winzigen Gliedmaßen haben vorn und hinten entweder zwei oder drei Zehen. Das grünlichschwarze Tier bewohnt Sümpfe in Louisiana und Südkarolina, legt Eier und hat eine leise Stimme. Der Riesensalamander (Cryptobranchus japonicus, S. 101) hat nur in der Jugend auf jeder Seite ein Kiemenloch, einen walzigen, schwach deprimierten Rumpf mit einer wulstigen Seitenfalte und einen seitlich zusammengedrückten Schwanz. An den vorderen Gliedmaßen finden sich vier, an den hinteren fünf Zehen. Der Riesensalamander bewohnt kalte, klare, fließende Bäche in den Gebirgen Japans. Er ist ein nächtliches, träges Tier, dessen Fleisch die Japaner sehr schätzen.

3) Familie: **Axolotl** (Amblystomatidae). Die Axolotl müssen mindestens eine Familie der Schwanzlurche, vielleicht sogar besser eine besondere Unterordnung bilden, da sie in zwei fortpflanzungsfähigen Formen vorkommen, deren eine Eigentümlichkeiten der Fische, die andere aber solche der Molchlurche besitzt. Die erstere war schon den spanischen Eroberern Mexikos bekannt. Sie hat an jeder Seite drei große, büschelförmige Kiemen, auf dem Rücken einen Hautkamm, der sich oben und unten auf dem seitlich abgeflachten Ruderschwanz bis zum hinteren Körperpole fortsetzt, aber keine Augenlider, bewohnt das Wasser und legt Eier. Das ist der eigentliche Axolotl (Siredon pisciformis, S. 102). Von dieser Form verlassen bisweilen einzelne Individuen das Wasser und begeben sich auf das Land, gehen hier zur reinen Lungenatmung über und verlieren ihre Kiemen sowie den Hautsaum an Rücken und Schwanz; letzterer wird rollrund. Es entwickeln sich Augenlider, und die Zehen werden kräftiger. Auch diese Form (Amblystoma mexicanum, S. 102) legt im Wasser Eier. Die Tiere bewohnen Mexiko.

2) Unterordnung: **Molchlurche (Caducibranchiata).** Die Molchlurche atmen nur in der Jugend durch Kiemen und behalten auch nach deren Verlust keine seitlichen Löcher am Halse. Sie haben deutliche Augenlider und bewohnen das Land und das Wasser, die einen Formen mehr dieses, die anderen mehr jenes.

Die Molchlurche umfassen zwei Familien: die Wasser- und die Landmolche.

1) Familie: **Wassermolche** (Tritonidae). Die Wassermolche haben einen an die Schwimmbewegung gut angepaßten Körper, namentlich einen seitlich zusammengedrückten Schwanz und um ihn sowie entlang des Rückens einen stärkeren oder schwächeren Hautsaum, der bei manchen Arten in der Fortpflanzungszeit bedeutend höher wird. Die Weibchen legen ihre Eier an Wasserpflanzen, und die Jungen durchlaufen ihre ganze Verwandlung im Wasser. In Deutschland finden sich mehrere Arten, so in den westlichen Gebieten der Fadenmolch (Triton palmatus, S. 103), in den gebirgigen der Bergmolch (Triton alpestris, S. 104). Ganz

Deutschland bewohnt der Kammmolch (Triton cristatus, S. 104), aber doch mehr vereinzelt als der sehr gemeine Streifenmolch (Triton taeniatus, S. 103). Für alle Arten ist die bald mattere, bald lebhaftere, bis zu Orange gesteigerte gelbe Farbe der Unterseite charakteristisch.

2) Familie: **Landmolche** (Salamandridae). Die Landmolche haben keinen zum Rudern geeigneten, sondern einen rollrunden Schwanz. Von unseren beiden deutschen Arten legt die eine ihre Eier auf einer schon weit fortgeschrittenen Stufe der Entwickelung in das Wasser, die andere bringt lebendige Junge zur Welt. Die erstere Art ist der schwarzgelbe Feuersalamander (Salamandra maculosa, S. 105), eines der wenigen einheimischen wilden Tiere mit asymmetrischer Zeichnung. Die Weibchen suchen zur Eiablage langsam fließende Gewässer auf, und die Jungen verlassen die Eier fast unmittelbar, nachdem diese mit dem Wasser in Berührung gekommen sind. Der Feuersalamander ist ein Waldtier des gemäßigten und wärmeren Europa, Nordafrikas und des westlichen Asien, das sich an trockenen, warmen Tagen versteckt hält, aber in taureichen Nächten und bei Regen zum Vorschein kommt und langsam und der scharfen Absonderung seiner Hautdrüsen wegen von allen räuberischen Tieren unbehelligt sein Wesen treibt. Der Alpensalamander (Salamandra atra, S. 105) ist einfarbig schwarz, bewohnt die Alpenländer, auch den schwäbischen Jura. Das Weibchen bringt auf dem Lande jedesmal zwei lebendige Junge zur Welt, die, abgesehen von ihrer Körpergröße, durchaus den Alten gleichen, also keine weitere Verwandlung durchlaufen. Eine allerliebste italienische Landmolchform ist der kleine Brillensalamander (Salamandrina perspicillata, S. 103).

3) Ordnung: **Schwanzlose Lurche (Anura).**

Die Ordnung der schwanzlosen oder froschartigen Lurche (Batrachia) zeigt äußerlich keine Spur von Schwanz und hat procöle Wirbelkörper. Die Gestalt dieser Tiere ist breit, gedrungen niedergedrückt, die hinteren Gliedmaßen sind verlängert und oft zum Springen eingerichtet, aber es werden durch die Gegenwart oder die Abwesenheit des Springvermögens noch keine Verwandtschaftsbeziehungen der einzelnen Formen zu einander bedingt. Stets haben die Anuren eine Paukenhöhle und eine Eustachische Trompete, meist auch ein Trommelfell.

Das Maul ist weit gespalten, die nackte Haut liegt dem Körper nur locker auf und ist nur stellenweise fester mit ihm verbunden. Unter ihr befinden sich Räume, in die durch die Haut hindurch Feuchtigkeit von außen eindringt. Die meisten durchlaufen im Wasser eine weit kompliziertere Verwandlung als die Urodelen. Die jungen Larven verlassen das Ei als kurzschwänzige Kaulquappe, noch bevor eine Mundöffnung vorhanden ist, aber meist mit drei äußeren Kiemen jederseits. Später bildet sich der Mund, das hintere Körperende streckt sich zu einem seitlich zusammengedrückten Ruderschwanz, die äußeren Kiemen verschwinden, aber unter einer Art von Kiemendeckel bleiben die Kiemenspalten. Schließlich wachsen die Kiemendeckel vollkommen über die Kiemenhöhlen weg, so daß nur links eine Öffnung bleibt, durch die das mit dem Maule aufgenommene und im Atmungsprozeß seines Sauerstoffes beraubte Wasser aus beiden Kiemenhöhlen abfließt. Auf dem Kiemenbogen entwickeln sich jetzt neue kleine, innere Kiemenblättchen, das Maul bekommt Hornkiefer, es sprossen zunächst die hinteren, dann die vorderen Gliedmaßen, und die Augen werden deutlicher. Darauf fallen die Hornkiefer ab, und der Schwanz verschwindet, wird aber nicht abgeworfen, seine Masse vielmehr von dem jungen Frosche resorbiert. Dabei hat die Kiemenatmung der Lungenatmung völlig Platz gemacht.

Bei vielen Anuren findet sich, wie erwähnt, Brutpflege. So wickelt sich das Männchen der Fesselkröte die Schnuren der Eier um die Hinterbeine und sucht so belastet ein feuchtes, sicheres Versteck, in dem es sich etwa zwölf Tage aufhält. Dann geht es ins Wasser, und nach kurzer Zeit verlassen die vorher schon völlig entwickelten Larven die Eier. Bei einer chilenischen Krötenform (Rhinoderma Darwini) nimmt das Männchen die Eier in seinen Kehlsack, wo die Jungen, wie es scheint, teilweise auf seine Kosten wachsen und sich ernähren. Beim mittelamerikanischen Taschenfrosch (Nototrema marsupiatum) hat das Weibchen eine hinten offenstehende Hauttasche auf dem Rücken, in der die von dem Männchen hineingeschafften Eier sich entwickeln. Bei der Wabenkröte streicht das Männchen die Eier in die Gruben der Rückenhaut, wo die Jungen ihre vollkommene Entwickelung durchlaufen. Das Weibchen des westeuropäischen Schaumtauchers (Pelodytes punctatus) legt seine Eier in einer selbstproduzierten Schaummasse auf Blätter, und die daraus hervorgehenden Larven überwintern im Wasser. Ähnliche Verhältnisse finden sich bei westafrikanischen und westindischen Baumfröschen.

Die Sprungfähigkeit der springenden Anuren beruht auf einer ganzen Reihe von zusammenwirkenden Eigentümlichkeiten ihrer Organisation: nämlich 1) auf der Kürze und geringen Beweglichkeit der Wirbelsäule, 2) auf der Länge der Darmbeine, 3) auf deren beweglicher, gelenkiger Verbindung mit den Querfortsätzen des Kreuzbeinwirbels, 4) auf dem Naheaneinanderrücken der Oberschenkelgelenkpfanne fast bis in die Achse des Tieres, 5) auf der bedeutenden Verlängerung der hinteren Gliedmaßen, 6) auf der Fußsohle und 7) endlich auf der bedeutenden Anzahl freier Gelenkverbindungen an den hinteren Gliedmaßen, des Beckens mit der Wirbelsäule, der Oberschenkel mit dem Becken, der verwachsenen Unterschenkelknochen mit dem Knochen des Oberschenkels, der langen Fußwurzel mit dem Unterschenkel und des eigentlichen Fußes mit der Fußwurzel. Im ruhenden Zustande sind ebenso viele Beugungen vorhanden, streckt aber der Frosch seine Beine, so finden die Füße Widerstand auf dem Boden, und die ganze vorwärts wirkende, sehr bedeutende Muskelkraft wird auf den kurzen und verhältnismäßig leichten Rumpf übertragen, und dieser wird wie durch eine plötzlich losgelassene Feder fortgeschnellt.

Die Ordnung der Anuren zerfällt in 2 Unterordnungen: Zungenfrösche und Zungenlose.

1) Unterordnung: **Zungenfrösche (Phaneroglossa).** Die Zungenfrösche haben eine am Boden der Mundhöhle entweder nach Art eines gestielten Pilzes in der Mitte oder (in der Regel) vorn oder hinten angewachsene Zunge.

a) Tribus: **Schiebbrustfrösche** (Arcifera). Bei den Mitgliedern dieses Tribus lassen sich die beiden seitlichen Hälften des Schultergürtels übereinander wegschieben.

1) Familie: **Scheibenzüngler** (Discoglossidae). Die Scheibenzüngler haben verbreiterte Querfortsätze des Kreuzbeinwirbels und kurze Rippen an den vorderen Rückenwirbeln, bei den Larven zum Abfluß des Atemwassers nicht links, sondern auf der Mitte der Unterseite. Die Familie ist merkwürdig verbreitet, indem sie in der gemäßigten Alten Welt und auf Neuseeland Vertreter hat. Hierher gehört der schon erwähnte Feßler (Alytes obstetricans, S. 105) oder die Geburtshelferkröte sowie unsere beiden Unkenarten. Die Feuerunke (Bombinator igneus, S. 106) oder rotbauchige Unke ist schlanker, hat eine spitze Schnauze, zartere Zehen, einen im Verhältnis zum Fuße kürzeren Unterschenkel. Oben ist die Feuerkröte dunkel schwarzgrau, und auf der Unterseite hat sie lebhaft orangerote Flecken. Die gelbbauchige Unke (Bombinator pachypus, S. 106) ist plumper, hat namentlich plumpere, längere Füße, ist oben mehr gelbgrau und hat einen mehr zitronengelben Bauch. Die letztere Art gehört mehr dem gebirgigen Süd-, die rotbauchige Unke mehr dem ebenen Norddeutschland an.

2) Familie: **Krötenfrösche** (Pelobatidae). Den Krötenfröschen fehlen Rippen durchaus. Sie graben viel in der Erde und haben senkrechte Pupillen. Sie finden sich in Nordamerika, Europa, Westasien und Indien bis und mit Neuguinea; aus unserer Fauna gehört zu ihnen die schöne Knoblauchskröte (Pelobates fuscus), die hier und da in Deutschland verbreitet ist.

3) Familie: **Echte Laubfrösche** (Hylidae). Die Mitglieder dieser Familie haben flache dreieckige Querfortsätze des Kreuzbeinwirbels und verdickte Endglieder der Zehen mit Haftscheiben und meist auf der Unterseite des Körpers eine klebrige Masse abscheidende Hautdrüsen. Hierher gehört der erwähnte Taschenfrosch (Nototrema marsupiatum, S. 107) und von einheimischen Formen der bekannte grüne Laubfrosch (Hyla arborea, S. 107), bei dem die Männchen eine ansehnliche Schallblase an der Kehle haben, und der das Wasser bloß vorübergehend aufsucht. Eine sehr hübsche Form ist der kleine Schmuckfrosch (Chorophilus ornatus, S. 108) aus dem südlichen Nordamerika.

4) Familie: **Echte Kröten** (Bufonidae). Die Vertreter dieser Familie sind von plumpem Körperbau, haben dicke, nahezu gleich lange Beine, keine Haftscheiben an den Zehen, keine Zähne. Sie sind kosmopolitisch, d. h. soweit Lurche überhaupt vorkommen, verbreitet. Ein wunderliches, häßliches hierher gehöriges Tier ist die Nasenkröte (Rhinophrynus dorsalis) von Mexiko, deren kleiner, zugespitzter Kopf unmittelbar in den Rumpf übergeht. Ihre Zunge ist hinten angewachsen, und sie lebt von Termiten. Bei uns zu Lande ist die Familie in mehreren Arten vertreten, die alle höchst nützliche Tiere sind. Die Erdkröte (Bufo vulgaris, S. 109) kann eine bedeutende Größe und ein hohes Alter erreichen. Die Wechselkröte (Bufo

viridis) ist ein hübsches, lebhaftes Tier, das nachts Insekten jagt. Die Kreuzkröte (Bufo calamita, S. 109) ist die seltenste unserer drei Arten und findet sich mehr im Westen.

5) Familie: **Cystognathen** (Cystognathidae). Bei den Cystognathen, die in vielen Punkten den echten Fröschen gleichen und von verschiedenen Naturforschern mit ihnen auch in eine Familie gebracht werden, sind die Querfortsätze des Kreuzbeines nur wenig oder gar nicht verbreitert. Die Tiere sind Bewohner Südamerikas und Australiens. Eine merkwürdige Form von sehr plumpem Bau, namentlich mit sehr stumpfem Kopfe und mit einem hornartigen Vorsprung über jedem Auge, ist der Schmuckhornfrosch (Ceratophrys ornata, S. 110) von Argentinien.

b) Tribus: **Starrbrustfrösche** (Firmisternia). Die beiden Hälften des Schultergürtels sind nicht gegeneinander verschiebbar.

6) Familie: **Engmäuler** (Engystomatidae). Die Querfortsätze des Kreuzbeinwirbels sind verbreitert, Schwimmhäute fehlen an beiden Fußpaaren. Engmäuler finden sich von Vorderindien und Südchina über die malaiische und papuanische Inselwelt, im tropischen Afrika, einschließlich Madagaskar, und in Amerika. In der Lebensweise sind die Tiere sehr verschieden. Die meisten von ihnen sind Nachttiere, und viele ernähren sich von Termiten, wie der ostafrikanische Kurzkopf (Breviceps mossambicus, S. 108), ein äußerst langsam sich bewegendes, gleichsam aufgeblasenes Tier, bei dem das Rückgrat scheinbar nur aus acht Wirbeln statt aus zehn besteht, indem der erste und zweite sowie der neunte und zehnte miteinander verschmelzen.

7) Familie: **Baumsteiger** (Dendrobatidae). Die Baumsteiger haben keine verbreiterten Querfortsätze des Kreuzbeinwirbels und keine Schwimmhäute an den Hinterfüßen. Es sind farbenprächtige, giftige Tiere, die im tropischen Amerika und auf Madagaskar Büsche und Bäume bewohnen. Der gemalte Baumsteiger (Dendrobates tinctorius, S. 111) variiert sehr in der Zeichnung und Färbung, die meist schwarz mit gelb, rot oder silberweiß ist. Er findet sich von den südlichen Vereinigten Staaten bis Nordbrasilien.

8) Familie: **Echte Frösche** (Ranidae). Bei den echten Fröschen sind die Querfortsätze des Kreuzbeinwirbels walzig. Die Tiere finden sich allenthalben, besonders in warmen Ländern, mit Ausnahme von Australien, Neuseeland und der für Lurche überhaupt nicht zugänglichen ozeanischen Inseln. In Deutschland kommen vier Arten vor, die man zum Teil erst in neuerer Zeit unterschieden hat. Lange bekannt sind der im Mai und Juni laichende Wasserfrosch (Rana esculenta, S. 113) mit seitlichen Schallblasen und der Grasfrosch (Rana temporaria, S. 112), der im ersten Frühling laicht und keine Schallblasen, aber in der Schläfengegend jederseits einen braunen Fleck hat. Er bildet viele Varietäten, aber der Moorfrosch (Rana arvalis, S. 111) und der Springfrosch (Rana agilis, S. 112) sind gute Arten. Ersterer findet sich hier und da in Deutschland, namentlich in Moorgegenden, und hat eine spitzere Schnauze als der Grasfrosch und niemals eine gefleckte Bauchseite, aber sehr oft einen hellen, breiten Längsstreifen auf der Rückenmitte. Der Springfrosch findet sich mehr im südlichen und westlichen Europa, in Deutschland (hier vielleicht im Aussterben) in einzelnen Exemplaren im oberen Rhein- und im Mainthal. Er hat regelmäßig quergebänderte und längere Hinterbeine als der Grasfrosch. Die größte Art ist der nordamerikanische Ochsenfrosch (Rana mugiens, S. 110), eine sehr bemerkenswerte Reinwardts Flugfrosch (Rhacophorus Reinwardti, S. 109), dessen Füße lange, durch Schwimmhäute verbundene Zehen haben. Beim Springen legt er die ausgespreizten Füße an die Seite des Leibes und schwebt wie auf einem Fallschirm herab.

2) Unterordnung: **Zungenlose (Aglossa).** Diese Unterordnung der Anuren umfaßt zungenlose Arten, und zwar in zwei Familien.

1) Familie: **Sporenfrösche** (Dactylethridae), mit Zähnen im Oberkiefer und Schwimmhäuten zwischen den Zehen. Der glatte Sporenfrosch (Xenopus laevis, S. 113) hat an den drei innersten Zehen der Hinterfüße Nägel, unter dem Auge eine kurze, tentakelartige Bildung und entlang der Körperseiten eine Reihe eigentümlicher kleiner, röhrenförmiger Anhänge von unbekannter Bedeutung. Die Larven haben beim Verlassen des Eies keine äußeren Kiemen mehr, bekommen aber bald zwei lange Barteln neben dem Maule. Das merkwürdige, das Wasser, wie es scheint, nie verlassende Tier bewohnt das tropische und südliche Afrika.

2) Familie: **Wabenkröten** (Pipidae). Sie haben überhaupt keine Zähne, bewohnen das tropische, kontinentale Amerika und sind durch ihre schon erwähnte Brutpflege berühmt. Es gibt bloß 1 Gattung und 1 Art, die surinamische Wabenkröte (Pipa americana, S. 114).

Die Kriechtiere.

Einleitung.

Die Kriechtiere (Reptilia) sind wechselwarme Wirbeltiere mit roten, ovalen Blutkörperchen, völlig getrenntem Vorhof und unvollkommen getrennter Kammer des Herzens. Ihre Haut ist ausschließlich mit Hornschildern oder mit diesen und Knochenschildern bedeckt. Es finden sich meist zwei, selten ein Paar (entweder bloß die vorderen oder bloß die hinteren) Gliedmaßen, die in vielen Fällen gänzlich fehlen oder nur als innere Rudimente vorhanden sind; wo sie fehlen, wird meist auch das Brustbein vermißt, das aber auch den Schildkröten abgeht. Der Schädel verbindet sich mit der Wirbelsäule durch einen einzigen mittleren Gelenkhöcker, die Kiefer tragen Zähne oder Hornscheiden, oft sind auch andere die Mundhöhle umgrenzende Knochen mit Zähnen versehen. Der Unterkiefer verbindet sich nicht unmittelbar mit dem Schädel, sondern mittels eines mit diesem beweglich oder unbeweglich verbundenen Knochens, der das viereckige Bein (os quadratum) genannt wird. Ein Zwerchfell ist nur selten und dann in rudimentärer Form vorhanden. Bei weitem die meisten Kriechtiere legen hartschalige Eier. Sie atmen niemals während ihres Lebens durch Kiemen.

Die Körpergestalt der Kriechtiere weist beträchtliche Verschiedenheiten auf. Wo Gliedmaßen vorhanden sind, lassen sich, abgesehen vom Kopfe, drei Abschnitte unterscheiden: Hals, Rumpf und Schwanz. Bei den Krokodilen, Brückenechsen und den meisten Eidechsen ist die Gestalt die typische Gestalt der Kriechtiere: gestreckt und durch die Gegenwart beider Extremitätenpaare in die charakteristischen Abschnitte gesondert. Die Schildkröten haben eine breite Gestalt, die extremitätenlosen Formen unter den Eidechsen und die Schlangen erscheinen sehr gestreckt und lassen äußerlich meist nur zwei Regionen, die des Kopfes und des Leibes, erkennen, da sich Hals, Rumpf und Schwanz bei ihnen meist nicht als getrennte Regionen abheben. Erst bei näherem Zusehen lassen sich ein Rumpf- und ein Schwanzabschnitt erkennen.

Von den in der Zahl sehr schwankenden Wirbeln (bei den dreiklauigen Schildkröten [Trionyx] 34, bei der Abgottschlange 422, die größte Zahl, die bei Wirbeltieren vorkommt) haben bei den Brückenechsen und Geckos alle, bei gewissen anderen Formen einige bikonkave Körper, sonst haben sie in der Regel vorn eine Gelenkhöhle, in der ein Gelenkkopf des vorhergehenden Wirbels spielt, woher die oft große Beweglichkeit der Wirbelsäule rührt. Bei den Schildkröten sind sie im Rumpfabschnitte vorn und hinten abgeflacht und bilden zusammen einen starren Stab, aber im Halsabschnitt sind sie sehr verschiedenartig entwickelt und ermöglichen eine sehr große Beweglichkeit desselben; in dem gleichfalls recht beweglichen Schwanze sind sie wie gewöhnlich procöl. Die beiden ersten Halswirbel sind, wie bei den Vögeln und Säugetieren, besonders entwickelt; der erste trägt (als Atlas) das Gewölbe des Schädels, und ein Teil seines Körpers verbindet sich mit dem Körper des zweiten, des Drehers (Epistropheus), als Zahnfortsatz, um den sich der ringförmige Rest des ersten Wirbels hinten dreht. Von einer gesonderten Brust- und Lendenregion kann bloß da bei den Kriechtieren die Rede sein, wo ein besonderer Brustkorb vorhanden ist. Die Zahl der Wirbel in den einzelnen Abschnitten des Rückgrates ist bedeutenden Schwankungen unterworfen, nur Kreuzbeinwirbel finden sich bei anwesendem Becken mit großer Regelmäßigkeit zwei.

Der Schädel zeigt in den einzelnen Ordnungen bedeutende Verschiedenheiten, von denen das Wichtigste, soweit es uns interessieren kann, an Ort und Stelle behandelt wird. Hier sei nur nochmals hervorgehoben, daß er bloß einen einzigen Gelenkhöcker am Hinterhaupt hat, daß er oft eine vollständig verknöcherte, nur von Gefäß- und Nervenlöchern durchbrochene Kapsel bildet, und daß der Unterkiefer nie mit ihm unmittelbar, sondern mit dem eingeschobenen viereckigen Bein gelenkig verbunden ist. Dieses selbst kann sich seinerseits beweglich (so bei Eidechsen und Schlangen) oder fest (bei Brückenechsen, Krokodilen und Schildkröten) mit dem Hirnschädel verbinden.

Rippen fehlen keinem Reptil. Bei Schlangen und schlangenähnlichen Eidechsen finden sie sich an allen Wirbeln des Rumpfes und des Halses, mit Ausnahme des Atlas. Auch Eidechsen und Krokodile haben Halsrippen. Wo ein Brustbein vorhanden ist, sind die sich mit diesem verbindenden Rippen der Länge nach einfach querteilig, das obere Stück vereinigt sich mit der Wirbelsäule, das untere mit dem Rande des Brustbeins. Bei den Krokodilen und Brückenechsen verlängert sich das Brustbein nach hinten in die Bauchwand in Gestalt eines knorpelig-sehnigen, bis zum Beckenrand reichenden Streifens, an den sich seitliche Bauchrippen ansetzen, die aber nicht bis an die Wirbelsäule treten und höchstens dem unteren Abschnitte der Brustrippen entsprechen. Bei den Schildkröten verschmelzen die Rippen mit den Hautverknöcherungen des Rückenschildes. Bei Krokodilen verbinden sich mit dem Hinterrande des oberen Teiles der Brustrippen nach hinten gerichtete, platte sogenannte „hakenförmige Fortsätze" aus Knorpel mit eingelagertem Knochenkern.

Gliedmaßen fehlen den Schlangen meist vollkommen, nur die Riesen- und Wickelschlangen besitzen Reste der hinteren. Die schlangenförmigen Eidechsen, selbst wenn sie äußerlich der Extremitäten entbehren, besitzen immer einen Schulter- und Beckengürtel, wenn auch in verkümmerter Gestalt. Der Schultergürtel besteht sonst aus dem auf dem Rücken gelegenen Schulterblatt und bauchwärts aus dem Rabenschnabel- und dem Schlüsselbein, der Beckengürtel dem entsprechend aus Darm-, Sitz- und Schambein. Die äußeren Abschnitte der Gliedmaßen, Arm und Bein, enthalten die typischen Teile: Oberarm und Oberschenkelbein, Elle und Speiche, Schien- und Wadenbein. Meist finden sich fünf Finger, deren Zahl jedoch bei einigen Wühlechsen auf zwei oder drei sinken kann. Entsprechend verhalten sich die Zehen. Bei den Chamäleons teilen sich Finger und Zehen in je zwei einander gegenüberstehende Gruppen von zwei und drei Stück, so daß hierdurch, zusammen mit dem am Ende einrollbaren Schwanze, ein Klammerapparat zu stande kommt.

Die Haut der Kriechtiere ist derb und fest. Die Oberhaut verhornt und bildet Schuppen, bisweilen selbst Platten. Verknöcherungen der Lederhaut in Gestalt schindelförmiger, übereinander weggreifender Schilder finden sich bei manchen Eidechsen; bei Krokodilen und Schildkröten legen sich große Knochenschilder der Lederhaut zu zusammenhängenden Hautpanzern aneinander. Pigmente der Lederhaut und tieferer Schichten der Oberhaut kommen allgemein immer vor und sind bisweilen an bewegliche Zellen (Chromatophoren) gebunden, wodurch bei einigen Baumschlangen, den Chamäleons und verschiedenen anderen Eidechsen die Möglichkeit eines Farbenwechsels gegeben ist. Hautdrüsen finden sich bisweilen, so entlang des Unterkiefers bei Krokodilen und in einer Reihe an der Innenseite der Unterschenkel bei vielen Eidechsen, wo sie unter Umständen mit ansehnlichen Öffnungen (Schenkelporen) auf Papillen nach außen münden. Die Krokodile und mehrere Eidechsen besitzen Hautkämme in verschiedenem Umfang bloß auf dem Schwanze, oder auch auf dem Rücken, selbst auf dem Kopf. Andere haben Hautverbreiterungen an den Seiten des Rumpfes, des Schwanzes, der Beine und der Zehen (Geckos). Bei den kleinen, als Drachen bezeichneten ostindischen Eidechsen befinden sich seitlich zwischen den Gliedmaßen von Fortsätzen der fünf bis sechs ersten Rippen gestützte, eine Art Fallschirm bildende Hautfalten. Hörnerartige Gebilde finden sich auf den Nasen und Stirnen mancher Chamäleons und Schlangen. Nägel an den Fingern und Zehen sind allgemein verbreitet. Eidechsen und Schlangen werfen von Zeit zu Zeit die Oberhaut ab (häuten sich), Krokodile und Schildkröten nicht.

Das Gehirn ist nicht unwesentlich höher als bei den Amphibien entwickelt, namentlich reichen die Hemisphären weiter nach hinten. Die Augen sind bisweilen rudimentär bei mehr oder weniger unterirdisch lebenden Eidechsen- und Schlangenformen; sie sind nie besonders groß und entbehren bei den Schlangen, Doppelschleichen und Geckos der Lider, indem die Oberhaut als durchsichtige, gewölbte Kapsel gleichmäßig über sie weggeht, woher der „starre" Blick dieser Tiere rührt. Die Pupille ist bisweilen schlitzförmig und senkrecht, die Iris oft prächtig gefärbt. Bei manchen Eidechsen und den Brückenechsen findet sich oben auf dem Scheitel eine besonders entwickelte, unpaare, mediane, durchscheinende Schuppe, die oberhalb einer Grube oder sogar oberhalb eines die knöcherne Schädeldecke durchsetzenden Loches einen besonderen Anhang der sogenannten Zirbeldrüse, das „Parietalorgan", enthält. Da dieses Parietalorgan unter Umständen in seinem Bau große Ähnlichkeit mit einem verkümmerten Auge aufweist, wird es vielfach für ein solches gehalten und Parietal- oder Scheitelauge genannt. Das Gehörorgan enthält eine, allerdings noch einfache, retortenförmige, unaufgewundene Schnecke, meist auch Paukenhöhle, Eustachische Trompete und Trommelfell, die aber alle drei den Schlangen und Doppelschleichen fehlen. Die Chamäleons entbehren des Trommelfelles. Der Geschmackssinn kann im allgemeinen nur gering entwickelt sein, wenigstens im Vergleich zu der Art, wie unser Geschmacksorgan thätig ist. Vielfach wird auch nicht die Zunge sein Sitz sein, sondern die ganze Rachenhöhle, und es wird auf ihn nicht chemisch, sondern mechanisch eingewirkt durch einen wahren Rachenkitzel, den die Bewegungen der lebendig verschluckten Beute ausüben. Paarige Geruchsorgane sind am höchsten bei Schildkröten und Krokodilen entwickelt, bei denen die innere Schleimhaut nicht bloß, wie bei anderen Reptilien, durch Faltenbildung vergrößert ist, sondern diese Falten auch durch knorpelige Muscheln gestützt sind. Die bisweilen röhrig verlängerten äußeren Nasenlöcher sind bei den Krokodilen, bei denen sie oben auf der Schnauze liegen, und bei den Wasserschlangen durch bewegliche Klappen verschließbar. Die inneren Nasenlöcher (Choanen) liegen bei den Schildkröten, mehr noch bei den Krokodilen, weit nach hinten. Es liegt in der Natur der Sache, daß bei der Art der Körperbedeckung der Kriechtiere ihre Haut nur in sehr mangelhafter Weise Sitz des Gefühlsinnes sein kann; die langen, gespaltenen, nervenreichen Zungen der Schlangen und einiger Eidechsen sind aber offenbar ausgezeichnete Tastorgane.

Die Verdauungsorgane sind im ganzen einfach und übereinstimmend gebaut. Die Mundöffnung ist meist sehr weit und nur selten (Flußschildkröten) von weichen Lippen umgeben. Zähne fehlen den Schildkröten, bei denen sie durch Hornscheiden der Kiefer ersetzt werden. Sonst finden sie sich bei allen Reptilien mindestens im Ober- und Unterkiefer, es können aber auch (Eidechsen und Schlangen) Gaumen- und Flügelbeine bezahnt sein. Die Zähne haben eine sehr gleichmäßig kegelförmige Gestalt, sind etwas nach hinten übergebogen und entweder solid oder mit einer inneren, die Pulpa aufnehmenden Höhlung versehen. Die Zähne der Kiefer sitzen entweder in Alveolen oder sind den Kieferrändern aufgewachsen oder sitzen an deren Innenseiten, gewissermaßen in halben, nur nach auswärts geschlossenen Alveolen. Meist sind die Zähne zahlreich. Die Zunge zeigt mancherlei Verschiedenheiten, die gerade bei den Kriechtieren teilweise von systematischer Bedeutung sind. Sie kann breit, weich und lappig sein und dabei einen geraden oder sanft ausgeschnittenen Vorderrand haben; bisweilen ist sie mit Schuppen bedeckt. Bei anderen Formen ist sie lang, schmal und vorn in zwei Zipfel ausgezogen, bei den Chamäleons wurmförmig, am freien Ende kolbig und weit vorschnellbar. Speicheldrüsen sind nur selten vorhanden (bei pflanzenfressenden Schildkröten), aber bei Eidechsen und Schlangen finden sich eigentümliche Lippendrüsen. Sich in die Mundhöhle öffnende Giftdrüsen kommen bei einer Eidechse und sehr häufig bei Schlangen (Giftschlangen) vor. Bei den Krustenechsen sind es die Unterkieferdrüsen, bei den Schlangen seitliche, am Kopf befindliche, bisweilen entlang des Rumpfes weit nach hinten sich fortsetzende Drüsen, die man nicht so ohne weiteres als Ohrspeicheldrüsen ansehen darf, die vielmehr wahrscheinlich besonders entwickelte ursprüngliche Lippendrüsen sind. Von den übrigen Verdauungsorganen sei nur hervorgehoben, daß die Krokodile einen äußerst muskelstarken, dickwandigen Magen haben, und daß bei lebenden Reptilien niemals eine Spiralfalte im Mastdarm vorkommt.

Die Atmungswerkzeuge bestehen aus dem Kehlkopf, der oft langen Luftröhre und sackartigen, bisweilen mit Nebensäcken verbundenen Lungen. Stimmbänder finden sich nur bei den stimmbegabten Geckos und Krokodilen, merkwürdigerweise auch bei den stummen Chamäleons, während sie den Teichschildkröten, die laut zu pfeifen verstehen, fehlen. Das Zischen der Schlangen kann kaum als Stimme bezeichnet werden.

Das Herz der Reptilien hat einen deutlich getrennten Vorhof, dessen Trennung sich auch äußerlich durch eine vordere und hintere seichte Längsfurche verrät. Die rechte Hälfte nimmt das aus dem Körper zurückströmende venöse, die linke das aus den Lungen kommende arterielle Blut auf. Nur bei den Krokodilen findet sich eine wahre Scheidewand der Herzkammer, bei Schlangen, Echsen und Schildkröten dagegen treten statt ihrer mehr oder weniger zahlreiche Muskelbrücken auf.

Männchen und Weibchen der Kriechtiere unterscheiden sich öfters durch Größe, Farbe und Entwickelung von Hautzieraten. Die Weibchen legen entweder Eier, die von denen der Riesenschlangen auch ausgebrütet werden, oder haben lebendige Junge. Manche sonst eierlegende behalten die Eier, wenn ihnen deren Ablegen nicht möglich ist, bis zur vollen Entwickelung bei sich, und die Jungen kommen dann auch lebendig zur Welt. Brutpflege kommt auch sonst bei Reptilien vor, Krokodile bauen Nester und kümmern sich um ihre Nachkommen, manche Schildkröten graben nicht ohne Kunstgeschick Gruben zur Aufnahme ihrer Eier, die jungen Giftschlangen bleiben geraume Zeit bei der Mutter u. s. w.

Die Reptilien sind wesentlich Landtiere, wenn auch viele gelegentlich in das Wasser gehen. Stärker an das Wasser angepaßt erscheinen die Krokodile, mehr noch die Seeschlangen und Seeschildkröten, aber auch sie müssen zeitweilig das Land aufsuchen.

Die **Nahrung** der Kriechtiere entstammt hauptsächlich dem Tierreich, scheint aber nur bei einigen Krokodilen aus Aas zu bestehen; doch gibt es pflanzenfressende Schildkröten und Eidechsen, und das sind gerade sehr große Formen. Die fleischfressenden Reptilien genießen sehr verschiedene Tiere, die kleineren kleine Insekten, Würmer, Schnecken, die mittelgroßen kleine Wirbeltiere und Eier, die größten machen sich auch an große Wirbeltiere und scheuen selbst den Menschen nicht. Viele, wenn auch im allgemeinen Fleischfresser, sind doch sehr stark an den Genuß ganz bestimmter Tiere angepaßt.

Die **Verbreitung** der Kriechtiere weist manches Eigentümliche auf. Zunächst läßt sich aber feststellen, daß ihre große Mehrzahl den warmen und heißen Ländern angehört. Die **Eidechsen** sind am weitesten verbreitet, sie überschreiten den nördlichen Polarkreis, gehen in den Gebirgen in gemäßigten Ländern bis gegen 1800 m, in tropischen bis über 4500 m und haben Vertreter auf ganz entlegenen ozeanischen Inseln (z. B. auf den Fidschi- und Sandwichinseln). Die **Schlangen** sind in den nördlichen und subtropischen Gegenden der Alten Welt am ärmsten, unter den entsprechenden Breiten der Neuen Welt nicht unbedeutend reicher an Arten. Nach dem Äquator hin nimmt ihre Artenzahl bedeutend zu, am höchsten steigt sie in der so üppigen und so überaus viele Verschiedenheiten bietenden Natur des kontinentalen und insularen Indien, dann folgt das tropische Südamerika mit Westindien. Doch sind auch das heiße Afrika und Australien keineswegs arm an Arten. Die Kreuzotter geht bis an den nördlichen Polarkreis heran, und im Himalaja finden sich noch Schlangen bei über 4500 m Höhe. Die Krokodile haben in allen tropischen und subtropischen Gegenden der Alten und Neuen Welt Vertreter. Die Brückenechsen sind in ihrem Vorkommen auf Neuseeland beschränkt. Keine Schildkröte findet sich jenseit des 55.° nördl. Br. Auch sie sind zwischen den Wendekreisen am stärksten entwickelt, dann folgen die nördlichen subtropischen Gegenden, während die südlichen weit ärmer sind. Die großen Stromgebiete Nord- und Südamerikas sind der Entwickelung der wasserbewohnenden Schildkrötenformen günstig.

Die Zahl der bekannten Arten lebender Kriechtiere mag etwa 3500 betragen.

Die Klasse zerfällt in fünf Ordnungen: Eidechsen, Schlangen, Brückenechsen, Krokodile und Schildkröten.

---

1) Ordnung: Eidechsen (Sauri).

Die Eidechsen sind Kriechtiere von gestreckter, nur beim Moloch und der Krötenechse ziemlich gedrungener Körpergestalt, mit zwei oder einem oder keinem Gliedmaßenpaar, mit der Oberhaut entstammenden Schuppen und Schildern, seltener mit aus der Lederhaut herrührenden Platten, procölen Wirbeln, bei vorhandenem Becken mit einem oder zwei Kreuzbeinwirbeln und beweglichem Quadratbein. Sie haben meist ein Brustbein nebst Schultergürtel, eine Paukenhöhle, ein Trommelfell und bewegliche Augenlider. In der Regel sind nur die Kiefer bezahnt. Die Zunge zeigt große Verschiedenheiten und gibt ein systematisch wichtiges Unterscheidungsmittel, wonach man die Ordnung der Eidechsen in die Gruppen der dick-, kurz-, spalt- und wurmzüngigen zerlegen kann, wozu sich noch die der Ringelechsen gesellt.

Man kennt etwa 2000 Arten. Die Ordnung zerfällt in vier Unterordnungen: Geckos, echte Eidechsen, Chamäleons und Ringelechsen.

1) Unterordnung: **Geckos (Ascalabotes).** Die Geckos haben eine ziemlich gedrungene Körpergestalt, amphicöle Wirbel, an der Innenseite der Kiefer angewachsene Zähne, keine Gaumenzähne, eine dicke, fleischige Zunge, liderlose Augen mit meist schlitzförmigen, senkrechten Pupillen, um die Zehen, gelegentlich auch an den übrigen Teilen der Gliedmaßen, Haftlappen, an den Seiten des Rumpfes und Schwanzes verbreiterte Hautsäume. Die Oberfläche der Unterseite der Haftlappen kann vergrößert werden, indem quer über sie aufrichtbare Falten verlaufen, die den Geckos das Klettern an senkrechten, mit dem Rücken nach unten selbst an wagerechten Gegenständen erlauben. Es sind meist kleine Formen mit unscheinbaren Farben und geschuppter oder gekörnelter Körperhaut. Die Angehörigen dieser Unterordnung sind nächtliche Tiere, die von allen Eidechsen die weiteste Verbreitung haben und etwa auf einem Landgürtel zwischen dem 44.° nördl. und südl. Br. vertreten sind.

Die Unterordnung umfaßt nur eine Familie, die der Haftzeher (Geckonidae). In Südeuropa ist sie in Häusern nicht selten durch den als giftig vielgefürchteten, aber durchaus harmlosen Scheibenfinger (Hemidactylus verriculatus, S. 114) vertreten. Eine der merkwürdigsten Arten, ausgezeichnet durch bedeutende Entwickelung der seitlichen Hautsäume, ist der japanische Faltengecko (Ptychozoon homalocephalum, S. 115).

2) Unterordnung: **Chamäleons (Chamaeleontes).** Die Angehörigen dieser auch als Wurmzüngler (Vermilinguia) bezeichneten Unterordnung gehören zu den seltsamsten Reptilien. Ihr Rumpf ist seitlich stark zusammengedrückt und entwickelt entlang des Rückens und der Unterseite einen scharfen Kiel. Er geht fast ohne Hals in den großen, kantigen, im Längsschnitt kurzen, dreieckigen Kopf über. Der Schwanz ringelt sich nach innen und ist ein als fünfte unpaare Gliedmaße wirkendes Greiforgan. Die gleichlangen, hohen, dürren Beine haben fünf Zehen, die als sogenannte Opponenten in je zwei größtenteils von Haut umgebenen Gruppen angeordnet sind und so gleichfalls dazu dienen, zusammen mit dem Schwanz den Tieren auf Ästchen und Zweigen der Gewächse, die sie fast niemals verlassen, festen Halt zu gewähren. An den Vorderfüßen enthält die innere Gruppe der Fußzange drei, die äußere zwei Zehen; an den Hinterfüßen ist es umgekehrt. Die sehr großen Augen liegen zum größeren Teil mit ihren Äpfeln außerhalb ihrer weiten Höhlen, aber die Äpfel sind bis auf eine kleine Öffnung vor der Pupille von der äußeren Haut bedeckt. Im Auge selbst geht die Netzhaut sehr weit nach vorn, und ihr empfindlichster, das Sehen am wesentlichsten vermittelnder Abschnitt ist sehr groß. Die Chamäleons können ihre Augen nach allen Richtungen, abgesehen natürlich von der nach innen gewandten, einstellen, und sie können ferner, wozu kein anderes Wirbeltier im stande ist, die Augen unabhängig voneinander bewegen und so mit dem einen nach vorn oder oben, mit dem anderen zugleich nach hinten und unten ꝛc. sehen. Ihre Haut enthält statt eigentlicher Schuppen feine Körnchen und zahlreiche, äußerst bewegliche Pigmentzellen, durch deren verschiedengradige Ausdehnungen und Zusammenstellungen der bekannte Farbenwechsel der Chamäleons zu stande kommt. Ihre lange, am vorderen Ende verbreiterte und hier mit einem leimartigen Drüsensekret versehene Zunge kann weiter, als die halbe Körperlänge beträgt, auf ruhende Insekten hervorgeschleudert werden, eine Eigentümlichkeit, die sich im Zusammenhang mit der außerordentlich trägen Lebensweise der nur wenig und äußerst langsam sich bewegenden Chamäleons herausgebildet hat. Im Zorne zischen die Tiere ganz leise und blähen ihren Leib auf; daß sie das aber vermögen, hat seinen Grund in einem höchst merkwürdigen Organisationspunkt ihrer Lungensäcke. Deren Hohlraum verlängert sich nämlich nach hinten in zahlreiche, lange, hohle, dünnhäutige Zipfel, die durch die Einatmung mit Luft gefüllt werden können. Die Männchen verschiedener Arten haben auf der Schnauze oder Stirn hornartige Bildungen.

Das Zentrum der Verbreitung der Chamäleons ist das tropische Afrika und Madagaskar; von hier aus sind sie im Norden bis nach Nordafrika, Spanien, Kleinasien und den südlichen griechischen Inseln und im Osten bis nach Vorderindien und Ceylon vorgedrungen. Die in Europa vorkommende Art ist das gemeine Chamäleon (Chamaeleon vulgaris, S. 116).

3) Unterordnung: **Echte Eidechsen (Cionocrania).** Die echten Eidechsen haben procöle Wirbel, einen meist gestreckten Körper, einen langen, oft leicht abbrechbaren, aber, wie auch bei den Geckos, ebenso leicht nachwachsenden Schwanz, meist zwei Beinpaare mit fünf niemals mit Haftlappen versehenen Zehen, deren Gliederzahl von innen nach außen 2, 3, 4, 5 und 3 ist. Die Gliedmaßen können in verschiedenem Umfange reduziert werden, doch bleiben meist innere Reste des Schulter- und Beckengürtels nachweisbar. Augenlider fehlen selten. Die Schuppen stehen entweder alternierend oder in gleichen Reihen. Das System der echten Eidechsen ist ein sehr künstliches, und wir können hier auf die vielen einzelnen Familien und noch weit zahlreicheren Unterfamilien unmöglich eingehen, wollen vielmehr nur drei Tribus annehmen: die der dickzungigen (nach Abscheidung der Geckos), der kurzzungigen und der spaltzungigen.

1) Tribus: **Dickzungige Eidechsen** (Crassilinguia). Die Zungen der Angehörigen dieses Tribus sind kurz, dick, fleischig, mit abgerundetem Vorderrand, und können nicht vorgestreckt werden. Die Erdagamen (Humivagae) sind ziemlich breit und flach, haben ziemlich kurze Gliedmaßen und besitzen die Fähigkeit, zu graben. Meist sind sie langsam in ihren Bewegungen. Sie haben sowohl in der Alten wie in der Neuen Welt Vertreter. Eine der wunderlichsten Arten ist die Krötenechse (Phrynosoma cornutum, S. 115) oder der Tapayaxin von Mexiko, die sich durch ihren kurzen Schwanz und ihre Stacheln auszeichnet. Ihr wahres Gegenstück ist der weit von ihr entfernt, in Australien lebende Moloch (Moloch horridus, S. 117). Der nordafrikanische Dornschwanz (Uromastix spinipes, S. 117) zeichnet sich durch die großen, viereckigen, in Gürteln stehenden Schwanzschuppen aus. Der gemeine Schleuderschwanz (Stellio vulgaris, S. 119) oder Hardun findet sich in Nordostafrika, aber auch in Westasien und im südöstlichsten Europa. Die Stachelagame (Agama armata, S. 119) bewohnt Mosambik. Wunderliche Kriechtiere sind die nur auf den Galapagosinseln hausenden, von Pflanzenkost lebenden Höckerköpfe (Amblyrhynchidae). Sie haben mit Schuppen bedeckte Köpfe, stumpfe Schnauzen, kurze Gliedmaßen und ziemlich lange Schwänze. Einen großen Teil ihres Lebens bringen sie im Meere zu. Der Drusenkopf (Conolophus subcristatus, S. 120) frißt wesentlich Akazienblätter und Kaktusstengel, die gekämmte Meerechse (Amblyrhynchus cristatus, S. 120) Seetang. Die Baumagamen (Iguanidae) sind eine weit artenreichere Familie tropischer, lebhaft gefärbter, Bäume bewohnender Eidechsen mit hohen Gliedmaßen, langen dünnen Zehen, langen Schwänzen, oft mit allerlei Hautanhängen, Kehlsäcken, Rücken- und Schwanzkämmen u. s. w. Eine sehr hochbeinige Form ist die Stelzenechse (Hypsibatus agamoides, S. 121), ein Urwaldtier des südlichen Brasilien. Der Helmbasilisk (Basiliscus americanus, S. 121) bewohnt gleichfalls das heiße Südamerika. Der Quirlschwanz (Cyclura carinata, S. 122) ist ein ansehnlicher, prächtiger Bewohner der westindischen Inseln mit einem sehr langen, oben gezähnelten Schwanz. Auch entlang des Rückens verläuft ein Sägekamm. Der über 1,5 m lang werdende brasilianische Leguan (Iguana tuberculata, S. 118) wird gern gegessen. Sehr ausgezeichnet durch eine von Knorpelstäben gestützte, ausbreitbare Halskrause ist die Krausenechse (Chlamydosaurus Kingii, S. 122) von Australien. Bei der die Philippinen, die Sundainseln und Molukken bewohnenden Segelechse (Lophura amboinensis, S. 123) findet sich auf der Vorderhälfte des stark zusammengedrückten Schwanzes ein hoher Hautkamm. Das Tier geht bei Verfolgungen in das Wasser und hat ein wohlschmeckendes Fleisch.

2) Tribus: **Kurzzüngler** (Brevilinguia). Auch bei den Kurzzünglern ist die Zunge dick und kurz, aber am Vorderrande mehr oder weniger ausgeschnitten und vorstreckbar. Höchst merkwürdige Tiere sind die hierher gehörigen Schuppenfüße, die Australien bewohnen, wo z. B. der Flossenfuß (Pygopus lepidopus, S. 123) wesentlich im Schlamme lebt, die Gestalt einer Schlange mit wenig vom Rumpfe abgesetztem, zugespitztem Kopfe und sehr langem, dünnem Schwanze hat. Es sind bloß hintere Gliedmaßen vorhanden, die die Gestalt von Flossen haben und beschuppt sind. Die gleichfalls gestreckte Johannisechse (Ablepharus pannonicus, S. 124) hat einen gegen den Hals kaum abgesetzten Kopf, zwei Paar kurze, fünfzehige

Füße und rudimentäre Augenlider. Das sehr zerbrechliche Tier bewohnt von Ungarn an das südöstliche Europa und Westasien. Bei der gleichfalls schlangenähnlich gestalteten Erzschleiche (Chalcides tridactylus, S. 124) stehen die sehr kurzen, leicht zu übersehenden dreizehigen Gliedmaßenpaare weit auseinander. Sie bewohnt die Länder um das Mittelmeer herum. Die berühmteste Art dieses Tribus ist der die wüsten Gegenden Nordafrikas vom Atlantischen bis zum Roten Meer bewohnende Skink (Scincus officinalis, S. 124), ein einst auch im Abendlande wie jetzt noch im Morgenlande als Gegengift liefernd hochgeschätztes Tier von walziger Gestalt mit vier kurzen, aber kräftigen fünfzehigen Gliedmaßen, glatten, glänzenden Schuppen und bezahntem Gaumen. Ein höchst seltsames, walziges, an einen gestreckten, auf vier Füßen wandelnden Tannenzapfen erinnerndes Tier ist die Stutzechse (Trachysaurus rugosus, S. 125) von Australien. In Deutschland sind die Skinke durch die gemeine Blindschleiche (Anguis fragilis, S. 125) vertreten, deren Junge lebendig zur Welt kommen. Der das südöstliche Europa von Ungarn an, Westasien und Nordafrika bewohnende Scheltopusik (Pseudopus Pallasii, S. 125) ist eine Blindschleiche im großen, aber das hintere Gliedmaßenpaar hat er in Gestalt zweier kaum wahrnehmbarer Stummelchen behalten; auch legt er Eier. Die Gürtelechse (Zonurus cordylus, S. 126) hat wieder mehr Eidechsengestalt und längere, vierzehige Gliedmaßen sowie große, hinten stachlige Schuppen, die um den Schwanz durchgehende Ringe bilden.

3) Tribus: **Spaltzüngler** (Fissilinguia). Die Angehörigen dieses Tribus haben eine lange, dünne, in zwei dünn hornige Zipfel auslaufende Zunge, die weit vorgestreckt werden kann, im Zustande der Ruhe in eine Scheide zurückgezogen wird und in erster Linie ein Tastorgan ist. Hierher gehören die erwähnte giftige Krustenechse (Heloderma horridum, S. 126) von Mexiko und die echten, auch in unserem Vaterlande durch mehrere Arten vertretenen Eidechsen. Die Bergeidechse (Lacerta vivipara, S. 126) fehlt im südlichen Südeuropa, geht aber von allen Eidechsen am weitesten nach Norden und von allen europäischen am höchsten (bis 2600 m) in das Gebirge hinauf. Sie bringt lebendige Junge zur Welt, ist langsamer in ihren Bewegungen als unsere anderen Eidechsen und ist namentlich durch ihre beim Männchen orange-, beim Weibchen weißlichgelbe Unterseite gut gekennzeichnet. Die viermal größer werdende Smaragdeidechse (Lacerta viridis, S. 127) ist eine wesentlich die Länder um das Mittelmeer herum bewohnende Art, die aber auf der Rheinlinie in Deutschland bis Boppard vorgedrungen ist. Unsere in ganz Deutschland häufige, eierlegende Zauneidechse (Lacerta agilis, S. 127) ist sehr vielen Abänderungen in der Farbe unterworfen.

Die Ameiven sind tropisch-amerikanische Spaltzüngler mit gestrecktem Körper, meist mit zwei queren Kehlfalten. Ihre Zunge ist beschuppt, ihr Schwanz lang, nicht rollrund, bei einigen schwimmfähigen Formen zusammengedrückt. Sie haben ihre Schlupfwinkel in natürlichen oder selbstgegrabenen Höhlungen und ernähren sich hauptsächlich von tierischer Kost, sollen aber auch Früchte fressen. Die gemeine Ameive (Ameiva vulgaris, S. 128) besitzt einen im Querschnitt runden Schwanz, auf der Unterseite Reihen großer Bauchschilder, steigt niemals auf Bäume und geht nur sehr ungern in das Wasser. Der Teju (Tejus monitor, S. 128) wird sehr groß, aber zwei Drittel seiner Länge entfallen auf den runden Schwanz. Er hat ein sehr wohlschmeckendes Fleisch, mit dem er seine Eierdiebereien bezahlen muß. In der Alten Welt, besonders in Afrika, werden die Ameiven durch die Warane vertreten, von denen der Kapwaran (Varanus albigularis, S. 129) auch in Deutsch-Südwestafrika gefunden wird.

4) Unterordnung: **Ringelechsen (Annulata).** Die Ringelechsen haben einen sehr gestreckten, walzenförmigen Körper, keine äußeren Gliedmaßen oder nur rudimentäre, vordere; der Schultergürtel ist meist verkümmert, und das Brustbein fehlt. Ihre Haut zerfällt in Querringe, deren einzelne Furchen durch zahlreiche parallele Längsfurchen verbunden sind, so daß schuppenähnliche Hautfelder zu stande kommen, während eigentliche Schuppen fehlen. Über die meist mehr oder weniger verkümmerten Augen geht die Haut ununterbrochen weg. Zähne finden sich nur in den Kiefern; sie sind klein, aber zahlreich. Die Ringelechsen sind hauptsächlich tropisch- und subtropisch-amerikanisch, haben aber auch Vertreter in heißen Ländern der Alten Welt. Sie leben unterirdisch und am liebsten in Termiten- und Ameisenbauten. Die gefleckte Doppelschleiche (Amphisbaena fuliginosa, S. 130) bewohnt das nördliche Südamerika und verläßt ihre Schlupfwinkel nur des Nachts oder bei trübem Wetter, kriecht äußerst

langsam, versteht aber sehr geschickt zu wühlen. Man weiß noch nicht sicher, ob die Doppelschleichen Eier legen oder lebendige Junge zur Welt bringen; möglicherweise findet beides, je nach Umständen, statt. Eine der wunderlichsten Eidechsenformen, über deren Lebensweise wir aber nichts wissen, ist der Handwühler (Chirotes canaliculatus, S. 129), der kurze, vierzehige Vorderbeine hat und das südwestliche Nordamerika bewohnt.

2) Ordnung: **Schlangen (Serpentes).**

Die Schlangen sind Kriechtiere von sehr gestreckter Gestalt, ohne vordere Gliedmaßen, Schultergürtel und Brustbeine, höchstens mit Spuren von hinteren Gliedmaßen in Gestalt rudimentärer, in der Muskelmasse gelegener Sitzbeine und mit ihnen sich verbindender, ganz verkümmerter Fingerteile. Die Wirbelsäule zerfällt daher nur in zwei Abschnitte: in einen vor der queren Afteröffnung gelegenen, Hals und Rumpfabschnitt anderer Reptilien umfassenden, und einen hinter derselben befindlichen, den Schwanz. Die Zahl der Wirbel ist eine besonders im Schwanzteile sehr schwankende (von 5—200), kann aber im ganzen bis 422 betragen. Alle Wirbel sind, besonders durch die stark kugeligen hintengelegenen Gelenkhöcker der Wirbelkörper, die in entsprechende vordere Gelenkpfannen vorhergehender Wirbelkörper eingreifen, in hohem Grade gegeneinander beweglich, aber die Bewegung der Wirbelsäule verläuft nicht von oben nach unten oder umgekehrt, sondern von rechts nach links oder umgekehrt. Alle Rumpfwirbel mit Ausnahme des Atlas tragen hohle Rippen, die mit ihren freien Enden in der Muskulatur der Unterseite stecken, sich auch zum Teil durch Bandmasse mit den queren Bauchschildern von innen her verbinden. Sie dienen, indem sie sich rechts und links wechselweise gegeneinander verschieben, zur Ortsbewegung, und die Schlangen laufen daher in gewissem Sinne auf den Spitzen ihrer Rippen. Am Schädel der erwachsenen Schlangen verschmelzen die Knochen am langgestreckten Hirnteil in der Regel so vollkommen, daß die trennenden Nähte zwischen den einzelnen Knochen völlig verschwinden. Der Gesichtsschädel ist sehr stark nach oben verschiebbar, und der Unterkiefer kann entsprechend weit gesenkt werden; die Äste des Unterkiefers und die paarigen Knochen des Gesichtsschädels können dabei passiv, zufolge der Größe des ganz verschluckten Nahrungsbissens, in hohem Grade auseinanderweichen, so daß das Maul unverhältnismäßig weit aufgerissen werden kann. Das weit nach hinten verlängerte viereckige Bein, das durch einen Höcker mit dem Unterkiefer verbunden ist, ist an dem meist gleichfalls mit dem Hinterhaupt beweglich vereinigten Schuppenbein selbst wieder im höchsten Grade beweglich eingelenkt. Um das untere Ende des viereckigen Beines legt sich innen eine bewegliche Knochenkette an, deren hintere Hälfte aus dem Flügelbeine, und deren vordere aus zwei, hinten unmittelbar nebeneinander gelegenen, nach vorn auseinander weichenden, mit dem Vorderende des Flügelbeins verbundenen Knochen, dem Gaumenbein und dem bloß den Schlangen zukommenden Querbein, besteht. Reißt die Schlange den Rachen auf, so drückt die Gelenkpfanne des gesenkten Unterkiefers auf das viereckige Bein, dieses weiter auf das Flügelbein und das Flügelbein auf das Gaumenbein und Querbein. Da diese hinten oben an dem Oberkiefer befestigt sind, so drücken sie ihrerseits dergestalt auf letzteren, daß sie ihn nach vorn und zugleich etwas in die Höhe treiben. Dieser Vorgang spielt sich in viel vollendeterer Weise bei den Giftschlangen als bei den anderen ab, deren Gesichtsschädel und Unterkiefer nicht die gleiche Beweglichkeit haben, und er bedingt ganz wesentlich die Art der Verwendung ihres Giftes. Auf jedem ihrer Oberkiefer steht ein großer, zum Teil hohler, beweglicher Zahn. Der Hohlraum nimmt dessen obere Hälfte ein und hat vorn oben am Anfang und unten oberhalb der Zahnspitze je ein Loch; in das obere mündet der Ausführungskanal der Giftdrüse. Bei geschlossenem Maule liegt der Zahn in einer Schleimhautfurche wie ein eingeklapptes Taschenmesser in seiner Scheide, wird aber das Maul aufgerissen, also der Oberkiefer nach vorn geschoben, so tritt er frei aus der Furche hervor, und zugleich ergießt sich zufolge des bei der Bewegung auf die Giftdrüse stattfindenden Druckes Gift aus dieser durch den Kanal in den Hohlraum des Zahnes. Hier dringt es bis zu der unteren Öffnung vor, aus deren Niveau oft in Gestalt eines kleinen Tröpfchens hervorquellend. Beißt nun die Schlange zu, so preßt sich das Gift aus dem Zahn, der in seine Ruhelage aufwärts soweit wie möglich zurückzukehren gezwungen ist, in die Wunde. Das in der Abscheidung der Giftdrüse enthaltene Gift ist wahrscheinlich ein sogenanntes Ptomaïn und bewirkt den raschen Zerfall der Körperchen des Blutes, mit dem es in Berührung kommt, und dadurch charakteristische Krankheitserscheinungen und unter Umständen den Tod. In der Regel sind mehrere Giftzähne jederseits im Oberkiefer vorhanden, aber immer nur einer ist thätig; die anderen sind Reservezähne, die der Reihe nach in Thätigkeit treten, sobald die jeweiligen aktiven verloren gehen. Die Zähne der Schlangen sind sehr spitze, nach hinten gebogene, hakenförmige Kegel, die aus der Mundhöhle einen Reusenapparat bilden: ein gefaßtes lebendes Beutetier kann mit dem Strich der Zähne verhältnismäßig leicht verschlungen werden, kann sich aber gegen den Strich selbständig nur schwer befreien, und um so schwerer, da in der Regel nicht bloß die Kiefer, sondern auch die Gaumen- und Flügelbeine mit Zähnen besetzt sind. Nur die Engmäuler haben entweder bloß im Ober- oder bloß im Unterkiefer Zähne. Die hohlen Giftzähne sind bloß eine besondere Modifikation der sonst soliden Zähne und durch Übergänge mit diesen verbunden. Der Hohlraum entspricht nicht etwa dem Hohlraum zur Aufnahme der Pulpa, wie das bei anderen Tieren oft der Fall ist, sondern er befindet sich sozusagen auf der Außenseite des Zahnes und entsteht dadurch, daß sich an den Seiten des Zahnes Längsleisten anlegen, die einander nach vorn entgegenwachsen. Stoßen sie nicht zusammen, so zeigt sich auf der konvexen Vorderseite des Zahnes eine Furche, stoßen sie aber zusammen, so entsteht eben jener oben und unten offenstehende Kanal des Giftzahns. Auch hier verschmelzen die beiden Leisten nie völlig, es verbleibt vielmehr ein sehr feiner, kaum wahrnehmbarer, vom oberen zum unteren Kanalloch verlaufender Trennungsspalt zurück.

Die Haut des Rückens enthält meist kleinere gleichmäßige, glatte oder mit einem Längskiel versehene Schuppen, die meist, wenn auch nicht immer, auf dem Kopf durch Schilder oder Tafeln und auf der Unterseite des Rumpfes durch breite Querschilder vertreten sind.

Was die innere Organisation anlangt, so sei erwähnt, daß in Anpassung an die enge, lange Leibeshöhle die Gestalt der Eingeweide sehr ins Lange gezogen ist, und daß solche, die doppelt vorhanden sind, meist asymmetrisch entwickelt erscheinen. Besonders ist das der Fall bei den Lungen, von denen der rechte Flügel sehr groß sein kann, während der linke völlig verkümmert. Im vorderen Teil der Lunge sind ihre Wandungen schwammig, aber der hintere Teil ist ein einfacher Sack und wirkt auch gar nicht als Atmungsorgan, sondern ist nichts als ein Luftbehälter. Die Schlange füllt ihn durch eine Einatmung mit Luft, die sie nach und nach ausatmet, in dem Maße, wie der Sauerstoff in dem vorderen Lungenabschnitt verwertet wurde. Bemerkenswert ist noch, daß bei den Schlangen der Kehlkopf sehr weit nach vorn liegt, was die Folge ihrer Art zu fressen ist: sie verschlingen ihre Nahrung ganz, und das macht sich im trichterförmigen Anfang des Rachens leidlich bequem, wird aber weiter abwärts ein schwieriges, langsam sich vollziehendes Geschäft, bei dem die Lungen zu lange des Zusammenhanges mit der Außenwelt und der Fähigkeit, aus- und einzuatmen, entbehren müßten.

Die Schlangen ernähren sich von Tieren, die kleineren namentlich von Kerb-, die größeren von Wirbeltieren, die die Giftschlangen vorher durch einen Biß töten, die nicht giftigen lebend hinunterwürgen. Manche betäuben ihre Beute vorher, indem sie sich um sie herumschlingen und sie durch den gewaltigen Druck auf den Brustkasten halb ersticken. Verschiedene Formen fressen auch Vogeleier, sehr selten Vegetabilien (Früchte).

Die meisten Schlangen leben auf dem Lande, manche gehen gelegentlich, andere sehr häufig ins Wasser, und die Seeschlangen leben fast immer darin. Schwimmen können alle Schlangen, manche verstehen auch meisterhaft zu klettern.

Die Zahl der bekannten Schlangen beträgt fast 1600.

Auch das System der Schlangen ist noch ein sehr künstliches, namentlich sind Giftigkeit und Nichtgiftigkeit keine ausschlaggebenden Eigenschaften, denn es können giftige und nichtgiftige Formen im übrigen offenbar näher miteinander verwandt sein als einerseits giftige und giftige und anderseits nichtgiftige und nichtgiftige.

Wir nehmen, ohne uns auf Einzelheiten bei den sehr zahlreichen Familien einzulassen, vier Unterordnungen der Schlangen an: Wurmschlangen, Natterschlangen, Giftfurcher und endlich Giftröhrer.

1) Unterordnung: **Wurmschlangen (Opoterodontia).** Die Wurmschlangen stehen von allen Schlangen den Eidechsen am nächsten, schon dadurch, daß sie ein enges und

zufolge der fest miteinander vereinigten Knochen des Gesichtsschädels nicht erweiterbares Maul haben. Kurz bis sehr kurz ist ihr Schwanz, ihr Kopf gegen den übrigen Körper nicht abgesetzt. Sie haben entweder bloß im Ober- oder bloß im Unterkiefer solide Zähne und ganz verkümmerte hintere Gliedmaßen. Ihre Augen sind sehr klein und liegen zum Teil unter der Haut. Die Wurmschlangen leben in der Erde, die sie nur bei anhaltendem Regen verlassen, und nähren sich von Kerbtieren. Sie bewohnen die tropischen Gegenden der ganzen Erde. Eine Art wird auch in Griechenland gefunden.

2) Unterordnung: **Natterschlangen (Colubriformia).** Sie haben in beiden Kiefern solide Zähne, aber der hinterste Zahn des Oberkiefers kann ein mit einer kleinen Giftdrüse in Verbindung stehender Furchenzahn sein. Die Mundspalte kann erweitert werden.

Die Familie der kleinen Wickelschwänze (Tortricidae) hat viele Zähne, einen sehr kurzen Schwanz und innere und äußere Reste eines hinteren Gliedmaßenpaares. Ihre Angehörigen sind tropisch; die Korallenrollschlange (Tortrix scytale, S. 131), eine der schönsten Arten, bewohnt das nördliche Südamerika. Die Sandschlangen (Erycidae) bewohnen Steppen und Wüsten der Alten Welt, wo sie im Sande, an dessen Farbe sie durch die ihrige prächtig angepaßt sind, geschickt herumwühlen. Eine Art (Eryx jaculus, S. 131) findet sich auch im südöstlichen Europa. Die Riesenschlangen (Pythonidae) haben auch Reste hinterer Gliedmaßen und einen mäßig langen, rollrunden Greifschwanz. Sie haben Vertreter in den Tropen der Alten und der Neuen Welt. Die Königsschlange (Boa constrictor, S. 132) und der riesenhafte Anakonda (Eunectes murinus, S. 133) bewohnen den Kontinent des tropischen Amerika, die Schlankboa (Homalochilus striatus, S. 132) Westindien; altweltlich sind die Felsenschlangen, zu denen die indische Tigerschlange (Python molurus, S. 137) gehört. Ein prächtiges Tier ist die australische Rautenschlange (Morelia Argus, S. 130). Die Zwergschlangen (Calamaridae) sind nahe Verwandte der Riesenschlangen, aber was die Größe betrifft, ihr gerades Gegenteil. Sie leben versteckt in der Erde, unter Steinen u. s. w. und haben Vertreter in den Tropen der Alten und der Neuen Welt. Linnés Zwergschlange (Calamaria Linnaei, S. 134) aus Ostindien ist das bekannteste der nur wenig gekannten Tiere. Die echten Nattern (Colubridae) sind eine artenreiche Familie, die über den größten Teil der Erde, besonders in den Tropen beider Hemisphären, verbreitet ist, und zu der auch weitaus die meisten europäischen Schlangen gehören. Die glatte Natter (Coronella laevis, S. 134) oder Haselotter ist in dem größten Teile Deutschlands, abgesehen vom Nordwesten, ein häufiges Tier. Zu dieser Familie gehören auch unsere schöne, schwimmgewandte Ringelnatter (Tropidonotus natrix, S. 135) und die Würfelnatter (Tropidonotus tessellatus, S. 135), die Osteuropa und Süddeutschland bewohnt, aber nur an wenigen Stellen in Mitteldeutschland eingedrungen ist. Die Vipernatter (Tropidonotus viperinus, S. 135) bewohnt die Länder um das Mittelmeer. Auch die mehr südeuropäische Äskulapnatter (Callopeltis Aesculapii, S. 136) findet sich hin und wieder in Deutschland, und Bad Schlangenbad hat nach ihr seinen Namen. Ein prächtiges, großes Tier ist die südeuropäische Streifennatter (Elaphis drilineatus, S. 136). Die Trugnattern (Dipsadidae) sind ausgezeichnete Baumkletterer mit schlankem, seitlich zusammengedrücktem Körper. Es sind mehr nächtliche Tiere, deren Arten sich in allen wärmeren Ländern wie auch im südöstlichen Europa finden, darunter die Katzenschlange (Tarbophis vivax, S. 137). Die Warzenschlangen (Acrochordidae) sind echte Wassertiere und leben meist in Flüssen und im Meere. Die javanische Warzenschlange (Acrochordus javanicus, S. 138) hat einen merkwürdig breiten, stumpfen Kopf.

3) Unterordnung: **Giftfurcher (Proteroglypha).** Sie sind Giftschlangen, haben aber keine vollständig geschlossenen Giftzähne, sondern große Furchenzähne im Oberkiefer; der Kopf ist nicht verbreitert und gegen den übrigen Körper meist nicht abgesetzt. Giftfurcher finden sich in allen tropischen und subtropischen Ländern, fehlen aber in Europa.

Die Prunkottern (Elapidae) sind buntgefärbte Giftschlangen mit walzigem Körper und kurzem, zugespitztem Schwanz. Sie haben im ganzen Gebiet des Vorkommens der Unterordnung Vertreter, und die australischen Giftschlangen gehören ausschließlich zu ihnen. Die bekannteste ist die das tropische Südamerika bewohnende Korallenotter (Elaps corallinus, S. 138). Die vom kontinentalen Indien stammende Maskenschmuckotter (Callophis personatus, S. 139) hat, wie alle ihre Gattungsgenossen, eine weit nach hinten reichende, in der Leibeshöhle gelegene

Giftdrüse, die bei der südindischen Bauchdrüsenotter (Adeniophis intestinalis, S. 139) am größten ist. Die altweltlichen Schildottern (Naja) haben die Fähigkeit, einen Teil der Rippen des vorderen Abschnittes der Wirbelsäule zu heben und so an dieser Stelle den Körper zu verbreitern. Sie verfahren so, wenn sie sich zum Beißen anschicken, heben sich zugleich auf die hintere Körperregion und strecken den Kopf wagerecht aus. Die hierher gehörige Riesenhutschlange (Naja bungarus, S. 139) ist die größte (bis 4,26 m lang werdende) Giftschlange und bewohnt das Festland und die Inseln von Indien. Auch ihr Landsmann, der Pama (Bungarus fasciatus, S. 140), erreicht eine bedeutende Länge. Die zweite Familie dieser Unterordnung, die Seeschlangen (Hydrophidae), ist dadurch bemerkenswert, daß ihre Angehörigen fast ausschließlich im Meere leben und diesem Umstande in ihrem Körperbau, namentlich durch Entwickelung eines seitlich stark zusammengedrückten Ruderschwanzes, angepaßt sind. Es sind furchtbar giftige Tiere, die beim Schwimmen den Kopf außer Wasser halten. Sie werden in tropischen Meeren etwa zwischen dem 30.° östl. und dem 150.° westl. Länge gefunden. Die Zeilenschlange (Platurus laticaudatus, S. 140) bewohnt die Meere östlich vom Meerbusen von Bengalen bis gegen die Fidschiinseln und Neuseeland. Weiter verbreitet, vom Persischen Meerbusen bis Polynesien, ist die bis 2 m lange Streifenruderschlange (Hydrophis cyanocincta, S. 141).

4) Unterordnung: **Giftröhrer (Solenoglyphae).** Bei den Giftröhrern oder Ottern sind die Seitenteile der Zahnfurche dicht aneinander gerückt und bilden so einen wahren Kanal. Ihr Kopf ist meist hinten verbreitert und deutlich gegen den Rumpf abgesetzt. Diese Unterordnung hat die weiteste Verbreitung von allen Schlangenordnungen. Es sind meist nächtliche Tiere.

Die echten Ottern sind von kurzer, kräftiger Gestalt, haben einen meist oben beschuppten, scharf abgesetzten Kopf, einen kurzen Schwanz und an der Schnauzenseite zwischen Auge und Nasenloch keine Grube. Sie bringen lebendige Junge zur Welt. Zu ihnen gehört die einzige deutsche Giftschlange, die Kreuzotter (Pelias berus, S. 142), zu der sich im Osten von Tirol an und in den Mittelmeerländern noch die Sandotter (Vipera ammodytes, S. 141) gesellt. Die Hornviper (Cerastes cornutus, S. 143) ist eine Bewohnerin der Wüsten Arabiens und des nordöstlichen Afrika, wo sie, bis auf den Kopf im Sande eingescharrt, auf Beute lauert. Eine der allergiftigsten Schlangen von ganz besonders unheimlichem Gesichtsausdruck ist die Puffotter (Clotho arietans, S. 143) von Südafrika.

Die andere Familie dieser Unterordnung ist die der Grubenottern (Crotalidae), deren Angehörige schlanker sind und zwischen Auge und Nasenloch eine tiefe Grube haben. Die besten Vertreter dieser Familie sind die Klapperschlangen (Crotalus), ausgezeichnet durch den Besitz einer aus trockenen Hornringen bestehenden und ein rasselndes Geräusch hervorbringenden Klapper. Sie bewohnen ausschließlich die tropischen und subtropischen Gegenden Amerikas. Die Schauerklapperschlange (Crotalus horridus, S. 144) findet sich in Südamerika, die Diamantklapperschlange (Crotalus adamanteus, S. 144) bewohnt die südöstlichen Vereinigten Staaten. Die übrigen Angehörigen dieser Familie sind klapperlos, so der schöne, südamerikanische Buschmeister (Lachesis muta, S. 144), der am Schwanzende aber doch einen Dorn und drei bis vier modifizierte Schuppen hat, die nordamerikanische, das Wasser liebende Wasserotter (Trigonocephalus piscivorus, S. 145) und die große, sehr gefürchtete süd- und mittelamerikanische Lanzenschlange (Bothrops lanceolatus, S. 145).

3) Ordnung: **Brückenechsen (Rhynchocephali).**

Diese kleine, altertümliche, nur eine Gattung und eine Art umfassende Ordnung der Kriechtiere ist ausgezeichnet durch ein unbeweglich mit dem Schädel verbundenes viereckiges Bein (os quadratum), amphicöle Wirbel, Hakenfortsätze an den Rippen und einen Knorpelfortsatz des Brustbeins entlang des Bauches. Über die Schläfengegend spannt sich eine Knochenbrücke, Trommelfell und Paukenhöhle fehlen. Das Gebiß besteht aus kurzen, dreieckigen Zähnchen auf den Kiefer- und Gaumenbeinen und aus zwei, den Schneidezähnen der Nager ähnlichen großen Zähnen im Zwischenkiefer. Die einzige Art, die punktierte Brückenechse (Hatteria punctata, S. 146), bewohnt gegenwärtig nur noch einige Inselchen und Klippen an der Küste Neuseelands und ist im Aussterben begriffen.

4) Ordnung: **Krokodile** (Crocodili).

Die Krokodile oder Panzerechsen sind ansehnliche, an ein Leben im Wasser angepaßte Kriechtiere mit knöchernen Hautschildern, zwei Gliedmaßenpaaren und langem Ruderschwanz; bloß in den Kiefern haben sie kegelförmige, hohle, in Alveolen sitzende Zähne. Ihr Rumpf ist gestreckt und niedergedrückt, der deutlich entwickelte Hals kann wegen der Gegenwart ansehnlicher Halsrippen nicht gewendet werden. Das viereckige Bein ist dem Schädel fest eingekeilt, die Schnauze stark verlängert, und an ihrem Ende liegen in einer von einem knöchernen Ringwulst umgebenen Grube die Nasenlöcher. Die Beine sind kurz und haben vorn fünf, hinten vier teilweise mit Nägeln versehene und durch ganze oder halbe Schwimmhäute verbundene Zehen. Die Oberhaut ist eine Art Chagrin und besonders auf dem Rücken mit großen, durch Nähte verbundenen, aus Verknöcherungen der Lederhaut hervorgegangenen Platten verstärkt. Entlang des Schwanzes zieht sich ein mit zwei Ästen beginnender, aber bald einfach werdender gesägter Hautkamm. Die Ohr- und Nasenöffnungen sind durch bewegliche Klappen verschließbar, die Augen haben obere und untere Lider und eine schlitzförmige, senkrechtstehende Pupille. Die Vermehrung geschieht durch Eier. Die Krokodile bewohnen große Ströme und stehende Gewässer tropischer und subtropischer Gegenden der Alten und der Neuen Welt, gehen aber auch, und oft sehr weit, ins Meer. Ihre Nahrung besteht aus Wirbeltieren; sind es größere Landbewohner, die sie im Wasser überfallen, so ziehen sie sie wohl unter Wasser, um sie zu ertränken. Sie sind wahrscheinlich die einzigen Reptilien, die Aas fressen.

Die Ordnung hat drei Familien: Gaviale, echte Krokodile und Kaimans.

1) Familie: **Gaviale** (Gavialidae). Die Schnauze ist schmal und stark verlängert, die Verbindungsstrecke der beiden Unterkieferhälften reicht sehr weit nach hinten; die Rückenschilder schließen sich unmittelbar an die Halsschilder an. Bauchschilder sind nicht vorhanden, die Zehen sind durch ganze Schwimmhäute verbunden. Die Nahrung besteht hauptsächlich aus Fischen. Von den beiden Arten findet sich die eine auf Borneo, die andere, der Gangesgavial (Gavialis gangeticus, S. 146), in den großen Strömen des kontinentalen Indien.

2) Familie: **Echte Krokodile** (Crocodilidae). Die Schnauze ist zwar lang, aber ziemlich breit, die Verbindungsstrecke der beiden Unterkieferhälften weit kürzer als bei den Gavialen. Rücken- und Halsschilder sind getrennt, Bauchschilder fehlen, zwischen den Zehen finden sich deutliche Schwimmhäute. Die Familie hat Vertreter in Amerika (einschließlich Westindien), Afrika, Südasien und Australien. Das Leistenkrokodil (Crocodilus biporcatus, S. 147) bewohnt Südasien und wird oft im Meere, weit vom Lande entfernt, angetroffen. Das Stumpfkrokodil (Osteolaemus frontatus, S. 147) ist eine Art Bindeglied zwischen den echten Krokodilen und den Alligatoren und bewohnt das tropische Westafrika.

3) Familie: **Kaimans** (Alligatoridae). Bei ihnen ist die Schnauze gleichfalls ziemlich breit und die Vereinigungsstrecke der beiden Unterkieferhälften kurz. Die Halsschilder sind von den Rückenschildern getrennt, und meist sind Bauchschilder vorhanden. Zwischen den Zehen gibt es höchstens halbe Schwimmhäute. Sie sind ausschließlich amerikanisch. Der Hechtkaiman (Alligator lucius, S. 147) hat eine sehr breite, flache, abgerundete Schnauze, wie ein Hecht. Er bewohnt die größeren fließenden und stehenden Gewässer des südlichen Nordamerika.

5) Ordnung: **Schildkröten** (Chelonia).

Die Schildkröten sind Kriechtiere mit kurzem, gedrungenem Körper, einem von Verknöcherungen der Lederhaut gebildeten und von verhornter Oberhaut überzogenen, mehr oder weniger abgerundeten Rücken- und Brustschild, zwischen die in der Regel die beiden Gliedmaßenpaare, der Hals nebst Kopf und der Schwanz eingezogen, bzw. eingeschlagen werden können. Das Rückenschild ist mehr oder weniger gewölbt, das Bauchschild platt.

Am Skelett sind die Halswirbel (mit wenig Ausnahmen 8) durch die Entwickelung der verschiedensten Gelenkverbindung ihrer Körper miteinander zu einem außerordentlich beweglichen Hals verbunden, während die Rückenwirbel (stets 8) einen starren Stab bilden, zu dem die Platten des Rückenschildes in innigste Beziehung treten. Kreuzbeinwirbel, d. h. Rumpfwirbel, die sich mit dem Darmbein verbinden, sind zwei vorhanden. Die Zahl der sehr beweglichen Schwanzwirbel schwankt. Der Schulter- und Beckengürtel liegt in dem Raum zwischen Rücken- und Bauchschild. Der Schultergürtel besteht aus den drei charakteristischen Stücken: dem hakenförmigen, an die Innenseite des Rückenschildes durch Bandmasse befestigten Schulterblatt und den mit ihm in der Gelenkpfanne zusammenstoßenden, am freien Ende verbreiterten unteren Rabenschnabel- und oberen Vorrabenschnabelbeinen; ein Schlüsselbein ist nicht vorhanden oder beteiligt sich an der Bildung des Bauchschildes. Von den fünf Fingern haben der innerste und äußerste je zwei, die übrigen drei Glieder. Das Becken verbindet sich nur bei den Landschildkröten fest mit dem Rückenschilde, bei Lurchschildkröten verbinden sich Scham- und Sitzbeine auch mit dem Bauchschilde. Die rückwärts gebogenen Darmbeine sind schmal, die nach unten gerichteten Scham- und Sitzbeine, besonders die ersteren, breit, und die beiderseitigen stoßen in der Mittellinie zusammen, wo sie sich mit einer festen Naht vereinigen. Der Kopf ist kurz, verhältnismäßig breit, vorn abgerundet und je nachdem ziemlich flach oder hoch gewölbt. Es hängt dies von der Entwickelung gewisser Knochenleisten ab. Eine solche, sich weit nach hinten fortsetzende unpaare mediane Leiste des Hinterhauptbeines ist immer gut entwickelt. Dazu kommt noch jederseits eine dem hinteren Stirn- und dem Schuppenbein angehörige Leiste. Der Rand der medianen Leiste kann sich nach den Seiten flügelartig verbreitern, und die seitlichen Leisten können sich nach oben und innen vergrößern, so daß sich ihre Ränder mit den Seitenrändern der Verbreiterung der medianen Leiste vereinigen. Dann kommt scheinbar ein zweites Schädeldach zu stande, und der Schädel nimmt eine hohe Gestalt an, obwohl der eigentliche Hirnschädel ziemlich flach bleibt. Die Ränder der Augenhöhlen sind meist nicht unterbrochen. Der knöcherne Gaumen stellt in der Regel zufolge der verbreiterten und verwachsenen Gaumen- und Flügelbeine ein umfangreiches, weit nach hinten reichendes Dach der Mundhöhle dar, an dessen hinterem Rand die inneren Nasenlöcher liegen. Die Ränder der Ober- und Unterkiefer sind scharf und schneidend und bilden, mit meist harten Hornscheiden überzogen, einen Schnabel.

Das Hautsystem der Schildkröten kennzeichnet der Panzer, hervorgegangen aus Verknöcherungen der Lederhaut, die in Nahtverbindungen sich vereinigen. Die Zahl der Platten ist mannigfachen Schwankungen unterworfen. Das Rückenschild (carapax) besteht öfters aus einer mittelsten Reihe von acht Platten, die mit den oberen Dornfortsätzen der darunter gelegenen Rückenwirbel verwachsen und als Neural- oder Wirbelplatten bezeichnet werden. Jederseits schließt sich an jede Neuralplatte eine quer verlängerte Rippenplatte an, die mit dem darunter gelegenen Querfortsatz (und der Rippe) des betreffenden Wirbels verwächst. Vor diesen drei Reihen liegt eine quer verbreiterte Nackenplatte und hinten eine Steißplatte (oder zwei hintereinander liegende). Der Rand des Rückenschildes wird von einer größeren Anzahl nicht immer unmittelbar zusammenhängender Randplatten gebildet. Nicht immer erreichen die Rippenplatten die Randplatten, aber wohl die Enden der betreffenden Querfortsätze (bzw. Rippen).

Das Brustschild (plastron) besteht meist aus neun Stücken. An die zwei vorderen, paarig nebeneinander gelegenen, die als Schlüsselbeine bezeichnet werden, schließt sich nach hinten ein kurzes unpaares Stück (Zwischenschlüsselbein) und dann rechts und links eine Reihe von je drei Stück, die als Brustbein gedeutet werden. Unter Umständen kann die Zahl der das Brustschild zusammensetzenden Knochenplatten viel bedeutender sein; so steigt sie bei der Seeschildkröte auf 23: vorn eine mittlere unpaare und jederseits zwei Reihen, die innere aus sechs, die äußere aus fünf Platten bestehend 2c. Das Brustschild kann eine zentrale Lücke behalten und sich mit dem Rückenschilde seitlich zwischen den Gliedmaßen vereinigen; dann stellt der Panzer eine Kapsel dar, die vorn und hinten eine Spalte zur Aufnahme von Kopf, Hals und vorderen, bzw. von Schwanz und hinteren Gliedmaßen hat. Die Oberhaut bildet auf dem Panzer meist eckige, mosaikartig aneinander stoßende Horntafeln, die auf der Oberfläche eine eigenartige konzentrische Riefung aufweisen. Der zentrale Teil der Schuppe ist der dickste und älteste, denn die Schildkröten häuten sich nicht, verlieren wenigstens nie die Hornbedeckung des Panzers; jede Panzerschuppe wächst durch Neuanlage von Hornsubstanz, und ihre Riefen sind daher Anwachsstreifen.

Was die inneren Organe anlangt, so sei nur hervorgehoben, daß sie sehr allgemein ins Breite gezogen sind (Herz, Lungen, Leber), also sehr im Gegensatz zu denen der Schlangen stehen: in beiden Fällen ist die Ursache in der Raumentwickelung der Leibeshöhle zu suchen.

Von allen Reptilien haben die Schildkröten die am höchsten entwickelten Lungen, und es ist klar, daß zufolge des Mangels eines zum größten Teil aus beweglichen Rippen bestehenden Brustkorbes ihr Atemmechanismus ein eigenartiger sein muß; er soll uns also noch einen Augenblick beschäftigen. Die Lungen liegen der Innenfläche des Rückenschildes an und sind nach unten durch einen Überzug des Bauchfelles von den übrigen Eingeweiden getrennt, so daß sie, ähnlich wie bei den Vögeln, beim Einatmen (Ausdehnung) und Ausatmen (Zusammenziehung) ihre Lage nicht wesentlich ändern. Sie reichen weit nach hinten, bis in die Beckenregion. An ihr hinteres Ende treten von der Wirbelsäule entspringende Muskelbündel, die, wenigstens ihrer physiologischen Bedeutung nach, einem Zwerchfell entsprechen. Daneben können auch, wenigstens wenn Rücken- und Brustschild seitlich nicht verwachsen sind, seitliche Bauchmuskeln beim Ausatmen das Brustschild heben, das beim Einatmen durch den zufolge der aufgenommenen Luft vermehrten Umfang der Lungen wieder nach unten gedrückt wird. Wenn die Lungen sich ausdehnen, so finden die dadurch verdrängten übrigen Eingeweide nur nach den von weicher Haut bedeckten Panzerausschnitten hin Platz zum Ausweichen. Sind aber Hals, Kopf, Gliedmaßen und Schwanz eingezogen, so ist der Platz außerordentlich beschränkt, und die Häufigkeit und der Umfang der Atmung werden sehr herabgesetzt sein. Im übrigen atmen die Schildkröten ähnlich wie Frösche und Kröten, denn starre, mit einem Panzer zu einer festen Kapsel verwachsene Rippen sind dem Vorgang der Atmung gegenüber nicht besser als gar keine Rippen. Die Schildkröten verschlucken die Luft portionsweise, indem sie die Zunge niederdrücken und die Nasenlöcher nebst dem Kehlkopfeingang öffnen, Luft stürzt herein, und nun drücken sie die Zunge gegen die inneren Nasenlöcher, so daß die Luft in die Lungen gepreßt wird.

Die Schildkröten legen meist kugelrunde Eier mit harter Kalkschale. Sie bewohnen teils ausschließlich das Land, teils das Land und das Wasser, und diejenigen, die sonst das Wasser nie zu verlassen pflegen, werden, wenigstens die Weibchen, von Zeit zu Zeit durch die Notwendigkeit der Eiablage dazu gezwungen. Die Nahrung der Schildkröten besteht entweder aus pflanzlichen oder tierischen Stoffen; selten sind Allesfresser unter ihnen. Die Zahl der bekannten Arten beträgt etwas über 200.

Wir zerlegen die Ordnung der Schildkröten in sechs Familien: Leder-, See-, Lippen-, Lurch-, Sumpf- und Landschildkröten.

1) Familie: **Lederschildkröten** (Sphargidae). Die Lederschildkröten sind große, das offene Meer pelagisch bewohnende Schildkröten, mit herzförmigem Rückenschild und aus unverbundenen Platten bestehendem Bauchschild. Der mit starkem Schnabel ausgestattete Kopf und die zu kolossalen Flossen umgebildeten Gliedmaßen sind nicht zurückziehbar. Der Panzer ist von einer lederartigen Haut bedeckt, und die Füße sind ohne Krallen. Den Atlantischen Ozean nördlich bis auf die Breite von Irland bewohnt der Luth (Sphargis coriacea, S. 148).

2) Familie: **Seeschildkröten** (Cheloniidae). Sie sind zufolge gleicher Anpassung an gleiche Lebensbedingungen (Aufenthalt im Meere) den Angehörigen der vorigen Familie in vielen Punkten ähnlich, aber wahrscheinlich gar nicht näher mit ihnen verwandt. Sie unterscheiden sich sofort dadurch, daß sie Hornschilder auf dem Panzer und Krallen an den Flossen haben. Hierher gehört die Karettschildkröte (Chelone imbricata, S. 148), eine wegen des Fleisches, der Eier und des Schildpatts (Panzerbedeckung) gleich geschätzte Bewohnerin aller tropischen Meere.

3) Familie: **Lippenschildkröten** (Trionychidae). Die Angehörigen dieser Familie haben ein eirundes, stark abgeflachtes Rückenschild, das bloß eine knöcherne, von weicher Haut bedeckte und von einem knorpeligen, breiten, bisweilen von einzelnen Randknochen gestützten Saum umgebene Mittelscheibe besitzt. Das Brustschild besteht aus einzelnen Platten. Der Kopf und die Gliedmaßen können nicht eingezogen werden, und der Schwanz ist überhaupt zu kurz dazu. Die Nasenlöcher bilden zusammen einen weichen Rüssel, und der Mund ist von weichen Lippen umgeben. Zwischen den Zehen, von denen bloß drei Krallen tragen, sind ansehnliche Schwimmhäute. Die Lippenschildkröten sind nachts thätige Bewohner des süßen Wassers, das sie bloß der Eiablage halber verlassen. Sie leben von tierischer Kost und finden sich in tropischen Gegenden der Alten und der Neuen Welt. Die in den süßen Gewässern des südöstlichen Nordamerika hausende bissige Lippenschildkröte (Trionyx ferox, S. 148) liefert ein wohlschmeckendes Fleisch.

4) Familie: **Lurchschildkröten** (Chelydidae). Bei den Lurchschildkröten verwachsen die völlig verknöcherten und von Horn überzogenen Rücken- und Bauchschilder an den Seiten miteinander. Das Bauchschild setzt sich zuweilen aus zwei gegeneinander etwas beweglichen

Teilen zusammen. Der Kopf und der lange Hals sind nicht einziehbar und werden seitlich in den vorderen Panzerspalt eingeklappt. Die fünf Zehen sind durch Schwimmhäute verbunden, und entweder haben alle vorn und hinten, oder fünf vorn und vier hinten, oder vier vorn und hinten, Krallen. Sie sind Bewohnerinnen des süßen Wassers, das sie selten verlassen. Lurchschildkröten werden in Amerika und in Afrika, einschließlich Madagaskar, gefunden. Ein durch seinen langen Vogelhals und schmalen, gestreckten Kopf höchst auffallendes Tier ist die Langhalsschildkröte (Hydromedusa tectifera, S. 149), die das gemäßigte Südamerika bewohnt. Ein seltsames Wesen ist die Matamata (Chelys fimbriata, S. 149) aus dem nördlichen Südamerika, die nicht bloß unheimlich aussieht, sondern auch noch abscheulich riecht.

5) Familie: **Sumpfschildkröten** (Emydidae). Die Angehörigen dieser Familie haben ein ovales bis elliptisches, flaches Rückenschild, dicke, plumpe Beine mit frei beweglichen, durch Schwimmhäute verbundenen Zehen, von denen an den vorderen Füßen alle fünf, an den hinteren bloß vier Krallen tragen. Sie sind lebhafte, räuberische Tiere, und Arten von ihnen finden sich in allen tropischen und subtropischen Gegenden bis hoch in die gemäßigten hinauf; Nordamerika aber ist ihr Hauptvaterland. Die Schnappschildkröte (Chelydra serpentina, S. 150) hat einen ziemlich flachen, durch fünf Längsreihen von Buckeln ausgezeichneten Rückenpanzer und einen langen, dicken Schwanz mit einem Sägekamm, einen breiten, einziehbaren Kopf und vorn fünf, hinten vier Krallen an den Zehen. Sie bewohnt, soweit sie nicht ausgerottet ist, alle größeren Gewässer der Vereinigten Staaten und ist ein lebhaftes Tier, das seiner Bissigkeit wegen sehr gefürchtet ist. Die wunderlichste Schildkröte ist die chinesische Großkopfschildkröte (Platysternum megalocephalum, S. 150) mit sehr flachem Rücken- und Bauchschild, sehr großem, von einem einzigen Schild bedeckten Kopf, der aber trotz seiner Größe noch in den Panzer eingezogen werden kann. Höchst auffallend ist auch der sehr lange, ringsum mit Schuppen bekleidete Schwanz. Sie ist eine seltene Bewohnerin der süßen Gewässer Südchinas und des nördlichen Hinterindien. Die einzige Vertreterin der Ordnung der Schildkröten in Deutschland ist die Teichschildkröte (Emys lutaria, S. 148 u. 150), die ganz Südeuropa und Osteuropa bis fast an die Elbe heran bewohnt.

6) Familie: **Landschildkröten** (Chersidae). Bei den Landschildkröten ist der Rückenpanzer sehr hoch gewölbt, die Beine sind sehr plump und die Zehen bis zum Endgliede unbeweglich miteinander verbunden. Vorn finden sich fünf, selten vier, hinten fast immer vier Krallen. Es sind äußerst langsam sich bewegende, wesentlich von Pflanzenstoffen sich ernährende, aber auch kleinere Tiere nicht verschmähende Landbewohnerinnen, die in allen wärmeren Ländern der Erde vertreten sind. Die Dosenschildkröte (Terrapene carolina) ist eine sehr häufige Bewohnerin der östlichen Vereinigten Staaten. Die Gelenkschildkröten (Cinixys) bewohnen Afrika und haben einen in der Quere zweiteiligen, hochgewölbten Rückenpanzer, dessen hinteres Stück sie hinten gegen den Bauchpanzer pressen können, wodurch bei eingezogenen Hintergliedmaßen und Schwanz die hintere Panzerspalte geschlossen wird. Ihr Gang ist wunderlich, indem sie mit den hinteren Füßen auf der halben Sohle auftreten, mit den vorderen bloß auf den Spitzen der Zehen. Die gezähnelte Gelenkschildkröte (Cinixys erosa, S. 151) bewohnt Westafrika. Die Gattung der eigentlichen Landschildkröten (Testudo) hat ein noch stärker gewölbtes Rückenschild, das nicht in zwei Stücke geteilt ist, was beim Bauchschild bisweilen stattfindet. Sie laufen auf ihren Zehen. Die in Mitteleuropa volkstümlichste Schildkröte, die griechische Landschildkröte (Testudo graeca, S. 151), gehört hierher, die von Ungarn an südlich auf der ganzen Balkanhalbinsel, in Süd- und Mittelitalien und auf den italienischen Inseln sich findet. Eine durch die sternartige Zeichnung ihrer hohen Hornschilder bemerkenswerte Art ist die Sternschildkröte (Testudo elegans, S. 151) von Vorderindien. In diese Gattung gehören auch die gewaltigsten Schildkröten der Jetztzeit, die auf verschiedenen Inseln der Seschellengruppe, auf Aldabra und auf den Galapagosinseln gefunden werden. Die letztere Art, die Riesenschildkröte (Testudo elephantopus, S. 152), lebt hauptsächlich von Kaktusstengeln. Alle Arten der Riesenschildkröten sind entweder schon ausgerottet oder gehen ihrer Ausrottung ungeheuer rasch entgegen.

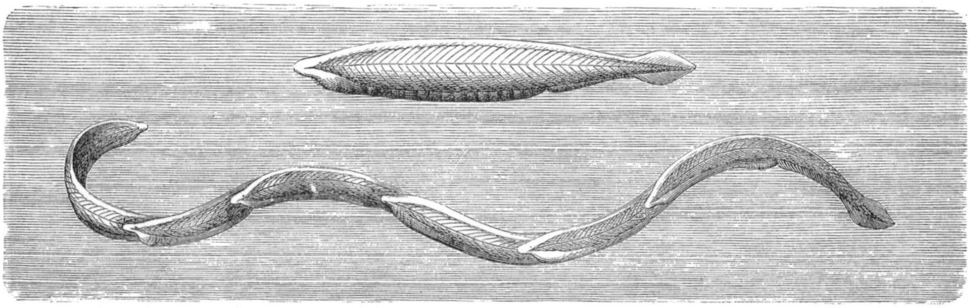

Gemeines Lanzettfischchen (Amphioxus lanceolatus). 1/1.

1

2

3

1 Lamprete, 2 Fluß- und 3 Sandbricke (Petromyzon marinus, P. fluviatilis und P. Planeri). 1/4.

Port-Jacksonhai (Cestracion Philippi). 1/6.

Krausenhai (Chlamydoselache anguinea). 1/4.

Hammerhai (Squatina zygaena). 1/10.

Rauhhai (Rhinodon typicus). 1/100.

Zitterroche (Torpedo marmorata). 1/15.

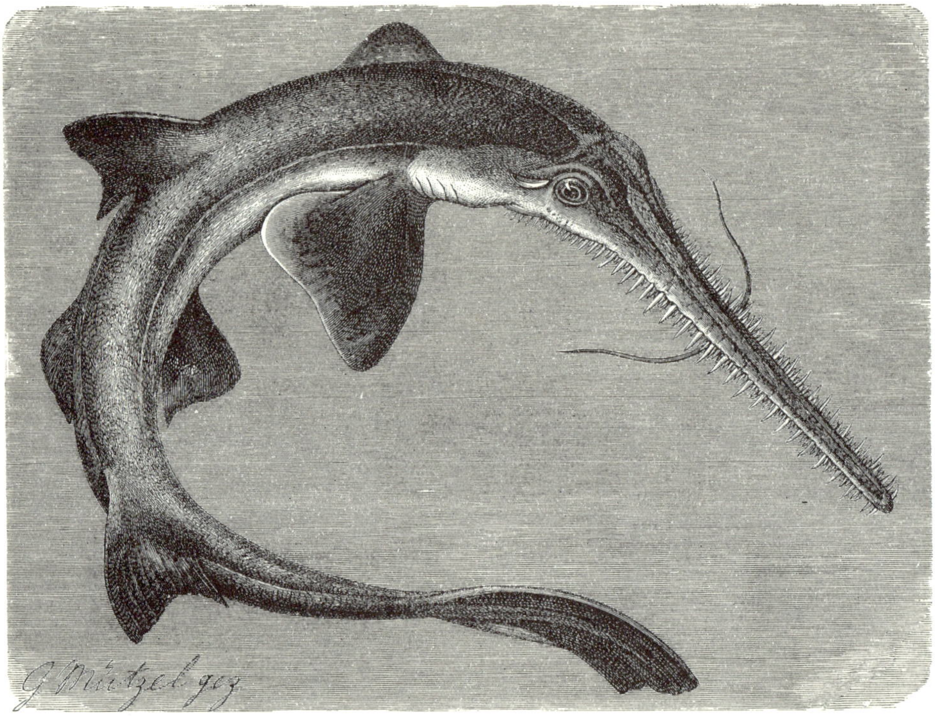

Japanischer Sägenfisch (Pristiophorus japonicus). 1/8.

Dornroche (Raja clavata). 1/16.

Halawi (Rhinobatus halavi). 1/5.

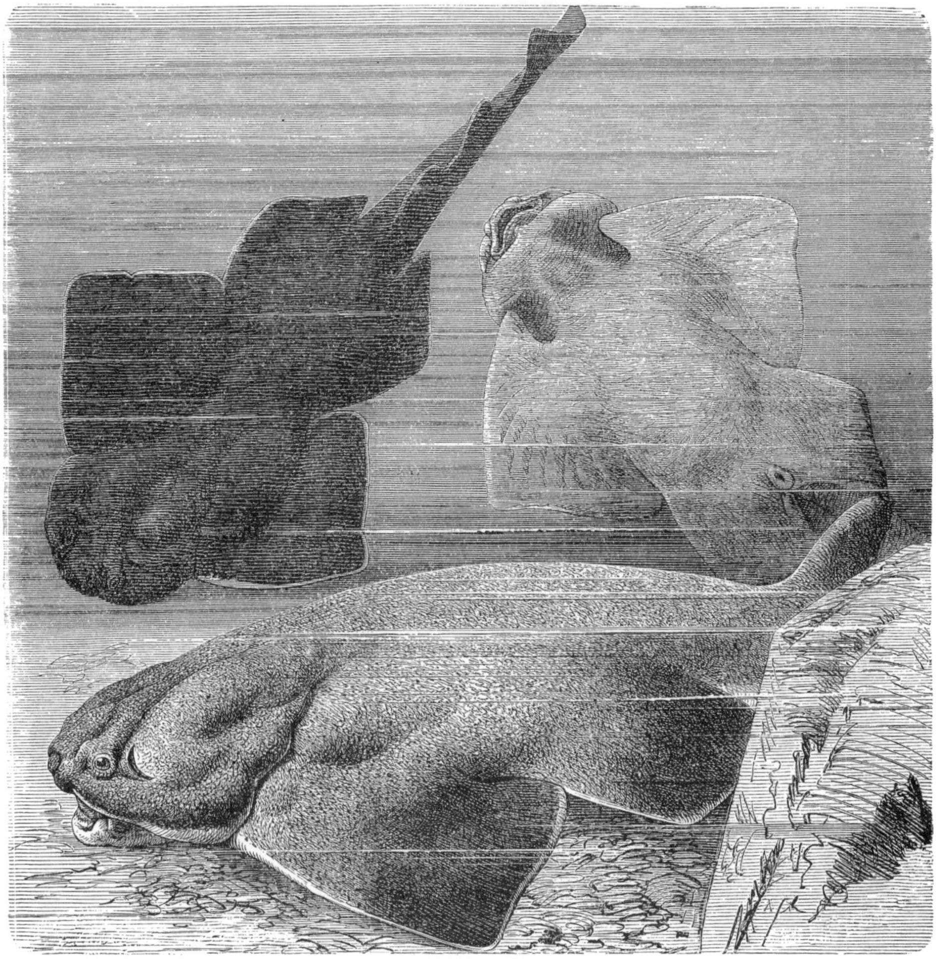

Meerengel (Rhina squatina). 1/12.

Spöke (Chimaera monstrosa). $^1/_6$.

Schaufelrüßler (Polyodon folium). $^1/_{15}$.

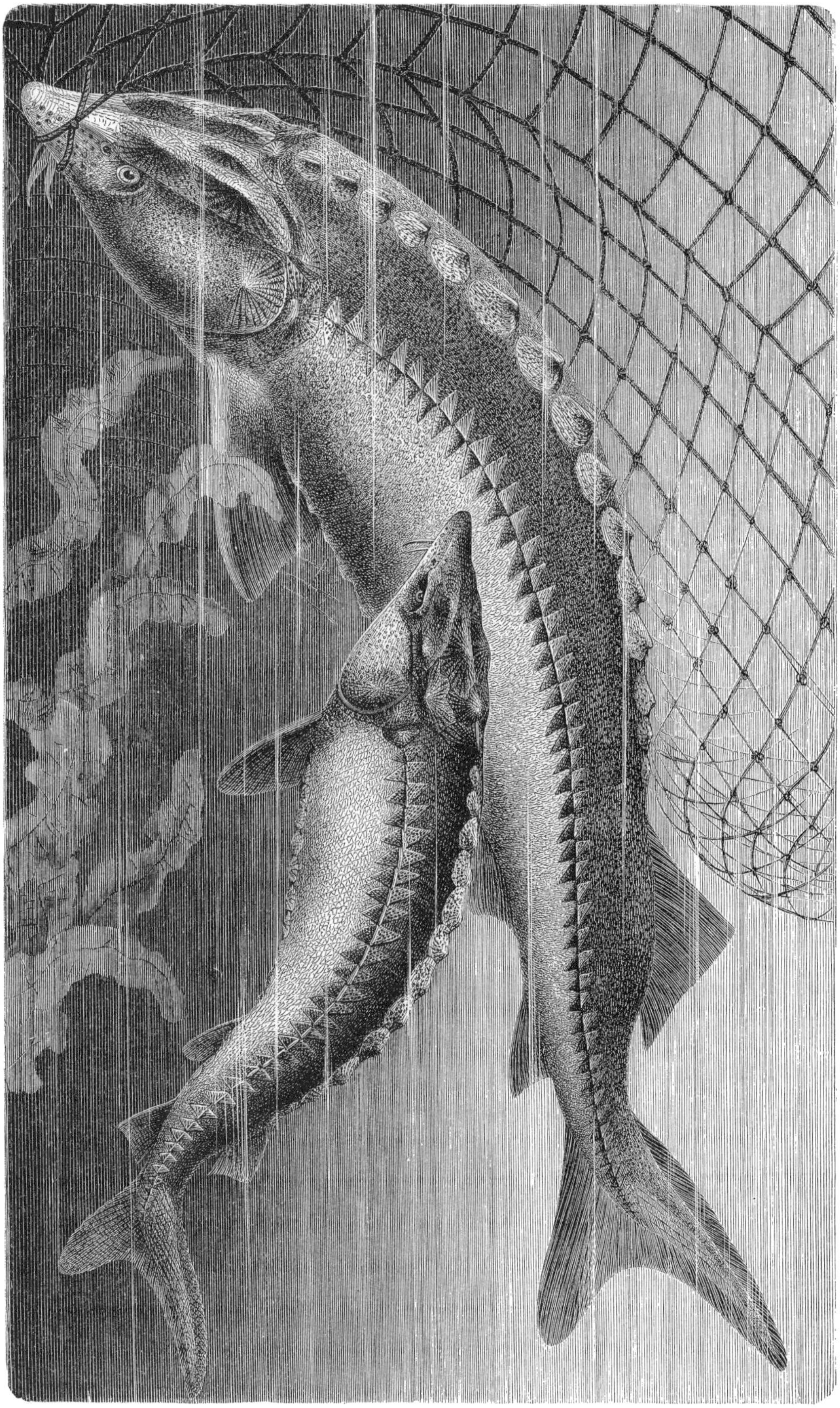

1 Störe: 1 Hausen (Acipenser huso). Länge 8 m. 2 Gewöhnlicher Stör (Acipenser sturio). Länge 5 m. 2

Kaimanfisch (Lepidosteus osseus). 1/6.

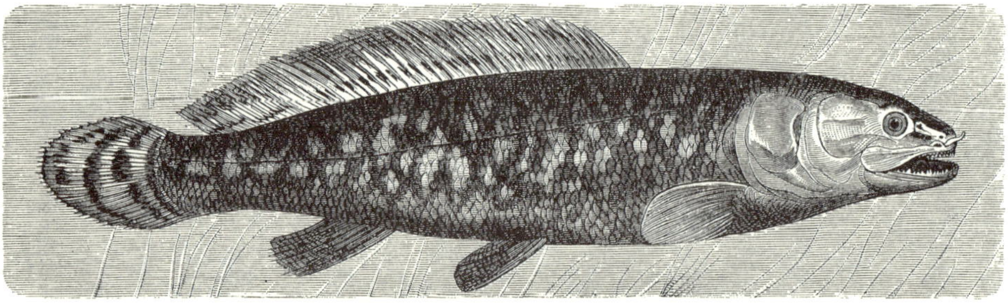

Schlammfisch (Amia calva). 1/5.

Igelfisch (Diodon hystrix). 1/4.

Vierhorn (Ostracion quadricornis). 1/4.

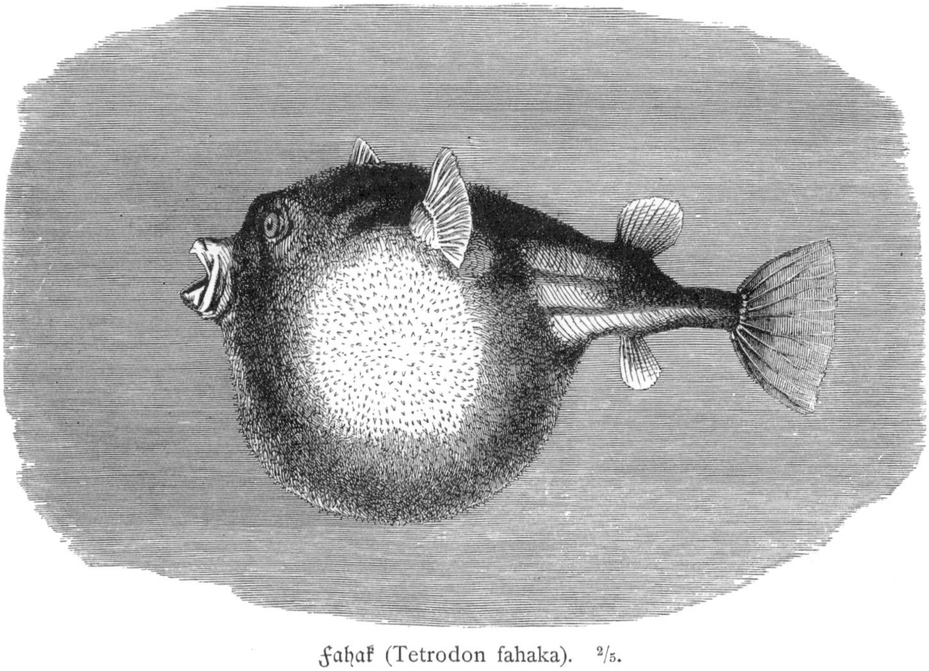

Fahak (Tetrodon fahaka). 2/5.

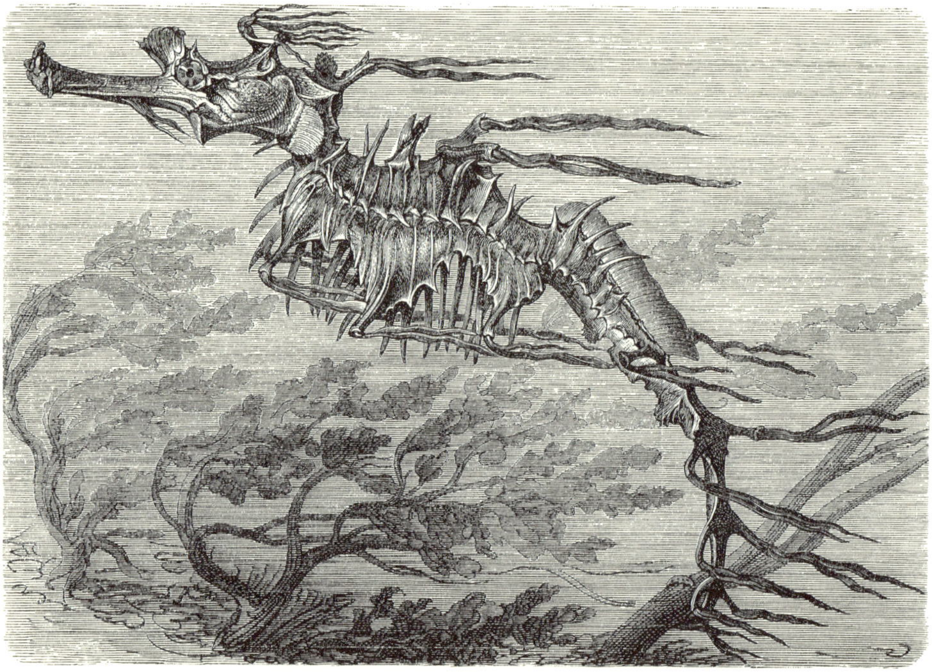

Fetzenfisch (Phyllopteryx eques). 2/3.

Seenadel (Syngnathus acus) und Seepferdchen (Hippocampus antiquorum). 1/2.

Seeaal (Conger vulgaris). 1/10.

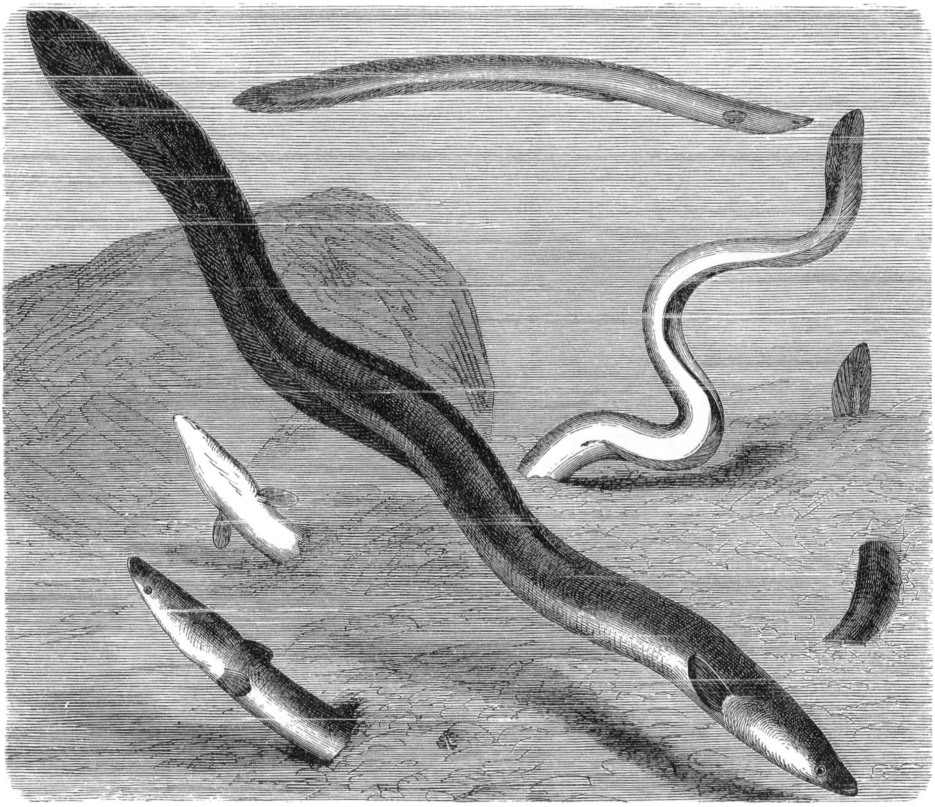

Gewöhnlicher Aal (Anguilla vulgaris). 1/8.

Zitteraal (Gymnotus electricus). 1/6.

1 Finte (Clupea finta). 1/5. 2 Sprotte (C. sprattus). 1/3. 3 Hering (C. harengus). 1/3.

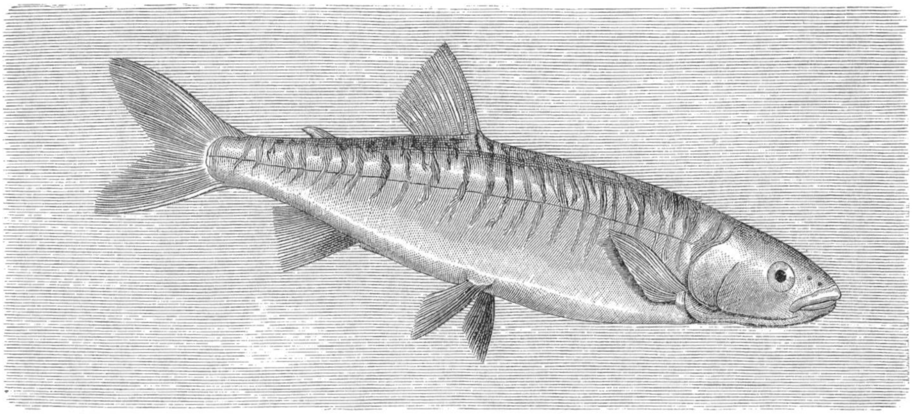

Zebrasalm (Haplochiton zebra). 1/3.

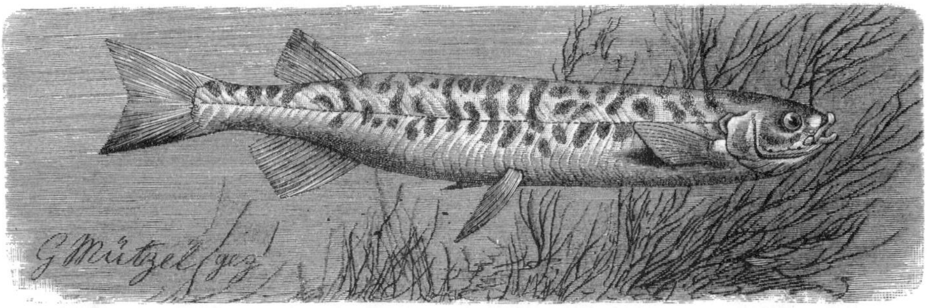

Schlankhechtling (Galaxias attenuatus). 1/2.

Hecht (Esox lucius). 1/12.

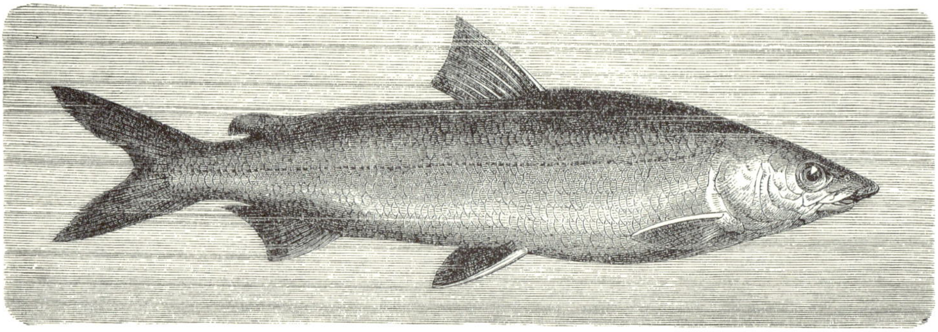

Schnäpel (Coregonus oxyrhynchus). 1/4.

1 Zwergmaräne (Coregonus albula). 1/3. 2 Gemeine Maräne (Coregonus maraena). 1/5.

Stint (Osmerus eperlanus). 1/2.

1

2

1 Äsche (Thymallus vulgaris), 2 Saibling (Salmo salvelinus). $^{1}/_{6}$.

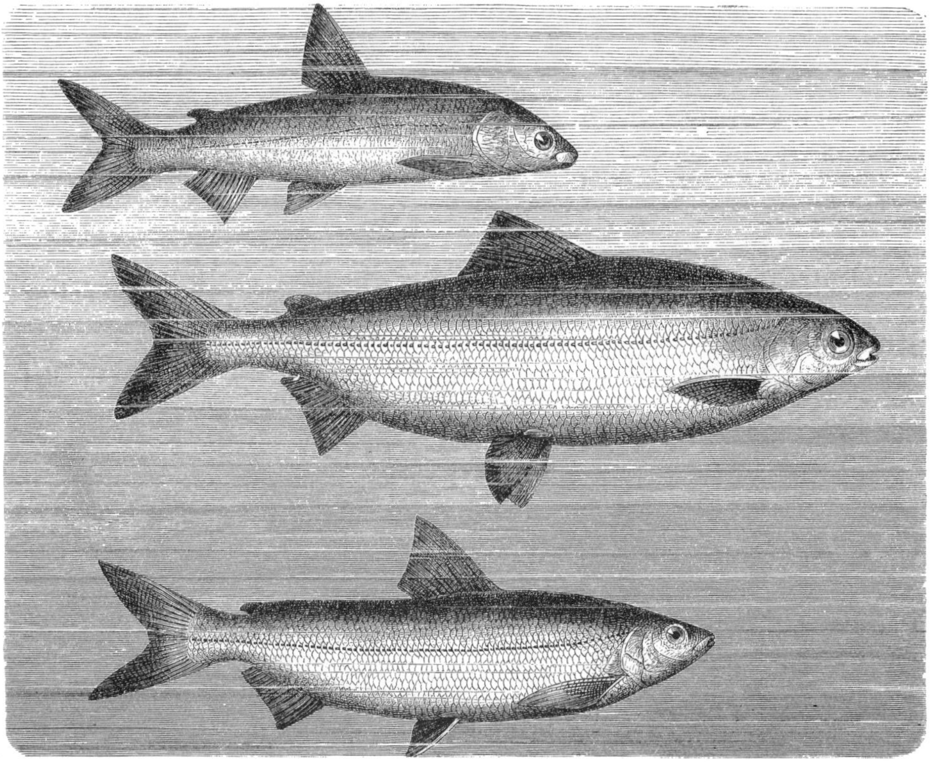

1

2

3

1 Kilch (Coregonus hiemalis), 2 Blaufelchen (C. Wartmanni), 3 Bodenrenke (C. fera). $^{1}/_{5}$.

1 Seeforelle (Salmo lacustris). 1/10. 2 Huchen (Salmo hucho). 1/15.

1 Lachs (Salmo salar). 1/10. 2 Lachsforelle (Salmo trutta). 1/6.

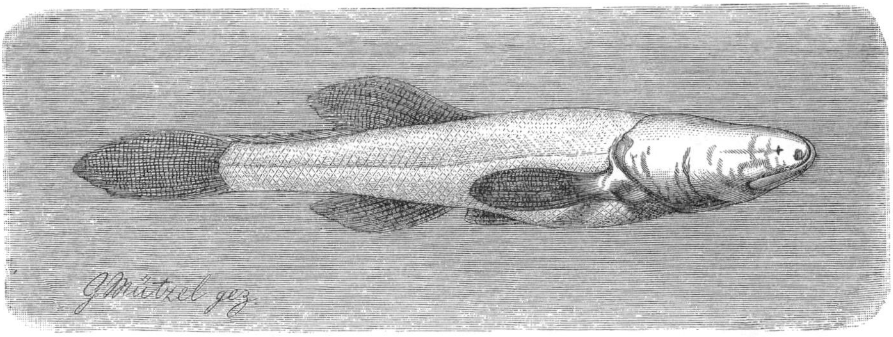

Höhlenfisch (Amblyopsis spelaeus). 1/1.

Piraya (Serrasalmo piraya). 1/4.

Vierauge (Anablebs tetrophthalmus). 1/3.

2 1

3

1 Schmerle (Nemachilus barbatulus), 2 Schlammbeißer (Cobitis fossilis), 3 Steinbeißer (Cobitis taenia). 1/2.

1

2

3

1 Sichling (Pelecus cultratus), 2 Rapfen (Aspius rapax), 3 Nase (Chondrostoma nasus). Länge 46, 60–70 und 50 cm.

Gründling (Gobio fluviatilis). 1/1.

1

2

3

4

1 Blicke (Abramis blicca), 2 Zope (A. ballerus), 3 Zärthe (A. vimba), 4 Brachsen (A. brama). 1/6.

Schleie (Tinca vulgaris). 1/6.

1 Karpfen, 2 Spiegelkarpfen (Cyprinus carpio), 3 Karausche (Carassius vulgaris),
4 Barbe (Barbus vulgaris). 1/5.

1 Strömer (Leuciscus Agassizi) und 2 Elritze (Phoxinus laevis). 3/4.

1 Aland (Leuciscus idus), 2 Rotauge (L. erythrophthalmus), 3 Plötze (L. rutilus), 4 Döbel (L. cephalus). 1/6.

Harnischwels (Loricaria cataphracta). 1/2.

Zitterwels (Malapterurus electricus). 1/4.

Aalwels (Clarias anguillaris). 1/4.

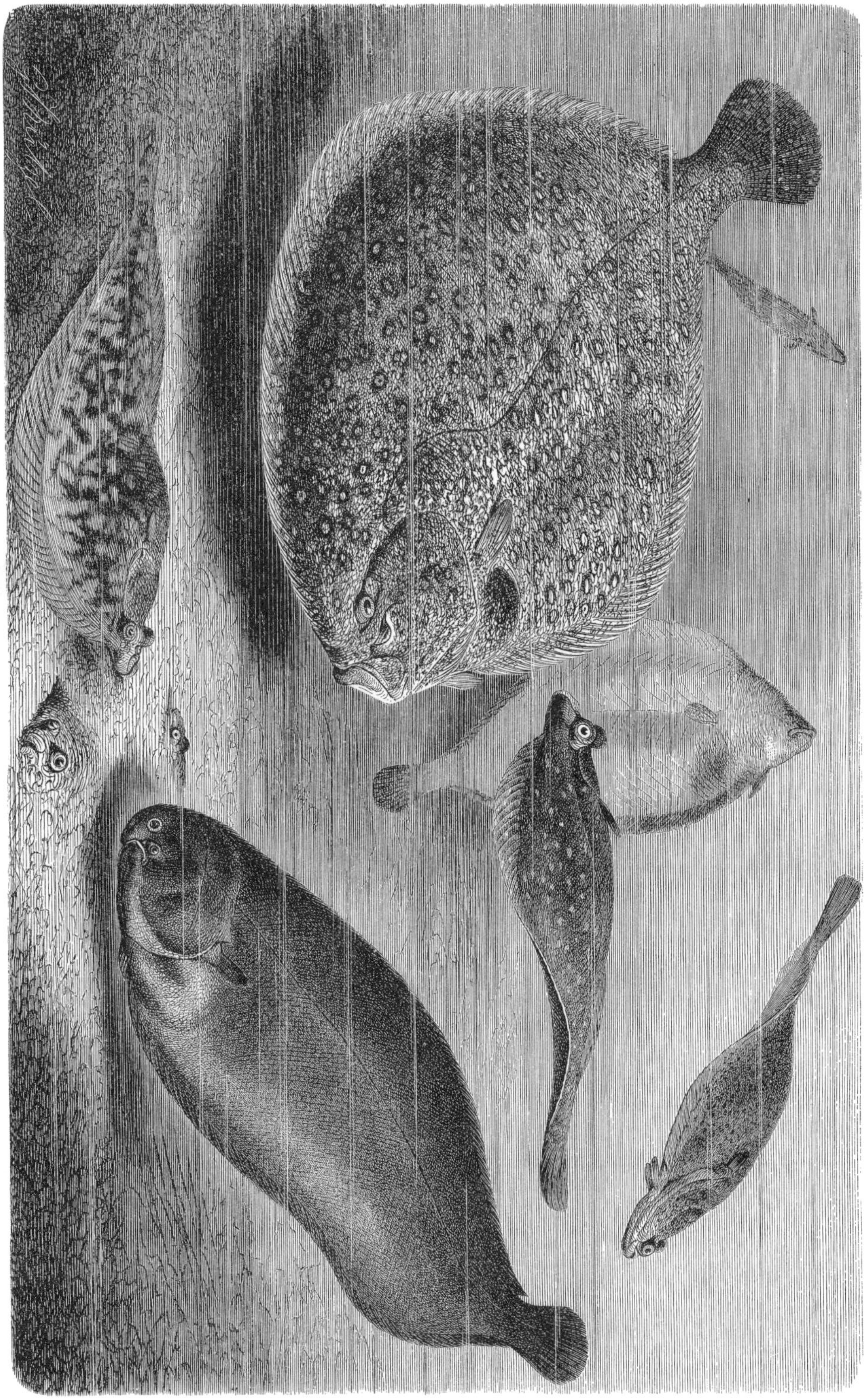

2 1 3

1 Steinbutt (Rhombus aculeatus), Länge 1 m, 2 Goldbutt (Pleuronectes platessa), L. 60 cm, 3 Gemeine Seezunge (Solea vulgaris), L. 60 cm.

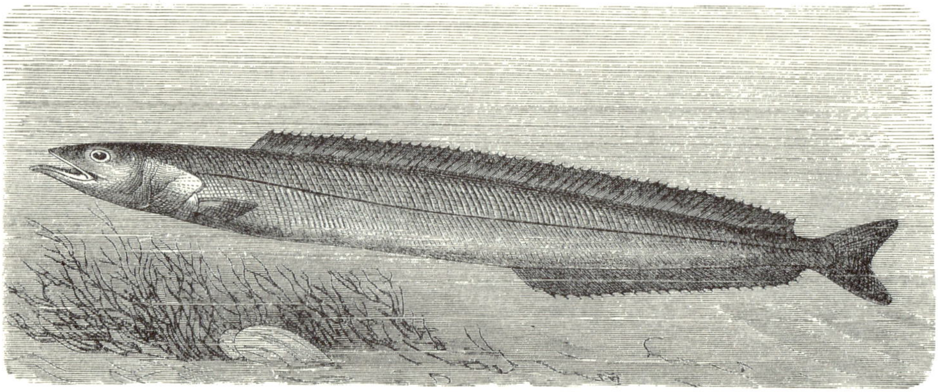

Tobiasfisch (Ammodytes tobianus). 2/5.

1 2 3 4

1 Schellfisch (Gadus aeglefinus), 2 Wittling (G. merlangus), 3 Dorsch, 4 Kabeljau (G. morrhua). 1/6.

Streifenlippfisch (Labrus mixtus). 1/3.

Tristrams Buntfisch (Chromis Tristrami). 1/4.

Riffdornfisch (Pomacentrus scolopsis). 5/6.

Riemenfisch (Regalecus Banksii). $^1/_{12}$.

Gurami (Osphromenus olfax). $^1/_{15}$.

Kletterfisch (Anabas scandens). 1/2.

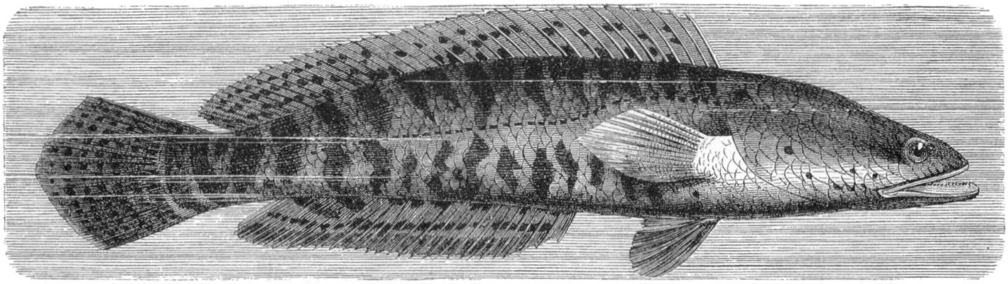

Keitschel (Ophiocephalus striatus). 1/9.

Seeschnepfe (Centriscus scolopax). 2/3.

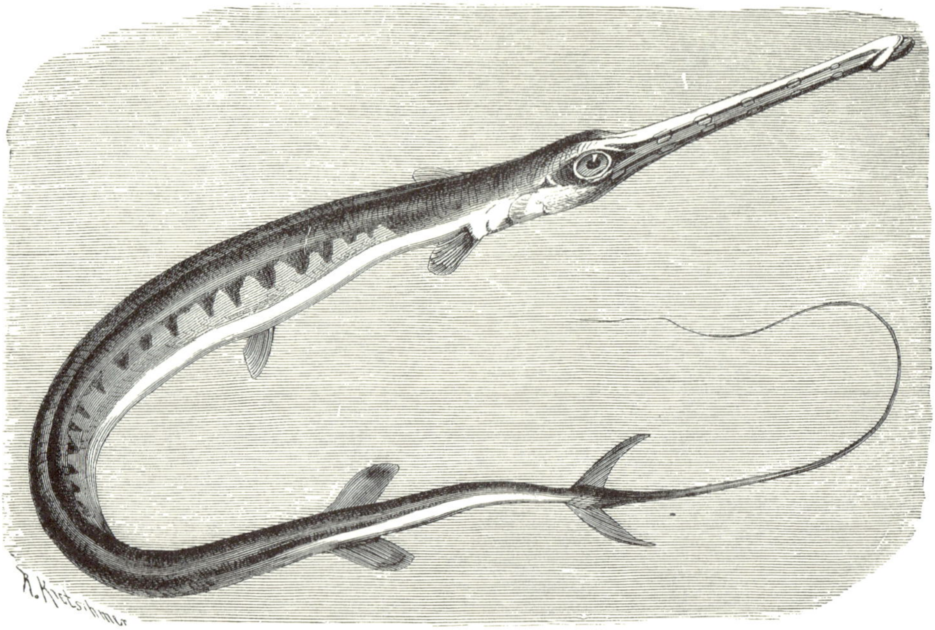

Tabakspfeife (Fistularia tabaccaria). 1/2.

1 Seestichling (Gasterosteus spinachia), 2 Zwergstichling (G. pungitius), 3 Großer Stichling (G. aculeatus). 1/1.

1 Ährenfisch (Atherina hepsetus) und 2 Alet (Tetragonurus Cuvieri). 1/2.

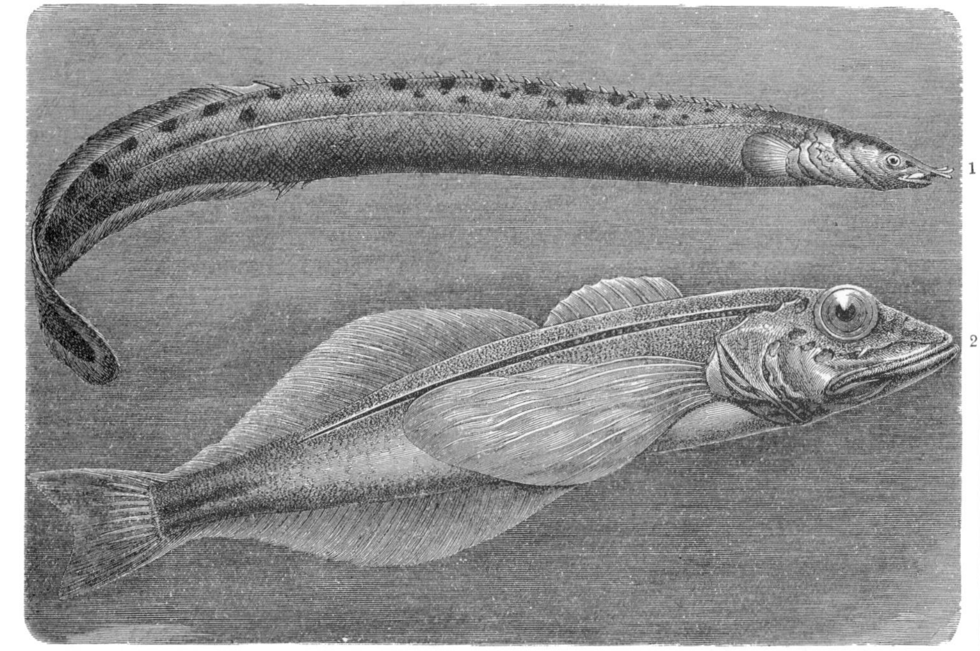

1 Wehrschnabel (Mastacembelus armatus). 1/3. 2 Ölfisch (Comephorus baikalensis). 1/2.

Seeschmetterling (Blennius ocellaris). 3/4.

Goldgrundel (Callionymus lyra). 1/3.

Flußgrundel (Gobius fluviatilis). 1/1.

1 Unerwachsener Seehase (Cyclopterus lumpus), 2 Aalmutter (Zoarces viviparus). 1/3.

Schwimmrößchen (Pegasus natans). 1/1.

Malarmat (Peristethus cataphractus). 1/3.

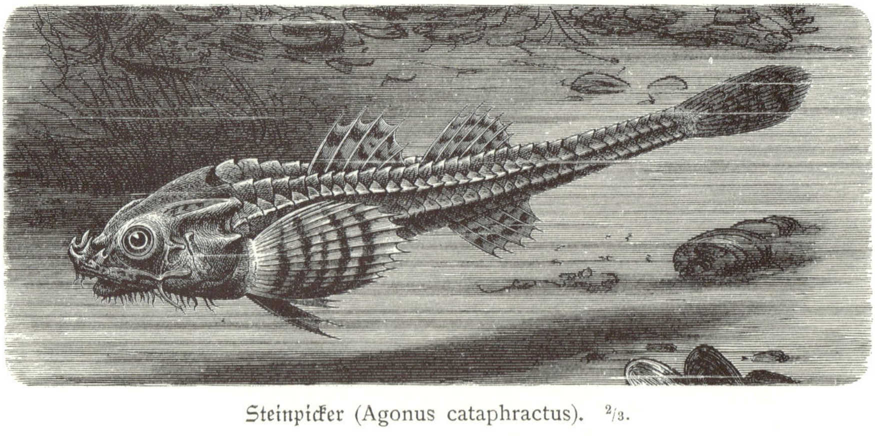

Steinpicker (Agonus cataphractus). 2/3.

Flughahn (Dactylopterus volitans). Länge 50 cm.

Seeskorpion (Cottus scorpius). 1/2.

Gemeine Groppe (Cottus gobio). 1/1.

Knurrhahn (Trigla hirundo). 1/5.

Seefledermaus (Malthe vespertilio). 1/4.

Seeteufel (Lophius piscatorius). 1/12.

Thunfisch (Thynnus vulgaris). 1/25.

Schiffshalter (Echeneis remora). 2/5.

Gotteslachs (Lampris luna). 1/20.

1

2

1 Gemeine Makrele (Scomber scomber), 2 Gemeiner Stöcker (Caranx trachurus). 1/3.

Chirurg (Acanthurus chirurgus). 1/4.

Fächerfisch (Histiophorus gladius). 1/20.

Trommler (Pogonias chromis). 1/20.

1 Meerrabe (Sciaena nigra), 2 Umber (Umbrina cirrhosa). 1/6.

1 Schnörkler (Teuthis striolata), 2 Tebarere (Pempheris mangula), 3 Pöbelfädler (Polynemus plebejus). 1/3—1/5.

Seekröte (Scorpaena porcus). 1/2.

Sattelkopf (Pelor didactylum). 5/6.

Rotfeuerfisch (Pterois volitans). 1/2.

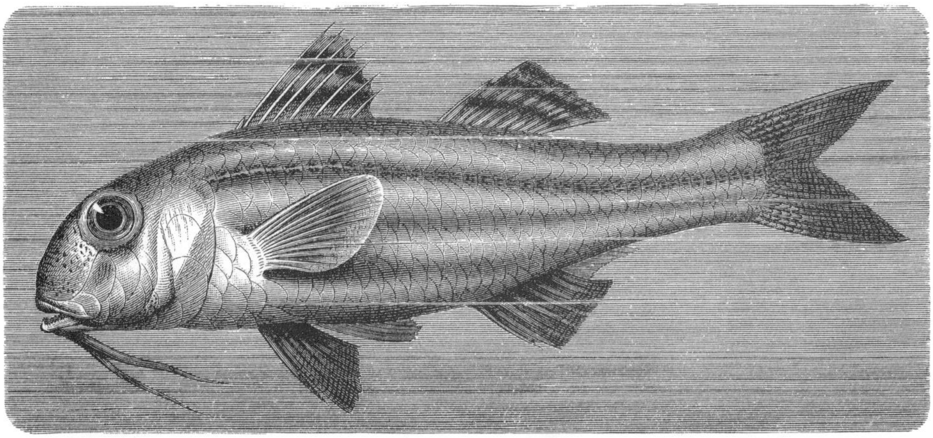

Streifenbarbe (Mullus surmuletus). 1/3.

1

2

1 Ringelbrassen (Sargus annularis), 2 Unerwachsener Goldbrassen (Chrysophrys aurata). 1/3.

Schuppenflosser: 1 Fahnenträger (Chaetodon setifer), L. 20 cm, 2 Gestreifter Korallenfisch (C. fasciatus), L. 16 cm, 3 Gebänderter Korallenfisch (C. vittatus), L. 11 cm, 4 Peitschenfisch (Heniochus macrolepidotus), L. 20 cm, 5 Herzogsfisch (Holacanthus diacanthus), L. 20 cm, 6 Kaiserfisch (H. imperator), L. 35 cm.

1 Zingel (Aspro zingel), 2 Streber (Aspro vulgaris), 3 Kaulbarsch (Acerina cernua). 1/3.

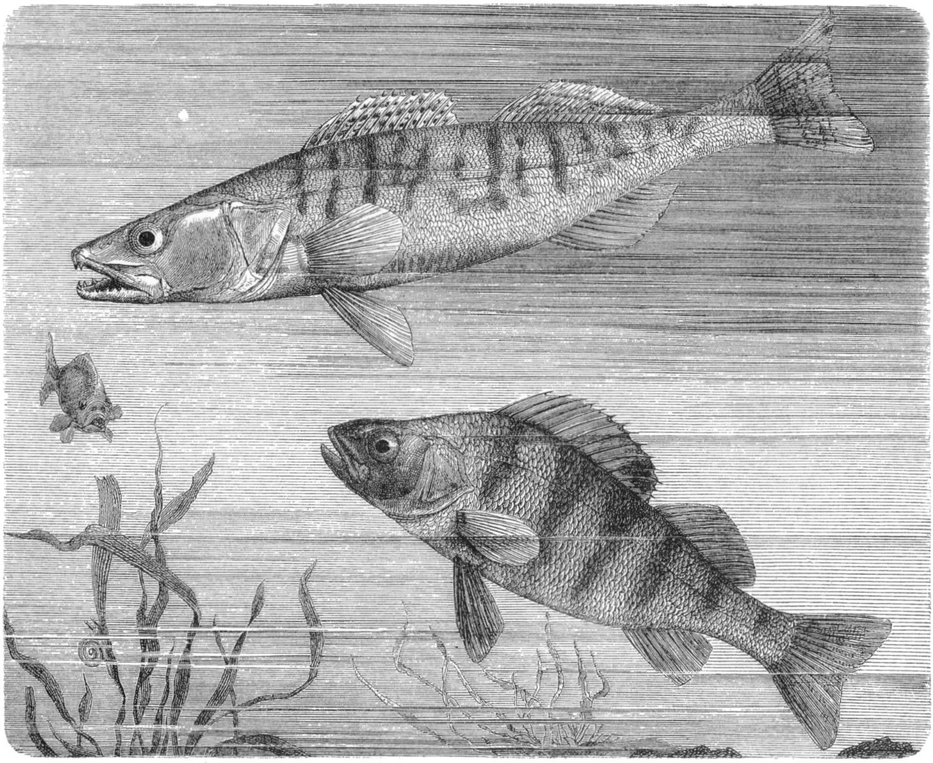

1 Zander (Lucioperca sandra), 2 Barsch (Perca fluviatilis). 1/4.

Afrikanischer Molchfisch (Protopterus annectens). 1/3.

Barramunda (Ceratodus Forsteri). 1/7.

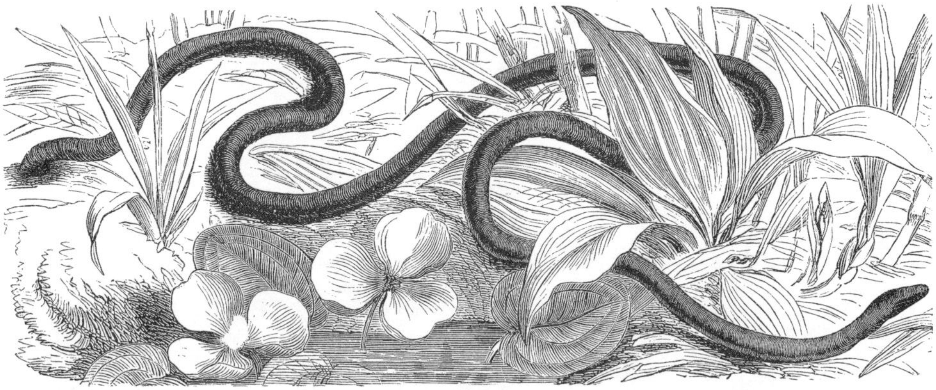

Wurmwühler (Caecilia gracilis). 1/1.

Ringelwühler (Siphonops annulatus). 1/1.

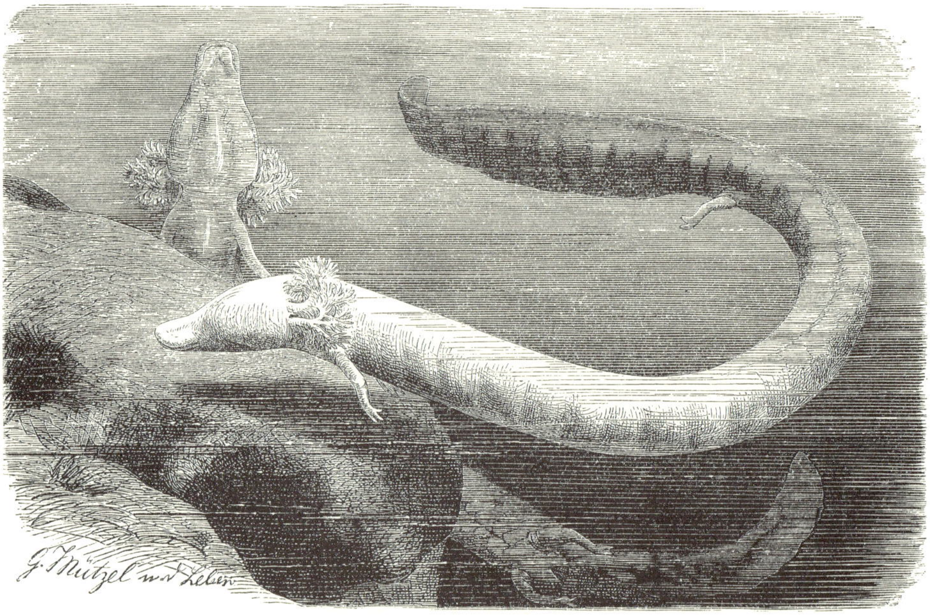

Olm (Proteus anguinus). 2/3.

Armmolch (Siren lacertina). 2/5.

Riesensalamander (Cryptobranchus japonicus). 1/3.

Axolotl, Landform (Amblystoma mexicanum). 2/3.

Axolotl, im Wasser bleibende Form (Siredon pisciformis). 2/3.

Brillensalamander (Salamandrina perspicillata). 1/1.

Fadenmolch (Triton palmatus). 1/1.

Streifenmolch (Triton taeniatus). 1/1.

Bergmolch (Triton alpestris). 1/1.

Kammmolch (Triton cristatus). 1/1.

Alpensalamander (Salamandra atra). 1/1.

Feuersalamander (Salamandra maculosa). 1/1.

Feßler (Alytes obstetricans). 1/1.

Feuerunke (Bombinator igneus). 1/1.

Gelbbauchige Unke (Bombinator pachypus). 1/1.

Taschenfrosch (Nototrema marsupiatum). 1/1.

Laubfrosch (Hyla arborea). 1/1.

Schmuckfrosch (Chorophilus ornatus). 1/1.

Ostafrikanischer Kurzkopf (Breviceps mossambicus). 1/1.

1 Erdkröte (Bufo vulgaris). ½. 2 Kreuzkröte (Bufo calamita). ¹⁄₁.

Reinwardts Flugfrosch (Rhacophorus Reinwardti). ⅔.

Schmuckhornfrosch (Ceratophrys ornata). 1/1.

Ochsenfrosch (Rana mugiens). Länge 21 cm.

Moorfrosch (Rana arvalis). 1/1.

Gemalter Baumsteiger (Dendrobates tinctorius). 1/1.

Springfrosch (Rana agilis). 1/1.

Grasfrosch (Rana temporaria). 1/1.

Wasserfrosch (Rana esculenta). 5/6.

Glatter Sporenfrosch (Xenopus laevis) nebst Quappe. 1/1.

Surinamische Wabenkröte (Pipa americana). 1/2.

Scheibenfinger (Hemidactylus verriculatus). 1/1.

Faltengecko (Ptychozoon homalocephalum). 1/1.

Krötenechse (Phrynosoma cornutum). 3/4.

Gemeines Chamäleon (Chamaeleon vulgaris). Länge 32 cm.

Moloch (Moloch horridus). 1/1.

Dornschwanz (Uromastix spinipes). 1/3.

Leguan (Iguana tuberculata). Länge 1,6 m.

Gemeiner Schleuderschwanz (Stellio vulgaris). Länge 45 cm.

Stachelagame (Agama armata). 2/3.

Gekämmte Meerechse (Amblyrhynchus cristatus). 1/6.

Drusenkopf (Conolophus subcristatus). 1/5.

Stelzenechse (Hypsibatus agamoides). 1/1.

Helmbasilisk (Basiliscus americanus). 1/3.

Wirtelschwanz (Cyclura carinata). 1/4.

Krausenechse (Chlamydosaurus Kingi). 1/4.

Segelechse (Lophura amboinensis). 1/5.

Flossenfuß (Pygopus lepidopus). 2/3.

Skink (Scincus officinalis). 2/3.

Johannisechse (Ablepharus pannonicus). 1/1.

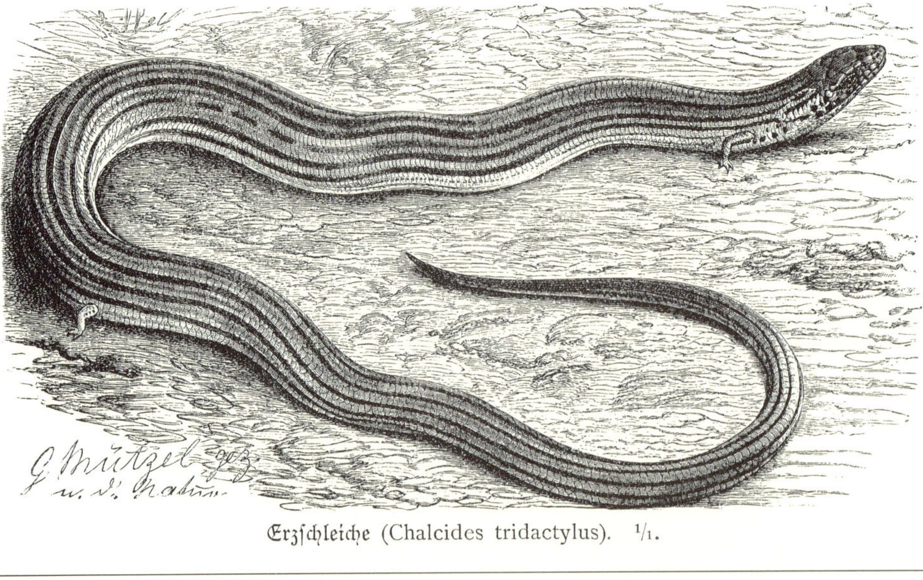

Erzschleiche (Chalcides tridactylus). 1/1.

Stutzechse (Trachysaurus rugosus). 1/3.

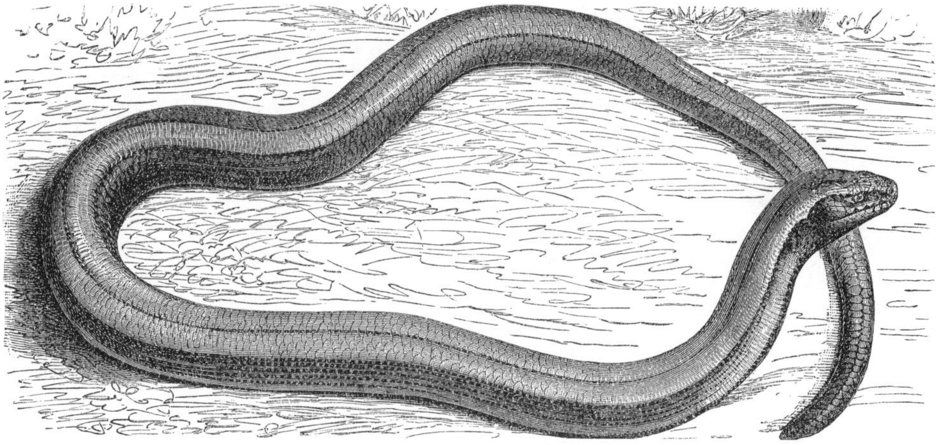

Blindschleiche (Anguis fragilis). 3/5.

Scheltopusik (Pseudopus Pallasii). 1/4.

Gürtelechse (Zonurus cordylus). 1/1.

Krustenechse (Heloderma horridum). 1/3.

Bergeidechse (Lacerta vivipara). 1/1.

Zauneidechse (Lacerta agilis). 1/1.

Smaragdeidechse (Lacerta viridis). 2/3.

Ameive (Ameiva vulgaris). 1/2.

Teju (Tejus monitor). 1/4.

Kapwaran (Varanus albigularis). 1/6.

Handwühler (Chirotes canaliculatus). 1/1.

Gefleckte Doppelschleiche (Amphisbaena fuliginosa). 2/3.

Rautenschlange (Morelia Argus). 1/8.

Korallenrollschlange (Tortrix scytale). 1/2.

Sandschlange (Eryx jaculus). 1/2.

Königsschlange (Boa constrictor). 1/8.

Schlankboa (Homalochilus striatus). 1/5.

Anakondaschlange (Eunectes murinus). Länge 7 m.

Linnés Zwergschlange (Calamaria Linnaei). 1/1.

Glatte Natter (Coronella laevis). 1/1.

Ringelnatter (Tropidonotus natrix). 1/5.

1
2

1 Würfelnatter (Tropidonotus tessellatus) und 2 Vipernatter (T. viperinus). 2/5.

Streifennatter (Elaphis drilineatus). 1/4.

Äskulapnatter (Callopeltis Aesculapii). 1/3.

Tigerschlange (Python molurus). 1/10.

Katzenschlange (Tarbophis vivax). 1/2.

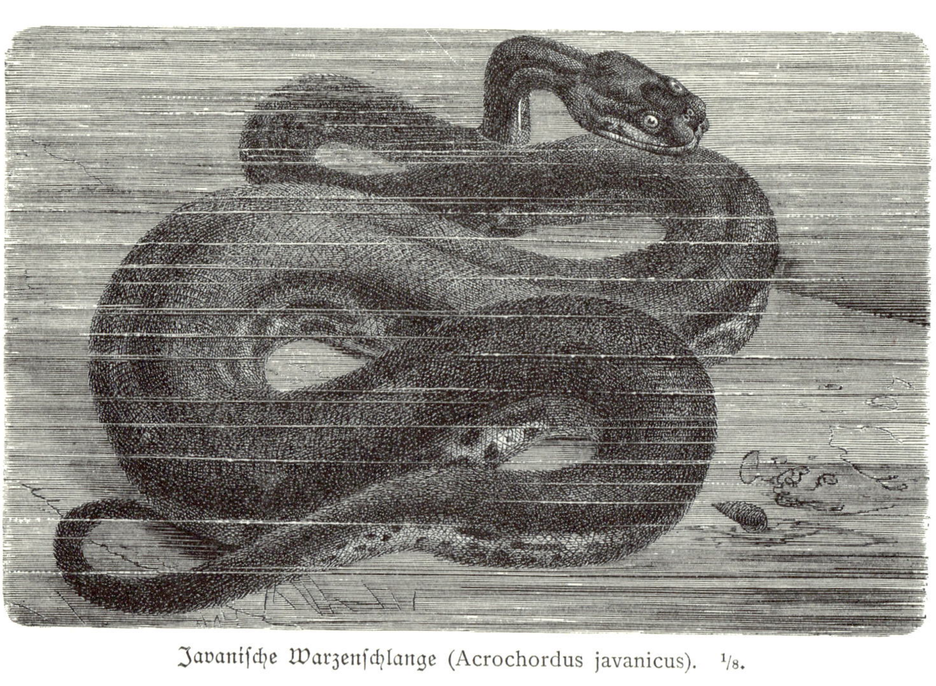

Javanische Warzenschlange (Acrochordus javanicus). 1/8.

Korallenotter (Elaps corallinus). 2/3.

2 1

1 Bauchdrüsenotter (Adeniophis intestinalis) und 2 Maskenschmuckotter (Callophis personatus). $^1/_2$.

Riesenhutschlange (Naja bungarus). $^1/_7$.

Pama (Bungarus fasciatus). 1/4.

Zeilenschlange (Platurus laticaudatus). 1/3.

Streifenruderschlange (Hydrophis cyanocincta). ²/₃.

Sandotter (Vipera ammodytes). ½.

Kreuzotter (Pelias berus). Länge 79 cm.

Hornviper (Cerastes cornutus). 1/2.

Puffotter (Clotho arietans). 1/5.

1

2

1 Diamantklapperschlange (Crotalus adamanteus) und 2 Schauerklapperschlange (C. horridus). $^1/_{10}$.

Buschmeister (Lachesis muta). $^1/_6$.

Wasserotter (Trigonocephalus piscivorus). 5/8.

Lanzenschlange (Bothrops lanceolatus). 1/6.

Punktierte Brückenechse (Hatteria punctata). 1/4.

Gangesgavial (Gavialis gangeticus). 1/25.

Stumpfkrokodil (Osteolaemus frontatus). 1/12.

Leistenkrokodil (Crocodilus biporcatus). 1/30.

Hechtkaiman (Alligator lucius). 1/20.

Karettschildkröte (Chelone imbricata). 1/20.

Luth (Sphargis coriacea). 1/20.

Bissige Lippenschildkröte (Trionyx ferox). 1/8.

Teichschildkröte (Emys lutaria). 1/3.

Langhalsschildkröte (Hydromedusa tectifera). 1/3.

Matamata (Chelys fimbriata). 1/5.

Schnappschildkröte (Chelydra serpentina). 1/12.

Teichschildkröte (Emys lutaria). 2/5.

Großkopfschildkröte (Platysternum megalocephalum). 1/2.

Sternschildkröte (Testudo elegans). 1/3.

Gezähnelte Gelenkschildkröte (Cinixys erosa). 1/4.

Griechische Landschildkröte (Testudo graeca). 1/3.

Riesenschildkröte (Testudo elephantopus). Länge 1,75 m.

Bilder-Atlas

zur

Zoologie der Vögel.

Mit beschreibendem Text

von

Prof. Dr. William Marshall.

Mit 238 Holzschnitten nach Zeichnungen von
G. Mützel, Fr. Specht, Rob. Kretschmer, W. Kuhnert, L. Beckmann,
Ch. Kröner u. a.

Leipzig und Wien.
Bibliographisches Institut.
1898.

Vorwort.

Die Vögel bilden unbestreitbar die bei Natur- und Kulturvölkern beliebteste Klasse der Tiere.

Eine Reihe von Ursachen wirkt zusammen, daß dem so ist. Die Vögel sind harmlose, für den Menschen kaum jemals gefährliche Geschöpfe, und nur einige Nachtvögel erregen, ohne Grund, bei abergläubischen Gemütern Furcht und Schrecken.

Sie sind ferner, auch die weniger farbenprächtigen unter ihnen, stets saubere, meist auch zierliche Wesen, denn nur von einigen Geiern läßt sich mit Recht behaupten, daß sie unter Umständen einen ekelerregenden Anblick gewähren.

Eine weitere Eigenschaft, die die meisten Vögel auszeichnet, und die so recht geeignet ist, des Menschen Herz mit hoher, von Neid nicht ganz freier Bewunderung zu erfüllen, ist der Flug, den man mit einem treffenden Ausdruck die „Poesie der Bewegung" genannt hat.

Da ist ferner der Gesang, der freilich keine Gabe aller Vögel ist, den wir aber denen, die ihn entbehren, zum Teil wenigstens mit gutzuschreiben geneigt sind, und der bei keinem anderen Tiere seinesgleichen hat. Er ist eine Eigenschaft, die den Vögeln von jeher die Zuneigung des besseren Teils der Menschheit gesichert hat.

Wie sympathisch berührt uns des weiteren das Familienleben der Vögel! Die meisten leben in Monogamie, und die Gatten halten treu zusammen. Die Liebe macht die kleinen, händelosen Geschöpfe zu mehr oder weniger geschickten Baumeistern, und wo träte uns in der Tierwelt eine sorgfältigere Anhänglichkeit der Eltern an die eigenen, ja selbst an fremde Junge so schön, so rührend entgegen wie bei ihnen?

Da darf es uns nicht wundernehmen, daß die Vögel zu einer der besten Eigenschaften, die in der menschlichen Brust schlummern, zu der Fähigkeit des poetischen Empfindens, in vielfache und innigere Beziehung treten als irgendwelche andere Tiere. Keins lebt in gleicher Weise in der Volks- und Kunstlyrik wie die Vögel.

Alles das zusammengenommen, läßt erwarten, daß ein „Bilder-Atlas zur Zoologie der Vögel", der allgemeinen Lieblinge, hochwillkommen sein muß, und noch dazu ein Atlas, der solche Bilder in solcher Fülle bringt wie der vorliegende. Jung und alt wird sich an den meisterhaften Darstellungen der lieben, anmutigen Wesen freuen und sich in seiner so berechtigten Zuneigung zu den prächtigen Mitgeschöpfen bestärkt fühlen.

Leipzig, im Februar 1898.

William Marshall.

Inhalt des Textes.

Verzeichnis der Abbildungen.

Pinguine, Steißfüße.

Alke.

Langschwinger.

Ruderfüßer.

Entenvögel.

Storchvögel.

Stelzvögel.

Straußvögel.

Hühnervögel.

Schreivögel.

Langhänder.

Kuckucksvögel.

Spechte.

Papageien.

Die Vögel.

Einleitung.

Säugetiere verwechselt das Volk mit Fischen und Vögeln, Reptilien mit Lurchen und Fischen und diese mit jenen, aber es verwechselt niemals (und wird es niemals gethan haben) einen Vogel mit irgend einem zu einer andern Klasse gehörigen Wirbeltiere. Die Arbeitsteilung der beiden Gliedmaßenpaare, derzufolge das vordere zu Flugorganen wurde, wenigstens deren allgemeinen Bau annahm, während das hintere die Eigenschaften von Lauforganen beibehielt, sowie das ausnahmslose Vorhandensein von zu Federn umgestalteten äußeren Hautgebilden machen derartige Verwechselungen von vornherein völlig unmöglich. Die Klasse der Vögel ist, soweit ihre Mitglieder der Jetztwelt angehören, die am einheitlichsten und gleichmäßigsten entwickelte und am besten in sich abgeschlossene von allen Klassen der Wirbeltiere. Und trotzdem sind ihre anatomischen und entwickelungsgeschichtlichen Eigentümlichkeiten mit denen der Reptilien in den Hauptsachen so übereinstimmend, daß es unwidersprochen gewagt werden darf, beide Klassen als Unterklassen einer Hauptklasse aufzufassen.

In Wechselwirkung mit jener Umbildung des vorderen Gliedmaßenpaares zu Flügeln hat der Vogel die Zähne verloren und den als Schnabel bezeichneten hornigen Überzug seiner Kiefer erworben, der zusammen mit dem in hohem Grade beweglichen Hals gewisse Fähigkeiten und Leistungen der vorderen Gliedmaßen übernommen hat, die diese, als sie anfingen, sich zu Flügeln umzubilden, einbüßen mußten. Die Federn, die in ihrem Einzelbaue und in ihrer Gesamtheit als Federkleid zu dem Flugvermögen in die innigste Beziehung treten, der höchst eigentümliche Bau der Atmungswerkzeuge und der ganze Atemmechanismus, viele Einzelheiten in der Organisation der Verdauungs- und Sinnesorgane, des Apparates des Kreislaufes und des Blutes, welch letztere die Vögel zu Warmblütern ersten Ranges machen, sie samt und sonders sind mit und infolge der physiologischen und anatomischen Veränderung der Vorderbeine erworben worden. Ein Vogel als Lufttier muß sparsam gebaut sein, sein Körper muß ein leichtes Gestell haben und überall so eingerichtet sein, daß die Entfernung der Lasten vom Hauptdrehpunkte möglichst gering ist, d. h. mit anderen Worten: alle schwereren Organe müssen möglichst zentral liegen, und die äußeren Körpergegenden müssen möglichst entlastet sein. Daraus folgt, daß innere Organe unter Umständen unentbehrliche Fähigkeiten äußerer mit übernehmen müssen. Greifen wir als Beispiel die Verhältnisse des Verdauungsapparates heraus: hier übernahm der Magen die Funktion der Zähne, wodurch der Kopf nicht nur unmittelbar erleichtert, sondern auch mittelbar an seiner Masse gespart wurde, denn mit dem Wegfall der Zähne konnte auch eine ganze Reihe von Muskeln teils völlig verschwinden, teils sehr abgeschwächt werden, was wiederum eine geringere Entwickelung des Kopf- und Halsskeletts zur Folge haben mußte, da ja das Bedürfnis nach Ursprungsflächen herabgesetzt war.

Selbstverständlich braucht ein jedes höher entwickelte Tier zur Äußerung seiner Kräfte Muskeln, die ihrerseits wieder ein Knochengerüst beanspruchen, das der Muskulatur nicht nur als Stütze dient, sondern auch die nötige Festigkeit hat, die Energie ihrer Thätigkeit ohne weiteres zu ertragen. Für die Vögel als Flugtiere war es eine Notwendigkeit, daß ihre Körpergröße und ihr Körpergewicht eine gewisse Grenze nach oben nicht überstiegen, und daß ihr Skelett bei möglichst großer Leichtigkeit doch möglichst fest und elastisch war und den Muskeln möglichst große Ursprungsflächen bot. Gerade bei den Vögeln ist die Muskelarbeit eine bedeutende und anhaltende (man denke nur an eine Turmschwalbe, die täglich gewiß 18 Stunden in lebhaftester Bewegung ist!), und ein so eminenter Aufwand von Kraft verlangt einen schnellen, umfassenden Stoffwechsel, mithin eine entsprechend beträchtliche Zufuhr von Nahrung und diese, um gehörig ausgenutzt zu werden, eine lebhafte, umfassende Atmung und entsprechend entwickelte Atmungswerkzeuge. Alle Vorgänge des vegetativen Lebens nehmen beim Vogel einen raschen Verlauf unter entsprechend bedeutender Entwickelung von Wärme, die als Eigenwärme aufgespeichert und nicht nach außen abgegeben wird. Sie ist eine sehr gleichmäßige, nur zwischen geringen Grenzen schwankende, und zu ihrer Aufbewahrung dienen Vorrichtungen, die nicht nur nicht, wie etwa Fett, den Körper belasten würden, sondern solche, die ihn vielmehr gerade noch erleichtern, indem beim Vogel die Rolle, die in dieser Beziehung das Fett bei Säugetieren spielt, wesentlich durch Lufträume übernommen wird, die zwischen dem Gefieder über der Haut und teilweise unter der Haut selbst vorhanden sind.

Um Erleichterung des Körpers im Interesse des Fluges handelt es sich beim Bau der Vögel in sehr vielen Fällen. Häufig genug dreht es sich dabei, im einzelnen betrachtet, nur um Kleinigkeiten, um ganz geringfügige Organe und Teile von Organen, die sich bis zum Verschwinden rückgebildet haben, aber die Summe dieser an und für sich unbedeutenden Mengen würde doch ins Gewicht fallen, und der Vogel entbehrt sie zu seinem größeren Vorteil und kann sie entbehren, da andere Organe ihre Leistungen verändert haben. So fehlen die Schweißdrüsen, die Speicheldrüsen sind sehr wenig, bisweilen gar nicht entwickelt, und eine Blase ist nicht vorhanden. Dabei ist das Trinkbedürfnis des Vogels ein geringes. Das sind zusammen Dinge, die angesichts des Zustandekommens größerer Leichtigkeit des Körpers nicht unterschätzt werden dürfen. Die Eier werden einzeln und in Pausen gelegt, und zwar auf einer so frühen Stufe ihrer Entwickelung, daß sie den mütterlichen Körper nur während einer sehr kurzen Spanne Zeit beschweren. Das Gebären lebendiger Junge kann bei fliegenden Tieren nur unter gewissen Voraussetzungen stattfinden, die bei den Fledermäusen allerdings vorhanden, aber mit der Lebensweise eines Vogels unvereinbar sind. Bei solchen Vögeln, die das Flugvermögen durchaus und seit vielen Generationen entbehren, wäre ja das Zurweltbringen lebendiger Junge keine undenkbare Sache.

Alles in allem können wir die Vögel mit wenigen Worten so kennzeichnen: die Vögel sind Wirbeltiere, die zu Flugorganen umgebildete vordere Gliedmaßen erworben haben; demzufolge wurden sie warmblütig (gleichwarm), ohne lebendige Junge zur Welt zu bringen, und ihre Haut entwickelte ein Federkleid.

Die Knochen der Vögel zeichnen sich durch bedeutenden Reichtum an Kalksalzen und daher durch Festigkeit, Härte und Weiße aus. Die einzelnen Stücke, aus denen sich entwickelungsgeschichtlich die meisten Knochen zusammensetzen, verschmelzen vollkommen und in sehr jugendlichem Alter, was die Hauptursache ist, daß kein Vogel eine so gewaltige Größe wie ein Elefant oder Walfisch erreichen kann. Ein Vogel muß bald fertig sein, er hat keine lange Zeit, zu wachsen, da es sonst sehr zweifelhaft wäre, ob er überhaupt in das fortpflanzungsfähige Alter kommen, oder ob er nicht vielmehr im Kampf um das Dasein vorher unterliegen würde. Vögel, denen, wie den Straußen, den ausgerotteten Moas von Neuseeland und den neuentdeckten fossilen, ungeheuern Formen Südamerikas, das Flugvermögen versagt war, konnten größer und gewichtiger werden und langsamer wachsen. Hautverknöcherungen, die bei Reptilien so häufig sind, besitzt kein Vogel.

Die bemerkenswerteste Erscheinung am Skelett der Vögel ist die Lufthaltigkeit seiner Knochen. In der Jugend enthalten diese Mark, das resorbiert wird, und sie nehmen dann einfach häutige, sackartige Fortsätze in sich auf, die von den Lungen her unter Bildung bestimmter Löcher in der Knochenwand in die Hohlräume der Knochen hineinwachsen. Sämtliche Knochen des Skeletts können lufthaltig sein, mit einziger Ausnahme eines kleinen Gesichtsknöchelchens, des Jochbeins. Die Schnepfenstrauße Neuseelands haben keinen lufthaltigen Knochen.

Die Wirbelsäule der Vögel besteht, wie fast immer bei den Wirbeltieren, aus 3 wohlgesonderten Hauptregionen: der des Rumpfes, des Halses und des Schwanzes. In der Hauptregion des Rumpfes sind die Wirbel der Unterregionen der Brust, der Lende und des Beckens in der Regel vollkommen fest und starr miteinander verbunden, ja, ihre oberen Dornfortsätze können zu einer mittleren Rückenleiste verschmelzen. Mit den Beckenknochen verwachsen die hintersten Lenden- und die vordersten Schwanzwirbel in verschiedener Zahl, so daß sich mit ihnen, abgesehen von den beiden einzigen, echten Kreuzbeinwirbeln, noch 8 (Singvögel) bis 24 (Strauß) weitere Wirbel zu einer Einheit verbinden können. Dadurch erhält das Rumpfskelett eine Festigkeit, wie sie Säugetiere niemals und unter den Reptilien, wenn auch aus anderen Gründen, nur die Krokodile und Schildkröten besitzen. So wird der Körper des Vogels zu dessen allergrößtem Vorteil beim Fliegen zu einem unnachgiebigen, spindelförmigen Luftschiffe mit beweglichem Bugspriet (Hals und Kopf), Steuerruder (Schwanz) und zwei Seitenrudern (den Flügeln).

Die Halswirbelsäule der Vögel, deren große Beweglichkeit schon betont wurde, umfaßt eine nach den Arten, bisweilen selbst nach den Individuen schwankende Zahl von einzelnen Wirbeln (8—24), und in der Regel ist hier die größere Halslänge mit einer größeren Wirbelzahl verbunden, während unter den Säugetieren die Giraffe so gut wie die Maus nur 7 Halswirbel hat. Der knöcherne Schwanz besteht scheinbar aus einer weit geringeren Anzahl von Wirbeln, als er thatsächlich enthält, und der Grund hiervon ist darin zu suchen, daß nicht nur eine Anzahl seiner vordersten Wirbel mit den Beckenknochen verwachsen, sondern daß auch die hintersten zur Bildung einer einzigen Knocheneinheit, des Steißknochens, verschmelzen. So hat die Hausente scheinbar 8, thatsächlich aber 18 Schwanzwirbel.

Der Schädel der Vögel setzt sich, wie immer bei Wirbeltieren, aber hier besonders deutlich, aus 2 Regionen zusammen: dem Hirn- und dem Gesichtsschädel. Bei jenem verwachsen die einzelnen Knochen besonders bald zu einer gleichmäßigen Kapsel, die bloß von feinen Öffnungen zum Durchtritt der Blutgefäße und Nerven durchsetzt ist, abgesehen von vielen Entenvögeln, die, merkwürdig genug, am Hinterhaupt ansehnliche Lücken haben. Zur Verbindung des Schädels mit dem Rückgrate dient ein einziger, ursprünglich dreiteiliger, stark gerundeter Gelenkhöcker des Hinterhauptbeines. Der Gesichtsschädel oder knöcherne Oberkieferapparat ist eine dreiseitige Pyramide, deren eine Seite das knöcherne Gaumendach bildet, das bei Nashornvögeln und Pfefferfressern die größte Ausdehnung hat. Der vordere Teil des Gesichtsschädels verbindet sich durch eine doppelte Knochenkette, eine innere und eine äußere, mit dem Hirnschädel, aber nicht unmittelbar, sondern mittels eines eigentümlichen, eingeschobenen Scharnierknochens, auf dessen Außenseite sich das hintere Ende der äußeren und auf dessen Innenseite sich das der inneren Knochenkette legt. Dieser Knochen, das Quadratbein, trägt am oberen und unteren Rande Gelenkhöcker, die in entsprechende Gruben des Hirnschädels und des Unterschnabels eingreifen. Dieser verlängert sich mit einem Fortsatz über das Quadratbein nach hinten, und an jenen setzen sich am Hinterhaupt entspringende Muskeln an. Ziehen sich die Muskeln zusammen, so wird die hintere Verlängerung des Unterkiefers gehoben und sein vorderer, vor dem Quadratbein gelegener Teil gesenkt, d. h. vom Oberkiefer entfernt, und somit der Schnabel geöffnet. Zugleich wird das Quadratbein von den Gelenkgruben des Unterkiefers nach vorn geschoben, drückt dabei auf die an ihm befestigten beiden Knochenketten und durch deren Übertragung weiter auf den Oberschnabel, dessen Vorderende dadurch mehr oder weniger, bisweilen (Papageien) sogar sehr bedeutend gehoben wird, was zusammen mit dem Besitz von Greifpfoten diesen Vögeln das Klettern außerordentlich erleichtert. Wenn irgendwo bei den Vögeln, so läßt sich gerade bei den Papageien der vordere Abschnitt der Wirbelsäule, der Hals zusammen mit dem Schädel, mit einer vorderen Gliedmaße vergleichen: der Hals entspricht einem reich gegliederten Arm, der Oberschnabel den 4 Innenfingern und der Unterschnabel dem Daumen.

Der Brustkorb ist bei den Vögeln meist ansehnlich, am ansehnlichsten bei Tauchvögeln, bei denen die Rippen weit nach hinten reichen. Die echten, die Wirbelsäule mit dem Brustbein verbindenden Rippen (7—12) sind zweigliederige Stäbe, deren beide Bestandstücke sich beweglich miteinander verbinden und einen nach vorn offenen Winkel bilden. Das hintere Stück ist mit der Wirbelsäule fest vereinigt, und wenn der Vogel einatmet, senkt sich das vordere, der Winkel wird stumpfer, das Brustbein wird abwärts gedrückt und der Raum der Leibeshöhle beträchtlich vergrößert, so daß sich die Atmungsorgane, bez. deren umfangreiche Anhänge mit bedeutenden Luftmengen bis tief in das Becken hinab füllen können, da kein Zwerchfell vorhanden ist. Das obere Stück der sehr flachen Brustrippen trägt einen nach hinten gerichteten, glatten Fortsatz, der sich auf die nächstfolgende Rippe oder auf die nächstfolgenden Rippen legt, wodurch der Brustkorb noch mehr gestützt und verstärkt wird.

Die Vögel besitzen sämtlich ein großes, oft ein sehr großes Brustbein in Gestalt einer vierseitigen, hinten konkaven Platte, deren Hinterrand und deren äußere Seitenränder mannigfach ausgeschnitten sein können, und die in der Regel vorn auf der Mitte eine von vorn nach hinten rasch abnehmende Leiste, den Brustbeinkiel, trägt. Die Seiten dieses Kieles sowie der größte Teil des Brustbeines rechts und links von ihm dienen den gewaltigen, die Flugbewegungen vermittelnden Brustmuskeln zur Ursprungsstelle. Daher steht der Umfang des Brustbeinkiels und der Brustbeinplatte zum Grad der Flugleistung in gleichem Verhältnis; Vögel, die, wie die Strauße, Kasuare, Kiwis, die ausgestorbenen Dronte 2c., gar nicht fliegen können oder konnten, haben keinen Brustbeinkiel, und solche, die, wie die Eulenpapageien, bloß schwach zu flattern vermögen, nur einen ganz gering entwickelten. Daß die Pinguine und der ausgerottete Riesenalk, obwohl sie flugunfähig sind, bez. waren, doch einen kräftigen derartigen Kiel haben, hat seinen Grund darin, daß diese Tiere ihre Flügel beim Schwimmen benutzen und gewissermaßen unter Wasser fliegen.

Der Schultergürtel besteht typisch jederseits aus 3 Stücken: dem Schulterblatt, dem stets kräftig entwickelten, den Schultergürtel jederseits mit dem Brustbein verbindenden Rabenbein und dem eigentlichen Schlüsselbein. Das letztere kann fehlen oder nur schwach sein, meist aber verwächst es mit dem der anderen Seite zu einem V-förmigen Knochen (dem sogenannten Gabelbein), der sich in der Regel durch Band- oder Knochenmasse mit dem Oberrande des Brustbeines, bez. des Kieles verbindet.

Die drei Knochen jeder Beckengürtelhälfte, Darm-, Sitz- und Schambein, verwachsen miteinander und, wie schon erwähnt, mit den hintersten Lenden- und vordersten Schwanzwirbeln zur Bildung einer gestreckten, in der Mitte etwas eingeschnürten Schale. Die Darmbeine sind sehr lang, ragen namentlich weit nach vorn und bilden den vor den Gelenkpfannen gelegenen Abschnitt des Beckens ausschließlich; auch bilden sie das Dach und die Vorderwand der Gelenkpfanne selbst. Sitz- und Schambein sind gestreckte, schmale Knochen und verlaufen hinter der Gelenkpfanne parallel zu einander und zu den Beckenrändern. Bei den afrikanischen Straußen vereinigen sich die beiden Schambeine in der Mitte mit ihren Hinterenden durch Bandmasse, und diese Vögel sind die einzigen lebenden, die ein geschlossenes Becken haben.

Jede vordere Gliedmaße (Flügel) besteht aus einem mit starkem, quer-ovalem Gelenkkopf ausgestatteten Oberarmbein und im Unterarm aus einer kräftigeren Elle und schwächeren Speiche. In der Handwurzel sind nur 2 Knochen nachweisbar, und Finger finden sich nie mehr als 3, indem der erste (der Daumen) und der fünfte in Wegfall gekommen sind. Der zweite Finger ist selbständig beweglich, der dritte, der längste, und vierte sind es gemeinsam. In der Ruhe wird der Oberarm nach hinten, der Unterarm parallel zu ihm nach vorn und die Hand wieder nach hinten geschlagen gehalten (Z). In den hinteren Gliedmaßen (Beine) finden sich kurze, starke, nach vorn gerichtete Oberschenkel und lange Unterschenkel, die aus einem vollständigen Schienbein und einem nur im obersten Abschnitt entwickelten, dornförmigen Wadenbein bestehen. Mit dem unteren Ende des Schienbeines verschmilzt die obere Reihe der Fußwurzelknochen, während die untere sich mit den gleichfalls unter sich vereinigten Mittelfußknochen zur Bildung des variabelsten Knochens am ganzen Vogelskelett, des Laufes, verbindet. Zehen sind meist 4 vorhanden, gelegentlich auch 3; bloß die afrikanischen Strauße haben 2. Finden sich ihrer 4, so hat die innerste 2, die zweite 3, die dritte 4 und die vierte 5 Glieder. Nie kommen normalerweise 5 Zehen vor, da die unserer großen Zehe entsprechende, wie bei den vorderen Gliedmaßen der Daumen, in Wegfall gekommen ist. Die zweite oder innerste ist in der Regel nach hinten gerichtet und höher am Lauf angeheftet als die übrigen, sie kann aber auch nach vorn geschlagen sein, oder sie kann nach Belieben vor- und rückwärts gedreht werden (innere Wendezehe der Mausvögel), oder, und das ist weit häufiger der Fall (bei Kuckucken), es geschieht das mit der äußeren (äußere Wendezehe).

Etwas vorgreifend bemerken wir, daß die Zehen untereinander durch Schwimmhäute oder durch Heftung verbunden sind. Die Schwimmhäute können sein: vollständige, sie verbinden alle 4 Zehen oder bloß nur die 3 inneren bis an die Nägel oder sogar bis über dieselben hinaus, — gespaltene, sie umgeben alle Zehen als breite, geradrandige Säume — und gelappte, sie stellen an allen Zehen oder nur an den 3 inneren Säume dar, die entsprechend den Stellen, wo sich die Zehenglieder gelenkig miteinander verbinden, eingekerbt sind. Als zurückgetretene Schwimmhäute bezeichnet man solche, die zwischen den 3 Vorderzehen so tief ausgeschnitten sind, daß mindestens die beiden vorderen Endglieder der dritten Zehe an der Innenseite frei bleiben. Bei der Heftung sind nur die hinteren Glieder der 3 vorderen Zehen durch Schwimmhäute verbunden, bei halber nur die der dritten und vierten, die Spannhaut zwischen der zweiten und dritten aber ist gespalten. Bei völliger Spaltung sind alle Zehen durchaus unverbunden. Bisweilen stecken die Vorderzehen in verschiedenem Umfange in einem gemeinsamen Hautköcher. Dieser als Verwachsung bezeichnete Zustand kann im geringsten Falle das hinterste Glied der dritten und vierten Zehe betreffen, im höchsten die 4 hintersten der dritten und vierten und zugleich das hinterste der zweiten und dritten.

Der Gestalt nach unterscheidet man bei den Vögeln folgende Füße: 1) Schwimmfüße, und zwar a) Plattfuß (Pinguine), b) Spaltschwimmfuß (Steißfüße), c) Ruderfuß (Scharbenvögel), d) Schaufelfuß (Alke, Langschwinger, Entenvögel); 2) Watfüße, nämlich a) Lauffuß (Austernfischer, Schnepfen, Rallen 2c.), b) Schreitfuß (Störche, Ibisse 2c.); 3) Raubfüße, nämlich a) Scharrfuß (Hühner) und b) Fangfuß (Raubvögel); 4) Spaltfüße, und zwar a) Haftfuß (Nachtschwalben), b) Klimmfuß (Mausvögel, Pisangfresser 2c.), c) Klammerfuß (Segler), d) Sitzfuß (Bienenfresser, Eisvögel, Kolibris, Raken, Nashornvögel u. a. m.); 5) Kletterfüße (Papageien, Trogons, Pfefferfresser, Kuckucke, Spechte) und endlich 6) Hüpffüße (Singvögel, Wiedehopfe 2c.).

Die Haut der Vögel ist in der Regel an den meisten Körperstellen, abgesehen von den Füßen und dem Schnabel, zart und dünn, arm an Nervenkörperchen und enthält nur eine einzige Drüse, bez. ein Drüsenpaket, die oben auf dem Becken gelegene Bürzeldrüse. Sie sondert einen ölartigen Stoff ab, der zum Einfetten der größeren Federn des Gefieders dient. Bisweilen fehlt sie. Die charakteristischsten Teile der Vogelhaut sind die Federn, von denen man hauptsächlich 2 Arten unterscheidet: Konturfedern und Daunen. Die letzteren sind kurz, weich und locker und bilden das ziemlich gleichmäßig über den Körper verteilte Untergefieder. Die ersteren sind kräftig, fest und elastisch und stehen meist in gesonderten, nach den Familien sehr verschiedenartig angeordneten Gruppen, den Fluren, zwischen denen die Haut in den Rainen höchstens von Daunen befiedert ist. Auf den Fluren stehen die Konturfedern, die deshalb so heißen, weil sie die äußeren Umrisse oder Konturen eines Vogels bedingen, in Wechselreihen oder in Quinkunx. Ihr mittlerer Längsteil ist der Kiel, dessen oberer, solider Abschnitt Schaft, und dessen unterer, hohler, Spule heißt. An den Seiten trägt er die aus Ästen, Strahlen und Häkchen gebildete Fahne. Bisweilen fehlt die Fahne, und die Schäfte sind entweder dünn, fadenartig oder steif, borstenähnlich, wie an den Mundwinkeln vieler Vögel, entwickelt. Häufig entwickelt sich neben und an einer Konturfeder eine kleinere, weichere Nebenfeder (Afterschaft). Am Hinterrande der Flügelknochen sind sehr große Federn angeheftet, die Schwungfedern, die nach den Knochenpartien, zu denen sie in Beziehung treten, als Hand-, Arm- und Schulterschwingen oder als Schwungfedern 1., 2. und 3. Ordnung unterschieden werden. Die die Wurzelenden der Schwungfedern deckenden kleineren Konturfedern sind die Deckfedern. Der erste Finger trägt eine selbständige Gruppe kleiner Federchen, den Eckflügel. Im Schwanz finden sich die großen Steuerfedern, die zum Steißknochen in ähnliche Beziehung treten wie die Schwungfedern zu den Flügelknochen und oben und unten gleichfalls von Deckfedern überlagert werden.

Die Farben der Federn beruhen teils auf körnigen oder diffusen Pigmenten in den sie aufbauenden Zellen, teils, soweit es metallisch schimmernde und glänzende sind, auf sich kreuzenden, das Licht mannigfach brechenden Systemen von Furchenlinien ihrer Oberfläche. Eine völlig ausgewachsene Feder ist ein lebloses, dem Stoffwechsel des Vogels entzogenes Ding, das periodisch (Frühlings- und Herbstmauser) verloren geht und durch neuen Nachwuchs ersetzt wird. Obwohl eine ausgebildete Feder leblos ist, kann sie doch ihre Farbe durch den Einfluß des Lichtes verändern, wie das auch mit einem farbigen Stück Tuch oder Papier der Fall sein kann.

Der Schnabel ist ein horniger, meist harter, seltener weicher Überzug des Ober- und Unterkiefers. Nicht selten ist die Wurzel des Oberschnabels, dessen Rand 1 oder 2 Zähne haben oder sägeartig eingekerbt sein kann, von einer weicheren, oft lebhaft gefärbten Haut, der Wachshaut (z. B. bei Papageien, Raubvögeln u. a. m.), umgeben. Häufig ist auch der Schnabel lebhaft gefärbt und unterliegt einer einmaligen (z. B. bei der männlichen Amsel) oder periodisch wiederkehrenden (Star) Verfärbung. Bei einigen Vögeln wird der Schnabel ganz (Alke, Auerhahn) oder teilweise (Helmüberzug der Kasuare) mit dem Gefieder gemausert, nachdem sich unter der alten Hornscheide eine neue gebildet hat. Die Gestalt des Vogelschnabels ist außerordentlich verschieden und richtet sich selbstverständlich nach der Lebensweise, in der Regel nach der Art der Nahrung und des Nahrungserwerbes. Wahre Zähne hat kein Vogel, und auch etwaige embryonale Keime derselben sind mit Sicherheit nicht nachgewiesen.

Meist sind die Zehen und der Lauf, manchmal auch der untere Teil des Unterbeines von ähnlicher Hornsubstanz wie der Schnabel überzogen. Sie kann in Gestalt von mehr oder weniger regelmäßig umschriebenen Schüppchen oder Höckerchen bestehen (genetzt oder gekörnt sein), oder ihre Tafeln vereinigen sich an der Vorderseite des Laufes zu einem gemeinsamen, „Stiefel" genannten Überzug. In anderen Fällen sind der Lauf und selbst die Zehen in verschiedenem Umfang befiedert. Auf der Oberseite der Zehenspitzen befinden sich stärkere Verhornungen, die Nägel oder Krallen, und hinten am Lauf bei männlichen Hühnervögeln meist 1 oder mehrere Sporen. Auch am 1., selbst am 2. Finger kommen hier und da messerklingen- oder stachelartige Nägel vor. Bei vielen Vögeln entzünden sich die auf den Eiern liegenden Hautstellen durch den Druck, sie verlieren ihre Federn und bilden die sogenannten Brutflecke. Am Kopf und Hals finden sich gelegentlich, namentlich bei männlichen Hühnervögeln, nackte, lederartige, lebhaft gefärbte, oft in der Erregung anschwellende Hautpartien.

Hinsichtlich des Nervensystems sei nur hervorgehoben, daß das Große Gehirn, obwohl es noch keine Furchen auf seiner Oberfläche hat, betreffs seiner sonstigen Entwickelung und Größe das gleichgroßer Reptilien, ja selbst nicht weniger Beuteltiere weit übertreffen kann. Besonders ist das bei den geistig so hoch stehenden Papageien der Fall. Überhaupt muß zugestanden werden, daß die Vögel an Intelligenz in sehr vielen Fällen weit über zahlreichen Säugetieren stehen. Von den Sinnesorganen sind die des Getastes, Geschmacks und Geruchs nur schwach, die des Gehörs und ganz besonders des Gesichts sehr hoch entwickelt. Die Haut enthält nur wenig Tastkörperchen, nur in der Schnabelhaut weichschnäbeliger Vögel (Entenvögel, Schnepfen) und in der Wachshaut, dann in der Haut unterhalb der Steuerfedern sind sie besser vertreten. Auch die Zunge mancher Vögel (z. B. der Spechte) dürfte, nach der reichlichen Gegenwart von Nervenendkörperchen zu schließen, ein hervorragendes Tastorgan sein. Bei den Vögeln, die ihre Nahrung ganz oder doch nur sehr grob zerkleinert und infolge der gering entwickelten Speicheldrüsen in nicht eingeweichtem Zustand verschlingen, und deren Zunge meist von einer harten Hornhaut überzogen, oft auch (Pelikane, Nashornvögel, Wiedehopfe, Ibisse 2c.) ganz verkümmert ist, kann von einem Geschmacksorgan in dem Sinne wie von unserem nicht die Rede sein. Auch das Geruchsorgan ist nur gering entwickelt, und in manchen Fällen mag das Riechvermögen gleich Null sein, sind doch bei manchen Scharbenarten die Nasenlöcher vom Hornüberzug des Schnabels überwachsen. Meist liegen die äußeren Nasenlöcher in der hinteren Hälfte des Schnabels und sind von einem Federkranz umgeben, gelegentlich durch Deckelklappen geschützt. Bei den Schnepfensträußen befinden sie sich ausnahmsweise an der Schnabelspitze, und bei einigen Langschwingern (z. B. beim Albatros) liegen sie in zwei parallelen Röhren auf der First des Oberschnabels. Am Gehörorgan bilden drei in schwammiger Knochenmasse eingeschlossene halbzirkelförmige Kanäle nebst Vorhof und schlauchförmiger, nur umgebogener, nicht aufgerollter Schnecke das Labyrinth. Die Paukenhöhle steht nicht nur durch die Eustachische Trompete mit der Rachenhöhle, sondern auch durch besondere Kanälchen mit den Lufthohlräumen der Schädelknochen in Verbindung. Der äußere Gehörgang ist kurz, und um seine Eingangsöffnung steht meist ein Federkranz; nur verschiedene Eulen besitzen ein äußeres Ohr in Gestalt einer vor dem Ohrloch gelegenen, an ihrem Rande mit Federn besetzten Hautfalte.

Die Sehorgane der Vögel sind niemals rückgebildet oder verkümmert, denn es gibt unter diesen Tieren keine unterirdisch lebenden Formen, wie in allen anderen Klassen der Wirbeltiere.

In der Regel liegen die Augen seitlich, nur bei den Eulen sind sie nach vorn gerichtet. Der Augapfel ist nicht rund, sondern hat die Gestalt eines höheren oder niedrigeren, vorn konvex abgestumpften, meist etwas eingeschnürten Kegels. Die Hornhaut ist stark gewölbt, und die harte Haut enthält einen Ring von 10 bis 17 sich mit den Rändern nach Art der Dachziegel überschneidenden Knochenplättchen (den Sklerotikalring). Die Aderhaut ist sehr gefäßreich und von dunkler Farbe, sie wird vom Sehnerv durchsetzt, der auf ihr als Netzhaut sich verbreiternd endet, und sie dringt als ein merkwürdiger, gefächerter Fortsatz (Kamm, Fächer) in den Glaskörper des Auges ein. Die Zahl der Falten dieses Fächers ist bei Nachtvögeln (Nachtschwalben, Eulen) am geringsten, und die Schnepfenstrauße haben überhaupt keinen Kamm. Das Minimum der Faltenzahl findet sich beim Ziegenmelker (3) und das Maximum (30) beim Raben. Die Linse des Vogelauges ist ziemlich flach gewölbt; die Iris ist oft sehr lebhaft, enthält quergestreifte Muskelfasern und ist äußerst beweglich. Die Pupille hat meist eine runde Form. Als Akkommodationsapparat dienen vom Sklerotikalringe entspringende und sich an die Hornhaut ansetzende Muskelfasern (Cramptonischer Muskel). Die Vögel haben 3 Augenlider, indem außer den beiden gewöhnlichen noch eine im inneren Augenwinkel befestigte und durch einen an der Hinterseite des Auges befindlichen Muskel bewegbare, durchscheinende „Nickhaut" vorhanden ist. Borstenartig entwickelte Federn sitzen als Wimpern am Rande der Augenlider.

Die Verdauungsorgane der Vögel zeigen in ihrem Bau eine große Einförmigkeit bei den verschiedenen Formen, nur die Zunge erscheint vielfach modifiziert. In der Regel füllt sie zwar den Innenraum zwischen den Unterkieferästen aus, kann aber bei langschnäbeligen Vögeln viel kleiner als dieser Raum werden. Häufig ist die Zunge an ihrer Spitze eingeschnitten oder gespalten, am stärksten bei den Kolibris, bei denen sie die Gestalt zwei aufeinander passender Halbröhren annimmt. Bei Kolibris, Spechten und Wendehälsen erreicht sie eine bedeutende Länge und kann weit aus dem Maule herausgeschleudert werden. Hier sind auch die sonst bei Vögeln nur unbedeutend entwickelten, weil zur Durchfeuchtung der Nahrung nicht nötigen Speicheldrüsen zum Teil sehr ansehnlich, da ihr klebriger Absonderungsstoff dazu dient, die Zunge der insektenfressenden Spechte &c. in eine Leimrute zu verwandeln. Auch verschiedene Segler, besonders die Salangane, haben umfangreiche Speicheldrüsen, deren Sekret beim Aufbau der Nestchen Verwendung findet. Die Vögel haben eine weite Speiseröhre, die fischfressenden die weiteste, die nie rein cylindrisch, sondern entweder gestreckt trichterförmig ist oder Ausbuchtungen hat, die bei Tagraubvögeln, Geiern, Hühnern und Papageien einen zur vorläufigen Aufbewahrung von Nahrungsmitteln dienenden Kropf bilden. Auch die Tauben haben einen Kropf, der aber nicht bloß vorübergehend Nahrung aufnimmt, dessen Wandungen vielmehr in der Brütezeit bei beiden Geschlechtern eine aus fetthaltigen Zellen bestehende Masse abstoßen, mit der die Jungen gefüttert werden. Am Ende der Speiseröhre befinden sich in ihrer Wandung meist zahlreiche und ansehnliche Drüsen, die verdauende Säfte absondern. Der eigentliche Magen ist nach einem doppelten Typus gebaut: er ist entweder eine chemische Retorte oder eine Mühle, aber beide Entwickelungsformen gehen ineinander über. Die erstere Form hat er bei solchen Vögeln, die von weicher tierischer Kost (Fische, Aas) leben, die letztere bei solchen, die von Körnern sich ernähren. Im ersteren Falle sind seine Wandungen weichhäutig, in letzterem (besonders bei Hühnern und Entenvögeln) zu gewaltigen Muskelscheiben entwickelt. In der inneren Oberfläche der Magenwand liegen Drüsen, die ein zu Horn erstarrendes Sekret liefern. Dieses Sekret bildet einen inneren schwieligen Überzug, der um so stärker ist, je kräftiger die Magenmuskulatur entwickelt erscheint. Viele Vögel, besonders Körnerfresser, verschlucken Steinchen, die, im Magen verbleibend, den mechanischen Teil der Verdauung unterstützen. Dann wirkt die Muskulatur der Magenwand als Kaumuskeln und der innere Hornüberzug nebst den aufgenommenen Steinchen als Zähne. Die Vögel haben eine sehr große Leber, deren Gewicht sich zu dem des ganzen Körpers durchschnittlich wie 1:27 verhält. Die Verdauung ist bei diesen Tieren eine höchst energische, und die reinen Fleisch-, besonders Aasfresser können sehr lange, die auf Pflanzenkost angewiesenen aber nur sehr kurze Zeit hungern. Am Ende bildet der Darm eine Kloake, die auch die Ausführungsgänge der Harnwerkzeuge &c. aufnimmt und mittels eines queren Afters nach außen mündet.

Die Atmungswerkzeuge der Vögel sind hoch entwickelt und kompliziert gebaut, und zwar zufolge des Vorhandenseins zweier Kehlköpfe und sackartiger Anhänge oder Fortsetzungen der Lunge. Der obere Kehlkopf entspricht dem der Reptilien und Säugetiere und ist sehr einfach. Die von geschlossenen Knorpelringen gestützte Luftröhre ist meist von Halslänge, bei einigen männlichen Vögeln aber bedeutend länger; sie liegt dann unter der Brusthaut oder bildet in das Gabelbein, bez. in den Brustbeinkiel aufgenommene Schlingen. Bei anderen zeigt sie in ihrem Verlaufe stellenweise Erweiterungen. In beiden Fällen handelt es sich um Verstärkung der Stimme. An der Stelle, wo sich die Luftröhre gabelig teilt, liegt (mit Ausnahme von Straußen, Störchen und verschiedenen Geiern) der untere Kehlkopf, der bei Singvögeln am kräftigsten ausgebildet ist und die Modulation der Stimme bedingt. An seinem Zustandekommen beteiligen sich knorpelige und häutige unterste Teile der Luftröhre und oberste der beiden Hauptbronchien, die durch quergestreifte Muskeln willkürlich gegeneinander bewegt und gespannt werden. Die Bronchien durchziehen zum Teil die ganzen, tief zwischen die Rippen eingekeilten und bloß an der Vorderseite beweglichen Lungen und enden an ihrer Oberseite mit Löchern. Diese sind mit sehr dünner Haut überzogen, die beim Lufteintritt aufgeblasen wird und einen sogenannten Luftsack darstellt. Die Luftsäcke verbreiten sich in der Leibeshöhle zwischen den anderen hier befindlichen Organen, treten aber auch zum Teil aus ihr heraus zwischen die Muskulatur und unter die Haut. Ihre Zahl ist bei den verschiedenen Formen schwankend, auch kommen Verschmelzungen zwischen ihnen vor. Ihre physiologische Bedeutung dürfte eine dreifache sein: 1) Herabsetzen des spezifischen Gewichtes beim Einatmen, 2) Aufsammeln von Wärme in ihren Räumen und 3) Aufbewahren atmungsfähiger Luft auf Vorrat.

Das Schlagaderblut der Vögel ist reich an ovalen, roten Blutkörperchen und an Eiweiß und hat eine sehr hohe Temperatur (bis über 40° C.). Das Herz besteht aus 2 Kammern und 2 Vorkammern, die alle durchaus voneinander getrennt sind.

Die Zahl der Eier ist bedeutenden Schwankungen unterworfen; am geringsten (1) ist sie bei Pinguinen, Lummen und Albatros, am zahlreichsten (bis 20) bei manchen Hühnervögeln. Die Brutpflege ist bei den Vögeln ganz besonders hoch ausgebildet, und von Wirbeltieren können nur einige Fische in dieser Hinsicht mit ihnen verglichen werden. Die meisten bauen Nester und brüten, einige (Kuckucke und Viehstare) legen indessen in die Nester anderer Vögel, und die Hammerhühner verscharren ihre Eier in heißen Sand, die Großfußhühner aber in faulende Vegetabilien. Die Vögel leben teils in Monogamie, und dann brüten meist beide Geschlechter, oder in Polygamie, und dann bleibt das Brutgeschäft den Weibchen überlassen. Selten ist es, daß bloß die Männchen brüten (Strauße und einige Schnepfenformen). Die Jungen verlassen entweder das Ei so weit entwickelt, daß sie gleich selbständig fressen (Nestflüchter), oder sie sind so wenig ausgebildet, daß sie von den Alten längere oder kürzere Zeit gefüttert werden müssen (Nesthocker). Dem sehr verschiedenen Nestbau nach unterscheidet man: Flechter, Weber- und Schneidervögel, Dombauer, Maurer, Zementierer, Zimmerer 2c. und nach den Örtlichkeiten, an denen sich die Nester befinden, Erd-, Höhlen-, Baumbrüter u. a. m. Manche Vögel verwenden ihren Speichel beim Nestbau als Kitt, und die Salangane bauen bloß aus ihm (ostindische Vogelnester).

Die Geschlechter der Vögel zeigen äußerlich oft sehr wesentliche Unterschiede. So sind die Männchen, namentlich bei in Polygamie lebenden Vögeln (Hühner), aber auch bei monogamen (Kolibris) ganz auffallend viel bunter befiedert oder haben besonders stark entwickelte Feder- oder lebhaft gefärbte nackte Hautpartien, besonders an Kopf und Hals. In anderen Fällen sind sie durch den Besitz besonderer Waffen (Fußsporen) ausgezeichnet. Bei den Singvögeln sind die Männchen oft im Besitz lauttönender, zum melodischen Gesang geeigneter Stimmen, aber auch andere geben teils Vokaltöne (Hühner 2c.) von sich, teils (Spechte u. a.) bringen sie Instrumentaltöne zu Wege. Eine besondere Geruchsentwickelung im männlichen Geschlechte, die bei Säugetieren so häufig ist, findet sich bei Vögeln niemals. In seltenen Fällen sind die Weibchen bunter als die Männchen.

Die Vögel bleiben teils jahraus jahrein in denselben Örtlichkeiten, sie sind Standvögel, teils aber verändern sie ihre Aufenthaltsorte in verschiedenem Umfang. Das letztere wird durch Nahrungsmangel in gewissen Jahreszeiten (in kalten und gemäßigten Klimaten durch die Winterkälte, in den Tropen durch die Sommerdürre) veranlaßt. Die einen durchstreifen dann meist gesellschaftlich kleinere Gebiete (Strichvögel), oder sie suchen zu ganz gewissen Zeiten und auf gewissen Straßen entfernte Länder auf und kehren ebenso zurück (echte Wander- oder

Zugvögel). Manche erscheinen als sogenannte Zigeunervögel plötzlich in Gegenden, wo gerade ihre Hauptnahrung gut geraten ist, in großer Anzahl (Kreuzschnäbel, Tannenhäher 2c.).

Viele Vögel sind ausschließlich Fleischfresser und ernähren sich von lebendig gefangenen Wirbeltieren oder von Aas, oder von Kerbtieren, Würmern, Schnecken u. dgl., die meisten aber von teils tierischen, teils pflanzlichen Stoffen. Ausschließlich pflanzenfressende Vögel sind sehr selten, mindestens füttern sie ihre Jungen zum Teil mit Insekten.

Vögel bevölkern als Brutvögel die Erde von Pol zu Pol und von den Gestaden des Meeres bis über die Grenze des ewigen Schnees, und kein anderes Tier vermag sich freiwillig zu solchen Höhen zu erheben wie der Kondor. Am stärksten ist freilich auch diese Tierklasse unter den Tropen entwickelt. Fast kosmopolitisch verbreitet sind gewisse Möwenarten, die Schleiereule und der Fischadler. Von bekannten Vogelfamilien sind universell verbreitet: Steißfüße, Möwen, Sturmvögel, Enten, Reiher, Regenpfeifer, Schnepfen, Rallen, Eulen, Falken, Tauben, Eisvögel und echte Schwalben. Es fehlen nur: auf Neuseeland Raben, Drosseln, Turmschwalben und in Chile echte Sänger oder Sylvien und Seeadler, in ganz Südamerika die echten Würger, in Kanada die Kuckucke, auf dem Kontinent von Australien die Finken, Bachstelzen und Ziegenmelker. Ausschließlich in der Alten Welt leben folgende wichtigeren Familien: Pirole, Fliegenschnäpper, Webervögel, Stare, Wendehälse, Honigkuckucke, Raken, Bienenfresser, Nashornvögel und Wiedehopfe. Nur in Amerika finden sich Zuckervögel, Kolibris, Stärlinge, Tanagras, Königswürger oder Tyrannen, Ameisenfresser, Glanzvögel, Pfefferfresser, Baumhühner 2c. Sowohl in der Alten als der Neuen Welt werden bloß auf der nördlichen Erdhälfte angetroffen: Alke und Taucher, bloß auf der südlichen Pinguine. Fast ganz auf tropische Länder beschränkt sind die Sporenhühner, Bartvögel, Papageien und Trogons. Ausschließlich afrikanisch sind die Pisangfresser, Mausvögel, Goldkuckucke (Irrisoridae) und Sekretäre. Das Gebiet östlich der Straße von Makassar beherbergt allein Kasuare, Leierschwänze, Großfußhühner, Paradiesvögel 2c.

In historischer Zeit ausgestorben sind eine ganze Reihe Vogelarten, von denen der grön- und isländische Riesenalk, die Moas von Neuseeland (11 Arten), der Riesenstrauß (Aepyornis) Madagaskars, die Dronte von Mauritius und der Solitär von Rodriguez die bekanntesten sind. Die Zahl der als gegenwärtig lebend bekannten Arten ist etwa 10,000.

Die Vögel (Aves).

1. Ordnung: Pinguine (Sphenisci).

Die Pinguine sind von allen Vögeln am meisten und am einseitigsten an das Wasserleben angepaßt, zu fliegen vermögen sie gar nicht, und das Land besuchen sie nur, weil das Brutgeschäft für einen Vogel ausschließlich hier möglich ist. Ihr Körper ist plump, breit und flach, der Hals mäßig lang, der Schnabel gleichfalls, dabei gestreckt, gerade und seitlich zusammengedrückt. Der Knochenteil des Schwanzes ist verhältnismäßig ansehnlich und trägt steife, schmale, zu Borsten, aber nicht zu einem Steuer entwickelte Federn, auf die sich die Vögel beim Sitzen stützen. Die Flügel werden von den Tieren seitlich abstehend und hängend getragen, sie haben kein differenziertes Gefieder, sondern sind mit schuppenartigen Federn bedeckt, ihre Knochen sind alle breit, flach und scharfrandig. Obwohl die Pinguine nicht fliegen, haben sie doch eine bedeutende Brustmuskulatur und zu deren Ursprung einen ansehnlichen Kiel auf dem Brustbein, denn sie benutzen ihre Flügel zum Schwimmen oder, wenn man will, zum Fliegen unter Wasser. Die Beine sind sehr kurz und weit nach hinten eingelenkt, die Knochen des Laufes sind ungewöhnlich breit und unvollkommen verschmolzen, auch die Zehen sind breit und dabei lang, und die Pinguine stemmen sich beim Sitzen nicht nur auf sie, sondern außer auf den Schwanz auch auf die Unterseite des Laufes, so daß sie wie auf einem Dreifuß ruhen. Die 3 vorderen Zehen tragen starke Nägel und sind durch Schwimmhäute verbunden, die 4. ist oben, hinter dem Laufe, angegliedert. Das Gefieder steht gleichmäßig, ohne Fluren und Raine zu bilden, über den Körper verteilt und ist sehr dicht. Die Pinguine legen bloß ein einziges längliches, ungefärbtes Ei, dessen Schale rauh und anfangs nachgiebig ist. Ihre Farbe ist auf der Rückenseite dunkler als auf der Bauchseite, das Dunenkleid der Jungen ist eigentümlich haarartig. Sie halten das Ei beim Brüten so zwischen den Beinen, daß seine Längsachse von vorn nach hinten gerichtet ist. Auf dem Bauch entwickeln sich zwei Längsfalten, zwischen denen die brütenden Vögel, wenn sie gestört werden, das Ei mitschleppen. Beim Gehen halten sich die Pinguine wie beim Sitzen aufrecht, wanken hin und her und balancieren mit den abstehenden Flügeln. Sie leben ausschließlich von tierischer Kost, nach der sie im Meere mit sehr großem Geschicke tauchen. Das Meer ist überhaupt ihr wahres Element, das sie nicht einmal um zu schlafen, sondern nur um zu brüten verlassen. Es sind gesellige Zugvögel, die des Brutgeschäftes wegen, das immer unmittelbar an der Küste und besonders gern auf Felseneilanden vorgenommen wird, aus den antarktischen Gewässern äquatorwärts schwimmen. Die Nordgrenze der Verbreitung der Pinguine ist eigentümlich. Man findet diese Vögel bis zur Mündung des La Plata, auf den Inseln im südlichen Teil des Atlantischen Ozeans bis Tristan da Cunha, an der Südspitze Afrikas, der Südküste Australiens und an allen Küsten Neuseelands und der benachbarten Inseln. Nur an der Westküste Südamerikas geht diese Grenze weit nordwärts bis zu den Galapagosinseln unter dem Äquator. Die Ursache dieser auffälligen Erscheinung ist darin zu suchen, daß entlang der chilenisch-peruanischen Küste, von Süden herkommend, eine kalte Strömung verläuft und den Pinguinen hier die für sie nötigen Lebensbedingungen, namentlich die geeignete Nahrung, schafft. Die Pinguine bilden bloß eine einzige Familie (Spheniscidae), die aus 3 Gattungen und 18 Arten besteht. Die schönen Goldtaucher (Aptenodytes chrysocoma, S. 61) nisten in großen Gesellschaften in unterirdischen, von ihnen selbst gegrabenen Höhlen, die vielfach miteinander in Verbindung stehen.

2. Ordnung: Steißfüße (Pygopodes).

Auch bei den Angehörigen dieser Ordnung stehen die Beine weit nach hinten, was ihnen beim Sitzen eine aufrechte Haltung verleiht. Ihr Körper ist plump, breit, der Kopf von verschiedener relativer Größe, der Schnabel mäßig lang, etwa von Kopflänge, seitlich zusammengedrückt, meist spitz, in einzelnen Fällen aber sehr hoch. Der Schwanz ist kurz, und seine Federn sind verschieden entwickelt. Die Flügel sind kurz, in einem Falle zum Fliegen ungeeignet, haben aber immer besondere Schwungfedern. Die Beine sind kurz, der Lauf seitlich zusammengedrückt. Der Fuß besitzt 3 Vorderzehen, die entweder durch eine Schwimmhaut verbunden oder breitlappig gesäumt sind, die Hinterzehe kann fehlen. Die Federn sind in Fluren und Rainen angeordnet, das Untergefieder ist stark entwickelt. Die Zahl, Gestalt und Farbe der Eier ist verschieden. Diese Vögel bauen entweder Nester oder legen ihre Eier ohne weiteres auf die Erde. Die Jungen sind Nestflüchter oder Nesthocker. Die Geschlechter zeigen eine verschiedenartige Entwickelung des Gefieders. Die Mitglieder dieser Ordnung sind durch ihre Lebensweise an das Wasser gebunden und entsprechend organisiert. Die einen holen ihre nur aus Tieren bestehende Kost aus dem Meere und die anderen aus dem süßen Wasser; die ersteren werden nur auf der nördlichen Erdhälfte gefunden, die letzteren sind auf der ganzen Erde an geeigneten Stellen anzutreffen. Sie sind nicht gesellig.

Die Ordnung zerfällt in zwei Unterordnungen, in die der Taucher und Alke.

A. Unterordnung: **Taucher (Colymbi).** Die Taucher haben einen mehr cylindrischen Rumpf, einen kleinen Kopf, einen geraden, spitzen, ziemlich langen Schnabel. An ihren kleinen Schwingen sind die ersten Schwungfedern die längsten; ihre Läufe sind seitlich stark zusammengedrückt, klingenartig. Die Vorderzehen sind groß, die äußerste ist frei und die längste; eine Hinterzehe ist vorhanden und hinten hoch am Lauf angeheftet mit einem lappenartigen Hintersaum. Das Gefieder des Schwanzes ist in jeder Beziehung verkümmert. Die Taucher bauen Nester, legen mehr als ein walzenförmiges Ei, und ihre Jungen sind Nestflüchter.

1. Familie: **Seetaucher** (Colymbidae). Diese Vögel bewohnen den hohen Norden der Alten und der Neuen Welt, holen ihre Nahrung aus dem Meere, brüten aber an stehenden Gewässern in der Nähe der Küsten. Sie haben einen kräftigen Schnabel, verhältnismäßig lange, spitze Flügel, an denen die erste Schwungfeder die längste ist. Die drei Vorderzehen sind durch vollständige Schwimmhäute verbunden. Das Männchen unterscheidet sich in der Farbe von dem Weibchen. Die Eier der Seetaucher sind bunt, auf olivengrüner Grundfarbe verwaschen bräunlich gefleckt.

2. Familie: **Süßwassertaucher** (Podicipidae). Die Mitglieder dieser Familie, die echten Steißfüße, brüten an und (in schwimmenden Nestern) auf dem Süßwasser und fischen darin. Sie haben einen langen, pfriemenförmigen Schnabel, kurze Flügel, an denen die zweite Schwungfeder die längste ist. Die Zehen haben breite, lappige Säume. Die Unterschiede zwischen Männchen und Weibchen in der Befiederung beruhen wesentlich in der Formentwickelung gewisser Federpartien. Die Eier sind einfarbig gelblichweiß, gelegentlich bei denselben Arten einmal schwärzlichbraun (melanotisch). Die 33 Arten der Süßwassertaucher sind Kosmopoliten. Der Haubensteißfuß (Podiceps cristatus, S. 61) ist an größeren Binnengewässern unseres Vaterlandes keine Seltenheit. Er legt in ein bisweilen ganz nasses Nest 3 bis 5 Eier, die von beiden Eltern abwechselnd bebrütet werden. Beim Schwimmen tragen sie oft die Jungen auf dem Rücken.

B. Unterordnung: **Alke (Alcae).** Die Alke haben einen plumperen Körper, einen größeren Kopf und verhältnismäßig längere Schnäbel als die Taucher. Ihre Flügel sind kurz, unten hohl und weit nach hinten eingelenkt. Der Schwanz ist zwar kurz, enthält aber echte Steuerfedern. Die 3 Vorderzehen sind durch vollständige Schwimmhäute verbunden. Die Hinterzehe ist verkümmert oder fehlt ganz. Die Geschlechter unterscheiden sich meist wenig oder gar nicht in ihrem Äußern. Die Alke haben keine Nester und legen jedesmal nur ein einziges, großes Ei von Kreiselform, das auf weißlichem oder farbigem Grunde größere oder kleinere dunklere Flecke zeigt. Die Jungen erlangen erst spät Selbständigkeit und müssen lange von den Alten gefüttert werden. Die Heimat dieser meist oben schwarzen und unten weißen Vögel ist die nördliche Erdhälfte, wo sie in 28 Arten an felsigen Küsten, auf Klippen und Eilanden in großen Gesellschaften brüten. Im Atlantischen Ozean gehen sie an der europäischen Seite bis Südengland und Helgoland herab, finden sich auch in der Ostsee bis Bornholm. An der amerikanischen Seite erreichen sie ungefähr beim 43.° nördl. Br. den Südpunkt ihrer Verbreitung. Im Stillen Ozean erreichen sie im Osten Kalifornien, im Westen Mitteljapan.

Die Alke bilden nur eine Familie (Alcidae) mit 7 Gattungen. Die Polarlumme (Uria Bruennichii, S. 62) gehört, seitdem Helgoland deutsch geworden ist, zu unserer Fauna. Der flugunfähige Riesenalk (Alca impennis, S. 62) ist seit 1844 ausgerottet.

3. Ordnung: **Langschwinger** (Longipennes).

Die Langschwinger sind an das Wasser gebundene Flugformen, die sich wohl auf das Wasser niederlassen und schwimmen können, aber nicht tauchen und ihre wesentlich aus Fischen bestehende Nahrung, sich aus der Luft herabstürzend, fangen. Ihre Gestalt ist bald mehr, bald weniger schlank, und sie sitzen ziemlich wagerecht, da ihre mittellangen Gliedmaßen fast in der Mitte des Rumpfes eingelenkt sind. Die Flügel sind spitz und lang, was auf der Gestaltung der Handschwungfedern, von denen die erste oder zweite die längste ist, beruht. Die Armschwungfedern sind nur kurz und schwanken der Zahl nach jederseits von 15—40, die höchste Zahl, in der sie überhaupt vorkommen. Der Schwanz ist immer gut entwickelt, oft ausgeschnitten und enthält fast immer 2 Steuerfedern. Der Lauf ist leidlich hoch, die Vorderzehen sind durch Schwimmhäute verbunden, die Innenzehe fehlt oder ist klein und dann nach hinten gerichtet. Der Schnabel ist seitlich zusammengedrückt und meist ein kräftiger Raubvogelschnabel, bei dem die Hornspitze des Oberschnabels hakenartig über das freie Ende des Unterschnabels hinweggreift. Die Beschaffenheit der Nasenlöcher ist verschieden. Das Gefieder steht in Fluren und Rainen und zeigt beim Männchen und Weibchen keine Unterschiede. Seine Farbe bewegt sich bei den Langschwingern in Weiß, Grau, Graubraun und Schwarz, in der Regel haben sie eine hellere Unter- und eine dunklere Oberseite. Sie legen meist stumpfspitze, seltener ovale farbige Eier gewöhnlich einfach in eine Erdvertiefung, aber auch in (gelegentlich selbst auf Bäumen stehende) Nester. Die Jungen sind Nesthocker. Diese wundervoll fliegenden Vögel haben eine universelle Verbreitung und finden sich überall da, wo ihnen ihre Nahrung in genügender Menge geboten wird, also bei fischreichen süßen und salzigen Gewässern. Die meisten Formen sind gesellig. Sie zerfallen in die Familien der möwenartigen und der sturmvögelartigen Langschwinger.

1) Familie: **möwenartige Langschwinger** (Laridae). Die Angehörigen dieser Familie haben spaltförmige Nasenlöcher. Man kann sie in vier Unterfamilien teilen: a) in die Seeschwalben (Sterninae), zu denen die stattliche Raubseeschwalbe (Sterna caspia, S. 63), die auch auf Sylt und hin und wieder an der Ostseeküste brütet, gehört, b) die tropischen Scherenschnäbler (Rhynchopinae), deren Schnabel seitlich ganz platt wie eine Messerklinge ist, wobei sein unterer Teil seinen oberen um ein gutes Stück überragt, c) die Möwen (Larinae) mit den nordischen Formen der Heringsmöwe (Larus fuscus, S. 64), der Mantelmöwe (Larus marinus, S. 64), der Eismöwe (Larus glaucus, S. 64), der Sturmmöwe (Larus canus, S. 64), der außer den arktischen auch die antarktischen Gegenden bewohnenden Silbermöwe (Larus argentatus, S. 64), der nordosteuropäischen und nordwestasiatischen Zwergmöwe (Larus minutus, S. 64) und der reizenden Lachmöwe (Larus ridibundus, S. 63 u. S. 64, Nr. 1), die auch in Deutschland an größeren Binnengewässern keine Seltenheit ist, und endlich d) in die Raubmöwen (Lestrinae), die anderen Möwen die Beute abjagen und dunkelfarbig sind. Die Riesenraubmöwe (Lestris catharractes, S. 65) ist ein nordisches Tier.

2) Familie: **sturmvögelartige Langschwinger** (Procellariidae). Die Sturmvögel haben die Nasenlöcher am offenen Ende von an den Seiten oder an der Wurzel des Schnabels gelegenen Hornröhren. Man zerlegt diese Familie in zwei Unterfamilien: a) in die echten

Sturmvögel (Procellariinae), kosmopolitisch verbreitet mit 86 Arten, zu denen die Kaptaube (Procellaria capensis, S. 66) gehört, und b) in die Albatros (Diomedeïnae), gewaltige, die Tropen bewohnende Flieger, von deren 10 Arten das sogenannte Kapschaf (Diomedea exulans, S. 65) die bekannteste ist.

4. Ordnung: **Ruderfüßer** (Steganopodes).

Die Angehörigen dieser Ordnung sind sofort daran zu erkennen, daß bei ihnen alle vier in einer Ebene liegenden Zehen durch Schwimmhäute verbunden sind. Ihr einigermaßen gestreckter Körper wird bald mehr aufrecht (Pelikan, Kormoran), bald mehr wagerecht (z. B. Fregattvogel) getragen. Auf dem meist schlanken Halse sitzt ein kleiner Kopf. Das Gefieder steht in Rainen und Fluren und hat einfache, in Schwarz, Grau, Braun und Weiß sich bewegende Farben. Die Geschlechter unterscheiden sich in der Brunstzeit bei einigen Arten dadurch, daß bei dem Männchen das Gefieder einen nach dem Tode sich bald verlierenden zarten roten Hauch bekommt, bisweilen finden sich auch vorübergehende Unterschiede in der Entwickelung des Schnabelepithels. In dieser Ordnung beträgt die Zahl der Handschwingen 10, die der Armschwingen schwankt (26—30), die erste Schwungfeder ist die längste. Die Flügel sind immer kräftig, oft kolossal entwickelt, und bei großartiger Lufthaltigkeit der Knochen, des Unterhautzellgewebes ꝛc. zählen manche Arten dieser Vögel zu den besten Fliegern, die es überhaupt gibt. Der Schwanz schwankt beträchtlich sowohl in der Zahl als in der Größe der Steuerfedern. Die Beine sind meist zwar kräftig, aber nicht hoch, unter Umständen sogar auffallend kurz, aber die Zehen sind lang. Manche Formen (Fregattvogel) dürften kaum gehen können, dafür können aber alle ausgezeichnet schwimmen. Die Krallen sind stark gekrümmt, und die dritte, von innen nach außen gezählt, ist bei einigen Arten auf der konkaven Unterseite bisweilen kammartig eingekerbt. Der Vogel benutzt sie zur Reinigung seines Gefieders. Die Ruderfüßer sind monogame, meist gesellschaftlich lebende Nesthocker, die nur wenige (1—2) Eier von gelblichweißer Farbe mit im frischgelegten Zustande pergamentartiger, körniger, rauher Schale meist einfach in eine Erdgrube, aber auch in Nester auf Bäumen legen. Sie suchen ihre aus tierischen Stoffen, meist lebenden Fischen, bestehende Nahrung im Wasser, die einen mehr im salzigen, die anderen mehr im süßen, ohne sich aber an das eine oder an das andere in dieser Beziehung fest zu binden. Die meisten Formen sind in ihrem Vorkommen an tropische und subtropische Länder gebunden, doch dringen andere in die gemäßigten, selbst in hochnordische (Kormorane) Gegenden vor.

Die Ordnung zerfällt in 3 Familien.

1) Familie: **Möwenscharben** (Plotidae). Schnabel gerade, spitz endigend.

a) Unterfamilie: **Schlangenhals- und Tropikvögel** (Plotinae), ohne Kehlsack. Die Schlangenhalsvögel haben lange Hälse, kleine Köpfe, spitze Schnäbel und schwimmen mit dem Körper unter Wasser. Sie bilden eine Gattung mit 4 tropischen Arten, von denen eine (Plotus Levaillantii, S. 67) Südafrika bewohnt.

b) Unterfamilie: **Tölpel** (Sulinae), mit Kehlsack. Diese Unterfamilie umfaßt nur eine kosmopolitisch verbreitete Gattung mit 8 Arten, von denen der gemeine Tölpel (Sula bassana, S. 68) die Inseln und Küsten der nördlichen Teile des Atlantischen und Stillen Ozeans vom 70.° nördl. Br. bis etwa zum Wendekreis des Krebses bewohnt.

2) Familie: **Scharben** (Pelecanidae). Oberschnabel am Vorderende in einem starken spitzen Haken nach unten gebogen. Diese Familie enthält 3 Gattungen und 46 Arten, von denen eine, der gemeine Kormoran oder Seerabe (Phalacrocorax carbo, S. 67), auch in Deutschland brütet, wohin der Pelikan (Pelecanus onocrotalus, S. 66) sich bisweilen ebenfalls verirrt. Der majestätische Fregattvogel (Fregatta aquila, S. 68) verläßt dagegen seine tropische Heimat niemals.

3) Familie: **Tropikvögel** (Phaëtontidae). Die Tropikvögel haben gerade, seitlich zusammengedrückte Schnäbel mit gesägten Rändern, einen aus 12—14 Steuerfedern bestehenden Schwanz, von denen die beiden mittelsten verlängert sind. Die bekannteste der 3 Arten, aus denen diese auf die Wendekreise beschränkte Gattung besteht, ist Phaëton aethereus (S. 69).

5. Ordnung: Entenvögel (Lamellirostres).

Die Entenvögel oder Stabschnäbler haben einen weichhäutigen, nervenreichen, an der Spitze mit einer Hornkuppe versehenen kräftigen, an den Innenrändern des Ober- und Unterkiefers mit Hornblättchen versehenen Schnabel, eine große, weiche, am Rande mit Hornpapillen ausgestattete Zunge. Der Rumpf der Entenvögel ist kräftig und wird wagerecht oder halb aufrecht getragen. Der Hals ist von verschiedener Länge. Der Kopf erscheint in den Augengegenden etwas eingedrückt, ist sanft gerundet, und seine Stirnlinie geht, sich allmählich senkend, kontinuierlich in die Mittellinie des Oberschnabels über. Das Gefieder steht fast ausnahmslos in Fluren und Rainen. Die Steuerfedern sind kurz. Meist sind die männlichen Individuen dieser Vögel schön gefärbt, und die Unterschiede zwischen Männchen und Weibchen sind bedeutend. Die in der Regel in Monogamie lebenden Siebschnäbler bauen Nester und legen helle, einfarbige Eier meist in großer Zahl. Die Jungen sind Nestflüchter. Die Nahrung ist im allgemeinen gemischt, es gibt aber Formen, bei denen sie vorwiegend aus tierischen, und andere, bei denen sie vorwiegend aus pflanzlichen Stoffen besteht. Die meisten Angehörigen dieser Ordnung leben gesellschaftlich, sind brillante Schwimmer, teilweise auch Taucher und finden sich an süßen und salzigen Gewässern, die einen ausschließlich an jenen, die anderen ausschließlich an diesen und die dritten endlich an beiden.

Diese Ordnung zerfällt in 3 Unterordnungen, 10 Familien, 43 Gattungen und 183 Arten und ist kosmopolitisch verbreitet.

A. Unterordnung: **echte Entenvögel (Anates).** Die Mitglieder dieser Unterordnung haben einen mittellangen, geradrandigen Schnabel mit zahlreichen dichtstehenden, inneren Hornblättchen, meist kurze oder mittellange, selten lange Hälse, kurze Beine und durch ganze Schwimmhäute verbundene Vorderzehen. Die echten Entenvögel haben die Verbreitung der ganzen Ordnung. Viele von ihnen sind sehr gesellig. Diese Unterordnung zerfällt in 8 Familien, auf die wir nicht alle eingehen können.

1) Familie: **Sägetaucher** (Mergidae). Die Sägetaucher haben einen hohen, schmalen, seitlich stark zusammengedrückten Schnabel mit sägeblattartig gezähneltem Rande; im Oberschnabel steht die Zähnelung in 2 Reihen hintereinander. Die Familie besteht aus 2 Gattungen, von denen die eine (Merganetta mit 3 Arten) die Anden von Südamerika, die andere (Mergus mit 6 Arten) die nördliche gemäßigte Erdhälfte, Brasilien und die Aucklandinseln bewohnt. Der Gänsesäger (Mergus merganser, S. 69) brütet um den Nordpol herum und wird auf der Wanderschaft im Winter nicht selten in Deutschland beobachtet.

2) Familie: **Moorenten** (Fuligulidae). Die Mitglieder dieser Familie haben einen mäßig langen, mit niedrigen Hornblättchen versehenen Schnabel, der im Wurzelteil, zumal im männlichen Geschlechte, nicht selten aufgetrieben ist. Die Familie umfaßt 4 Gattungen und zahlreiche Untergattungen mit zusammen 30 Arten, die sich meist in den polnahen und gemäßigten Ländern beider Hemisphären finden. Eine bekannte und ihrer Dunen wegen berühmte Art ist die Eiderente (Somateria mollissima, S. 70), die in dem um den Nordpol gelegenen Gebiete in Europa bis auf Sylt herab brütet.

3) Familie: **Schwimmenten** (Anatidae). Die Schwimmenten haben einen mehr kurzen, nicht aufgetriebenen Schnabel. Der Schwanz ist breit, nach hinten zugespitzt und besteht aus 14—20 Steuerfedern. Die 50 Arten dieser kosmopolitisch verbreiteten Familie verteilen sich auf 4 Gattungen und verschiedene Untergattungen. Eine der häufigsten Arten in Europa und die Stammmutter der Hausente ist die Wildente (Anas boschas, S. 71). Die Löffelente (Spatula clypeata, S. 70) ist auffallend durch den stark verbreiterten Schnabel; der Vogel ist in den nördlichen gemäßigten Gegenden der Alten und der Neuen Welt sehr weit verbreitet. Die im männlichen Geschlechte so schöne Brautente (Aix sponsa, S. 72) bewohnt Nordamerika, wird aber in Europa viel auf Geflügelhöfen gehalten.

4) Familie: **Brandenten** (Tadornidae). Die Angehörigen dieser Familie stellen eine Art Bindeglied zwischen den echten Enten und den Gänsen dar. In ihrer Haltung haben sie etwas Gänseartiges, aber ihr Schnabel ist ein echter Entenschnabel. Die 13 Arten verteilen sich auf 2 Gattungen, von denen die eine (Dendrocygna) auf Bäumen nistet und sich in den warmen

Ländern der Alten und der Neuen Welt findet, die andere (Tadorna) in Höhlen brütet und das gemäßigte und nördliche Europa und Asien bewohnt. Zu ihr gehört die gemeine Brandgans (Tadorna vulpanser, S. 72), ein im männlichen Geschlechte sehr schöner Vogel, der auch an der Ost- und Nordsee gerade keine Seltenheit ist.

5) Familie: **echte Gänse** (Anseridae). Die echten Gänse haben einen langen Hals und einen höchstens kopflangen, an der Wurzel hohen, nach vorn sich verschmälernden Schnabel, dessen Spitze in ihrer ganzen Breite von dem Kuppennagel eingenommen wird, und der oben bloß eine Reihe von Hornblättchen trägt. Diese Familie enthält 6 Gattungen und Untergattungen und gegen 40 Arten. Sie hat zwar auf der ganzen Erde, mit Ausnahme der Inselwelt des Stillen Ozeans, Vertreter, die meisten aber doch in den nördlich gemäßigten Gegenden der Alten und der Neuen Welt. Die Graugans (Anser ferus, S. 73) ist die einzige echte Gans, die in Deutschland brütet; sie ist zugleich die Stammmutter unserer Hausgans.

6) Familie: **Schwäne** (Cygnidae). Die Schwäne kann man am besten so charakterisieren, daß man sagt, sie seien große Enten mit sehr langen Hälsen; denn von den Gänsen haben sie entschieden weniger im ganzen Habitus, so tragen sie z. B. den ganzen Rumpf weniger aufrecht wie diese, aber mehr entenmäßig wagerecht. Der Singschwan (Cygnus musicus, S. 73) brütet im hohen Norden der Alten und der Neuen Welt.

B. Unterordnung: **Wehrvögel (Palamedei).** Die Wehrvögel bilden eine nur kleine, aus 2 Gattungen und 3 das kontinentale Südamerika von der Nordküste bis zum La Plata bewohnende, sehr abweichende Unterordnung der Entenvögel mit spitzem, inwendig mit vielen kleinen Hornplättchen besetztem Schnabel, hohen Beinen ohne Schwimmhäute, bloß mit einer kleinen Spannhaut zwischen den mit langen, spitzen Nägeln versehenen Zehen. An den Flügeln finden sich eigentümliche große Sporen oder Nägel. Das Skelett und das Unterhautzellgewebe der Wehrvögel ist ungemein lufthaltig. Sie bauen große Nester mitten in den Sumpf und legen 2 den Gänseeiern sehr ähnliche Eier. Die Geschlechter sind nicht verschieden. Der Anhuma (Palamedea cornuta, S. 74) hat auf der Stirn ein wunderliches, dünnes, etwas nach vorn gebogenes Horn, das einer Knochenstütze entbehrt, und am Flügelbug einen sehr großen, am ersten Finger einen zweiten, etwas kleineren, sehr scharfen, dreieckigen, dornartigen Nagel, dessen er sich als Waffe vorzüglich zu bedienen weiß.

C. Unterordnung: **Flamingos (Phoenicopteri).** Die ungemein langen Beine und der lange Hals haben Ursache gegeben, die Flamingos den Reihern und Störchen zuzurechnen. Aber sie sind Nestflüchter, haben zwischen den Zehen Schwimmhäute, vermögen auch zu schwimmen, und ihr Schnabel ist ein allerdings stark modifizierter Entenschnabel. Der Oberschnabel verbreitert sich nach vorn, ist kleiner, schmäler und namentlich viel flacher als der Unterschnabel, auf dem er wie der Deckel auf einer Dose liegt; der ganze Schnabel ist in seiner vorderen Hälfte plötzlich nach unten gebogen. Die Zunge ist sehr fleischig, in der vorderen Hälfte schräg abgestutzt und zugespitzt, in der hinteren walzig und an den Rändern mit wenigen hohen Papillen versehen. Am Gefieder herrscht Rot vor, und die Weibchen, die aus Schlamm kegelförmige, oben ausgehöhlte Nester bauen, unterscheiden sich nicht in der Farbe, aber wohl durch die geringere Größe von den Männchen. Die 8 Arten finden sich in tropischen und subtropischen Gegenden der Alten und der Neuen Welt, in der ersteren bis Südeuropa, in der letzteren vom La Plata bis Mexiko. Sie leben und brüten gesellig und gründeln nach Art der Enten, aber mit dem Scheitel nach unten und mit vollkommen umgekehrtem Schnabel, im Schlamm nach allerlei kleinen Wassertieren, fressen aber auch Vegetabilien.

6. Ordnung: **Storchvögel** (Ciconiae).

Die Storchvögel sind hochbeinige, ziemlich langhalsige Vögel, mit sehr verschieden gestaltetem, aber den Kopf immer an Länge übertreffendem Schnabel, der durchaus mit einem Hornepithel überzogen ist. Bei vielen Formen ist die Zunge verkümmert. Die Vorderzehen sind durch breite Spannhäute vereinigt, die Hinterzehe ist lang und tritt ganz auf. Die Federn stehen in Fluren und Rainen. Schwinger erster Ordnung finden sich fast immer 10, die zweiter Ordnung schwanken der Zahl nach zwischen 10 und 24, die Steuerfedern zwischen 10 und 12. Ihr

Gefieder ist verschieden gefärbt, bisweilen lebhaft, aber nie grün und nie metallisch glänzend. Die in Monogamie lebenden Störche zeigen keine wesentlichen äußeren Unterschiede der Geschlechter. Die Weibchen legen 3—5 helle, einfarbige, nur ganz ausnahmsweise schwach gefleckte Eier. Die Jungen sind Nesthocker. Die Mitglieder dieser Ordnung ernähren sich von lebender tierischer Kost, manche auch von Aas, sie sind teils gesellig, teils nicht und sind kosmopolitisch verbreitet. Sie sind besonders in Afrika mannigfach differenziert. Die Ordnung umfaßt 4 Familien, 16 Gattungen und etwa 130 Arten.

1) Familie: **Ibisse** (Ibididae). Die Ibisse haben verschieden geformte Schnäbel, hohe Läufe und rudimentäre Zungen. Die 6 Gattungen und 30 Arten sind nur auf Neuseeland und den Inseln des Stillen Ozeans nicht vertreten und verteilen sich auf 2 Unterfamilien. Mehrere Arten sind rot befiedert.

a) Unterfamilie: **echte Ibisse** (Ibidinae) mit dünnem, langem, nach vorn gekrümmtem Schnabel. Der gemeine Ibis (Ibis aethiopica, S. 74) ist der bekannte heilige, oft einbalsamierte Vogel der alten Ägypter. Sein Kopf und Hals sind nur im Jugendkleide befiedert.

b) Unterfamilie: **Löffelreiher** (Plataleïnae). Die Löffelreiher sind in den warmen Ländern der Neuen und der Alten Welt, mit Ausnahme der Molukken und der Inseln des Stillen Ozeans, weit verbreitet; eine Art, der gemeine Löffler (Platalea leucorodia, S. 75) brütet auch hin und wieder in Europa, z. B. im Delta der Maasmündung.

2) Familie: **echte Störche** (Ciconiidae). Diese Vögel haben einen ziemlich schwerfällig gebauten Rumpf, einen langen, meist starken, kräftigen Schnabel und häufig einen ganz kahlen oder nur schwach mit Dunen befiederten Kopf. Außer von kleinen Wirbeltieren, Würmern und Insekten ernähren sich manche Arten von Aas. Ihre Zunge ist nicht verkürzt. Die echten Störche sind besonders in Afrika gut vertreten, finden sich aber auch in ganz Europa und Asien mit Ausnahme der nördlichsten Gegenden, auf den Papuainseln, Neuseeland und in Australien, im ganzen kontinentalen Südamerika und in der Osthälfte des subtropischen Nordamerika. Die bekannteste, in Deutschland so volkstümliche Art ist der Hausstorch (Ciconia alba, S. 76), ein hübscher, schmucker Vogel, während ein afrikanischer Vetter von ihm, der Marabu (Leptoptilus crumenifer, S. 76), mit seinem wie grindig erscheinenden Schädel, seinem häßlichen nackten Kropfe und seiner beispiellosen, Aas vorziehenden Gefräßigkeit einer der widerlichsten Vögel ist, der nur durch sein würdevolles, gemessenes Benehmen seine unangenehmen Eigenschaften etwas vergessen läßt.

3) Familie: **Schattenvögel** (Scopidae). Die Schattenvögel haben einen langen, seitlich stark zusammengedrückten hohen Schnabel, einen ziemlich dicken, kurzen Hals und einen mittellangen Schwanz. Diese Familie umfaßt nur eine einzige Gattung mit einer Art (Scopus umbretta, S. 75), die Afrika, mit Ausnahme der nördlichsten Teile, aber einschließlich Madagaskars, bewohnt. Sie ist ein nächtlicher, graubrauner Vogel, der von Wassertieren lebt und große (bis 2 m im Durchmesser), oben überdeckte Nester aus Lehm und Reisern baut.

4) Familie: **Reiher** (Ardeïdae). Die Angehörigen dieser Gruppe der Storchvögel haben schmale, sehr spitze, harte, scharfrandige oder stark verbreiterte Schnäbel und meist schopfartig verlängerte Scheitel- oder Nackenfedern. Die Reiher sind Kosmopoliten, umfassen 5 Gattungen und 80 Arten, die sich auf 2 Unterfamilien verteilen.

a) Unterfamilie: **Kahnschnäbler** (Cancrominae). Die Kahnschnäbler haben sehr große breite Schnäbel. Sie verteilen sich auf 2 Gattungen mit je einer Art. Der prachtvolle, große, bläulichgraue Schuhschnabel (Balaeniceps rex, S. 77), ein in den Sammlungen noch sehr seltener Vogel, bewohnt die gewaltigen, undurchdringlichen Sumpfgegenden am Weißen Nil.

b) Unterfamilie: **echte Reiher** (Ardeïnae). Der Schnabel der echten Reiher ist spitz, schmal und gerade. Die Angehörigen dieser Unterfamilie finden sich an den für sie überhaupt geeigneten Stellen der ganzen Erde. In Deutschland sind sie, abgesehen vom grauen Reiher (Ardea cinerea, S. 79, links in der Ecke im Vordergrund), vom Purpur- (Ardea purpurea, S. 79, hinter dem vorigen, Hals und Kopf vorstreckend) und vom Nachtreiher (Ardea comata, S. 79, ein Pärchen auf dem Baumast sitzend), noch durch 2 Arten Rohrdommeln, Vögel mit nächtlichen Gewohnheiten und entsprechend gefärbtem Gefieder, vertreten, von denen die kleine (Botaurus minutus, S. 79, mitten im Bilde an den Stamm angedrückt sitzend) einer der zierlichsten Sumpfvögel mit ausgezeichnetem Klettervermögen ist. Die große

Rohrdommel (Botaurus stellaris, S. 78) ist die bekanntere Art. Prächtige Tiere sind die weißen Reiherarten, wie der die Sumpfgebiete Südosteuropas und der Nilländer bewohnende **Seidenreiher** (Ardea garzetta, S. 78 und S. 79, Nr. 5).

7. Ordnung: **Stelzvögel** (Grallae).

Diese große Ordnung umfaßt 10 Familien, 76 Gattungen und etwa 370 Arten. Die einzelnen Formen zeigen beträchtliche Unterschiede, sind aber meist durch Übergänge verbunden. Die Beine sind immer, die Hälse meist verlängert. Die Zehen haben schwache Spannhäute zwischen sich oder sind mit breiten Hautsäumen versehen. Die Hinterzehe kann fehlen oder vorhanden sein, in letzterem Falle kann sie lang sein und mit auftreten, oder sie ist kurz und berührt den Boden nicht. Der meist schlanke Schnabel ist fast immer länger als der Kopf. Die Geschlechter zeigen selten beträchtliche äußere Unterschiede. Die zahlreichen Eier (6 bis 10) sind auf hellerem Grunde getupft, gefleckt oder wie mit Schnörkeln bemalt und werden in Nester oder einfach in Bodenvertiefungen gelegt. Die Jungen sind in der Regel Nestflüchter. Die oft gesellig lebenden Stelzvögel ernähren sich ausschließlich von tierischer oder von gemischter Kost, sind kosmopolitisch verbreitet und finden sich an der Küste und in den Gebirgen, in Wäldern, Sümpfen und Steppen, auf Auen und Feldern. Die in gemäßigten und kalten Gegenden wohnenden sind Wandervögel. Sie zerfallen in 2 Unterordnungen: Kraniche und echte Stelzvögel.

A. Unterordnung: **Kraniche (Gerani).** Die Kraniche sind Nesthocker. Dieser Unterschied zwischen ihnen und den übrigen Stelzvögeln scheint bedeutend genug, sie in eine eigene Unterordnung zu stellen, besonders bei einer Ordnung, bei deren Mitgliedern fast alle übrigen Eigenschaften so sehr schwanken. Im übrigen sind die Kraniche stattliche, hochbeinige und langhalsige Vögel von ziemlich aufrechter Haltung mit einem walzigen Rumpf, einem ziemlich langen, spitzen, in der vorderen Hälfte harten und in der hinteren weichhäutigeren Schnabel. Von den 4 Zehen ist die hintere kurz und erreicht den Boden nicht, die äußere und mittlere Zehe haben zwischen sich eine ansehnliche Spannhaut. An den breiten und großen Flügeln ist die dritte Schwungfeder die längste, das übrige Gefieder ist nicht bunt, aber in anderer Beziehung, durch seine Fülle, durch besonders entwickelte Federpartien, sehr schön. Die Geschlechter unterscheiden sich nur darin, daß die Weibchen etwas kleiner sind. Ihr Nest besteht aus einigen oberflächlich in eine Vertiefung zusammengelesenen größeren Pflanzenteilen und wird mit 2 farbigen Eiern belegt. Die Kraniche sind nur bei eventuellen Wanderungen gesellig und leben wesentlich von vegetabilischen Stoffen. Sie fehlen in ganz Südamerika, auf Madagaskar, auf den Molukken und Papuainseln, finden sich aber wieder auf dem Kontinent von Australien. Die nicht zu kalten Gegenden der Alten und der Neuen Welt werden zusammen von 16 Arten bewohnt, die sich auf 3 eine einzige Familie (Gruidae) bildende Gattungen verteilen. In Südeuropa und Mittelasien findet sich der **Jungfernkranich** (Anthropoides virgo, S. 80, im Vordergrund des Bildes links der einzelne Vogel) und in Mittelafrika der prächtige **Pfauenkranich** (Balearica pavonina, S. 80, die 4 gehaubten schwarzen Vögel in der Mitte des Bildes).

B. Unterordnung: **echte Stelzer (Charadrii).** Die echten Stelzer sind Nestflüchter, im übrigen haben sie die Eigenschaften der ganzen Ordnung, neben einer großen Menge von Familieneigentümlichkeiten. Diese Unterordnung zerfällt in 9 Familien mit zahlreichen Unterfamilien, 56 Gattungen und 453 Arten.

1) Familie: **Sonnenreiher** (Eurypygidae). Die Sonnenreiher haben dünne, lange und gestreckte Schnäbel und lange, breite, am Hinterrande abgerundete Steuerfedern. Ihr lockeres, großfederiges Gefieder ist sehr bunt. Sie legen bräunlichgelbe, dunkler gefleckte Eier in auf Bäumen befindlichen Nestern. Die Jungen sind insoweit allerdings Nestflüchter, als sie das Nest schon in den ersten Lebenstagen verlassen, aber sie werden doch von den Alten weitergefüttert. Die Gattung der **Sonnenrallen** bewohnt in 2 Arten, von denen Eurypyga helias (S. 81) die bekanntere ist, das tropische Amerika.

2) Familie: **Trompetenvögel** (Psophiidae). Die Angehörigen dieser Familie sind ausgesprochene Laufvögel, die schwache Schwung- und Steuerfedern haben und nicht eigentlich fliegen, aber ausgezeichnet laufen können. Sie haben in ihrer Gestalt viel Hühnerartiges. Die Tiere leben gesellschaftlich, nisten auf der Erde, legen blaugrüne Eier und fressen gemischte

Kost. Die Jungen sind Nestflüchter mit einem dichten, langen Dunenkleid. Die aus einer Gattung und mehreren Arten, unter anderen dem Agami (Psophia crepitans, S. 81) bestehende Familie ist in ihrem Vorkommen auf das tropische Festland Amerikas beschränkt.

3) Familie: **Rallen** (Rallidae). Die Rallen haben als echte Gras- und Binsenschlüpfer einen seitlich stark zusammengedrückten Rumpf. Sie sind kurzflügelige, schlechte Flieger, aber vorzügliche Läufer, teilweise auch Schwimmer, selbst Taucher. Ihre Schnäbel sind nicht lang, aber kräftig und häufig mit auf die Stirn zwischen die Augen hinauf verlängertem Hornüberzug. Der Schwanz ist kurz, und das ganze Gefieder ist locker. Sie sind Bodenbrüter und legen oft zahlreiche, meist rötliche oder gräuliche, dunkler gefleckte und punktierte Eier, aus denen die Jungen als Nestflüchter schlüpfen. Die Rallen leben hauptsächlich von tierischer Kost und sind kosmopolitisch verbreitet. Es gibt völlig flugunfähige, Inseln bewohnende Formen in dieser Familie, so auf den Sandwichinseln, Tristan d'Acunha und der Neuseelandgruppe, andre bewohnten Madagaskar und die Maskarenen, sind aber in historischer Zeit ausgerottet worden. Von den zahlreichen Arten sei nur des blauen, sumpfige Gegenden der um das Mittelmeer herum gelegenen Länder bewohnenden Purpurhuhns (Porphyrio veterum, S. 82) gedacht.

4) Familie: **Schlangenstörche** (Dicholophidae). Die Mitglieder dieser Gruppe der Watvögel sind wenig zahlreich (2) und bilden eine einzige auf das südliche Südamerika beschränkte Gattung. Sie haben kurze Zehen, und die Hinterzehe steht hoch oben am Lauf; auf dem Scheitel haben sie einen Federschopf. Sie fliegen schlecht, laufen aber ausgezeichnet, leben in Monogamie, nisten auf Bäumen, und die Weibchen legen 2 weiße, wenig gefleckte Eier. Diese Vögel leben wesentlich von tierischer Kost, von Kerb-, aber auch von Wirbeltieren, besonders von Schlangen und Eidechsen. Den Seriema (Dicholophus cristatus, S. 82) hat man jetzt öfters Gelegenheit, in zoologischen Gärten zu sehen.

5) Familie: **Trappen** (Otididae). Die Trappen sind ansehnliche Vögel mit mäßig langem, an der Wurzel verbreitertem Schnabel, haben kräftige, hohe Laufbeine mit kurzen Zehen, aber nur mit den 3 vorderen, die vierte hintere fehlt. Die Geschlechter sind in der Größe und der Befiederung ziemlich verschieden, und die Hähne blasen beim Balzen einen unter der Zunge in die Mundhöhle mündenden Hautsack auf, wodurch sich ihr Hals um das Drei- bis Vierfache verdickt. Die Trappen bilden 2 Gattungen mit 26 Arten und bewohnen das ganze kontinentale Afrika, den größten Teil des südlichen und gemäßigten Europa sowie Asien (mit Ausnahme der indomalayischen Inselwelt) bis etwa zum 54.° nördl. Br. sowie den Kontinent von Australien, fehlen aber vollkommen in Amerika. Sie leben wesentlich von Vegetabilien, nur in der Jugend von Kerbtieren und Schnecken. Die Großtrappe (Otis tarda, S. 83) findet sich auch im mittleren und nördlichen Deutschland. Die Weibchen legen 2—3 graugrüne, braun gefleckte Eier in eine zwischen dem Getreide gescharrte Mulde.

6) Familie: **Blätterrallen** (Parridae). Die Mitglieder dieser Familie haben hohe Beine und sehr lange Zehen mit sehr langen Nägeln, so daß sich, wenn sie über die auf dem Wasser schwimmenden Pflanzen weglaufen, sich ihre Körperlast weit verteilt und sie nicht einsinken. Die Schnäbel sind ziemlich lang, und ihr Hornüberzug setzt sich zwischen die Augen fort. Die meisten Arten haben am Flügelbug einen Dorn. Die Blätterrallen sind nicht groß und bewohnen in 2 Gattungen und 11 Arten die tropischen Gegenden Amerikas (nicht die westindischen Inseln), Afrikas, Asiens und Australiens. Die Jassana (Parra jassana, S. 84) findet sich in Südamerika von Guayana bis Paraguay.

7) Familie: **Brachschwalben** (Glareolidae). Diese Vögel bilden die Flugformen der ganzen Ordnung und haben das Ansehen hochbeiniger Schwalben. Ihre Flügel sind sehr lang und spitz, und der Schwanz ist ausgeschnitten; die Zehen sind kurz. Sie fliegen und laufen mit gleich großer Geschicklichkeit. Die Brachschwalben sind altweltlich und finden sich auch auf den Papuainseln, Neuguinea und in Australien. Diese Familie umfaßt 3 Gattungen mit 20 Arten. In Europa, und zwar in seinen südlichen und südöstlichen Teilen, ist bloß die gemeine Brachschwalbe (Glareola pratincola, S. 84) ein nicht sehr seltener Brutvogel, der in eine einfache, selbstgescharrte, mit wenigen Pflanzenstoffen ausgekleidete Erdgrube 4 graugelbe, schwarz gesprenkelte und marmorierte Eier legt. Das allerliebste Tierchen lebt von Insekten, besonders von Heuschrecken, und in Jahren, in denen sich Züge von diesen in Deutschland zeigen, erscheint es selbst wohl auch hier.

8) Familie: **Regenpfeifer** (Charadriidae). Die Mitglieder dieser sehr großen Familie haben mittellange Schnäbel, bauchig verdickte Stirnen, dicke Hälse und an den zweiten Vorderzehen unten ausgehöhlte Krallen. Die Hinterzehe ist häufig nur klein und fehlt sogar bisweilen. Die Familie ist kosmopolitisch verbreitet und hat auch in Deutschland, besonders im flacheren, den Seeküsten näheren nördlichen, Vertreter, z. B. den Kiebitz (Vanellus cristatus, S. 85), den nächtlichen, großaugigen Triel (Oedicnemus crepitans, S. 85), den Steinwälzer (Strepsilas interpres, S. 86), den Austernfischer (Haematopus ostrilegus, S. 86) u. a. m.

9) Familie: **Schnepfen** (Scolopacidae). Die Schnepfen haben meist kleine, rundliche Körper, schlanke, in der Regel lange Schnäbel, flache Stirnen. Die Hälse sind verschieden lang und dick, der Nagel der mittelsten Vorderzehe ist unten nicht ausgehöhlt. Aus dieser gleichfalls kosmopolitisch verbreiteten Familie, deren Arten von animalischer Kost, Würmern, Insekten, Schnecken rc. leben, beherbergt unser Vaterland nicht wenige Formen, so den hochbeinigen Säbelschnäbler (Recurvirostra avocetta, S. 87) mit seinem nach oben gebogenen Schnabel, den originellen, im männlichen Geschlechte durch eine große Federkrause am Halse ausgezeichneten Kampfläufer (Machetes pugnax, S. 87), den Sanderling (Calidris arenarius), die Waldschnepfe (Scolopax rusticola, S. 88) rc.

8. Ordnung: **Straußvögel (Struthiones).**

Diese Ordnung ist kaum eine natürliche, sie besteht vielmehr wahrscheinlich aus sehr verschiedenen Elementen, die alle zufolge des mangelnden Flugvermögens eine Reihe gemeinsamer, meist negativer Eigenschaften erworben haben. Die gemeinsamen Kennzeichen dieser Ordnung sind: mehr oder weniger verkümmerte, aber zum Fliegen immer untaugliche Flügel, infolgedessen zunächst eine schwache Brustmuskulatur und daher keine Mittelleiste (Kiel) zum Muskelursprung entlang dem Brustbein, aber durch die Ausbildung des Laufvermögens sehr kräftige und namentlich auch lange Beine und in Wechselwirkung hiermit einen langen Hals. Das Gefieder ist im ganzen und im einzelnen vereinfacht, die Federn bilden keine Fluren und Raine, und ihre Fahnen sind zufolge des Mangels von Häkchen an den Strahlen sehr locker. Die Straußvögel unterscheiden sich als Männchen und Weibchen wenig voneinander, legen, auch infolge der erworbenen Flugunfähigkeit, sehr große und schwere Eier mit dicker, poröser, einfarbiger Schale in Vertiefungen in Sand und in Laub. Die Jungen sind Nestflüchter. Die Tiere sind auf Afrika, Südamerika, die Inseln östlich von der Straße von Madagaskar bis Neubritannien, Australien und Neuseeland beschränkt. Man kann diese Ordnung in drei Unterordnungen mit 4 Familien, 5 Gattungen und 19 zum Teil unsicheren Arten zerlegen.

A. Unterordnung: **Schnepfenstrauße (Apterygidae).** Diese seltsame, eine Familie mit einer Gattung und 4 nahe verwandten Arten enthaltende Unterordnung der Straußvögel ist in ihrem Vorkommen auf Neuseeland beschränkt. Ihre Mitglieder haben lange, dünne, etwas nach unten gekrümmte, aber am Hinterende ein wenig abgeflachte und verbreiterte, mit langen Borsten umgebene Schnäbel, an deren Spitze sich die Nasenlöcher befinden. Die Vögel sind ungefähr so groß wie ein mittleres Haushuhn, mit einem plumpen Rumpf, der sich unmittelbar in den dicken Hals fortzusetzen scheint. Die Flügel sind außerordentlich kurz und äußerlich ohne weiteres nicht zu sehen. Die Füße sind mittellang, sehr kräftig, haben 4 stark bekrallte Zehen, deren hinterste kurz und dem Laufe angeheftet ist und die stärkste Kralle trägt. Die ganz gleichmäßig entwickelten und über den ganzen Körper gleichmäßig verteilten, weder am Schwanz noch an den Flügeln besonders differenzierten Federn sind schmal und länglich, ihre graue, indifferente Farbe verrät, daß ihre Träger nächtliche Tiere sind. Die Nahrung dieser Vögel besteht aus Kerbtieren, Würmern u. dgl. Sie legen in zusammengescharrte Blätter ein einziges, sehr großes Ei von weißer Farbe.

Familie: **Kiwi-Kiwis** (Anterygidae). Diese Familie ist durch die Beschreibung der Unterordnung gekennzeichnet. Der gemeine Schnepfenstrauß (Apteryx australis, S. 89), der jetzt schon der seltene heißen sollte und in absehbarer Zeit der ausgerottete heißen wird, hat im Londoner Tiergarten wiederholt gebrütet, aber leider keine Jungen ausgebracht.

B. Unterordnung: **Kasuare (Casuariinae).** Die Kasuare haben einen kräftigen Leib, ziemlich langen Hals, kleinen Kopf mit seitlich zusammengedrücktem Schnabel, ziemlich hohe Beine mit drei starken, krallentragenden Zehen. Die Weibchen sind etwas kleiner als die Männchen und legen zahlreiche graue oder schön saftgrüne Eier. Die Heimat dieser Vögel sind die papuanischen Inseln von Ceram bis Neubritannien einschließlich Neuguinea und Australien. Die Unterordnung umfaßt eine Familie (Casuariidae) mit zwei Gattungen und elf Arten. Die Emus (Dromaeus) bewohnen in zwei Arten das kontinentale Australien. Sie haben einen ziemlich breiten, mittellangen, einfachen Schnabel und an den Zehen kräftige und ziemlich gleichmäßig entwickelte Nägel. Die Kasuare (Casuarius, 9 Arten) bewohnen die papuanischen Inseln und Neuguinea, und eine Art findet sich in Nordaustralien. Die bekannteste Form ist der Helmkasuar (Casuarius galeatus, S. 90). Ihr Schnabel ist seitlich zusammengedrückt, und sein Hornepithel setzt sich auf die Stirn und den Scheitel in einen von schwammiger Knochensubstanz gestützten Helm fort und soll hier von Zeit zu Zeit abgeworfen und erneuert, also gemausert werden. Der obere Teil des Halses und der Kopf sind unbefiedert und mit einer eigenartig runzeligen und warzigen, stellenweise zu Klunkern verdickten und lebhaft gefärbten Haut bedeckt. Am Flügel finden sich fünf starke, nur durch die nackten, kahlen Schäfte dargestellte Schwungfedern. An dem übrigen Gefieder stehen die Strahlen weitläufig, so daß es einen haarartigen Eindruck macht. Von den drei Zehen an jedem Fuße trägt die innerste einen gewaltig langen, geraden, scharfen Nagel.

C. Unterordnung: **Echte Strauße (Struthioninae).** Die echten Strauße besitzen breite, abgeflachte Schnäbel mit ansehnlichen, ovalen Nasenlöchern und ein weiches, breitfederiges, nicht hartes, haarähnliches Gefieder. Die Eier dieser Vögel sind weiß.

1) Familie: **Pampa- oder amerikanische Strauße** (Rheïdae). Die drei Mitglieder dieser Familie sind nahe miteinander verwandt und bewohnen die östlichen, flacheren Gegenden des gemäßigten Südamerika von Brasiliens Südgrenze bis Patagonien in der Weise, daß jede einzelne Art die beiden anderen Arten im Vorkommen ausschließt. Kopf, Hals und Schenkel sind bis auf den untersten Teil befiedert; an den Flügeln, die am Bug einen Nagel tragen, und am Schwanze sind die Federn nicht wesentlich anders als am Rumpf beschaffen. Die Füße sind dreizehig. Die Geschlechter unterscheiden sich ein wenig dadurch, daß die Weibchen etwas heller im Gefieder sind. Der Nandu (Rhea americana) bewohnt die weiten Pampas des Staatengebietes des Rio de la Plata.

2) Familie: **Afrikanische Strauße** (Struthionidae). Die beiden bekannten Arten dieser Familie bewohnen das kontinentale Afrika. Ihr Hals, Kopf und ihre Schenkel sind mit sehr kurzen, feinen, haarartigen Dunen weitläufig befiedert. An den Flügeln sind die Schwung- und am Schwanz die Deckfedern stärker und länger als am übrigen Körper entwickelt. Die Füße sind zweizehig. Die Strauße legen zahlreiche weiße Eier in eine einfach in den Sand gescharrte Vertiefung, zusammen mehrere Weibchen, wie es scheint. Der afrikanische Strauß (Struthio camelus, S. 91) war einst über das ganze kontinentale Afrika bis an die Mittelmeergestade verbreitet, ist aber jetzt an vielen Stellen ausgerottet.

9. Ordnung: Hühnervögel (Rasores).

Die Ordnung der Hühnervögel ist eine umfangreiche, 3 Unterordnungen, 9 Familien mit 64 Gattungen und etwa 400 Arten umfassende und hat nur auf den Inseln des Stillen Ozeans keine Vertreter, wohl aber im höchsten Norden und in den Gebirgen bis zur Linie des ewigen Schnees. Die Hühner sind mittelgroße bis kleine, in einzelnen Fällen übermittelgroße Vögel mit kräftigem Körper, mäßig langem Halse, kleinem Kopfe, derbem Schnabel, der aber nur selten länger als der halbe Kopf wird, und starken, zu anhaltendem Laufe wohl eingerichteten Beinen. Meist sind vier mit flachen, stumpfen Nägeln versehene Zehen vorhanden. Das Gefieder ist großfederig, steht dicht, ist aber in Fluren und Raine geordnet. Es finden sich 10 oder 11 Schwungfedern an der Hand, von denen die 4.—6. in der Regel die längsten sind. Das Schwanzgefieder ist großen Verschiedenheiten unterworfen und kann sehr reduziert, aber auch, und besonders die Deckfedern im männlichen Geschlechte, kolossal entwickelt sein. Vielfach kommen namentlich bei den Hähnen, die meist von den Hennen durch bedeutendere Größe, Federentwickelung, Stimme 2c. unterschieden sind, am Kopf und Hals knöcherne und häutigfleischige Zierate vor. Die Hühner sind meist Polygamisten, legen bunte oder einfarbige Eier in sehr verschieden beschaffene, meist auf dem Boden, seltener auf Bäumen befindliche Nester. Die Eier werden fast immer vom Weibchen allein ausgebrütet, und die Jungen sind Nestflüchter.

Die drei Unterordnungen sind sehr ungleich an Umfang.

A. Unterordnung: **Schopfhühner (Opisthocomi).** Diese Unterordnung besteht aus einer einzigen Familie, Gattung und Art, dem Guayana und das tropische Brasilien bewohnenden Schopfhuhn (Opisthocomus cristatus). Es ist noch nicht ausgemacht, ob die männlichen Schopfhühner in Monogamie oder Polygamie leben. Gegen das letztere spricht die Thatsache, daß die Weibchen in auf Bäumen befindlichen Nestern nur je ein schmutzig gelbbraunes, dunkler geflecktes Ei legen. Der Vogel wird weder vom Menschen noch von irgend einem Raubtier seines widerlichen Geruches wegen verzehrt oder verfolgt. Die Ursache dieses Geruches soll in der Lieblingsnahrung, der Frucht einer Aaronspflanze, liegen. Das Schopfhuhn soll wesentlich ein Baumleben führen.

B. Unterordnung: **Steißhühner (Tinami).** Die Steißhühner sind in einer Familie (Tinamidae), 9 Gattungen und 40 Arten auf das kontinentale Südamerika beschränkt. Sie haben einen etwas nach unten gebogenen Schnabel, der länger als der halbe Kopf ist, kurze, abgerundete Flügel, schwach entwickelte Schwungfedern, von denen die vierte und fünfte in der Regel die längsten sind. Die Steuerfedern fehlen entweder ganz oder sind unter den Schwanzdeckfedern versteckt. Ihre Läufe sind hoch, die Innenzehe ist kurz, berührt den Boden nicht oder fehlt ganz. Die Weibchen legen zahlreiche, einfarbige, blaue oder graue, prachtvoll wie poliert glänzende Eier in auf dem Boden stehende Nester. Die Steißhühner, deren Geschlechter keine wesentlichen Verschiedenheiten aufweisen, scheinen in Monogamie zu leben. Der Inambu (Tinamus rufescens, S. 92) ist wohl die häufigste Art, lebt im mittleren und südlichen Brasilien, Argentinien 2c. und wird von den Bewohnern seines ausgezeichnet schmeckenden Fleisches halber hoch geschätzt.

C. Unterordnung: **Echte Hühner (Galli.)** Die Charaktere sind die der ganzen Ordnung. Zu dieser Unterordnung gehören 6 Familien.

1) Familie: **Wallnister** (Megapodiidae). Die Wallnister oder Großfußhühner sind in vier Gattungen und in einer unsicheren Zahl von Arten über alle Inseln östlich von der Straße von Makassar und Ombai bis zu den Samoa-Inseln, in Australien und den Philippinen verbreitet. Eine auf den Nikobaren hausende Art ist wahrscheinlich durch Menschen eingeführt worden. Diese Vögel haben mittelmäßig entwickelte, abgerundete Flügel, kurze, dachartig angeordnete Steuerfedern, hohe, starke Läufe und vier sehr lange, in einer Ebene gelegene, mit sehr ansehnlichen Nägeln versehene Zehen. Ihr Kopf ist klein und wie der Hals stellenweise nackt. Die Färbung des Gefieders ist im allgemeinen düster, und die Geschlechter unterscheiden sich, obwohl die Tiere Polygamisten sind, nur wenig. Die sehr großen, hellen, einfarbigen Eier werden von den Weibchen nicht ausgebrütet, sondern wie bei verschiedenen Reptilien in von der Sonne durchwärmten Sand oder in zusammengescharrte, durch Gärung bedeutende Wärme entwickelnde Haufen feuchten Laubes (Wallnester) gelegt. Mehrere Individuen beteiligen sich an der Bildung und Benutzung der Wallnester. Die Jungen sind schon nach wenig Tagen, bisweilen nach 84 Stunden, nachdem sie das Nest verlassen haben, flugfähig, eine Thatsache, die nicht wenig dazu beigetragen hat, die Systematik dieser Vögel zu verwirren. Das in diese Familie gehörige prächtige Buschhuhn (Talegalla Lathami, S. 92) bewohnt den Kontinent von Australien und verfertigt Laubnester. Das noch schönere Hammerhuhn (Megacephalon maleo, S. 93) bewohnt Landzungen und Inselchen an der Nordküste der Insel Celebes und legt seine Eier unmittelbar am Meere in einen groben, vulkanischen, unter der Tropensonne glühenden Sand. Der Vogel trägt auf dem Kopfe einen ansehnlichen, aus einer schwammigen Knochenmasse gebildeten runden Höcker.

2) Familie: **Baumhühner** (Carcidae). Die Baumhühner sind ansehnliche, sich ziemlich aufrecht haltende Vögel mit meist hochgewölbtem Schnabel; ihre abgerundeten Flügel sind stark konkav, der zwölffederige Schwanz ist lang. Die Beine sind schlank und haben schlanke Zehen, die wie die spitzen, ziemlich breiten Nägel für Hühnervögel eine gewisse Rückbildung zeigen, da die Angehörigen dieser Familie sich vollkommen an ein Baumleben angepaßt und das Scharren auf und in dem Boden aufgegeben haben. Meist besitzen diese Vögel, besonders im männlichen Geschlechte, einen aus eigenartigen Federn gebildeten Kopfschmuck oder an der Wurzel des Oberschnabels verdickte Hautpartien, ja schwammige Knochenauftreibungen. Die in Monogamie lebenden Männchen sind auch schöner befiedert als die Weibchen, die je zwei große, weiße, rauhschalige Eier in Baumnester legen. Die Baumhühner bewohnen in drei Unterfamilien das warme kontinentale Amerika von Mexiko bis Paraguay.

Die ansehnlichste Unterfamilie ist die der **Hokkos** (Cracinae). Bei den Hokkos ist der Schnabel hoch, bisweilen selbst sehr hoch gefirstet und ziemlich lang, oft an der Wurzel mit einer kleineren oder größeren Anschwellung. Die Verbreitung dieser Unterfamilie ist die der Baumhühner überhaupt. Die schönste Art ist der schwarze Hokko (Crax Alector, S. 93) mit seinem schwefelgelben Schnabel und schwarzen Lockenkopf.

3) Familie: **Fasanhühner** (Phasianidae). Die Angehörigen dieser Familie haben einen ziemlich gestreckten Körper, abgerundete, konkave Flügel, an denen die vierte bis siebente Handschwungfedern die längsten sind; die meisten haben an der Hinterseite des Laufes einen Sporn. Der Schwanz ist sehr verschieden entwickelt, in der Regel bei den Männchen stark verlängert. Die Fasanhühner leben meist in Polygamie, die Weibchen legen in einfach in den Boden gescharrte flache Gruben zahlreiche helle, einfarbige oder meist rostrot gefleckte und punktierte Eier.

Diese Familie umfaßt vier Unterfamilien, von denen drei ausschließlich die Alte und eine ausschließlich die Neue Welt bewohnen.

1) Unterfamilie: **Truthühner** (Meleagrinae). Die Truthühner sind kräftige, ansehnliche Vögel mit hohen Läufen, einem aus 18 starken Steuerfedern bestehenden mittellangen Schwanz und einem kurzen, gewölbten Schnabel. Hals und Kopf sind nackt, mit warziger Haut, an der Basis des Oberschnabels finden sich bei den einen stumpfen Sporn tragenden Männchen schwellbare Klunkern. Männchen und Weibchen der eine Gattung mit drei Arten umfassenden, Amerika von den nördlichen Vereinigten Staaten bis Guatemala bewohnenden Truthühner unterscheiden sich auch in anderen Punkten sehr. Die Eier sind schmutzig weiß, rötlich gefleckt und punktiert. Das Pfauentruthuhn (Meleagris ocellata, S. 95) findet sich in Guatemala.

2) Unterfamilie: **Perlhühner** (Numidinae). Die Angehörigen dieser Unterfamilie bewohnen ausschließlich Afrika, mit Ausnahme des äußersten Nordens und Südens, sowie Madagaskar und die Kanaren. Ihr Körper ist kräftig, stämmig, der Schnabel mittellang, seitlich zusammengedrückt und schwach gebogen. Der kleine Kopf ist in verschiedenem Umfange nackt, mit Kämmen, Klunkern, Hörnern u. dgl. versehen und sitzt auf einem kurzen, dünnen, teilweise gleichfalls nackten Hals. Die Läufe sind mäßig hoch, die Zehen sind kurz, und die Gegenwart eines Sporns ist eine große Ausnahme. Das Gefieder ist sehr dicht, legt sich partienweise zusammen und ist auf graulichem, bisweilen ins Bläuliche ziehendem Grunde weißgetropft. Die Steuerfedern werden gesenkt getragen, sind sehr kurz und werden von den Schwanzdeck- und Bürzelfedern überdeckt, so daß sie äußerlich nicht sichtbar sind. Die Weibchen unterscheiden sich von den Männchen bloß durch geringere Größe. Sie legen rötlichgelbe Eier mit dunkleren Flecken. Das aus Westafrika stammende gemeine Perlhuhn (Numida meleagris, S. 94) wurde schon von den Römern zahm gehalten, das Haubenperlhuhn (Numida cristata, S. 94) findet sich im südöstlichen Afrika, und das wunderschöne Geierperlhuhn (Numida vulturina, S. 94), bei dem das gewöhnliche schwarze, weiß betropfte Perlhuhnkleid durch Ultramarinblau prächtig gehoben ist, bewohnt die äquatorialen Gegenden der Ostseite Afrikas.

3) Unterfamilie: **Pfaue** (Pavoninae). Die Pfaue haben bei einem langen Hals einen auffallend kleinen Kopf, keine Hautklunkern im Gesicht oder am Halse. Die Schwanzdeckfedern allein oder außer ihnen noch die Schwungfedern zweiter Ordnung sind bedeutend verlängert, und vielfach finden sich Augenflecke am Gefieder. Diese Vögel bewohnen ganz Ostasien von Java, Sumatra, Borneo und Ceylon bis Nordchina und Tibet. Außer dem bekannten

gemeinen Pfau gehört in diese Unterfamilie die Gattung Polyplectron mit dem wundervollen Spiegelpfau (Polyplectron chinquis, S. 95) von Assam und Birma.

4) Unterfamilie: **Echte Fasane** (Phasianinae). Die echten Fasanen sind gleichfalls in ihrer Verbreitung auf Asien beschränkt und bewohnen dessen südliche Hälfte von Java und Ceylon bis Japan, die Mongolei, den Altai und Russisch-Transkaukasien. Die Angehörigen dieser Unterfamilie haben häufig Scheitelbüsche, Kämme und Fleischlappen auf dem Kopf, im Gesicht und am Halse. Der Schwanz ist verschieden, manchmal sind einzelne seiner Deckfedern weit über die Steuerfedern hinaus verlängert. Die Hähne sind bespornt. Ihr Gefieder zeigt niemals Augenflecke, ist aber sonst in der Regel sehr farbenprächtig und oft metallisch glänzend. Der Edelfasan (Phasianus cholchicus, S. 96) findet sich auch in Deutschland, ist hierher aber, wohl schon in der späteren Römerzeit, aus Kolchis eingeführt worden und verwildert. Der Ohrfasan (Crossoptilon mantschuricus, S. 97) stammt aus der Mandschurei, der Diamantfasan (Phasianus Amherstiae, S. 96) aus China und Tibet. Der bekannte Silberfasan (Euplocomus nycthemerus, S. 97), der zu den wenigen Vögeln, ja Wirbeltieren überhaupt gehört, die unten schwarz und oben hell sind, ist gleichfalls ein Chinese. Der Kelitsch (Euplocomus melanotus, S. 98) oder das Fasanenhuhn, ein Bewohner des östlichen Himalaja, zeichnet sich durch kurzes Schwanzgefieder aus. Das merkwürdige Satyrhuhn (Ceratornis satyra, S. 98) bewohnt die östlichen Teile des Himalaja.

4) Familie: **Wald- und Feldhühner** (Tetraonidae). Diese Vögel haben einen stämmigen Rumpf, einen kurzen Hals und kleinen Kopf mit kurzem, an der Basis verdicktem Schnabel. Die Läufe sind nicht sehr hoch, aber die ganzen Beine kräftig, die Hinterzehe ist immer höher als die vier vorderen eingelenkt. Sporen sind bei den männlichen Individuen dieser Familie eine große Ausnahme. Der Schwanz ist mittellang, hinten gerade abgeschnitten oder leierartig ausgeschweift. Das Gefieder ist meist mattfarbig und ohne metallisch schimmernde Partien. Die Männchen sind Poly- oder Monogamisten und unterscheiden sich nie so bedeutend von den Weibchen wie die der vorigen Familie, manchmal äußerlich fast gar nicht. Die zahlreich abgelegten Eier sind hell einfarbig oder in verschiedenem Umfang dunkel gezeichnet. Es gibt Zugvögel in dieser Familie, die nur im südlichsten Südamerika und auf den Inseln des Stillen Ozeans nicht vertreten ist.

Die Familie zerfällt in zwei Unterfamilien.

1) Unterfamilie: **Feldhühner** (Perdicinae). Die Feldhühner haben keine nackte Hautstelle über den Augen, ihre Läufe und Zehen sind unbefiedert, Männchen und Weibchen unterscheiden sich nur sehr wenig; sie leben in Monogamie, und die Hähne haben öfters Sporen. Als typischer Vertreter dieser Unterfamilie kann das graue Rebhuhn (Perdix cinerea, S. 99) gelten, das ganz Europa bis zum südlichen Schweden hinauf und die westlichen Gegenden Mittelasiens bewohnt. Das verwandte Rothuhn (Caccabis rufa, S. 99) findet sich im südwestlichen Europa von der Westschweiz und Südfrankreich über die ganze Iberische Halbinsel und auf Madeira. Der östlichste Punkt seines Vorkommens dürfte Malta sein; auf die Azoren ist es wahrscheinlich und nach Großbritannien gegen Ende des vorigen Jahrhunderts sicher eingeführt worden. Die gemeine Wachtel (Coturnix communis, S. 100) ist ein ganz Europa bis Südschweden hinauf, Nordafrika und die westlichen Teile Mittelasiens bewohnender Wandervogel, während die kalifornische Schopfwachtel (Callipepla californica, S. 100) ein Kind des fernen Westens ist.

2) Unterfamilie: **Waldhühner** (Tetraoninae). Die Wald- oder Rauhfußhühner haben über den Augen kahle, schwellbare Hautpolster von roter Farbe (Rosen), die Läufe, bisweilen auch die Zehen, sind befiedert, aber es finden sich niemals Sporen. Meist unterscheiden sich Männchen und Weibchen bedeutend. Die Hähne sind Polygamisten. Die Mitglieder dieser Familie bewohnen die nördliche Erdhälfte. Deutschland wird von drei echten Waldhühnern bewohnt: vom Haselhuhn (Bonasa sylvestris, S. 101), vom Birkhuhn (Tetrao tetrix, S. 101) mit seinem Leierschwanze und vom stolzen Auerhuhn (Tetrao urogallus, S. 102). Aus den beiden letzteren ist das Rackelhuhn (Tetrao urogallo-tetrix, S. 103) hervorgegangen, das einen Birkhahn zum Vater und eine Auerhenne zur Mutter hat. Die im Winter meist weiß und im Sommer wieder braun werdenden Schneehühner sind in den Alpen und von Ostpreußen bis zum höchsten Norden hinauf in mehreren nahe miteinander verwandten Arten vorhanden; das Alpenschneehuhn (Lagopus mutus, S. 103, im Winterkleide) bewohnt die Pyrenäen

und die ganze Alpenkette in der Nähe der Schneegrenze, und das Moorhuhn (Lagopus albus, S. 104) findet sich in den Polarländern der Alten und der Neuen Welt.

5) Familie: **Laufhühner** (Turnicidae). Die Laufhühner sind kleine Vögel, haben einen gestreckten Rumpf, einen geraden, gestreckten, dünnen Schnabel, mittellange Flügel, deren erste Schwungfedern die längsten sind, einen aus 12 kurzen, unter dem Deckgefieder nicht hervorragenden Steuerfedern bestehenden Schwanz. Die Füße haben lange, unbefiederte Läufe und meist 3, seltener 4 Zehen. Männchen und Weibchen unterscheiden sich nur darin, daß die Weibchen größer und stärker als die Männchen sind. Die Laufhühner sind ausschließlich altweltlich und australisch, bewohnen ganz Afrika, einschließlich Madagaskar, ganz Südasien nebst den malayisch-papuanischen Inseln bis zum Kontinent von Australien und Tasmanien. In die nördlich gemäßigten Gegenden dringen sie (in der Art Turnix sylvatica, S. 105) bis Spanien und Sizilien im Westen und bis Peking im Osten vor. Diese Familie umfaßt 2 Gattungen und 24 schlicht gefärbte Arten.

6) Familie: **Flughühner** (Pteroclidae). Die Flughühner haben einen stämmigen, kurzen Rumpf, einen kleinen Kopf, verlängerte Handschwingen, von denen die erste die längste ist, und 14 bis 18 Steuerfedern, deren beide mittelste in der Regel gleichfalls verlängert sind. Ihr Schnabel ist kurz, etwas nach unten gebogen. Die Läufe sind kurz und meist befiedert, die Zehen sind sehr kurz, die Hinterzehe ist rudimentär oder fehlt ganz, und die Außenzehe fängt gleichfalls an zu verkümmern, indem ihr Außenglied verschwunden ist. Die Färbung des Gefieders dieser Tierchen entspricht den Tinten ihrer sandigen Aufenthaltsorte. Sie bewohnen Mittelasien und sind von hier vorgedrungen nach Vorderindien, in die Mittelmeerländer und in Afrika bis Madagaskar, soweit diese Gebiete nicht bewaldet sind. Diese Familie umfaßt 2 Gattungen und 16 Arten, die in Monogamie leben. Die Weibchen legen in einfach in den Sand gescharrte Vertiefungen zahlreiche bunte Eier. Das Sandflughuhn (Pterocles exustus, S. 105) ist auch einer jener wenigen Vögel, die unten dunkler wie oben sind und in dieser Beziehung eine merkwürdige Übereinstimmung mit unserem gemeinen Hamster zeigen. Ein ebenso schönes wie merkwürdiges Tierchen ist das Fausthuhn (Syrrhaptes paradoxus, S. 106), das die Steppen östlich vom Kaspischen Meere bis zur chinesischen Mauer bewohnt, aber schon verschiedene Einwanderungsversuche (je einen großen in 1863 und 1888) nach Westen bis zum Atlantischen Ozean und Großbritannien gemacht hat.

10. Ordnung: **Taubenvögel (Columbae).**

Die Tauben sind eine sehr gut umschriebene Vogelordnung, deren einzelne Familien eine so enge Zusammengehörigkeit verraten, daß man sie, die lebenden Formen wenigstens, nur schwer in Unterordnungen einteilen kann. Ihr gerader, seitlich etwas zusammengedrückter Schnabel ist weichhäutig und läuft nur in der verdickten Spitze in eine verhornte Kuppe aus. Ihre Größe ist verschieden und schwankt etwa zwischen 24 und 70 cm. Der Körper ist ziemlich gedrungen, breitschulterig, der Hals ist kurz und der gewölbte Kopf klein. Die Tauben haben niedrige Laufbeine, und die 4 Zehen, von denen die Hinterzehe die kleinste ist, liegen in einer Ebene und haben seitlich zusammengedrückte, stumpfe Nägel. Die mittellangen Flügel sind schlank, haben 10 Hand- und 11—15 Armschwungfedern, und ihr Bau verrät die vortrefflichen Flieger. Bei wilden Tauben finden sich nie mehr als 16, meist aber 12 Steuerfedern, die einen hinten niemals ausgeschnittenen, aber öfters keilartig geformten Schwanz bilden. Das große Gefieder ist meist kräftig und hat starke Kiele und eine sehr verschiedene Färbung. Neben weißen und matten grünen, bräunlichen, schwärzlichen Tinten kommen metallisch glänzende vor und weiter solche, wie sie ähnlich nur bei Papageien, die überhaupt mancherlei Beziehungen zu den Tauben haben, gefunden werden: sanft lauchgrün, rosen- bis zinnoberrot, violett, schwefelgelb bis orange 2c., aber niemals ein völliges Blau. Männchen und Weibchen sind äußerlich schwer zu unterscheiden, die Tauberte haben aber eine eigenartige Stimme. Die Vögel bauen sehr kunstlose Nester auf Bäumen oder seltener in Felslöcher, die von der Täubin mit 2, stets weißen ovalen Eiern belegt werden. Die Jungen kriechen in einem sehr hilflosen Zustande aus und haben ein nur sehr schwach entwickeltes Nestdunenkleid. Sie werden in den ersten Tagen mit einem eigentümlichen, im Kropf beider Eltern abgesonderten fettreichen Stoff gefüttert. Die Tauben sind ausgesprochene Pflanzenfresser und genießen animalische Kost, kleine Schnecken etwa, wohl nur durch Zufall. Die tropischen Formen fressen vielfach Früchte.

Die Tauben sind kosmopolitisch verbreitet, gehen aber nicht sehr weit und nur in wenigen Arten nach Norden und in die hohen Gebirge; unter den Tropen, und besonders auf Inseln, die arm an kletternden Raubtieren, Affen und anderen Eierdieben sind, ist diese Ordnung am mannigfaltigsten entwickelt. Manche Arten sind gesellig, und die die gemäßigten Gegenden bewohnenden sind Zugvögel. Die Ordnung der Tauben besteht aus 5 Familien, von denen wir 4 hervorheben, 55 Gattungen und gegen 370 Arten.

1) Familie: **Krontauben** (Gouridae). Die Krontauben sind stattliche Vögel mit kräftigem, plump gebautem Rumpfe, hohen Läufen, einer seitlich zusammengedrückten Krone zerschlissener Federn auf dem Scheitel und einem eigentümlichen, weichen Gefieder von wesentlich mohnblauer Farbe. Sie leben in kleinen Gesellschaften, halten sich mit Vorliebe auf dem Boden auf und ernähren sich von Früchten. Die Heimat der 3 nahe miteinander verwandten Arten ist Neuguinea und die zunächst gelegenen kleinen Inselchen. Die Fächer-Kronentaube (Goura Victoriae, S. 107) ist keine Seltenheit mehr in den größeren Tiergärten.

2) Familie: **Mähnentauben** (Caloenadidae). Diese Familie enthält nur eine Gattung und Art, die Kragentaube (Caloenas nicobarica, S. 108), die, besonders wenn man ihr geringes Flugvermögen und ihre Gewohnheit, auf dem Boden zu leben, in Betracht zieht, eine merkwürdige Verbreitung hat. Sie findet sich nämlich von den Nikobaren westlich von der Halbinsel Malakka auf den kleinen, meist von Menschen unbewohnten Inselchen bis in die Geelvinksbai im Nordosten von Neuguinea und von hier bis in den Archipel der Philippinen. Die Kragentaube, die eine Bodenbrüterin ist, hat hohe Läufe, ein prächtiges dunkelblaues, grünlich und violett schillerndes Gefieder, das am Halse aus verlängerten, zugespitzten Federn besteht. Auf der Wurzel des Oberschnabels trägt sie eine Warze.

3) Familie: **Echte Tauben** (Columbidae). Die echten Tauben haben kurze, bis an das Fersengelenk befiederte Läufe und 12 Steuerfedern. Sie brüten auf Bäumen und haben die geographische Verbreitung der ganzen Ordnung. Ihre Färbung ist meist gräulich in das Bläuliche oder Bräunliche hinein, bisweilen mit metallischen Flecken. Die Gattung der Spiegeltauben, zu denen die niedliche Schopftaube (Phaps lophotes, S. 110) und die Erzflügeltaube (Phaps chalcoptera, S. 110) gehören, bewohnt das Festland von Australien und Vandiemensland. Die erstere hat auf dem Scheitel eine spitze Haube, die letztere kupfern metallisch schillernde Flecke auf den Flügeln. Die bekannte Lachtaube (Turtur risorius, S. 110) findet sich im nordöstlichen Afrika und im nördlichen und westlichen Indien meist in großen Gesellschaften. Die Turteltaube (Turtur communis, S. 109) bewohnt das mittlere Asien, Süd- und Mitteleuropa, wird diesseits der Alpen, je weiter man nordwärts kommt, immer seltener und erreicht in den südlichsten Teilen Skandinaviens ihre Nordgrenze. Die das tropische, kontinentale Afrika bewohnende Zwergtaube (Chalcopelia afra, S. 110) ist eine der kleinsten Taubenarten. Auf dem Schultergefieder hat sie grünlich schimmernde Metallflecke. Die Stammmutter aller so überaus zahlreichen und verschiedenartig entwickelten Rassen und Unterrassen der Haustaube ist die Felsentaube (Columba livia, S. 109), die in mehreren Lokalformen vom Himalaja westwärts durch Nordafrika und Südeuropa und wieder auf einigen der nördlich von England gelegenen kleinen Inselgruppen und an der Westküste Norwegens in Felsen brütet. In Deutschland brüten noch die Ringeltaube (Columba palumbus, S. 108) und die Hohltaube (Columba oenas, S. 108), beide echte Wald- und Baumtiere, aber die erstere baut ihr Nest frei, die letztere legt es in Baumhöhlungen an. Berühmt ist die langschwänzige, nordamerikanische Wandertaube (Ectopistes migratorius, S. 107) wegen der ungeheuern Mengen, in denen sie ihre Wanderungen unternimmt, oder besser unternahm, denn der Mensch hat unter dem Bestand dieser wehrlosen, gut eßbaren Geschöpfe mächtig aufgeräumt.

4) Familie: **Zahntaube** (Didunculidae). Die einzige Angehörige dieser Familie, der Manumea (Didunculus strigirostris, S. 111), ist die abweichendste lebende Taubenform. Sie hat einen sehr kräftigen, an der Spitze hakenartig übergreifenden Schnabel und im Unterschnabel 2 starke Zähne. Sie bewohnt die Samoainseln und frißt Früchte, von denen sie größere mit den Füßen auf den Boden fest drückt und mit Schnabelhieben zerfleischt.

11. Ordnung: Geiervögel (Vultures).

Die Angehörigen dieser Ordnung sind ansehnliche Vögel, haben einen gestreckt walzenförmigen Leib und sitzen aufrecht. Ihre Flügel sind sehr kräftig entwickelt mit langen Schwungfedern, von denen 10 auf die Hand entfallen. Der Schwanz enthält 12 Steuerfedern. Die Haupt- oder Konturfedern sind groß, wenig zahlreich und stehen in Fluren, das Dunengefieder ist gut entwickelt. Die Farben des Gefieders sind Grau, Braun, Schwarz und Weiß, niemals lebhaft oder metallisch glänzend. Die Beine sind kräftig, zum Schreiten eingerichtet, und die Zehen bilden keine Fänge und haben stumpfe Krallen. Der Schnabel hat an der Basis eine weiche Haut, ist sonst sehr hart, im hinteren Teil gerade und hoch und im vorderen hakig abwärts gebogen und sehr scharf. Die Geier sind echte Monogamisten, bauen auf Bäumen und Felsen, gelegentlich auf dem Boden sehr einfache Nester, die das Weibchen in der Regel mit 2 weißen, höchstens weitläufig braungelb gefleckten Eiern belegt. Die Jungen sind Nesthocker und haben ein starkes Dunengefieder. Diese Vögel leben wesentlich vom Aas größerer Säugetiere, selten von lebendig erbeuteten Wirbeltieren. Die Ordnung hat in Madagaskar und auf allen Inseln südlich und östlich von der Malakka-Straße, in Australien und in Neuseeland keine Vertreter. Sie zerfällt in 2 Unterordnungen: in die Geier der Neuen und der Alten Welt.

A) Unterordnung: **Geier der Neuen Welt (Cathartes).** Die amerikanischen Geier haben einen an der Basis eingeschnürten Schnabel, keine Scheidewand zwischen den Nasenlöchern und stets einen nackten, beziehungsweise mit kurzen, spärlichen Dunen besetzten Hals und Kopf. Sie leben ausschließlich von Aas. Zu ihnen gehört eine Familie mit 4 Gattungen und 9 Arten. Der Truthahngeier (Cathartes aura) bewohnt ganz Amerika vom 55.° nördl. Br. bis zu den Falklandinseln und von den Küsten des Stillen bis zu denen des Atlantischen Ozeans. Ein mehr auf die tropischen Waldungen Amerikas beschränkter, etwa zwischen dem 30.° nördl. und dem 30.° südl. Br., ist der Königsgeier (Sarcorhamphus papa, S. 113), der aber nicht hoch in das Gebirge, nicht über 1500 m, hinaufgeht. Kein Tier hingegen vermag sich freiwillig so hoch zu erheben wie eine dritte, ganz Südamerika von den Hochlanden von Quito bis zur Magalhãesstraße bewohnende Geierart, der Kondor (Sarcorhamphus gryphus, S. 111), der seine Beute, das Aas gefallener Säugetiere, aus einer Höhe von 7000 m mit dem Auge, aber durchaus nicht mit der Nase wahrnimmt.

B) Unterordnung: **Geier der Alten Welt (Gypaëti).** Bei den Mitgliedern dieser Unterordnung ist der Schnabel am Grunde nicht eingeschnürt, und zwischen den Nasenlöchern befindet sich eine aus Hornepithel bestehende Scheidewand. Der Kopf ist nackt, bez. nur mit feinen Dunen besetzt. Die Vögel leben teils von Aas, teils von lebendig gefangenen Wirbeltieren. Die altweltlichen Geier umfassen 2 Familien, 6 Gattungen und 16 Arten.

1) Familie: **Aasgeier** (Vulturidae). Die Aasgeier leben von Aas und haben einen nackten oder schwach mit Dunen bestandenen Kopf und Hals. Sie bewohnen Europa jenseits der Pyrenäen und Alpen, Griechenland, Südrußland, den größten Teil von Afrika und vom südlichen Asien bis China.

Afrika, das Land der großen Säugetiere und daher auch das der großen Äser, ist so recht die Heimstätte nicht nur für die Hyänen, sondern auch für die Aasgeier, und von hier aus haben sich die Vögel ostwärts über Südsibirien und das kontinentale Indien und nordwärts über Südeuropa verbreitet, während sie in allen Gebieten östlich von der Straße von Makassar nicht vorkommen, ja nicht einmal auf Madagaskar; in diesen an größeren Säugetieren armen, von wilden Herden überhaupt gar nicht bewohnten Gegenden würden sie ihre Rechnung nicht finden. Der Kuttengeier (Vultur monachus, S. 112) bewohnt die Gebirge der Iberischen und der Balkanhalbinsel, Sardinien, die Donautiefländer, die Karpathen und geht von hier ost- und südwärts durch Mittelasien bis China und Indien. Er ist der größte europäische Vogel. Der Schmutzgeier (Neophron percnopterus, S. 112) geht nicht so weit östlich wie der Kuttengeier, aber viel weiter südlich, indem er einen großen Teil Afrikas bewohnt, wo jener sich kaum einmal zeigt. Der Gänsegeier (Gyps fulvus, S. 112) hat eine ähnliche Verbreitung wie der Kuttengeier, brütet aber auch in den Österreichischen Alpen und ist in Afrika sehr gemein.

2) Familie: **Adlergeier** (Gypaëtidae). Die Adlergeier bilden nur eine Gattung mit 5 unsicheren Arten, die Südeuropa von den Alpen an, Südsibirien, die nördliche Hälfte von Afrika und Indien bis Siam und Nordchina bewohnen.

12. Ordnung: **Raubvögel (Raptatores).**

Die Raubvögel, die man früher mit den aasfressenden Geiern vereinigte, und die allerdings mit ihnen durch die Lämmergeier einigermaßen verbunden erscheinen, betrachten wir als eigene Ordnung, jedoch wollen wir gleich betonen, daß wir keine Veranlassung finden, diese Ordnung zu zerreißen, zwei aus ihr zu machen und als solche weit voneinander zu trennen: die Tag- und die Nachtraubvögel, die wir nur als Unterordnungen gelten lassen können.

Die Raubvögel haben beim Sitzen eine aufrechte Gestalt, einen kräftigen Rumpf und kurzen Hals. Ihr Kopf erscheint groß, ihr aus zwölf Steuerfedern bestehender Schwanz ist mäßig lang. Sie haben zehn lange Handschwingen und wohlentwickelte Flügel, ihre Beine sind meist kurz, aber kräftig, die Zehen, von denen die äußere unter Umständen nach hinten gewendet werden kann, sind mit starken, scharfen, gekrümmten Krallen bewaffnet, zu denen der kräftige, am oberen Rande oft mit einem, selten mit zwei Zähnen versehene Oberschnabel mit seinem zu einem scharfen übergreifenden Haken nach unten gebogenen Vorderende vortrefflich paßt. Das in Fluren und Reihen angeordnete Gefieder ist niemals sehr lebhaft, höchstens weiß und kastanienbraun von Farbe, sehr selten ist auch metallischer Glanz, doch sind Zeichnungen von dunkleren Querbändern und Tupfen auf hellerem Grunde sehr allgemein verbreitet. Die Sinne, besonders das Gesicht, bei Nachtraubvögeln auch das Gehör, sind sehr scharf. Äußere Unterschiede zwischen Männchen und Weibchen bestehen bloß darin, daß allgemein die Weibchen, denen die Hauptsorge für die Nachkommen überlassen bleibt, die daher bei der Jagd mehr Kraft entwickeln müssen, größer und stärker als die Männchen sind. Die Raubvögel leben, und die einzelnen Pärchen, wie es scheint, für Lebenszeit, in Monogamie. Wohl nur beim Zug, den manche im Herbst unternehmen, dürften sie (z. B. Milane) kleine Gesellschaften, vielleicht aus Familienmitgliedern bestehend, bilden. Im Frühling kehren die betreffenden Formen nur paarweise zurück. Die Weibchen legen 4—6 einfarbige, helle oder rostrot gefleckte und punktierte Eier. Die mit dichten Dunen befiederten Jungen sind Nesthocker. Die Nahrung der Raubvögel besteht aus lebendigen Wirbeltieren, seltener aus Aas; manche fressen auch Insekten, einige sogar Vegetabilien. Sie werfen unverdaute, gröbere Futterreste als „Gewölle" aus.

Diese Ordnung umfaßt zwei Unterordnungen mit vier Familien und etwa 510 Arten und hat eine kosmopolitische Verbreitung. Sie geht bis zum höchsten Norden und im Gebirge vielleicht sogar als Brutvögel bis über die Grenze des ewigen Schnees.

A) Unterordnung: **Tagraubvögel (Falcones).** Die Tagraubvögel haben meist eine einfache Gesichtsbefiederung oder nur Spuren einer solchen (Schleier) um die Augen herum; ihr großes Gefieder ist hart und straff. Ihre äußere Zehe ist nur selten eine Wendezehe. An der Speiseröhre haben sie einen Kropf. Ihre oft farbigen Eier sind länglich rund. Die Verbreitung dieser, drei Familien umfassenden Unterordnung ist kosmopolitisch.

1) Familie: **Falken** (Falconidae). Die Falken haben kurze Beine, eine starke Unterschenkelbefiederung (Hosen) und keine Wendezehe. Diese Familie hat die Verbreitung der ganzen Ordnung.

a) Unterfamilie: **Echte Falken** (Falconinae). Der Körper dieser Vögel ist kräftig, stämmig; auf dem kurzen Hals sitzt ein großer Kopf mit einem zwar nicht sehr langen, aber sehr kräftigen Schnabel, der an jeder Seite am Rande des Oberschnabels einen mehr oder weniger kräftigen Vorsprung, einen Zahn, hat. An den langen, spitzen, die vortrefflichen Flieger verratenden Flügeln ist die zweite Handschwinge die längste. Die Läufe sind kurz, aber die Zehen sehr lang und mit starken, gekrümmten Nägeln zum Greifen eingerichtet. Die echten Falken leben von selbstgefangener Beute, meist von sogenannten warmblütigen Wirbeltieren, seltener von kaltblütigen und von Insekten. Sie sind kecke, unerschrockene Räuber und stehen auch geistig in ihrer ganzen Sippe am höchsten. Die aus 11 Gattungen und etwa 80 Arten bestehende Unterfamilie ist kosmopolitisch verbreitet. Eine der bekanntesten Falkenarten ist der Turmfalke (Falco tinnunculus, S. 113), ein allerliebstes Tier, das durch das, was es an schädlichen

Insekten vertilgt, weit mehr nützt, als was es durch Singvogelfang schadet. Der Vogel bewohnt ganz Europa und Asien nördlich vom Himalaja bis zur Baumgrenze hinauf. Die kälteren Gegenden seines Verbreitungsgebietes verläßt er im Oktober oder November, um südwärts zu wandern, kehrt aber im März zurück. Der Merlin (Falco aesalon, S. 114) ist zwar in Deutschland wiederholt brütend beobachtet worden, ist aber wesentlich ein Bewohner des hohen Nordens. Ein in den gemäßigten und kälteren Gegenden der Alten und der Neuen Welt weitverbreiteter, aber im Winter südwärts bis Afrika, Indien, Japan, Mittelamerika und Westindien streifender Vogel ist der Wanderfalke (Falco peregrinus, S. 114). Er ist auch in Deutschland keine Seltenheit, und man kann ihn gelegentlich sommers und winters in den großen Städten beobachten, wie er der Taubenjagd obliegt.

b) Unterfamilie: **Adler** (Aquilinae). Die Adler sind eigentlich die Raubvögel schlechthin. Es sind große, starke Vögel mit hohem, stark zu einer hakigen Spitze ausgezogenem Schnabel, aber ohne Zahn am Rande des Oberschnabels. Die Flügel sind groß, aber nicht spitz, der Schwanz ist lang und besonders breit. Die Schenkelbefiederung reicht oft weit herab und deckt dann als „Hose" den mittellangen, starken Lauf. Sehr stark, spitz und krumm sind die Krallen dieser gewaltigen Räuber, die sich wohl ausschließlich mit selbstgefangenen Wirbeltieren ernähren. Sie leben und jagen paarweise und sind kosmopolitisch verbreitet. Der weißschwänzige Seeadler (Haliaëtus albicilla, S. 116) lebt wesentlich von Fischen, die er in ganz Europa, dem mittleren und nördlichen Asien, auf Nowaja Semlja, Island und Grönland mit erstaunlichem Geschick fängt. Der Steinadler (Aquila fulva, S. 115) bewohnt die Gebirge Asiens und die Alpen, der schöne Kaiseradler (Aquila imperialis, S. 117) bewohnt das südliche Europa und Mittelasien bis China; im Winter zieht er südwärts und erscheint dann in Afrika und Indien.

c) Unterfamilie: **Bussarde** (Buteoninae). Die Mitglieder dieser Familie sind im allgemeinen kleiner und plumper als die Adler und haben schwächere Schnäbel und Fänge. Ihr Kopf ist verhältnismäßig groß, rund, der Schwanz kurz. Sie leben hauptsächlich von kleinen Wirbeltieren, besonders Nagern, gelegentlich auch von Aas und einige von Insekten. Sie finden sich auf der ganzen Erde, auch in Australien und Tasmanien, aber nicht auf den malayoasiatischen und pazifischen Inseln. Der Mäusebussard (Buteo vulgaris, S. 118) wird fast nur in Europa gefunden und wird im Osten durch verwandte Arten ersetzt. Stellenweise ist er sehr häufig und selten wohl nur in Großbritannien, wo man den durch seine großartigen Mäusejagden höchst nützlichen Vogel fast ausgerottet hat.

d) Unterfamilie: **Milane** (Milvinae). Die Milane sind schlanke, zierliche Raubvögel mit schwachen, in einem langen Haken ausgebogenen Schnäbeln, langen, spitzen Flügeln und langem, bisweilen gabelartig ausgeschnittenem Schwanze, wodurch sie sich als gute Flieger ausweisen. Ihre Läufe und Zehen sind hingegen kurz. Die Unterfamilie hat eine kosmopolitische Verbreitung, und von deutschen Vögeln gehört außer den eigentlichen Milanen der Wespenbussard (Pernis apivorus, S. 117) zu ihnen, ein interessanter Vogel, dessen Gesicht eine eigenartige, feste Befiederung hat, eine Art Fechtmaske gegen die Stiche der Wespen und Hummeln, die er mit Brut und Honig ausgräbt und verzehrt. Der Wespenbussard ist ein Zugvogel und in unserem Vaterlande gerade keine Seltenheit. Der Königsmilan (Milvus regalis, S. 118) ist ein schöner, sehr elegant fliegender, aber unedler Raubvogel, der sich bei seinen Herbstwanderungen oft in Gesellschaften von mehr als hundert Stück zusammenthut, aber im Frühjahr paarweise wiederkehrt. Der in den meisten Gegenden Deutschlands nicht seltene Vogel frißt allerlei kleine Wirbeltiere, Insekten und auch Aas. Seltener ist der schwarze Milan (Milvus migrans, S. 118), der etwas kleiner ist.

e) Unterfamilie: **Habichte** (Accipitrinae). Zu den verschlagensten, blutgierigsten Raubvögeln, die mit großer Vorsicht überraschende Keckheit zu paaren wissen, gehören die kosmopolitisch verbreiteten Habichte (10 Gattungen und gegen 90 Arten). Sie zeichnen sich durch lange Schwänze und kurze Flügel aus und machen daher beim Fliegen eine sehr charakteristische Figur. Ihre Läufe sind lang. Der gemeine Sperber (Accipiter nisus, S. 119) richtet unter unseren kleineren Vögeln grimmige Verheerungen an, ja er begleitet die menschlichen Jäger, in geschicktester Art in Gräben und hinter Hecken Deckung suchend, und nimmt ihnen vor der Flinte das geflügelte Rebhuhn weg. Nicht weniger dreist, aber dabei weit größer und stärker, ist der Habicht (Astur palumbarius, S. 119), der fürchterliche Feind der Haustauben, den man, wie viele Falken, zur Beize abrichten kann. Der Vogel ist im kontinentalen Europa und in Mittelasien in den meisten Gegenden keine Seltenheit; er führt einen so guten Kampf ums Dasein, daß man, obwohl ihm eifrigst nachgestellt wird, doch kein Abnehmen seines Bestandes bemerkt.

f) Unterfamilie: **Weihen** (Circinae). Die Weihen sind die Bodenformen unter den einheimischen Raubvögeln und haben als solche hohe Beine. Ihre Schwänze und Flügel sind gleichfalls lang. Sie haben in mehrfacher Beziehung etwas Eulenartiges an sich: sie gehen auch in der Dämmerung dem Erwerb ihrer aus kleinen Wirbeltieren, Vogeleiern und Insekten bestehenden Nahrung nach, ihr Gefieder ist weich und bildet oft um die Augen eine Art von Schleier. Sie lieben freie offene Gegenden von steppenartigem Charakter als Aufenthaltsorte, brüten auf der Erde in Rohr und Gras und legen 4—5 grünlichweiße, ungefleckte Eier. Sie fliegen ungern hoch und streifen meist unmittelbar am Boden hin. Die Verbreitung der eine Gattung und 15 Arten umfassenden Unterfamilie ist eigentümlich zerstreut und jedenfalls darauf zurückzuführen, daß eben nur ganz bestimmte Verhältnisse den Vögeln zusagen. Im allgemeinen vermeiden sie kleinere Inseln und höhere Gebirge, sind aber sonst ziemlich Kosmopoliten. Die Kornweih (Circus cyaneus, S. 120) bewohnt Mitteleuropa und Mittelasien und ist im flacheren Deutschland, wo sich größere Getreidefelder und Wiesenkomplexe finden, keine Seltenheit. Ganz ähnlich sind die Aufenthaltsorte der Wiesenweih (Circus cinerasceus, S. 120), die aber gern in kleinen Gesellschaften lebt. Die Steppenweih (Circus Swainsonii, S. 120) ist eine Bewohnerin des südöstlichen Europa, des westlichen Mittelasien und Nordafrikas, hat aber gelegentlich auch schon in Deutschland gebrütet. Die Weihen sind Zugvögel.

2) Familie: **Sekretäre** (Gypogeranidae). Die Beine dieser Vögel sind lang, wie bei Watvögeln, und ohne Hosen; auch der Hals ist lang, und die Schwanzfedern sind zum Teil sehr lang. Auf dem Hinterkopf stehen eine Anzahl verlängerter Federn. Diese Familie umfaßt nur eine Gattung mit einer einzigen, fast das ganze kontinentale Afrika bewohnenden Art (Gypogeranus secretarius), die sich etwa zu den Falken ähnlich wie der Flamingo zu den Enten verhält. Der Vogel lebt hauptsächlich von Reptilien, besonders von Schlangen, deren Verteidigung er mit seinen starken, am Bug mit einem Dornnagel versehenen Flügeln abwehrt.

3) Familie: **Flußadler** (Pandionidae). Die äußere Zehe der Flußadler ist eine Wendezehe. Die Vögel haben keine „Hosen". Diese Familie hat trotz ihres geringen Umfanges (2 Gattungen und 3 Arten) eine fast kosmopolitische Verbreitung und fehlt bloß im südlichsten Südamerika. Wo ausgedehntere, fischreiche, süße Gewässer vorhanden sind, ist der fast über die ganze Erde verbreitete gemeine Fischadler (Pandion haliaëtus, S. 121) auch in unserem Vaterlande keine Seltenheit. Er nistet auf Bäumen, legt 3—4 weiße, rötlich und violettgrau gefleckte Eier. Der schöne, aber schädliche und daher viel verfolgte Vogel ernährt sich kaum von etwas anderem als von Fischen, allenfalls noch von Fröschen.

B) Unterordnung: **Nachtraubvögel (Striges).** Bei den Nachtraubvögeln oder Eulen bilden besonders entwickelte Federn um die Augen herum einen schwächeren oder stärkeren Schleier. Im übrigen ist das große Gefieder sehr weich. Die Eulen haben einen großen Kopf und auffallend große Augen, auch verfügen sie über ein ausgezeichnetes Gehör; für manche Arten sind mehr oder weniger bewegliche Federbüschel in den Ohrgegenden charakteristisch. Ihre äußere Zehe ist immer eine Wendezehe, sie haben keine „Hosen" und an der Speiseröhre keinen Kropf. Sie finden sich auf der ganzen, für sie überhaupt bewohnbaren Erde bis zum höchsten Norden hinauf und bis auf die entlegensten Inseln. So ausschließlich nächtliche Tiere, wie man wohl vermuten könnte, sind sie nicht, und bei den hochnordischen Formen ist das zufolge der Verteilung der Tageszeiten in ihrer Heimat auf Jahreszeiten ein Ding der Unmöglichkeit. Sie brüten meist in Baum- und Felslöchern, seltener in verlassenen Nestern und Horsten von Krähen und Raubvögeln und legen je nach Größe und Art 2—10 fast ganz runde, weiße Eier. Ihre Nahrung besteht aus Wirbeltieren, auch Fischen, und die kleineren Formen fangen außerdem Insekten. Die 23 Gattungen und etwa 180 Arten bilden nur eine einzige Familie.

1) Familie: **Eulen** (Strigidae). Die Mitglieder dieser Familie haben die Eigenschaften der ganzen Unterordnung. Sie bilden mehrere Gruppen, die aber doch nicht ganz den Wert von Unterfamilien haben. Die Sumpfeule (Asio brachyotus, S. 122) hat kleine Ohrbüschel und hellgelbe Augen. Sie ist betreffs ihres Vorkommens ein merkwürdiger Vogel. Ihre eigentliche

Heimat, d. h. das Gebiet, wo sie brütet, liegt in der Alten und der Neuen Welt jenseits der nördlichen Waldgrenze. Von hier unternimmt der Vogel im Herbst und Winter weite Reisen nach Süden, und solche wandernde Individuen sind auf der ganzen Erde gefunden worden, mit Ausnahme Südafrikas und Australiens nebst den im Süden von diesem Kontinent gelegenen Inseln. Über ganz Europa und Mittelasien verbreitet sich die Waldohreule (Asio otus, S. 122), eine Hauptmäusevertilgerin und dadurch einer unserer nützlichsten Vögel. Sie hat längere Ohrbüschel als die Sumpfohreule. Der Zwerg der Sippe ist die Zwergohreule (Asio scops, S. 122), die nur halb so groß wie die Sumpfohreule wird. Der hübsche Vogel bewohnt das südliche Mittelasien und Südeuropa, in einzelnen Pärchen auch Süddeutschland; weiter nach Norden verfliegt er sich nur. In die Gruppe der mit solchen Kopfzieraten ausgestatteten Eulen gehört auch unsere größte Art, der Uhu (Bubo maximus, S. 125), ein Vogel, der bei uns von Jahr zu Jahr seltener wird. Der Steinkauz (Athene noctua, S. 123), auch das Leichenhühnchen genannt und von abergläubischen Leuten seines nächtlichen unheimlichen Geschreies wegen scheel angesehen, hat keine Ohrbüschel, große gelbe Augen und ist etwas größer als die Sumpfohreule. Er bewohnt ganz Europa und Mittelasien südlich etwa von 58° nördl. Br. Noch kleiner ist die allerliebste Sperlingseule (Athene passerina, S. 123), die thatsächlich noch etwas kleiner als ein Hausspatz ist. Sie ist ähnlich wie ihre größeren Verwandten verbreitet, aber die beiden Grenzen, zwischen denen sie vorkommt, liegen einige Breitengrade weiter nordwärts. Der Rauchfußkauz (Nyctale Tengmalmi, S. 123) gleicht auf dem ersten Blick dem Steinkauz sehr, hat aber einen größeren Kopf und besser entwickelten Schleier. Er findet sich in den großen Waldungen des nördlichen Amerika, Europa und Asien, geht aber in letzterem Weltteil südwärts bis in das nördliche Indien. Die Sperbereule (Nyctea ulula, S. 124) bewohnt den Norden der Alten Welt, erscheint aber in schneereichen Wintern in Deutschland, Ungarn und Südrußland. Wahrscheinlich hat der Vogel im äußersten Nordosten unseres Vaterlandes schon gebrütet. Eine der schönsten Eulen ist die Schnee-Eule (Nyctea nivea, S. 125), die die Nordpolarländer bewohnt, aber fast in jedem Winter südwärts wandert und um so weiter, je schneereicher er ist, in der westlichen Hälfte Europas bis an die Alpen und Pyrenäen. In Nordamerika geht diese Eule als Brutvogel viel weiter nach Süden, in den östlichen Teilen bis zum 45.° nördl. Br., und hier dehnt sie ihre Winterwanderungen bis auf die westindischen Inseln aus. Im Norden der Alten, aber nicht der Neuen Welt gesellt sich der Bartkauz (Syrnium lapponicum, S. 125) zur Schneeeule. Die in Deutschland am allgemeinsten bekannten, weil häufigsten Eulenarten sind der Waldkauz (Syrnium aluco, S. 124) und die Schleiereule (Strix flammea, S. 126). Der erstere ist ein höchst nützlicher Vogel, da er wesentlich Mäuse frißt; freilich geht er in seinem Eifer oft zu weit, da er zwischen den schädlichen Nagern und den selbst ungemein nützlichen Spitzmäusen keinen Unterschied macht. Die gleichfalls wesentlich von Mäusen lebende Schleiereule ist in ihrem Äußeren und in ihrem Gebahren einer der angenehmsten Vögel, der die Gesellschaft des Menschen sucht und bei guter Behandlung sehr zutraulich werden kann.

13. Ordnung: **Sperlingsvögel (Passeres).**

Diese Ordnung der Vögel ist die bei weitem zahlreichste und umfaßt 2 Unterordnungen mit 50 Familien, 525 Gattungen und etwa 5300 Arten. Es ist leicht begreiflich, daß sich bei einer so bedeutenden Menge von Mitgliedern und bei der großen Fülle auseinanderweichender Anpassungsmöglichkeiten und Anpassungsbedürfnisse, nur wenige, und teilweise noch unsichere, für die ganze Ordnung gültige, anderen Ordnungen zum Teil nicht auch zukommende Charaktere werden finden lassen. Folgende mögen genügen: die Beine sind bis zum Fersengelenk befiedert, der Lauf hat vorn eine Reihe größerer, bisweilen untereinander verschmelzender Horntafeln, es finden sich stets 4 Zehen, von denen stets 3 nach vorn liegen und keine eine Wendezehe ist. Zwischen dem ersten Glied der 3. und 4. Zehe findet sich eine vollkommene Spannhaut.

A) Unterordnung: **Singvögel (Oscines).** Die erste Handschwungfeder ist immer kürzer als die 9 folgenden oder kann völlig fehlen, die Zahl der Armschwungfedern geht selten über 9, es ist ein unterer, aus untersten Teilen der Luftröhre und obersten der Bronchien gebildeter, mit zahlreichen Muskeln ausgestatteter Kehlkopf vorhanden. Die Singvögel sind kosmopolitisch verbreitet. Man hat diese Unterordnung in eine große Anzahl von Familien und Unterfamilien eingeteilt, auf die hier unmöglich zu nahe eingegangen werden kann.

1) Familie: **Bachstelzen** (Motacillidae). Die Bachstelzen sind schlank gebaute, hoch- und dünnbeinige Vögel mit schlankem Schnabel, 9 Handschwungfedern, langem Schwanz und langem Nagel an der Hinterzehe. Diese Familie hat nur auf den Inseln des Stillen Ozeans keine Vertreter. Bei uns ist die graue Bachstelze (Motacilla alba, S. 126), auch Ackermännchen und in Norddeutschland, wegen der allen Bachstelzenarten eigentümlichen Schwanzbewegungen Wippsteert genannt, ein häufiges Vögelchen an Gewässern und auf Viehtriften. Mehr im Gebirge findet sich die Gebirgsstelze (Motacilla sulphurea, S. 152). Die Pieper gehören auch in diese Familie. Von ihnen ist der Baumpieper (Anthus arboreus, S. 127) bei uns der häufigste.

2) Familie: **Lerchen** (Alaudidae). Bei den Mitgliedern dieser Familie ist der Schnabel kräftiger, und sie haben meist 10 Handschwingen. Es sind, abgesehen von der Heide- und Waldgegenden bewohnenden Heidelerche (Alauda arborea, S. 127), wesentlich Bodenbewohner, wie unsere Feldlerche (Alauda arvensis, S. 127) und die Haubenlerche (Alauda cristata, S. 127), ja, manche sind in ihrem Vorkommen auf die Steppen und Wüste beschränkt, auf die Mittelasiens z. B. die Mohrenlerche (Alauda tatarica, S. 128), auf die Sibiriens die Spiegellerche (Alauda sibirica, S. 128), während die Stummellerche (Alauda brachydactyla, S. 128) sehr weit und in großer Menge über öde Gegenden Mittelasiens, Südeuropas und des nordwestlichen Afrika verbreitet ist. Eine der schönsten Formen ist die in hohen, nördlichen Gegenden jenseits der Baumgrenze der Alten und der Neuen Welt sich findende Alpenlerche (Alauda alpestris, S. 129). Ausgesprochene Wüstenformen sind die die Wüsteneien Nordafrikas, Syriens und des nordwestlichen Indien bewohnende Wüstenlerche (Ammomanes deserti, S. 128) und die Wüstenläuferlerche (Alaemon desertorum, S. 128), die beide in ihrer mattgelblichen Färbung der Bodenfarbe ihrer Heimat angepaßt sind. Lerchen fehlen nur im südlichsten Südamerika, in Westindien und in der Region des Felsengebirges in Nordamerika sowie auf den Inseln des Stillen Ozeans und auf Neuseeland.

3) Familie: **Stare** (Sturnidae). Diese Familie ist in der ganzen Neuen Welt und auf dem Kontinent von Australien sowie auf Tasmanien nicht, wohl aber auf verschiedenen ozeanischen Inseln und Neuseeland vertreten. Sie umfaßt 29 Gattungen mit etwa 125 Arten und hat den Schwerpunkt ihrer Verbreitung in Südasien und auf den malayischen Inseln. Auf Neuseeland findet sich der Lappenvogel (Heteralocha Gouldii, S. 130), ein schwarzer Vogel mit weißer Schwanzspitze und gelben Hautlappen am Kopfe. Auch sein Schnabel ist gelb, beim Männchen kurz und gerade, beim Weibchen lang und gebogen. Auch der Vorderindien und Ceylon bewohnende Meino (Gracula religiosa, S. 129) hat ein schwarzes Gefieder, gelbe Kopfzierate und einen gelben, aber kurzen Schnabel. Unser gemeiner Star (Sturnus vulgaris, S. 131, obere Figur), der in Südeuropa einfarbig bleibt (Sturnus unicolor, S. 131, untere Figur), muß im Frühlingskleide, in dem er nicht nur schöner schillert, sondern gleichfalls einen gelben Schnabel bekommt, als hübscher Vogel bezeichnet werden, wenn er freilich auch seinem in Westasien und Nordafrika lebenden, in Europa gelegentlich in Heuschreckenflugjahren erscheinenden violettschwarzen und rosenroten Vetter, dem Rosenstar (Pastor roseus, S. 130), nicht gleichkommt.

4) Familie: **Webervögel** (Ploceïdae). Webervögel finden sich in ganz Afrika mit Ausnahme des nördlichen Küstenstriches, in ganz Südasien, auf allen malayischen, papuanischen und ozeanischen Inseln sowie in Australien, fehlen aber auf Neuseeland. Sie haben eine oberflächliche Ähnlichkeit mit Finkenvögeln, sind auch wesentlich Körnerfresser wie diese, aber doch nicht allzu nahe mit ihnen verwandt. Sie haben 10 Handschwingen und zeichnen sich durch ihren kunstreichen Nestbau aus, und der auf der Halbinsel Malakka und den Großen Sundainseln einheimische Reisvogel (Spermestes oryzivora, S. 131) ist wegen seines hübschen Aussehens schon lange ein beliebter Stubenvogel. In neuerer Zeit ist die Liebhaberei für Webervögel eine allgemeinere und ausgedehntere geworden, und zahlreiche Arten wurden eingeführt, von denen wir nur noch einige hervorheben wollen. Der Bandvogel (Amadina fasciata, S. 132) ist zwar auch schon sehr lange gekannt und gelegentlich aus seinem Heimatlande, dem tropischen Afrika von der West- bis zur Ostküste, nach Europa gebracht worden, in wesentlichen Mengen

aber doch erst in der zweiten Hälfte dieses Jahrhunderts. Auch der allerliebste, noch nicht Zaunkönigsgröße erreichende **Blutfink** (Lagonosticta minima, S. 132) findet sich im ganzen tropischen Afrika in ungeheuern Schwärmen. Ein prächtiges Geschöpf durch die Färbung und das originelle Wachstum seiner feuerroten Kopf-, Hals- und Kehlfedern ist das Männchen des Afrika von Nubien bis tief in das Innere hinein bewohnenden **Feuerwebers** (Pyromelana franciscana, S. 132). Auch bei der mittelafrikanischen **Paradieswitwe** (Vidua paradisea, S. 132) sind die Geschlechter sehr verschieden, indem das Männchen sich nicht nur durch die Färbung, sondern besonders auch durch die enorme Verlängerung der 4 mittelsten Schwanzfedern sehr wesentlich vom Weibchen unterscheidet. Zu den Webervögeln gehört ferner der schöne **Pirolweber** (Ploceus galbula, S. 133) und der **Maskenweber** (Ploceus abessinicus, S. 133), beide Bewohner Abessiniens.

5) Familie: **Finkenvögel** (Fringillidae). Nur in den Gebieten östlich der Straße von Makassar fehlt diese sonst kosmopolitisch verbreitete, 54 Gattungen und über 300 Arten umfassende Familie. Die Finken haben 9 Handschwingen. Man hat diese Familie in mehrere Unterfamilien zerlegt, von denen uns hier nur die beiden folgenden interessieren.

a) Unterfamilie: **Echte Finken** (Fringillinae). Die echten Finken haben einen mehr oder weniger stark kegelförmigen Schnabel und keine verlängerte Hinterzehe. Von den zahlreichen Arten seien folgende namhaft gemacht: Der **wilde Kanarienvogel** (Fringilla canaria, S. 134), ein ursprünglicher Eingeborener der Inseln der Kanaren-, Kapverde- und Madeiragruppe, wird seit mehr als 300 Jahren als Stubenvogel gezogen und hat eine große Menge von Kulturrassen gebildet. Zu den Vögeln, die jährlich in unserem Vaterlande an Menge zunehmen und immer mehr nordwärts vordringen, gehört der allerliebste **Girlitz** (Fringilla serinus, S. 134, oben links); er verläßt uns im Spätherbst, um beim Beginn des Frühlings wieder zu erscheinen. Der **Goldstirngirlitz** (Fringilla pusilla, S. 134, unten rechts) ist ein das südöstliche Europa und Kleinasien bis Turkistan bewohnendes Gebirgsvögelchen. Der **Hänfling** (Fringilla cannabina, S. 136) ist über ganz Europa, Kleinasien, Afrika und die Kanarischen Inseln verbreitet und wohl nirgends, abgesehen von großen Waldungen, eine Seltenheit. Er ist ein häufig gehaltener Stubenvogel und mit dem **Edelfinken** (Fringilla coelebs, S. 136), von dem im Winter bloß die Weibchen und Männchen vom ersten Jahre südwärts wandern, ein Liebling des deutschen Volkes. Der **Bergfink** (Fringilla montifringilla, S. 136) findet sich im nördlichen Europa und den hohen Gebirgen des mittleren. Im Winter zieht er über die Alpen und Pyrenäen. In Gefangenschaft viel gehalten werden ferner der bunte **Stieglitz** (Fringilla carduelis, S. 135, oben rechts), der muntere, leicht zähmbare **Zeisig** (Fringilla spinus, S. 135, in der Mitte links) und der gemütliche **Gimpel** (Fringilla pyrrhula, S. 135, unten rechts). Die **Sperlinge** sind plumper gebaut als die Finken und haben einen stärkeren Schnabel. Der **Haussperling** (Passer domesticus, S. 137) hat sich mehr als irgend ein anderer Vogel an den Menschen freiwillig angeschlossen und ist von ihm über einen großen Teil der Erde verbreitet worden, wo er sich stellenweise, wie in Nordamerika und in Australien, höchst schädlich bemerkbar macht. Der **Halsbandsperling** (Passer hispaniolensis, S. 137) scheint nur eine Spanien bis Südfrankreich und Nordafrika bewohnende Lokalrasse unseres Haussperlings zu sein. Wesentlich unterscheidet sich unser **Feldsperling** (Passer montanus, S. 137) von ihm schon dadurch, daß sich bei ihm Männchen und Weibchen ähneln. Ein in Deutschland nur ganz vereinzelt vorkommender, hauptsächlich Südeuropa und das westliche Mittelasien bewohnender Sperling ist der **Steinsperling** (Passer petronius, S. 137). Der **Siedelsperling** (Passer socius, S. 137) findet sich in Südafrika und baut ganz nach Art der Webervögel gemeinsame Nester auf hohen Bäumen. Der ganz Europa von Südschweden an, Mittelasien, Nordafrika und die Kanaren bewohnende **Grünling** (Chloris hortensis, S. 136) ist ein kräftigerer Vogel und hat auch einen kräftigeren Schnabel als die Sperlinge. Die meisten Individuen verlassen uns im Winter, manche halten aber aus. Den kräftigsten Schnabel unter den einheimischen Finkenvögeln hat der **Kernbeißer** (Coccothraustes vulgaris, S. 136), der bekannte, schöne Kirschendieb, der sich in ganz Europa von Mittelschweden südwärts, Nordafrika und Mittelasien findet und im Winter in seinem Heimatsgebiete hin und her streicht, um namentlich die Winterknospen der Obstbäume zu fressen. Nordamerikanische Formen sind der **Kardinal** (Cardinalis virginianus, S. 133) und der **Rosenbrustknacker** (Hydemeles ludovicianus, S. 133).

b) Unterfamilie: **Ammern** (Emberizinae). Die Ammern sind wesentlich Bewohner der nördlichen Erdhälfte bis weit an den Nordpol heran. In Afrika scheinen sie auf das Festland beschränkt zu sein, und in Asien gehen sie als Brutvögel nicht weiter südwärts als bis Südchina und Nordindien. In Amerika dürfte in Nicaragua die Südgrenze ihres Vorkommens liegen, während sie in Westindien völlig fehlen. Der Schnabel der Ammern ist länger und spitzer als der der Finken, auch ist ihre Hinterzehe länger; indessen sind beide Unterfamilien nicht scharf gegeneinander abzugrenzen, und manche Gattungen werden von dem einen Sachverständigen zu den Finken und von dem anderen zu den Ammern gerechnet. Unsere Gartenammer (Emberiza hortulana, S. 138), als Ortolan bekannt, findet sich hauptsächlich in Südeuropa, während sie diesseits der Alpen und Pyrenäen ein merkwürdig versprengtes Vorkommen hat, in dem einen Jahre plötzlich in Menge auftritt und brütet und ein paar Jahre darauf wieder ebenso verschwindet. Die Kappenammer (Emberiza melanocephala, S. 138) findet sich vom südöstlichen Europa bis Vorderindien. Die lappländische Sporenammer (Plectrophanes lapponica, S. 138) hat einen langen Nagel an der Hinterzehe und bewohnt nicht etwa ausschließlich Lappland, sondern alle hochnordischen Gebiete der Alten und der Neuen Welt, soweit die Zwergbirke vorkommt.

6) Familie: **Stärlinge** (Icteridae). Diese Familie umfaßt 24 Gattungen und 110 Arten meist stattlicher Singvögel, in deren Gefieder die schwarze Farbe mit roten, orangenen und gelben Abzeichen vorherrscht. Die Männchen sind oft lebhafter als die Weibchen gefärbt. Ihr Vorkommen ist auf Amerika, einschließlich Westindiens, vom nördlichen Polarkreis bis zu den Falklandinseln beschränkt. Die Stärlinge haben einen meist geraden, schlanken, spitzen Schnabel, der mindestens so lang wie der Kopf ist. Im Flügel finden sich 9 Handschwingen, die Füße sind kräftig mit langer Hinterzehe. Die Nahrung der kleineren Formen besteht hauptsächlich aus Vegetabilien, und sie können bei ihrer Menge oft dem Reis schädlich werden. Die größeren fressen neben Früchten auch junge Vögel, Frösche u. dgl. Sie bauen entweder sehr kunstreiche Nester von Beutelform, die an den Spitzen der Äste befestigt werden, oder nisten einfach in kunstloser Weise in Gras und Gestrüpp nahe dem Boden.

Die Familie bildet 2 Unterfamilien.

a) Unterfamilie: **Hordenvögel** (Agelaeïnae). Die Hordenvögel haben an einer sehr langen Hinterzehe eine sporenartige Kralle und sind die Geselligkeit liebende Bodennister. Der Rotflügel (Agelaeus phoeniceus, S. 139) hat ein samtschwarzes Gefieder mit scharlachroten Flügeldeckfedern. Er ist nicht ganz so groß wie ein Star und bewohnt Nordamerika, wandert aber im Herbst nach Westindien und Mexiko.

b) Unterfamilie: **Beutelstare** (Icterinae). Die Mitglieder dieser Familie haben stark gekrümmte Krallen und sind gesellschaftliche Baumnister. Der südamerikanische Schapu (Cassicus cristatus, S. 139) ist ein stattlicher Vogel von Dohlengröße, bei dem sich das weiße Hornepithel des Schnabels auf die Stirn fortsetzt. Er hat eine schwarze, mit Braun und Zitronengelb gehobene Färbung und verfügt über eine wundervolle, weitschallende Stimme.

7) Familie: **Schwalben** (Hirundinidae). Die echten Schwalben umfassen 9 Gattungen und etwa 90 Arten, und sind universell verbreitet. Die Vögel sind durch einen kurzen, hinten breiten und tiefgespaltenen Schnabel, kurze, langzehige Klammerbeine, schlanke, spitze Flügel und meist mehr oder weniger stark gabelig ausgeschnittenen Schwanz gekennzeichnet. Sie bauen entweder hauptsächlich aus Erde bestehende Nester an Felsen, bez. menschliche Wohnungen oder nisten in Erdlöchern und Felsspalten. Die graziöse, stachelschwänzige Rauchschwalbe (Hirundo rustica, S. 140, oben links) und die anmutige Mehlschwalbe (Hirundo urbica, S. 140, unten rechts) sind Lieblinge der germanischen und slawischen Völker in ganz Europa, während die gemütsrohen Romanen sie verfolgen wie andere Vögel auch. Die Uferschwalbe (Cotyle riparia, S. 140, oben) bewohnt die Alte und die Neue Welt, aber die Purpurschwalbe (Progne purpurea, S. 140, unten) nur Süd- und Nordamerika, und sie ist im Norden so allgemein beliebt wie bei uns die Rauch- und Mehlschwalbe.

8) Familie: **Seidenschwänze** (Bombycillidae). Die Angehörigen dieser kleinen Familie sind stämmige Vögel, etwa von der Größe des Kieferkreuzschnabels, und haben einen kurzen, kräftigen Schnabel; sie leben von Beeren, aber auch von Kerbtieren. Sie bilden 4 Gattungen mit 9 Arten, die auf die nördliche Erdhälfte beschränkt sind, in der Alten Welt bis Lappland

im Westen und bis Japan im Osten, und in der Neuen Welt bis Costarica und Westindien Vertreter haben. Die nördlichen Formen sind unregelmäßige Wanderer, die in schneereichen Wintern weit nach Süden gehen, wie z. B. der gemeine lappländische Seidenschwanz (Bombycilla garrula, S. 141) bis Italien, selbst bis Algerien.

9) Familie: **Zuckervögel** (Coerebidae). Die Zuckervögel sind wesentlich Bewohner des Festlandes und der Inseln des tropischen Amerika, die Nordamerika aber noch in Mexiko und Florida betreten. Sie sind sehr zierliche, kleine Vögelchen mit ziemlich kräftigen, verschieden langen und verschieden gekrümmten Schnäbeln und zarten Füßen. Ihre Zunge ist verhältnismäßig lang, vorn tief gespalten; sie dient zur Aufnahme von Honig und ihrer wesentlicheren Nahrung: Insekten aus Blumen; nebenbei genießen sie noch weiche Früchte. Männchen und Weibchen sind verschieden in der Farbe ihres Federkleides, die Männchen sind meist, aber ohne metallischen Glanz, blau, grün, schwarz und gelb. So ist der Sai (Arbelorhina cyanea, S. 141) hauptsächlich lebhaft blau und schwarz, der Pitpit (Dacnis flaveola, S. 142) schwarz mit gelb und weiß.

10) Familie: **Sonnenvögel** (Nectariniidae). Diese kleinen, im männlichen Geschlecht wundervoll mit metallisch glänzenden oder doch lebhaften Farben geschmückten Vögelchen erinnern äußerlich lebhaft an Kolibris, deren Vertreter sie gewissermaßen, wenn auch ohne verwandtschaftliche Beziehungen, in der Alten Welt sind. Nicht weniger als 122 Arten, die sich auf 11 Gattungen verteilen, bilden diese Familie, die in allen tropischen Gegenden der Alten Welt Vertreter hat. Eine einzige Art geht nördlich bis Palästina. Die Sonnenvögel leben hauptsächlich von Insekten, die sie aus Blumen holen, schlürfen aber als Genuß-, wenn auch nicht als Nahrungsmittel Honig. Der Erzhonigsauger (Nectarinia metallica, S. 142) aus Abessinien und dem innern Afrika ist mit den sehr langen beiden mittleren Schwanzfedern etwa so groß wie ein Rotkehlchen, aber weit zierlicher.

11) Familie: **Paradiesvögel** (Paradiseïdae). Von dieser Familie, deren Männchen sich durch besonders schön gefärbte und geformte Federpartien auszeichnen, werden jetzt in Neuguinea fortwährend neue und merkwürdige Arten entdeckt, so daß sich deren Zahl schwer bestimmen läßt; doch wird man sie zwischen 40 und 50 anschlagen dürfen. Die Paradiesvögel haben gerade oder in verschiedenem Grade gekrümmte Schnäbel von mäßiger oder bedeutender Länge. Sie bewohnen ausschließlich Neuguinea und die benachbarten Eilande sowie das Innere, den Norden und Nordosten des australischen Festlandes. Eine Art, der Göttervogel (Paradisea apoda, S. 143, oben), der bloß die Aruinseln bewohnt, war als Balg in Europa 200 Jahre früher bekannt als seine Heimatsgegend. Von Neuguinea waren die Häute über die Molukken nach Java und so in das Abendland gekommen. Diese Häute waren, wie die aller Paradiesvögel, von den Eingeborenen roh hergerichtet, am Feuer gedörrt worden, und namentlich hatte man ihnen die Füße abgeschnitten. Die kritiklosen, wundergläubigen Gelehrten jener Zeit sahen in der Fußloßigkeit eine natürliche, wunderbare Eigenschaft des Vogels, um den sich bald ein ganzer Sagenkreis bildete, und nannten ihn den „Luftvogel", der nie zur Erde käme, bis er stürbe, und später den „Fußlosen" (apoda). Er hat etwa die Körpergröße einer Dohle. Weit kleiner ist der Königsparadiesvogel (Cicinnurus regius, S. 143, unten), der nicht bloß die Aruinseln, sondern auch Misol und Salawati sowie die nördlichen Gegenden der Hauptinsel Neuguinea bewohnt. Der Strahlenparadiesvogel (Parotia sexpennis, S. 143, in der Mitte) findet sich in den Küstengebirgen Neuguineas. Eine besondere Gruppe der Paradiesvögel bilden die hauptsächlich australischen Laubenvögel, deren Männchen große, laubenartige Nester bauen und mit allerlei bunten und auffallenden Dingen, Muschel- und Schneckenschalen, Blumen, Beeren, Steinchen, gebleichten Knöchelchen 2c., ausputzen. Diese Lauben dienen nicht zum Brüten, es sind vielmehr Balz- und Tanzhäuser. Der Kragen-Laubenvogel (Chlamydodera maculata, S. 144) ist etwa so groß wie der große, graue Würger, von grauer und brauner Färbung in verschiedener Verteilung und hat hinten im Nacken einen Kragen prächtig hellvioletter, seidenartig glänzender Federn. Sein Vaterland ist das Innere von Australien.

12) Familie: **Rabenvögel** (Corvidae). Bei den Raben zeigen die Männchen und die Weibchen sehr wenig Unterschiede in ihrem Äußern; sie sind meist schlicht, schwarz, bisweilen mit metallischem Glanze, grau, weiß, braun gefärbt, doch gibt es auch prächtig blaue und blau und gelb gezeichnete Arten. Sie sind ansehnliche Vögel, haben einen großen, dicken, in jeder Hinsicht starken Schnabel, der in der Regel sanft nach vorn zu gekrümmt ist. Ihre Füße

sind kräftig und groß, und ihr Schwanz enthält 12, nur bei 3 indischen Arten 10 Steuerfedern. Diese Familie, die allerleifressend ist wie wenig andere Vogelfamilien, ist sehr weit verbreitet und fehlt nur auf Neuseeland. Sie zerfällt in mehrere Unterfamilien, von denen drei hervorgehoben werden mögen.

a) Unterfamilie: **Echte Raben** (Corvinae). Die Mitglieder dieser Unterfamilie haben besonders starke Schnäbel mit gekrümmter Firste, lange, zugespitzte Flügel, einen langen Schwanz und ziemlich hohe Gehbeine. Hierher gehören verschiedene sehr bekannte einheimische Vögel, die sich zum Teil in dem Nutzen und Schaden, den sie dem Menschen zufügen, die Wage halten, zum Teil aber ausgesprochen schädlich sind. Der Kolkrabe (Corvus corax, S. 145) ist ein gewaltiger Bursche, dessen Vaterland die Alte und die Neue Welt von der Nähe des Nordpols ist, erstere bis an das Mittelmeer, letztere bis an den Golf von Mexiko. An vielen Stellen hat ihn die Kultur vernichtet. Die Nebelkrähe (Corvus cornix, S. 145), bei uns in Mittel- und Süddeutschland ein Wintergast, nistet, abgesehen von einigen kleinen Brutanlagen im übrigen Deutschland, östlich von der Elbe durch ganz Osteuropa und Mittelasien bis Japan, ferner in Skandinavien, ganz Südeuropa und Ägypten. Sie ist nur eine am Rumpfe graue, sonst schwarze Rasse der ganz schwarzen Rabenkrähe (Corvus corone). Die Saatkrähe (Corvus frugilegus, S. 145) ist schlanker, hat einen längeren und spitzeren Schnabel, um dessen Wurzel die Federn zufolge des Bohrens in der Erde abgestoßen sind. Sie brütet in Mitteleuropa von Südschweden bis zu den Alpen und in Westasien. Im Herbst wandert sie südwärts. Ein niedlicher, ganz Europa und das ganze nördliche und mittlere Asien in mehreren Lokalrassen bewohnender Rabenvogel ist die Dohle (Monedula turrium, S. 145), die uns gleichfalls im Herbst verläßt. Durch ihr schönes, schwarzes, grünschillerndes und weißes Gefieder und durch ihren langen Schwanz zeichnet sich die Elster (Pica caudata, S. 145) aus, die in den gemäßigten, nicht zu kalten Gegenden der ganzen nördlichen Erdhälfte vorkommt. Hierher gehört auch noch der einem großen Star ähnliche Tannenhäher (Caryocatactes nucifragus), der in mehreren Rassen den Norden von Europa, Asien und Amerika bewohnt, aber gelegentlich in großen Scharen auch nach Mittel- und Süddeutschland kommt.

b) Unterfamilie: **Steinkrähen** (Fregilinae). Die Felsen bewohnenden Steinkrähen haben einen dünnen, nach unten gebogenen Schnabel, der bei der Alpenkrähe (Pyrrhocorax graculus, S. 144) länger und blutrot, bei der Alpendohle (Pyrrhocorax alpinus, S. 144) kürzer und gelb ist. Beide sonst schwarze Vögel bewohnen die Hochgebirge der Alten Welt.

Eine sehr merkwürdige Häherart, die vielleicht am besten in diese Unterfamilie paßt, ist der Saxaulhäher (Podoces Panderi, S. 147), eine Bodenform, die sich in den zentralasiatischen Wüsten findet, fast niemals fliegt und durch ihre Lebensweise Gestalt und Wesen einer Ralle angenommen hat.

c) Unterfamilie: **Eichelhäher** (Garrulinae). Diese Vögel sind ausgesprochene Baumtiere, haben sehr kurze Flügel, einen kurzen, stumpfen Schnabel und einen verhältnismäßig langen Schwanz. Der gemeine Eichelhäher (Garrulus glandarius, S. 146) ist einer der häufigsten unserer Waldvögel, der in ganz Mittel- und Nordeuropa bis zur Baumgrenze hinauf haust. Die Blauelster (Cyanopolius Cookii, S. 146) hat eine merkwürdige Verbreitung: sie findet sich in Ostasien, besonders in Kamtschatka und auf der Iberischen Halbinsel.

13) Familie: **Würger** (Laniidae). Die Mitglieder dieser ausschließlich von animalischer Kost lebenden Vogelfamilie sind über die ganze Erde mit Ausnahme von Südamerika, Westindien und Neuseeland verbreitet, der Schwerpunkt ihrer Verbreitung liegt aber in Afrika. Sie haben in ihrer äußeren Erscheinung sehr viel von Falken an sich, unter anderem einen Zahn am Rande des mit der Spitze übergreifenden Oberschnabels und einen überhaupt sehr kräftigen, seitlich zusammengedrückten Schnabel sowie starke, langzehige und langkrallige Füße. Ihre Flügel sind kurz, dabei abgerundet und erscheinen daher breit, ihr 12 Steuerfedern enthaltender Schwanz aber ist lang bis sehr lang. Die Würger besitzen ein weiches, lockeres, aber dichtes Gefieder von sanften hellgraulichen und bräunlichrötlichen Tönen, die durch Schwarz und Weiß gehoben werden und eine angenehme Verteilung für das Auge haben. Sie sind zum Teil ausgezeichnete Singvögel und haben vielfach eine hervorragende Fähigkeit, andere Vögel nachzuahmen. Der große Würger (Lanius excubitor, S. 147) macht sich durch Mäusefang beliebt, aber durch den Mord anderer Singvögel verhaßt. Er findet sich, wenn auch nicht

gerade häufig, in fast ganz Europa und in Westasien. Er verläßt Deutschland im Herbst nicht, sondern führt im Winter ein landstreicherisches Leben. Der Neuntöter (Lanius collurio, S. 147) bewohnt ganz Europa von Südschweden an und zieht im Herbst fort. Nicht über das südliche Deutschland dringt der graue Würger (Lanius minor, S. 148) nach Norden vor. Er ist ein sehr empfindlicher Zugvogel, der sich erst Anfang Mai einstellt und im August wieder fortzieht. Die Familie umfaßt 19 Gattungen mit etwa 150 Arten.

14) Familie: **Fliegenschnäpper** (Muscicapidae). Diese große, 44 Gattungen und fast 300 Arten umfassende Familie fehlt in ganz Amerika und ist in Mitteleuropa auch nur durch eine Gattung und vier Arten vertreten, von denen sich aber nur zwei allgemein in Deutschland finden, die beiden anderen nur im südlichen, der Halsbandfliegenschnäpper (Muscicapa collaris, S. 148) mehr in der westlichen, der Zwergfliegenschnäpper (Muscicapa parva, S. 148) mehr in der östlichen Hälfte. Die Mitglieder dieser Familie haben starke, kurze, abgeflachte, hinten verbreiterte Schnäbel mit hakig übergreifender Spitze und mittellange Schwänze. Sie leben hauptsächlich von Insekten, die sie im Fluge fangen, fressen aber auch Beeren. Die in gemäßigten Klimaten wohnenden Arten sind Zugvögel.

15) Familie: **Golddrosseln** (Oriolidae). Auch die Golddrosseln sind in der Neuen Welt nicht vertreten und fehlen desgleichen in Zentralasien und auf den Inseln des Stillen Ozeans. Am stärksten sind sie in Indien entwickelt. In Europa findet sich von den 40, auf 5 Gattungen sich verteilenden Arten bloß eine, der Pirol (Oriolus galbula, S. 149), einer unserer prächtigsten Vögel, der ein sehr schönes Korbnest baut, spät im Jahre zu uns kommt und uns zeitig wieder verläßt. Männchen und Weibchen des den Kirschen sehr schädlichen Pirols oder „Kirschvogels" sehen sich äußerlich recht unähnlich, indem das Männchen prachtvoll goldgelb und schwarz, das Weibchen oben grünlichgrau, unten weißlichgrau mit dunkleren Schaftstrichen ist. Das Tier bewohnt ganz Europa bis Südschweden und das westliche Mittelafrika.

16) Familie: **Meisen** (Paridae). Diese zahlreiche, 14 Gattungen und gegen 100 Arten umfassende Familie kleiner Vögelchen hat eine sehr merkwürdige Verbreitung. Sie fehlt nämlich auf dem Festlande von Südamerika, südlich von Mexiko und in Westindien, auf Madagaskar, auf den Molukken und papuanischen Inseln und auf denen des Stillen Ozeans. Die Meisen haben kurze, in verschiedenem Grade kegelförmige Schnäbel, mäßig lange Flügel und ziemlich lange Schwänze. Die Zehen haben kräftige Nägel, wie sie für kletternde Vögel sich eignen. Meist ist das Gefieder sehr schlicht, doch gibt es auch schön, besonders blau gefärbte Arten. Die Angehörigen dieser Familie bauen immer gute, oft sogar sehr kunstreiche Nester, in die die Weibchen zahlreiche (bis 13) Eier legen. Die Nahrung dieser Tiere besteht aus Sämereien, wesentlich aber aus Insekten, und durch das Vertilgen dieser gehören sie zu den nützlichsten Vögeln. Unsere größte, anderen Vögeln gegenüber zu Gewaltthaten geneigte Art ist die Kohlmeise (Parus major, S. 150), ihr im Äußeren etwas ähnlich erscheint die kleinere Blaumeise (Parus coeruleus, S. 150). Die Sumpfmeise (Parus palustris, S. 150) liebt sumpfiges, buschreiches Terrain, meidet aber den Nadelwald, den die Tannen- und die Haubenmeise (Parus ater, S. 150, und P. cristatus, S. 150) gerade besonders lieben.

17) Familie: **Spechtmeisen** (Sittidae). Auch die Spechtmeisen sind Klettervögel, klettern aber nicht wie die eigentlichen Meisen an Ästchen, sondern ähnlich wie die Spechte, nur können sie sich, was diese nicht vermögen, auch den Stamm abwärts bewegen und haben keine harten, spitzen Enden an den Steuerfedern des kurzen Schwänzchens, da sie sich nicht auf diese stemmen. Sie haben lange Zehen, von denen drei nach vorn liegen, und die mittlere Vorder- sowie die Hinterzehe tragen lange, sehr krumme und scharfe Nägel. Der Schnabel ist sehr kräftig. Diese Vögel sind Höhlenbrüter, die den Eingang zu ihren Nistplätzen, wenn er ihnen zu groß dünkt, mit Erde und Lehm ummauern und so verkleinern. Die Verbreitung dieser von gemischter Kost lebenden Familie ist noch sonderbarer als die der echten Meisen, indem sie in Mexiko und in ganz Afrika, mit Ausnahme des nördlichen, tiergeographisch zu Europa gehörigen Küstenstriches, fehlt, aber auf den Molukken und papuanischen Inseln vertreten ist. Unser gemeiner Kleiber (Sitta europaea, S. 149) ist in mehreren Rassen in ganz Europa und Westasien bis zur Grenze des Baumwuchses häufig.

18) Familie: **Baumläufer** (Certhiidae). Die Angehörigen dieser Familie klettern ebenfalls an Baumstämmen, aber mehr nach Art der Spechte von unten nach oben und meist in einer

Spirallinie um den Stamm herum. Ihre Steuerfedern haben auch häufig harte, elastische Spitzen, und ihre Schnäbel sind verlängert und gekrümmt. Die kleinen Vögel ernähren sich ausschließlich von Insekten und nisten in Baum- und Felsenlöchern. Die Baumläufer finden sich in ganz Europa und in ganz Asien (mit Ausnahme der Insel Ceylon) nördlich, soweit der Baumwuchs reicht, in Nordafrika, auf den Molukken, Papuainseln und dem Festlande von Australien. In Amerika werden sie ausschließlich in den östlichen und zentralen Vereinigten Staaten angetroffen. Der gemeine Baumläufer (Certhia familiaris, S. 151) bewohnt in mehreren Rassen ganz Europa, Sibirien, das westliche Mittelasien und Nordafrika. Auch in Nordamerika kommt er vor. Eine zweite Gattung und Art, der Mauerläufer (Tichodroma muraria, S. 151), durch den karmesinroten, gegen das übrige graue und schwarze Gefieder prächtig sich abhebenden Flügelspiegel einer der schönsten europäischen Vögel, klettert an Felsenwänden der hohen Gebirge von Süd- und Mitteleuropa, einschließlich der Karpathen, und Mittelasien, von den Pyrenäen bis Nordchina. Er brütet in Felsenlöchern und hat keinen elastischen Stemmschwanz.

19) Familie: **Zaunschlüpfer** (Troglodytidae). Diese Familie, die 17 Gattungen und 94 kleine Arten umfaßt, bewohnt ganz Amerika, Europa und Asien südlich bis Java. Die Zaunschlüpfer haben einen schlanken, pfriemenförmigen, seitlich zusammengedrückten Schnabel, kurze, abgerundete Flügel, ein kurzes, meist aufrecht getragenes Schwänzchen und eine unscheinbare, bräunliche Färbung. Es sind lebhafte, wesentlich von Kerbtieren lebende Vögelchen, die wie Mäuse auf dem Boden hin und durch das Gebüsch schlüpfen, wie unser bekannter Zaunkönig (Troglodytes parvulus, S. 152, oben und Mitte rechts).

20) Familie: **Wasserschmätzer** (Cinclidae). Die Wasserschmätzer haben in ihrem allgemeinen Vorkommen viel Ähnlichkeit mit den Zaunschlüpfern, sind aber größer und hochbeiniger, haben ein auffallend dichtes, weißgraues und weißes Gefieder, dessen dunenartiges Untergefieder für Singvögel sehr ungewöhnlich stark ist. Ihre Nasenlöcher sind durch eine Art häutiger Klappen verschließbar. Die Tiere sind dem Aufenthalt an und im Wasser ausgezeichnet angepaßt und tauchen nach ihrer aus Kerbtieren, gelegentlich auch aus Fischbrut bestehenden Nahrung. Es sind ausgesprochene Gebirgsvögel Europas, Asiens und des kontinentalen Amerika, die in 3 Gattungen und 26 meist recht zweifelhaften Arten (besser Lokalrassen) bekannt sind. Die Wasseramsel (Cinclus aquaticus, S. 152, in der Mitte) ist ein allerliebster Anwohner der deutschen Gebirgsbäche.

21) Familie: **Sänger** (Sylviidae). Diese fast kosmopolitisch verbreitete, nur im südlichen Südamerika nicht vertretene Familie ist die zahlreichste Vogelfamilie, denn sie umfaßt über 640 kleine Arten, die sich auf 74 Gattungen verteilen. Von den 7 Unterfamilien wollen wir bloß fünf auch in Deutschland vertretener gedenken.

a) Unterfamilie: **Braunellen** (Accentorinae). Die Braunellen haben ein lerchenartiges Ansehen, einen ziemlich kräftigen Körper, einen mittellangen, kegelförmigen Schnabel und einen kurzen, mittelbreiten Schwanz. Sie bewohnen gebirgige Gegenden, bauen schöne, dickwandige Nester aus Moos in Büschen, und die Weibchen legen 4—6 blaugrüne, ungefleckte Eier. Ihre Nahrung besteht aus Kerbtieren, Beeren und Sämereien. Der Waldflüevogel (Accentor modularis, S. 153) ist in dem größten Teil von Europa keine Seltenheit. Das Vögelchen kommt Ende März und verläßt uns im Oktober.

Die zweite Art, der Alpenflüevogel (Accentor alpinus, S. 153) bewohnt die hohen Lagen der Pyrenäen, Savoyer, Schweizer, Deutschen und Österreicher Alpen und singt weit angenehmer als der Waldflüevogel.

b) Unterfamilie: **Schmätzer** (Saxicolinae). Der Schnabel dieser meist bunten, wenn auch nicht gerade lebhaft gefärbten Vögel ist an der Wurzel breiter als hoch, die Läufe sind hoch, und der kurze Schwanz wird viel bewegt, wie denn die Schmätzer überhaupt lebhafte, in felsigen, steinigen Gegenden der Insektenjagd obliegende Tiere sind. Sie sind in gemäßigten und kalten Gegenden Zugvögel, nisten in Felsenlöchern und legen gleichfalls einfarbige, grünblaue Eier. Schmätzer finden sich in der ganzen Alten Welt, auch auf Madagaskar, auf den Molukken, den Papuainseln, den Inseln des Stillen Ozeans bis Samoa, in Australien, auf Neuseeland, selbst auf so entlegenen Punkten, wie die Chatam- und Aucklandinseln sind. Um so wunderlicher ist das Verhältnis ihres Auftretens in der Neuen Welt: hier findet sich nur eine und dieselbe Art

(Saxicola oenanthe) in Grönland und in Alaska, hier die sibirische, dort die auch Island bewohnende europäische Rasse, so daß der Vorgang der Einwanderung mit seltener Klarheit vorliegt.

c) Unterfamilie: **Rötlinge** (Ruticillinae). Diese Unterfamilie umfaßt in 10 Gattungen gegen 50 Arten, zu denen die edelsten Singvögel gehören. Das Zentrum ihres Vorkommens ist der Himalaja; von hier haben sie sich nach Westen über Westasien, ganz Europa und über Afrika bis zum Senegal, nach Osten bis Kamtschatka und Japan und nach Süden bis Timor verbreitet. Die Rötlinge haben verhältnismäßig schlanke Körper, ziemlich große Köpfe und große, ausdrucksvolle Augen, pfriemenförmige Schnäbel, kurze Flügel, mäßig lange Schwänze. Ihre Farben sind meist schlicht grünlich- oder bräunlichgrau, doch kommen rote Steuerfedern und rote oder blaue Kehl- und Vorderbrustfedern vor. Diese Vögel nisten in Höhlungen und legen helle, einfarbige Eier; oder sie nisten in Büschen 2c. niedrig auf dem Boden und legen gefleckte Eier. Die gemäßigte Gegenden bewohnenden Arten sind meist, aber nicht immer Zugvögel. Die Nahrung besteht aus Kerbtieren und Beeren. Hierher gehören unter anderen deutschen Vögeln das Rotkehlchen (Ruticilla rubecula, S. 153, links), das Gartenrotschwänzchen (Ruticilla phoenicura, S. 153, rechts), die Nachtigall (Luscinia vera, S. 154, links) und der mehr östliche Sprosser (Luscinia philomela, S. 154, rechts).

d) Unterfamilie: **Waldsänger** (Sylviinae). Die Waldsänger sind schlanke, mattfarbige Vögelchen, mit schwachen, dünnen, geraden Schnäbeln, abgerundeten Flügeln, mittelhohen Füßen und spitzen, gekrümmten Krallen. Sie nisten meist im Gebüsch oder auf niedrigen Bäumen und legen gefleckte Eier. Ihre Nahrung ist dieselbe wie die der Rötlinge. Sie bewohnen in 17 Gattungen und etwa 130 Arten fast die ganze Erde, fehlen aber in Südamerika von Guatemala ab sowie auf den Inseln des Stillen Ozeans und der benachbarten Meeresteile östlich von Neukaledonien und nördlich von Neuseeland und der Norfolkinsel. Zu ihnen gehören: die Sperber- (Sylvia nisoria, S. 155), Dorn- (S. cinerea, S. 155), Garten- (S. hortensis, S. 155), Mönchsgrasmücke (S. atricapilla, S. 155) oder der Plattmönch, die Zaungrasmücke (Sylvia garrula, S. 155), der Gartensänger (Hypolais icterina, S. 154), das Sommer- und Wintergoldhähnchen (Regulus ignicapillus, S. 156, und R. cristatus, S. 156) und der Goldhähnchenlaubsänger (Phylloscopus superciliosus, S. 156).

e) Unterfamilie: **Schilfsänger** (Calamoherpinae). Die Mitglieder dieser Unterfamilie sind prächtig an ihre Aufenthaltsorte, Schilfdickichte u. dgl., angepaßt; sie haben sehr schlanke, seitlich zusammengedrückte, zum Schlüpfen und Huschen vorzüglich geeignete Körper, kräftige Füße mit langen Zehen und Nägeln, die ihnen das Auf- und Abklettern an Stengeln sehr erleichtern. Ihre Flügel sind kurz und abgerundet, und die Rohrsänger fliegen, auch wenn sie wandern, was sie in kälteren und gemäßigten Gegenden alle thun, nur ungern größere Strecken. Sie fressen bloß Kerbtiere und bauen meist sehr kunstreiche Nester. Ihr Vorkommen ist auf die ganze Alte Welt und auf die Molukken, die Karolinen-, Marquesas- und Samoainseln sowie auf Australien beschränkt. Das Zentrum ihrer Verbreitung dürften die Länder um das Mittelländische und Schwarze Meer herum sein. Von Rohrsängern kommen unter anderen bei uns vor: der Drosselrohrsänger (Acrocephalus arundinaceus, S. 156), der Uferschilfsänger (Acrocephalus phragmitis, S. 157) und der Feldschwirl (Locustella naevia, S. 157). Dem Süden Europas gehören an: der Schlag- und Rohrschwirl (Locustella fluviatilis, S. 157, und luscinioides, S. 157), der Seidenrohrsänger (Bradypterus Cettii, S. 157) und der Cistensänger (Cisticola cursitans, S. 157).

22) Familie: **Drosseln** (Turdidae). Drosseln finden sich zwar mit Ausnahme von Neuseeland auf der ganzen Erde, aber am artenreichsten sind sie in den beerenreichen Ländern der nördlichen Gegenden Europas, Asiens und Amerikas. Sie sind beträchtlich größer als die Waldsänger und Rötlinge, haben einen stämmigen Rumpf und auf einem kurzen Hals einen großen Kopf. Ihre Schnäbel sind mittellang, gerade und seitlich zusammengedrückt, und die Vögel haben, da sie ihre Nahrung meist auf dem Boden suchen, ziemlich hohe Läufe. Sie bauen in der Regel muldenartige Nester aus Erde und Moos, die Weibchen legen meist blaue, braungefleckte Eier, und viele Arten brüten gern gesellig. Sie sind in kälteren und gemäßigten Gegenden teils Zug-, teils Strich- und teils Standvögel. Außer Beeren und Steinobst genießen sie Kerbtiere, Würmer und kleine Schnecken. In Deutschland brüten die Singdrossel oder Zippe (Turdus musicus, S. 158), die Misteldrossel (Turdus viscivorus, S. 158), die Wacholderdrossel

(Turdus pilaris, S. 158), die Amsel oder Schwarzdrossel (Turdus merula, S. 158), seltener die Ringdrossel (Turdus torquatus) und die Rotdrossel (Turdus iliacus, S. 158).

B) Unterordnung: **Schreivögel (Clamatores).** Die erste Handschwungfeder ist fast immer lang, und in der Regel finden sich 10—12 Armschwungfedern. An der Bildung des unteren Kehlkopfes beteiligen sich Teile der Bronchien nicht, oder er ist überhaupt nur durch die Gegenwart eines Paares seitlicher Muskeln angedeutet. Die Schreivögel sind auf die tropischen Gebiete der Alten und der Neuen Welt beschränkt und besonders auf Südamerika, wo von den 212 Gattungen und etwa 1000 Arten der ganzen Familie 197 Gattungen mit über 900 Arten vorkommen. Einige Formen sind auf die westindischen Inseln und in das südliche Nordamerika eingedrungen. In der Alten Welt finden sich bloß 13 Gattungen mit 55 Arten und keine davon in Europa und Asien nördlich vom Himalaja. Viele Arten zeichnen sich durch prächtige und auffallende Färbungen aus. Männchen und Weibchen der Schreivögel sind bisweilen sehr verschieden, und manche (Felsenhühner) scheinen in Polygamie zu leben. Sie ernähren sich hauptsächlich von Kerbtieren und Früchten. Wir wollen folgender Familien gedenken:

1) Familie: **Pittas** (Pittidae). Die buntgezeichneten Pittas sind kurzschwänzige, hochbeinige Bodenformen, haben dicke, gerade, kräftige Schnäbel von Kopflänge. Der Schwerpunkt ihrer Verbreitung liegt in der Inselwelt Südindiens von Sumatra bis Neuguinea, doch haben sie auch Vertreter im Himalaja, auf Australien und in einer ganz versprengten Art in Westafrika. Die Familie umfaßt 4 Gattungen mit einigen 40 Arten, von denen wir nur die Neunfarben-Pittas (Pitta bengalensis, S. 159) hervorheben, die in ganz Vorderindien und auf Ceylon nicht selten ist.

2) Familie: **Leierschwänze** (Menuridae). Wenige Sperlingsvögel sind so auffallend wie die auf das kontinentale Australien beschränkten Leierschwänze, von denen es bloß eine Gattung mit 2 naheverwandten Arten gibt. Sie sind die größten Repräsentanten der ganzen Ordnung und erinnern entfernt an Hühnervögel. Ihr Rumpf ist plump, ihr Hals ziemlich lang, der Kopf verhältnismäßig klein. Die Läufe sind bei diesen Bodenformen, die ausgezeichnet scharren und laufen, aber nur ungern fliegen, hoch, und die langen Zehen haben sehr große Krallen. Das Gefieder ist weich und zerschlissen, von düsterer Farbe, aber die 12 Steuerfedern sind bei den Männchen wunderbar entwickelt, indem das äußerste und mittelste Paar völlige Fahnen tragen und elegant nach außen gebogen sind, so daß sie wie Gestelle von Leiern aussehen. Das innere Paar ist kleiner als das äußere. Die übrigen Steuerfedern bestehen bloß aus Kielen und vereinzelt stehenden Fahnenstrahlen und stellen die Saiten der Leier dar. Die Steuerfedern des Weibchens sind halb so lang, stufig und zeigen den gewöhnlichen Bau der Barten. Der „prächtige" Leierschwanz (Menura superba, S. 160) ist die häufigere Art.

3) Familie: **Ameisenvögel** (Formicariidae). Die Ameisenvögel bewohnen in 32 Gattungen und 211 Arten das Festland des tropischen Amerika, wo sie die flacheren, waldigen oder buschigen Gegenden vorziehen. Ihr Schnabel ist höchstens ein klein wenig länger als der Schädel, gerade oder sehr schwach gekrümmt. Die kräftigen Läufe, die langen, schmalen Zehen mit den ansehnlichen Nägeln verraten die vorzüglichen Läufer, ebenso wie die kurzen, runden Flügel und das ganze laxe Gefieder die schlechten Flieger, die, wie unsere Amseln und Drosseln, ihre meist aus Kerbtieren bestehende Nahrung durch Umwenden modernder Blätter auf dem Waldboden aufsuchen; manche scharren aber auch nach Hühnerart. Von einzelnen Arten ist es zweifelhaft, ob sie überhaupt fliegen. Sie bauen keine Nester, sondern die Weibchen legen 2—3 weißlich-rötliche, dunkler gefleckte Eier einfach in eine in die Laubdecke des Waldbodens gekratzte Vertiefung. Die Farbe des Gefieders der Ameisenvögel ist sehr schlicht, grau und braun, und die ganze Familie hat etwas überaus Einförmiges. Das Feuerauge (Pyriglena domicella, S. 159), wegen seiner feurigroten Iris so genannt, ist an geeigneten Stellen in ganz Brasilien gemein.

4) Familie: **Baumsteiger** (Anabatidae). Diese Familie enthält noch zahlreichere Arten als die vorige, nämlich 217, die sich auf 43 Gattungen verteilen; sie bewohnen im großen und ganzen dieselben Gegenden wie die Ameisenvögel, gehen aber bis Feuerland. Sind die Ameisenvögel Bodenformen, so sind sie Kletterformen von schlanker Gestalt, mit kurzen Flügeln und langen Schwänzen, deren Federn am freien Ende hart werden, ja manchmal, wie bei den Baumrutschern und Spechten, wahre Stemmschwänze bilden. Die Schnäbel sind, was ihre Länge

und den Grad ihrer Krümmung angeht, sehr verschieden, aber im vordersten Drittel immer seitlich zusammengedrückt. In der schlichten Färbung und dem schlaffen Gefieder gleichen die Baumsteiger gleichfalls den Ameisenvögeln, unterscheiden sich aber darin sehr von ihnen, daß sie sehr kunstreiche Nester bauen. So verfertigt der Bündelnister (Anumbius frontalis, S. 161) zu diesem Behufe an dem Ende einer frei herabhängenden Schlingpflanze ein Reisigpaket, und der Töpfervogel (Furnarius rufus, S. 161) konstruiert auf wagerechten Ästen von geeigneter Dicke komplizierte Nistbauwerke aus Thon oder Lehm.

5) Familie: **Schwätzer** (Cotingidae). In ihrem Vorkommen ist diese aus 28 Gattungen und 93 Arten bestehende Familie auf das tropische Amerika, einschließlich Westindien, beschränkt. Die gern gesellig lebenden Schwätzer sind meist von ansehnlicher, kräftiger Figur, haben ziemlich große, kegelförmige oder verbreiterte Schnäbel mit an der Spitze hakig umgebogenem Oberschnabel, an dessen Wurzel sich nicht selten Borstenfedern befinden. Die Flügel sind lang und stumpf, und der 12 Steuerfedern enthaltende Schwanz ist nie verlängert. Männchen und Weibchen weichen im Gefieder und durch andere Hautbildungen sehr voneinander ab, indem die Männchen zu bestimmten Zeiten oder immer bunt, mindestens auffallend gefärbt sind und oft besonders entwickelte Federpartien, nackte Stellen am Kopfe und Halse, Hautanhänge ꝛc. haben. Auch verfügen sie über sehr laute Stimmen, die den Weibchen abgehen. Es ist nicht unwahrscheinlich, daß die Männchen mancher Arten Polygamisten sind. Die Nahrung besteht aus denselben Stoffen wie bei den meisten anderen Schreivögeln, auch aus Früchten, Sämereien und kleinen Tieren. Hierher gehört der im männlichen Geschlechte rein weiß, im weiblichen grünlichgrau befiederte Glockenvogel (Casmorhynchus niveus, S. 162) von Guayana, ebenso der prächtige schwarze, metallisch glänzende Schirmvogel (Cephalopterus ornatus, S. 162) mit seinem merkwürdigen Federschmuck an Hals und Kopf, der die Ostabhänge der Kordilleren von Peru bis Chile bewohnt. Das bekannteste Mitglied dieser Familie ist das Klipphuhn (Rupicola crocea, S. 161), im männlichen Geschlechte einer der schönsten Vögel überhaupt, aber im weiblichen sehr schlicht ausgestattet; es findet sich in Gebirgsgegenden Guayanas und Nordostbrasiliens. Die Männchen führen auf Felsplatten die berühmten „Liebestänze" auf. Das Klipphuhn klebt sein Nest ähnlich wie die Schwalben in Gestalt einer Viertelkugel an Felswände an, nur besteht dieses Nest aus den äußerst harzreichen Wurzelfäserchen eines Baumes, die es zu einer dichten Masse vereinigt. Die Eier sind weiß mit schwarzen Punkten. Der Früchte genießende Kapuzinervogel (Gymnocephalus calvus, S. 163) lebt paarweise in den Wäldern Brasiliens, Surinams und hat ein kahles Gesicht und eine federlose Stirn, was bei nicht aasfressenden Vögeln eine sehr große Seltenheit ist.

6) Familie: **Mannekins** (Pipridae). Auch die Mannekins, zusammen 15 Gattungen und 60 Arten, sind Kinder des tropischen Amerika, aber bloß des festländischen. Es sind kleine, im männlichen Geschlecht sehr schöne, meist samtschwarze mit Zinnoberrot, Himmelblau und Schneeweiß gezeichnete Vögel, während die Weibchen einfach grünlichgrau sind. Sie haben kurze, hohe an der Wurzel verbreiterte, aber borstenlose Schnäbel. Der allerliebste Mönchsschmuckvogel (Pipra manacus, S. 163) ist in dem größten Teil des östlichen tropischen Südamerika keine Seltenheit.

7) Familie: **Königswürger** (Tyrannidae). Diese in ganz Südamerika und Westindien sowie auch im wärmeren Nordamerika vertretene Familie ist sehr groß und umfaßt 71 Gattungen und etwa 330 Arten, die in ihrer Größe von der der Klappergrasmücke bis etwa zu der der Dohle schwanken. Es sind kräftige Vögel mit würgerartiger Lebensweise und würgerartigen, an der Wurzel mit Borstenfedern besetzten Schnäbeln, aber ohne Zahn im Oberschnabel, hohen Läufen und kurzen Zehen. Ihr Gefieder ist im ganzen weich und voll entwickelt, meist von einfacher hellerer oder dunklerer graulicher Farbe, die einen Stich ins Grünliche oder Rötliche haben kann; auf der Unterseite tritt oft Gelb auf. Auch der Kopf ist oft geschmückt, sei es durch besonders der Form oder der Farbe nach entwickelte Federn.

14. Ordnung: **Langhänder (Macrochires).**

Die Angehörigen dieser Ordnung sind meist kleine Vögel, die ihren Körper zufolge der schwachen, in der Regel nur zum Anklammern, aber nicht zum Laufen geeigneten Beine sehr wagerecht tragen. Der Unterarm und die Hand sind zusammen wesentlich länger als der Oberarm. Die 10 Handschwungfedern sind stets sehr lang, die 10 Steuerfedern verschieden. Die 4 Zehen tragen zwar keine langen, aber sehr spitzige, stark nach unten gekrümmte Nägel; die Innenzehe kann stets nach vorn oder nach hinten gerichtet oder wendbar sein. Der Schnabel ist nach einem doppelten Typus gebaut, er ist entweder breit, tiefgespalten und kurz, oder lang und schmal. Das Gefieder ist ziemlich matt gefärbt, entwickelt aber oft einen wundervollen Metallglanz, in welchem Falle er den von den Weibchen sehr verschiedenen Männchen zukommt. Diese Vögel leben in Monogamie, und die Weibchen legen längliche Eier von weißer, selten bunter Färbung in sehr kunstreiche, freie, oder in sehr geringfügige, in Höhlen befindliche Nester; oder aber sie haben gar keine Nester. Sie haben auf der ganzen Erde mit Ausnahme der Inseln des Stillen Ozeans Vertreter, sind aber in den Tropen, und besonders Amerikas, am stärksten entwickelt. Die vortrefflich fliegenden Tiere sind in gemäßigten Gegenden Zugvögel, aber die Arten der warmen Länder sind in ihrem Vorkommen oft ganz außerordentlich beschränkt. Alle Langhänder leben mit einer einzigen Ausnahme von Insekten, die meisten schlürfen nebenher auch Honig. Eine Anzahl Formen sind Nachttiere.

Die Ordnung umfaßt 4 Familien mit 143 Gattungen und rund 600 Arten.

1) Familie: **Kolibris** (Trochilidae). In diese Familie gehören bekanntlich die kleinsten Vögelchen, die dünne, meist lange, gerade oder nach oben oder nach unten gebogene Schnäbel, sehr lange und spitze Flügel haben; letztere bestehen aus 10 ganz beträchtlich in die Länge entwickelten Hand- und 6 äußerst kurzen Armschwungfedern. Die Füßchen der Kolibris sind in jeder Beziehung sehr schwach und nur zum Anklammern geeignet. Männchen und Weibchen der in Monogamie lebenden Tierchen sind außerordentlich verschieden: die Männchen haben meist herrlich glänzende Farben und gleichen, wenn sie mit unglaublich raschem Fluge durch die Luft schwirren, fliegenden Edelsteinen. Viele sind auch durch Schmuckgefieder in Gestalt von Federhäubchen, verlängerten Schwanzfedern oder Dunenhöschen 2c. ausgezeichnet. Sie bauen aus feinsten Pflanzenstoffen sehr kunstreiche, offene Nestchen, die die Weibchen mit je zwei weißen Eierchen belegen. Die Nahrung dieser Zwerge besteht wesentlich aus winzigen Insekten, die sie mit Hilfe ihrer gespaltenen, weit vorstreckbaren, von klebrigem Speichel überzogenen Zunge wie mit einer Leimrute aus der Tiefe der Blumen herausziehen; an Blumen ist daher ihr Vorkommen gebunden. Wo diese, wie auf den Galapagos-Inseln, nicht vorhanden sind, konnten sie sich nicht ansiedeln, obwohl es ihnen bei ihrem herrlichen Flugvermögen eine Kleinigkeit wäre, dorthin zu gelangen. Die kleinen, im Westen des gemäßigten Südamerika gelegenen Inselchen Juan Fernandez und Masafuera sowie Tres Marias westlich von Mexiko und die Bahamas haben ihre eigenen Kolibriarten, aber sie haben auch die entsprechenden Blumen und die diese besuchenden Insekten. Sonst bewohnen die Kolibris den ganzen Kontinent von Amerika, von Sitka im Norden bis zum Kap Horn im Süden, aber auf Nordamerika entfallen von der Gesamtmasse, die 118 Gattungen und gegen 400 Arten umfaßt, doch nur 2 Gattungen mit 6 Arten. In den kälteren Gegenden sind die Kolibris selbstverständlich Wandervögel, die dem Winter aus dem Wege gehen müssen. Die meisten Arten sind ganz außerordentlich in ihrem Vorkommen lokalisiert: es kann sein, daß ein isolierter, nicht mehr thätiger Vulkan in den Anden auf der Außenseite seines Kegels eine andere Art Kolibris beherbergt als an den inneren Abhängen seines ausgebrannten Kraters, die aber beide sonst nirgends auf Erden weiter gefunden werden.

Man hat diese Familien in eine nicht kleine Reihe von Unterfamilien zerlegt, auf die wir hier um so weniger eingehen können, als nicht wenige dieser Unterfamilien von recht zweifelhafter Berechtigung sind. Wir können auch nur einige interessantere Arten hervorheben. Sehr ausgezeichnet durch seinen stark nach unten gekrümmten Schnabel ist der Adlerschnabel (Eutoxeres aquila, S. 164) von Bogota und der Chimborazovogel (Oreotrochilus Chimborazo, S. 164) von Guayana durch seine beiden stark verlängerten und sich kreuzenden mittleren Steuerfedern. Beim ostbrasilischen Blumenküsser (Heliothrix aurita, S. 165) sind die meisten Steuerfedern des Männchens gleichfalls verlängert, während sich die Männchen bei der allerliebsten Schmuckelfe (Lophornis ornata, S. 166) aus dem nordöstlichen Südamerika durch eine reich entwickelte Kopfbefiederung bemerkbar machen. Die Flaggensylphe (Steganurus Underwoodi, S. 166), eine der allerschönsten Arten, ist nicht nur ausgezeichnet durch die verlängerten, im oberen Teile bartentragenden, dann nackten und am Ende wieder palettenartig verbreiterten äußeren Steuerfedern, sondern namentlich durch die weißen, aus den zartesten Dunenfederchen bestehenden Höschen. Sie bewohnt den Norden Südamerikas von dem Küstengebiet des Atlantischen Ozeans bis hinauf in die Anden Venezuelas. Durch seine wunderbare Schwanzentwickelung hervorragend ist auch der Sapphokolibri (Sparganura Sappho, S. 165) von Bolivia.

2) Familie: **Segler** (Cypselidae). Während die große Familie der Kolibris auf Amerika beschränkt geblieben ist, hat die weit kleinere, 7 Gattungen und 53 Arten enthaltende der Segler, obwohl sie allerdings ebenso gut, aber doch nicht besser fliegt als jene, mit Ausnahme von Neuseeland auf der ganzen Erde Vertreter. Der Schwerpunkt ihrer Verbreitung liegt aber in Ostindien. Die Segler haben auffallend kurze, abgeflachte, nach hinten weit und breit gespaltene Schnäbel, sehr lange Hand- und kurze, wenig zahlreiche Armschwingen, kurze Schwänze und sehr stark zurückgebildete Füße, deren 3 vordere Zehen nur 3 Glieder haben, und deren innere bleibend nach vorn oder nach der Seite oder nach hinten gerichtet sein kann, wenn sie nicht eine Wendezehe ist. Die Vögel leben ausschließlich von fliegenden Insekten, die sie in der Luft mit ihrem geräumigen Rachen fangen. Das Festland von Europa wird von 2 gesellschaftlich lebenden Arten bewohnt; eine dritte findet sich auf der Madeiragruppe. Der unten weiße Alpensegler (Cypselus melba, S. 167) wird thörichterweise so genannt, obwohl er in den Felsen unmittelbar an und wenige Fuß über dem Wasser des Mittelmeeres weit häufiger als in den Alpen nistet und daher besser Felsensegler heißt. Im Süden kommt er bis zum Atlas, Abessinien und Taurus, im Westen bis an die portugiesische Küste und im Osten in dem Himalaja vor. Der Mauersegler (C. apus, S. 167) ist kleiner, von braunschwarzer Färbung, nur an dem Kinn und der Kehle mit einem grauweißen Fleck. Er ist weitverbreitet in Europa, Nord- und Mittelasien, fast bis zum Polarkreis. Zu den Seglern gehören auch die auf den Sundainseln und in dem größten Teile Indiens nistenden berühmten Salanganen (Collacalia nidifica), die aus ihrem an der Luft erhärtenden Speichel die sogen. ostindischen Vogelnester verfertigen.

3) Familie: **Nachtschwalben** (Caprimulgidae). Die Nachtschwalben oder Ziegenmelker bilden eine Familie von 17 Gattungen und 91 Arten und werden nur in Neuseeland und auf den Inseln des Stillen Ozeans vermißt. Sie sind mit ihrem weichen, mattfarbigen Gefieder und ihren großen Augen wundervoll an das Nachtleben angepaßt. Auch die äußeren Unterschiede zwischen Männchen und Weibchen, die bei einigen Arten vorkommen, beruhen auf Reizen der männlichen Individuen, die in stern- oder mondscheinheller Nacht zur Geltung kommen. Schnabel und Rachen sind bei der Nachtschwalbe ähnlich wie bei den Seglern, aber noch weiter gespalten und erlauben, indem sie am Grunde mit einer Art Trichter oder Reuse langer Federborsten umgeben sind, den leichten Fang auch größerer fliegender Insekten (Nachtschmetterlinge). Flügel und Beine verhalten sich ähnlich wie bei den Seglern, die innere Zehe ist halb nach vorn gerichtet, und der Nagel der mittleren ist unten kammartig eingekerbt. In der Färbung sind die Tiere den Orten angepaßt, wo sie am Tage ruhen. Sie leben paarweise, und das Weibchen legt meist nur zwei bunte, gewölkte oder gefleckte Eier einfach auf den Boden. In Europa ist diese Familie durch 2 Arten vertreten: fast über das ganze Gebiet durch die gemeine Nachtschwalbe (Caprimulgus europaeus, S. 168) und auf der Iberischen Halbinsel durch die Rothalsnachtschwalbe (Caprimulgus ruficollis, S. 168). Eine durch ihren Federschmuck sich auszeichnende Art ist die Mittel- und Westafrika bewohnende Flaggennachtschwalbe (Cosmetornis vexillarius, S. 168). Der große, in allen Wäldern des tropischen und subtropischen kontinentalen Amerika hausende Riesenschwalch (Nyctibius grandis, S. 167) wird vielfach in die folgende Vogelordnung gerechnet, und allerdings ist besonders sein Schnabel durch die Gegenwart eines seitlichen Zahnes eigenartig charakterisiert.

4) Familie: **Fettschwalche** (Steatornithidae). Die Familie besteht aus einer Gattung mit einer einzigen Art, dem Guacharo (Steatornis caripensis, S. 169), der den Tag über in Venezuela, Bogota und auf der Insel Trinidad sich in Höhlen, in denen er auch brütet, verbirgt. Er ist ein stattlicher Vogel, etwa von Habichtsgröße, mit zimtbraunem, weiß betropftem Gefieder, einem zusammengedrückten, vorn in einen starken Haken auslaufenden, oben seitlich mit einem Zahn versehenen Schnabel und langem, breitem Schwanz, dessen Steuerfedern stufig angeordnet sind. Die Kralle der Mittelzehe ist nicht eingekerbt. Der Guacharo lebt von Nachtinsekten, aber hauptsächlich von den Beeren des Necandra-Baumes, deren Kerne und Hülsen er in Gestalt von Gewöllen von sich gibt. Aus diesen Gewöllen machen die Guacharo auch ihre sehr großen Nester.

15. Ordnung: **Kuckucksvögel** (Coccyges).

Keine Ordnung der Vögel ist so bunt zusammengewürfelt und enthält so verschiedenartig entwickelte Mitglieder wie diese. Der Schnabel ist meist ziemlich lang, gelegentlich von ganz bedeutendem Umfang. Die Zunge ist meist klein, bisweilen sehr klein. In der Regel finden sich 10 Handschwungfedern und 10 oder 12, ausnahmsweise 8 Steuerfedern. Das Gefieder zeigt oft lebhafte, selten metallische Farben und steht in Fluren und Rainen. Die Beine sind in der Regel kurz, oft schwach, und die Zehen verhalten sich sehr verschieden. Männchen und Weibchen unterscheiden sich äußerlich im allgemeinen nur wenig voneinander, und die Weibchen legen ihre meist weißen oder wenigstens einfarbigen, selten bunten Eier in der Regel in Baum-, Erd- oder Felsenhöhlungen, bisweilen als Brutschmarotzer zu denen anderer Vögel. Die Nahrung der Kuckucksvögel besteht wesentlich aus Insekten, doch fressen große Arten auch Wirbeltiere und Vogeleier, einige selbst Aas und nicht wenige Früchte. Diese Ordnung umfaßt 14 Familien, die wir nicht alle behandeln können, 148 Gattungen und etwa 750 Arten und hat zwar auf der ganzen Erde bis nahe zum nördlichen Polarkreise (bis zur Waldgrenze) Vertreter, ihre meisten Angehörigen bewohnen aber tropische und subtropische Gegenden; 12 Familien sind ausschließlich tropisch. Die unter gemäßigten Klimaten vorkommenden kuckucksartigen Vögel wandern.

1) Familie: **Plattschnäbler** (Todidae). Diese merkwürdige, kleine, aus einer Gattung und 5 Arten bestehende Familie enthält Vögel, die in ihrem Vorkommen auf die Großen Antillen beschränkt und von geringer Größe sind; sie haben verbreiterte, ganz platte Schnäbel von ziemlicher Länge und mit nahezu parallelen Seitenrändern. Der Schnabelspalt reicht bis unter die Augen und ist hinten an den Seiten reichlich mit Borsten versehen. Ihre Flügel sind kurz, die Schwänze mäßig lang und die Füße klein. Die Plattschnäbler haben ein weiches, schönfarbiges Gefieder, das in beiden Geschlechtern keinen Unterschied aufweist. Sie leben von Insekten, die sie nach Art unserer Fliegenschnäpper fangen. Ihr Nest höhlen sie in Erdabhängen bis zu ziemlicher Tiefe aus, und das Weibchen belegt es mit 4—5 auf grauer Grundfarbe braungefleckten Eiern. Der Todi (Todus viridis, S. 170) ist ein allerliebstes, mit Ausnahme seines glänzend karminroten Kinnes und seiner ebenso gefärbten Kehle grasgrünes Vögelchen.

2) Familie: **Bienenfresser** (Meropidae). Die Bienenfresser bewohnen in 5 Gattungen und 34 Arten ganz Afrika nebst Madagaskar, ganz Südasien mit seinen Inseln, die Papuainseln, Neuguinea und Australien. Vom nordöstlichen Indien erstreckt sich das Gebiet des Vorkommens der Angehörigen dieser Familie über alle Küstenländer des Mittelmeeres bis zum Atlantischen Ozean; gelegentlich nach Deutschland verflogene Individuen haben hier sogar gebrütet. Die häufigste und am weitesten nach Norden vorkommende Art ist der Immenwolf (Merops apiaster, S. 170).

3) Familie: **Raken** (Coraciidae). Diese aus 3 Gattungen bestehende Familie hat in ganz Amerika, auf den Inseln des Stillen Ozeans und auf Neuseeland keine, sonst aber auf der ganzen Erde Vertreter, die allerdings unter den Tropen, besonders in Afrika, am zahlreichsten sind. Die Raken sind ansehnliche, fast taubengroße, lebhafte Vögel von meist schöner Färbung, in der Blau vorherrscht, haben ziemlich große, namentlich breite Köpfe, gerade, an der Spitze hakig umgebogene, im vordern Teile seitlich zusammengedrückte und am Wurzelende verbreiterte Schnäbel und kurze, aber kräftige Beine. Die Flügel sind breit und abgerundet, und der aus 12 Steuerfedern bestehende Schwanz hat entweder einen geraden oder einen etwas abgerundeten oder endlich einen schwach ausgeschnittenen Hinterrand. Die Vögel nisten in Erd-, Fels- und besonders Baumlöchern, in die sie ohne Unterlage 4—6 glänzend weiße Eier legen. Sie leben von Insekten und kleinen Wirbeltieren. In Deutschland wird eine Art, die Blaurake (Coracias garrula, S. 171), und zwar in der nördlichen Ebene, je weiter nach Osten, desto häufiger, gefunden. Der Vogel ist offenbar auf zwei Linien vom westlichen Mittelasien westwärts gewandert: zuerst im Süden südwärts von den hohen Gebirgen dem Mittelmeer entlang, und auf diesem Wege ist er bis an den Atlantischen Ozean gekommen; nachdem ferner die großen Waldungen des nördlichen Deutschland verschwunden waren, ist er auf einer zweiten, nördlichen Linie durch Galizien, Schlesien ꝛc. gekommen, hat aber den Rhein noch nicht erreicht. Die Gattung der Weitmäuler ((Eurystomus), die man mit einem sehr gesuchten und

gekünstelten deutschen Namen auch „Roller“ nennt, gehört zu den echten Raken. Sie bewohnt in 8 Arten das tropische Afrika, einschließlich Madagaskar, ganz Südasien, die Molukken, Neuguinea und alle Inseln östlich bis zu und mit Australien und den Salomoinseln. Die am weitesten verbreitete Art, die **Rachenrake** (Eurystomus orientalis, S. 172), hat die Verbreitung der Gattung, nur daß sie in Afrika und auf Madagaskar fehlt.

Unsicherer ist die Stellung der Gattung der **Hornrachen** (Eurylaimus), die von manchen zu der Familie der Raken gerechnet, von anderen als eine eigene Familie angesehen und bisweilen gar nicht zu den Kuckucks-, sondern zu den Schreivögeln gezählt wird. Der **javanische Hornrachen** (Eurylaemus javanicus, S. 172) ist noch die häufigste der immerhin seltenen Arten und bewohnt außer Java auch Sumatra.

4) Familie: **Schwalme** (Podargidae). Die Schwalme sind die Nachtformen der Kuckucksvögel und gleichen äußerlich den Nachtschwalben sehr, ebenso wie die Alke den Pinguinen, und aus demselben Grunde: Die gleiche Anpassung an ähnliche Lebensbedingungen züchtet ähnliche Produkte. Aber bei den Schwalmen sind die Proportionen der Flügelknochen andere; sie bauen Nester auf Bäumen, legen rein weiße Eier und setzen sich auf Äste nie in deren Längsrichtung, was die Nachtschwalben stets thun, sondern quer zu ihr. Die Familie besteht aus 3 Gattungen und 20 Arten, die ganz Indien, die Sundainseln, die Molukken und das Papuagebiet sowie Australien und Tasmanien, aber nicht Südchina und die Philippinen bewohnen. Es sind stattliche Vögel, der **Riesenschwalm** (Podargus australis, S. 171) von Neusüdwales erreicht z. B. eine Länge von 60 cm.

5) Familie: **Trogons** (Trogonidae). Die Trogons sind schöne tropische Waldvögel, die in 7 Gattungen und 44 Arten in ganz Südasien bis zur Straße von Makassar, im ganzen kontinentalen tropischen Afrika und Südamerika, einschließlich Westindien, gefunden werden. Sie haben kurze, aber kräftige, gewölbte Schnäbel, die an der Wurzel breiter als hoch sind und in der Regel sägeartig eingekerbte Ränder haben. Die Winkel des Maules sind mit Borstenfedern besetzt. Ihr Schwanz ist stufig und lang bis sehr lang, die Flügel sind kurz und abgerundet. Als echte Baumtiere haben sie kurze und überhaupt schwache Füße, deren zweite Zehe nebst der inneren nach hinten gewendet ist. Das Gefieder ist sehr weich, bei den Männchen meist sehr schön, bei den Weibchen einfacher gefärbt. Die amerikanischen Arten haben alle metallisch, besonders goldiggrün schimmernde Gefiederpartien, die altweltlichen bis auf eine (Reinwardti) nicht. Die Unterseite ist häufig rosigrot. Sie fressen Kerbtiere und Früchte und legen in Baum- und Felslöcher 2—4 weiße Eier, die wahrscheinlich das Weibchen allein ausbrütet. Die schönste Art und einer der herrlichsten Vögel überhaupt ist der **Quesal** (Calurus resplendens, S. 173) aus den Gebirgswaldungen Zentralamerikas.

6) Familie: **Eisvögel** (Alcedinidae). Die Familie der Eisvögel umfaßt 19 Gattungen und 125 meist schön und zwar vorherrschend blau gefärbte Arten und ist auf der ganzen Erde, aber in sehr ungleicher Weise, vertreten. Sehr zahlreich sind Eisvögelarten auf den Molukken und den Papuainseln nebst Neuguinea, und hier ist recht eigentlich der Schwerpunkt ihrer Verbreitung; in den nördlichen Teil der Alten Welt, also nach Asien jenseits des Himalaja und Jantsekiang, in die Mittelmeerländer und nach Europa sind etwa 4—5 Arten gekommen, und in dem ganzen großen Amerika finden sich nur 9 Arten, und 8 von ihnen südlich vom Äquator. Der Gesamthabitus der Eisvögel erinnert sehr an den der Spechte. Sie haben einen plumpen Körper, kurzen Hals, einen großen, keilförmigen Kopf, der sich in einen ansehnlichen, kantigen, meist geraden Schnabel verlängert, verhältnismäßig kurze Flügel, sehr kurze, ziemlich weit nach hinten stehende Läufe, wodurch die Haltung der Vögel beim Sitzen aufrecht wird, und meist kurze, 12, selten 10 Steuerfedern enthaltende Schwänze. Sie legen in Erd- und Baumlöcher auf geringer Unterlage reinweiße Eier und leben von Fischen, Reptilien, Amphibien und Kerbtieren. Wir heben zwei Unterfamilien hervor:

a) Unterfamilie: **Wassereisvögel** (Alcedininae) mit geradem, schlankem Schnabel, gering entwickelten Flügeln, schwachen Beinen, kurzem Schwanz und einem straffen, glänzenden Gefieder. Sie nisten in Erdlöchern, legen ihre Eier auf ausgespieene Fischgräten und sind an den Nahrungserwerb aus dem Wasser angepaßt. Hierher gehört unser **gemeiner Eisvogel** (Alcedo ispida, S. 174), der ganz Europa vom südlichen Skandinavien an, das südliche und mittlere Sibirien, Persien und das nordöstliche Indien bewohnt. Er ist kein Wandervogel.

b) Unterfamilie: **Lieste** (Halcyoninae) mit an der Wurzel verbreitertem, nach vorn seitlich zusammengedrücktem Schnabel, kräftigeren, unter Umständen sehr viel kräftigeren Flügeln und höheren Läufen als die Wassereisvögel. Die Lieste nisten hauptsächlich in Baumlöchern und legen ihre Eier in aus Pflanzenstoffen liederlich verfertigte Nester. Sie sind auf ein Leben im Wald oder auf freiem Gelände angepaßt. Bisweilen sind gewisse Federn des Schwanzes verlängert, und in einer Gattung hat dieser 10 Steuerfedern. Ihr Gefieder ist weniger straff und weniger glänzend, und sie suchen ihre Nahrung auf dem Lande. Ein Angehöriger dieser Unterfamilie ist der Baumliest (Halcyon semicoeruleus, S. 174), der ganz Mittelafrika von den Inseln des Grünen Vorgebirges bis Abessinien bewohnt.

7) Familie: **Glanzvögel** (Galbulidae). Die Glanzvögel bewohnen in 3 Gattungen und 19 Arten ausschließlich das Festland des tropischen Südamerika. Sie haben einen schlanken Rumpf, einen langen spitzen Schnabel, kurze, muldenartig gewölbte Flügel, kurze Läufe und 4, bisweilen bloß 3 Zehen. Ihr Schwanz ist lang, ihr weiches Gefieder auf der Oberseite von einem wundervollen, goldgrünen Glanz. Sie nisten in Baumhöhlen und legen weiße Eier. Ihre Nahrung besteht aus Kerbtieren. Die häufigste Art ist der Jakamar (Galbula viridis, S. 175).

8) Familie: **Echte Kuckucke** (Cuculidae). Diese Familie ist zwar kosmopolitisch verbreitet, aber wesentlich doch eine tropische, die nur in wenigen wandernden Arten in kältere Gegenden eingedrungen ist. Die Kuckucke sind in der Regel zarte, wenn auch meist nicht gerade kleine Vögel und leben von animalischer Kost. Die meisten brüten nicht selbst, sondern sind Brutschmarotzer, die ihre Eier zu denen anderer Vögel legen. Man teilt die Familie in eine nicht unbeträchtliche Anzahl von Unterfamilien, von denen wir bloß 4 herausnehmen wollen.

a) Unterfamilie: **Sporenkuckucke** (Centropodinae). Die Sporenkuckucke sind zum Teil große, an ein Leben auf dem Boden angepaßte Vögel mit hohen Läufen und langen Zehen, deren hintere eine zu einem großen Sporn gewordene Kralle trägt. Sie haben ein hartes, trübfarbiges Gefieder und kurze Flügel und sind schlechte Flieger. Die Sporenkuckucke bewohnen die Tropen der Alten Welt, Südafrika und Australien und bauen eigene Nester. Der Sporenkuckuck vom Senegal (Centropus senegalensis, S. 176) findet sich häufig von Westafrika bis an das Rote Meer. Er lebt hauptsächlich von Ameisen.

b) Unterfamilie: **Madenfresser** (Crotophaginae). Die Mitglieder dieser Unterfamilie verteilen sich auf 2 Gattungen und 4 Arten, die Amerika einschließlich der Antillen von Pennsylvanien bis Paraguay bewohnen. Es sind schwarze Vögel, etwa von Dohlengröße, mit ziemlich langen, keilförmigen Schwänzen und an der Wurzel oder im ganzen Verlaufe kielartig aufgetriebenen Schnäbeln. Sie ernähren sich hauptsächlich von schmarotzenden Insekten, die sie größeren Säugetieren ablesen, namentlich drücken sie ihnen Maden von Fliegen aus den Hautbeulen. Sie sind keine Brutschmarotzer, aber mehrere Weibchen legen zusammen in ein Nest blaue, oft von einer eigentümlichen Kalkschicht überzogene Eier, die sie gemeinsam ausbrüten. Die häufigste Art ist der Ani (Crotophaga minor, S. 175).

c) Unterfamilie: **Erdkuckucke** (Geococcyginae). Die Erdkuckucke sind große, langschwänzige, hochläufige Bodenvögel, die kaum zu fliegen im stande sind. Die Farben ihres Gefieders sind düster und glanzlos, und auf dem Scheitel findet sich meist eine Haube. Sie fressen kleine Wirbel- und Kerbtiere, mit besonderer Vorliebe aber Schnecken. Sie bewohnen in einer Gattung und 2 Arten, von denen der Hahnkuckuck (Geococcyx californianus, S. 176) die bekanntere ist, das südliche Nordamerika von Texas und Kalifornien bis Guatemala.

d) Unterfamilie: **Baumkuckucke** (Cuculinae). Diese Unterfamilie enthält zarte Vögel mit etwa kopflangen, sanft gebogenen, am Grund verbreiterten, tief gespaltenen Schnäbeln. Ihre Läufe sind kurz, die Zehen schwach, die Flügel lang und schmal, auch der Schwanz ist ziemlich lang und keilförmig oder abgerundet. Die Hauptfarbe ihres weichen Gefieders ist entweder schlicht, zart grau oder rötlich, oder aber bei den kleinen Goldkuckucken auf der Oberseite wundervoll metallisch glänzend, grüngoldig mit rötlichen und bläulichen Reflexen. Die Baumkuckucke sind Brutschmarotzer und bewohnen die Alte Welt von der Baumgrenze im Norden über ganz Europa, Afrika, Asien bis nach Australien, die Inseln des Stillen Ozeans bis zu den Fidschiinseln und Neuseeland. Unser gewöhnlicher Kuckuck (Cuculus canorus, S. 177) und der afrikanische Goldkuckuck (Chrysococcyx auratus, S. 177) sind Angehörige dieser Unterfamilie.

9) Familie: **Pisangfresser** (Musophagidae). Die auf den tropischen, waldreichen Teil des Festlandes von Afrika beschränkten, sich auf 4 Gattungen und 20 Arten verteilenden Pisangfresser sind ansehnliche Vögel, durchschnittlich von Krähengröße, mit einem weichen, sehr zartfarbigen, hauptsächlich grünen und violetten Gefieder. Sie erinnern in ihrem Gesamthabitus vielfach an Baumhühner, mit denen die meisten auch besondere Kopfzierate, Federbüsche, Schnabelkasketts 2c. gemein haben. Ihr Schnabel ist oben scharf gebogen, stark, kurz und breit, die Flügel sind nicht sehr groß, kurz abgerundet. Die Läufe sind lang, und die Außenzehe ist halb nach hinten gerichtet. Sie legen weiße Eier, und wahrscheinlich alle in Baumlöcher, und scheinen sich ausschließlich von Pflanzenkost, besonders saftigen Früchten, zu ernähren. Der zu den Pisangfressern gehörige Helmvogel (Corythaix leucotis, S. 178) bewohnt Abessinien und der violette Pisangfresser (Musophaga violacea, S. 178) Westafrika.

10) Familie: **Baumhöpfe** (Irrisoridae). Die Mitglieder dieser aus einer Gattung und 12 Arten bestehenden Familie haben dieselbe Heimat wie die Pisangfresser. Sie haben lange, dünne, sanft nach unten gekrümmte Schnäbel und eine vorstreckbare Zunge, ihre Flügel sind kurz, und sie fliegen daher schlecht. Ihr langer Schwanz enthält 12 stufig angeordnete, laxe Steuerfedern, wie überhaupt das schwarze, metallisch glänzende Gefieder weich ist. Sie nisten in Baumlöchern, und die Weibchen legen bläulichgrüne Eier. Die häufigste Art ist der Baumhopf (Irrisor erythrorhynchus, S. 180), der das kontinentale Afrika vom Kap an bis etwa zum 16.° nördl. Br. bewohnt.

11) Familie: **Wiedehöpfe** (Upupidae). Diese Familie ist noch kleiner als die vorige, indem sie nicht allein nur aus einer Gattung, sondern auch bloß aus 6 Arten oder vielleicht richtiger Lokalrassen besteht. Der Schwerpunkt ihrer Verbreitung liegt wohl im kontinentalen Afrika, aber zum Teil dieselben Arten verbreiten sich von hier nach Madagaskar, Indien, Ceylon, den Molukken, China, der Mongolei, Sibirien und Europa bis Südskandinavien. Sie sind in ihrem Vorkommen wesentlich an das großer Wiederkäuerherden gebunden, da sie sich hauptsächlich von den dem Miste dieser Tiere nachgehenden Insekten ernähren. Die Wiedehöpfe sind etwa so groß wie Misteldrosseln, haben lange, dünne, nach unten gekrümmte Schnäbel, große, breite, abgerundete Flügel und ein sanft rotgelb, weiß und schwarz gefärbtes Gefieder, das auf dem Scheitel eine auf- und niederschlagbare stattliche Haube bildet. Sie brüten in Baum- und Mauerlöchern und legen bläuliche oder schmutzig gelbliche Eier, die ab und zu einmal fein rot punktiert sein können. Der europäische Wiedehopf (Upupa epops, S. 179) ist ein bekannter Vogel, der nicht stinkt, wohl aber sein Nest, da die Alten den Kot der Jungen nicht wegschaffen.

12) Familie: **Nashornvögel** (Bucerotidae). Diese stattlichen Vögel bilden 12 Gattungen und 50 Arten und bewohnen das ganze tropische Afrika, aber nicht Madagaskar, ganz Indien und die malaioasiatische Inselwelt bis zu den Salomoinseln. Sie sind groß und haben ein großfederiges, lockeres Gefieder ohne metallischen Glanz, häufig schwarz und weiß von Farbe. Die Schnäbel der Nashornvögel sind gewaltig groß, nach unten gekrümmt und vorn stark seitlich zusammengedrückt. Der Wurzelteil des Oberschnabels ist in seltsamer Weise mit hornähnlichen Blasen, Querwülsten 2c. verziert. Das Gewicht dieser Schnäbel ist nur gering, denn sie bestehen aus schwammigem Knochenwerk, und die Aufsätze sind, allerdings mit einer Ausnahme, hohl. Die Zunge ist ganz verkümmert. Die Füße sind kräftig, die Außenzehe ist nach vorn geschlagen, ja sogar mit der Mittelzehe größtenteils verwachsen. Die Nahrung dieser merkwürdigen Vögel besteht aus Früchten, selten Nüssen, Insekten, kleinen Wirbeltieren und selbst Aas. Die Weibchen legen in Baumhöhlen je ein einziges, weißes Ei. Der Zugang zur Bruthöhlung wird vom Männchen mit Lehm, in anderen Fällen vom Weibchen selbst von innen her mit dem eigenen Kot vermauert bis auf eine kleine Öffnung, durch die die Gefangene später mit dem Jungen vom Männchen ernährt wird. Das Weibchen mausert während der Brütezeit vollkommen. Eine Art mit mehreren schuppenartig sich deckenden Blasen auf dem Oberschnabel heißt der Jahrvogel (Buceros plicatus, S. 180), weil seine Landsleute, die malaiischen Bewohner von Malakka und den Sundainseln, glauben, jedes Jahr wüchse ihm eine neue derartige Blase. Afrikanisch ist der Hornrabe (Bucorax abyssinicus, S. 179).

13) Familie: **Pfefferfresser** (Rhamphastidae). Die Vertreter gewissermaßen der Nashornvögel in der Neuen Welt sind die Pfefferfresser oder Tukane, die in 5 Gattungen und 51 Arten den Kontinent des tropischen Amerika bewohnen. Auch sie sind ansehnliche Vögel mit einem

lockeren, großfederigen, zerschlissenen Gefieder, aber meist lebhaft gefärbt: oben schwarz, unten weiß, rot, gelb, orange oder ganz grün. Ihre Schnäbel sind im Verhältnis zur Körpergröße noch größer als bei den Nashornvögeln, gleichfalls merkwürdig leicht und nach unten gekrümmt, aber ohne Aufsätze oben am Wurzelende. Die Zunge ist lang, an den Seiten gefasert und sieht aus wie eine Feder. Die Außenzehe ist nach hinten geschlagen. Die lebhaften, vielfach die Geselligkeit liebenden Tukane fressen wesentlich Früchte, nebenher aber auch Insekten, kleine Reptilien und junge Vögel. Die Weibchen legen in Höhlungen hoch oben in den Bäumen 2 weiße Eier. Die größte Art ist der Toko (Rhamphastus toco, S. 181) mit orangerotem Schnabel; er findet sich im ganzen Wohngebiet der Familie.

16. Ordnung: **Spechte** (Pici).

Die Spechte bilden eine sehr wohl charakterisierte Vogelordnung. Sie sind meist von mittelgroßer Gestalt, haben einen großen Kopf, einen geraden harten, in der Regel meißelartig entwickelten Schnabel. Die Zunge ist, und meist außerordentlich, lang, wurmförmig und kann weit herausgestreckt werden. Sie wird von einem leimartigen Speichel, dem Abscheidungsstoffe sehr großer Speicheldrüsen, überzogen. Es finden sich 9 bis 12 Schwungfedern an der Hand und 12 an den freien Enden meist zugespitzte, elastische Steuerfedern im Schwanze. In der Regel ist das Gefieder hart, meist bunt gefärbt, aber nicht metallisch, besonders sind rote Zeichnungen am Kopfe sehr allgemein verbreitet. Die Füße sind sehr kurz, die Innenzehe ist meist unbedeutend entwickelt, kann selbst fehlen, die zweite und dritte sind nach vorn geschlagen und durch eine kurze Spannhaut verbunden, die äußere richtet sich nach hinten. Männchen und Weibchen sind sehr wenig verschieden. Die Weibchen nisten in Höhlen und legen zahlreiche, rein weiße, dünnschalige Eier. Die Jungen sind Nesthocker. Die Spechte leben hauptsächlich von Insekten, genießen aber auch pflanzliche Stoffe und sind wesentlich, aber nicht ausschließlich an ein Baumleben angepaßt. Die Ordnung umfaßt 3 Familien, 37 teilweise recht unsichere und willkürlich aufgestellte Gattungen, gegen 330 Arten und hat auf Madagaskar und in den Gebieten östlich von Celebes, auf welcher Insel noch ein paar Arten vorkommen, keine Vertreter. Die Nordgrenze ihrer Verbreitung fällt mit der Baumgrenze zusammen.

1) Familie: **Echte Spechte** (Picidae). Die echten Spechte haben ein straffes Gefieder, elastische, zugespitzte Steuerfedern in dem Stemmschwanze und starke, meist ziemlich lange, harte, meißelartige Schnäbel; sie nisten in selbstverfertigten Baumlöchern. Die Verbreitung der Familie ist die der Ordnung. Die Gattung der Buntspechte (Dendrocopus) ist in Deutschland durch 4 Arten vertreten, von denen der große (Dendrocopus major, S. 183), mittlere (medius, S. 183) und kleine (minor, S. 183) Buntspecht fast überall vorkommen und allgemein bekannt sind, während der Weißspecht (Dendrocopus leuconotus, S. 181) nur vereinzelt im Osten auftritt, aber über ganz Rußland und Sibirien, soweit sie waldig sind, verbreitet ist. Die Buntspechte sind ausschließlich Baumvögel, der Grauspecht (Picus canus, S. 181) hingegen sucht seine hauptsächlichsten Nahrungsquellen, Ameisennester, auf dem Boden auf und hat auch einen schwächeren Schnabel. Unsere größte Art ist der Schwarzspecht (Picus martius, S. 182).

2) Familie: **Zwergspechte** (Picumnidae). Die Zwergspechte sind kleine Vögel mit ziemlich kurzem, höchstens kopflangem, rein kegel-, nicht meißelförmigem Schnabel, lockerem, grauem oder bräunlichem, dunkler punktiertem und gewelltem Gefieder, das in der roten Kopfzeichnung eine echte Spechteigentümlichkeit bewahrt. Die Steuerfedern dienen nicht zum Anstemmen und haben keine harten, elastischen Spitzen. Es ist nicht bekannt, ob die Zwergspechte eigene Nisthöhlen zimmern oder vorhandene Löcher zum Nisten benutzen, doch ist das letztere das wahrscheinlichere. Die Verbreitung dieser durchschnittlich meisengroßen Tierchen ist merkwürdig durch ihre Zerrissenheit: 22 Arten, unter ihnen Picumnus minutus (S. 183), bewohnen das tropische Südamerika, 3 Ostindien von Osttibet bis Java und eine Westafrika.

3) Familie: **Wendehälse** (Iyngidae). Diese kleine Familie umfaßt eine Gattung und 5 nahe miteinander verwandte Arten und ist in ganz Europa, dem gemäßigten Asien, Vorderindien (aber nicht auf Ceylon), in Afrika im Norden, Osten und Süden vertreten. Die Wendehälse machen durch die Weichheit und Färbung ihres Gefieders ganz den Eindruck von

Nachtvögeln. Ihr schwacher, spitzer Schnabel ist kürzer als der Kopf, auf dem sich ein aufrichtbares Federhäubchen befindet. Der Schwanz ist ziemlich lang. Sie benutzen vorhandene Baumlöcher zum Brüten. Unser Wendehals (Iynx torquilla, S. 184), der vom Atlantischen Ozean bis zum Amur und vom südlichen Schweden bis Südeuropa vorkommt, lebt fast ausschließlich von Ameisen und ist daher ein Zugvogel.

17. Ordnung: Papageien (Psittaci).

Diese Ordnung gehört nebst den Spechten, Tauben und Pinguinen zu den am besten umschriebenen im ganzen Vogelreich. Der Schnabel ist sehr kräftig, der obere hochgewölbt, fast in einem Halbkreis nach unten gebogen und greift mit seiner Spitze weit über den gerade abgestutzten Unterschnabel weg. An den Seiten hat er eine Art Zahn, der Ausdruck einer auf seiner Unterseite quer durchgehenden Leiste, gegen die der Unterschnabel wie ein Nagezahn sich bewegt. Er hat eine Wachshaut und ist gegen den Hirnschädel außerordentlich beweglich, so daß er mehr noch als bei anderen Vögeln die Rolle einer unpaaren fünften Gliedmaße übernimmt. Die Zunge ist meist walzig und unten vorn mit einer Art Hornnagel versehen. Die Gestalt der Papageien ist robust, untersetzt, der Kopf auffallend groß und die Umgebung der Augen meist nicht von Federn bedeckt. Der Schwanz ist immer gut entwickelt, bisweilen sind einzelne seiner 12 Steuerfedern ansehnlich verlängert. Die Flügel sind verschieden — es gibt eben gute und sehr schlechte Flieger in dieser Ordnung — und haben 10, nur in einer Familie 9 Handschwungfedern. Die Beine sind meist sehr kurz, aber kräftig, und von den stets vorhandenen, fast gleich starken Zehen ist nicht nur die innere, sondern auch die äußere nach hinten gewendet, so daß der Fuß zu einem ausgezeichneten Kletterorgan wird. Das Gefieder steht in Fluren und Rainen, ist straff, großfederig und meist sehr lebhaft gefärbt. Männchen und Weibchen leben in Monogamie und unterscheiden sich äußerlich sehr wenig. Die Weibchen legen in Baum- oder Erdhöhlen, sehr selten in freie, selbstverfertigte Nester weiße, rundliche Eier in verschiedener Zahl. Die Jungen sind Nesthocker und sehr dunenreich. Die Papageien leben fast ausschließlich von Pflanzenkost, und eine Gattung hat nächtliche Lebensgewohnheiten. Diese Ordnung umfaßt 1 Familie, 5 Unterfamilien, 51 Gattungen und etwa 390 Arten. Sie ist besonders in den tropischen Wäldern, namentlich der asiatischen, papuanischen und ozeanischen Inseln, gut vertreten, geht südwärts weit in die gemäßigte Zone hinein, nordwärts aber nur in sehr wenigen Fällen über den Wendekreis des Krebses hinaus.

Familie: **Papageien** (Psittacidae). Die Familie hat die Eigenschaften der Ordnung.

a) Unterfamilie: **Eulenpapageien** (Strigopinae). Diese Unterfamilie weicht durch ihre nächtlichen Gewohnheiten nicht unbedeutend von den anderen Unterfamilien der Papageien ab und nähert sich durch äußerliche Ähnlichkeit zufolge ähnlicher Lebensweise nur der Gattung der Erdpapageien unter den Plattschwanzsittichen. Die Eulenpapageien haben etwa die Größe kleinerer Exemplare des Uhus, ein für einen Nachtvogel merkwürdig hartes, moosgrünes und dunkelbraun gewelltes und geflecktes Gefieder, das um die Augen herum zu einer Art Schleier wie bei den Eulen entwickelt ist. Ihr Schnabel ist ein kräftiger, echter Papageischnabel. Sie haben sehr schwache Flügel, eine sehr geringe Brustmuskulatur und einen nur rudimentären Längskiel auf dem Brustbein, so daß sie nicht fliegen, sondern nur flattern können. Ihre Läufe sind aber hoch und ihre Zehen groß, wie es sich für laufende Bodenformen ziemt. Die Eulenpapageien fressen Beeren, Blätter, junge Schößlinge und zarte Wurzeln, besonders gern aber ein Lebermoos. Sie halten sich am Tage paarweise in der Nähe bei einander in natürlichen oder selbstgegrabenen Erdlöchern auf, in denen die Weibchen auch brüten. Die Familie umfaßt eine Gattung und zwei Arten, von denen die eine, der Kakapo (Stringops habroptilus, S. 184) sich auf Neuseeland findet, aber auf der Nordinsel fast ausgerottet ist, während die andere, nahe verwandte (Grayi) die Chatam-Inseln bewohnt oder bewohnte, denn sie ist möglicherweise auch ausgerottet.

b) Unterfamilie: **Kakadus** (Plictolophinae). Die Kakadus sind meist große Vögel mit kräftigem, bisweilen sogar außerordentlich kräftigem Schnabel, langen, spitzen Flügeln, verhältnismäßig kurzen Schwänzen und meist mit aufrichtbaren Federhauben auf dem Scheitel. Sie verbreiten sich in 7 Gattungen und etwa 40 Arten von Lombok und Celebes an über die Molukken,

Papuainseln, Neuguinea, Australien, Tasmanien bis zu den Salomoinseln und Neuseeland und finden sich außerdem auf den Philippinen. Eine sehr bekannte Art, die viel gefangen gehalten wird, ist der von Ceram und Amboina stammende Molukkenkakadu (Plictolophus moluccensis, S. 185). Eine prachtvolle große Form von Südaustralien und Tasmanien nebst den dazwischen gelegenen Inseln ist Banks Langschwanzkakadu (Calyptorhynchus Banksi, S. 186). Der durch seinen langgestreckten, noch stärker als bei anderen Papageien beweglichen Oberschnabel sehr auffällige Nasenkakadu (Licmetis nasicus, S. 186) bewohnt Südaustralien und lebt hauptsächlich von Zwiebeln, die er mit dem Oberschnabel aus der Erde sticht. Ob der gewaltige Ararakakadu (Microglossus aterrimus, S. 185) von Neuguinea zu den Kakadus gehört oder eine abweichende Form der Pinselzünger ist, steht nicht fest. Jedenfalls gibt es keinen unter allen Vögeln, der einen gleich furchtbaren Schnabel und gleich starke Beißmuskeln hat.

c) Unterfamilie: **Plattschwanzsittiche** (Platycercinae). Die Mitglieder dieser Unterfamilie haben kurze, aber hochgewölbte, vorn stark übergebogene Schnäbel, spitze, lange Flügel und lange und breite, stufenförmig angeordnete Steuerfedern. Sie schwanken in der Körpergröße zwischen Dompfaffen und Krähen, sind immer hübsch, oft sogar prachtvoll gefärbt, gehen viel auf dem Boden und lieben die Gesellschaft. Plattschwanzsittiche finden sich von Timor und den Molukken bis Neuseeland und zur Norfolkinsel und zum Archipel der Fidschi- und Gesellschaftsinseln. Die allgemein am genauesten bekannte, wirklich populäre Art ist der Wellensittich (Melopsittacus undulatus, S. 187) von Australien. Eine schöne Einwohnerin von Südaustralien und Tasmanien ist die Rosella (Platycercus eximius, S. 187), die man auch gelegentlich bei Liebhabern in Gefangenschaft sieht. Der Erdsittich (Pezoporus formosus, S. 188) ist als ganz ausgesprochene Bodenform schlichter in der Färbung als seine Sippengenossen. Er lebt in Südaustralien und Tasmanien, und das Weibchen brütet in selbstgegrabenen Erdhöhlen, die den Vögeln auch als Schlupfwinkel dienen.

d) Unterfamilie: **Zwergpapageien** (Micropsittacinae). Diese aus einer Gattung und 9 Arten von zweifelhafter Berechtigung bestehende Unterfamilie der Papageien ist eine der merkwürdigsten. Die Zwergpapageien sind reizende, kleine Geschöpfe von der Größe eines Zeisigs, aber mit kürzerem Schwänzchen, dessen Steuerfedern wie bei den Spechten in eine elastische Schaftspitze auslaufen. Welchen Grund diese seltsame Erscheinung in der Lebensweise dieser Tierchen hat, ist noch unbekannt. Sie bewohnen Neuguinea und die benachbarten kleinen Papuainseln bis zu den Salomoinseln. Die am längsten bekannte Art, der rotbrüstige Spechtpapagei (Nasiterna pygmaea, S. 188), wurde auf der berühmten Reise des französischen Schiffes „Astrolabe" (1826—29) durch Zufall entdeckt.

e) Unterfamilie: **Pinselzünger** (Trichoglossinae). Die Mitglieder dieser 4 Gattungen und einige 80 Arten umfassenden Unterfamilie der Papageien sind durch einen anatomischen, aber an lebenden, besser freilich noch an toten, nicht mehr beißenden Individuen leicht nachweisbaren Charakter sofort gekennzeichnet: ihre Zunge ist vorn mit haarartigen Papillen besetzt und bildet eine Bürste, die die Vögel wahrscheinlich dazu benutzen, um den Pollen von den Staubfäden der großen Blüten gewisser Gummibäume, von dem sie hauptsächlich leben sollen, ab- und zusammenzubürsten. Die Pinselzünger, zu denen die schönsten und buntesten aller Papageien gehören, sind echte Kinder der reichen Inselwelt, die sich östlich von der Straße von Makassar bis zu den Marquesasinseln erstreckt, und der auch Australien angehört. Auf Neuseeland sind diese Vögel nicht vertreten. Der Erzlori (Domicella atricapilla, S. 189), der Ceram, Amboina und Waigiu bewohnt, wird am häufigsten nach Europa gebracht. Eine schon durch ihr verlängertes Schwanzgefieder, abgesehen von der größeren Farbenpracht, viel schöner ausgestattete Form ist der Allfarblori (Trichoglossus Novae-Hollandiae, S. 190) vom Kontinent von Australien und Tasmanien.

f) Unterfamilie: **Edelsittiche** (Palaeornithidae). Die Edelsittiche bewohnen ganz Indien, die Philippinen, die Molukken, Papuainseln, Neuguinea, die Salomoinseln und das nordöstliche Australien. Eine einzige Art echter Edelpapageien findet sich auch im tropischen Afrika, auf Madagaskar, den Maskarenen und Seschellen; da sie aber zugleich ostindisch ist und hier seit langer Zeit viel von den Eingebornen gefangen gehalten wird, ist es bei den uralten Handelsbeziehungen zwischen Ostafrika und Indien fast als gewiß anzunehmen, daß die afrikanischen Individuen verwilderte Nachkommen von eingeführten indischen sind. Der Rumpf dieser Vögel ist nicht sehr groß, er schwankt zwischen der Größe einer Drossel und einer Elster; sie erscheinen aber zufolge der Anwesenheit eines langen, keilförmigen Schwanzes, dessen beide Mittelfedern bisweilen noch besonders stark verlängert sind, viel ansehnlicher, als sie wirklich sind. Sie haben einen kräftigen, fast so hohen wie langen Schnabel von meist korallenroter oder schwarzer Farbe. Die Flügel sind lang und spitz und verraten die ausgezeichneten Flieger. Die Köpfe dieser Vögel sind immer anders als das übrige Gefieder gefärbt, und meist ist auch ein dunkles Halsband oder ein dunkler Kinnfleck vorhanden. Der Halsbandsittich (Palaeornis torquatus, S. 190) ist diejenige Art, die sowohl Südasien als Afrika bewohnt, und die schon dem Altertum bekannt war. Zu dieser Unterfamilie werden von manchem Forscher auch die Fledermausloris (Coryllis) gerechnet, die andere den Pinselzüngern zuzählen; freilich wären es dann Pinselzünger ohne Pinselzunge. Allerdings sind diese Papageien kurzschwänzig. Sie haben die seltsame, an Fledermäuse erinnernde Gewohnheit, an einem Beine aufgehängt mit dem Kopf nach unten zu schlafen und werden wahrscheinlich in ihrem Gefäßbau Vorrichtungen haben, die das Schädliche einer solchen anhaltenden Stellung aufheben. Die Fledermausloris bewohnen Vorder- und Hinterindien, Ceylon, die Sundainseln, die Molukken, die Papuainseln und die Philippinen. Die bekannteste Art, das Blaukrönchen (Coryllis galgulus, S. 191), findet sich auf Südmalakka und den Sundainseln.

g) Unterfamilie: **Afrikanische Papageien** (Psittacinae). Die afrikanischen Papageien (5 Gattungen und 22 Arten) bewohnen ganz Afrika südlich von der Wüste sowie Madagaskar, die Maskarenen und Seschellen. Auf diesen beiden Inselgruppen sind in historischer Zeit verschiedene Arten ausgestorben. Sie haben im allgemeinen in ihrer Organisation nähere Beziehungen zu den kurzschwänzigen amerikanischen Papageien als zu asiatischen Formen. Die Angehörigen dieser Unterfamilie haben einen mittellangen, gerade abgeschnittenen Schwanz, ein sehr großfederiges, meist, wenn auch in sehr verschiedenem Umfange, grauliches und daneben grünes ꝛc. Gefieder. Die bekannteste Art ist der rotschwänzige Jako (Psittacus erithacus, S. 191), der das tropische Westafrika von der Küste und der Insel Fernando Po bis zum Tsadsee bewohnt. Süd- und westafrikanisch ist der Rosenpapagei (Agapornis roseicollis, S. 189).

Die beiden noch übrig bleibenden Unterfamilien der Papageien sind die einzigen in Amerika, aber auch nur hier vertretenen.

h) Unterfamilie: **Keilschwanzsittiche** (Conurinae). Diese Unterfamilie umfaßt 7 Gattungen und einige 80 Arten, die durch den Besitz langer, stufiger Schwänze ausgezeichnet sind. Zu ihnen gehören zum Teil prachtvoll gefärbte Arten, wie die Aras, deren eine einfarbig dunkelkobaltblaue Art, der Hyacinth-Arara (Sittace hyacinthina, S. 192), das Zentrum von Nordbrasilien bewohnt. Der Karolinasittich (Conurus carolinensis, S. 193) ist die Papageiart, die von allen Papageien der Neuen und der Alten Welt am weitesten nordwärts, bis zum 42.° nördl. Br., vorkommt. Der Langschnabelsittich (Henicognathus leptorhynchus, S. 192), an Südamerikas Westseite von Chile bis zur Magalhãesstraße vorkommend, erinnert durch die seltsame Gestalt seines Oberschnabels an den Nasenkakadu und gebraucht das Instrument in ähnlicher Weise wie dieser, nämlich zum Ausgraben von Pflanzenteilen, Wurzeln, jungen Keimlingen u. dgl. aus der Erde, aber auch als gefährliche Stoßwaffe. Die Dickschnabelsittiche, zu denen der Mönchsittich (Bolborhynchus monachus, S. 193) gehört, sind die einzigen Papageien, von denen wir wissen, daß sie freie, große Nester bauen.

i) Unterfamilie: **Stumpfschwanzpapageien** (Pioninae). Diese Unterfamilie umfaßt die kurz- und stumpfschwänzigen amerikanischen Papageien, zusammen 7 Gattungen und etwa 55 Arten, von denen die grünen Amazonenpapageien die bekanntesten sind. Manche Arten, wie der grünflügelige Amazonenpapagei (Chrysotis amazonica, S. 194) werden viel aus Liebhaberei gehalten. Auch der merkwürdige und schöne Fächerpapagei (Deroptyus accipitrinus, S. 194) aus dem Amazonenthale gehört in diese Unterordnung.

Goldtaucher (Aptenodytes chrysocome). 1/4.

Haubensteißfuß (Podiceps cristatus). 1/4.

Riesenalk (Alca impennis). 1/6.

Polarlumme (Uria Bruennichii). 1/4.

Raubseeschwalbe (Sterna caspia). 1/4.

Lachmöwe (Larus ridibundus). 1/4.

1 Lachmöwe (Larus ridibundus). 1/7. 2 Heringsmöwe (Larus fuscus). 1/7. 3 Mantelmöwe (Larus marinus). 1/7. 4 Zwergmöwe (Larus minutus). 1/5.
5 Silbermöwe (Larus argentatus). 1/7. 6 Eismöwe (Larus glaucus). 1/12. 7 Sturmmöwe (Larus canus). 1/12.

Riesenraubmöwe (Lestris catarrhactes). 1/5.

Albatros (Kapschaf, Diomedea exulans). 1/8.

Kaptaube (Procellaria capensis). 1/4.

Pelikan (Pelecanus onocrotalus). 1/7.

Kormoran (Phalacrocorax carbo). 1/5.

Schlangenhalsvogel (Plotus Levaillantii). 1/4.

Tölpel (Sula bassana). 1/5.

Fregattvogel (Fregatta aquila). 1/5.

Tropikvogel (Phaëton aethereus). 1/3.

Gänsesäger (Mergus merganser). 1/5.

Eiderente (Somateria mollissima). 3/10.

Löffelente (Spatula clypeata). 1/4.

Wildente (Anas boschas). Länge 0,65 m.

Brautente (Aix sponsa). 1/4.

Brandgans (Tadorna vulpanser). 1/5.

Graugans (Anser ferus). 1/5.

Singschwan (Cygnus musicus). 1/7.

Aniuma (Palamedea cornuta). 1/5.

Ibis (Ibis aethiopica). 1/5.

Löffler (Platalea leucorodia). 1/5.

Schattenvogel (Scopus umbretta). 1/5.

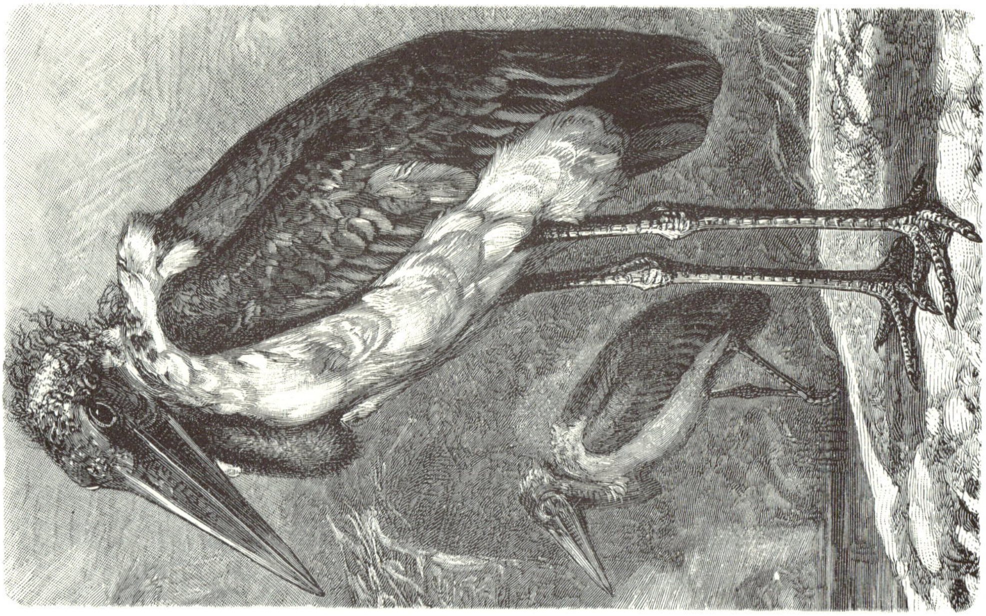

Marabu (Leptoptilus crumenifer). 1/8.

Hausstorch (Ciconia alba). 1/8.

Schuhschnabel (Balaeniceps rex). Länge 1,40 m.

Rohrdommel (Botaurus stellaris). 1/4.

Seidenreiher (Ardea garzetta). Länge 1,04 m.

1 Grauer Reiher (Ardea cinerea). Länge 1,06 m. 2 Purpurreiher (Ardea purpurea). Länge 0,90 m. 3 Nachtreiher (Ardea comata). Länge 0,66 m. 4 Kleine Rohrdommel (Botaurus minutus). Länge 0,40 m. 5 Seidenreiher (Ardea garzetta). Länge 1,04 m.

1 Jungfern- und 2 Pfauenkranich (Anthropoides virgo und Balearica pavonina). Länge 0,85 m und 0,99 m.

Sonnenralle (Eurypyga helias). 1/4.

Agami (Psophia crepitans). 1/4.

Purpurhuhn (Porphyrio veterum). 1/4.

Seriema (Dicholophus cristatus). 1/6.

Großtrappe (Otis tarda). Länge 1,06 m.

Jassana (Parra jassana). 1/2.

Brachschwalbe (Glareola pratincola). 1/2.

Triel (Oedicnemus crepitans). 1/4.

Kiebitz (Vanellus cristatus). 1/3.

Steinwälzer (Strepsilas interpres). 1/2.

Austernfischer (Haematopus ostrilegus). 1/3.

Kampfläufer (Machetes pugnax). 1/2.

Säbelschnäbler (Recurvirostra avocetta). 1/4.

Waldschnepfe (Scolopax rusticola). Länge 0,32 m.

Schnepfenstrauß (Apteryx australis). Länge 0,50 m.

Helmkasuar (Casuarius galeatus). Länge 1,45 m.

Strauß (Struthio camelus). 1/10.

Inambu (Tinamus rufescens). 1/4.

Buschhuhn (Talegalla Lathami). 1/4.

Hammerhuhn (Megacephalon maleo). 1/5.

Hokko (Crax Alector). 1/5.

Haubenperlhuhn (Numida cristata) und Gemeines Perlhuhn (Numida meleagris). 1/4.

Geierperlhuhn (Numida vulturina). 1/4.

Pfauentruthuhn (Meleagris ocellata). 1/6.

Spiegelpfau (Polyplectron chinquis). 1/4.

Edelfasan (Phasianus cholchicus). 1/5.

Diamantfasan (Phasianus Amherstiae). 1/4.

Silberfasan (Euplocomus nycthemerus). 1/5.

Mantschurischer Ohrfasan (Crossoptilon mantschuricus). 1/7.

Kelitsch (Euplocomus melanotus). 1/3.

Satyrhuhn (Ceratornis satyra). 1/5.

Graues Rebhuhn (Perdix cinerea). Länge 0,26 m.

Rothuhn (Caccabis rufa). 1/4.

Wachtel (Coturnix communis). 1/3.

Schopfwachtel (Callipepla californica). 1/3.

Haselhuhn (Bonasa sylvestris). 1/3.

Birkhuhn (Tetrao tetrix). Länge 0,65 m.

Auerhuhn (Tetrao urogallus). Länge 0,96 m.

Rackelhuhn (Tetrao urogallo-tetrix). 1/5.

Alpenschneehuhn (Lagopus mutus) im Winterkleide. 1/3.

Moorhuhn (Lagopus albus) im Sommerkleide. 1/3.

Moorhuhn (Lagopus albus) im Winterkleide. 1/3.

Laufhühnchen (Turnix sylvatica). 2/3.

Sandflughuhn (Pterocles exustus). 1/2.

Fauſt- oder Steppenhuhn (Syrrhaptes paradoxus). Länge 0,40 m.

Fächer=Kronentaube (Goura Victoriae). 1/5.

Wandertaube (Ectopistes migratorius). 2/5.

Mähnen- oder Kragentaube (Caloenas nicobarica). 1/4.

Ringeltaube (Columba palumbus) und Hohltaube (Columba oenas). 1/3.

Felsentaube (Columba livia). 1/3.

Turteltaube (Turtur communis). 3/8.

Schopftaube (Phaps lophotes) und Erzflügeltaube (Phaps chalcoptera). $1/4$.

Lachtaube (Turtur risorius) und Zwergtaube (Chalcopelia afra). $1/3$.

Manumea (Didunculus strigirostris). 1/3.

Kondor (Sarcorhamphus gryphus). 1/6.

Südeuropäische Geier: 1 Kuttengeier (Vultur monachus). Länge 1,10 m. 2 Schmutzgeier (Neophron percnopterus). Länge 0,70 m. 3 Gänsegeier (Gyps fulvus). Länge 1,12 m.

Königsgeier (Sarcorhamphus papa). 1/5.

Turmfalke (Falco tinnunculus). 1/3.

Wanderfalke (Falco peregrinus). 1/3.

Merlin (Falco aesalon). 2/5.

Steinadler (Aquila fulva). Länge des Männchens 0,85 m, des Weibchens 0,95 m.

Seeadler (Haliaëtus albicilla). Länge 0,90 m.

Kaiseradler (Aquila imperialis). 1/6.

Wespenbussard (Pernis apivorus). 1/5.

Mäusebussard (Buteo vulgaris). 1/5.

Oben: schwarzer Milan (Milvus migrans), unten: Königsmilan (Milvus regalis). 1/5.

Habicht (Astur palumbarius). Junges Männchen. 1/4.

Sperber (Accipiter nisus). 1/2.

Weihen: 1 Kornweih (Circus cyaneus). Länge 0,46 m. 2 Wiesenweih (C. cinerasceus). L. 0,44 m. 3 Steppenweih (C. Swainsonii). L. 0,45 m.

Fischadler (Pandion haliaëtus). Länge 0,56 m.

Sumpfeule (Asio brachyotus). 1/3.

Zwergohreule (Asio scops) und Waldohreule (Asio otus). 1/4.

Steinkauz (Athene noctua). 2/5.

Rauchfußkauz (Nyctale Tengmalmi) und Sperlingseule (Athene passerina). 1/3.

Waldkauz (Syrnium aluco). 1/4.

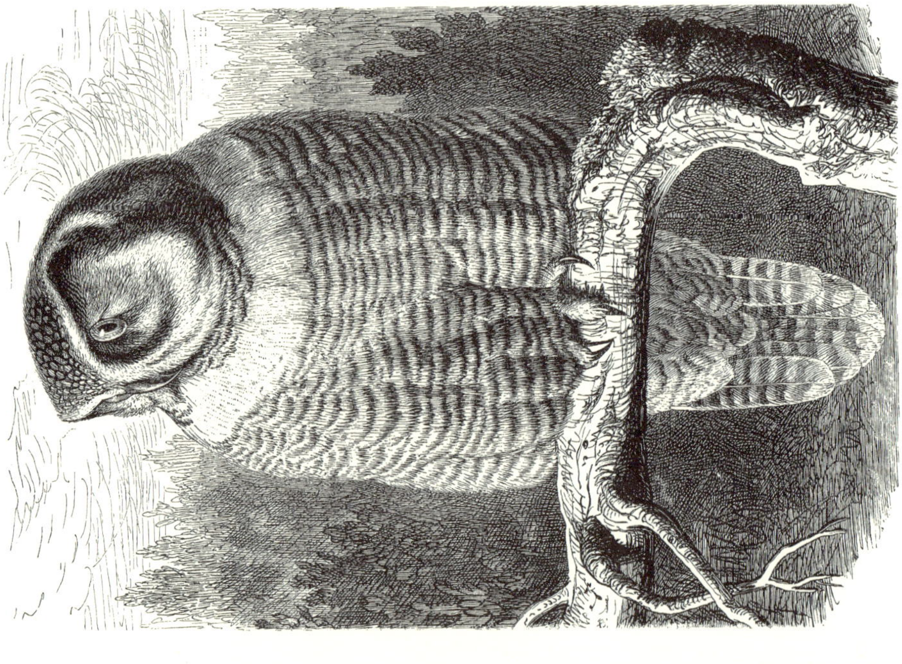

Sperbereule (Nyctea ulula). 1/3.

Schnee-Eule (Nyctea nivea) und Bartkauz (Syrnium lapponicum). 1/5.

Uhu (Bubo maximus). 1/4.

Schleiereule (Strix flammea). 1/3.

Graue Bachstelze (Motacilla alba). 3/5.

Feldlerche (Alauda arvensis), Heidelerche (Alauda arborea) und Haubenlerche (Alauda cristata). 2/5.

Baumpieper (Anthus arboreus). 2/3.

Wüstenlerche (Ammomanes deserti) und Wüstenläuferlerche (Alaemon desertorum). 1/2.

Mohrenlerche (Alauda tatarica), Spiegellerche (Alauda sibirica) und Stummellerche (Alauda brachydactyla). 1/2.

Alpenlerche (Alauda alpestris). 1/2.

Meino (Gracula religiosa). 3/8.

Lappenvogel (Heteralocha Gouldii). 1/3.

Rosenstar (Pastor roseus). 1/3.

Gemeiner Star (Sturnus vulgaris) und Einfarbstar (Sturnus unicolor). 1/2.

Reisvogel (Spermestes oryzivora). 1/2.

1 Bandvogel (Amadina fasciata). Länge 0,12 m. 2 Paradieswitwe (Vidua paradisea), Weibchen. Körperlänge 0,10 m, Schwanzlänge 0,30 m. 3 Männchen von Vidua paradisea. 4 Blutfink (Lagonosticta minima). L. 0,11 m. 5 Feuerweber (Pyromelana franciscana). L. 0,10 m.

Pirolweber (Ploceus galbula) und Maskenweber (Ploceus abessinicus). 3/4.

Oben: Kardinal (Cardinalis virginianus), unten: Rosenbrustknacker (Hedymeles ludovicianus). 5/8.

Girlitz (Fringilla serinus) und Goldstirngirlitz (Fringilla pusilla). $^{1}/_{2}$.

Wilder Kanarienvogel (Fringilla canaria). $^{2}/_{3}$.

1
2
3

1 Stieglitz (Fringilla carduelis). Länge 0,15 m. 2 Zeisig (Fringilla spinus). Länge 0,13 m.
3 Gimpel (Fringilla pyrrhula). Länge 0,17 m.

1 2 3 4 5

1 Kernbeißer (Coccothraustes vulgaris). Länge 0,21 m. 2 Grünling (Chloris hortensis). L. 0,17 m. 3 Hänfling (Fringilla cannabina). L. 0,15 m. 4 Bergfink (Fringilla montifringilla). L. 0,18 m. 5 Edelfink (Fringilla coelebs). L. 0,18 m.

3

2

1

1 Hausſperling (Passer domesticus). Länge 0,18 m. 2 Feldſperling (Passer montanus). Länge 0,14 m. 3 Halsbandſperling (Passer hispaniolensis). Länge 0,16 m. 4 Steinſperling (Passer petronius). Länge 0,19 m.

Siedelſperling (Passer socius). 3/4.

Lappländische Sporenammer (Plectrophanes lapponica). 2/3.

Gartenammer (Emberiza hortulana) und Kappenammer (Emberiza melanocephala). 5/8.

Schapu (Cassicus cristatus). 2/5.

Rotflügel (Agelaeus phoeniceus). 5/8.

Rauchschwalbe (Hirundo rustica) und Mehlschwalbe (Hirundo urbica). 1/2.

Uferschwalbe (Cotyle riparia) und Purpurschwalbe (Progne purpurea). 1/2.

Seidenschwanz (Bombycilla garrula). 1/2.

Sai (Arbelorhina cyanea). 3/4.

Pitpit (Dacnis flaveola). 4/5.

Erzhonigsauger (Nectarinia metallica). 2/3.

1

3

2

Paradiesvögel: 1 Göttervogel (Paradisea apoda). Länge 0,40 m. 2 Königsparadiesvogel (Cicinnurus regius). L. 0,15 m. 3 Strahlenparadiesvogel (Parotia sexpennis). L. 0,30 m.

Kragen-Laubenvogel (Chlamydodera maculata). 1/2.

Alpenkrähe (Pyrrhocorax graculus) und Alpendohle (Pyrrhocorax alpinus). 1/3.

Raben: 1 Dohle (Monedula turrium). Länge 0,33 m. 2 Saatkrähe (Corvus frugilegus). L. 0,50 m. 3 Nebelkrähe (Corvus cornix). L. 0,50 m. 4 Elster (Pica caudata). L. 0,47 m. 5 Kolkrabe (Corvus corax). L. 0,65 m.

Eichelhäher (Garrulus glandarius). 1/3.

Blauelster (Cyanopolius Cookii). 1/2.

Saxaulhäher (Podoces Panderi). 2/5.

1 Großer Würger (Lanius excubitor), 2 Neuntöter (Lanius collurio). 1/2.

Grauer Würger (Lanius minor). 1/2.

Halsbandfliegenschnäpper (Muscicapa collaris) und Zwergfliegenschnäpper (M. parva). 2/3.

Pirol (Oriolus galbula). 1/2.

Kleiber (Sitta europaea). 5/8.

Deutsche Meisen: 1 Kohlmeise (Parus major). Länge 0,16 m. 2 Blaumeise (P. coeruleus). L. 0,14 m. 3 Haubenmeise (P. cristatus). L. 0,13 m. 4 Sumpfmeise (P. palustris). L. 0,14 m. 5 Tannenmeise (P. ater). L. 0,12 m.

Gemeiner Baumläufer (Certhia familiaris). 5/6.

Mauerläufer (Tichodroma muraria). 1/2.

2

1

3

1 Wasseramsel (Cinclus aquaticus). Länge 0,22 m. 2 Zaunkönig (Troglodytes parvulus). L. 0,105 m. 3 Gebirgsstelze (Motacilla sulphurea). L. 0,27 m.

Waldflüevogel (Accentor modularis) und Alpenflüevogel (Accentor alpinus). 1/2.

Rotkehlchen (Ruticilla rubecula) und Gartenrotschwanz (Ruticilla phoenicura). 1/2.

Nachtigall (Luscinia vera) und Sprosser (Luscinia philomela). 2/3.

Gartensänger (Hypolais icterina). 2/3.

Zaungrasmücke (Sylvia garrula) und Dorngrasmücke (Sylvia cinerea). 1/2.

1 Sperbergrasmücke (Sylvia nisoria), 2 Mönchsgrasmücke (Sylvia atricapilla), 3 Gartengrasmücke (Sylvia hortensis). 1/2.

1 Goldhähnchenlaubsänger (Phylloscopus superciliosus), 2 Sommergoldhähnchen (Regulus ignicapillus), 3 Wintergoldhähnchen (Regulus cristatus). 1/2.

Drosselrohrsänger (Acrocephalus arundinaceus). 1/2.

1 Uferschilfsänger (Acrocephalus phragmitis), 2 Seidenrohrsänger (Bradypterus Cettii), 3 Cistensänger (Cisticola cursitans). 1/2.

1 Schlagschwirl (Locustella fluviatilis), 2 Feldschwirl (Locustella naevia), 3 Rohrschwirl (Locustella luscinioides). 2/3.

Drosseln: 1 Misteldrossel (Turdus viscivorus). Länge 0,29 m. 2 Wein- oder Rotdrossel (T. iliacus). L. 0,22 m. 3 Singdrossel (Zippe, T. musicus). L. 0,26 m. 4 Wacholderdrossel (Krametsvogel, T. pilaris). L. 0,27 m. 5 Schwarzdrossel oder Amsel (T. merula). L. 0,25 m.

Neunfarben-Pitta (Pitta bengalensis). 1/2.

Feuerauge (Pyriglena domicella). 1/2.

Leierschwanz (Menura superba). Länge des Männchens 1,25 m mit dem 0,70 m langen Schwanz.
Länge des Weibchens 0,40 m.

Bündelnister (Anumbius frontalis) und Töpfervogel (Furnarius rufus). 1/2.

Klipphuhn (Rupicola crocea). 3/10.

Glockenvogel (Chasmorhynchus niveus). 3/8.

Schirmvogel (Cephalopterus ornatus). 1/4.

Kapuzinervogel (Gymnocephalus calvus). 1/4.

Mönchsschmuckvogel (Pipra manacus). 5/6.

Adlerschnabel (Eutoxeres aquila). 3/4.

Chimborazovogel (Oreotrochilus Chimborazo). 4/5.

Blumenküsser (Heliothrix aurita). 3/4.

Sapphokolibri (Sparganura Sappho). 4/5.

Flaggensylphe (Steganurus Underwoodi). 2/3.

Schmuckelfe (Lophornis ornata). 2/3.

Alpensegler (Cypselus melba) und Mauersegler (Cypselus apus). 1/2.

Riesenschwalch (Nyctibius grandis). 1/3.

Gemeine Nachtschwalbe (Caprimulgus europaeus) und Rothalsnachtschatten (C. ruficollis). 2/5.

Flaggennachtschwalbe (Cosmetornis vexillarius). 1/2.

Guacharo (Steatornis caripensis). Länge 0,45 m.

Todi (Todus viridis). 1/1.

Immenwolf (Merops apiaster). 2/5.

Blaurake (Coracias garrula). ²/₅.

Riesenschwalm (Podargus australis). Länge 0,60 m.

Javanischer Hornrachen (Eurylaemus javanicus). 1/2.

Rachenrake (Eurystomus orientalis). 1/2.

Quesal (Calurus resplendens). Körperlänge 0,20 m, Schwanzlänge 0,22 m.

Gemeiner Eisvogel (Alcedo ispida). 2/3.

Baumliest (Halcyon semicoeruleus). 3/5.

Jakamar (Galbula viridis). 2/3.

Ani (Crotophaga minor). 1/2.

Hahnkuckuck (Geococcyx californianus). 1/4.

Sporenkuckuck (Centropus senegalensis). 1/2.

Kuckuck (Cuculus canorus). 1/2.

Goldkuckuck (Chrysococcyx auratus). 4/5.

Helmvogel (Corythaix leucotis). 2/5.

Violetter Pisangfresser (Musophaga violacea). 2/5.

Europäischer Wiedehopf (Upupa epops). 1/2.

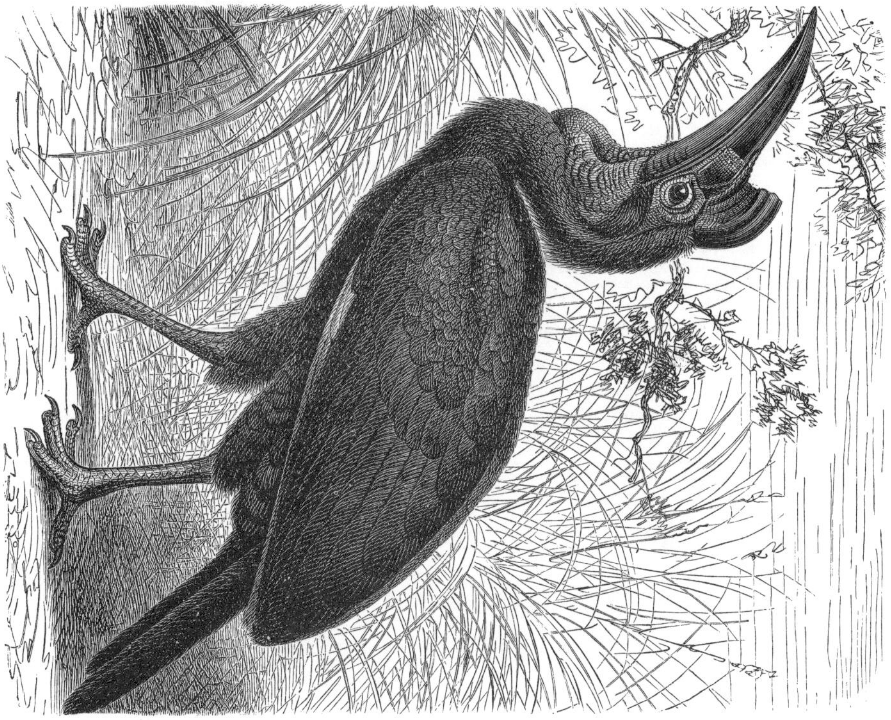

Hornrabe (Bucorax abyssinicus). 1/5.

Jahrvogel (Buceros plicatus). 1/3.

Baumhopf (Irrisor erythrorhynchus). 1/3.

Toko (Rhamphastus toco). 1/3.

Grauspecht (Picus canus) und Weißspecht (Dendrocopus leuconotus). 2/5.

Schwarzspecht (Picus martius). Länge 0,50 m.

Großer (Dendrocopus major), mittlerer (D. medius) und kleiner (D. minor) Buntspecht. 1/2.

Zwergspecht (Picumnus minutus). 1/1.

Wendehals (Jynx torquilla). 3/5.

Kakapo (Stringops habroptilus). 1/4.

Molukkenkakadu (Plictolophus moluccensis). 1/4.

Ararakakadu (Microglossus aterrimus). 1/4.

1

2

1 Langschwanzkakadu (Calyptorhynchus Banksi). Länge 0,70 m. 2 Nasenkakadu (Licmetis nasicus). Länge 0,42 m.

Wellensittich (Melopsittacus undulatus). 5/8.

Rosella (Platycercus eximius). 2/5.

Rotbrüstiger Spechtpapagei (Nasiterna pygmaea). 1/1.

Erdsittich (Pezoporus formosus). 1/2.

Erzlori (Domicella atricapilla). 1/2.

Rosenpapagei (Agapornis roseicollis). 3/5.

Halsbandsittich (Palaeornis torquatus). 2/5.

Allfarblori (Trichoglossus Novae-hollandiae). 1/2.

Blaukrönchen (Coryllis galgulus). 2/3.

Jako (Psittacus erithacus). 2/5.

Hyacinth-Arara (Sittace hyacinthina). 1/5.

Langschnabelsittich (Henicognathus leptorhynchus). 2/5.

Karolinasittich (Conurus carolinensis). 1/2.

Mönchsittich (Bolborhynchus monachus). 2/5.

Amazonenpapagei (Chrysotis amazonica). 1/3.

Fächerpapagei (Deroptyus accipitrinus). 1/4.

Bilder-Atlas

zur

Zoologie der Niederen Tiere.

Mit beschreibendem Text

von

Prof. Dr. William Marshall.

Mit 292 Holzschnitten nach Zeichnungen von
F. Etzold, R. Koch, H. Morin, G. Mützel, E. Schmidt,
J. Schmidt u. a.

Neuer Abdruck.

Leipzig und Wien.
Bibliographisches Institut.
1913.

Vorwort.

Die niederen, d. h. die wirbellosen Tiere, die in dem vorliegenden Bilder-Atlas — dem vierten und letzten der zoologischen Gruppe — behandelt werden, umfassen zusammen sieben Tierkreise, von denen einige fast ebenso groß, andere, wie der der Gliederfüßer, sogar weit größer sind als der Kreis der Wirbeltiere, denen wir wegen ihrer überwiegenden Bedeutung drei Hefte der ganzen Sammlung der Bilder-Atlanten gewidmet haben. Hier heißt es „wägen, nicht zählen", und deshalb mußten z. B. die Käfer, von denen zwischen 150,000 und 200,000 Arten von den Naturforschern beschrieben worden sind, gegen die Affen mit ihren 240 oder gegen die Papageien mit ihren 400 Arten ganz beträchtlich zurückbleiben.

Der begleitende Text will mit Rücksicht auf diese Thatsachen beurteilt sein: er konnte unter den angedeuteten Umständen wenig mehr als ein erläuterndes Verzeichnis der wichtigsten Ordnungen, kaum der Hauptunterordnungen der wirbellosen Tiere abgeben und mußte mehr auf Knappheit, Klarheit und Übersichtlichkeit als auf Rundung und Glätte in der Darstellung sehen. Wenn aber für irgend einen der zoologischen Bilder-Atlanten, so sind gerade für diesen die Abbildungen von ausschlaggebender Bedeutung. Vielfach sind ja doch die Geschöpfe, um die es sich hier handelt, in ihrer oft so fremdartigen Erscheinung dem Nichtfachmann wenig oder gar nicht bekannt, und eine genaue, in ihrer Weitläufigkeit oft sehr verwirrende Beschreibung ist nicht im stande, ihm eine auch nur annähernd so richtige Vorstellung von ihnen zu geben, wie das ein gutes, naturgetreues Bild vermag.

Daß bei der Zusammenstellung dieses Bilder-Atlas den einheimischen Tieren soviel wie möglich der Vorzug gegeben wurde, bedarf wohl kaum der Begründung. Und so hoffen wir, daß sich auch dieses Glied der Sammlung als ein brauchbares Hilfsmittel für den Anschauungsunterricht, als eine gern gesehene Unterhaltung für jung und alt, als ein bleibendes Besitztum im deutschen Hause und in der deutschen Schule Heimatrecht erwerben wird.

Leipzig, im Februar 1899.

William Marshall.

Inhalt des Textes.

Verzeichnis der Abbildungen.

Urtiere.

Hohltiere.

Stachelhäuter.

Würmer.

Gliederfüßer.

Weichtiere.

Manteltiere.

Die Niederen Tiere.

A) Unterreich der einzelligen Tiere (Monocytaria).

1) Kreis: Urtiere (Protozoa).

Die Urtiere sind Tiere von geringer, meist sogar nur von mikroskopischer Größe, deren Leib aus einer einzigen Zelle lebenden Eiweißes (Protoplasma) besteht, das aber doch keine ganz gleichmäßige Beschaffenheit zeigt und in den verschieden entwickelten Protoplasmateilchen, beziehentlich in den aus ihnen hervorgegangenen Gebilden, Verschiedenes leistet.

Der Körper ist sehr mannigfach geformt, und seine Gestalt wird wesentlich bedingt durch die Beschaffenheit seiner Hülle: wo eine solche nicht vorhanden ist, ist die Gestalt nicht fest begrenzt, sondern ändert sich entweder im ganzen durch das Aussenden und Wiedereinziehen lappenartiger Protoplasmafortsätze oder wenigstens durch das Aussenden und Wiedereinziehen beweglicher Protoplasmafäden (Scheinfüße, Pseudopodien). Diese Pseudopodien vermitteln die Bewegung und die Ernährung. In anderen Fällen zeigt der Körper eine derbere, feste Umhüllung mit beweglichen Wimpern und Borsten und daher eine bestimmte Gestalt. Dann ist auch fast immer eine besondere Mund-, häufig auch Afteröffnung vorhanden. Die meisten Urtiere bewohnen das Wasser, mindestens das Feuchte. Viele besitzen die Fähigkeit, eine Kapsel um sich abzuscheiden und in diesem eingekapselten Zustande ungünstige Lebensverhältnisse, besonders Trockenheit, längere Zeit, unter Umständen jahrelang, zu überdauern. Verschiedene Urtiere schmarotzen bei anderen Tieren.

Man teilt die Urtiere in zwei Klassen: Wurzelfüßer und Aufgußtierchen.

1) Klasse: Wurzelfüßer (Rhizopoda).

Die Wurzelfüßer sind Urtiere ohne äußere Hülle und daher ohne feste Körpergestalt. Sie senden lappige bis haarförmige Pseudopodien aus und ziehen sie wieder ein und besitzen meist ein ausgeschiedenes Skelett von bestimmter Form in Gestalt von mehr oder weniger derben, bisweilen durch Fremdkörper verstärkten Horn- oder Kalkgehäusen oder Kieselgerüsten.

Das Protoplasma der Wurzelfüßer ist nicht gleichartig im ganzen Körper entwickelt, es zerfällt vielmehr in eine ansehnlichere, weichflüssigere, körnerreiche Binnenmasse (Entoplasma) und in eine schwächere, zähflüssigere, körnerlose, wasserhelle Außenschicht (Ektoplasma), die indessen nicht scharf voneinander geschieden sind. Die Pseudopodien erscheinen zunächst als Fortsätze des Ektoplasmas, in die die Fortsätze des Entoplasmas sofort in verschiedenem Umfang nachfließen. Wo die Pseudopodien lappig sind und der Körper keine Skelettteile besitzt, können sie den übrigen Protoplasmaleib nach und nach in sich aufnehmen, wodurch eine langsame Ortsbewegung zu stande kommt. Sind die Pseudopodien aber fadenartig, so klammert sich das Tier bei der Fortbewegung mit ihren freien Enden nach der einen Seite hin an und zieht an ihnen den übrigen Körper nach. Doch gibt es auch festsitzende Wurzelfüßer. Die Scheinfüßchen vermitteln auch die Nahrungsaufnahme, indem sie die Bissen umfließen, und zwar entweder derart, daß diese bei den skelettlosen Formen mit lappigen Pseudopodien völlig in das Entoplasma zu liegen kommen, oder daß sie bei den skelettführenden von den fadenförmigen, stellenweise zu Netzen sich vereinigenden Pseudopodien umsponnen werden. Auch in letzterem Falle treten sie mit dem Entoplasma, der eigentlich verdauenden Substanz, in Verbindung, nur daß sie nicht, wie bei den skelettlosen Formen, in dasselbe hineinrücken; das Entoplasma kommt vielmehr zu ihnen hinaus, indem es in Gestalt feiner Körnchen bei der sogenannten Körnchenbewegung entlang dem Innern der Pseudopodien nach außen und, nach Verdauung der Nahrung, wieder zurück zu der im Skelett befindlichen Entoplasmamasse strömt.

Im Entoplasma finden sich Kerne, entweder bloß einer oder mehrere, sowie eine pulsierende Vakuole, d. h. ein Raum, der in regelmäßigem Wechsel durch Auseinanderweichen des Entoplasmas entsteht und durch dessen Zusammenziehen wieder verschwindet. Er ist nicht hohl, füllt sich vielmehr bei der Ausdehnung mit einer Flüssigkeit, die bei der Zusammenziehung wahrscheinlich nach außen entleert wird, so daß die Vakuole der Ausscheidung dienen würde.

Die Wurzelfüßer sind mit wenigen Ausnahmen Wasserbewohner, und bei weitem die meisten finden sich im Meere. Sie zerfallen in vier Ordnungen: Amöben, Kammerlinge, Sonnentierchen und Strahllinge.

1) Ordnung: **Amöben (Lobosa).**

Die Amöben haben in der Regel Vakuolen und entweder einen nackten Leib oder eine häutige, bisweilen durch aufgenommene Fremdkörper verstärkte Schale mit einer einzigen Öffnung zum Austritt der Pseudopodien, die bei den nackten Formen, z. B. bei dem in unseren süßen Wässern häufigen Proteus (Amoeba proteus, S. 63), lappig, bei den beschalten Formen dünner, fingerförmig sind. Die Fortpflanzung geht bei nackten Formen durch am Kern beginnende einfache Zweiteilung vor sich, bei beschalten treten Teilstückchen mit einer beginnenden Hülle aus der Schalenöffnung nach außen. Die Amöben sind hauptsächlich Süßwasserbewohner, manche finden sich auch sonst an feuchten Orten.

2) Ordnung: **Kammerlinge (Foraminifera).**

Die Kammerlinge sind nur ausnahmsweise nackt; meist haben sie Schalen, und zwar entweder häutige, unter Umständen durch aufgenommene Fremdkörper verstärkte, wie die verhältnismäßig riesige, der Tiefsee entstammende Astrorhiza limicola, oder häufiger kalkige, mit einer einzigen großen Öffnung oder daneben mit zahlreichen kleinen Öffnungen zum Durchtritt der feinen Pseudopodien. Kieselige Schalen finden sich bloß bei Tiefseeformen. Die Schalen sind einfach oder gekammert; in letzterem Falle hängt aber der Plasmainhalt der einzelnen Kammern durch in diesen vorhandene Lücken zusammen. An dem Leibesplasma läßt sich eine innere und äußere Masse nicht unterscheiden, auch enthält es keine pulsierenden Vakuolen.

Bei der Fortpflanzung umgeben sich Plasmastückchen mit einer Schale und werden durch die große Öffnung nach außen gestoßen. Die Kammerlinge sind Meeresbewohner.

1) Unterordnung: **Imperforata.** Sie haben häutige oder kalkige Schalen mit nur einer einzigen großen, einfachen oder von einem Sieb überdeckten Öffnung. Hierher gehört die eiförmige Gromie (Gromia oviformis, S. 63).

2) Unterordnung: **Perforata.** Die in der Regel kalkige Schale ist neben der großen Öffnung auch noch von zahlreichen kleineren durchbohrt und besteht aus mehreren, in verschiedenster Art zu einander angeordneten Kammern, die bei der venezianischen Rotalia (Rotalia veneta, S. 63) spiralig in einer Ebene liegen.

3) Ordnung: **Sonnentierchen (Heliozoa).**

Die Sonnentierchen sind zierliche Wurzelfüßer des süßen Wassers, deren Körper meist ein deutlich gesondertes Ento- und Ektoplasma zeigt und nach allen Seiten hin zarte Pseudopodien entsendet, die eine aus einer festeren Art von Protoplasma bestehende, bis in das Innere des Entoplasmas reichende Achse enthalten und niemals miteinander Netze bilden. In der Regel, und bisweilen in großer Zahl, sind pulsierende Vakuolen vorhanden.

Sehr häufig finden sich aus Kiesel bestehende Skelettbildungen, so in Gestalt von strahlig angeordneten Nadeln bei dem Torf-Sonnentierchen (Acanthocystis turfacea, S. 65) oder von durchbrochenen, umhüllenden Kapseln, wie bei dem auf einem Stiel sitzenden Gittertierchen (Clathrulina elegans, S. 63).

4) Ordnung: **Strahllinge (Radiolaria).**

Die Strahllinge bewohnen in außerordentlich zahlreichen Arten das Meer, besonders in wärmeren Gegenden in allen Tiefen. Ihr Körper besteht aus zwei Hauptteilen: der Zentralkapsel und der viel ansehnlicheren Außenmasse. Erstere entspricht dem Kern des einzelligen Tieres und enthält ein zähes bläschen- und körnchenreiches Protoplasma mit Öltröpfchen und Eiweißkörperchen, bisweilen auch Kristalloide und echte Kristalle, unter Umständen auch noch eine kleine Binnenblase. Die Wandung der Zentralkapsel ist in verschiedener Art durchbohrt, und ihr Inhalt hängt durch die Öffnungen mit der Außenmasse zusammen. An dieser lassen sich drei ziemlich scharf gesonderte Schichten unterscheiden. Unmittelbar auf der Kapsel liegt eine körnerreiche, zähflüssige Schicht, der Mutterboden (Sarcomatrix), auf diesem eine dickere, gallertige, gleichmäßige oder durch zahlreiche Hohlräume (Alveolen) schaumige Decke (Calymma) und auf dieser endlich ein Netz von körnerreichem Protoplasma, das Fleischstoffnetz (Sarcodictyon), mit dem der Mutterboden mittels durch die Decke hindurchtretende Protoplasmafäden im Zusammenhang steht, und das die langen, zarten, oft miteinander verschmelzenden Pseudopodien entsendet. Es gibt einzeln lebende und mehrere Zentralkapseln enthaltende, Kolonien bildende Strahllinge.

Nackte Strahllinge sind eine große Ausnahme; meist besitzen sie äußere und innere Skelette, die immer aus an organische Substanz gebundenem Kiesel bestehen und von der größten Mannigfaltigkeit der Gestalten sind; von letzteren können die Abbildungen auf S. 64 einen Begriff geben. Da sehen wir das zierliche Gitterwerk der Rhizosphaera leptomita (Fig. 1), das eine Art von Kugelnest darstellende Sphaerozoum ovodimare (Fig. 2) mit seinen kleinen Tangentialnadeln, das an chinesische Elfenbeinschnitzereien erinnernde Actinomma drymodes (Fig. 3) sowie die prächtigen, als Modelle für Shawlnadeln verwertbaren Lithomespilus flammabundus (Fig. 4) und Ommatocampe nereïdes (Fig. 5). Carpocaium diadema (Fig. 6), Clathrocyclas Jonis (Fig. 9) und Dictyophimus tripus (Fig. 10) erinnern an Körbchen und Glöckchen, während Heliosphaera inermis (Fig. 8) eine zierliche, sehr regelmäßige Gitterkugel darstellt. Challengeron Willemoesii (Fig. 7) ist eine Tiefseeform.

Die Strahllinge zerfallen in zwei Unterordnungen: Porulose und Oskulose.

1) Unterordnung: **Porulose (Holotrypasta).** Die runde Zentralkapsel hat eine von vielen Poren durchbrochene Wandung, die bei der 1. Legion (Spumellaria) unzählbar und unregelmäßig verteilt, bei der 2. Legion (Acantharia) aber zählbar und regelmäßig angeordnet sind.

2) Unterordnung: **Oskulose (Monotrypasta).** Die verlängerte ovale Zentralkapsel hat an einem Pol (dem Mundpol) die Poren; bei der 1. Legion (Nasellaria) sind die Poren zahlreicher und bilden ein Sieb, bei der 2. Legion (Phaeodaria) findet sich nur ein Porus mit zackigem Rand in der Wand der doppelhäutigen Zentralkapsel.

2) Klasse: **Aufgußtierchen** (Infusoria).

Die Aufgußtierchen sind Urtiere, deren Körper von einer besonderen, festeren Haut umgeben ist, so daß er eine bestimmte Gestalt erhält, die sich zwar bei vielen Arten vorübergehend ändern kann, aber doch immer wieder erscheint. Andere Arten haben einen festeren Panzer, manche scheiden auf ihrer Körperoberfläche weichere oder festere Gehäuse ab, die sie unter Umständen durch Fremdkörper verstärken. Die Körperhaut ist an einer bestimmten Stelle von einer Mund-, öfters auch von einer Afteröffnung durchbrochen und trägt haar- oder borstenartige, selten einziehbare Fortsätze. Im Körperinnern findet sich neben pulsierenden Vakuolen mindestens ein Kern.

1) Unterklasse: **Geißeltierchen (Flagellata).**

Die Geißeltierchen sind kleine Aufgußtierchen mit einer oder mit mehreren längeren Geißeln in der Nähe des stets vorhandenen Mundes, aber nur mit einem einzelnen Kern.

In diese Unterklasse gehören eine Anzahl Lebewesen, die wohl passender dem Pflanzen- als Tierreiche zugeteilt werden oder zu jenen Formen, die beide Reiche verbinden (Protisten), gehören. Wahre Tiere umfaßt wohl die

Ordnung: **Leuchttierchen** (Noctilucae).

Die Angehörigen dieser Ordnung besitzen die Fähigkeit, zu leuchten, und sind nur im Meere, aber bisweilen in unbeschreiblichen Mengen, vorhanden. Der runde Körper erscheint durch eine tiefe Kerbe an einer Stelle, in der ein fühlerartiger Stiel und vor ihm eine schwingende Geißel ihren Ursprung nehmen, pfirsichförmig.

Am Grund der Geißel ist die sonst feste Körperhülle von der Mundöffnung durchbrochen. Im Innern findet sich ein wasserheller, in der Nähe der Leibeshaut gelegener, von einer Masse körnerreichen Protoplasmas umgebener Kern. Von dieser Protoplasmamasse strahlen nach allen Seiten Fortsätze aus, die die übrige wasserhelle Körpersubstanz durchziehen, Netze bilden und bis an die Körperhülle herantreten, auf deren Innenseite sie gleichfalls ein Netz bilden. Der körnige Inhalt dieser Fortsätze ist in Strömung begriffen.

Die Fortpflanzung geschieht entweder durch einfache Teilung, oder das Leuchttierchen zieht seine Geißel ein, wird zur Kugel, deren Inhalt zu einer Anzahl Schwärmsporen zerfällt, die sich, winzigen Ritterhelmen ihrer Gestalt nach vergleichbar und ausgerüstet mit einer langen Geißel und einem cylindrischen Fortsatz, loslösen, umherschwärmen und zu Leuchttierchen heranwachsen. Die bekannteste Art (Noctiluca miliaris, S. 65) bewohnt die Nordsee.

2) Unterklasse: **Wimpertierchen (Ciliata).**

Die Wimpertierchen haben mit wenigen Ausnahmen einen Mund und eine Afteröffnung, eine zwar feststehende, aber nicht symmetrische Gestalt und eine mit Wimpern versehene festere Hülle. Die Wimpern sind entweder über den ganzen Körper gleichartig verteilt und von ziemlich gleicher Beschaffenheit, oder sie sind ungleichartig, und die stärkeren und längeren finden sich an besonderen Stellen, besonders als „adorale Wimperzone" in der Nähe des Mundes. Die Wimpern vermitteln die Schwimmbewegung und, indem sie fortwährend den Strom des sauerstoffhaltigen Wassers über die Körperoberfläche der Wimpertierchen erneuern, die Atmung. Die Nahrungsaufnahme wird meist durch die Bewegung der adoralen Wimperzone vermittelt, selten findet sie bei mundlosen, schmarotzenden Formen, deren Nahrung dann schon völlig aufgelöst ist, durch die Körperhülle statt; andere mundlose, nicht schmarotzende Formen haben an gewissen Stellen statt der Wimpern am freien Ende verbreiterte Fortsätze, mit denen sie ihre Beute aussaugen.

Bei der mit einem Mund versehenen Form gelangt die Nahrung durch den Mund und eine Art von Speiseröhre, die bisweilen durch festere Einlagerungen in ihrer Wandung gestützt ist, in das Entoplasma, wo sie unter fortwährend rollenden Bewegungen verdaut wird. Die Kotballen treten durch eine bestimmte, aber bloß bei ihrem Austritt wahrnehmbare Afteröffnung nach außen.

Im Ektoplasma finden sich die pulsierenden, wahrscheinlich in den meisten Fällen nach Art der Nieren ausscheidend wirkenden Vakuolen, in einigen Fällen auch muskelartige Stränge und selten feste, kleine, stäbchenartige Gebilde, die eine Art von Waffe darzustellen scheinen.

Bei der Fortpflanzung spielen der im Entoplasma gelegene, bald kugelige, bald ovale, gelegentlich hufeisenförmige oder bandartig ausgezogene Kern und der runde, kleinere, meist dem Kern unmittelbar anliegende, gelegentlich sogar zum Teil in seine Masse eingedrückte Ersatzkern die Hauptrolle. Die Zahl von Kernen und Ersatzkernen ist verschieden. Der einen Art der Fortpflanzung geht eine vorübergehende Vereinigung zweier Individuen voraus, bei der Teile des Ersatzkerns des einen in den des anderen überzutreten scheinen, worauf die Ersatz- und später die Hauptkerne zerfallen und die Infusorien sich dann weiter selbst durch Teilung vermehren. Teilung kann aber auch ohne vorhergegangene Vereinigung, einfach der Länge oder der Quere nach oder in diagonaler Richtung, vorkommen. Festsitzende, gestielte Formen bilden durch fortgesetzte Längsteilung der einzelnen Individuen Kolonien. Einer anderen Art der Teilung geht die Einkapselung des Wimpertierchens voran, das dann innerhalb der Kapsel in eine Anzahl Stückchen zerfällt. Diese sprengen die Kapsel und schwärmen als junge Individuen aus. In anderen Fällen schnüren sich vom Körper gestielter, festsitzender Formen kleine Teilstückchen (Knospen) ab, die zu neuen Wimpertierchen auswachsen.

Die meisten Wimpertierchen leben frei im Wasser, besonders im süßen; manche mundlose Formen sind Schmarotzer, eine auch im menschlichen Dickdarm.

Diese Unterklasse zerfällt in fünf Ordnungen: Gleichwimperige, Ungleichwimperige, Bauchwimperige, Gürtelwimperige und Sauger.

1) Ordnung: **Gleichwimperige** (Holotricha).

Es sind Wimpertierchen, deren Körper mit in Reihen angeordneten, gleich langen, ziemlich kurzen Wimpern besetzt ist, die nur selten in der Nachbarschaft des Mundes länger werden, aber ohne eine eigentliche adorale Wimperzone zu bilden.

2) Ordnung: **Ungleichwimperige** (Heterotricha).

Es sind Wimpertierchen, bei denen neben den in gleichmäßigen Reihen stehenden kleineren Wimpern auch noch eine adorale Zone größerer vorhanden ist. Hierher gehört der Spiralmund (Spirostomum ambiguum, S. 65), ein dem bloßen Auge noch wahrnehmbares Wimpertierchen.

3) Ordnung: **Bauchwimperige** (Hypotricha).

Die bauchwimperigen Wimpertierchen sind meist an einer, mit einer Anzahl stärker entwickelter Wimpern ausgestatteten, hauptsächlich zu laufartigen Bewegungen benutzten Seite abgeflacht, die dadurch als Bauchseite gekennzeichnet ist. Eine solche Form ist das in dem schmutzigsten Wasser vorkommende, überaus häufige Muscheltierchen (Stylonychia mytilus, S. 65).

4) Ordnung: **Gürtelwimperige** (Peritricha).

Die Angehörigen dieser Ordnung haben einen rollrunden, oft glockenförmigen Körper und eine meist nur teilweise, am Rande einer Mundscheibe befindliche und als Gürtel angeordnete Bewimperung. Die meisten Formen sind gestielt und bilden festsitzende Kolonien, wie das häufige nickende Glockentierchen (Epistylis nutans, S. 65).

5) Ordnung: **Sauger** (Suctoria).

Die saugenden Wimpertierchen sind in der Regel wimperlos, haben aber zurückziehbare, fühlerartige Fortsätze, die am freien Ende verbreitert sind, und mit denen sie unter Auftreten von Körnerströmung ihre Beute aussaugen. Manche Formen, wie die aus dem Meere um Helgoland stammende knospenzeugende Podophrye (Podophrya gemmipara, S. 65), haben neben den Saugröhren auch noch spitze Fangfäden.

B) Unterreich der mehrzelligen Tiere (Metazoa).

Der Körper der Metazoën besteht aus zahlreichen Zellen, die verschiedene, zufolge der Arbeitsteilung verschiedenartig thätige Komplexe (Gewebe) bilden.

2) Kreis: Hohltiere (Coelenterata).

Die ausschließlich im Wasser und mit ganz wenig Ausnahmen im salzigen lebenden Hohltiere haben in der Regel einen aus 2, öfters aus 4 oder einem Mehrfachen von 4, seltener aus 6 gleichartigen, um eine Achse strahlig angeordneten Teilstücken (Antimeren) bestehenden Körper, der sich mindestens aus 2 Lagen verschiedenartiger Zellen zusammensetzt. Der Mund führt in eine einfache, mit strahlig und entlang der Körperoberfläche angeordneten Gefäßen in unmittelbarem Zusammenhange stehende Verdauungshöhlung und dient zugleich als After. Eine Leibeshöhle ist nicht vorhanden, der strahlige Bau ist oft verwischt, und Mund und Verdauungshöhle sind oft ganz oder fast ganz verschwunden.

Der Kreis der Hohltiere zerfällt in drei Unterkreise: in den der Schwämme, der Nesseltiere und der Rippenquallen.

1) Unterkreis: Schwämme (Porifera oder Spongiae).

Die Schwämme sind Hohltiere von meist unregelmäßiger Körpergestalt, mit verwischtem strahligen Bau, oft ohne Mund und ohne Verdauungshöhlung. Wo letztere vorhanden ist, münden in sie unregelmäßige, radiäre, sich mannigfach auflösende, vom Körperkern ab immer enger werdende Kanäle, die sich mit feinen Poren nach außen öffnen. In diesen Kanälen finden sich in verschiedener Verteilung wimpernde Zellen, deren Wimpern einwärts nach der Verdauungshöhlung zu schlagend sich bewegen und durch die Poren der Oberflächen- (Einströmungs-) Öffnungen Wasser einstrudeln, das an die Zellen der Kanalwände die ihm beigemischte, aus feinsten organischen Teilchen bestehende Nahrung und den Sauerstoff abgibt. Darauf sammelt sich das entwertete Wasser mit den Kotresten in der Verdauungshöhlung und wird durch deren, als After dienenden Mund (Ausströmungsöffnung) nach außen abgegeben. Wo Mund und Verdauungshöhlung fehlen, nimmt abwechselnd ein Teil der Kanäle Wasser durch die Hautporen auf, und ein anderer führt es an anderer Stelle wieder nach außen ab: der eine wirkt zuführend, der andere abführend.

Die Schwämme sind selten Einzeltiere, bilden vielmehr meist Kolonien und haben zwischen der aus einer Zellenschicht bestehenden, die inneren Hohlräume auskleidenden inneren Haut (Entoderm) und der ebenfalls meist einschichtigen äußeren (Ektoderm) eine derbe, aus zahlreichen Zellen bestehende kalkige oder kieselige oder hornige, oder kieselige und hornige Skelettelemente absondernde Zwischenmasse (Mesoderm).

Die Fortpflanzung geschieht in der Regel durch lebendig zur Welt kommende, aus der Mundafteröffnung herausgestoßene, mit Wimpern versehene, freier Ortsbewegung fähige Larven, die sich, nachdem sie einige Zeit umhergeschwommen sind, festsetzen und sich in Schwämme verwandeln. Gelegentlich kommt Knospung vor. Meist bleiben die Knospen mit dem Muttertiere im Zusammenhange, wachsen weiter und bilden so Kolonien; gelegentlich werden sie aber auch zeitig frei und wachsen zu selbständigen Individuen aus.

Wir teilen die Schwämme in zwei Klassen: Gemeinschwämme und Kalkschwämme.

1) Klasse: Gemeinschwämme (Coenospongiae).

Diese Klasse ist außerordentlich zahlreich in allen Meeren und in allen Tiefen verbreitet und hat auch Vertreter im süßen Wasser. Ihr Skelett besteht aus sehr mannigfach geformten Kieselnadeln, die durch Hornfasern teilweise oder völlig verdrängt sein können. Die Hornfasern nehmen oft Fremdkörper auf, die so massenhaft vorhanden sein können, daß jene selber fast völlig wieder verschwinden.

Wir teilen die Gemeinschwämme in 3 Ordnungen: in die der Sechsstrahler, der Vierstrahler und der Halichondrien.

1) Ordnung: **Sechsstrahler** (Hexactinellae).

Die Sechsstrahler oder Glasschwämme haben Skelette aus Kieselnadeln, die 6 wie die Achsen einer vierseitigen Doppelpyramide angeordnete, nach Länge und Gestalt sehr verschiedenartig entwickelte Strahlen haben. Meist lassen sich größere, die Hauptmasse des Skeletts bildende Nadeln und kleinere, sogenannte Fleischnadeln unterscheiden.

Die Sechsstrahler finden sich ausschließlich im Meere und meist in bedeutenderen Tiefen.

Wir unterscheiden 2 Unterordnungen: Schopf- und Gitterhexaktinellen.

1) Unterordnung: **Schopfhexaktinellen** (Lyssakinae). Die Nadeln des Hauptskeletts bleiben einzeln oder sind nur oberflächlich durch Kieselsubstanz verbunden. In der Regel sind die Tiere durch einen Haarschopf oder durch mehrere in dem Meeresboden befestigt. Hierher gehört Carpenters Pheronema (Pheronema Carpenteri, S. 66) aus der Nachbarschaft der Färöer.

2) Unterordnung: **Gitterhexaktinellen** (Dityoninae). Die Nadeln des Hauptskeletts verschmelzen zu regelmäßigen Gitterwerken. Die Angehörigen finden sich auf felsigem Untergrund, dem sie unter Entwickelung plattenartiger Bildungen aufgewachsen sind.

2) Ordnung: **Vierstrahler** (Tetractinellae).

Die Mitglieder dieser Ordnung haben ein Skelett aus Kieselnadeln, die zum Teil aus 4, den Achsen einer einfachen, dreiseitigen Pyramide entsprechenden Strahlen bestehen. Sie können in verschiedenem Umfange miteinander mehr oder weniger innig sich vereinigen. Auch die Vierstrahler sind ausschließlich Bewohner des Meeres in sehr verschiedenen Tiefen.

3) Ordnung: **Halichondrien** (Halichondriae).

Die Halichondrien besitzen entweder ein bloß aus Kieselnadeln, oder ein aus diesen und aus in verschiedenem Umfange entwickelten Hornfasern, oder ein nur aus Hornfasern bestehendes oder endlich gar kein eigentliches Skelett. Die Kieselnadeln sind in der Regel einachsig. In diese Ordnung gehören die Süßwasserschwämme (Spongillidae), ferner die in Muschelschalen und Steine Gänge und Kanäle bohrenden Bohrschwämme (z. B. die im Mittelmeer sehr häufige Vioa cellata, S. 66). Eine sehr schöne Form der teils mit kieseligen, teils mit hornigen Skelettteilen ausgestatteten Halichondrien ist der Achsenschwamm (Axinella polypoides, S. 66) des Mittelmeeres, mit strahligem Bau der Ausströmungsöffnungen. Der gemeine Badeschwamm (Euspongia officinalis, S. 66) hat bloß Hornfasern.

2) Klasse: **Kalkschwämme (Calcispongiae).**

Die Skelettelemente bestehen aus ein-, drei- oder vierstrahligen Kalknadeln. Die Kalkschwämme sind kleine, einzeln lebende oder Kolonien bildende Bewohner flacherer Meeresteile. Sie zerfallen in 3 Familien: 1) Asconidae, deren Wandungen von einfachen, 2) Leuconidae, deren Wandungen von verästelten Porengängen durchsetzt sind (z. B. Leucandra penicillata, S. 67), und 3) Sycandridae, deren Wandungen sehr dick und aus strahlig angeordneten Röhren zusammengesetzt sind (z. B. Sycandra ciliata, S. 67).

2) Unterkreis: **Nesseltiere** (Telifera oder Cnidaria).

Die Nesseltiere sind Hohltiere, deren Körper stets einen streng radiären Bau zeigt und aus 4 oder 6 Antimeren oder aus einem Mehrfachen dieser Grundzahlen besteht. Sie haben stets einen Mund und einen verdauenden Hohlraum, der mit Radiärgefäßen in Verbindung steht, die sich nicht mittels Endporen nach außen öffnen. Fast ausnahmslos finden sich in der äußeren

Haut Nesselorgane, bestehend aus einer einzelnen, von einer festen Haut umgebenen Ektodermzelle, die in sich eine giftige Flüssigkeit und einen spiralig aufrollbaren, am freien Ende mit Widerhaken versehenen Faden enthält. Nach außen springt diese Hülle in Gestalt eines Fortsatzes vor. Wird dieser in bestimmter Weise gereizt, so zieht sich die Nesselzelle zusammen, und dabei wird der im Gift schwimmende Spiralfaden hervorgestülpt und dringt in die berührte Beute oder in den berührenden Feind. Meist stehen zahlreiche solche Zellen in sogenannten Nesselbatterien zusammen und wirken auch zusammen.

Das Mesoderm der Nesseltiere ist sehr verschieden entwickelt: bisweilen erscheint es gar nicht als ein besonderes Gewebe, sondern als eine strukturlose, zarte, zwischen Ento- und Ektoderm eingeschaltete Stützlammelle, in anderen Fällen ist es sehr mächtig und durch Entwickelung von kalkigen Skelettelementen in seinem Innern sehr gewichtig.

Die Nesseltiere sind entweder freibeweglich oder festsitzend, und in beiden Fällen können sie Einzeltiere sein oder Kolonien bilden. In letzterem Falle können die einzelnen, die Kolonie zusammensetzenden Individuen im Bau gleichartig entwickelt sein und Gleiches leisten, oder aber sie sind durch Arbeitsteilung verschieden im Bau, d. h. die Kolonie zeigt Polymorphismus, und die ungleichartig entwickelten Individuen der Kolonie haben Verschiedenes zu leisten.

Nur etwa ein Dutzend Arten von Nesseltieren bewohnen das süße Wasser.

1) Klasse: **Blumenpolypen (Anthozoa).**

Die Blumenpolypen sind entweder auf feste Körper angewachsen oder stecken unbeweglich mit dem einen Ende im Sand oder Schlamm oder heften sich mit einer Art verbreiterter Sohle fest, können sich dann aber, wenn auch nur langsam, freiwillig bewegen. Manche vermögen, wenn sie sich losgelöst haben, allerdings mehr passiv, zu schwimmen. Am freien Ende befindet sich inmitten einer scheibenartigen Fläche der von Fühlern umgebene Mund, in den sich ein innen von Ekto-, außen von Entoderm überzogenes, wesentlich aus Mesoderm bestehendes Mundrohr einstülpt. Dieses Mundrohr reicht nicht bis zum Grund der verdauenden Höhlung. Von der Wand der Höhlung springen Falten, die Mesenterialfalten, in diese selbst vor, die im oberen Abschnitte bis zur Innenseite des Magenrohres reichen und, mit ihm verwachsend, hier röhrenförmige Taschen bilden. In ihrem unteren Teil, unterhalb des Magenrohres, ragen sie mit freiem Rande, an dem sich in der oberen Hälfte eigentümliche, knäuelartig aufgewundene Fäden (Mesenterialfilamente) finden, kulissenartig vor. Die Zwischenräume zwischen den Rändern sind die unmittelbaren Fortsätze der um das am unteren wie am oberen Ende verschließbare Mundrohr befindlichen röhrenförmigen Taschen und stellen zusammen mit ihnen den Gastrovaskularapparat dar, in dem sich die ernährende Flüssigkeit bewegt. Die Mundöffnung ist von einem einfachen Kranz oder von mehreren konzentrischen Kränzen von Fühlern umgeben, die innen einen mit dem Gastrovaskularapparat in Verbindung stehenden Kanal enthalten.

Das Mesoderm ist immer massig entwickelt, meist finden sich in ihm auch kalkige, selten kieselige Skelettelemente, die vereinzelt bleiben können, oft aber zu zusammenhängender Bildung sich vereinigen; indem sie alle Weichteile des Mesoderms stützen, können sie ein starres Abbild des ganzen Tieres, beziehentlich der ganzen Tierkolonie geben.

Polymorphismus findet sich bei den Kolonien der Blumenpolypen in der Regel nicht; in den wenigen Fällen, in denen er auftritt, ist er nicht sehr bemerkbar.

Die männlichen und weiblichen Individuen sind bei den Blumenpolypen nur ganz ausnahmsweise nicht getrennt. Die Jungen werden in der Regel als bewimperte Larven lebendig geboren und durchlaufen eine kurze Verwandlung. Es kommt auch eine teils auf Teilungserscheinungen, teils auf Knospung beruhende Vermehrung vor.

Bei weitem die meisten Blumenpolypen sind Bewohner des salzigen Wassers, einige Formen finden sich im brackigen, keine in wirklich süßem Wasser.

Die lebenden Blumenpolypen zerfallen in 2 Ordnungen: in solche mit 8 und in solche mit 6 oder in einer mehrfachen Zahl von 6 vorhandenen Tentakeln.

1) Ordnung: **Achttentakelige Blumenpolypen** (Octactinia).

Die Angehörigen dieser Familie sind Stöcke, deren Individuen 8 Mesenterialfalten und ebensoviel gefiederte Tentakeln haben. Männliche und weibliche Individuen sind getrennt.

Diese Ordnung umfaßt 4 Familien, nämlich:

1) Familie: **Seekorke** (Alcyoniidae), festsitzende, Kolonien bildende Blumenpolypen ohne Arbeitsteilung der Individuen, mit kalkigen, nicht zusammenhängenden Skelettelementen. Hierher gehört der, auch in der Nordsee, besonders auf Austernbänken, häufige, orangerote gemeine Korkpolyp (Alcyonium digitatum, S. 67).

2) Familie: **Seefedern** (Pennatulidae), lose, mit dem unteren Ende des Achsenteils in Sand und Schlamm sitzende Kolonien von Blumenpolypen mit einfachem, hornigem, höchstens sparsam verkalktem Achsenskelett. Neben den fortpflanzungsfähigen Individuen der Kolonie kommen kleinere, unfruchtbare vor. Die einzelnen Polypen sitzen entweder unmittelbar am Stamm oder auf einer von diesem getragenen nierenförmigen Endplatte oder auf seitlichen verbreiterten Zweigen des Stammes, so daß die ganze Kolonie eine federähnliche Gestalt bekommt, wie z. B. die stachelige Seefeder (Pteroides spinosa, S. 67).

3) Familie: **Rindenkorallen** (Gorgonidae). Die Rindenkorallen sind mit der Basis festgewachsene Kolonien von Blumenkorallen, von sehr verschiedener, meist strauchartig verästelter Gestalt, mit einem hornigen oder abwechselnd hornigem und kalkigem oder rein kalkigem Achsenskelett, das von einer weicheren, zahlreiche einzelne Kalkkörper enthaltenden Rinde überzogen ist. Rein kalkig ist die Achse bei der Edelkoralle, rein hornig bei der im Mittelmeer häufigen warzigen Rindenkoralle (Gorgonia verrucosa, S. 68).

4) Familie: **Orgelkorallen** (Tubiporidae). Bei den zu dieser Familie gehörigen Blumenpolypen ist das massige Skelett der Kolonie ein äußeres und besteht aus orgelpfeifenartigen Kalkröhren; die einzelnen, gleichartigen Polypen sitzen in ihm. Eine der bekanntesten Arten ist Hemprichs Orgelkoralle (Tubipora Hemprichii, S. 68) aus dem Roten Meere.

2) Ordnung: **Sechstentakelige Blumenpolypen** (Hexactinia).

Die sechstentakeligen Blumenpolypen sind einzelne oder Kolonien von einer Art von Individuen bildende Hohltiere, deren Tentakeln in der Zahl 6 oder in einem Mehrfachen dieser Zahl, und dann meist in mehreren konzentrischen Kreisen, vorhanden sind. Die Tiere sind nur sehr selten Zwitter.

Diese Ordnung zerfällt in 3 Unterordnungen: Schwarze Korallen, Seeanemonen und Lochkorallen.

1) Unterordnung: **Schwarze Korallen** (Anthipatharia). Die Individuen dieser, Kolonien mit einer schwarzen, biegsamen Hornachse bildenden Tiere haben nur 6 Tentakeln.

2) Unterordnung: **Seeanemonen** (Actiniaria). Die Seeanemonen sind meist ansehnliche, langsamer Kriechbewegungen fähige Einzeltiere, oder sie bilden festsitzende Kolonien mit durch Wurzelfäden (Stolonen) verbundenen oder mit dicht nebeneinander liegenden Individuen. Ihr Mesoderm enthält keine Skelettelemente irgendwelcher Art. Die Unterordnung umfaßt nur eine Familie (Actiniidae), zu der die braun und gelb gestreifte Actinia effoeta (S. 68) des Mittelmeeres gehört.

3) Unterordnung: **Lochkorallen** (Madreporaria). Diese Unterordnung umfaßt bald einzeln lebende, bald Stöcke bildende gleichartige Blumenpolypen mit völlig verkalktem, zusammenhängendem Skelette. Sie bilden hauptsächlich die Korallenriffe und Koralleninseln. In diese Unterordnung gehören verästelte Formen, wie die gegabelte (Porites furcatus, S. 67), die warzige Lochkoralle (Madrepora verrucosa, S. 67) und der verästelte Blätterbaum (Dendrophyllia ramea, S. 68), aber auch massige. Bei den einen können die einzelnen Individuen deutlich abgegrenzt nebeneinander liegen, wie bei der Sternkoralle (Astraea pallida, S. 68), bei anderen, wie bei der Hirnkoralle (Heliastraea heliopora, S. 68), sind sie mäandrisch verzogen und wie ineinander geflochten.

2) Klasse: **Polypquallen (Polypomedusae).**

Die in dieser Klasse zusammengefaßten Hohltiere haben kein gesondertes Magenrohr, sondern einen einfachen, zusammenhängenden Gastrovaskularapparat. Sie bilden entweder zeitlebens Stöckchen, die festsitzen oder frei beweglich sind, und besitzen meist einen durch Arbeitsteilung hervorgerufenen, oft weitgehenden Polymorphismus, oder sie sind zeitlebens frei, oder auf eine durch Knospung oder Teilung sich vermehrende, festsitzende Generation folgt eine frei schwimmende, sich durch Paarung fortpflanzende (Generationswechsel).

Nur die Stöckchen der Polypquallen haben ein meist zartes, horniges, selten derbes, kalkiges Skelett, das aber unter allen Umständen ein äußeres bleibt und ein Absonderungsprodukt des Ektoderms (eine Kutikularbildung) ist.

Bei weitem die meisten Polypquallen sind Bewohnerinnen der Meere und besonders der wärmeren.

Wir teilen diese Klasse in 3 Ordnungen: Schirmquallen, Hydromedusen und Schwimmpolypen, ohne uns auf weitere Unterabteilungen einlassen zu können.

1) Ordnung: **Schirmquallen** (Discomedusae).

Die Schirmquallen sind im ausgewachsenen Zustande verhältnismäßig große bis sehr große, frei schwimmende Hohltiere, deren Körper größtenteils durch den oben abgerundeten, abgeflachten oder zipfelartig verlängerten Schirm gebildet wird, dessen zierlich ausgezackter Rand meist in regelmäßigen Abständen 4 oder 8 augenähnliche, farbige Randkörper und zusammenziehbare, fadenartige Anhänge trägt. An der Unterseite des Schirmes befindet sich in der Mitte der bisweilen am freien Ende stielartigen Verlängerung der fast stets von einigen (meist 4) Fangarmen umgebene und mit wulstigen, bisweilen zur Bildung von Kanälen verwachsenden Rändern versehene Mund. Er führt in einen sackartigen Magen, in dem sackartige Nebenräume oder nach dem Scheibenrand zu verlaufende und hier durch einen Ringkanal vereinigte Radiärkanäle ihren Ursprung nehmen. Der Magenraum nebst den Seitenräumen, beziehentlich Radiärkanälen, ist der, bei den einzelnen Formen noch bedeutende Verschiedenheiten aufweisende Gastrovaskularapparat der Scheibenquallen.

Das Ektoderm ist voll kleiner Nesselkapseln. An der Wandung des Magenraums befinden sich eigenartige, bewegliche, fühlerförmige Bildungen, die Gastralfilamente, die eine Art von die Verdauung unterstützenden Drüsen zu sein scheinen.

Selten nur erzeugen die Schirmquallen unmittelbar wieder junge Schirmquallen, meist vielmehr eine festsitzende, durch Knospung oder Teilung sich fortpflanzende polypenartige Generation. Die medaillonförmige, einen innern Hohlraum umschließende Flimmerlarve (Planula) setzt sich, nachdem sie einige Zeit umhergeschwommen ist, mit dem einen Ende fest, ihr Innenraum bricht am entgegengesetzten durch, und an seinem Rande entstehen eine Anzahl von Fühlern. Dieser junge Polyp (in diesem Falle wird er das Scyphistoma genannt) wächst und fängt an, nach einiger Zeit quere Einschnürungen zu zeigen, so daß er das Ansehen eines Satzes aufeinanderstehender Teller erhält. Das Scyphistoma ist damit zur Strobila geworden. Die Einschnürungen, deren Ränder regelmäßige und regelmäßig angeordnete, lappige Anhänge erhalten haben, vertiefen sich in der Richtung nach dem Körpermittelpunkt zu immer mehr bis in den Innenraum. Die auf diese Weise abgetrennten, queren Teilstückchen lösen sich los, drehen sich um und schwimmen als junge Quallen (im Stadium der Ephyra) von dannen. Die Ephyra wächst zur normalen Qualle aus und pflanzt sich dann durch Paarung fort.

Die Schirmquallen leben, abgesehen von einigen, noch wenig gekannten Arten aus den großen afrikanischen Seen und anderen aus dem Brackwasser südlicher Länder, im Meere, meist an der Oberfläche, doch gibt es auch Tiefseetiere unter ihnen; auch ihre polypenartige Zwischenform findet sich meist in untiefem Wasser. Mehrere Arten besitzen die Fähigkeit, zu leuchten.

Unsere eine Abbildung (S. 69) zeigt uns eine schöne Schirmqualle aus den Meeren in der Umgebung von Neuseeland (Periphylia mirabilis), aus einer Tiefe von 2000 m, von unten. Wir sehen durch den unregelmäßig viereckigen Mund in den Magen. Am Rande stehen 12 Fangfäden in 4 Gruppen von jedesmal 3 Fäden, je 2 einander gegenüber. Die Fangfäden in den einzelnen Gruppen sind durch je einen Randlappen, die einzelnen Gruppen selbst durch je 2 getrennt, so daß die Gesamtzahl der Randlappen 16 beträgt. Die auch in der Ostsee nicht seltene Chrysaora ocellata (S. 70) hat 4 sehr lange Fangarme am Munde. Bei der Wurzelmundqualle (Rhizostoma Cuvieri, S. 70), die auch in der Nordsee vorkommt, sind die Ränder der Mundarme bis auf feine, zu den in ihrem Innern sich verteilenden Kanälen führende Poren verwachsen.

2) Ordnung: **Hydromedusen** (Hydromedusae).

Die fast immer in männliche und weibliche Individuen getrennten Angehörigen dieser Ordnung bilden meist festsitzende verzweigte oder moosartige Stöckchen, deren Individuen in der Regel Polymorphismus, aber unter allen Umständen weder ein Magenrohr noch Mesenterialfalten zeigen. Es können die Stöckchen aus ernährenden Individuen von typischer Polypenform mit einer von Tentakeln umgebenen Mundöffnung, aus zum Fang und zur Verteidigung durch Gegenwart zahlreicher Nesseln geschickten, stark beweglichen (Spiralzooide), aus rudimentären, von unklarer Bedeutung (Skelettpolypen) und aus die Nachkommenschaft liefernden Tieren bestehen. Die letzteren bleiben entweder zeitlebens mit dem Stöckchen in Verbindung oder lösen sich, wenn sie ausgewachsen sind, als freischwimmende Medusen los. In letzterem Falle findet ein Generationswechsel statt, indem die Nachkommen dieser Medusen wieder Stöckchen sein werden. Alle Angehörigen einer Kolonie sind von einem System zusammenhängender, sich nur in den Mundöffnungen der Ernährungstiere nach außen öffnender Kanäle durchzogen. Die Medusen sind einfacher gebaut als die Scheibenquallen; sie haben am Rande einen nach innen vorspringenden und den Mundstiel umgebenden, aber nicht berührenden, häutigen Randsaum, das Segel (velum). Selten wachsen die Medusen nach ihrer Loslösung noch weiter.

Die meisten Hydromedusen sind zwar Meeresbewohner, doch finden sich in ihrer Ordnung die zahlreichsten im süßen Wasser vorkommenden Hohltiere, von denen mehrere, wie die gemeinen Süßwasser- und Keulenpolypen (Hydra und Cordilophora), auch bei uns gefunden werden.

Auf größeren Muschelgehäusen unserer Meere finden sich häufig die moosartig entwickelten Kolonien der Hydractinia echinata (S. 68), während die bedeutend größere Corymorpha nutans (S. 69) keine Stöcke bildet und zwei Reihen von Tentakeln hat, eine von kleineren um die Mundöffnung und eine von längeren weiter hinten. Unmittelbar vor diesen sprossen die kleinen Geschlechtstiere, die, wenn sie fortpflanzungsfähig sind, als eigentümliche, winzige Quallen sich loslösen. Hierher gehörige Quallenformen sind Lizzia Köllikeri (S. 70) und Carmarina hastata (S. 70).

3) Ordnung: **Schwimmpolypen** (Siphonophora).

Die Schwimmpolypen treten (mit einer einzigen Ausnahme) nur als Kolonieen, und zwar im Gegensatz zu denen der Hydromedusen, als frei schwimmende auf. Bei Angehörigen dieser Ordnung ist unter allen Hohltieren der Polymorphismus am weitesten vorgeschritten. Auch bei ihnen hängen die Hohlräume in allen die Kolonie bildenden Individuen fortlaufend zusammen.

Die Kolonie besteht aus einem verlängerten und lockig gewundenen, seltener aus einem verkürzten, blasig aufgetriebenen Stamme, der die übrigen Individuen trägt, und zwar mindestens von zweierlei Art: Ernährungs- und Geschlechtstiere. Die ersteren haben eine fühlerlose Mundöffnung und an ihrem Grunde einen mit Nesselorganen besetzten beweglichen, bisweilen verzweigten Fangfaden. Die bei einer Kolonie in der Regel bloß männlichen oder bloß weiblichen Geschlechtstiere stehen meist traubig zusammen, entweder am festsitzenden Ende eines Ernährungspolypen oder besonders entwickelter Individuen der Kolonie, sogenannter Taster. Daneben können noch bewegende Individuen von zweierlei Art vorkommen: Pneumatophoren und Schwimmglocken. Die ersteren finden sich einzeln an dem einen Ende des Stammes und haben die Gestalt einer mit der Außenwelt durch eine feine Öffnung in Zusammenhang stehenden Blase mit einer Doppelwand. Preßt sich die Blase zusammen, so entweicht das in ihr enthaltene Gas durch die feine Öffnung nach außen, und die Kolonie sinkt, um sich erst wieder zu heben, wenn die Blase aufs neue mit dem von ihrer Wandung abgeschiedenen Gase gefüllt ist. Die Schwimmglocken haben gleichfalls eine hohle Wandung, deren Hohlraum eine Aussackung des allgemeinen Kanalsystems ist, während der innere, nach außen offen stehende Hohlraum der Glocke eine Einstülpung ist. Sie öffnen und schließen beim Schwimmen den letzteren rhythmisch, wodurch er abwechselnd Wasser von außen aufnimmt und wieder nach außen ausstößt. Durch den bei letzterer Bewegung zu stande kommenden Rückstoß wird die Kolonie in horizontaler Richtung bewegt. Meist finden sich mehrere, bisweilen zahlreiche in Reihen am oberen Ende angeordnete Schwimmglocken. Die letzte Art der Individuen sind die festen, mit nur geringem inneren Hohlraum versehenen Deckstücke, die meist die Gestalt von Blättern haben, ziemlich hart sind und sich schützend über Ernährungspolypen, Taster und Gruppen von Geschlechtstieren weglegen.

Die Schwimmpolypen finden sich hauptsächlich in tropischen Meeren, die meisten pelagisch; doch sind auch in der Tiefsee Formen gefunden worden mit sehr großem Pneumatophor, die wahrscheinlich nachts nach oben steigen.

Die abgebildete Form, Physophora disticha (S. 70) aus dem Mittelmeer, hat einen ziemlich kurzen Stamm, der oben den einzelnen Pneumatophor und unter ihm 2 seitliche Reihen von je 5 Schwimmglocken trägt. Dann folgt ein Kranz von Tastern, zwischen denen die mit langen, Nesselbatterien tragenden Senkfäden ausgestatteten Nährpolypen in zusammengezogenem Zustand sichtbar werden. Die an ihrer Basis gelegenen Gruppen von Geschlechtstieren sind nicht sichtbar.

3) Unterkreis: Rippenquallen (Costifera oder Ctenophora).

Die Rippenquallen zeigen in dem Bau ihres runden, walzen- oder melonen-, seltener mützen- oder bandförmigen Körpers eine merkwürdige Vereinigung von beiderseitiger Symmetrie und achtstrahliger Radiarität. Ihr oft von großen Lippensegeln (wie bei Euchares multicornis, S. 70) seitlich eingefaßter Mund führt in den in einer Ebene (der Sagittalebene) verbreiterten und in einer zu dieser senkrecht stehenden (der Transversalebene) verschmälerten Magen, der oben durch eine enge verschließbare Öffnung mit einem zweiten, ebenfalls seitlich, aber in der Transversalebene zusammengedrückten Hohlraum, dem Trichter, in Zusammenhang steht. Aus dem Trichterraum entspringt in der Trichterebene jederseits ein Hauptgefäß, das sich nach rechts und links in 3 Gefäße auflöst: ein mittleres ist die unmittelbare Verlängerung des Trichterraumes, die sich jederseits bis an einen einzigen Fühlfaden erstreckt. Die beiden anderen Gefäße gehen seitlich symmetrisch ab und teilen sich bald in je 2 weitere Gefäße, so daß außer den Tentakelgefäßen schließlich noch 8 andere vorhanden sind: in jedem der 4 Quadranten, in die die ganze Qualle durch einen Schnitt durch die Sagittalebene und durch einen zweiten, zu diesen senkrecht geführten durch die Transversalebene zerlegt wird, finden sich deren zwei. Auf der Oberfläche verlaufen 8 meridionale Reihen parallel angeordneter Ruderplättchen, die auf schwachen Wülsten (den Rippen) sitzen, in der Richtung von oben nach unten schlagen und das Schwimmen des Tieres vermitteln.

Die Rippenquallen haben im Ektoderm meist keine wahren Nesselorgane (die bloß bei einer einzigen Art in sehr beschränkter Zahl vorkommen), aber meist in der Ruhe spiralig aufgerollte, am freien Ende verbreiterte und mit einer klebrigen Masse versehene, hervorschleuderbare Fäden, die sogenannten Greifzellen, mit denen sie ihre stets aus lebenden Tieren bestehende Beute zu fassen scheinen.

Die Tiere sind ausschließlich pelagisch lebende, meist glasartig durchscheinende Meerestiere.

Eine typische Form ist die im Mittelmeer häufige, aber auch in der Ostsee vorkommende Cydippe pileus (S. 71), eine sehr abweichende hingegen der schöne, in der Richtung der Sagittalebene zu einem langen, breiten Band ausgezogene Venusgürtel (Cestus Veneris, S. 71) des Mittelmeeres.

Da bei den Angehörigen der übrigen Kreise die Beschaffenheit der äußeren Organisation mit der der inneren viel weniger Hand in Hand geht und die innere viel weniger in der äußeren ihren Ausdruck findet als bei Ur- und Hohltieren, können wir uns in der folgenden Darstellung wesentlich auf das Hervorheben der wichtigsten äußeren Eigenschaften jener Tiere beschränken.

3) Kreis: Stachelhäuter (Echinodermata).

Die Stachelhäuter sind stets Einzeltiere von strahligem Bau, bei denen der Zahl der Antimeren allgemein die Zahl 5 zu Grunde liegt. Sie haben stets ein in sehr verschiedenem Umfange verkalktes, dem Mesoderm entstammendes, oft durch den Besitz von Stacheln und anderen Anhängen ausgezeichnetes Hautskelett, eine wahre Leibeshöhle mit gesondertem Darm und eigenem

Blutgefäßsystem. Sehr charakteristisch ist das Wassergefäßsystem (Ambulakralsystem) der Stachelhäuter, das aus einem Ringgefäß um die Speiseröhre und von ihm ausgehenden, der Zahl der Antimeren entsprechenden Radiärgefäßen und blasenartigen Anhängen (Polische Blasen) besteht. Das Wassergefäßsystem enthält Seewasser, das es in der Regel durch einen besonderen, am Eingang mit einer fein durchlöcherten Kalkplatte der Haut (Madreporenplatte) verschlossenen, öfters zum Teil verkalkten Kanal (Steinkanal) aufnimmt. Ziehen sich die mit Wasser gefüllten Polischen Blasen zusammen, so wird ihr Inhalt in den Ringkanal und weiter in die Radiärkanäle getrieben. Aus diesen entspringen entweder in der Länge ihres ganzen Verlaufs oder an bestimmten Stellen massenhafte kleine Seitenzweige, die aus einem nach innen zu gelegenen Bläschen (Ampulle) und einem nach außen zu gelegenen kleinen Blindschlauch bestehen. Diese Blindschläuche können durch in Reihen angeordnete feine Öffnungen der Leibeswand, je einer durch je eine Öffnung, nach außen treten und vermitteln die Empfindung, meist auch Atmung und Bewegung. Dieses letzten Umstandes wegen heißen sie Ambulakralfüßchen. Erweitert ein Stachelhäuter seine Polischen Blasen und zieht zugleich die muskulösen Wandungen der Ampullen und Ambulakralfüßchen, wohl auch der Radiärgefäße und des Ringkanals zusammen, so wird das Wasser in die Polischen Blasen getrieben. Ziehen sich diese zusammen, so tritt umgekehrt der Inhalt des Ambulakralsystems in die peripherischen Gefäße bis in die Ampullen hinein. Will der Stachelhäuter seine Füßchen zum Gebrauch hervorstrecken, so zieht er die entsprechende Ampulle zusammen, und ihr Inhalt tritt in die Füßchen über und füllt sie prall; will er sie einziehen, so treibt er durch Zusammenziehen ihrer Ringmuskulatur das Wasser in die Ampullen zurück. Die zur Bewegung dienenden Ambulakralfüßchen haben abgestumpfte freie Enden mit einer Vorrichtung an der Spitze zur Darstellung eines wasserleeren Raumes. Wollen die Tiere sich nach einer bestimmten Richtung hin bewegen, so strecken sie die nach dorthin gelegenen Ambulakralfüßchen möglichst weit aus, befestigen sie unter Bildung wasserleerer Räume mit den freien Enden an feste Gegenstände und ziehen ihren übrigen Körper wie an Seilen an ihnen nach.

Selten fehlen die Ambulakralfüßchen ganz, in der Regel finden sie sich an bestimmten Stellen, und zwar meist an der Unterseite des Tieres an der Fläche, in der der Mund liegt, und die daher Ambulakral- oder Mund-, unrichtig Bauchfläche heißt. Die Oberseite, auf der meist der After sich befindet, heißt die Antambulakral- oder After-, fälschlich wohl auch Rückenfläche.

Nicht alle Stachelhäuter sind frei beweglich: es gibt Formen, die in der Jugend oder zeitlebens mittels Stielen auf dem Meeresboden befestigt sind.

Zwitter sind unter den Stachelhäutern außerordentlich selten, aber die meisten durchlaufen eine sehr verwickelte Verwandlung. Vertreter dieses Tierkreises werden nur im Meere, aber in allen Tiefen gefunden.

Die Stachelhäuter werden hauptsächlich nach ihrer Körpergestalt, der Beschaffenheit ihres Hautskeletts, der Lage des Mundes, des Afters und der Madreporenplatte eingeteilt. Man unterscheidet 5 Klassen: Haarsterne, Schlangensterne, Seesterne, Seeigel und Seewalzen.

1) Klasse: **Haarsterne** (Crinoidea).

Die Haarsterne sind Stachelhäuter von Kelch-, Becher- oder Kugelform, zeitlebens oder nur in der Jugend mittels eines an der Antambulakralseite befindlichen, gegliederten, häufig gegliederte, rankenartige Seitenanhänge tragenden Stieles auf dem Boden befestigt. Die Antambulakralseite des Kelches besteht aus mehr oder wenigen zahlreichen, in verschiedener Art miteinander verbundenen Kalktäfelchen, die auch auf die Unterseite der gegliederten und beweglichen, an der Seite mit blattartigen Anhängen (pinnulae) versehenen, einfachen oder verzweigten Arme übergehen. Auf der von weicherer, nur wenig Kalkeinlagerungen enthaltender Haut bedeckten Ambulakralseite liegt in der Mitte der Mund, neben ihm interradial der After, wenn er nicht überhaupt fehlt. Die tentakelförmigen Füßchen stehen in Furchen, die am Munde beginnen und sich auf die Arme, allen Verzweigungen folgend, und auch auf die Pinnulae fortsetzen.

Der sehr häufige, frei bewegliche, kriechende und schwimmende mittelländische Haarstern (Comatula mediterranea, S. 73) ist nur in der Jugend gestielt. Neben 10 sehr beweglichen, besonders einrollbaren, einfachen Armen hat er unten am Kelch eine Anzahl von Klammerranken. Das Medusenhaupt (Pentacrinus caput Medusae, S. 71) hat zeitlebens einen fünfkantigen Stiel mit vielen Seitenranken und 10 mehrfach hintereinander doppelteilige Arme. Es bewohnt die westindischen Gewässer in größeren Tiefen.

2) Klasse: **Schlangensterne** (Ophiuroidei).

Die Schlangensterne sind Stachelhäuter von Sternform mit rollrunden, sehr beweglichen, meist mit seitlichen Anhängen versehenen Armen oder Strahlen, die sich scharf gegen eine Mittelscheibe absetzen, und deren Ambulakralfüßchen, die in einer Furche stehen, von ununterbrochenen Reihen von Kalkschüppchen bedeckt sind, zwischen denen sie nach außen treten. Ein After fehlt ihnen.

Die meist hurtig sich bewegenden, in allen Meerestiefen und in allen Meeren, auch in der Ostsee, vertretenen Schlangensterne, von denen einige lebendige Junge zur Welt bringen, sind von allen Stachelhäutern die intelligentesten. Manche haben sehr brüchige Arme, deren abgebrochene Stücke durch Nachwachsen der Stummel wieder ersetzt werden. Eine der gemeinsten, auch in der Nordsee vorkommenden Arten ist der zerbrechliche Haarstern (Ophiotrix fragilis, S. 73).

3) Klasse: **Seesterne** (Asteroidei).

Die Angehörigen dieser Klasse der Stachelhäuter, die vielfach mit denen der vorigen zu einer Hauptklasse vereinigt werden, haben mit diesen zwar die Sterngestalt, aber sonst nur wenig in der äußeren und inneren Beschaffenheit gemein. Die Arme sind oben und unten abgeflacht und setzen sich nicht gegen den Mittelteil ab, dessen Oberfläche vielmehr ununterbrochen in die der Arme übergeht. Die Ambulakralfüßchen stehen in unüberdeckten Furchen, und ein auf der Antambulakralseite gelegener After ist fast ausnahmslos vorhanden. Die Arme können sehr verschieden lang sein, so daß es neben langarmigen auch einfach eckige Formen (z. B. Asterina, S. 72, links oben) gibt. Die Arme sind bei vielen Arten sehr brüchig, bilden sich aber mit Leichtigkeit von neuem, wenn auch oft unregelmäßig. Daher kommt es, daß man nicht bloß Individuen mit Armen von verschiedener Länge, sondern auch von verschiedener, die normale überschreitender Zahl findet. Die beiden abgebildeten Individuen des in der Nord- und westlichen Ostsee sehr häufigen roten Seesterns (Astracanthia rubeus, S. 72, untere Hälfte) zeigen derartige infolge von vorhergegangenen Verstümmelungen unregelmäßige Arme.

4) Klasse: **Seeigel** (Echinoidea).

Die Seeigel sind Stachelhäuter, deren Hautverkalkungen sehr stark entwickelt sind und sich mit sehr wenigen Ausnahmen derart innig miteinander verbinden, daß sie eine harte, die Leibesgestalt der Tiere durchaus bedingende Kapsel (corona) bilden. Man nennt die Kapsel wohl auch, aber fälschlich, die „Schale"; sie ist jedoch meso- und nicht ektodermatischen Ursprungs. Ihre Gestalt kann sehr verschieden sein: höher als breit, oder (häufiger) viel breiter als hoch, fast kugelförmig, halbkugel-, ei-, brot-, herz-, scheibenförmig u. s. w. Bei sehr stark abgeflachten Arten kann die scheibenförmige Kapsel von Lücken, die von der Antambulakral- zur Ambulakralfläche durchgehen, durchsetzt oder am Rande ausgeschnitten sein. Die durch solche Ausschnitte zu stande gekommenen Lappen bleiben durchaus paarig und lassen sich nicht etwa mit den Armen der Seesterne vergleichen.

Die Kalkplättchen der Corona sind von zweierlei Art: es gibt einerseits solide und anderseits von feinen Öffnungen zum Durchtritt der Ambulakralfüßchen durchbrochene. Sie ordnen sich in 20 Reihen oder Meridionale, und zwar so, daß immer je 2 Reihen durchbrochener mit je 2 Reihen undurchbrochener abwechseln. Auf diese Weise kommen 10 Plättchenfelder zu stande, von denen die mit den durchbrochenen Plättchen die Ambulakral- oder Radiärfelder oder kurzweg die Ambulakren, die mit den undurchbrochenen die Interradiärfelder oder Interambulakren heißen.

Die Kapsel hat zwei große, von Haut überspannte Öffnungen, an deren Rändern die Plättchenfelder beginnen und aufhören. Die Haut der einen ist in der Mitte für den stets zentral gelegenen Mund, die der anderen seitlich für den nie fehlenden After durchbrochen. Die Lage dieser beiden Öffnungen zu einander ist verschieden. Bei den sogenannten regelmäßigen Seeigeln stehen sie einander genau gegenüber, in der Mitte der Corona, die den Mund enthaltende unten, die den After aufnehmende oben.

Beide Öffnungen können von ihrer Stelle rücken, die obere entweder allein oder zusammen mit der unteren, diese aber nie ohne jene. Derartige Vorgänge sind verbunden mit Veränderungen der allgemeinen Gestalt der Seeigel und der Anordnung der Meridionalen der Kalkplättchen.

An den Rand der letzteren stoßen 5 einfach durchbohrte antambulakrale Plättchen, deren fünfte die Madreporenplatte ist. Zwischen ihnen schieben sich abwechselnd 5 ambulakrale, gleichfalls durchbohrte Plättchen ein, die als Ocellarplättchen bezeichnet werden.

Mit regelmäßig verteilten halbkugeligen Höckern der Kalkplättchen der Corona verbinden sich mit ihrem unteren, konkaven Ende Stacheln von mancherlei Größe und Gestalt beweglich. Auch finden sich noch verschiedene andere Anhänge, die zum Teil auch den Seesternen zukommen.

Die Seeigel zerfallen in 3 Ordnungen: reguläre Seeigel, Schildigel und Herzigel.

1) Ordnung: **Reguläre Seeigel** (Cidaridea).

Bei den Angehörigen dieser Ordnung liegen die beiden großen Öffnungen der Schale in deren Mitte und einander unmittelbar gegenüber. Sie haben einen komplizierten Kauapparat. Hierher gehört der besonders im Mittelmeer häufige e ß b a r e S e e i g e l (Echinus esculentus, S. 73) und der L e d e r - S e e i g e l (Asthenosoma hystrix, S. 74), eine Tiefseeform, in deren Corona die Kalksubstanz so zurückgetreten ist, daß sie eine mehr lederartige Beschaffenheit hat.

2) Ordnung: **Schildigel** (Clypeastridea).

Bei den Schildigeln behält der Mund seine zentrale Lage, aber der After nimmt eine exzentrische an. Ein Kauapparat ist vorhanden, aber weniger kompliziert als bei den regulären Seeigeln. Die Ambulakren bilden in der Mitte der Oberseite eine fünfblätterige Rosette. Eine schöne Form ist der r u n d l i c h e S c h i l d i g e l (Echinarachnius parma, S. 73).

3) Ordnung: **Herzigel** (Spatangidea).

Die Herzigel haben eine Corona von mehr oder weniger gestreckter Herzform, einen exzentrisch gelegenen Mund und After und keinen Kauapparat. Sie leben hauptsächlich in bedeutenden Meerestiefen, wie die h a m m e r f ö r m i g e P o u r t a l e s i a (Pourtalesia ceratopyga, S. 73), und ernähren sich von den im Sande und im Schlamme enthaltenen feinen organischen Resten.

5) Klasse: **Seewalzen** (Holothuroidea).

Die Seewalzen haben eine verlängerte wurmförmige Körpergestalt, eine lederartige Haut, in der meist nur kleine, sehr verschieden gestaltete Kalkkörperchen sich finden, selten größere schuppenartige Gebilde, die sich aber nie zu einer geschlossenen Corona aneinanderfügen. Eine äußere Madreporenplatte fehlt, aber der von einer solchen am Ende geschlossene Steinkanal mündet mit seltenen Ausnahmen frei in die Leibeshöhle, in die durch Schlitze in der Körperwandung Seewasser eindringen kann. Der Mund und der After stehen in der Regel einander gegenüber an den Körperenden. Ein Kauapparat findet sich nicht, wohl aber steht meist um die Speiseröhre herum ein Ring einzelner Kalkstückchen und um den Mund ein Kranz mannigfach gestalteter, fühlerartiger Bildungen, in die Fortsätze des Wassergefäßsystemes treten, wodurch sie hervorgetrieben (bei Füllung) und zurückgezogen werden können (bei Entleerung).

Die Seewalzen pflegen auf einer bestimmten Körperseite zu kriechen, die mehr oder weniger sohlig abgeflacht ist und von den Füßchen in 3 Ambulakralreihen durchbrochen wird (das sogenannte Trivium), während die Füßchen der beiden auf der oberen Seite gelegenen Reihen (das sogenannte Bivium), soweit sie vorhanden sind, wesentlich zur Atmung dienen. In einigen Fällen sind die Füßchen über die ganze Körperoberfläche unregelmäßig zerstreut, in anderen fehlen sie vollkommen.

Die Angehörigen dieser Klasse der Stachelhäuter bewohnen hauptsächlich untiefe Teile wärmerer Meere, doch haben sich auch in der Tiefsee sehr merkwürdige Formen entwickelt. Sie leben von feinstem organischen Zersetzungsstoff, den sie mit Sand und Schlamm verschlingen.

Die Seewalzen umfassen 3 Ordnungen: Füßchenseewalzen, Tiefseewalzen und fußlose Seewalzen.

1) Ordnung: **Füßchenseewalzen** (Pedata).

Die hierher gehörigen Seewalzen haben sehr zahlreiche, entweder in Ambulakren angeordnete oder über den ganzen Körper verteilte Füßchen. Hierher gehört die durch ihre langen Füßchen zum Klettern sehr geschickte Kletterholothurie (Cucumaria Hyndmani, S. 74), mit regelmäßig in Meridianen stehenden Füßchen.

2) Ordnung: **Tiefseewalzen** (Elasipoda).

Die Tiefseewalzen sind streng beiderseits symmetrische Stachelhäuter mit abgeflachter Bauch- oder Trivialseite, an der Mund und After sich befinden. Die Mittelreihe des Triviums ist nicht selten verschwunden, und dann stehen die beiden anderen Reihen der Füßchen an den Rändern der Bauchseite, oder die der ersteren sind verdoppelt, und die der Seitenreihen sind nicht zurückziehbar. Auch die oft ansehnlichen, aber in der Zahl meist sehr herabgesetzten Füßchen des Biviums können nicht zurückgezogen werden. Die hierher gehörige Raupenwalze (Scotoplana globosa, S. 74) stammt aus einer Tiefe von 4000 m.

3) Ordnung: **Fußlose Seewalzen** (Apoda).

Die wurmförmigen Angehörigen dieser Ordnung haben keine Füßchen, eine zarte Haut mit teilweise ankerförmigen Kalkkörperchen, deren Bügel aus der Haut hervorragen und sie beim Anfühlen klebrig-heftend wie eine Klette erscheinen lassen. Die Klettenseewalze (Synapta inhaerens, S. 74) findet sich vom Mittelmeere bis an die französische Nordwestküste.

4) Kreis: **Würmer** (Vermes).

Kein Tierkreis ist bunter zusammengewürfelt als dieser, der neben zahlreichen selbständigen Formen solche enthält, die an die Infusorien, Hohltiere, Stachelhäuter, Muscheltiere und Gliedertiere anschließen. Allgemein gültige Eigenschaften sind die beiderseitige Symmetrie, ein Hautmuskelschlauch und ein paariges Absonderungsorgan (Wassergefäßsystem, das aber nicht mit dem der Stachelhäuter verwechselt werden darf). Ihr Körper ist einfach oder gegliedert. Neben der gewöhnlichen Fortpflanzung kommt sehr allgemein eine auf Teilung beruhende oder mit Generationswechsel verbundene vor.

Die Würmer bewohnen das Wasser, mindestens das Feuchte, und nähren sich meist von tierischen, seltener von pflanzlichen Stoffen oder von allgemeinen Verwesungsprodukten der Organismen. Viele schmarotzen auf und in Tieren, besonders Wirbeltieren, andere in Pflanzen.

Wir teilen sie in 4 Klassen, nämlich in: Platt-, Rund-, Ringelwürmer und Rädertiere.

1) Klasse: **Plattwürmer** (Platodes).

Die Mitglieder dieser Klasse sind Würmer mit abgeflachtem, lanzett- bis blattförmigem, ungegliedertem oder sehr langem, gegliedertem Körper. Es sind meist Zwitter, und Generationswechsel ist weit bei ihnen verbreitet.

Sie zerfallen in 3 Ordnungen: Strudel-, Saug- und Bandwürmer.

1) Ordnung: **Strudelwürmer** (Turbellaria).

Die Strudelwürmer haben ihren Namen daher, daß sie kleine Körper, die sich ihrer mit lebhaft schlagenden Wimpern bedeckten Leibesoberfläche im Wasser nähern, in strudelnde Bewegung setzen, eine Erscheinung, die man bei schwachen Vergrößerungen beobachtet hatte, bevor man ihre Ursache, das Wimperspiel, erkennen konnte. Ihre Gestalt ist sehr verschieden, sehr langgestreckt bis fast kreisrund, in der Regel aber lanzettförmig. Alle besitzen einen sehr verschieden gelegenen Mund, die meisten auch einen Darm, die Angehörigen der einen Unterordnung auch einen After. Eine wahre Leibeshöhle ist meist gar nicht oder nur sehr undeutlich vorhanden. Von Sinnesorganen sind bei verschiedenen Strudelwürmern Augenflecke äußerlich wahrnehmbar.

Die meisten Formen sind Zwitter. Vermehrung durch Querteilung kommt häufig vor, ebenso ist das Regenerationsvermögen eine sehr allgemeine Erscheinung. Die Larven der meisten Meeresformen durchlaufen eine mehr oder weniger verwickelte Verwandlung, die der übrigen entwickeln sich direkt. Generationswechsel kommt bei Strudelwürmern nicht vor, und Schmarotzertum, bloß äußeres, ist nur von einer, vielleicht nicht einmal in diese Ordnung gehörigen Gattung bekannt.

Sie sind von animalischer Kost lebende Bewohner des Meeres und des süßen Wassers; verschiedene Arten werden auch auf dem Lande gefunden.

Wir teilen diese Ordnung in 3 Unterordnungen: verzweigt- und geraddärmige Strudelwürmer und Schnurwürmer.

1) Unterordnung: **Verzweigtdärmige Strudelwürmer (Dendrocoela).** Bei den Mitgliedern dieser Untergruppe, die manche Beziehungen zu den Hohltieren hat, führt der meist in der Nähe der Körpermitte gelegene Mund in einen geräumigen, vorstülpbaren Schlund und einen verästelten, afterlosen Darm. Der Körper ist glatt, verbreitert, am Rande bisweilen krausenartig gefaltet (z. B. bei der neapolitanischen Zottenplanarie [Thysanozoon, S. 75]) und hat gelegentlich am Kopfende fühlerartige Anhänge. Das Vielauge (Polycelis laevigata, S. 75) ist in stehenden Gewässern Deutschlands, besonders des nördlichen, nicht selten.

2) Unterordnung: **Geraddärmige Strudelwürmer (Rhabdocoela).** Diese Strudelwürmer haben einen geraden, einfachen, bisweilen mit schwachen Ausbuchtungen versehenen oder gar keinen Darm. Im letzteren Falle vollzieht sich die Verdauung in ihrer inneren Körpermasse, in die ein Mund und eine Speiseröhre führen, ähnlich wie im Entoplasma der wimpernden Infusorien. Der Mund kann in der Nähe des Vorderendes oder der Mitte des weniger als bei den Dendrocölen flachen Körpers oder in seiner hinteren Hälfte gelegen sein. Daß er sich bei dem in stehenden Gewässern Deutschlands vorkommenden rautenförmigen Mittelmaul (Mesostomum tetragonum, S. 75) in der Mitte befindet, deutet schon der Name an.

3) Unterordnung: **Schnurwürmer (Nemertini).** Die Schnurwürmer haben selten verbreiterte, aber meist stark gestreckte und durch ein außerordentliches Ausdehnungsvermögen in hohem Grade verlängerbare Körper. Sie besitzen einen Mund, einen geraden Darm und einen After. Oberhalb der Speiseröhre und des Schlundes liegt ein langer, vorstreckbarer, hohler Rüssel, der am Ende mit einem mit Giftdrüsen in Verbindung stehenden Stachelapparat ausgestattet sein kann.

Die Angehörigen dieser Unterordnung sind fast ausnahmslos als männliche und weibliche Individuen geschieden, und nur die Larven der mit Stachel- und Giftapparat versehenen formen, zu denen die wenigen das süße Wasser und das Land bewohnenden Arten gehören, durchlaufen keine Verwandlung. Die im Mittelmeer nicht seltene Kreuzträgerin (Polia crucigera, S. 76) ist schmutzig flaschengrün mit weißen Längsstreifen und Querringen und hat keine Rüsselbewaffnung.

2) Ordnung: **Saugwürmer** (Trematodes).

Die zu dieser Ordnung gehörigen Plattwürmer leben immer, sei es innerlich oder äußerlich, als Schmarotzer, haben in der Regel einen blatt-, selten einen walzenförmigen Körper, häufig an der Unterseite Saugnäpfe, mit denen sie sich auf oder in Wirten befestigen, und am vorderen Körperrand einen in einen gabelig geteilten, afterlosen Darm führenden Mund. Ihre Haut ist wimperlos.

Die meisten Saugwürmer sind Zwitter, und bei den innerlich schmarotzenden Formen findet sich stets ein bisweilen sehr verwickelter Generationswechsel.

Sie zerfallen in 2 Unterordnungen: Zweimäuler und Vielmäuler.

1) Unterordnung: **Zweimäuler (Distomata).** Die Zweimäuler besitzen höchstens 2 Saugnäpfe, sind Binnenschmarotzer, haben zahlreiche Eier und entwickeln sich mit Generationswechsel, wobei die durch Keime sich vermehrende Generation oder bisweilen deren 2 aufeinander folgende in wirbellosen Tieren, sogenannten Zwischenwirten (meist Wasserschnecken), die in gewöhnlicher Weise sich fortpflanzende aber in Wirbeltieren leben.

Die bekannteste und bei weitem wichtigste Art ist der meist bei Wiederkäuern, besonders bei Schafen, gelegentlich auch beim Menschen massenhaft in den Gallengängen schmarotzende Leberegel (Distomum hepaticum, S. 75), der die gefährliche, als „Leberfäule" bekannte Krankheit erzeugt, an der bisweilen schon die Schafbestände ganzer großer Gegenden ausgestorben sind. Eine Ansteckung ist jetzt, da man die Entwickelungsgeschichte des Wurmes einigermaßen kennen gelernt hat, ziemlich leicht zu vermeiden. Von den zahlreichen Eiern gelangt ein Teil in das Wasser oder auf sehr feuchte, häufigen Überschwemmungen ausgesetzte Wiesen. Geht alles gut, so entwickelt sich aus dem Ei eine Larve, die mittels eines Wimperkleides im Wasser umherschwimmt und einen geeigneten Zwischenwirt, in diesem Falle eine kleine, etwa 6 mm große Wasserschnecke (Limnaeus minutus) aufsucht, in die sie sich einbohrt. Hier entwickelt sie sich zu einem eirunden, 12—15 Keimballen enthaltenden Schlauch (Keimschlauch, Sporocyste). Aus diesen Keimballen gehen larvenartige Wesen hervor, die die Leber ihres Wirtes aufsuchen, wo sie zu einer zweiten Schlauchart (Radie) heranwachsen. Der Inhalt dieser Radien verwandelt sich in eine Anzahl Larven (Cerkarien), die das Wasser verlassen, an Grashalmen in die Höhe kriechen und sich hier einkapseln. Werden nun nach geraumer Zeit, wenn sich das Wasser verlaufen hat, Schafe auf eine solche feuchte Wiese getrieben, so fressen sie mit dem Grase massenhaft die eingekapselten Cerkarien des Leberegels, die im Magen oder Dünndarm frei werden und die Zellengänge aufsuchen, in denen sie ihre völlige Reife und eine Länge bis zu 28 und eine Breite bis zu 12 mm erlangen.

Eine in Ägypten vorkommende Art von Saugwürmern (Bilharzia haematobia) ist walzenförmig und lebt paarweise, wobei das größere Männchen das kleinere Weibchen in einer besonderen, auf der Unterseite befindlichen Hautfalte mit sich trägt, in den Hohlvenen und in den Darm- und Harnblasenvenen des Menschen.

2) Unterordnung: **Vielmäuler (Polystomata).** Die Vielmäuler besitzen außer 2 Saugnäpfen an den Seiten des Vorderendes noch einen oder mehrere am Hinterende. Sie sind meist Außenschmarotzer, bringen wenig Eier hervor, und ihre Larven durchlaufen keinen Generationswechsel, wohl aber gelegentlich eine Verwandlung, und halten sich an anderen Stellen auf als die Erwachsenen. So ist es beim Froschvielmund (Polystomum integerrimum, S. 75). Die ausgewachsenen Tiere hausen in der Harnblase des Frosches. Wollen sie Eier legen, so strecken sie ihr hinteres Körperende aus der Öffnung der Harnblase ihres Wirtes heraus und lassen die Eier in das Wasser fallen. Die Larven erscheinen zu der Zeit, wo die Kaulquappen schon innere Kiemen haben, und dringen durch die seitlich am Kopfe gelegenen Kiemenspalten in die Kiemenhöhle ein. Hier verwandeln sie sich in junge Vielmäuler, und

wenn der Kiemenapparat der Kaulquappe nach Verlauf von 6—8 Wochen anfängt zu verschwinden, wandern die jungen Würmer durch Speiseröhre und Magen bis in den Darm, von dem aus sie in die Harnblase übertreten, wo sie sich völlig entwickeln.

3) Ordnung: **Bandwürmer** (Cestodes).

Die Bandwürmer sind sehr gestreckte, meist von vorn nach hinten gegliederte (daher auch Kettenwürmer genannte), mund- und darmlose, durch Osmose sich ernährende Plattwürmer, die im erwachsenen Zustande immer in Wirbeltieren schmarotzen, und deren Entwickelung mit Generationswechsel verbunden ist. Da sie sich in mehreren Arten auch im Menschen finden, haben sie für uns ein besonderes Interesse.

Die gegliederten Formen sind als Kolonien aufzufassen, die sich in gewisser Beziehung der Strobila der Schirmquallen (s. S. 20) vergleichen lassen. Es findet in diesen Kolonien eine schwache Arbeitsteilung statt, indem der älteste Teil, das häufig, aber fälschlich, als Kopf bezeichnete Vorderende, Haken und Sauggruben oder bloß letztere trägt, mit denen die Kolonie sich im Darm ihres Wirtes vor Anker legt. Auf diesen Abschnitt folgt ein meist etwas verschmälerter, glatter, der sogenannte Hals, der sich weiter nach hinten immer mehr verbreitert und seichte, dicht nebeneinander stehende Querfurchen aufweist. Nach dem hinteren Körperende zu vertiefen sich diese Furchen mehr und rücken weiter auseinander, bis sie endlich die deutlichen Glieder darstellen. Die das Ende der Kolonie bildenden weiblichen Glieder enthalten keimfähige Eier, können sich loslösen und als „Proglottiden" ein selbständiges kurzes Leben führen. Proglottiden oder nach deren Verwesen freigewordene Eier können unter Umständen in das Innere anderer Tiere hineingeraten. Sind es die geeigneten, so liefert das Ei eine mit Haken ausgestattete Larve, die die Wandung des Darmes durchbohrt, andere innere Organe (Leibeshöhle, Muskeln, Leber, Gehirn rc.) aufsucht und hier in das Zwischenstadium der Finne (Quese) tritt. Diese Finne kann Tochterfinnen und diese weiter Enkelfinnen in ihrem Inneren erzeugen. Die Finnen bleiben ziemlich lange lebenskräftig und haben eine oder mehrere handschuhfingerartige Einstülpungen (Tochterfinnen auch Ausstülpungen) in ihrer Wandung, die auch in ersterem Falle ausgestülpt werden können. Ist das geschehen, so erscheint die Finne als eine Blase mit einer Art verlängerten Halses, der am Ende Haken oder Saugscheiben trägt. Gelangt eine solche Finne mit dem Fleische u. s. w. ihres Wirtes (Zwischenwirtes) in den Verdauungsapparat eines geeigneten Wirbeltieres (des definitiven Wirtes), so wird ihre Blase verzehrt, aber ihr am Vorderende mit Haftorganen versehener Halsteil legt sich als scolex an den Darm fest und wird, indem sein hinterer Abschnitt nach hinten hin wächst, sich einschnürt u. s. w., zum sogenannten Bandwurmkopf.

Finnen können auch in wirbellosen Tieren (z. B. die des Mausebandwurmes in der Larve des Mehlkäfers) vorkommen, Bandwürmer nie.

In Deutschland finden sich beim Menschen 3 Arten von Bandwürmern, nämlich: der Schweine- und Rindsbandwurm und der breite Bandwurm. Der Schweinebandwurm (Taenia solium, S. 75) lebt als Finne im Unterhautzellgewebe und im Muskelfleisch des Schweines, der Rindsbandwurm (Taenia saginata) im Muskelfleisch des Rindes und der mehr sporadisch vorkommende breite Bandwurm (Bothriocephalus latus, S. 75) im Fleisch der Aalquappe (Lota vulgaris) und einiger anderer Süßwasserfische, von denen seine Nachkommenschaft nicht in Gestalt von Eiern aufgenommen wird, in die sie vielmehr selbständig, als bewimperte, im Wasser umherschwimmende Larven eindringt. Auch Finnen finden sich beim Menschen, wenn er von den betreffenden Eiern welche in sich aufgenommen hat, so die des Schweinebandwurmes und, besonders in der Leber, die des Hundebandwurmes (Taenia echinococcus, S. 75, zweimal).

2) Klasse: **Rundwürmer** (Nemathelminthes).

Die Rundwürmer haben einen rollrunden, gestreckten, spindelförmigen, ungegliederten, bisweilen oberflächlich geringelten Körper, aber keine Spur von Gliedmaßen-Anhängen. Die Haut ist derb, und der sich unmittelbar mit ihr verbindende, darunter gelegene

Muskelschlauch ist oft sehr kräftig. Die Tiere besitzen meist ein Verdauungsrohr mit einem oft von Papillen umgebenen und innerlich mit Haken bewaffneten, endständigen Mund und einen vor dem Hinterende gelegenen After, durch dessen Lage die Bauchseite gekennzeichnet ist, wie bisweilen die Rückenseite bei freilebenden Formen durch die Gegenwart von Augenflecken. Atmungsorgane und ein Gefäßsystem fehlen.

Die Rundwürmer sind sehr selten Zwitter, durchlaufen in ihrer Entwickelung oft eine Verwandlung, aber keinen Generationswechsel. Meist schmarotzen sie in Pflanzen und Tieren, und im letzteren Falle sind die Larven und die reifen Individuen auf 2 verschiedene Wirte verteilt. Verschiedene Arten treten auch beim Menschen als Schmarotzer auf.

Man teilt die Klasse in 2 Ordnungen: Fadenwürmer und Kratzer.

1) Ordnung: **Fadenwürmer** (Nematodes).

Auf diese Ordnung entfällt die bei weitem größere Mehrzahl der Rundwürmer. Ausgezeichnet sind ihre Angehörigen durch den Besitz von Mund und After.

Wir können von den verschiedenen Familien bloß die der Spul-, Palissaden- und Haarwürmer und der Älchen berücksichtigen.

Die Spulwürmer (Ascaridae) haben einen im Verhältnis zu seinem Umfang ziemlich kurzen Körper, im Munde 3 Papillen, von denen die eine rückenständig ist, während die anderen bauchständig sind. Meist tragen die Männchen das Hinterende eingekrümmt. Der gemeine Spulwurm des Menschen (Ascaris lumbricoides, S. 77), der in einer kleineren Rasse auch im Schweine vorkommt, durchläuft seine Entwickelung in feuchter Erde und wird wahrscheinlich in noch sehr jugendlichem Zustande und in sehr kleiner Gestalt mit Vegetabilien, rohen Möhren, Fallobst u. s. w. von seinem Wirte aufgenommen. Ein bekannter Quälgeist, der besonders im Dickdarm der Kinder haust, ist der Madenwurm (Oxyuris vermicularis, S. 77). Seine Lebensgeschichte scheint eine ähnliche wie die des gemeinen Spulwurms zu sein.

Von den Palissadenwürmern (Strongylidae) haben die Männchen ein schirmartig verbreitertes Hinterleibsende mit Randpapillen. Ein für den Menschen gefährlicher Angehöriger dieser Familie ist der Dünndarm-Palissadenwurm (Dochmius duodenalis, S. 75), der ursprünglich in den Nilländern zu Hause und von hier nach Italien übergetreten ist. Mit italienischen Arbeitern gelangte er bei dem Bau des Gotthardtunnels nach der Schweiz. Hier steckten sich deutsche und österreichische Arbeiter mit ihm an, so daß er sich über die Rheinlande, Ungarn u. s. w. ausbreitete. Seine Larve findet sich in verunreinigtem Wasser und gelangt in oft ungeheuern Mengen in den Dünndarm des Menschen.

Zu der Familie der Haarwürmer (Trichotrachelidae) gehört die berüchtigte Trichine (Trichina spiralis, S. 77), bei denen die Weibchen unter den als Darmtrichinen in ausgewachsenem Zustande im Dünndarm hausenden Individuen eine große Menge (bis 1000) lebendiger Junge haben können, die sich durch die Darmwand bohren und den die Blutgefäße begleitenden Bindegewebszügen bis in quergestreifte Muskeln folgen, zwischen deren Fasern sie sich als Muskeltrichinen mit einer gallertigen, aus der Muskulatur stammenden Hülle umgeben, die später oberflächlich verkalkt. Man hat sie im Muskelfleisch verschiedener Säugetiere und einiger Vögel entdeckt. Der Mensch steckt sich mit ihnen in der Regel durch den Genuß rohen Schweinefleisches an.

Die Angehörigen der Familie der Älchen (Anguillulidae) leben im Innern von Pflanzen oder in verwesenden, verdorbenen Pflanzenstoffen, wie das Essigälchen (Anguillula aceti, S. 76) in sauer gewordenem Kleister, altem Essig u. dgl.

2) Ordnung: **Kratzer** (Acanthocephali).

Die Kratzer sind durch Schmarotzertum (im Darm von Wirbeltieren) in ihrer Organisation sehr merkwürdig beeinflußte Würmer, die wahrscheinlich mit den übrigen Rundwürmern nicht verwandt sind, da sie mit diesen bloß darin übereinstimmen, daß sie langgestreckt, rollrund, farblos und Schmarotzer sind. Sie haben keinen Darm, Mund und After, aber einen walzenförmigen oder ovalen, stempelartig einziehbaren und vorschiebbaren Rüssel, der außen mit nach rückwärts gebogenen, in mehreren Reihen hintereinander stehenden Chitinhaken (Chitin = Hornsubstanz) besetzt ist, und mittels dessen sie sich im Darme ihrer Wirte verankern. Die Eier gelangen in das Wasser oder in feuchte Erde und die aus ihnen hervorgehenden Embryonen in allerlei kleine Krebsformen und Insekten, mit denen sie von ihren definitiven Wirten verzehrt werden. Auf diese Weise gelangt der Riesenkratzer (Echinorhynchus gigas, S. 76) mit ausgewühlten und gefressenen Engerlingen in den Darm des Schweines.

3) Klasse: **Ringelwürmer** (Annelides).

Die zu dieser Klasse gehörigen Würmer haben einen durch quere Ringfurchen deutlich abgeteilten, abgeflachten oder rollrunden Körper. Zur Bewegung dienen entweder endständige Saugscheiben oder seitliche, mit Borsten besetzte Fußstummel, die niemals gegliedert sind. Bei vereinfachten Formen fehlen die Stummel, und es sind an ihren Stellen nur etliche Borsten geblieben. Die Borsten selbst sind sehr mannigfach gestaltet und bestehen aus einer Hornsubstanz (Chitin). Der Mund liegt an der Bauchseite des Vorderendes, der After ist endständig. Atmungsorgane kommen in Gestalt von kiemenartigen Anhängen der Fußstummel oder fadenförmiger Kopffühler vor.

Die Ringelwürmer sind teils Zwitter, teils getrennten Geschlechts, und die das Meer bewohnenden Formen durchlaufen eine bisweilen recht verwickelte Verwandlung. Neben der gewöhnlichen Fortpflanzung kommt eine solche durch Teilung und Knospung vor.

Die Anneliden bewohnen weitaus in der Mehrzahl das Meer, weniger zahlreich das Land und das süße Wasser. Viele hausen in Röhren, die sie entweder aus ihrem Hautschleim in Verbindung mit Fremdkörpern verfertigten, oder die bloß aus diesem, oft in hohem Grade mit Kalksalzen versetzten und dann sehr festen, verhärteten Schleim bestehen.

Sie ernähren sich von tierischer Kost, seltener von verwesenden Pflanzenteilen oder allgemeinen Verwesungsprodukten. Manche sind Schmarotzer, besonders äußerliche.

Wir teilen diese Klasse in 3 Unterklassen: Borstenwürmer, Sternwürmer und Blutegel.

1) Unterklasse: **Borstenwürmer (Chastopoda).**

Die Borstenwürmer haben jederseits fast an jedem Körperring auf den Fußstummeln oder in Grübchen stehende Borsten, oft ebenda auch kiemenartige oder fadenförmige Anhänge (Cirren). Der meist deutlich abgesetzte Kopf hat oft bewegliche, zahnartige Kiefer an dem unter Umständen rüsselartig vorstülpbaren Schlund. Zwei Ordnungen bilden diese Unterklasse: die der Viel- und die der Wenigborster.

1) Ordnung: **Vielborster** (Polychaetae).

Bei den ausschließlich im Meere lebenden, sich mit Verwandlung entwickelnden Vielborstern ist der mit Fühlern und Cirren versehene Kopf in der Regel wohl gesondert; sie haben viele, stets gruppenweise auf Fußstummeln zusammenstehende Borsten.

Die Ordnung umfaßt 2 Unterordnungen: freischwimmende (Errantia) und röhrenbewohnende (Sedentaria) Vielborster. Zu den ersteren gehört die langsam kriechende stachlige Hermione (Hermione hystrix, S. 76) des Mittelmeers und die schwimmende Gattung Nereïs, bei deren Arten zum Teil die hintere Körperhälfte (in der Untergattung Heteronereïs, S. 79) besonders organisiert und durch Ruderborsten u. s. w. ausgezeichnet ist. Ist das Tier vollkommen ausgewachsen, so trennt sie sich von der vorderen Hälfte und beginnt ein selbständiges Leben, während sich an dieser der abgelöste Hinterteil ersetzt. Die röhrenbewohnenden Formen haben einen weniger deutlich entwickelten Kopf, oft mit Cirren und Fühlern, wie bei Terebella emmalina (S. 78), und daneben mit einem beim Zurückziehen des Wurmes dessen Röhre verschließenden Deckel, wie bei Serpula contorduplicata. Manche Formen (z. B. der bekannte, im Wattenschlick der Nordsee überaus häufige Pier [Arenicola piscatorum, S. 77]) haben keine festen, selbst abgeschiedenen Gehäuse, sondern bohren sich Röhren in Sand und Schlamm.

2) Ordnung: **Wenigborster** (Oligochaetae).

Die mit wenigen Ausnahmen das Land und das süße Wasser bewohnenden Wenigborster haben keine Fußstummel, Kiemen, Cirren, Fühler und Kieferzähne; sie sind Zwitter und entwickeln sich ohne Verwandlung. Hierher gehört der gemeine Regenwurm (Lumbricus agricola, S. 77) und das in stehenden Gewässern sehr häufige, sich außer auf gewöhnlichem Wege auch durch Querteilung fortpflanzende, durch den Besitz einer Art von Rüssel ausgestattete Wasserschlängelchen (Naïs proboscidea, S. 78).

2) Unterklasse: **Sternwürmer (Gephyrei).**

Die ausschließlich das Meer bewohnenden Sternwürmer haben einen schlauchförmigen, ungeringelten Körper, einen bauchständigen Mund, eine mit Haken und Borsten ausgestattete oder nackte Haut. Sie sind stets als männliche und weibliche Individuen unterschieden und durchlaufen bei ihrer Entwickelung eine Verwandlung. Manche Organisationsverhältnisse der Sternwürmer erinnern an die von Seewalzen. Sie umfassen 2 Ordnungen: borstentragende und borstenlose Sternwürmer.

1) Ordnung: **Borstentragende Sternwürmer** (Chaetifera).

Die Angehörigen dieser Ordnung haben an der Unterseite hakenförmige Borsten, einen endständigen After und einen am Grunde eines verschiedenartig gestalteten, rüsselartigen Kopfanhangs gelegenen Mund. Hierher gehört die grüne Bonellia (Bonellia viridis, S. 78), deren Weibchen einen langen, sehr dehnbaren, am Ende zweiteiligen Rüssel haben und ihre winzig kleinen, gestreckt ovalen Männchen als Schmarotzer an ihrem Körper bergen.

2) Ordnung: **Borstenlose Sternwürmer** (Achaeta).

Bei den borstenlosen Sternwürmern sind keine Haken und dergleichen vorhanden, und sie haben einen endständigen Mund und einen rückenständigen After. Mitglieder dieser Familie sind das besonders an der französischen Westküste häufige Phascolosoma elongatum (S. 78) und der bis in die westliche Ostsee vorkommende Priapulus caudatus (S. 77).

3) Unterklasse: **Blutegel (Hirudinei).**

Die Blutegel haben einen nach hinten hin verbreiterten, verhältnismäßig kurzen, aber meist sehr verlängerbaren Körper, am Hinterende mit einer bauchständigen Haftscheibe. Die niemals borstentragenden Körperringe sind sehr schmal und können auch fehlen. Die Tiere sind Zwitter und durchlaufen keine Verwandlung. Sie haben im Meere, im süßen Wasser und auf dem Lande Vertreter, die sich saugend, als meist wenig an ihre Wirte gebundene Schmarotzer, vom Blute anderer Tiere ernähren. Die bekannteste Art ist der medizinische Blutegel (Hirudo officinalis, S. 76). Der interessante Rochenegel (Pontobdella muricata, S. 79) saugt das Blut von Rochen.

4) Klasse: **Rädertierchen** (Rotatoria).

Die Vertreter dieser Wurmklasse stimmen wenig mit den anderen Würmern überein, am besten noch mit manchen Sternwürmern. Auch haben sie offenbare Beziehungen zu den Angehörigen des folgenden Tierkreises. Sie sind kleine, die größeren mit bloßem Auge eben noch sichtbare, meist das Wasser, besonders das süße, seltener sehr feuchte Orte auf dem Lande bewohnende oder schmarotzende Tiere. An ihrem vorderen Körperende findet sich ein ein- und ausstülpbarer, einfacher oder doppelter Wimperapparat (Räderorgan), der bei einigen Formen verkümmert ist. Eine äußere Segmentierung tritt spurenartig in der ziemlich festen, bisweilen panzerartig entwickelten Körperhaut und in einem oft vorhandenen, schwanzartigen, zur gelegentlichen Befestigung dienenden, hinteren Körperanhang auf. Die meist etwas verkümmerten Männchen unterscheiden sich bisweilen sehr von den Weibchen. Es gibt freischwimmende und festsitzende, zum Teil in Gehäusen steckende Formen. Eine freilebende Form ist z. B. das bepanzerte Schild-Rädertierchen (Noteus quadricornis, S. 79).

5) Kreis: Muschellinge (Molluscoidea).

Die Muschellinge sind beiderseits symmetrische, ungegliederte Tiere, die einzeln leben oder Kolonien bilden, deren einzelne Individuen sich durch Arbeitsteilung verschiedenartig entwickeln. Diese Tiere sind mit ganz wenigen Ausnahmen festsitzend, besitzen fast stets ein äußeres Skelett und bewohnen ausschließlich das Wasser, ganz besonders das des Meeres. Sie sind teils Zwitter, teils als Männchen und Weibchen getrennt, und ihre Larven durchlaufen eine ziemlich verwickelte Verwandlung. Neben der gewöhnlichen Vermehrung kommt noch häufig eine solche durch Keimbildung vor. Die Benennung Molluscoidea ist durchaus ungerechtfertigt, denn diese Tiere haben gar keine verwandtschaftlichen Beziehungen zu den Mollusken.

Der Tierkreis der Muschellinge zerfällt in zwei Klassen: Moostierchen und Armfüßer.

1) Klasse: Moostierchen (Bryozoa).

Die Moostierchen sind meist Kolonien bildende, festsitzende Muschellinge des Meeres und des süßen Wassers, doch gibt es auch einzeln lebend festsitzende und anderseits Kolonien bildende, einer gleitenden Bewegung fähige Formen. Sie besitzen am Mundende einen bewimperten, kreis- oder hufeisenförmigen Tentakelkranz und ein aus Hautabscheidungen hervorgegangenes gallertiges oder hornig häutiges oder (Meeresform) in verschiedenem Umfang verkalktes äußeres Skelett, das aus einzelnen, verschiedenartig, aber immer regelmäßig angeordneten Gehäusen zur Aufnahme der einzelnen, untereinander stets in Zusammenhang bleibenden Individuen der Kolonie besteht.

Nicht immer tritt der auf Arbeitsteilung beruhende Polymorphismus auf, namentlich fehlt er den Süßwasserformen. In den Kolonien, bei denen der Polymorphismus am höchsten ausgebildet ist, finden sich folgende Arten von Individuen: 1) Stolonen oder Stengelglieder; sie bilden bei sehr einfacher Organisation ein verzweigtes Wurzelwerk zur Befestigung der ganzen Kolonie; 2) vogelkopfartig gebaute, auf beweglichen Stielen sitzende, auf- und zuschnappende Zangen (Avikularien), die kleinere Tiere, wie Würmer, Krebschen u. dgl., fangen und festhalten. Die Ausdünstung der hier verwesenden Schlachtopfer lockt Infusorien, winzige Larven u. s. w. herbei, die durch eine dritte Form von Individuen, in Gestalt eigenartiger, wie Geißeln gestalteter und bewegbarer Anhänge (Vibrakulen), in die Nähe der Mundöffnungen einer vierten Art von Koloniegenossen, denen die Ernährung und Vermehrung obliegt, getrieben werden. Diese Individuen sind typisch gebildete Moostierchen mit wimpernden Tentakelkränzen, in deren Wimperspiel die kleinen Organismen geraten, um schließlich in den Mund gestrudelt zu werden.

Die Moostierchen sind selten als männliche und weibliche Individuen getrennt. Zur Aufnahme je eines Eies sind häufig besondere, kapselartige Bildungen des Skeletts vorhanden, die Eierhäuschen oder Ovizellen. Neben der gewöhnlichen Fortpflanzung findet sich bei Süßwasserformen auch noch eine solche durch im Herbst auftretende und überwinternde, meist in eigentümlichen Horndosen eingeschlossene Keimkörper (Statoblasten).

Eine der häufigsten Formen, auch in der Nordsee, ist die, hornige Stöckchen bildende Blattflustra (Flustra foliacea, S. 78, zweimal); daneben sind zu nennen die korallenartige, aus Kalk bestehende Gehäuskomplexe bewohnenden Retaporen, z. B. die im Mittelmeer und an den Ufern des Atlantischen Ozeans nicht seltene Netzkoralle (Retapora cellulosa, S. 79). Zu den Süßwasserformen, die man früher Blumenpolypen nannte, gehört der in Gestalt langsam beweglicher, mit einer Gleitsohle versehener Kolonien auftretende Schimmelblumenpolyp (Cristatella mucedo, S. 78).

2) Klasse: Armfüßer (Brachiopoda).

Die Armfüßer erinnern dadurch an Muscheln, daß sie zwei Schalenklappen haben; aber diese Ähnlichkeit ist eine durchaus äußerliche, und die Klappen sind nicht, wie bei den Muscheln, eine rechte und eine linke, sondern eine obere und eine untere oder eine Rücken- und eine Bauchklappe. Meist sind beide durch ein durch zahnartige Vorsprünge des Vorderrandes der einen und entsprechende Vertiefungen der anderen Schale gebildetes sogenanntes Schloß verbunden. Der Mund der Armfüßer steht zwischen 2 starken, spiralig aufgerollten, armartigen Tentakeln, die oft von einem von der Innenseite der Rückenschale entspringenden, entsprechend gestalteten Kalkgerüst getragen werden.

Die Tiere sind festsitzend, entweder, aber selten, mit einer Schale angewachsen oder an einem fleischigen Stiel angeheftet, der bei den Formen mit einem Schloß durch ein vor diesem in der Rückenschale gelegenes Loch, oder bei den schloßlosen zwischen beiden Schalen hindurchtritt.

Die Armfüßer sind in der jetzigen Welt sparsam vertreten, bewohnen ausschließlich das Meer und meist in bedeutenderen Tiefen. Die meisten Arten sind selten.

Zu den mit einem Schlosse versehenen Formen gehört der Schlangenkopf (Terebratula caput serpentis, S. 77), zu den schloßlosen die Zungenmuschel (Lingula pyramidata, S. 79).

6) Kreis: Gliederfüßer (Arthropoda).

Dieser Kreis des Tierreichs ist der bei weitem reichste an Arten, und da sehr zahlreiche Arten und Gattungen nahe miteinander verwandt sind und fast lückenlose Reihen bilden, da ferner Vertreter dieses Kreises überall, wo Tiere überhaupt nur eben noch zu leben vermögen, vorkommen und es kaum einen organischen Stoff gibt, an den sie der Ernährung halber sich nicht angepaßt hätten, so dürfen wir wohl annehmen, daß überhaupt auch kein Tierkreis so anpassungsfähig ist wie dieser, und daß keiner so mitten im Kampfe um das Dasein steht. Damit soll keineswegs gesagt sein, daß der Stamm der Gliederfüßer ein moderner sei; im Gegenteil, aus der ungemein großen Spezifizierung der Formen sowie aus der überaus weiten und stellenweise höchst auffällig zerrissenen Verbreitung derselben oder nahe verwandter Arten dürften wir schon auf sein hohes Alter schließen, wenn uns auch der unmittelbare Nachweis dafür aus den ältesten Versteinerungen führenden Schichten der Erde, aus der Silur-, Devon- und Steinkohlenformation, sonst nicht möglich wäre, wie er es doch thatsächlich ist.

Bei ihrer überreichen Artenzahl, ihrer ungeheuern Menge an Individuen, ihrer, man ist fast geneigt, zu sagen: Allgegenwart und ihrer nichts Genießbares verschmähenden Gefräßigkeit sind die Gliederfüßer unter den Tieren die Hauptbeförderer des allgemeinen Stoffwechsels und daher eine Naturmacht von der allergrößten Bedeutung.

Die Gliederfüßer sind Tiere von beiderseits symmetrischem Bau, mit gruppenweise zu Einheiten zweiter Ordnung zusammentretenden Körperabschnitten, wirklich gegliederten Gliedmaßen, deren innerer Hohlraum mit der Leibeshöhle in Verbindung steht. Ihr Hautskelett besteht aus einer eigenartigen Hornsubstanz (Chitin) und wird oft durch die Aufnahme von Kalksalzen verstärkt.

Allgemein kann man am Körper der Gliederfüßer 3 Abschnitte unterscheiden: den Kopf, die Brust und den Hinterleib. Die Gliedmaßen treten in sehr verschiedener Zahl an der Bauchfläche der Abschnitte (an jedem mit ihnen ausgestatteten Abschnitt je 1 Paar), selten und vereinzelt (Flügel und Flügeldecken der Insekten) auch an der Rückenfläche auf. Zufolge der Arbeitsteilung werden sie am Kopf zu Freß-, an der Brust und am größten Teil des Hinterleibes (wenn sie hier nicht überhaupt fehlen) zu Bewegungsorganen, am Ende des letzteren auch zu Organen, die bei der Paarung und der Brutpflege beteiligt sein können; bisweilen sind sie aber auch hier (z. B. die Schwanzflosse langschwänziger, zehnfüßiger Krebse) noch Bewegungsorgane.

Der Atmung nach kann man 2 große Gruppen von Arthropoden unterscheiden: solche, die durch Ausstülpungen besonderer Körperstellen (Kiemen), und solche, die durch Einstülpungen (Tracheen) atmen. Im ersteren Falle sucht das Blut den Sauerstoff, im letzteren der Sauerstoff das Blut auf. Außerdem gibt es noch Formen, die durch die Oberfläche ihres ganzen Körpers atmen.

Die Gliederfüßer sind nur in ganz seltenen Fällen Zwitter, und Männchen und Weibchen sind bei ihnen oft sehr verschieden. Die Vermehrung erfolgt in der Regel durch Eier, seltener durch lebendig zur Welt kommende Junge. Die entwickelungsfähigen Eier brauchen nicht immer befruchtet zu sein (bei der sogenannten Jungfernzeugung oder Parthenogenesis). Fortpflanzung durch Teilung oder Sprossung findet niemals statt, obwohl das Regenerationsvermögen stellenweise ein bedeutendes ist. Auch Generationswechsel ist ausgeschlossen, aber eine oft recht verwickelte Verwandlung ist die Regel.

Schmarotzertum ist in diesem Tierkreis keine seltene Erscheinung, auch Festsitzen kommt vor, freilich nie unter Bildung von Kolonien. Wohl aber finden sich Gesellschaften und Staaten mit durch Arbeitsteilung verschiedenartig organisierten Individuen.

Die Gliederfüßer verteilen sich auf folgende sechs Klassen: Kruster, Schwertschwänze, Spinnentiere, Klauenträger, Tausendfüßer und Insekten.

Der für den begleitenden Text des „Bilderatlas" festgestellte Umfang verbietet ein näheres Eingehen auf die einzelnen Familien, selbst auf alle Ordnungen.

1) Klasse: **Kruster** (Crustacea).

Die Kruster oder Krebstiere sind Gliederfüßer, die mit wenigen Ausnahmen das Wasser bewohnen und durch Kiemen atmen, zwei Fühlerpaare und zahlreiche Beinpaare am Brust- und meist auch am Bauchabschnitt haben. Ihr Hautskelett ist oft durch aufgenommene Kalksalze verstärkt. In dieser Klasse finden sich die einzigen zwitterigen Gliederfüßer. Die Entwickelung ist nach dem Eileben meist mit einer mehr oder weniger umfangreichen Verwandlung verbunden. Parthenogenesis kommt vor, und das Regenerationsvermögen ist stellenweise ein großes.

Gewisse Formen leben bloß als Larven frei und werden später zu festsitzenden Tieren. Fast alle Krebstiere nähren sich von rein tierischer oder von gemischter Kost. Schmarotzer finden sich in verschiedenen Ordnungen. Ihre große Mehrzahl bewohnt das Meer, und die Angehörigen einiger weniger Ordnungen sind auf den Aufenthalt im Meere beschränkt. Hier finden sie sich in allen Breiten und in allen Tiefen. Im allgemeinen kann man sagen, daß von den Tropen nach den polnahen Gewässern die Menge der Arten ab-, aber die der Individuen der einzelnen vorhandenen Arten zunimmt.

Von den Ordnungen dieser Klasse wollen wir die der Blatt-, Spalt- und Rankenfüßer, der Flohkrebse, Asseln, Maul- und Zehnfüßer hier herausheben.

1) Ordnung: **Blattfüßer (Phyllopoda).**

Die Blattfüßer sind kleine bis sehr kleine Krebstiere mit meist gestrecktem, deutlich geringeltem Körper, in der Regel mit einer schildartigen, den Kopfbrustabschnitt von oben bedeckenden, oder mit einer seitlich zusammengedrückten, den ganzen Körper wie eine Schale einhüllenden Hautfalte, seltener ohne eine solche. Die Oberkiefer sind verkümmert, die Füße sind meist zahlreich (selten nur 4 Paare), haben eine blattartige Gestalt und einen lappig ausgeschnittenen freien Rand und dienen, wie in der Regel auch das zweite Fühlerpaar, zum Schwimmen. Die beiden Seitenaugen der Blattfüßer sind ansehnlich, verschmelzen manchmal in der Mittellinie zu einem einzigen, außer ihnen kann aber auch noch ein unpaares, in der Mitte gelegenes kleines vorhanden sein.

Die Männchen der Blattfüßer sind in der Regel seltener als die Weibchen und treten bloß unter gewissen Umständen (nach der Jahreszeit, der Beschaffenheit der von ihnen bewohnten Gewässer u. s. w.) auf. Es kommt eine parthenogenetische Fortpflanzung vor. Meist tragen die Weibchen ihre Eier in besonderen Bruträumen oder Anhängen mit sich herum. Die Jungen verlassen das Ei entweder mit allen wesentlichen Eigenschaften der Alten oder durchlaufen eine verwickelte Verwandlung.

Nur wenige Angehörige dieser Krebsordnung bewohnen das Meer, einige stagnierende Salzlachen, die meisten kleine, flache, häufigem Austrocknen unterworfene Süßwasserteiche und Pfützen. Es kann vorkommen, daß man in früher von Blattfüßern bewohnt gewesenen Gewässern jahrelang keine Individuen bemerkt, und daß sie plötzlich wieder erscheinen. Der Grund hiervon liegt darin, daß ihre Eier sich lange Zeit im eingetrockneten Schlamm befinden können, ohne sich zu entwickeln.

Man teilt die Blattfüßer in zwei Unterordnungen: Kiemenfüße (Branchipoda) ohne oder mit einer schildförmigen Hautfalte und mit zahlreichen (10—30 Paar), mit sackförmigen Kiemenanhängen versehenen, blattförmigen Schwimmfüßen, und Wasserflöhe (Cladocera), kleine, seitlich zusammengedrückte Formen mit zweiklappiger, fast den ganzen Körper umschließender Schale und mit wenigen (4—6 Paar), nicht immer Kiemenanhänge tragenden Schwimmfüßen. Zu der ersten Unterordnung gehören die schalenlosen Formen: Grubes Kiemenfuß (Branchipus Grubei, S. 81) unserer süßen Gewässer und das ihn in Salzlachen vertretende, Eier legende oder lebendige Junge zur Welt bringende Salzkrebschen (Artemia salina, S. 81). Ferner gehört hierher der mit einem Rückenschild versehene krebsförmige Kiefenfuß (Apus cancriformis, S. 81). Zu den Wasserflöhen gehört die, durch ihre verkümmerten Schalenklappen etwas abweichende durchscheinende Leptodere (Leptodera diaphana, S. 81), eine Bewohnerin größerer Seen Europas, Nordasiens und Nordamerikas.

2) Ordnung: **Spaltfüßer** (Copepoda).

Die zu dieser Ordnung gehörigen Krebsformen sind klein, haben in der Regel einen gestreckten, deutlich gegliederten Körper ohne Hautfalte und 4—5 Paar einfach gespaltene und daher zweiästige Ruderfüße am Brust- und gar keine Gliedmaßen am Hinterleibsabschnitt.

Die Weibchen der Spaltfüßer tragen ihre Eier meist in Behältern mit sich herum, die sich an den Seiten des Hinterleibs befinden. Die Entwickelung ist mit einer verwickelten und bei den zahlreichen schmarotzenden Formen rückschreitenden Verwandlung verbunden. Die Mehrzahl bewohnt das süße Wasser.

Auch diese Ordnung zerfällt in zwei Unterordnungen: in die der Echten Spaltfüßer und die der Karpfenläuse. Die Mitglieder der ersten (Encopepoda) haben Ruder-, die der zweiten (Branchiura) Schwimmfüße und an Stelle des Hinterleibs eine aus 2 Seitenlappen bestehende Schwanzflosse. Die Echten Spaltfüßer leben teils frei, haben kauende Mundwerkzeuge und einen deutlich gegliederten Körper, wie z. B. die Hüpferlinge (Cyclops, S. 81), oder sie haben stehende und saugende Mundwerkzeuge, Klammerorgane und, namentlich die Weibchen, oft wunderlich umgestaltete Körper. Sie leben schmarotzend auf den Kiemen oder in der Mundhöhle, seltener innerhalb der Gewebe von Fischen. In letzterem Falle sind sie als Fischläuse bekannt, und hierher gehören die Gattungen Lernaeonema, Brachiella, Pennella, Haemobaphes und Herpyllobius (S. 80). Die Männchen der Fischläuse schwimmen zeitlebens und die Weibchen bis nach der Befruchtung frei herum, worauf sich die letzteren an ihre Wirte anheften und ihre Gestalt wesentlich verändern. Auch die kleine Unterordnung der Karpfenläuse umfaßt schmarotzende, mit Saug- und Klammerorganen ausgestattete, auf Fischen lebende Formen, von denen unsere gemeine, auch auf anderen Süßwasserfischen als bloß auf dem Karpfen vorkommende Karpfenlaus (Argulus foliaceus, S. 79) die bekannteste ist.

3) Ordnung: **Rankenfüßer** (Cirripedia).

Die Rankenfüßer sind im erwachsenen Zustande einfach festsitzende oder dabei zugleich schmarotzende Krebse mit einer mantelartigen, meist von Kalkstücken bedeckten Hautfalte; sie haben einen schwach gegliederten Körper und meist 6 Paar nach innen rankenartig gekrümmter, einfach gespaltener, zweiteiliger Beine und keine Fühler.

Diese Kruster gehören zu den wenigen Gliederfüßern, die Zwitter sind; allerdings kommen bei verschiedenen Arten neben zwitterigen Individuen auch noch rein männliche, in der Körpergröße zurückgebliebene, bei jenen schmarotzende vor.

Die Entwickelung der nur im Meere vertretenen Rankenfüßer ist bei den zwitterigen Formen und bei den rein weiblichen Individuen der getrenntgeschlechtlichen mit einer sehr verwickelten, von weitgehenden Rückbildungen in der Organisation begleiteten Verwandlung verbunden. Man teilt diese Krebsordnung in mehrere Unterordnungen, von denen wir bloß die der Entenmuscheln und Wurzelkrebse hervorheben wollen.

Die Entenmuscheln haben einen längeren (wie die gemeine Entenmuschel [Lepas anatifera], S. 80) oder kürzeren Stiel (wie die der Tiefsee entstammende gestreifte Entenmuschel [Megalasma striatum], S. 81) und 5 Kalkplatten, 2 Paar seitliche und eine unpaare mittlere auf dem Mantel, die zusammen ein seitlich abgeflachtes Gehäuse bilden, bei dem aus einem oberen Schlitz die Ranken der 6 Paar Doppelbeine hervortreten und durch fortwährend winkende Bewegungen einen Strudel erzeugen, der dem Tiere mit dem Wasser aus feinem, organischem Verwesungsstoff bestehende Nahrung und Sauerstoff zuführt. Noch weiter gehen die Rückbildungserscheinungen bei den parasitischen Weibchen der Wurzelkrebse (Rhizocephala): hier sind die Verdauungsorgane, die Mantelhülle nebst ihren Kalkeinlagerungen, alle Gliedmaßen und jede Körpergliederung verschwunden, der Leib hat eine schlauch- oder sackförmige Gestalt, und der Stiel löst sich in ein System verzweigter, hohler Saugorgane auf, die den Leib des Wirtes durchziehen und alle seine Organe umspinnen, seine Säfte aufnehmen, aber immer nur so weit, daß er nicht daran zu Grunde geht. Auf der weichhäutigen Unterseite des eingeschlagen getragenen Schwanzes des großen Taschenkrebses (Carcinus maenas) finden sich nicht selten eigentümliche sackartige Geschwülste: das sind die schmarotzenden Weibchen des sackförmigen Wurzelkrebses (Sacculina carcini, S. 80).

4) Ordnung: **Flohkrebse** (Amphipoda).

Die niemals festsitzenden Flohkrebse sind kleine, kaum eine mittlere Größe erreichende Kruster mit wohlentwickeltem gegliederten Brustabschnitt, von dem bloß der erste, mit dem Kopfe verwachsende Ring nicht frei bleibt. Der Hinterleib ist langgestreckt und der ganze Körper in der Regel seitlich zusammengedrückt. Die 3 ersten Ringel des Hinterleibs tragen Schwimm-, die 3 hinteren nach hinten gerichtete Springfüße, wonach diese Krebse eben Amphipoden (Zweierleifüßer) heißen. Ihre Körperbedeckung ist zarthornig, ihre Augen sind zusammengesetzt und ungestielt. Am Grunde des 2. bis 6. Beinpaares entspringen die blattförmigen Kiemen. Die von den Männchen unterschiedenen Weibchen der Flohkrebse tragen die Eier in einer durch vorn neben den Kiemen entspringende Plättchen gebildeten Brusttasche mit sich herum. Die Jungen durchlaufen keine Verwandlung.

Die Angehörigen dieser Familie sind größtenteils Bewohner des Wassers, namentlich des salzigen, von der Strandlinie bis in die Tiefsee, und einige leben amphibisch am Meeresstrand. Viele bohren sich in den Schlamm oder Sand ein, andere verfertigen sich Röhren, und einige werden durch das Zernagen hölzerner Hafenbauten u. dgl. schädlich. Auch schmarotzende Formen finden sich unter ihnen. Einzelne Arten treten bisweilen in ungeheuern Mengen auf.

Die Angehörigen der Unterordnung der Kehlfüßer (Laemodipoda) haben einen verkümmerten Hinterleib und ein weit nach vorn stehendes erstes Beinpaar. Hierher gehören die wunderlichen, geschickt im Tang und an Polypenstöckchen herumkletternden Gespenstkrebschen (Caprella, S. 82) und die gedrungenen Walfischläuse (Cyamus, S. 80), die sich zwar äußerlich auf der Haut von Waltieren finden, aber wahrscheinlich keine wahren Schmarotzer sind.

Die Mitglieder der Unterordnung der Hyperinen (Hyperina) haben große Köpfe und große Augen, die z. B. bei dem schönen und ansehnlichen, aus Meerestiefen von 4500 m gefischten Cystosoma Neptuni (S. 82) einen außerordentlichen Umfang erreichen.

In die Unterordnung der Crevettinen (Crevettina), die nur einen kleinen Kopf und nicht besonders stark entwickelte Augen haben, gehört unser gemeiner Flohkrebs (Gammarus pulex, S. 80) und der nie in das Wasser des Meeres gehende, sich immer genau an seiner Grenzlinie haltende Sandhüpfer (Talitrus saltator, S. 82), der auch auf dem feuchten Strande unserer Meere in großer Menge umherhüpft.

5) Ordnung: **Asseln** (Isopoda).

Der Körper der Asseln, unter denen es land- und wasserbewohnende Formen und Schmarotzer gibt, ist deutlich geringelt, in der Regel verbreitert, flach oder mehr oder weniger gewölbt. Seine Hülle ist zwar vorherrschend lederartig-hornig, zeigt aber doch geringe

Kalkeinlagerungen. Der Hinterleib ist meist verkürzt und endet mit einer ansehnlichen, abgerundeten Schwanzplatte. An der Brust finden sich 7, meist zu Lauf- oder Klammerorganen entwickelte Beinpaare, an denen bei den Weibchen teilweise dünne, nach innen gerichtete Platten vorspringen, die sich zur Bildung eines Brutraums an- und übereinander legen. Die 5 ersten Beinpaare des Hinterleibs sind zu Atmungsorganen umgebildet, und zwar ist jedes einzelne Bein in 2 längliche, im übrigen verschieden gestaltete Platten zerlegt, die bei Wasserformen beide zart sind, während bei Landformen die äußeren als festere Decke sich über die dünnhäutigen inneren weglegen. Von diesen letzteren können bei landbewohnenden Asseln die beiden vordersten von eigenartigen, wie es scheint, die Atmung unterstützenden Hohlräumen durchzogen sein. Die Männchen und Weibchen sind mit ganz wenigen Ausnahmen getrennt, und die äußeren Unterschiede zwischen beiden sind häufig bedeutend, namentlich sind die Männchen oft viel kleiner als die Weibchen, auf denen sie als eine Art Halbschmarotzer äußerlich leben. Die Entwickelung vollzieht sich ohne wesentliche Verwandlung.

Die meisten Asseln beleben alle Meere in sehr verschiedenen Tiefen, viele finden sich im süßen Wasser und auf dem Lande, wie bei uns die gemeine Kellerassel (Oniscus scaber, S. 83) und die Rollassel (Armadillo vulgaris, S. 83), die die Fähigkeit besitzt, sich einzurollen. Die Nahrung der Isopoden ist tierischer, bei den Landasseln nebenher auch pflanzlicher Natur, und verschiedene sind Außen-, einige wenige auch Binnenschmarotzer, besonders bei Seefischen.

6) Ordnung: **Maulfüßer (Stomatopoda).**

Die Mitglieder dieser Ordnung haben einen gestreckten, von vorn nach hinten etwas an Umfang zunehmenden Körper, einen frei beweglichen Kopf mit gestielten Augen, der mit den etwas beweglichen Brustringen, außer den 3 letzten, von einer schalenartigen Hautfalte bedeckt ist. Am Brustabschnitt finden sich 5 Beinpaare, von denen das zweite sehr groß ist und einen einschlagbaren Fußabschnitt trägt. Die 3 letzten, vom Kopfbrustschild nicht bedeckten Brustringe tragen je ein Paar schlanker, zweiteilig gespaltener Beine mit ungleichen Ästen. An dem stark entwickelten Hinterleib sind die Gliedmaßen zu Schwimmfüßen entwickelt und tragen die büschelförmigen Kiemen.

Männchen und Weibchen sind sehr wenig verschieden, und die Jungen durchlaufen eine verwickelte Verwandlung.

Die Maulfüßer sind vortrefflich schwimmende, räuberische Bewohner wärmerer Meere. Im Mittelmeer ist der Heuschreckenkrebs (Squilla mantis, S. 83) keine Seltenheit.

7) Ordnung: **Zehnfüßer (Decapoda).**

Die Zehnfüßer haben einen verschieden gestalteten Körper, der je nach der sehr verschiedenen Längenentwickelung des Hinterleibs gestreckt, aber auch sehr gedrungen, oft breiter als lang sein kann. Das immer große Rückenschild bedeckt nicht nur den Kopf und den Brustabschnitt, sondern ist in der Regel auch mit allen beide bildenden Ringabschnitten verwachsen. Ihre Augen sitzen auf beweglichen Stielen, und sie haben 5, zum Teil am freien Ende Scheren tragende Gehbeine. Ihre Kiemen sind blätterig und liegen in seitlichen Erweiterungen des Kopfbrustschildes. Der Hautpanzer der Zehnfüßer ist fast immer durch die reichliche Aufnahme von Kalksalzen sehr fest. Die Angehörigen dieser, die größten Krebsformen umfassenden Ordnung sind niemals Zwitter, und ihre Jungen durchlaufen in der Regel eine verwickelte Verwandlung.

Die meisten Arten leben im Meere, einige im süßen Wasser, andere auf dem Lande, und einige sind amphibisch. Sie ernähren sich meist von lebenden Tieren oder von Aas, manche dabei nebenher, nur wenige ausschließlich von Pflanzenkost. Meerbewohnende Formen finden sich überall, wenn sie auch in tropischen Gegenden zahlreicher sind; im Süßwasser hausende gehen nicht so hoch polwärts wie diese, und die auf dem Lande lebenden finden sich nur in wärmeren Erdstrichen. Sie werden vom Strande bis in die Tiefen der Tiefsee, einige auch in Höhlen angetroffen.

Die Ordnung der Zehnfüßer zerfällt in drei Unterordnungen, die durch die Längenentwickelung des Hinterleibes (Schwanz) gekennzeichnet sind: Langschwänzer, Mittelschwänzer und Kurzschwänzer.

1) Unterordnung: **Langschwänzer (Macrura).** Die Angehörigen dieser Unterordnung haben stark ausgebildete Hinterleiber, die mindestens so lang wie das Kopfbruststück sind und 5—6 Fußpaare tragen, von denen die 4 oder 5 vorderen der Weibchen zur Befestigung der Eier dienen, das letzte aber breit entwickelte Äste hat und zusammen mit dem verbreiterten, abgeflachten letzten Körperabschnitt, in dem der After liegt, die fünfteilige, das Schwimmen wesentlich vermittelnde Schwanzflosse bildet. Die Jungen durchlaufen eine wenig verwickelte Verwandlung.

Der große Garnat (Palaemon serratus, S. 82) ist einer der häufigsten Langschwänzer der Nordsee, fehlt aber in der Ostsee. Eine prachtvolle Tiefseeform mit ungleich entwickelten Scheren ist Thaumatocheles Zaleuca (S. 83). Die bekannteste Art der Unterordnung aber ist der gemeine Flußkrebs (Astacus fluviatilis, S. 84), dessen Junge gar keine besondere Verwandlung überstehen. Die Blattkrebse (Phyllosoma, S. 83) sind nicht, wie man früher annahm, völlig entwickelte Zehnfüßer, sondern Larvenformen von Langschwänzern.

2) Unterordnung: **Mittelschwänzer (Anomura).** Die Mittelschwänzer haben mäßig lange, meist völlig gliedmaßenlose Hinterleiber, die am Ende eine verkümmerte Schwanzflosse tragen. Es gibt keine das süße Wasser, wohl aber einige das Land bewohnende Formen unter ihnen. Die bekannteste Familie dieser Unterordnung sind die originellen Einsiedlerkrebse (Paguridae), die die Gewohnheit haben, in Gehäusen von Meeresschnecken zu hausen. Daher ist ihr runder, des eigenen, unmittelbaren Schutzes wenig bedürftiger Hinterleib weichhäutig, bloß auf den 5 ersten Ringen mit kleinen härteren Hornplatten versehen und entsprechend der Windung der Schale asymmetrisch gedreht. Die eine Schere ist größer und wird, wenn sich der Eremit bei drohender Gefahr in die Tiefe des Schneckenhauses zurückzieht, als Deckel vor dessen Eingang gelegt. Neben Meeresformen, von denen der Pagurus Bernhardus (S. 85) auch in der Nordsee keine Seltenheit ist, gibt es auch Landformen, die teils (wie die Gattung Coenobita) auch ihre Schneckengehäuse mit sich herumschleppen, teils (wie der nächtlicherweile seiner aus Pflanzenstoffen bestehenden Nahrung nachgehende Palmdieb [Birgus]) am Tage in Erdhöhlen versteckt leben.

3) Unterordnung: **Kurzschwänzer (Brachyura).** Bei den Kurzschwänzern oder Krabben ist der Hinterleib kurz und bei den weiblichen Individuen breiter als bei den männlichen; er wird in eine, auf der Unterseite des sehr breiten Kopfbruststücks befindliche, entsprechende Grube eingeschlagen getragen und hat zu fadenförmigen Anhängen verkümmerte Beine.

Die Kurzschwänzer sind sehr artenreich, finden sich in allen Meeren (in wärmeren aber häufiger) und in allen Tiefen. Auch einige Süßwasser- und Landformen gibt es unter ihnen, und der größte Gliederfüßer der Jetztwelt, die japanische Riesenkrabbe (Macrocheira Kämpferi) gehört zu ihnen.

Eine im Mittelmeer häufige Form ist die Wollkrabbe (Dromia vulgaris, S. 86, zweimal), deren viertes und fünftes Fußpaar verkürzt ist und nach dem Rücken umgeschlagen getragen wird. Mit den kurzen Scheren hält die Krabbe fremde Gegenstände, besonders gern Kieselschwämme, über sich, um sich damit gewissermaßen zu maskieren. Die durch ihre langen dünnen Beine ausgezeichnete langstirnige Spinnenkrabbe (Stenorhynchus longirostris, S. 84) hat dieselbe Gewohnheit. Eine in der Nordsee sehr häufige, ihres Wohlgeschmacks wegen geschätzte Krabbenart ist der große Taschenkrebs (Cancer pagurus, S. 86), der über 30 cm lang und bis gegen 8 kg schwer werden kann. Die noch viel häufigere gemeine Krabbe (Carcinus maenas, S. 87) oder der kleine Taschenkrebs ist leider viel weniger wohlschmeckend, aber ein sehr intelligentes, possierliches Tier. Die Bogenkrabbe (Thalamita natator, S. 86) weist sich durch das ruderartig verbreiterte hinterste Paar der Gehbeine sofort als geschickte Schwimmerin aus. Die Winkerkrabben (Gelasimus, S. 86) besitzen Scheren, von denen die rechte besonders beim Männchen ganz bedeutend größer als die linke ist. Die kleinen Tierchen laufen unmittelbar am Meere auf dem Strand, tragen die große Schere gehoben über sich und führen allerlei Schwenkungen mit ihr aus. Werden sie erschreckt, so schlüpfen sie in selbstgegrabene Erdlöcher, vor deren Eingang sie die große Schere der Quere legen.

2) Klasse: **Schwertschwänze** (Xiphuridae).

Diese sehr kleine, aber höchst merkwürdige Klasse der Gliederfüßer umfaßt nur eine einzige Gattung mit zwei oder drei Arten. Früher wurde sie als eine Ordnung der Krebstiere angesehen, aber die Schwertschwänze haben in ihrer Organisation mindestens ebensoviel Beziehungen zu gewissen Spinnentieren wie zu den Krebsen.

Ihr Körper ist äußerlich dreiteilig und besteht aus dem Kopfbruststück, dem Hinterleib und dem langen Schwanzstachel. Das Kopfbruststück wird von einem großen, breiten, am Vorderrande abgerundeten Schilde überdeckt, auf dessen Oberfläche weit entfernt voneinander die großen zusammengesetzten Augen und in der Mittellinie vorn dicht bei einander die kleinen Nebenaugen stehen. Auf der Unterseite befinden sich sechs Paar kurzer, mit Scheren endigender Gliedmaßenanhänge, von denen das erste, vor dem Mund gelegene, den Fühlern entspricht. Die drei folgenden schließen die Mundöffnung ein und haben an ihrem obersten Abschnitt (Hüftgelenk) mit Dornen besetzte Erweiterungen, mit denen die Schwertschwänze kauen. Die beiden letzten dieser sechs Paare haben keine solchen Erweiterungen und sind beinförmig. Am Hinterende des Kopfbrustschildes hängt noch eine große Platte herab, die aus der Verschmelzung eines weiteren, besonders entwickelten Beinpaares hervorgegangen ist und den schuppenartig sich deckenden 5 Kiemenblätterpaaren zum Deckel dient, die sich an der Unterseite des äußerlich seine Vereinigung aus 6 Abschnitten verratenden Hinterleibs befinden. Der Schwanzstachel ist beweglich und dient den Schwertschwänzen, wenn sie auf den Rücken gefallen sind, als Stütze beim Umwenden. Die Tiere sind als Männchen und Weibchen getrennt und legen Eier, die die Weibchen der den Indischen Ozean bewohnenden Art, des Molukkenkrebses (Limulus moluccanus, S. 88), mit sich herumtragen, die der zwei Arten aus den Gewässern Westindiens, Floridas und Carolinas (Limulus polyphemus) aber im Sand verscharren. Die Jungen verlassen das Ei ohne Schwanzstachel.

Die trägen Tiere bewohnen untiefes Wasser mit schlammigem Boden, über den sie langsam dahinkriechen, um sich von den in ihn eingegrabenen Tieren, besonders Ringelwürmern, zu nähren.

3) Klasse: **Spinnentiere** (Arachnoidea).

Die Spinnentiere haben einen mit der Brust zu einer sekundären Einheit, dem Kopfbruststück, verschmolzenen Kopf, keine Fühler, zwei Kiefer- und vier Beinpaare und einen gliedmaßenlosen Hinterleib. Ihre Körperhaut ist meist weich, sie atmen entweder durch ihre ganze Körperoberfläche oder durch Tracheen, die entweder röhren- oder sackförmig sein können. In letzterem Falle sind sie Erweiterungen (sogenannte Lungen) mit innerlich blätterigem Bau. Die Spinnentiere sind als Männchen und Weibchen getrennt, haben nur in seltenen Fällen lebendige Junge, legen vielmehr in der Regel Eier, aus denen die Jungen meist in Gestalt der Alten hervorkommen. Bei einigen indessen findet eine schwach fortschreitende oder eine stark rückschreitende Verwandlung statt.

Die Arachniden nähren sich von lebenden Tieren, beziehentlich von deren Blut, selten von Pflanzensäften. Verschiedene sind Schmarotzer, und unter ihnen finden sich solche des Menschen. Die meisten sind Landbewohner, und diese sind in heißeren Gegenden am kräftigsten entwickelt; doch gibt es auch im süßen Wasser und im Meere Vertreter dieser Klasse.

Die einzelnen Ordnungen der Spinnentiere bieten beträchtliche Verschiedenheiten, und wir wollen bloß folgende fünf in Betracht ziehen: Gliederspinnen, Afterspinnen, Echte Spinnen, Milben und Asselspinnen.

1) Ordnung: **Gliederspinnen (Arthrogastra).**

Die Gliederspinnen sind Spinnentiere mit teils deutlich, teils gar nicht segmentiertem Kopfbruststück, mehr oder weniger gestrecktem, sich mit verbreiterter Basis an das Kopfbruststück ansetzendem Hinterleib. Sie atmen teils durch gewöhnliche Tracheen, teils durch die als „Lungen" bezeichnete Abart derselben. Ihre Freßwerkzeuge sind entweder kauend oder saugend.

Sie sind versteckt lebende, nächtliche, ausschließlich landbewohnende Tiere, zu denen die größten Formen der Spinnentiere gehören. Ihre Verbreitung ist zwar nahezu universell, aber die meisten und größten ihrer Vertreter finden sich in heißen Ländern der Alten und der Neuen Welt. Die meisten besitzen starke Gifte abscheidende Drüsen.

Die Gliederspinnen zerfallen in vier Unterordnungen: Echte Skorpione, Afterskorpione, Phrynen und Walzenspinnen.

1) Unterordnung: **Echte Skorpione (Scorpiones):** Gliederspinnen mit kurzen, scherenförmigen Kieferfühlern, beinartig verlängerten, am freien Ende eine große Schere tragenden Kiefertastern und vier kräftigen Beinpaaren. Das Kopfbruststück ist kurz und gedrungen, der deutlich gegliederte Hinterleib zerfällt in zwei Abschnitte: einen breiteren, abgeflachten, aus sieben Gliedern bestehenden, langen vorderen und einen gegen ersteren plötzlich abgesetzten, verschmälerten, weniger flachen, sechsgliederigen, sehr langen hinteren (Schwanz), dessen letztes, hinter der Afteröffnung gelegenes Glied aufgetrieben erscheint und zwei Giftdrüsen enthält, die in einem nach unten gekrümmten Stachel nach außen münden. Am Anfang des Hinterleibes sitzen an der Unterseite ein Paar kurze, kammförmige, bewegliche Organe, die, nervenreich, wie sie sind, Sitz eines besonders stark entwickelten Gefühles sein dürften. Zur Atmung dienen vier Paar Tracheenlungen. Die Körperbedeckung ist derb und lederartig, die Färbung entspricht der nächtlichen Lebensweise und ist düster, braun, schwarz, bisweilen mit einem Stich in das Olivengrüne. Die Weibchen bringen lebendige Junge zur Welt, die sich noch eine Zeitlang nach der Geburt auf dem Körper der Mutter aufhalten.

Die Skorpione (S. 89) packen ihre Beute, Insekten, Asseln u. dgl., mit den Scheren und versetzen ihr mit ihrem Stachel, der ihnen auch als Waffe dient, einen Stich. Große tropische Arten können durch ihr Gift auch dem Menschen gefährlich werden. Beim Laufen tragen sie ihren Schwanz nach vorn gebogen über sich.

Sie bewohnen wärmere Länder; eine europäische Art findet sich nördlich bis Südtirol.

2) Unterordnung: **Afterskorpione (Pseudoscorpiones).** Die Afterskorpione erscheinen als kleine Skorpione, denen man den Schwanz abgeschnitten hat. Ihre Kieferfühler sind mehr oder weniger verkümmert und zu Saugorganen umgestaltet. Der abgeflachte Hinterleib sitzt dem Kopfbruststück in ganzer Breite an, seine elf Glieder sind gleichartig entwickelt, und er hat keine kammförmigen Anhänge. Die Tierchen atmen durch Tracheen und haben Spinndrüsen.

Der von Staubläusen und kleinen Insekten lebende Bücherskorpion (Chelifer cancroides, S. 90) ist in alten Büchern, vernachlässigten Herbarien und an ähnlichen Stellen keine Seltenheit.

3) Unterordnung: **Phrynen (Phryni).** Die verhältnismäßig großen Phrynen oder Geißelskorpione sind ziemlich flach, haben einen gegen das Kopfbruststück abgesetzten, elf- bis zwölfgliederigen Hinterleib, dessen drei letzte Ringe plötzlich verschmälert sein können und dann eine kurze, in einen langen, gegliederten Faden auslaufende Röhre bilden. Die Phrynen atmen durch Tracheenlungen und haben weder kammförmige Anhänge noch Spinndrüsen. Die Kieferfühler scheinen eine Giftdrüse zu enthalten; die Kiefertaster sind sehr kräftig und endigen bei manchen mit einer Schere, bei anderen in einer scharfen Klaue. Das erste Beinpaar ist sehr dünn, bedeutend verlängert und hat die Gestalt und Bedeutung eines Fühlerpaares.

Die Tiere bringen lebendige Junge zur Welt und sind auf die Tropen der Alten und der Neuen Welt beschränkt.

Die Gattung der Fadenskorpione (Thelyphonus) hat (wie z. B. Thelyphonus caudatus, S. 89) scherenförmige Kiefertaster und einen Schwanzfaden, die Angehörigen der Gattung der Tarantelskorpione (Phrynus) haben dagegen klauenförmige Kiefertaster und keine Schwanzfaden (wie z. B. der Langarmige Tarantelskorpion, Phrynus lunatus, S. 90).

4) Unterordnung: **Walzenspinnen (Solpugae).** Bei den Walzenspinnen zerfällt das Kopfbruststück in den Kopf und in die deutlich dreiringelige Brust; der Hinterleib ist langgestreckt, walzenförmig und besteht aus neun bis zehn Ringen. Die Kieferfühler sind ansehnlich, und die Kiefertaster haben die Gestalt scheren- und klauenloser Beine.

Die Walzenspinnen atmen durch Tracheenlungen und bewohnen dürre Gegenden warmer Länder, wo man vor ihren, allerdings giftigen, Bissen eine übertriebene Angst hat. Die gemeine Walzenspinne (Solpuga araneoides, S. 89) findet sich in den Steppen Südrußlands.

2) Ordnung: **Afterspinnen (Opiliones).**

Die Afterspinnen, zu denen unter anderen auch unsere gemeinen Wandkanker oder Weberknechte gehören, haben ein ungegliedertes Kopfbruststück, dem der kurze, gewölbte und gegliederte Hinterleib mit ganzer Basis ansitzt. Sie haben vier Paar lange Beine, ein Paar scherenförmige, nach unten eingeschlagen getragene Kieferfühler, ein Paar fadenförmige bis beinartige Kiefertaster, keine Spinndrüsen und atmen durch Tracheen. Die Weibchen legen mit einer langen Legeröhre Eier in die Erde.

Die Afterspinnen sind versteckt lebende Tiere, die ihre aus Insekten bestehende Beute nachts im Schlafe überfallen. Sie sind über die ganze Erde gleichmäßig verbreitet und haben noch hoch im Norden Vertreter. In den Tropen finden sich eigentümliche, namentlich durch die Entwickelung des letzten Beinpaares bizarre Formen, wie der brasilianische Krummbeinkanker (Gonyleptes curvipes, S. 90).

3) Ordnung: **Echte Spinnen (Araneae).**

Die Echten Spinnen haben ein ungegliedertes Kopfbruststück, mit dem sich ein ungegliederter Hinterleib mittels Stieles verbindet. Ihre Kieferfühler haben ein klauenförmiges, durchbohrtes und eine Giftdrüse enthaltendes Endglied. Die Kiefertaster erscheinen beinförmig. Die Echten Spinnen atmen durch ein oder zwei Paar Tracheenlungen und haben zwei oder drei Spinnwarzen.

Die Angehörigen dieser Ordnung ernähren sich vom Blute lebender Tiere, die sie entweder räuberisch überfallen, oder denen sie aus einem, dem Chitin und der Seide nahe verwandten, von Spinndrüsen durch die Spinnwarzen abgeschiedenen, an der Luft sofort erhärtenden Stoff Netze bereiten.

Die meisten sind nächtliche Tiere, doch lieben andere den heißen Sonnenschein; einige bauen sich Erdnester und andere glockenförmige Netze unter Wasser.

Die Echten Spinnen sind kosmopolitisch verbreitet, doch sind auch sie quantitativ und qualitativ in den Tropen am stärksten entwickelt. Neben schlicht gefärbten Arten gibt es auch lebhaft bunte.

Diese Ordnung zerfällt in zwei Unterordnungen: Zweilunger und Vierlunger.

1) Unterordnung: **Zweilunger (Dipneumones).** Die Angehörigen dieser Unterordnung haben bloß ein Lungen-, aber drei Spinnwarzenpaare. Ihrer weiteren Klassifikation, auf die wir uns hier nicht einlassen können, hat man die Zahl und Stellung der Augen und die Beschaffenheit des Netzes zu Grunde gelegt.

Die Harlekinspinne (Salticus scenicus, S. 90) hat einen walzenförmigen, länglichen Hinterleib und kurze Beine; sie baut kein Netz, jagt vielmehr im hellen Sonnenschein Fliegen, die sie beschleicht, und auf die sie sich mit einem Sprunge stürzt. Die apulische Tarantel (Tarantula Apuliae, S. 90) bewohnt Südeuropa und gräbt sich tiefe Tunnel, deren Eingang sie mit zusammengesponnenem dürren Laub u. dgl. überdeckt, und die sie nur nachts verläßt. Sie beißt zwar, und, ihrer Größe entsprechend, ziemlich empfindlich, aber ihr Biß ist ganz ungefährlich. Die kleine Gartenluchsspinne (Pardosa saccata, S. 90) erscheint in den ersten Frühlingstagen, und vom Mai an sieht man die Weibchen mit ihren weißen Eiersäckchen herumlaufen. Die niedliche, in ihrer Färbung sehr mannigfache umherschweifende Krabbenspinne (Thomisus viaticus, S. 90) baut so wenig wie die vorige Art Netze, lauert vielmehr auf Blumen und Blättern auf ihre Beute. Sie streckt ihre Beine seitlich von sich und versteht wie eine Krabbe vor-, rück- und seitwärts zu laufen. Die gemeine Wasserspinne (Argyroneta aquatica, S. 91), die tüchtig beißen kann, baut unter Wasser unten offene Glockennester, deren Wandungen so dicht verklebt sind, daß die Luft, die die Spinne an der Oberfläche des Wassers holt, wo sie in ihrem fettigen Haarkleid hängen bleibt, und die sie im Netz sich mit den Beinen abstreicht, durch sie nicht entweichen kann. Die Winkelspinne (Tegenaria domestica, S. 91) ist eine bekannte Hausgenossin, die in den Ecken der Ställe und anderer Gelasse, wo sie nicht gestört wird, ihre horizontalen Netze anlegt. In den Tropen gibt es wunderliche Spinnen, deren feste Hinterleibshaut allerlei dornförmige Auswüchse bildet, wie die javanische Bogenspinne (Gasteracantha arcuata, S. 91), die ähnlich wie unsere gemeine Kreuzspinne (Epeira diadema) zierliche Radnetze baut.

2) Unterordnung: **Vierlunger (Tetrapneumona)** mit zwei Paar Lungen und meist bloß einem Paar Spinnwarzen. Hierher gehört die bekannte Vogelspinne (Mygale avicularia) Südamerikas.

4) Ordnung: Milben (Acari).

Die Milben sind kleine bis sehr kleine Spinnentiere mit völlig ungegliedertem Körper, indem der ungegliederte Hinterleib mit dem ebenfalls ungegliederten Kopfbruststück durchaus verschmolzen ist. Ihre Kiefertaster sind beinförmig, ihre Mundwerkzeuge kauend oder saugend, öfters stechend, und sie atmen durch Tracheen oder haben überhaupt keine besonderen Atmungswerkzeuge. Die Weibchen legen mit Ausnahme einiger weniger Formen, die lebendige Junge zur Welt bringen, Eier, und die Jungen durchlaufen eine Verwandlung, während der die Zahl ihrer Beinpaare von drei auf vier steigt.

Die Milben bewohnen das Land, das süße Wasser und das Meer und ernähren sich von tierischen oder pflanzlichen Stoffen, hauptsächlich von Säften. Viele sind Schmarotzer, einige auch beim Menschen, und ihre Beine tragen dementsprechende Haftapparate.

Ihre Verbreitung ist eine kosmopolitische, doch wissen wir von den tropischen Formen sehr wenig.

Die Angehörigen der Familie der winzigen Haarbalgmilben (Dermatophilidae) sind in erwachsenem Zustand wurmförmig, haben saugende Mundteile und schmarotzen bei Säugetieren, eine Art (Demodex hominis, S. 91) auch beim Menschen. Viel unangenehmer wird aber die zu der Familie der Räudemilben (Sarcoptidae) gehörige, in der menschlichen Oberhaut Gänge bohrende Krätzmilbe (Sarcoptes hominis, S. 91). Aber außer unserer Person werden auch unsere Lebensmittel und Kulturgewächse von Milben bedroht, so der Käse von der Käsemilbe (Tyroglyphus siro, S. 91) und der Weinstock von der wunderlichen Weinblatt-Gallmilbe (Phytoptus vitis, S. 91), die von Wurmgestalt und bloß mit den vorderen Beinpaaren ausgestattet ist. Die Zecken (Ixodidae) ernähren sich saugend vom Blute von Wirbeltieren, so der gemeine (Ixodes ricinus, S. 91) und der violette Holzbock (Ixodes reduvius, S. 91). Die Saumzecke (Argas reflexus, S. 91) haust für gewöhnlich auf Tauben, geht aber nachts auch auf in der Nähe der Schläge schlafende Menschen über. Von einer zu einer anderen Familie (Gamasidae) gehörigen Milbe, der Käfermilbe (Gamasus coleoptratorum, S. 91), sind die großen Mistkäfer und die Totengräber oft ganz bedeckt. Auch die Laufmilben (Trombiidae) schmarotzen vielfach, wenigstens in der Jugend, auf Insekten und Spinnentieren, so die rotsamtige Kochenillemilbe (Trombidium holosericeum, S. 92) auf dem Wandkanker.

5) Ordnung: Asselspinnen (Pantopoda).

Die Asselspinnen sind wegen ihres Aufenthaltes im Meer und wegen ihrer panzerartig harten Hautbedeckung lange Zeit für Krebstiere gehalten worden. Es sind wunderliche, meist kleine, nur in der Tiefsee ansehnlichere Arten umfassende Spinnentiere mit vierringeligem Kopfbruststück und verkümmertem Hinterleib, vier Paar langen, vielgliederigen Beinen, zu denen sich bei den Männchen vorn an der Brust noch ein kleines fünftes gesellt, an dem sie die Eier mit sich herumtragen. Die Asselspinnen atmen durch die Haut, bewegen sich langsam kriechend und nähren sich wahrscheinlich von Pflanzen, manche, besonders die Formen der Tiefsee, wo Pflanzen fehlen, auch von Tiersäften. Hierher gehört die auch auf dem Tang der Nordsee nicht seltene schlanke Krebsspinne (Nymphon gracile, S. 92), die allerdings den Namen einer Pantopode, „nichts als Beine", verdient.

4) Klasse: **Tausendfüßer** (Myriapoda).

Die Mitglieder dieser Klasse sind Gliederfüßer mit einem langgestreckten, aus einer bedeutenden Anzahl von nahezu gleichartig entwickelten Abschnitten bestehenden Körper, mit einem ein Fühlerpaar und in der Regel einfache Augen tragenden Kopf, drei Kiefer- und zahlreichen Beinpaaren. Sie atmen durch Tracheen, sind als Männchen und Weibchen getrennt und legen Eier. Die Jungen durchlaufen eine Verwandlung, indem sie mit einer viel geringeren Anzahl von Körperabschnitten und Beinpaaren, als die Erwachsenen haben, das Ei verlassen.

Die Tausendfüßer sind ausschließlich das Land bewohnende, lichtscheue, versteckt lebende Tiere, die sich von tierischen und pflanzlichen Stoffen ernähren, kosmopolitisch verbreitet sind, weit nach Norden und hoch in den Gebirgen vorkommen. In den Tropen finden sich große Formen. Manche Angehörige dieser sehr artenarmen Klasse der Gliederfüßer leuchten etwas, und andere teilen giftige Bisse aus, die bei den tropischen Riesenarten auch für die Menschen gefährlich sein können.

Diese Klasse umfaßt zwei Ordnungen: die der Einpaarfüßer und die der Zweipaarfüßer.

1) Ordnung: **Einpaarfüßer** (Chilopoda).

Die Einpaarfüßer haben einen abgeflachten Körper, lange Fühler mit zahlreichen Gliedern, an jedem der (16 bis über 100) Körperabschnitte ein einziges Beinpaar, deren vorderstes zu scharfklauigen, mit einer Giftdrüse verbundenen Raubfüßen umgestaltet und an den Kopf herangetreten ist, während das letzte nach hinten gerichtet und oft verlängert ist.

Die Mitglieder dieser Ordnung sind sehr beweglich, laufen schlängelnd und ernähren sich von lebenden Tieren, die sie mit Bissen ihrer Kieferfüße töten. Der braune Steinkriecher (Lithobius forficatus, S. 92) ist eine bei uns sehr häufige Art dieser Ordnung.

2) Ordnung: **Zweipaarfüßer** (Chilognatha).

Die hierher gehörigen Tausendfüßer haben einen rollrunden oder halbwalzigen, langen oder asselartig verkürzten Körper, kurze siebengliederige Fühler, an allen hinter den fünf bis sechs ersten gelegenen Körperabschnitten je zwei Beinpaare, deren letztes nicht verlängert ist, und keine Raubfüße mit Giftdrüsen, wohl aber oft zu ihrer Verteidigung ätzende und giftige Stoffe absondernde Hautdrüsen.

Die durchaus harmlosen Tiere fressen Pflanzenstoffe und höchstens Aas, bewegen sich sehr langsam und rollen sich bei Gefahr zusammen, die langen Formen, wie die in ganz Europa häufige Sandassel (Julus sabulosus, S. 92), spiralig, die kurzen, wie die gleichfalls bei uns allgemein verbreitete gesäumte Schalenassel (Glomeris marginata, S. 92), nach Art vieler Asseln kugelig.

5) Klasse: **Insekten** (Insecta).

Die Insekten haben einen sehr verschieden gestalteten, immer deutlich dreiteiligen, aus Kopf, dreigliederigem Bruststück und neun- bis zehngliederigem Hinterleib gebildeten Körper, ein Fühlerpaar am Kopf, an jedem Brustring unterhalb ein Bein- und in der Regel an den beiden hintersten oberhalb ein Flügelpaar, meist zusammengesetzte und daneben häufig einfache Augen. Ihre Freßwerkzeuge sind sehr verschieden entwickelt, kauend, saugend, stechend, ebenso ihre Beine. Bei deren Leistungen ist oft Arbeitsteilung eingetreten, die in der Regel das vorderste oder hinterste Paar betrifft. Sie können zum Laufen und Schreiten, Springen, Schwimmen und Graben, bisweilen sogar zum Ergreifen der Nahrung dienen.

Die Flügel lenken sich am mittelsten und hintersten Brustring ein und sind selten gleichartig; meist ist das hintere, selten das vordere Paar kleiner oder ganz verkümmert, doch ist letzteres oft derbhäutiger, lederartiger und dient nicht zum Fliegen, sondern um das hintere Flügelpaar und die Oberseite des Hinterleibes als Flügeldecken zu schützen. Wo sie fehlen, kann das ein ursprünglicher Zustand sein oder auf sekundärer Verkümmerung beruhen, die bei beiden Geschlechtern, meist aber nur beim weiblichen, sehr selten nur beim männlichen, sich findet. Oft sind sie, wie gelegentlich auch andere Körperteile, von leicht abreibbaren Schuppen bedeckt und in der Regel durch festere, auf Tracheen zurückführbare Adern oder Nerven gestützt, deren Verlauf ein wichtiges Hilfsmittel der Systematik abgibt. Die am Hinterleibsende auftretenden, meist mit der Brutpflege in Zusammenhang stehenden und daher beim weiblichen Geschlecht meist besser oder allein entwickelten Anhänge, die als Raifen, Griffel, Zangen, Borsten, Legebohrer und Legescheiden, Stachel ꝛc. bezeichnet werden, sind modifizierte untere Gliedmaßen, so gut wie die Freßwerkzeuge.

Die Körperbedeckung, so verschieden sie auch immer hinsichtlich ihrer Härte, Dicke, Skulptur, Farbe ꝛc. entwickelt sein mag, enthält nie Einlagerungen von Kalksalzen.

Die Insekten atmen durch Tracheen, die sich durch den ganzen Körper, sich zweizinkig teilend und immer zarter werdend, verzweigen und mit Eingangsöffnungen (Stigmen) beginnen, die sich an den Seiten der Brust oder des Hinterleibes oder auf der Oberseite des letzteren in sehr verschiedener Zahl befinden.

Die Angehörigen dieser Ordnung sind durchweg als Männchen und Weibchen getrennt, und die Weibchen bringen selten lebendige Junge zur Welt, legen vielmehr Eier. Neben der gewöhnlichen Vermehrung kommt noch parthenogenetische vor, und diese kann eine stets auftretende, für die Erhaltung der betreffenden Arten notwendige oder eine zufällig und mehr gelegentlich sich einstellende Erscheinung sein. Im ersteren Falle erzeugen besondere weibliche Formen (Ammen) wieder Generationen von Ammen bis zu einem gewissen Zeitpunkt, wo männliche und weibliche Individuen erscheinen, im letzteren sind die parthenogenetisch erzeugten Individuen Männchen. Manche Arten legen Eier, die befruchtet werden, und aus denen weibliche, und unbefruchtete Eier, aus denen männliche Individuen hervorgehen, wie z. B. die Honigbiene. Sehr selten ist eine ungeschlechtliche Vermehrung (Pädogenesis) der Larven (bei gewissen Mückenformen).

Die Entwickelung der Jungen ist immer mit einer Verwandlung verbunden. Diese kann gering sein, sich auf Wachstum des Körpers, Auftreten der Flügel beschränken oder ziemlich verwickelt sein. In letzterem Falle schieben sich zwischen Ei und vollentwickeltem Insekt zwei Zustände ein; in dem einen ernährt sich das Tier, sammelt Material zu seiner weiteren Vollendung: es ist eine Larve; in dem zweiten ruht es in der Regel und verarbeitet den von ihm als Larve erworbenen Stoff: es ist eine Puppe, aus der dann das fertige Insekt (die Imago) nach längerer oder kürzerer Zeit schlüpft.

Fast immer ist solchergestalt die Verwandlung eine fortschreitende, selten nur ist sie eine rückschreitende (schmarotzende Weibchen der Fächerflügler). Daneben kommt eine zunächst rückschreitende, dann wieder fortschreitende vor (Hypermetamorphose), bei der die anfangs höher entwickelte Larve nach und nach eine niedere Organisation annimmt, aber doch als völlig und normal entwickelte, im Besitz aller üblichen Organe befindliche Imago die Puppe verläßt. Diese merkwürdige Erscheinung zeigt der Entwickelungsgang einiger als Larven in den Nestern von Bienen und Wespen schmarotzender Käfer (Maiwürmer, spanische Fliegen, Sitaris).

Verschiedene Insekten (Ameisen, Bienen, Wespen, Hummeln, Termiten) bilden Staaten mit zufolge von Arbeitsteilung verschieden organisierten Bürgern, indem nämlich neben Männchen und fortpflanzungsfähigen Weibchen sogenannte Geschlechtslose, in Wahrheit unfruchtbare Weibchen, bisweilen von verschiedener Art, als Arbeiterinnen, Soldaten ꝛc. vorhanden sein können.

Die Ernährungsart der Insekten ist so mannigfach, wie es die zur Nahrung dienenden Stoffe selbst sind. Es ist keine seltene Erscheinung, daß Larve und Imago sehr verschiedene Nahrung genießen; die erstere kann fleisch-, die letztere pflanzenfressend sein und umgekehrt. Viele sind äußerliche und innerliche Schmarotzer; die ersteren bleiben das oft zeitlebens (Insekten mit sogenannter unvollkommener Verwandlung, Läuse, Federlinge, Bettwanzen ꝛc.) oder sind es nur als Imago (Floh), während die binnenschmarotzenden Insekten Larven zu sein pflegen (Fliegen, Schlupfwespen).

Insekten finden sich auf der ganzen Erde bis zu den Gefilden des ewigen Schnees des Nordens und der Hochgebirge. Weitaus die meisten bewohnen das Land, viele zeitlebens oder als Larven das süße Wasser, selbst sehr warmer Quellen, nur sehr wenige das Meer.

Die Klasse der Insekten, bei weitem die artenreichste aller Tiere, setzt sich aus zwölf Ordnungen zusammen: Urinsekten, Geradflügler, Schein-Netzflügler, Echte Netzflügler, Frühlingsfliegen, Schnabelkerfe, Zweiflügler, Flöhe, Schmetterlinge, Käfer, Fächerflügler u. Hautflügler.

1) Ordnung: **Urinsekten** (Apterogenea).

Die Angehörigen dieser kleinen Ordnung haben vielfache Beziehungen zu den Tausendfüßern. Sie sind von Haus aus ungeflügelt, und einzelne haben an Abschnitten des zehngliederigen Hinterleibes verkümmerte Beine; dazu kommt noch, daß es sehr langgestreckte Formen unter ihnen gibt. Sonst haben die kleinen Tiere beschuppte Körper, beißende Mundwerkzeuge und am letzten Hinterleibsabschnitt fadenförmige Anhänge, die sich unter Umständen nach untenhin schlagen und die Gestalt einer zum Springen, wie beim zottigen Springschwanz (Podura villosa), befähigenden Gabel annehmen. Die Jungen durchlaufen keine Verwandlung.

Sie nähren sich von allerlei modernden Stoffen, feinen Pilzbildungen, finden sich nur auf dem Lande an feuchten Orten, unter Steinen, im Laub, im Winter bisweilen auf dem Schnee und im Hochgebirge im Sommer auf Gletschern, selten oberflächlich auf stehenden Gewässern, in die sie aber nicht eintauchen. Sie dürften kosmopolitisch verbreitet sein.

2) Ordnung: **Geradflügler** (Orthoptera).

Die Geradflügler sind Insekten mit kauenden Freßwerkzeugen, zwei Paar ungleichartigen Flügeln, von denen das vordere lederartig ist und eine Decke bildet, das hintere aber in der Regel das umfangreichere ist. Ihre Verwandlung ist unvollkommen.

Die Weibchen legen Eier, die sie bisweilen (Ohrwürmer) bewachen; die Männchen besitzen oft die Fähigkeit, Töne zu entwickeln. Viele Formen springen.

Die Geradflügler sind ausschließlich Landbewohner, viele genießen nur pflanzliche, andere tierische, die meisten gemischte Kost. Sie sind kosmopolitisch verbreitet, aber in warmen Ländern ungleich größer, gestaltenreicher und farbenprächtiger als in kälteren.

Sie umfassen zwei Unterordnungen: die Ohrwürmer (Dermatoptera) und die eigentlichen Geradflügler (Orthoptera genuina). Die Mitglieder der ersteren haben verkürzte Oberflügel und zusammenfaltbare Unterflügel, bei deren Zusammenfalten sie sich der am letzten Hinterleibsabschnitt befindlichen Zange bedienen. Der hierher gehörige gemeine Ohrwurm (Forficula auricularia, S. 92) macht sich in Gärten durch Zerstören von Blumen oft unangenehm bemerkbar, während man den großen Ohrwurm (Forficula gigantea, S. 92) nur selten einmal zu Gesicht bekommt.

Die eigentlichen Geradflügler teilt man ihrer Bewegungsart nach in drei Horden: laufende (Cursoria), schreitende (Gressoria) und springende (Saltatoria). Die widerlichen Schaben, zu denen außer der allgemein bekannten Küchenschabe (Periplaneta orientalis, S. 92) auch noch die deutsche (Blatta germanica, S. 92) gehört, sind laufende Geradflügler. Schreitende Formen sind die in Südeuropa häufige, vereinzelt auch in Süddeutschland vorkommende Gottesanbeterin (Mantis religiosa, S. 94), die ihre Schienen gegen ihre Schenkel wie die Klinge eines Taschenmessers gegen sein Heft einschlagen kann und so Fliegen zerstückt. Ferner gehören zu dieser Horde das ostindische wandelnde Blatt (Phyllium siccifolium, S. 93) und die Südeuropa bis Agram und Montpellier bewohnende Rossische Gespenstschrecke (Bacillus Rossii, S. 93); die beiden letzteren sind harmlose Pflanzenfresser.

Die springenden Formen sind die zahlreichsten und auch bei uns an Arten und Individuen gut entwickelt, wenn auch die Wanderheuschrecke (Pachytylus migratorius, S. 93), obwohl einzelne Exemplare im östlichen Deutschland bis Thüringen hinein alljährlich gefunden werden, doch nur selten massenhaft auftritt. Ein bekannter und, wenn auch unerwünschter, so doch nicht ungemütlicher Hausfreund ist das Heimchen (Gryllus domesticus, S. 94), während die Werre (Gryllotalpa vulgaris, S. 94) mit ihren kolossalen Grabbeinen entschieden eins der häßlichsten, freilich auch der merkwürdigsten einheimischen Insekten ist.

3) Ordnung: Schein-Netzflügler (Pseudoneuroptera).

Diese Ordnung wurde von den älteren Naturforschern mit der, die wir jetzt als die der Echten Netzflügler bezeichnen, zusammengeworfen und ist erst später unter obigem Namen von ihr getrennt worden. Allerdings hießen die Libellen, die man jetzt hierher rechnet, zuerst und mit besserem Grunde Netzflügler, so daß die Benennung Schein-Netzflügler entschieden keine historische Berechtigung hat.

Die Angehörigen dieser Ordnung haben kauende Mundwerkzeuge, zarte, dünnhäutige, oft durch zahlreiche Adern gegitterte Flügel und eine mehr oder weniger unvollkommene Verwandlung. Es sind kleine bis recht ansehnliche Insekten; manche leben von Pflanzenstoffen, andere sind Allesfresser und die dritten kühne Räuber. Nur vor dem Zustande voller Ausbildung bewohnen manche das süße Wasser. Ihre Verbreitung ist kosmopolitisch.

Die Schein-Netzflügler umfassen drei Unterordnungen: Blasenfüße (Physopoda), Naglinge (Corrodentia) und Bolde (Amphibiotica). Die Blasenfüße sind sehr kleine, schmale, abgeflachte Tierchen mit rüsselartigen, zum Saugen eingerichteten Mundteilen und gleichgroßen, schmalen, nicht faltbaren Flügelpaaren, die einander decken, am Außenrande lange Wimpern tragen und eine nur geringe Aderung besitzen. Das zweite Glied der Füße ist zu einer großen Haftscheibe umgebildet. Die Tiere saugen Pflanzensäfte. Der Getreide-Blasenfuß (Limothrips cerealium, S. 94) hat schon öfters die Weizenähren zerstört. Die Angehörigen der zweiten Unterordnung haben ebenfalls meist gleichartige, nicht faltbare Flügel mit geringer Aderung, aber kauende Freßwerkzeuge. Hierher gehören die von trockenem Pflanzenstaub lebenden Holzläuse mit der liniierten Holzlaus (Psocus lineatus, S. 94). Auch die berüchtigten Termiten (z. B. die tropisch-amerikanische schreckliche Termite [Termes dirus], S. 94) oder weißen Ameisen gehören hierher. Sie zeichnen sich durch zwei fast ganz gleichartige Flügelpaare aus, bilden Staaten mit verschieden gestalteten und verschieden thätigen Individuen, führen ein nächtliches, mindestens dem Licht entzogenes Leben und fressen pflanzliche, aber auch tierische Stoffe. Nach der Paarung verlieren die Weibchen die Flügel, und ihre Eierstöcke schwellen ungeheuer an. Bei der Unterordnung der Bolde unterscheiden sich die im Wasser lebenden, mit kiemenartigen, von Tracheen durchzogenen Anhängen am Hinterleib ausgestatteten Larven sehr deutlich von den Imagines. Beide, wenn die Imagines überhaupt etwas genießen, leben von tierischer Kost und lieben meist das Sonnenlicht. Die zweischwänzige Uferfliege (Perla bicaudata, S. 94) trägt ihre Flügel übereinander, platt auf dem Leib. Die ihre beiden Flügelpaare in der Ruhe nach oben geklappt tragenden Eintagsfliegen (Ephemeridae), zu denen die gemeine Eintagsfliege (Ephemera vulgata, S. 95) gehört, haben eine sehr bemerkenswerte Verwandlung, indem aus der Puppe eine mit Flügeln versehene und etwas flugfähige Vorimago, dann aber erst nach nochmaliger Häutung die echte Imago hervorgeht. Die Libellen (Libellulidae) haben als Larven (S. 95) eine sehr große, zum Packen geschickte Unterlippe, die „Maske", und sind sehr räuberisch. Eine der größten einheimischen Arten ist der gemeine Plattbauch (Libellula depressa, S. 95).

4) Ordnung: Echte Netzflügler (Neuroptera).

Bei den Echten Netzflüglern, die kauende Freßwerkzeuge, zwei häutige und netzartig geaderte Flügelpaare und eine vollkommene Verwandlung haben, ist der erste Abschnitt des Bruststückes deutlich gegen den zweiten abgesetzt und frei beweglich. Die räuberischen Larven bewohnen das Land oder das Wasser und verwandeln sich in echte Puppen, die sich aber selbständig fortbewegen können.

Diese Ordnung ist nur klein, dürfte aber kosmopolitisch vertreten sein. Zu ihr gehört die wunderliche gemeine Skorpionsfliege (Panorpa communis, S. 94), die sich mit hüpfendem Flug im Gebüsch herumtreibt und kleine Insekten fängt, und die als Larve im Wasser lebende Wasserflorfliege (Sialis lutaria, S. 95). Die in unseren Häusern oft überwinternde gemeine Florfliege (Chrysopa vulgaris, S. 95) hat eine grüne, bisweilen strohgelbe Färbung und schöne goldig-grüne Augen; sie legt merkwürdig gestielte Eier und richtet als Larve unter den Blattläusen schreckliche Verheerungen an, ebenso die rauhe Landjungfer (Hemerobius hirtus, S. 95). Die wunderlichste Lebensweise hat aber die mundlose Larve des gemeinen Ameisenlöwen (Myrmeleon formicarius, S. 96), die, ihre durchbohrte, zum Aussaugen geschickte Maulzange aufsperrend, im Grund eines von ihr selbst in den Sand gegrabenen Trichters sitzt und auf Beute lauert.

5) Ordnung: **Frühlingsfliegen (Trichoptera).**

Die Frühlingsfliegen oder Köcherjungfern sind Insekten mit zwei Paar behaarten oder beschuppten Flügeln, die in der Ruhe sich dachartig deckend getragen werden, und von denen das vordere größer als das hintere ist. Sie zeigen eine trübe, gräuliche, bräunliche, bisweilen schwärzliche Färbung. Die Mundteile sind verkümmert, und die Imagines genießen nichts. Die Larven leben im süßen Wasser, in selbstverfertigten, aus allerlei Fremdkörpern, Steinchen, Sand, Schneckenhäuschen, abgestorbenen und frisch abgebissenen Pflanzenteilen ꝛc. zusammengesponnenen röhrenförmigen Gehäusen, die bei jeder Art ihre eigene Beschaffenheit haben (S. 96). Festsitzende Gehäuse sind selten, die meisten werden von den beweglichen Larven herumgeschleppt, wobei sie den Kopf und die drei oben mit stärkerer Chitinhülle als die Hinterleibringe bedeckten Brustringe und die ziemlich langen Beine daraus hervorstrecken. Sie haben meist fadenförmige Kiemenanhänge, beißende Freßwerkzeuge und leben von Pflanzenstoffen. Sie verpuppen sich auch in diesen Gehäusen, aber die beweglichen Puppen verlassen dieselben und begeben sich an das Land, wo die Imagines erscheinen.

Die Frühlingsfliegen sind Kosmopoliten und finden sich weit nach den Polen zu und hoch in die Gebirge hinauf.

Eine sehr häufige einheimische Art ist die rautenfleckige Frühlingsfliege (Lymnophilus rhombicus, S. 96).

6) Ordnung: **Schnabelkerfe (Rhynchota).**

Die Mitglieder dieser Ordnung haben stechende und saugende Mundteile, die einen spitzen Rüssel oder, wie es in diesem Falle heißt, „Schnabel" bilden. Der Kopf sitzt im ersten Brustring, der gegen den zweiten frei beweglich ist. Die Schnabelkerfe sind ungeflügelt oder geflügelt. In letzterem Falle ist das vordere Flügelpaar entweder zum größeren Teil hornig oder lederartig, bloß hinten glasig und deckt das hintere häutige, zum Fliegen geschickte, oder es ist gleichfalls häutig. Die Verwandlung ist meist eine unvollkommene. Parthenogenesis ist bei ihnen verbreitet.

Die meisten dieser Tiere finden sich auf dem Lande, viele im süßen Wasser, einige sogar in oder besser auf dem Meere. Sie ernähren sich von tierischen und pflanzlichen Säften, und viele schmarotzen äußerlich, einige auch beim Menschen. Nicht wenige Arten haben einen widerlichen Geruch, einige geben Töne von sich. Sie sind kosmopolitisch verbreitet, und in den Tropen finden sich große, teilweise prachtvoll gefärbte Arten.

Diese Ordnung umfaßt vier Unterordnungen: Läuse, Pflanzenläuse, Zirpen und Wanzen.

1) Unterordnung: **Läuse (Aptera).** Die echten Läuse sind kleine, flügellose Schnabelkerfe mit undeutlich gegliedertem Bruststück und meist neungliederigem Hinterleib. Es sind Außenschmarotzer, wie die Kopflaus (Pediculus capitis, S. 97) und die Kleiderlaus (Pediculus vestimenti, S. 97) des Menschen.

2) Unterordnung: **Pflanzenläuse (Phytophthires).** Die Männchen der kleinen, unscheinbaren Pflanzenläuse haben meist zwei, selten ein Flügelpaar, und die Weibchen sind in der Regel ungeflügelt. Sie leben von Pflanzensäften und werden unter Umständen sehr schädlich. Bei den Schildläusen (Coccidae) sind die Weibchen schildförmig und flügellos, die Männchen unterstehen einer Verwandlung, haben im vollentwickelten Zustand große Vorder- und verkümmerte oder gar keine Hinterflügel, aber durchaus verkümmerte Mundteile, genießen auch nichts. Die keine Verwandlung durchlaufenden Weibchen sind nahezu festsitzende Tiere, die an ihrem in Pflanzen eingebohrten Schnabel vor Anker liegen, die Körpersegmentierung eingebüßt haben und zu einer konkaven Decke ihrer abgelegten Eier werden. Parthenogenesis kommt in dieser Unterordnung vor. Die berühmteste und zugleich eine der wenigen nützlichen Arten ist die Cochenille (Coccus cacti, S. 97).

Die Blattläuse (Aphidae) haben meist zwei Paar dünnhäutige Flügel, die selten den Männchen, häufiger den Weibchen fehlen. Von den sehr zahlreichen Arten ist meist jede an eine bestimmte Pflanzenart gebunden, von deren Saft sie lebt. Parthenogenesis ist hier allgemein, und die sogenannten agamen Weibchen oder Ammen bringen unter günstigen Verhältnissen durch zahlreiche Generationen immer wieder Ammen, und zwar lebendige, zur Welt. Werden die Verhältnisse, z. B. im Herbst, ungünstig, so entstehen als Männchen und Weibchen getrennte Individuen, die in gewöhnlicher Art sich fortpflanzen. Die Weibchen legen hartschalige Eier, die überwintern und im Frühjahr Ammen liefern. Eigentümlich ist der Vorgang der Fortpflanzung bei der Reblaus (Phylloxera vastatrix, S. 97), die ja auch eine Blattlaus, wenn auch eine etwas abweichende ist. Im Herbst legen die echten Weibchen ihre großen Eier, jedes eins in Spalten 2c. des eigentlichen Weinstockes, wo sie als „Wintereier" überwintern. Im Frühjahr erscheinen aus ihnen Ammen, die die feinsten Wurzeln aufsuchen, um sich an sie festzusaugen. Hier bringen sie parthenogenetisch wieder, aber als Eier, Ammen zur Welt, die sich in der Nachbarschaft der Mutter an Wurzelfaserchen festsaugen und wieder parthenogenetische Eier legen. Dieser Vorgang wiederholt sich den ganzen Sommer. Zwischen den Wurzelläusen späterer Generationen treten einige etwas abweichend beschaffene Individuen (Nymphenpuppen) auf, die die Wurzeln und die Erde verlassen und nach ihrer letzten Häutung geflügelte Rebläuse sind; diese Ammenformen dienen zur Vergrößerung des befallenen Gebietes, sie werden vom Winde hierhin und dorthin, viele auch auf benachbarte Weinstöcke verschlagen, wo sie besonders an den Blattrippen zweierlei, größere und kleinere, Eier legen, aus denen nun die flügellosen, der Freßwerkzeuge entbehrenden Männchen (aus den kleineren) und Weibchen (aus den größeren) hervorgehen. Die letzteren suchen den Stamm des Weinstockes auf, in dessen Ritzen 2c. sie die Wintereier ablegen, und damit ist die Generationsreihe geschlossen.

3) Unterordnung: **Zirpen (Homoptera).** Die Zirpen oder Cikaden haben zwei Paar meist häutige Flügel, jedoch ist das vordere bisweilen lederartig und bunt und bildet eine Art von Flügeldecken. In der Ruhe decken beide übereinander gelagert den Körper dachartig. Der Kopf ist meist ansehnlich und trägt unten einen weit nach hinten liegenden Schnabel. Viele Arten haben verdickte Hinterschenkel und springen. Manche Formen geben im männlichen Geschlecht Töne von sich, wie die südeuropäische, stellenweise auch in Deutschland vorkommende gemeine Singcikade (Cicada plebeja, S. 98), andere erzeugen durch ihren Stich an der Wohnpflanze eigenartige Ausschwitzungen, wie die südeuropäische Mannacikade (Cicada orni, S. 98) an der Manna-Esche. Eine fast kosmopolitisch verbreitete Art, die thöricht genug der europäische Laternenträger heißt (Pseudophana europaea, S. 99), ist auch in Deutschland keine Seltenheit.

4) Unterordnung: **Wanzen (Hemiptera).** Die Wanzen haben in der Regel zwei Paar dem Körper wagerecht aufliegende Flügel, von denen das vordere horn- oder lederartig und nur in seinem letzten Teil glasig häutig ist und dem hinteren, rein häutigen Paar als Decke dient. Es gibt Arten, die die Flügel sowohl beim Männchen als auch beim Weibchen, und solche, die sie beim Männchen entbehren. Zwischen sie springt oben vom Halsschilde her ein dreieckiger Fortsatz, das „Schildchen", vor. Der Schnabel entspringt weit vorn am Kopfe und wird in der Ruhe an die Brust eingeklappt.

Die Tiere bewohnen das Land sowie das süße und salzige Wasser, sind kosmopolitisch verbreitet und besonders in den Tropen reich an großen Arten, während nicht bloß hier, sondern auch überall lebhaft bunte vorkommen. Sie ernähren sich teils von pflanzlichen, teils von tierischen Säften, manche von beiden, und einige wenige sind Halbschmarotzer. Viele stinken abscheulich.

Die hauptsächlich braun bis schwarz gefärbte Hottentotenwanze (Eurygaster maurus, S. 99) hat ein mit der Spitze weit nach hinten reichendes Schildchen und ist bei uns keine Seltenheit. Die rote und schwarze, am unteren Stammesende alter Lindenbäume hausende sogenannte flügellose Feuerwanze (Pyrrhocoris apterus, S. 98) kommt sowohl in Individuen mit als auch ohne Hinterflügel vor, während die Bettwanze (Cimex lectularius, S. 99) in allen Individuen durchaus flügellos ist. Eine interessante Form ist die verwandte Buckelwanze (Tingis affinis, S. 99), die sich durch durchscheinende, saumartig vorstehende seitliche Verbreiterungen des Halsschildes und der Vorderflügel auszeichnet.

Die gemeine Rindenwanze (Aradus corticalis, S. 99) lebt unter der Rinde abgestorbener Bäume und hat einen entsprechend abgeflachten Körper. In und auf unseren süßen Gewässern leben eine ganze Reihe von Formen (S. 98), die den Familien der Rückenschwimmer (Notonectidae, die Gattungen Notonecta, Corisa), der Wasserskorpione (Nepidae, die Gattungen Nepa, Naucoris, Ranatra) und der Wasserläufer (Hydrometridae, die Gattungen Hydrometra, Velia) angehören.

7) Ordnung: **Zweiflügler (Diptera).**

Die Ordnung der Zweiflügler ist eine sehr artenreiche, und ihre Mitglieder sind ausgezeichnet durch drei völlig miteinander verwachsene Brustringe und durch saugende und dabei bisweilen stechende Mundteile. Nur das vordere, meist einfach glasige Flügelpaar ist wohlentwickelt (abgesehen von einigen exzeptionellen Falten), das hintere aber immer (zu sogenannten Schwingkölbchen oder Haltern) verkümmert. Die Verwandlung ist eine vollkommene, die Larven bewohnen meist versteckte, feuchte Örtlichkeiten, Erde, Schlamm, modernde Vegetabilien, das Wasser, und viele schmarotzen in lebenden Tieren und Pflanzen. Sie sind fußlos, und nur die wenigen freilebenden Formen haben bunte Färbung. Bei manchen Fliegenlarven zerfallen Teile des Innern in Keimkörper, die sich abermals zunächst zu Larven, dann zu Imagines entwickeln. Diese Erscheinung heißt Pädogenesis.

Die Fliegen sind kosmopolitisch verbreitet und, wie es scheint, quantitativ und qualitativ in den Tropen nicht viel, wenn überhaupt, stärker entwickelt als in gemäßigten Gegenden.

Diese Ordnung umfaßt zwei Unterordnungen: Echte Fliegen und Lausfliegen.

1) Unterordnung: **Echte Fliegen (Diptera genuina).** Die Angehörigen dieser Unterordnung haben an der Oberlippe bedeckte Oberkiefer. Die Weibchen legen Eier oder bringen eben im Mutterleib ausgeschlüpfte Junge zur Welt.

Die echten Fliegen verteilen sich nach der Beschaffenheit der Puppen auf zwei Horden.

a) Erste Horde: die Larven werfen kurz vor ihrer Verpuppung ihre Haut ab. Hierher gehören, von vielen anderen zu schweigen, die als Larven und als freibewegliche Puppen im Wasser lebenden Stechmücken mit der bräunlich grauen, am Hinterleib und an den Beinen weißgeringelten Ringelmücke (Culex annulatus, S. 99) und die artenreichen, zarten, als Larven in Pflanzenteilen wohnenden und sie gallenartig verbildenden Gallmücken mit der dem Getreide oft außerordentlich schädlich werdenden Hessenfliege (Cecidomyia destructor, S. 99). Der Gärtner (Bibio Marci, S. 99) fliegt im Frühling und wird als Larve verschiedenen Gartengewächsen sehr schädlich, während die Rinderbremse (Tabanus bovinus, S. 100) als Imago die Rinderherden außerordentlich belästigt. Die Raubfliegen (Asilidae) leben als Larven von faulem Holz oder unter der Erde in Wurzeln, als Imagines aber vom Safte anderer Insekten. Zu ihnen gehört die öländische Habichtsfliege (Dioctrica œlandica, S. 100) und die gewürfelte Schnepfenfliege (Empis tessellata, S. 100). Die Schwebfliegen (Bombyliidae) leben als Larven in den Nestern von wilden Bienen und lassen sich hier als untergeschobene Kinder anstatt der eigentlichen Bienen mit ernähren, so der gemeine Trauerschweber (Anthrax semiatra, S. 100).

b) Zweite Horde: die Larven werfen vor ihrer Verpuppung die letzte Larvenhaut nicht ab, verpuppen sich vielmehr innerhalb derselben, wobei diese oft die Gestalt eines Tönnchens annimmt. Zu dieser Horde gehören die am allgemeinsten bekannten Fliegen, z. B. der im August so lästige Wadenstecher (Stomoxys calcitrans, S. 100), die stahlblaue Brummfliege (Musca vomitoria, S. 100)', die gemeine Stubenfliege (Musca domestica, S. 100) und die Schmeißfliege (Sarcophaga carnaria, S. 100). Die wilde Raupenfliege (Echinomyia ferox, S. 100) schmarotzt als Larve in Schmetterlingsraupen, die Magenbreme (Gastrophilus equi, S. 100) in dem Magen des Pferdes, die Nasenbreme (Oestrus ovis, S. 100) in der Stirnhöhle des Schafes und die Biesfliege (Hypoderma bovis, S. 101) unter der Haut des Rindes. Ein ganz harmloses, dem Unkundigen höchstens wegen einer gewissen Ähnlichkeit mit der Honigbiene als stechfähig verdächtiges Tier ist die Schlammfliege (Eristalis tenax, S. 101), deren in schmutzigem Wasser, Mistpfützen u. dgl. lebende Larve in ihrer Erscheinung etwas Rattenartiges hat. Ein sogar nützliches Tier ist die mondfleckige Schwirrfliege (Syrphus seleniticus, S. 101), da ihre Larve von Blattläusen lebt.

2) Unterordnung: **Lausfliegen (Pupipara).** Es sind Zweiflügler von kurzer, gedrungener Gestalt. Die drei Ringe des Bruststückes verschmelzen völlig zur Bildung eines Brustkastens miteinander. Der Hinterleib ist breit, meist zusammengedrückt. Die Füße endigen in kannenartigen Krallen zum Anklammern. Die Flügel sind oft verkümmert oder fehlen vollkommen. Die Larven (immer je eine) entwickeln sich im Innern der Mutter in einer Tasche, die mit Drüsen verbunden ist. Die Ausscheidung dieser Drüsen dient der Larve, die erst unmittelbar vor der Verpuppung geboren wird, zur Nahrung. Die rasch nach vorn, hinten und den Seiten huschenden Lausfliegen schmarotzen äußerlich auf Säugetieren, Vögeln und Bienen, die Pferde-Lausfliege (Hippobosca equina, S. 101) auf Pferden und Rindern.

8) Ordnung: **Flöhe (Aphaniptera).**

Die Flöhe sind kleine, seitlich zusammengedrückte Insekten mit drei deutlich voneinander getrennten gleichgroßen Brustringen, von denen der mittelste und hinterste statt der Flügel plattenartige Anhänge trägt. Die Mundwerkzeuge sind zu einem Stech- und Saugorgan umgestaltet, die Schenkel des zum Springen dienenden Beinpaares sind verdickt. Die Verwandlung ist eine vollkommene. Die Imagines schmarotzen auf Säugetieren und Vögeln, verlassen aber ihre Wirte und tauschen ihre Wohnsitze nach Belieben. Hierher gehört das populärste Insekt, der gemeine Floh (Pulex irritans, S. 101).

9) Ordnung: **Schmetterlinge (Lepidoptera).**

Die Schmetterlinge sind Insekten mit zwei Paar ansehnlichen, meist buntbeschuppten, selten (bei weiblichen Individuen) fehlenden Flügeln, deren vorderstes das größere ist, saugenden, aber nicht stechenden Mundwerkzeugen und vollkommener Verwandlung. Die Larven (Raupen) leben fast ausschließlich von Pflanzenstoffen, manche genießen auch ihresgleichen (Mordraupen) oder Tierhäute, Haare, Federn. Parthenogenesis kommt gelegentlich als Ausnahme vor. Die teils am Tage, teils in der Nacht thätigen Imagines naschen Blumen- und Baumsäfte, Wasser u. dgl.

Die Schmetterlinge sind zwar kosmopolitisch bis weit über den Polarkreis und in den Hochgebirgen bis an die Grenzen des ewigen Schnees verbreitet, aber in jeder Beziehung am üppigsten in den Tropen, besonders Südamerikas und der malaiisch-papuanischen Inselwelt, entwickelt, während Afrika auffällig arm an ihnen ist.

Man teilt diese Ordnung in zwei große Gruppen: Groß- und Kleinschmetterlinge.

1) Gruppe: **Großschmetterlinge** (Macrolepidoptera). Diese Gruppe umfaßt sieben Untergruppen:

1) Tagfalter (Diurna). Die Tagfalter haben am freien Ende geknöpfte Fühler, dünne, zarte Körper, große, breite, in der Ruhe nach oben auf- und zusammengeschlagene Flügel. Die Raupen sind sechzehnbeinig, meist glatt oder dornig, selten behaart und verwandeln sich meist frei ohne Gespinst oberhalb der Erde in eckige oder blasig aufgetriebene Puppen. Hierher gehört der schöne Schwalbenschwanz (Papilio Machaon) und sein naher Verwandter, der Segelfalter (Papilio podalirius, S. 102), der schädliche Baumweißling (Pieris crataegi, S. 101), das in einer hellerbraunen (Vanessa levana) und in einer dunklerbraunen Generation (prorsa) fliegende Landkärtchen (S. 102), ferner das Mauerauge (Pararge Megaera, S. 104), der Eisvogel (Limenitis populi, S. 103), das Dukatenfalterchen (Polyommatus virgaureae, S. 103), das gefleckte Feuerfalterchen (Polyommatus Phlaeas, S. 103), der Adonis-Bläuling (Lycaena Adonis, S. 103), das Komma (Hesperia comma, S. 103) und das Perlenband (Nemeobius Lucina, S. 103).

2) Dämmerungsfalter (Sphinges) oder Schwärmer. Diese Schmetterlinge haben kantige, sich nach vorn zu erst langsam verdickende, dann an der Spitze sich nadelartig verdünnende Fühler, einen kräftigen, dicht und lang beschuppten Körper mit meist schlank kegelförmigem

Hinterleib, kräftige, in der Ruhe dachartig auf den Rücken gelegte Flügel, das vordere Paar lang und schmal, das hintere bedeutend kleiner. Die sechzehnbeinigen Raupen sind glatt, hinten meist mit einem Horn versehen, und verpuppen sich ohne Gespinste in der Erde. Bekannte hierher gehörige Schmetterlinge sind unter anderen das Abendpfauenauge (Smerinthus ocellatus, S. 103) und das Täubchen (Macroglossa stellatarum, S. 103) oder der Karpfenschwanz.

3) Holzbohrer (Xylotropha). Die Holzbohrer sind kräftige Schmetterlinge mit schmalen, in der Ruhe dem Körper wagerecht oder dachförmig anliegenden Flügeln. Die weichhäutigen, flachen, glatten, nur mit ganz vereinzelten Haaren besetzten Raupen leben im Innern von Pflanzen. Bekannte einheimische Vertreter dieser Gruppe sind: der Weidenbohrer (Cossus ligniperda, S. 104) und der Hornissenschwärmer (Trochilium apiforme, S. 104).

4) Bärenspinner (Cheloniariae). Die Bärenspinner haben keulenförmige oder borstenförmige Fühler, kräftige, kurz und anliegend behaarte Körper, in der Ruhe dachförmig getragene, meist lebhaft bunte Flügel. Die sechzehnfüßigen Raupen haben einzelnstehende Borsten oder sind dicht und bisweilen sehr lang behaart. Sie verpuppen sich in lockeren Gespinsten oder in strohartigen Kokons oberhalb der Erde. Eine der häufigsten Arten ist der braune Bär (Arctia caja, S. 104), weniger weitverbreitet sind das Steinbrech-Widderchen (Zygaena filipendulae, S. 104) und der Weißfleck (Syntomis Phegea, S. 104).

5) Spinner (Bombyces). Die zu dieser Gruppe gehörigen Großschmetterlinge haben dicht wollig behaarte Körper mit plumpen Hinterleibern, kurze, beim Männchen an beiden Seiten und oft sehr stark gekämmte, bei dem Weibchen borstenförmige oder schwach gekämmte Fühler. Die Flügel, die bei den immer trägen Weibchen öfters verkümmert sind, werden in der Ruhe dachförmig getragen. Die sechzehnbeinigen Raupen sind glatt, filzig oder borstig behaart und verpuppen sich entweder in der Erde in mehr oder weniger lockeren, oder an Baumstämmen u. dgl. oberhalb der Erde in sehr festen Gespinsten. Spinnerartige Schmetterlinge unserer Fauna sind: der den Obstbäumen bisweilen schädlich werdende Blaukopf (Diloba coeruleocephala, S. 104), der große Gabelschwanz (Harpyia vinula, S. 105), bei dessen glatter Raupe das hinterste Beinpaar, wie bei der sehr wunderlichen des Buchenspinners (Stauropus fagi, S. 105), die Gestalt einer zweizinkigen Gabel hat, der sehr schädliche, durch die giftigen Haare seiner Raupen dem Menschen gefährlich werdende Eichenprozessionsspinner (Cnethocampa processionea, S. 105). Eine als Raupe den Nadelhölzern oft sehr verderblich werdende Form ist die Nonne (Ocneria monacha, S. 107) und der Kiefernspinner (Gastropacha pini, S. 106), während der Schwammspinner (Ocneria dispar), der Ringelspinner (Gastropacha neustria) und der Kopfhänger (Dasychira pudibunda, S. 106) die Laubbäume schädigen. Der als Raupe in einem aus Fremdkörpern selbstverfertigten Gehäuse lebende gemeine Sackspinner (Psyche unicolor, S. 107) ist nur als Männchen beflügelt, während das in dem Gehäuse verbleibende Weibchen raupenähnlich ist.

6) Eulen (Noctuae). Die nächtlichen Eulenschmetterlinge haben lange, borstenförmige, selten beim Männchen gekämmte Fühler, schmächtig kegelförmige, anliegend behaarte Hinterleiber, mäßig große, in der Ruhe dachförmig oder wagerecht flachgetragene Flügel. Die meist nackten, selten sparsam beborsteten oder behaarten Raupen haben meist 16, seltener 14 oder 12 Beine und verpuppen sich in der Regel in der Erde, selten zwischen zusammengesponnenen Blättern oder eingenagt in Holz. Aus dieser, auch bei uns sehr artenreichen Gruppe seien hervorgehoben: die Futtergras-Eule (Neuronia popularis, S. 107), die schöne Mangold-Eule (Brotolomia meticulosa, S. 107), die gemeine Graseule (Charaeas graminis, S. 107), die als Raupe den Kiefern schädliche Forleule (Trachea piniperda, S. 107) und das rote Weiden-Ordensband (Catocala nupta, S. 108).

7) Spanner (Geometrae). Die meist zart-, selten plumpleibigen Spanner haben borstenförmige oder gekämmte Fühler, große, breite, zarte Flügel, die meist horizontal ausgebreitet, seltener dachförmig getragen werden. Die Weibchen haben bisweilen verkümmerte Flügel. Die nackten Raupen haben 10, seltener 12 Füße und verpuppen sich in lockeren Gespinsten in der Erde. Der Birkenspanner (Amphidasis betularia, S. 108) ist im Frühling keine Seltenheit, und der Stachelbeerspanner (Abraxas grossulariata, S. 108) entblättert als Raupe oft die Stachelbeerbüsche; der gelbe Gänsefußspanner (Larentia chenopodiata, S. 108) ist in Gärten im Hochsommer häufig.

2) Gruppe: **Kleinschmetterlinge** (Microlepidoptera). Diese Gruppe, deren Mitglieder borstenförmige, nur bei den Männchen gelegentlich (Zünsler) gekämmte Fühler haben, umfaßt vier Untergruppen:

1) Zünsler (Pyrales). Die Zünsler sind kleine, zarte Schmetterlinge mit zarten, in der Ruhe mit ihren Hinterrändern aneinanderschließenden, dachartig getragenen Flügeln. Die dünn und zerstreut behaarten Raupen haben 14—16 Füße und leben meist im Pflanzenmark, in Früchten und in zusammengesponnenen Blättern, manche als Gäste des Menschen von Fett, Mehl oder als Gäste der Bienen von Honig. Von Mehl lebt die Raupe des Mehlzünslers (Asopia farinalis, S. 109), in zusammengesponnenen Blättern und in Schoten der Ölsaaten der schädliche Rübsaatpfeifer (Botys margaritalis, S. 109).

2) Wickler (Tortrices). Die Wickler sind zwar auch klein, aber ziemlich kräftig gebaut; die Flügel werden dachförmig getragen, und die vorderen sind an der Wurzel ausgebaucht; so erhält der ruhende Schmetterling ein wappenschildähnliches Ansehen. Ein den Eichen sehr schädlicher Wickler ist der Grünwickler (Tortrix viridana, S. 109), während der Kieferngallwickler (Retina resinella, S. 109) und der Kieferntriebwickler (Retina Buoliana, S. 109) die Kiefern schädigen. Die Raupe des mondfleckigen Erbsenwicklers (Grapholitha dorsana, S. 110) lebt in frischen Erbsen.

3) Schaben (Tineae) oder Motten. Die Mitglieder der Schabengruppe sind kleine, in der Regel sogar äußerst kleine, hinfällige Insektchen mit meist zugespitzten, schmalen, oft selbst linienförmigen, an den Hinter- und Seitenrändern dann lang behaarten Flügeln, die in der Ruhe wagerecht aufliegen oder zum Teil um den Körper gewickelt werden. Die Raupen haben 14—16 Füße, leben in der Regel von pflanzlichen, einige auch von tierischen Stoffen, bauen sich oft Gehäuse oder minieren in Blättern. Hierher gehört die sehr schädliche Kornmotte (Tinea granella, S. 109), die gemeine, als Raupe von Wollstoffen lebende Kleidermotte (Tinea pellionella, S. 109) und die als gesellschaftlich lebende Raupe die Obstbäume mit dichten Gespinsten überziehende Apfelbaum-Gespinstmotte (Hyponomeuta malinella, S. 111). Eine der kleinsten Formen ist die Lärchenminiermotte (Coleophora laricinella).

4) Geistchen (Pterophori) oder Federmotten. Die Geistchen sind sehr zarte, dünn- und langbeinige Kleinschmetterlinge mit tief eingespaltenen Flügeln, die in der Ruhe horizontal im rechten Winkel vom Körper abstehend getragen werden. Die häufigste Art ist das als Raupe auf Winden lebende weiße Geistchen (Pterophorus pentadactylus, S. 110).

10) Ordnung: **Käfer (Coleoptera).**

Die Käfer sind sehr verschieden gestaltete, meist kräftige, wenn auch oft kleine Insekten mit freiem vordersten Brustring, zwei Flügelpaaren, von denen das vordere, derb hornige, bisweilen verkürzte, das häutige hintere, das oft fehlt, ebenso wie den Hinterleib als Schutz überdeckt. Selten (Weibchen der Leuchtkäfer) fehlen beide Paare. Die Mundteile sich meist kauend, selten leckend (Hirschkäfer) und noch seltener saugend. Die Beine sind meist kräftig, oft lang zu raschem Lauf, oder die hinteren sind verbreitert und zum Schwimmen oder dickschenkelig und zum Springen eingerichtet. Das vorderste Paar ist bisweilen zum Graben geeignet.

Die Käfer legen meist Eier, selten haben sie lebendige Larven, und Parthenogenesis ist ganz vereinzelt bei ihnen beobachtet worden. Sie durchlaufen eine vollkommene, bisweilen mit Hypermetamorphose verbundene Verwandlung, und ihre mit beißenden Mundwerkzeugen ausgestatteten Larven sind entweder fußlos, madenartig, aber mit wohl entwickeltem Kopf (Rüsselkäfer), oder sie besitzen drei Paar Brustbeine; im übrigen sind sie ebenso verschiedenartig wie die Imagines.

Manche Käfer besitzen im larvalen und im vollentwickelten Zustand Leuchtkraft. Sie bewohnen meist das Land, viele das süße Wasser, und zwar meist amphibisch, so daß sie es nach Willkür verlassen können (schwimmende Formen rc.). Im übrigen ist die Lebensweise so außerordentlich verschieden, daß sich nichts Gemeingültiges sagen läßt. Sie genießen tierische oder pflanzliche Stoffe in lebendem oder totem Zustand oder beiderlei Stoffe nebeneinander. Manche sind als Larven Raubtiere, als Imagines Pflanzenfresser. Viele hausen als Gäste im ausgebildeten und larvalen Zustand oder nur als Larven bei Ameisen, einige bei Termiten. In

Bienen- und Wespennestern finden sich einige Arten im Larvenzustand als Brutschmarotzer, manche auch im vollentwickelten Zustande. Ein paar äußerlich schmarotzende, sehr seltene Formen sind bekannt (Biberfloh [Platypsillus castoris] und kleine Raubkäfer bei Mäusen).

Die Käfer sind von allen Insekten am weitesten verbreitet, besonders Rüssel-, Dung-, Raub- und Laufkäfer; manche Familien sind indessen in ihrem Vorkommen sehr beschränkt. Die Tropen beherbergen die größten und schönsten Formen.

Die Ordnung zerfällt nach der Zahl der Fußglieder in vier Gruppen und in eine ungemein große Anzahl von Familien und Unterfamilien.

1) Gruppe: **Cryptotetramera.** An allen Füßen sind nur drei Glieder deutlich entwickelt, das vierte ist verkümmert. Hierher gehören die Marienkäferchen (Coccinellidae, S. 110) mit ihren bunten, freilebenden Larven.

2) Gruppe: **Cryptopentamera.** Ein Glied der fünfgliederigen Füße ist verkümmert. Zu dieser Gruppe zählen die Blattkäfer (Chrysomelidae) mit den Erdflöhen (S. 111), dem Koloradokäfer (Leptinotarsa decemlineata, S. 110) und die piependen Lilienkäfer und Spargelhähnchen (S. 111). Die schönsten Mitglieder sind die langhörnigen, als Larven meist in Holz lebenden Bockkäfer (Cerambycidae), wie der mit verkürzten Flügeldecken versehene große Halbdeck-Bockkäfer (Necydalis major, S. 110), der nach Moschus riechende Moschusbock (Aromia moschata, S. 111) und der kurzhörnige Waldbock (Spondylis buprestoides, S. 111), während sich der häufige Zimmerbock (Acanthocinus aedilis, S. 112) besonders im Männchen durch sehr lange Fühlhörner auszeichnet. Stattliche, aber träge Tiere sind der Weidenbock (Lamia textor, S. 112) und der Pappelbock (Saperda carcharias, S. 112), während der kleinere Aspenbock (Saperda populnea, S. 112) schon lebhafter ist. Sehr schädlich für die Forstkultur sind die Borkenkäfer (S. 112), teilweise auch die Rüsselkäfer, wie der kleine Kiefernrüsselkäfer (Pissodes notatus, S. 113) und der große schwarze Rüsselkäfer (Otiorhynchus niger, S. 111), während der Langrüßler (Balaninus nucum, S. 111) als Larve die Haselnüsse dezimiert.

3) Gruppe: **Heteromera.** Die beiden vorderen Beinpaare haben fünf-, das hintere hat viergliederige Füße. Hierher gehört die spanische Fliege (Lytta vesicatoria, S. 113), der bunte Maiwurm (Meloë variegatus, S. 114), der Müller (Tenebrio molitor, S. 113) mit seiner als Mehlwurm bekannten Larve.

4) Gruppe: **Pentamera.** Alle Füße sind meist fünfgliederig. Hierher gehören unter andern der bunte Ameisenkäfer (Clerus formicarius, S. 113), die leuchtenden Johanniskäfer (Lampyris, S. 113), die Schnellkäfer (Elateridae, S. 114), die die Fähigkeit haben, wenn sie auf dem Rücken liegen, sich in die Höhe zu werfen, die schönen Prachtkäfer (z. B. Chalcophora mariana, S. 114), die Rosenkäfer (Cetoniidae, z. B. die einheimischen Gattungen Cetonia Trichius u. a. m., S. 114), der gemeine Nashornkäfer (Oryctes nasicornis, S. 114), der gemeine Maikäfer (Melolontha vulgaris, S. 115), der grabende Dungkäfer (Aphodius fossor, S. 115), der den alten Ägyptern heilige Pillendreher (Ateuchus sacer, S. 115), die Totengräber (Necrophorus, S. 115), die kurzflügeligen Raubkäfer (Staphilinidae, S. 116), die Schwimmkäfer (Dyticidae, S. 116), die Laufkäfer (Carabicidae, S. 116) und die Sandkäfer (Cicindelidae, S. 115).

11) Ordnung: Fächerflügler (Strepsiptera).

Das ist die merkwürdigste Ordnung der Insekten, die aus wenigen kleinen Arten besteht. Bei den Männchen sind die beiden ersten Brustringe klein, aber ihr dritter ist ganz bedeutend entwickelt, denn während das am zweiten Brustring befestigte Flügelpaar verkümmert ist und bloß zwei kurze, am freien Ende aufgerollte Plättchen darstellt, ist das am dritten eingelenkte, der Länge nach faltbare sehr groß und bedarf ansehnlicher bewegender Muskeln, die sich immer im dritten Brustringe befinden. Die Mundwerkzeuge sind verkümmert. Die Weibchen sind ungeflügelt und madenartige Schmarotzer bei anderen Insekten (Wespen, Bienen und Küchenschaben). Soweit die Entwickelung bekannt ist, ist sie mit Verwandlung verbunden.

Die Larve hat, wenn sie aus dem Ei kommt, drei Beinpaare und ein Paar Schwanzborsten, bohrt sich in die Larven der Hautflügler, in deren Nestern sie haust, ein, wächst und verpuppt sich mit ihnen, ohne ihnen wesentlich schädlich zu werden. Erscheint der Wirt als Imago, so verwandelt sich auch der Schmarotzer dazu und verläßt ihn, wenn er ein männliches Individuum ist, während das weibliche bei ihm bleibt und nur das Hinterende zwischen zweien seiner Hinterleibsringe hervorstreckt. Hier wird es von dem Männchen aufgesucht. Mit diesem Schmarotzer behaftete Wespen heißen „stylopisiert". Die Ordnung umfaßt nur eine Familie (Stylopidae) mit mehreren Arten, von denen Rossis Gast (Xenos Rossii, S. 117) bei der französischen Papierwespe (Polistes gallica, S. 120), Peckis Gast (Xenos Peckii, S. 117) aber bei Erdbienen (Andrena) schmarotzt

12) Ordnung: **Hautflügler (Hymenoptera).**

Die Hautflügler sind Insekten von meist ziemlich schmächtiger Gestalt, mit kleinem, mindestens oben mit dem zweiten verwachsenen ersten Brustring, mit einem mit dem Bruststück durch eine breite Basis oder durch einen Stiel verbundenen Hinterleib, der im ersteren Falle aus 8—9, im letzteren aus höchstens sechs Abschnitten besteht, mit beißenden oder leckenden Mundwerkzeugen, meist mit zwei Flügelpaaren, die selten und dann fast nur beim Weibchen (die Feigenwespe macht eine Ausnahme) fehlen. Die Weibchen haben einen von zwei Seitenklappen eingeschlossenen Legebohrer oder Stachel. Die Weibchen legen Eier, die Verwandlung ist eine vollkommene, und die versteckt lebenden Larven sind madenartig, fuß- und farblos, während die offen lebenden drei Paar Brust- und zahlreiche (6—8 Paar) Hinterleibsfüße haben und farbig sind. Parthenogenesis kann vorkommen. Bei staatenbildenden Formen finden sich in der Entwickelung zurückgebliebene Weibchen, entweder von einer Art (als Arbeiterinnen bei Bienen, Hummeln, Wespen, den meisten Ameisen) oder (bei anderen Ameisen) von mehrerlei Art, als Arbeiterinnen, Soldaten u. s. w. Viele Hautflügler füttern ihre Brut. Die Nahrung ist entweder pflanzlich oder tierisch oder gemischt. Zahlreiche Formen sind in der Jugend, fast ausschließlich bei Gliederfüßern und namentlich bei Insektenlarven, Schmarotzer.

Die Hautflügler sind kosmopolitisch verbreitet, und in den Tropen überwiegen große, oft metallisch und lebhaft gefärbte Arten, aber wohl nur scheinbar, da jene Gegenden nur auf diese hin eingehender untersucht worden sind. In gemäßigten Klimaten sind sie meist nur klein, aber sehr reich an Arten.

Diese Insektenordnung umfaßt 2 Unterordnungen: bohrende und stechende Hautflügler.

1) Unterordnung: **Bohrende Hautflügler (Terebrantia).** Die weiblichen Individuen dieser Unterordnung haben am Hinterleibsende eine frei zu Tage tretende, bisweilen zurückziehbare, immer unmittelbar zur Brutpflege in Beziehung tretende Legeröhre oder einen Legestachel.

Die bohrenden Hautflügler verteilen sich auf drei Gruppen: Pflanzenfressende Bohrwespen, Gallwespen und insektenfressende Bohrwespen.

a) Gruppe: **Pflanzenfressende Bohrwespen** (Phytophaga). Diese Bohrwespen haben einen sich mit ganzer Basis an das Bruststück anschließenden Hinterleib und einen zurückziehbaren, sägeartigen Legebohrer. Die Larven leben von Pflanzenstoffen, haben Beine und sehen meist den Schmetterlingsraupen ähnlich, heißen daher auch Afterraupen. Die der Blattwespen (Tenthredinidae) leben meist frei von Blättern oder in Gallen oder in Früchten. In der Regel haben sie neben den drei Brustbeinpaaren noch 3—8 Beinpaare am Hinterleib; selten fehlen solche überhaupt. Eine der ansehnlichsten Arten ist die Birken-Knopfhornwespe (Cimbex betulae, S. 117), und äußerst schädlich ist die Kiefern-Kammhornwespe (Lophyrus pini, S. 118). Die Holzwespen (Uroceridae) haben einen langgestreckten, cylinderförmigen, aus neun Ringen zusammengesetzten Hinterleib und einen meist hervorstehenden, aus einem am Ende sägeartig gezahnten Mittel- und zwei plattenartigen Seitenteilen bestehenden Legebohrer. Die farblosen Larven haben bloß die drei Brustbeinpaare und leben in Holz, in Getreidehalmen ꝛc. Die in Nadelholzwäldern nicht seltene Riesen-Holzwespe (Sirex gigas, S. 117) zeigt bemerkenswerte Unterschiede zwischen Männchen und Weibchen.

b) Gruppe: **Gallwespen** (Gallicola). Bei den Gallwespen ist der Hinterleib gestielt. Die Larven haben überhaupt keine Füße und keinen After und hausen meist einzeln oder gesellschaftlich in eigenartigen Pflanzenauswüchsen (Gallen), die durch das Nagen der jungen Larven im

Pflanzengewebe, in das die Mutter die betreffenden Eier gelegt hatte, entstehen. Doch gibt es auch in Insekten schmarotzende Formen unter den Gallwespenlarven. Gelegentlich findet sich Generationswechsel bei diesen Hautflüglern, indem auf eine geflügelte, auf gewöhnlichem Wege sich fortpflanzende Generation eine meist ungeflügelte, parthenogenetisch sich vermehrende, und auf diese wieder jene u. s. f. folgt. Auch die Gallen beider Generationen sehen verschieden aus und befinden sich zwar an denselben Pflanzenarten, aber an verschiedenen Stellen. Sehr bekannte Formen sind die gemeine Gallapfelwespe (Cynips folii, S. 117) und die an Rosenbüschen die moosigen Schlafäpfel oder Bedeguare durch ihre Anwesenheit als Larve erzeugende gemeine Rosengallwespe (Rhodites rosae, S. 117).

c) Gruppe: **Insektenfressende Bohrwespen** (Entomophaga). Die hierher gehörigen, meist kleinen bis sehr kleinen Wespen haben gestielte Hinterleiber, an deren Hinterende der von zwei Klappen eingefaßte, oft sehr lange Legebohrer frei hervorsteht. Die Weibchen legen ihre Eier in oder an die Larven und Eier anderer Insekten, seltener Spinnen, in denen ihre Larven schmarotzen; die Gruppe ist außerordentlich zahlreich an winzigen, oft schön metallisch glänzenden und durch prächtige Hautskulpturen ausgezeichnete Arten. Die Erzwespchen (Pteromalidae, S. 117), deren größte Art die in den Larven der Waffenfliege (Stratiomyia furcata) schmarotzende gestielte Schenkelwespe (Smicra clavipes, S. 117) ist, sind eine sehr artenreiche Familie, von der schon 1863 allein aus Großbritannien gegen 1200 Arten bekannt waren. Die Braconiden (Braconidae) schmarotzen hauptsächlich in Schmetterlingsraupen und in den Larven von Holzkäfern. Durch seine Vertilgungen von Raupen des Kiefernspinners macht sich Microgaster nemorum (S. 118) um die Forstkultur sehr verdient. Die echten Schlupfwespen Ichneumonidae, S. 118) sind die größten zu dieser Gruppe gehörigen Hautflügler. Ansehnliche Formen sind z. B. die Kiefernspinner-Sichelwespe (Anomalon circumflexum, S. 119) und Ophion undulatus (S. 119). Die kleinen Chalcidier (Chalcidiidae, S. 117) sind sehr artenreich.

2) Unterordnung: **Stechende Hautflügler (Aculeata).** Die stechenden Hautflügler haben einen gestielten Hinterleib und im Weibchen (einschließlich der Arbeiterinnen) einen zurückziehbaren, durchbohrten, mit einer Giftblase in Verbindung stehenden Stachel. Die fuß- und afterlosen Larven werden von den eigenen Müttern oder den Arbeiterinnen in der Regel in selbstverfertigten Nestern oder Zellen gefüttert. Es gibt auf rein pflanzliche und rein tierische Kost angewiesene, aber auch gemischte Kost genießende Formen unter ihnen. Die staatenbildenden Hautflügler gehören hierher. Die Familie der Ameisen (Formicidae, S. 118) hat ungeflügelte Arbeiterinnen von bisweilen verschiedenartiger Gestalt und mit verschiedenartigen Beschäftigungen, als wirkliche Arbeiterinnen und als Soldaten (z. B. Pheidole pallidula, S. 118). Der Stachel kann bei Angehörigen dieser Familie bisweilen verkümmern, während die Giftblase vorhanden und in Thätigkeit bleibt. Die meisten Arten sind Allesfresser, doch gibt es auch reine Vegetarier unter ihnen. Wunderschöne Tiere mit rotem, blauem, grünem Goldglanz sind die Goldwespen (Chrysidae, S. 119 u. 120), die ihre Eier in die Nester anderer einzeln lebender insektenfressender Wespenformen legen. Die Heterogynen (Heterogyna) sind eine Familie von Stech-Immen, bei denen Männchen und Weibchen sehr verschieden sind. Die Angehörigen dieser Familie, die bei uns nur durch wenige Arten, aber in den Tropen, besonders in Südamerika, durch zahlreiche und große Arten vertreten ist, zeigen lebhafte, aber nicht metallische Farben, leben einsiedlerisch, und die Weibchen legen ihre Eier an andere Insekten oder in Bienennester. Die Naturgeschichte dieser Tiere ist noch wenig bekannt. Die europäische Spinnenwespe (Mutilla europaea, S. 119) findet sich bei uns namentlich in sandigen Waldgegenden, die rotköpfige Dolchwespe (Scolia erythrocephala, S. 119) im südöstlichen Europa. Die Wegwespen (Pompilidae, S. 120) zeichnen sich durch lange, schlanke Beine aus; die Weibchen bauen entweder Brutröhren in den Sand und tragen ihren Jungen fortwährend Gliederfüßer, besonders Spinnen, zu, oder legen ihre Eier an diese. Die Grabwespen (Crabronidae, z. B. die gemeine Sandwespe, Ammophila sabulosa, S. 119) haben ihre Brutzellen unter der Erde oder in moderndem Holz. Die Weibchen bringen ihren Jungen entweder täglich aus Insekten bestehende Nahrung oder versorgen sie ein für allemal damit. In ersterem Falle beißen sie die Insekten tot, in letzterem stechen sie mit ihrem Giftstachel die Beutetiere in das zentrale Nervensystem, so daß sie zwar völlig gelähmt, aber nicht tot sind und nicht verwesen und eintrocknen können. Die Faltenwespen (Vespidae, S. 120) haben schlanke, nackte Körper,

lange, schmale, der Länge nach faltbare Flügel, leben entweder einsiedlerisch und kommen dann bloß als Männchen und fortpflanzungsfähige Weibchen vor, bauen kleine, meist kugelige Nester aus Sand, Lehm u. dgl. und füttern ihre Larven mit totgebissenen Insekten, oder sie bilden Staaten mit nicht fortpflanzungsfähigen Weibchen (Arbeiterinnen) und füttern die Larven mit Pollen und Honig in Nestern, die aus papierartigen Massen bestehen. Die größte einheimische Art der letzteren ist die Hornisse (Vespa crabro, S. 120). Auch die Bienen (Apiariae, S. 120 und 121), die plumpere, meist behaarte Körper und keine zusammenfaltbaren Flügel haben, leben entweder einzeln oder in Staaten, in denen es neben Männchen (Drohnen) und Weibchen (Königinnen) auch noch, und zwar als wesentlichste Einwohner, eine Art von Arbeiterinnen gibt. Eine einzeln lebende Form ist die gemeine Tapezierbiene (Megachile contuncularis, S. 121), die ihre Nester in Holz anlegt und dieselben mit Stückchen von Rosenblättern austapeziert, die sie mit den Kiefern ausgeschnitten hat. Artenreich ist bei uns die Familie der einsam lebenden Schenkelsammlerinnen (Merilegidae, S. 122), bei denen die Arbeiterinnen den Blumenstaub an der Körperseite unmittelbar oberhalb der Hinterschenkel oder an diesen selbst sammeln. Auch die Schienensammlerinnen (Podilegidae, S. 122) leben einsam und sammeln den Blumenstaub an den mit dichten Haaren bis zur Ferse besetzten Schienen des hintersten Beinpaares. Die echten Bienen (Apidae) bilden Staaten mit Arbeiterinnen und sind Körbchensammler, d. h. sie sammeln den Blumenstaub als „Höschen" in einzelnen, an der Außenseite der Hinterschenkel befindlichen, am Rande von einfachen Borsten umstellten Grübchen, den „Körbchen". Hierher gehören die gemeine (Apis mellifica, S. 120), die italienische (Apis ligustica, S. 120) und die ägyptische Honigbiene (Apis fasciata, S. 120) sowie die Hummeln (S. 122).

7) Kreis: **Weichtiere** (Mollusca).

Die Weichtiere haben einen meist seitlich symmetrischen Körper mit keiner oder nur verwischter Abteilung in Abschnitte, eine bauchständige muskulöse Verdickung der Körperwand (Fuß) und einfache, dann in der Regel spiralig aufgerollte, oder zweiklappige, selten mehrteilige Kalkschalen; oder sie sind nackt. Meist ist auch eine Duplikatur der weichen Haut (Mantel) vorhanden, die das ganze Tier oder bloß die Atmungswerkzeuge umschließt; sie kann aber auch fehlen. Der Mund hat häufig besondere Kauapparate, und der After ist meist rückenständig. Die Weichtiere sind als Männchen und Weibchen getrennt oder zwitterig, legen Eier oder bringen lebendige Junge zur Welt, und die Jungen durchlaufen oft eine verwickelte Verwandlung. Parthenogenesis, Teilung und Generationswechsel sind nicht bekannt.

Die Mollusken sind im erwachsenen Zustande teils frei, aber meist langsam bewegliche, teils festsitzende Tiere und bewohnen feuchte Orte auf dem Lande und das Süßwasser, am meisten aber das Meer. Sie ernähren sich von tierischer, pflanzlicher und gemischter Kost, viele nur von feinsten organischen Verwesungsstoffen. Einige schmarotzen äußerlich, manche aber auch innerlich.

In heißen Ländern sind die Arten zahlreicher, meist auch größer und farbenprächtiger. Manche Formen, besonders von Süßwasser bewohnenden, sind aber unter gemäßigten Klimaten am besten entwickelt.

Indem wir einige kleinere Klassen übergehen, wollen wir drei Klassen ins Auge fassen: die Muscheltiere, die Schnecken oder Bauchfüßer und die Kopffüßer.

1) Klasse: **Die Muscheltiere** (Lamellibranchiata).

Die freilebenden oder festsitzenden Muscheltiere haben einen seitlich symmetrischen, zusammengedrückten Körper, keinen besonders abgesetzten Kopf, einen meist auch seitlich zusammengedrückten, selten abgeflachten oder verkümmerten Fuß. Der Mund ist ohne Kauwerkzeuge, aber jederseits von einem lippenartigen Fortsatz eingefaßt. Der am Rücken entspringende Mantel umhüllt das ganze Tier in einer rechten und linken Hälfte, die in der unteren Mittellinie in verschiedenem Umfange miteinander verwachsen, und sondert auf seiner Oberfläche jederseits eine Kalkschale ab; beide Schalen verbinden sich oberhalb des Rückens durch ein horniges Band, oft auch noch durch ein aus Zähnen an dem einen und entsprechende Vertiefungen an dem anderen Schalenrande zu stande kommendes Schloß. Die blätterigen, umfangreichen Kiemen liegen rechts und links zwischen Körperoberseite und Mantelinnenseite. Die meisten Muscheltiere sind als Männchen und Weibchen getrennt; sie legen meist Eier, bringen selten lebendige Junge zur Welt und durchlaufen in der Jugend eine Verwandlung, während der sie äußerlich schmarotzen können. Sie sind ausschließlich Bewohner des Wassers, und zwar hauptsächlich des Meeres in allen seinen Tiefen. Manche in der Nähe der Oberfläche lebende Arten bohren sich in Schlamm, Sand, Holz oder Stein ein und können während der Ebbe vom Wasser unbedeckt sein. Sie ernähren sich vom feinsten organischen Verwesungsstoff.

Die Klasse der Muscheltiere umfaßt zwei Ordnungen: Asiphoniata und Siphoniata.

1) Ordnung: **Asiphoniata.**

Der hintere Mantelrand ist einfach, nicht röhrenartig verlängert. Hierher gehört die Familie der Austern (Ostreidae) mit ungleich entwickelten, schloßlosen Schalen, deren eine meist festgewachsen ist; demzufolge ist das Bewegungsorgan, der Fuß, verkümmert. Die bekannteste Art und zugleich das bekannteste Muscheltier überhaupt ist die eßbare Auster (Ostrea edulis, S. 123). Die schöne, gleichfalls in diese Familie gehörige, auch in der Nordsee vorkommende Feilmuschel (Lima hians, S. 124) baut sich auf dem Boden des Meeres aus allerlei Fremdkörpern, die sie mit horniger Masse von einer im Fuß gelegenen Drüse (Byssusdrüse) zusammenspinnt, ein Nest. Die Familie der Miesmuscheln (Mytilidae) hat einen in der Regel kleinen Fuß mit großer Byssusdrüse und ein von einer hornigen Oberhaut überzogenes, durch ein langes Band und ein langes Schloß verbundenes Schalenpaar. Angehörige dieser Familie sind die edle Perlenmuschel (Meleagrina margaritifera, S. 124), die bekannte eßbare Miesmuschel (Mytilus edulis, S. 124) und die in Steinen bohrende Steindattel (Lithodomus lithophagus, S. 125) des Mittelmeeres. Die Angehörigen der Familie der Flußmuscheln (Unionidae), zu denen die Flußperlenmuschel (Margaritana margaritifera, S. 123) gehört, enthält freie und festgewachsene Formen; die ersteren haben einen keilförmigen Fuß mit großer Byssusdrüse, die letzteren einen verkümmerten. Die Schalen sind auch hier mit einer hornigen Oberhaut überzogen. Alle hierher gehörigen Arten bewohnen das süße Wasser und sind in Nordamerika am besten entwickelt.

2) Ordnung: **Siphoniata.**

Die verwachsenen Mantelränder bilden nach hinten zwei Röhren (Siphonen), durch deren untere das mit Sauerstoff und feinsten Nahrungspartikelchen versehene Atemwasser ein-, und durch deren obere das des Sauerstoffs und der Nahrung beraubte Wasser mit dem Kote abfließt. Die Familie der Herzmuscheln (Cardiidae) mit der an Englands Südküste häufigen stacheligen Herzmuschel (Cardium echinatum, S. 124) hat kurze Siphonen und einen langen, knieförmig gebogenen Fuß, während der Steinbohrer (Pholas dactylus, S. 124) aus der Familie der Pholadidae sehr lange Siphonen und einen sehr kleinen Fuß hat. Noch länger sind jene bei dem wurmförmigen, in Holz eingebohrten, mit rudimentärem Schalenapparat versehenen Bohrwurm (Teredo fatalis, S. 125), der hölzernen Deich- und Hafenbauten schon sehr gefährlich wurde.

2) Klasse: **Schnecken** (Cephalophora).

Die Schnecken haben einen mehr oder weniger deutlich entwickelten Kopf, einen in der Mittellinie des Bauches befindlichen platten oder seitlich zusammengedrückten oder zu seitlichen flossenartigen Anhängen verbreiterten Fuß, einen den Eingeweidesack umgebenden, manchmal verkümmerten Mantel. Der Mund enthält stets Kauwerkzeuge, und meist ist eine spiralige, seltener schüsselförmige Schale vorhanden. Diese Klasse umfaßt zwei Unterklassen: Bauchfüßer und Flossenfüßer.

1) Unterklasse: **Bauchfüßer** (Gastropoda).

Die Angehörigen dieser Unterklasse haben einen meist deutlich entwickelten Kopf, einen meist breiten, sohligen, selten etwas verkümmerten oder seitlich flossenartig zusammengedrückten Fuß an der Bauchseite. Sie haben in der Regel eine Kalkschale und sind entweder als Männchen und Weibchen getrennt oder Zwitter. Sie finden sich auf dem Lande, im süßen Wasser und im Meere, hier namentlich in der Nähe der Küsten.

Diese Unterklasse umfaßt fünf Ordnungen: Hinterkiemer, Kielfüßer, Lungenschnecken, Vorderkiemer und Käferschnecken.

1) Ordnung: **Hinterkiemer** (Opisthobranchia).

Die Hinterkiemer haben entweder mehr oder weniger verkümmerte Schalen oder sind häufiger ganz nackt. Ihre Kiemen stehen hinter dem Herzen, mehr oder weniger frei auf dem Rücken oder an den Körperseiten. Es sind Zwitter, und die Jungen durchlaufen eine Verwandlung, bei der auch die in erwachsenem Zustande nackten Formen als Larven eine Schale haben. Die schöne, in der Färbung veränderliche grüne Samtschnecke (Elysia viridis, S. 125), die auch die deutschen Meere bewohnt, hat keine Kiemen, atmet vielmehr durch die zarten Seitenausbreitungen des Körpers, während die vielwarzige Fadenschnecke (Aeolis papillosa, S. 125), die gemeine Bäumchenschnecke (Dendronotus arborescens, S. 126) und die weiße Griffelschnecke (Aucula cristata, S. 126), die gleichfalls deutsch sind, zahlreiche Kiemenanhänge auf dem Rücken und an den Seiten haben. Eine weiche Schale mit wenig Windungen hat, größtenteils unter dem Mantel versteckt, die gemeine Kugelschnecke (Acera bullata, S. 126), die sich auch im Kieler Hafen findet.

2) Ordnung: **Kielfüßer** (Heteropoda).

Die Kielfüßer sind nackt oder beschalt, haben einen besonders hochentwickelten Kopf, einen im vorderen Teile pflugscharartig zusammengedrückten Fuß. Männchen und Weibchen sind getrennt, die Jungen durchlaufen eine Verwandlung.

Die Kielfüßer sind meist durchscheinend, leben an der Oberfläche des Meeres, besonders in wärmeren Gegenden, und sind arge Räuber. Hierher gehört die weitverbreitete, auch im Mittelmeere nicht seltene Atlanta Peronii.

3) Ordnung: **Lungenschnecken** (Pulmonata).

Die zu dieser Ordnung zählenden Bauchfüßer atmen nicht durch Kiemen, sondern durch eine seitliche, mittels einem Loche mit der Außenwelt in Verbindung stehende Höhlung mit gefäßreichen Wandungen (Lunge). Sie tragen teils Schalen, teils sind sie nackt und bewohnen das Land und das süße Wasser. Man unterscheidet zwei Gruppen nach Lage der Augen: bei der einen (Basommatophora) stehen sie am Grunde von zwei Fühlern, bei der anderen (Stylommatophora) aber, bei denen sie zurückziehbar sind, auf deren Spitzen. Zu den ersteren gehört die Mehrzahl unserer Süßwasserschnecken, wie die große Schlammschnecke (Limnaea stagnalis, S. 127) und die Tellerschnecke (Planorbis corneus, S. 127), zu den letzteren unsere gemeinen, gehäusetragenden Schnirkelschnecken und unsere Nacktschnecken, wie die rot, braun und schwarz vorkommende Wegschnecke (Arion empiricorum, S. 128). Testacella haliotidea (S. 127) findet sich im südlichen Frankreich, die Platzregenschnecke (Scarabus imbrium) sowohl an der Seeküste als auch landeinwärts, ja sogar auf Bergen.

4) Ordnung: **Vorderkiemer** (Prosobranchia).

Die Vorderkiemer haben einen deutlich entwickelten Kopf und Kriechfuß, stets eine schüsselförmige oder gewundene Schale und vor dem Herzen gelegene Kiemen; sie sind als Männchen und Weibchen getrennt. Sie bilden die bei weitem artenreichste Ordnung der Bauchfüßer, bewohnen in wenigen und bescheidenen Arten das Land und das süße Wasser, erreichen aber in den Küstenmeeren der Tropen, besonders im Indischen Ozean, eine in jeder Beziehung großartige Entfaltung. Die meisten von ihnen sind Raubtiere, einige Schmarotzer, besonders bei Stachelhäutern.

Man teilt sie nach Lage und Beschaffenheit ihrer Kiemen in drei Unterordnungen: in Kreiskiemer, Doppelkiemer und Kammkiemer.

1) Unterordnung: **Kreiskiemer (Cyclobranchia).** Bei den zu dieser Unterordnung gehörigen Bauchfüßern stehen die Kiemen im Kreis um den breiten Fuß unter dem Mantelrand. Sie sind ausschließlich das Meer bewohnende, in einzelnen Formen amphibisch lebende Pflanzenfresser mit flachen, napfförmigen, unaufgewundenen Schalen. Typische Vertreter sind die vielfach zur Nahrung des Menschen dienenden Napfschnecken, z. B. die algerische (Patella algira, S. 129).

2) Unterordnung: **Doppelkiemer (Zeugobranchia).** Die Doppelkiemer haben an beiden Seiten symmetrisch verteilte, federförmige Kiemen. Es sind das Meer bewohnende Pflanzenfresser.

3) Unterordnung: **Kammkiemer (Ctenobranchia).** Die kammförmigen Kiemen liegen rechts, und fast stets ist eine spiralig gewundene Schale vorhanden. Die Kammkiemer leben von Tieren und finden sich in vielen Arten im Meere, in einzelnen im süßen Wasser und auf dem Lande. Eine Süßwasserform ist unsere lebendige Junge zur Welt bringende Sumpfschnecke (Paludina vivipara). Zu einer an kleinen Arten sehr reichen meerbewohnenden Gattung gehört die gerippte Rissoe (Rissoa costata, S. 130). Eine ansehnliche, auch unsere Meere bewohnende Form ist die gebänderte Häubchenschnecke (Lacuna divaricata, S. 129), während die gewöhnliche Wurmschnecke (Vermetus lumbricalis, S. 129) vermöge ihrer Seßhaftigkeit den regelmäßigen Bau der Schale eingebüßt hat. Prächtige Schnecken sind die Oliven, von denen die schwarze (Oliva maura, S. 129) eine der schönsten ist, und die Kegelschnecken (Conus), z. B. die gelblich, braun und weiß gescheckte von Ostindien (Conus textilis, S. 129). Auch die artenreichen Porzellanschnecken (Cypraea) sind Kammkiemer, und eine ihrer Arten wird als Scheidemünze, besonders in Ostafrika, benutzt, das Kauri (Cypraea moneta, S. 130). Im Mittelmeer findet sich die durch einen auffallend langen Rüssel gekennzeichnete Tönnchenschnecke (Dolium perdix, S. 130).

Zu dieser Unterordnung gehört auch eine durch Parasitismus ganz entartete Schnecke (Entoconcha mirabilis, S. 131), die in der Kletterholothurie (Synapta digitata; vgl. auch S. 74) schmarotzt.

5) Ordnung: **Käferschnecken** (Cnemidophora).

Die Käferschnecken sind sehr abweichende Bauchfüßer, die in manchen Punkten an Gliederwürmer erinnern. Sie haben einen beiderseits symmetrischen, ziemlich flach gewölbten Körper ohne gesonderten Kopf, auf dem Rücken eine Reihe von drei hintereinander gelegenen, untereinander nicht verbundenen Kalkplatten, die den Tieren gestatten, sich wie Asseln einzurollen. Der diese Schalenreihe umgebende Körperrand trägt kleine Kalkplättchen oder -Stacheln. In der Furche zwischen diesem Körperrand und dem Fuß liegen, ähnlich wie bei den Kreiskiemern, unten rechts und links die zweifiederigen Kiemen. Die Käferschnecken leben meist amphibisch an der Küste fast aller Meere und scheinen in gemäßigten Gegenden am besten entwickelt zu sein. Sie haben aber auch noch Vertreter in Meerestiefen von über 4000 m. Die elegante Käferschnecke (Chiton elegans, S. 130) kommt von der Südwestküste Amerikas.

2) Unterklasse: **Flossenfüßer (Pteropoda).**

Die Flossenfüßer haben einen nackten oder mit einer Schale versehenen Körper, einen mehr oder weniger undeutlich entwickelten Kopf, einen dreiteiligen Fuß, dessen Mittelteil wenig entwickelt ist, während die Seitenteile ansehnliche flügelartige Flossen darstellen, mittels deren die durchscheinenden Tiere, wie Hyalea tridentata (S. 131), an der Oberfläche des Wassers flatternd dahinschwimmen.

3) Klasse: **Kopffüßer** (Cephalopoda).

Die Vertreter dieser Klasse der Mollusken sind meist ansehnliche, bisweilen selbst sehr große Tiere, mit einem sackförmigen, nackten Körper, der meist eine innere kalkige oder hornige

Schale enthält, aber nur sehr selten von einer kalkigen äußeren umgeben ist. Der große Kopf ist deutlich abgesetzt und trägt um den endständigen Mund einen Kranz sehr beweglicher, kräftiger, im übrigen verschieden entwickelter Arme. Auf der Bauchseite liegt der einen taschenartigen, von oben zugänglichen Raum umschließende Mantel. In dem Mantelraum befinden sich der After, die Kiemen und der Trichter, ein hinten und vorn offener Hohlkegel, der dem Fuß anderer Weichtiere entspricht, und mittels dessen die Kopffüßer schwimmen. Sie nehmen dabei den Mantelraum voll Wasser, pressen den Mantel dann derart gegen den Leib, daß das Wasser keinen anderen Ausweg als durch den Trichter hat, in den es von hinten gewaltsam ein-, und aus dem es vorn ebenso gewaltsam ausströmt. Dadurch vollzieht sich ein kräftiger Stoß auf das umgebende Wasser, dessen Kraft auf den Körper des Kopffüßers zurückwirkt und ihn, mit dem Hinterende voran, durch das Wasser treibt. Dabei ist der Körper an den Seiten noch oft mit einem flossenartigen Saum umgeben, und je spitzer er ausläuft, desto besser schwimmt das Tier.

Die Männchen und Weibchen der Kopffüßer unterscheiden sich bisweilen bedeutend. Die Weibchen legen Eier, und die Jungen entwickeln sich ohne Verwandlung.

Diese Weichtiere, die körperlich und geistig die bei weitem höchste Stufe im ganzen Kreis einnehmen, sind ausschließlich Meeresbewohner und finden sich in allen Meeren ziemlich gleichmäßig verteilt. Es sind überaus kühne Räuber.

Diese Klasse umfaßt zwei Ordnungen: Vier- und Zweikiemer.

1) Ordnung: **Vierkiemer (Tetrabranchiata).**

Die Angehörigen dieser Ordnung besitzen innerhalb der Mantelhöhle zwei Paar Kiemen, zahlreiche kleine, zurückziehbare Fühler, einen gespaltenen Trichter, eine äußere, aufgewundene Schale mit innen durch Querboden getrennten, aber durch je ein in eine Röhre (Sipho) führendes Loch miteinander in Zusammenhang stehenden Kammern, deren letzte, größte und jüngste das Tier, mit je einer Seitenmuskel an die Kammerwand befestigt, einnimmt. Die äußere, konvexe Seite der Schale liegt der Bauchseite des Tieres an. Es finden sich einige nahe miteinander verwandte Arten im Indischen und den tropischen Teilen des Stillen Ozeans, von denen die am längsten bekannte der ostindische Nautilus (Nautilus pompilius) aus den molukkischen Gewässern ist.

2) Ordnung: **Zweikiemer (Dibranchiata).**

Die Zweikiemer haben einen meist nackten, oft mit einer inneren Schale versehenen Körper; nur in einem Falle ist auch eine äußere vorhanden. Es finden sich nur ein Paar Kiemen, aber vier Paar einen Kreis um den Mund bildende ansehnliche Arme, von denen ein zwischen dem dritten und vierten Paar gelegenes sehr oft zu besonderen Saugapparaten verlängert ist, und die auf ihrer Innenseite Saugnäpfe und bisweilen Haken tragen. Der Trichter stellt eine kegelförmige, geschlossene Röhre dar. In den Mantelraum mündet eine eine dunkelgefärbte Masse abscheidende Drüse, der Tintenbeutel.

Die Ordnung der Zweikiemer zerfällt in zwei Unterordnungen: Zehnarmer und Achtarmer.

1) Unterordnung: **Zehnarmer (Decapoda).** Außer den acht gewöhnlichen Armen finden sich noch zwischen dem dritten und vierten Paar jener zwei meist verlängerte, bloß am oft verbreiterten freien Ende mit Klammerorganen versehene. Der Körper hat Flossensäume, auch ist eine innere Schale (Rückenschulp) vorhanden. Diese Unterordnung ist die artenreichere, und es gehören zu ihr unter anderen: der gemeine Kalmar (Loligo vulgaris, S. 132), der gemeine Tintenfisch (Sepia officinalis, S. 131 und 132) und Rondeletts Zwergtintenfisch (Sepiola Rondelettii, S. 133).

2) Unterordnung: **Achtarmer (Octopoda).** Die Achtarmer haben bloß acht, fast ausnahmslos gleichartige Arme und keine inneren Skelettelemente. Hierher gehört das Papierboot (Argonauta argo, S. 131), dessen Weibchen eine zarte, spiralige, sehr weite Schale

hat. Diese Schale dient zur Aufnahme der Eier und ist das Abscheidungsprodukt der drüsenreichen Innenflächen der beiden lappenartig verbreiterten, sich an den Körper anlegenden beiden Rückenarme. Einer der geistig am höchsten stehenden Kopffüßer ist der besonders im Mittelmeer häufige gemeine Krake (Octopus vulgaris).

8) Kreis: Manteltiere (Tunicata).

Die Manteltiere sind entweder freischwimmende oder festsitzende Einzeltiere oder durch Sprossung gebildete Kolonien. Ihr Körper wird von einer weiten, sackartigen, gallertigen bis knorpeligen, bisweilen Cellulose enthaltenden und bis auf zwei Öffnungen (eine zur Aufnahme des Atemwassers und der aus kleinsten Lebewesen und feinem organischen Verwesungsstoff bestehenden Nahrung, die andere zur Entfernung des entwerteten Atemwassers und des Kotes ꝛc.) geschlossenen Hülle (Mantel) umgeben. Zur Atmung dient der vordere, sackartig erweiterte Abschnitt der Speiseröhre, dessen Wandungen durch Spalten kiemenartig entwickelt sind (Pharyngealsack). Außer der gewöhnlichen Fortpflanzung kommt bei Manteltieren eine solche durch Sprossung und auch Generationswechsel vor; bei ihnen ist dieser sogar überhaupt entdeckt worden, und zwar vom Dichter Chamisso.

Die Manteltiere leben im Meere, die freischwimmenden Formen meist an der Oberfläche, und viele besitzen ein bedeutendes Leuchtvermögen.

Der Kreis umfaßt zwei Klassen: Salpen und Seescheiden.

1) Klasse: Salpen (Thaliacea).

Die Salpen sind durchsichtige, freischwimmende, pelagisch lebende Manteltiere von Cylinder- oder Faßgestalt mit einander gegenüber liegenden, endständigen Mantelöffnungen. Ihre Kiemen bilden einen blatterigen oder stabartigen Streifen an der Rückenseite des Pharyngealsackes. Ihre Eingeweide liegen zu einem durch seine Färbung ausgezeichneten Knäuel (Nucleus) zusammengeballt am hinteren Körperende. Die Salpen sind teils Einzelindividuen, teils bilden sie Ketten, und zwar im Generationswechsel alternierend: die Ketten setzen sich zusammen aus zwitterigen Tieren. Die Einzeltiere, die meist viel größer als die Individuen der Kette sind, bilden an ihrer Bauchseite durch Sprossung eine der Strobila der Schirmquallen (s. S. 20) entsprechende junge Kette, deren Individuen sich aber nicht, wie die jungen Quallen, von der Strobila loslösen, sondern im Zusammenhange bleiben. Meist pflegen sich an jedem Einzeltiere verschiedene Ketten hintereinander zu entwickeln. Hierher gehört eine im westlichen Mittelmeer nicht seltene Form, die als Einzeltier die Riesensalpe (Salpa maxima, S. 134), als Kette die demokratische Salpe (Salpa democratica, S. 134) heißt.

2) Klasse: Seescheiden (Ascidiae).

Die Seescheiden haben einen schlauch- oder sackförmigen Körper mit festem, derbem Mantel, dicht beieinander gelegener Ein- und Ausströmungsöffnung und geräumigem Pharyngealsack. Sie sind entweder Einzeltiere oder bilden Kolonien und können in beiden Fällen festsitzen oder frei schwimmen. Die Entwickelung vollzieht sich mit einer merkwürdigen Verwandlung, bei der die kaulquappenartigen Larven in den wesentlichen Punkten einfachsten Wirbeltieren gleichen. Von den verschiedenen Ordnungen greifen wir zwei heraus: die einfachen Ascidien (Ascidiae simplices), die wie Phallusia mamillaris (S. 133) Einzeltiere sind, oder wie Clavellina lepadiformis (S. 133) zwar Kolonien bilden, aber in ihnen als aus gemeinsamen verzweigten Wurzeln entspringende, gestielte Einzeltiere doch einen bedeutenden Grad von Selbständigkeit bewahren, während die Individuen der zusammengesetzten Ascidien (z. B. bei Botryllus albicans, S. 133), in eine gemeinsame Mantelmasse eingebettet, sich um einen gemeinsamen Auswurfsschlot (Kloake) dergestalt anordnen, daß sie sternförmige Kolonien mit einer Zentralöffnung bilden.

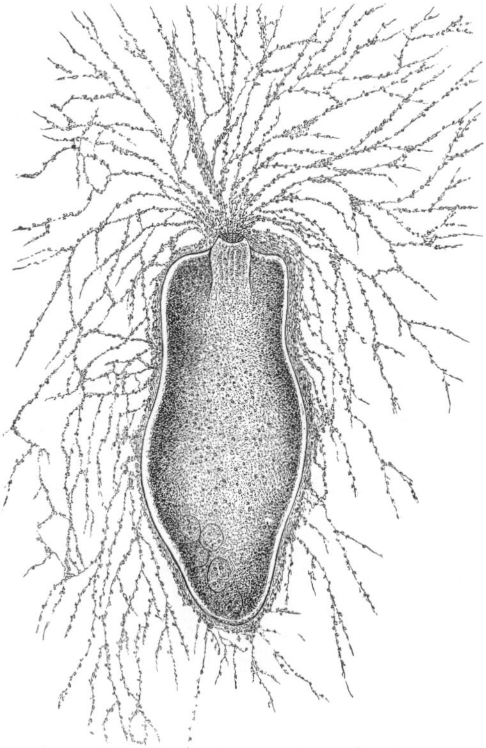

Eiförmige Gromie (Gromia oviformis). 600mal vergrößert.

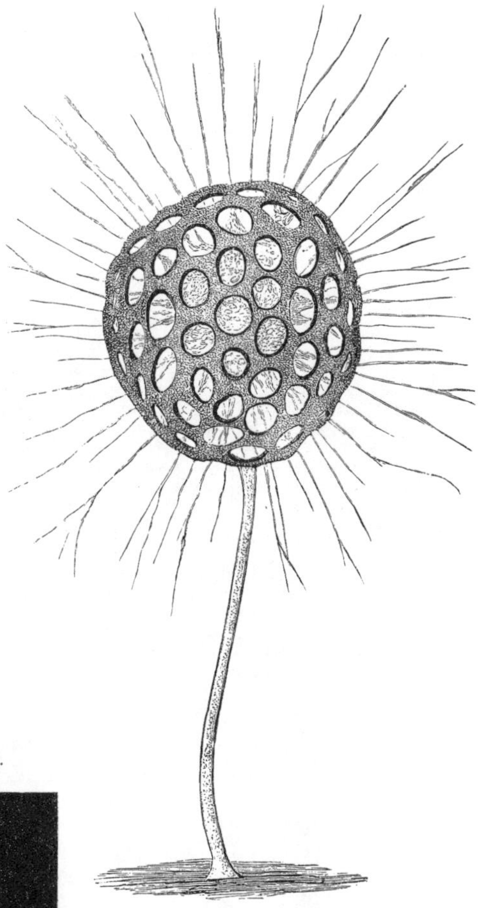

Ein Gittertierchen (Clathrulina elegans). 350mal vergrößert.

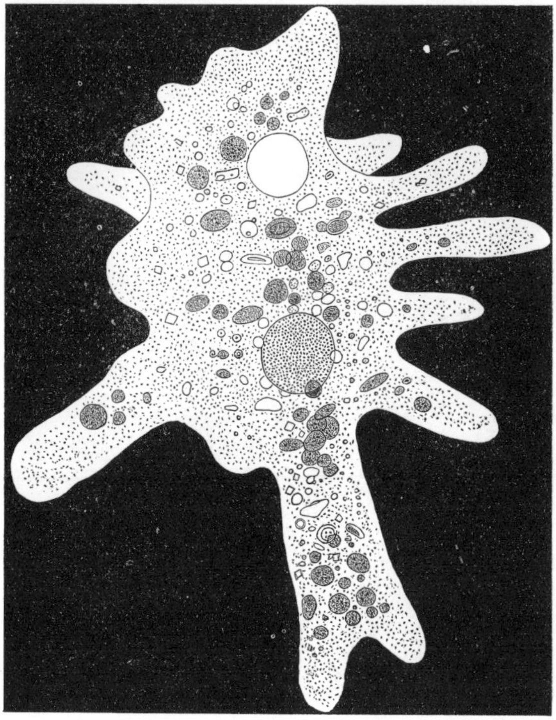

Amoeba proteus. Stark vergrößert.

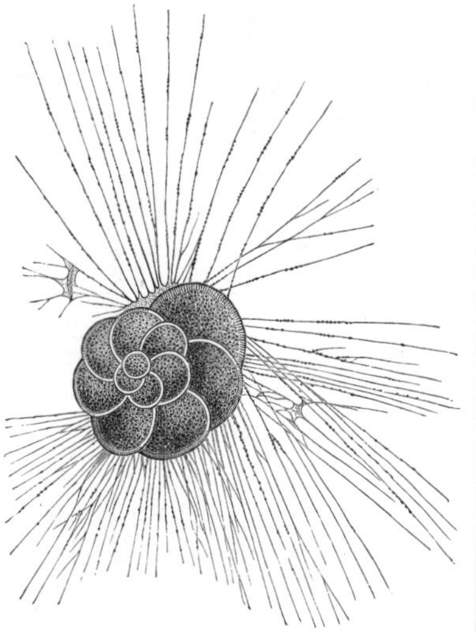

Rotalia veneta. 400mal vergrößert.

Strahlinge (Radiolaria). Alle sehr stark vergrößert.

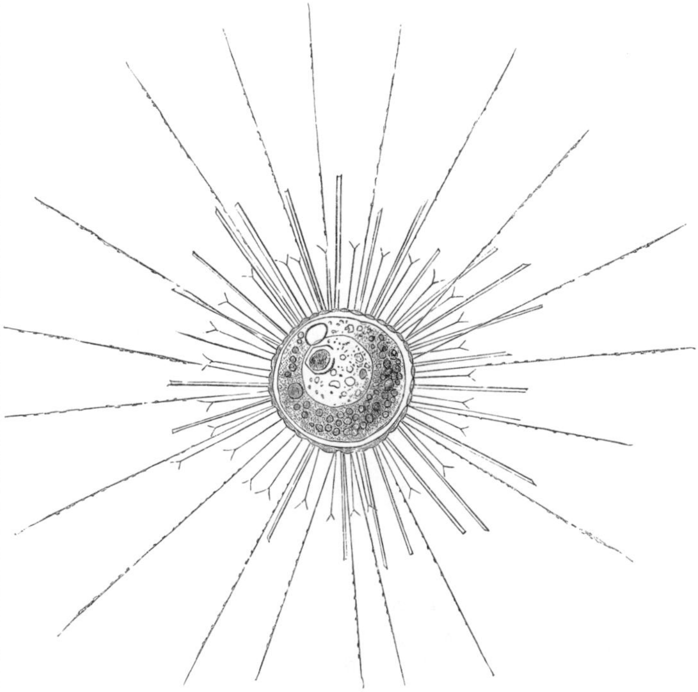

Acanthocystis turfacea. Stark vergrößert.

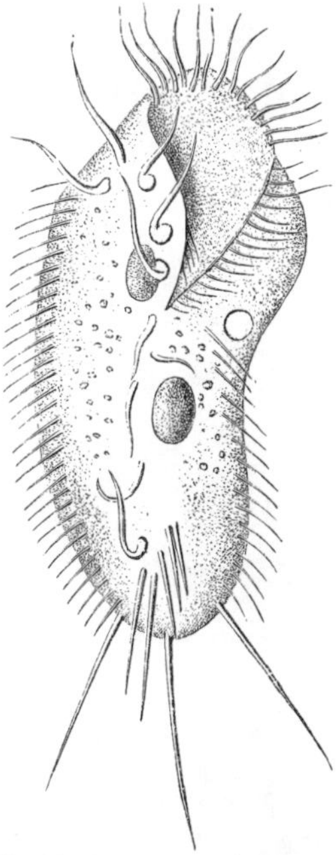

Muscheltierchen (Stylonychia mytilus), von der Bauchseite. Natürliche Größe $^1/_4$ mm.

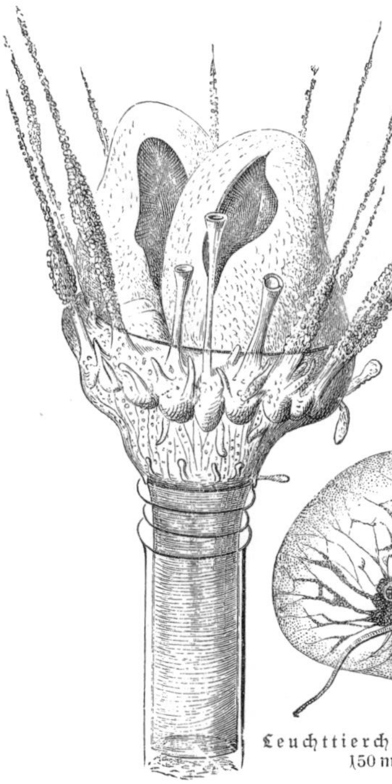

Knospenzeugende Podophrye (Podophrya gemmipara). Stark vergrößert.

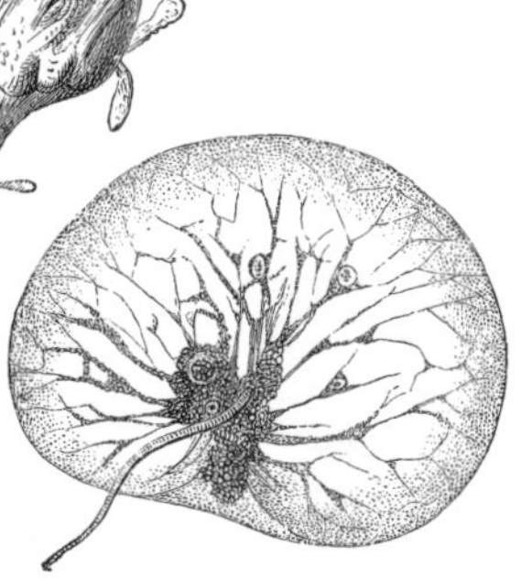

Leuchttierchen (Noctiluca miliaris). 150 mal vergrößert.

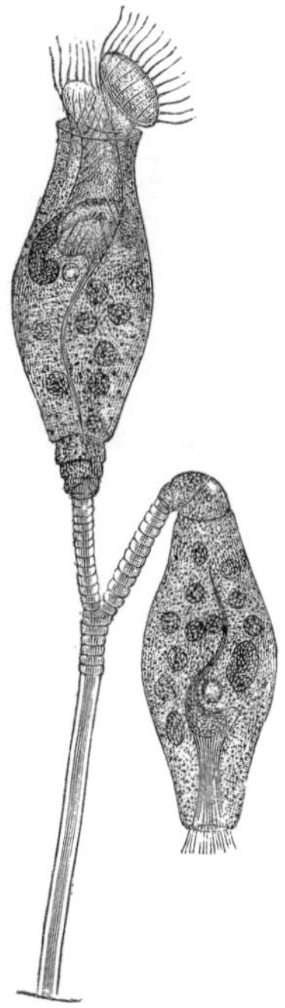

Nickendes Glockentierchen (Epistylis nutans). Natürl. Größe der Glocken $^1/_{10}$ mm.

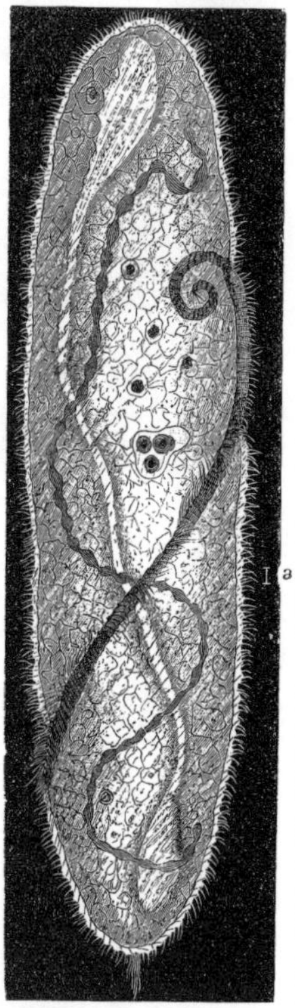

Spirostomum ambiguum. a Natürl. Größe.

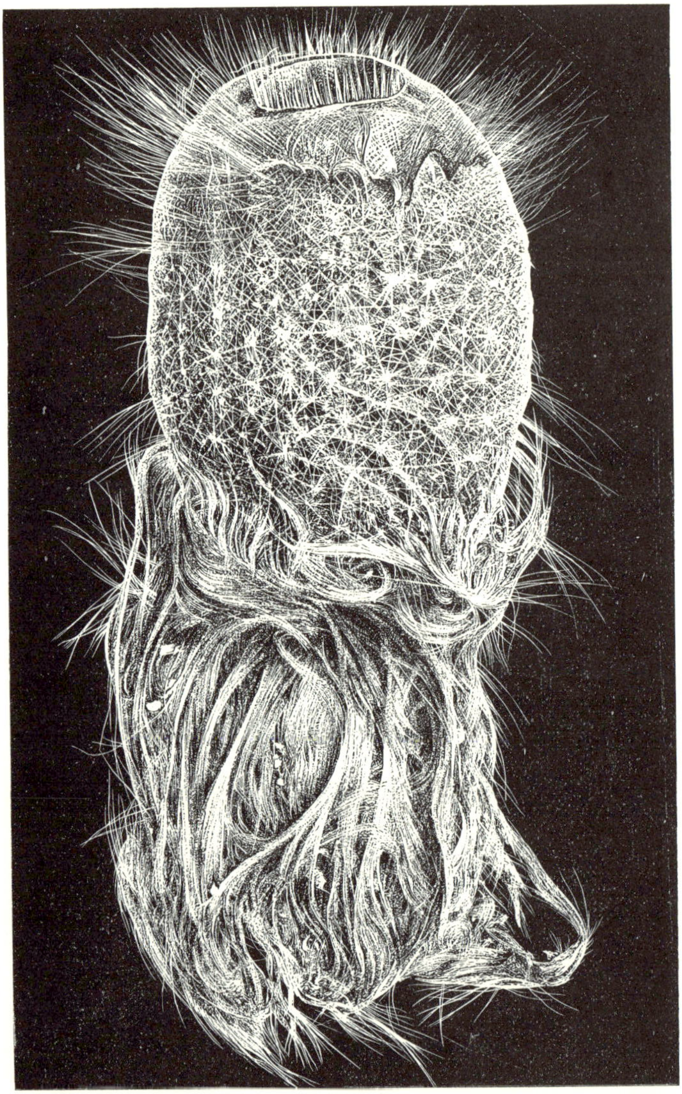

Pheronema Carpenteri. 1/1.

Achsenschwamm (Axinella polypoides). 1/1.

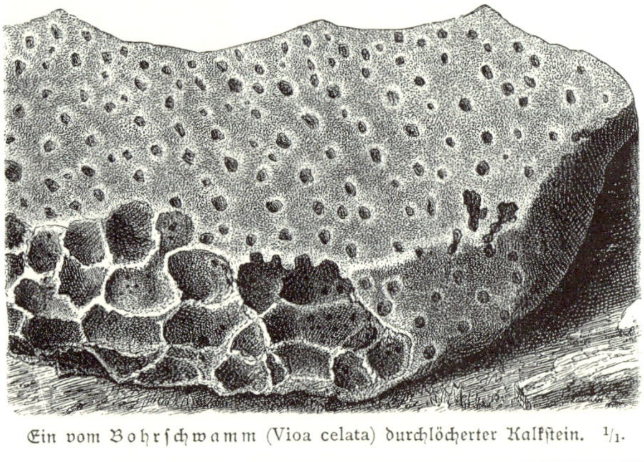

Ein vom Bohrschwamm (Vioa celata) durchlöcherter Kalkstein. 1/1.

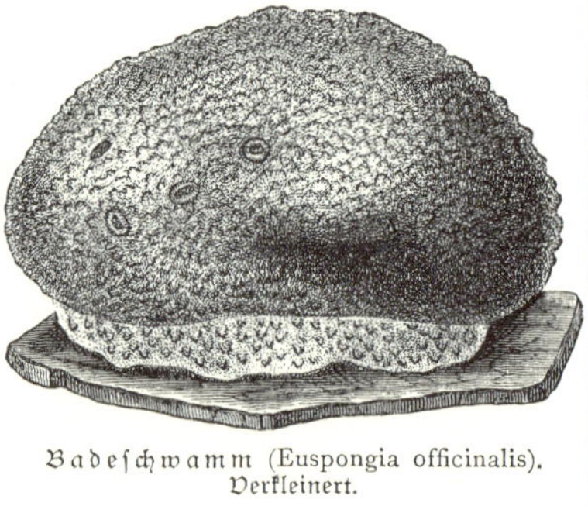

Badeschwamm (Euspongia officinalis). Verkleinert.

Korkpolyp (Alcyonium digitatum). 1/1.

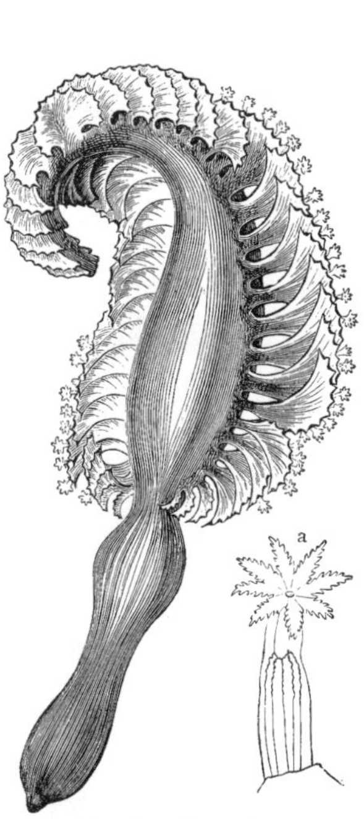

Seefeder (Pteroides spinosa). 1/4. a etwas vergr. Kelch.

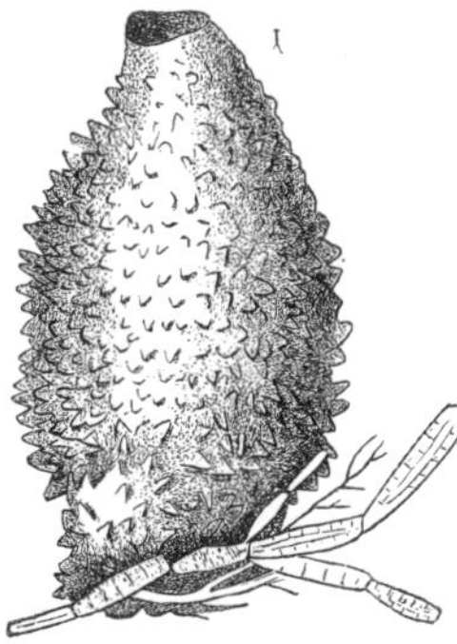

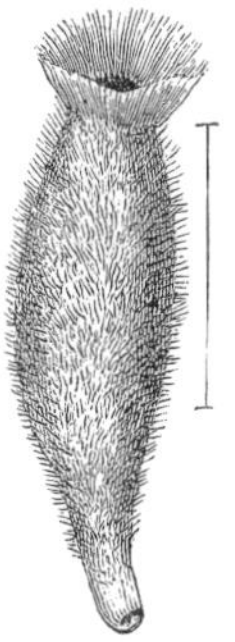

1 Knollen-Kalkschwamm (Leucandra penicillata). 1/1. 2 Waben-Kalkschwamm (Sycandra ciliata). Vergrößert.

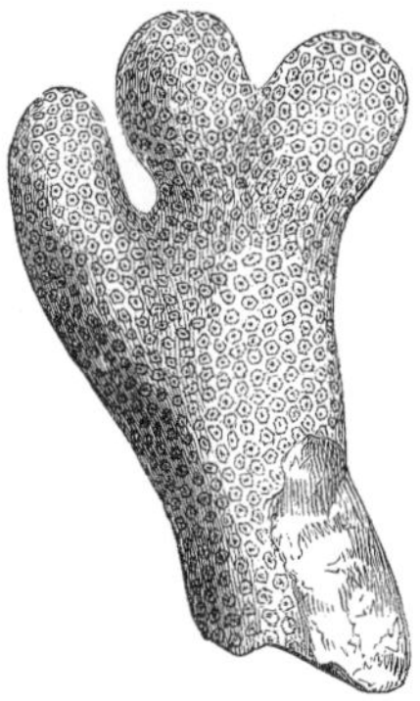

Gegabelte Lochkoralle (Porites furcatus). 1/1.

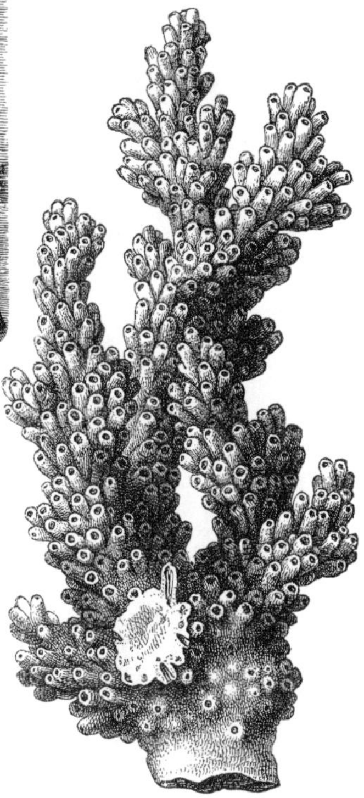

Warzige Lochkoralle (Madrepora verrucosa). 1/1.

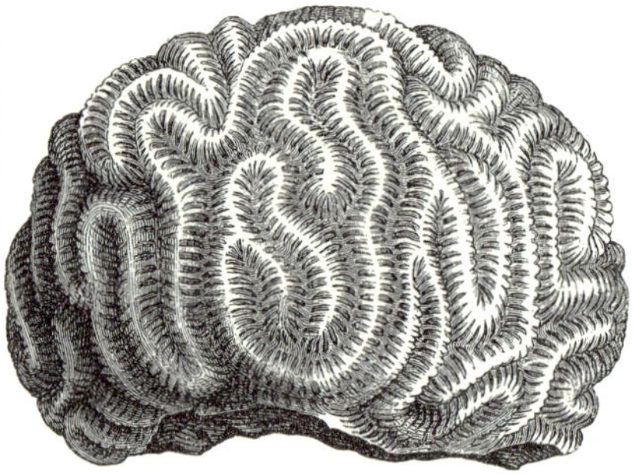

Hirnkoralle (Heliastraea heliopora). 1/1.

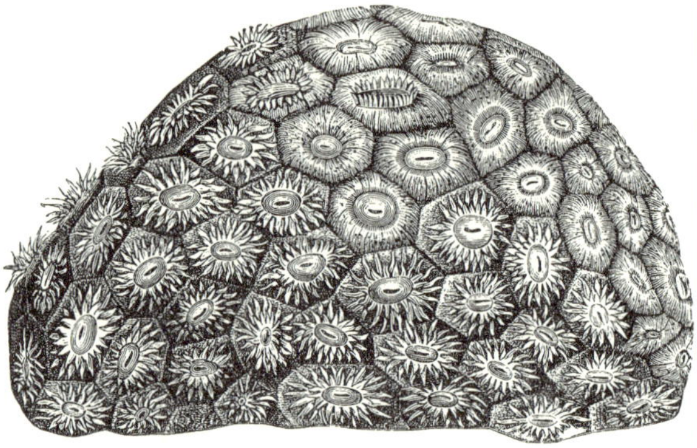

Sternkoralle (Astraea pallida). 1/2.

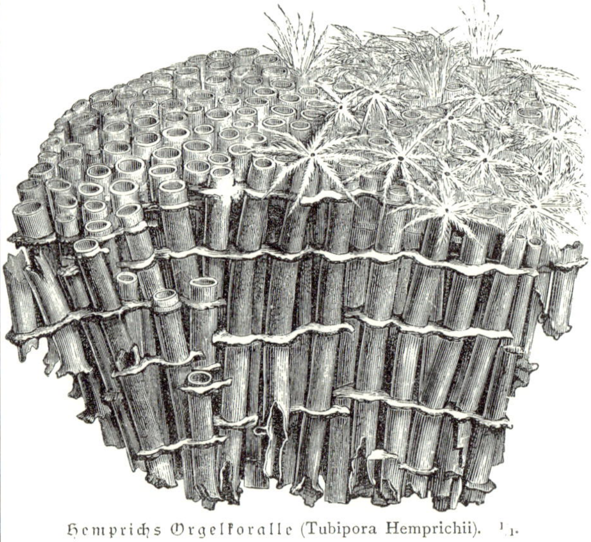

Hemprichs Orgelkoralle (Tubipora Hemprichii). 1/1.

Verästelter Blätterbaum (Dendrophyllia ramea). 1/1.

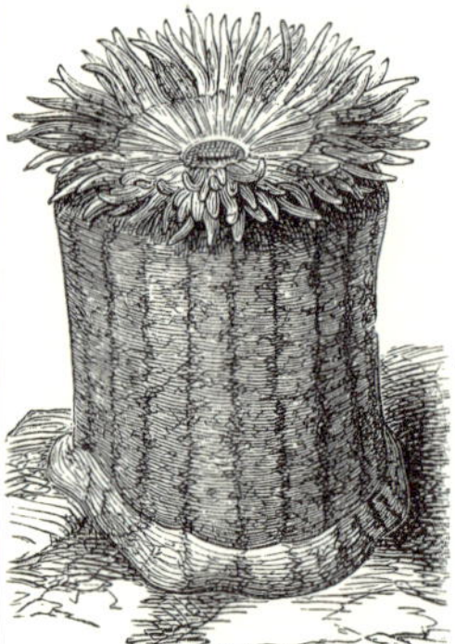

Seeanemone (Actinia effoeta). 1/1.

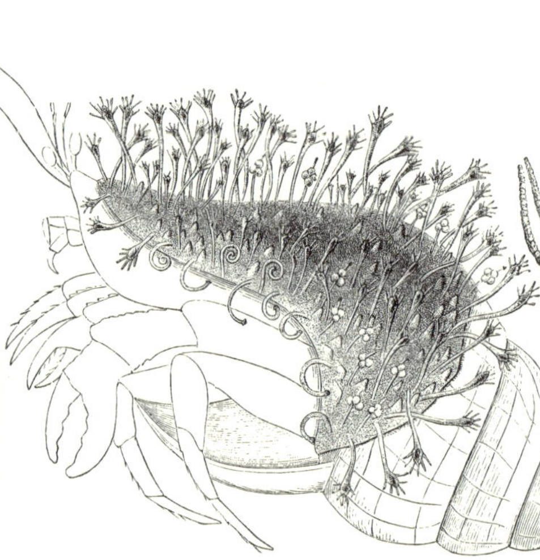

Stock von Hydractinia echinata auf einem vom Einsiedlerkrebs bewohnten Buccinum-Gehäuse. 1/1.

Warzige Rindenkoralle (Gorgonia verrucosa). 1/1.

Periphylia mirabilis. 3/4.

Corymorpha nutans. 1/1.

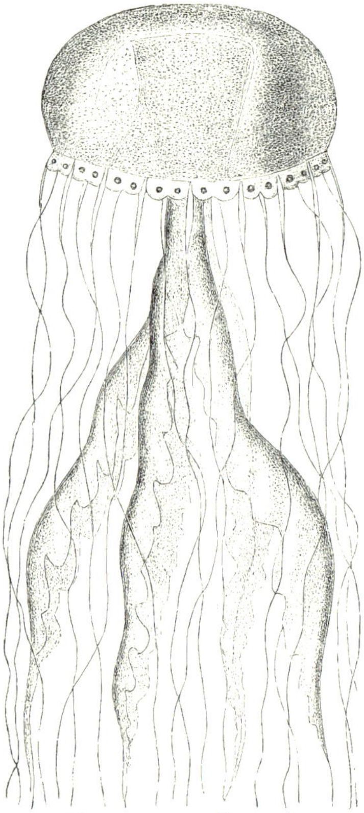

Chrysaora ocellata. 1/1.

Wurzelmundqualle (Rhizostoma Cuvieri). Kleines Exemplar.

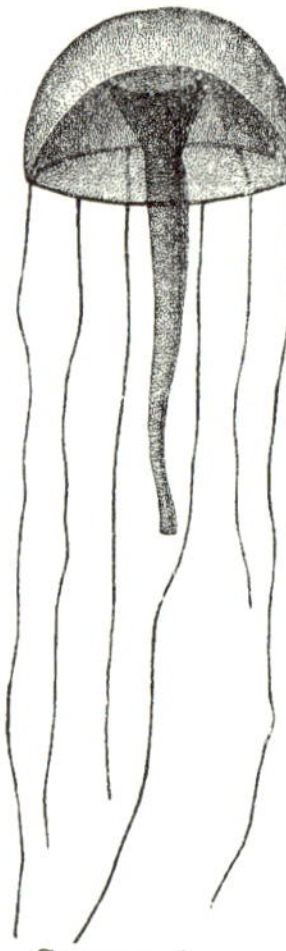

Carmarina hastata. 1/3.

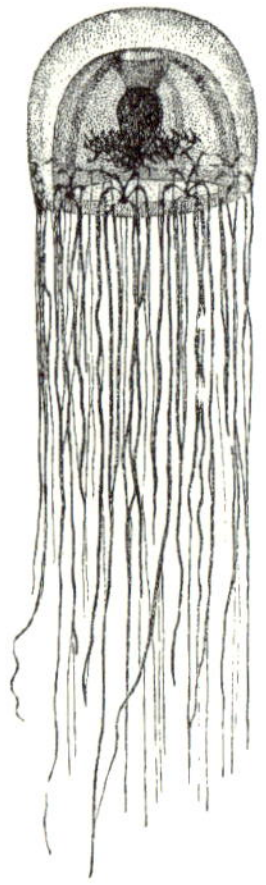

Lizzia Köllikeri. 1/1.

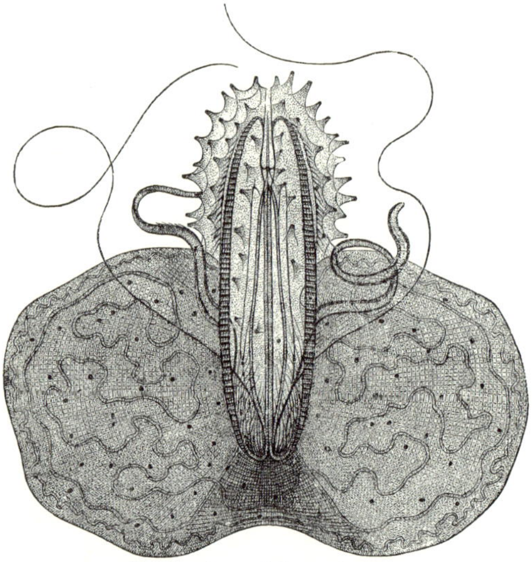

Eucharis multicornis. 1/2.

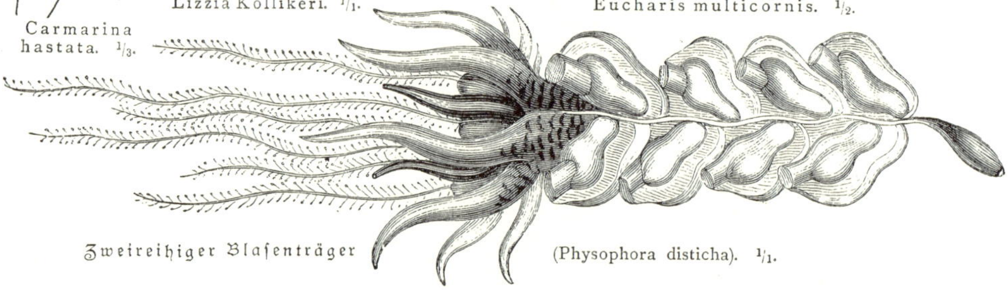

Zweireihiger Blasenträger (Physophora disticha). 1/1.

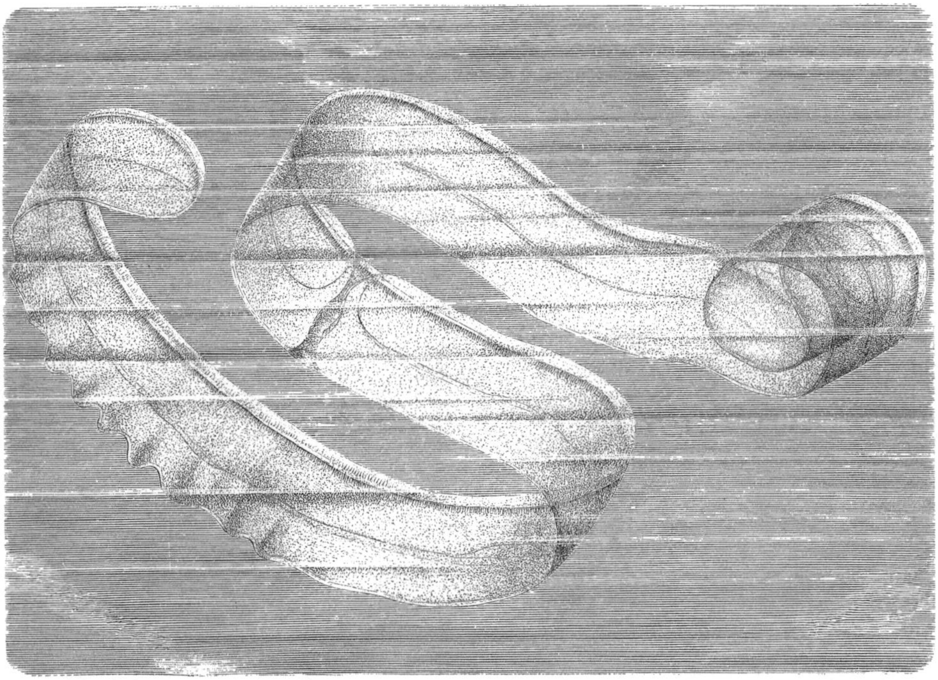

Venusgürtel (Cestus Veneris). 1/2.

Cydippe pileus. 1/1.

Medusenhaupt (Pentacrinus caput Medusae). a Kelch ohne Arme von oben. 1/1.

Roter Seestern (Astracanthia rubeus). 1/1.

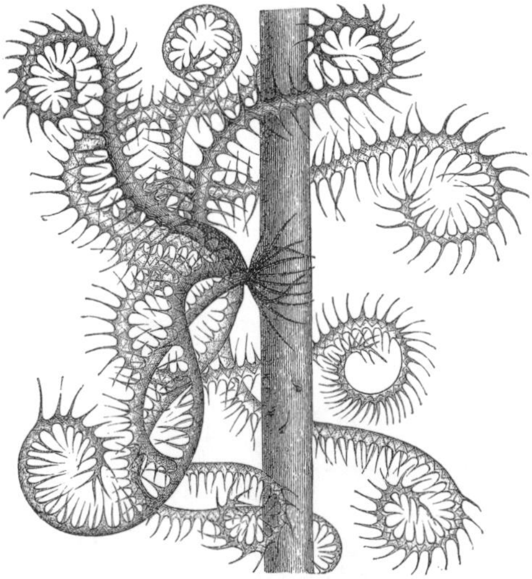

Mittelländischer Haarstern (Comatula mediterranea). 1/1.

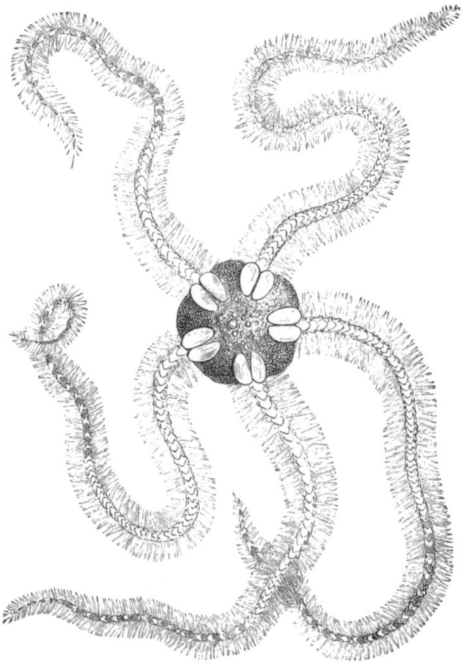

Zerbrechlicher Haarstern (Ophiotrix fragilis). 2/3.

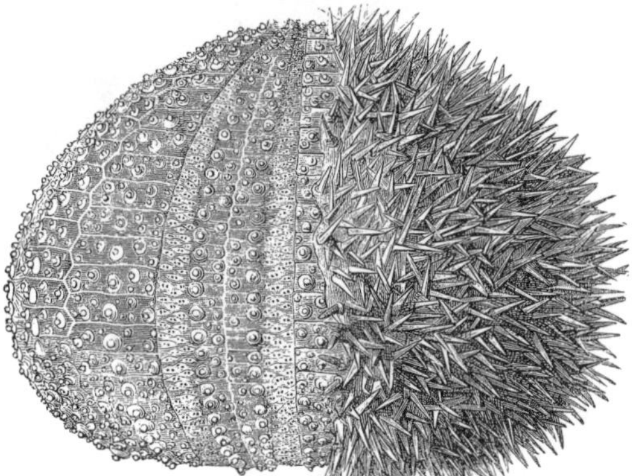

Echinus esculentus, zur Hälfte von den Stacheln entblößt. 1/1.

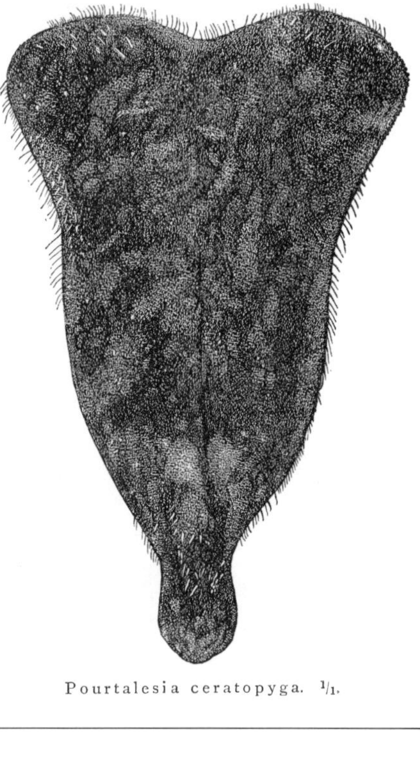

Pourtalesia ceratopyga. 1/1.

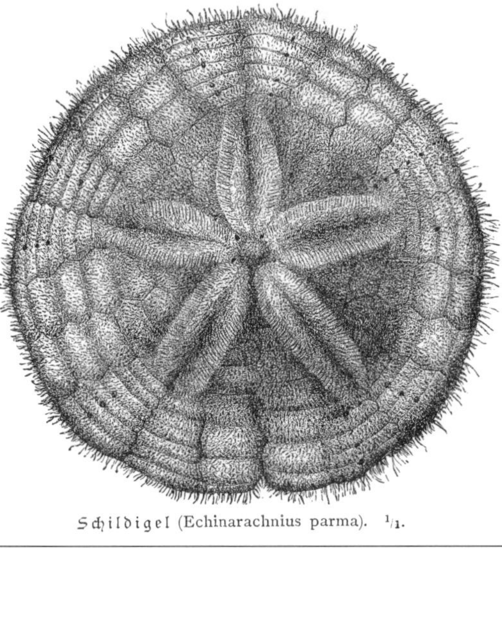

Schildigel (Echinarachnius parma). 1/1.

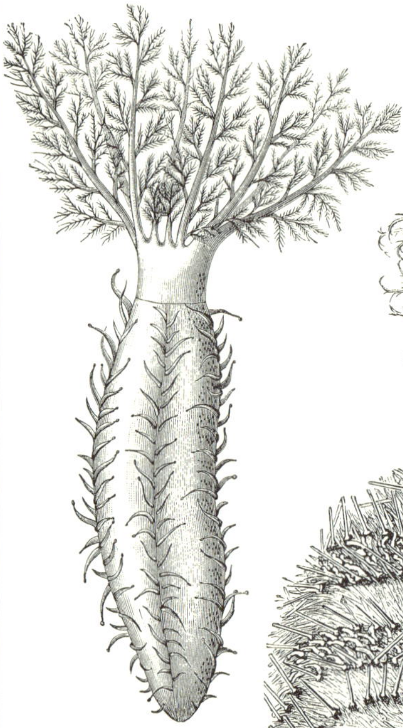

Kletterholothurie (Cucumaria Hyndmani). 1/2.

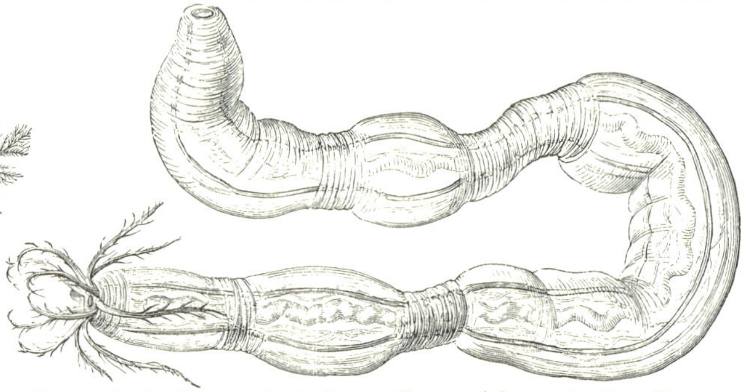

Vorderende der Klettenholothurie (Synapta inhaerens). Vergrößert.

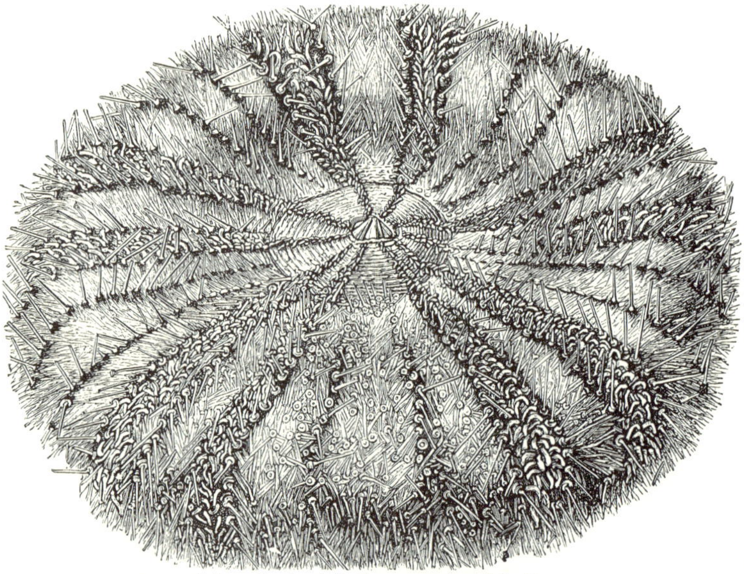

Leder-Seeigel (Asthenosoma hystrix). 2/3.

Scotoplana globosa. 1/1.

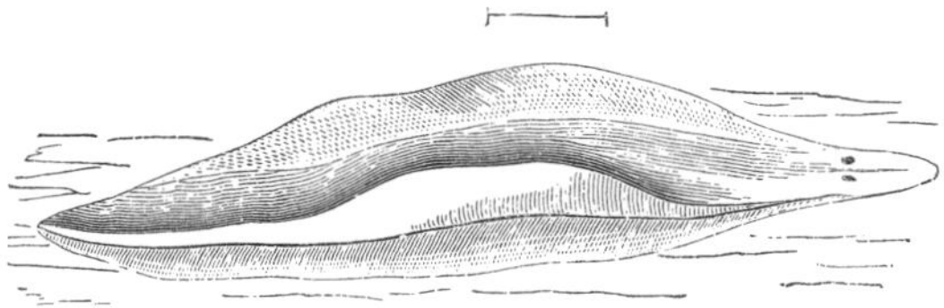

Mesostomum tetragonum. Vergrößert.

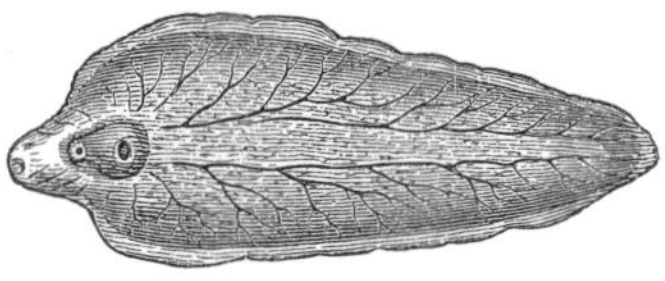

Leberegel (Distomum hepaticum). 1/1.

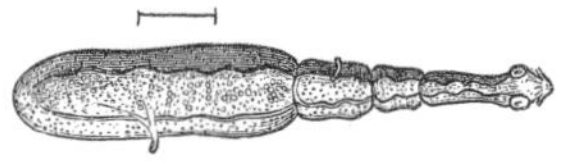

Taenia echinococcus. Vergrößert.

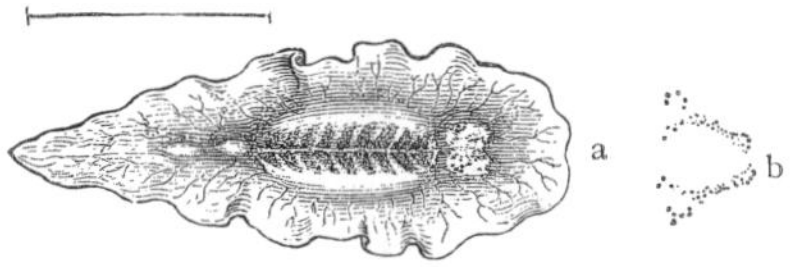

Polycelis laevigata. a Das ganze Tier, b die Augen. Alles vergrößert.

a

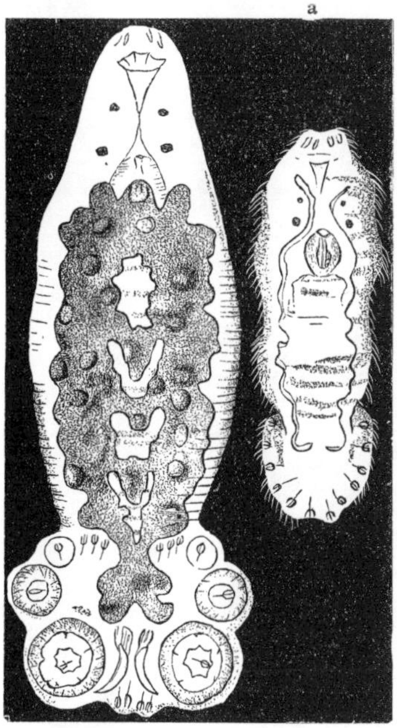

Polystomum integerrimum. a Larve desselben. Beide vergrößert.

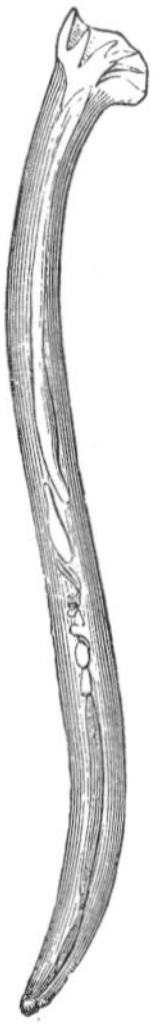

a

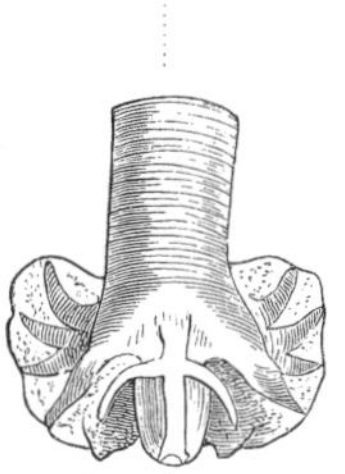

b

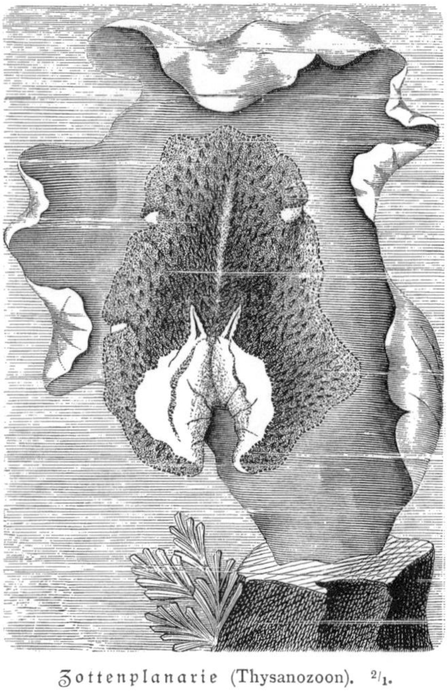

Zottenplanarie (Thysanozoon). 2/1.

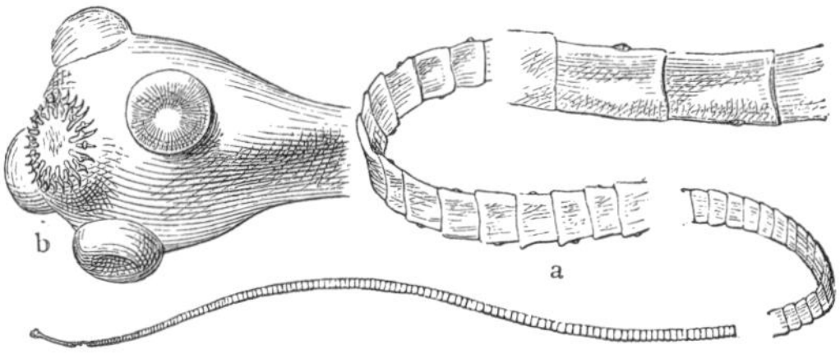

b

a

Schweinebandwurm (Taenia solium). a Natürliche Größe, b Kopf vergrößert.

c

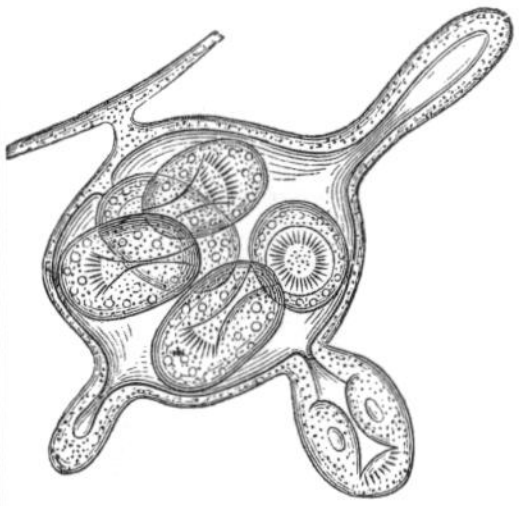

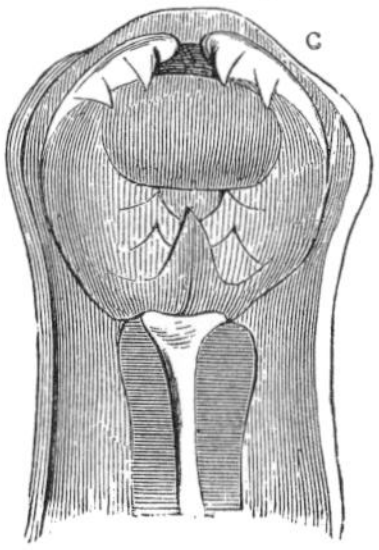

Ein vergrößertes Stück des Hülsenwurmes (Echinococcus).

Dochmius: a ganz, 1/1, b Schwanzende, vergr., c Mundkapsel von Dochmius duodenalis, vergr.

c

a

b

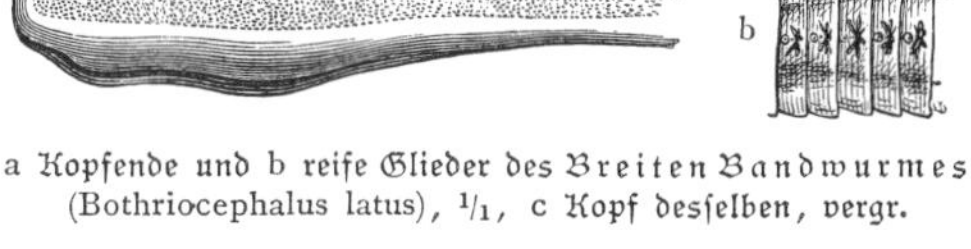

a Kopfende und b reife Glieder des Breiten Bandwurmes (Bothriocephalus latus), 1/1, c Kopf desselben, vergr.

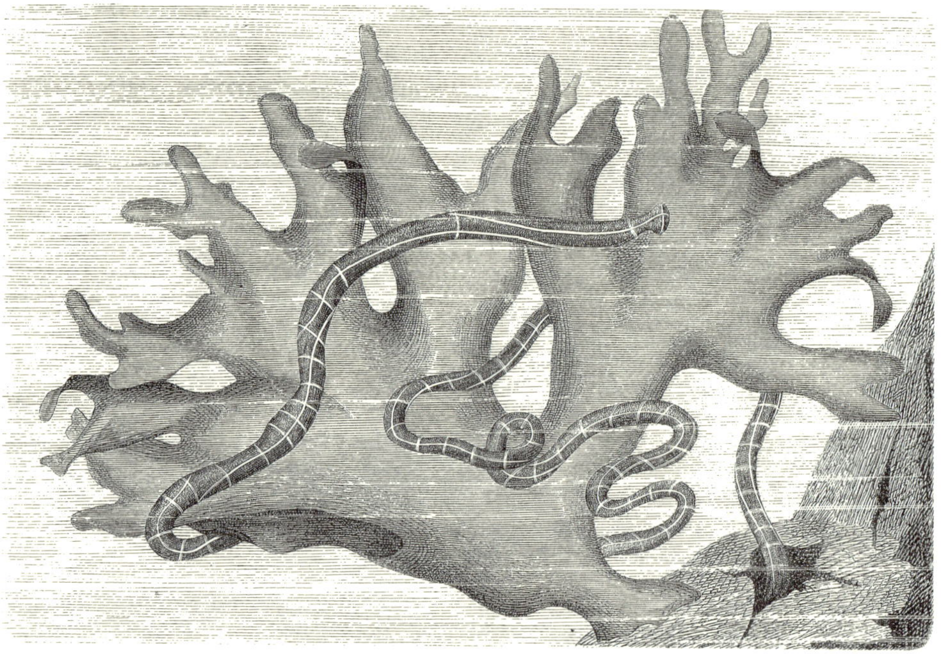

Kreuzträgerin (Polia crucigera). 1/1.

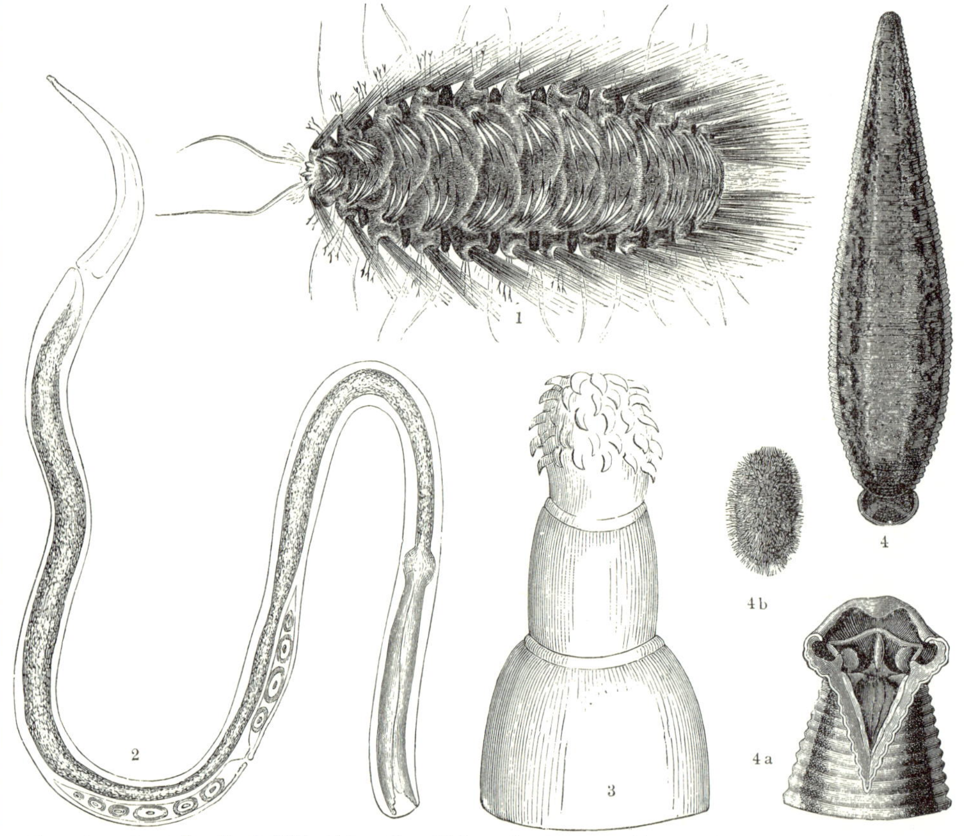

1 Hermione hystrix. 1/1. 2 Essigälchen (Anguillula aceti). Stark vergrößert. 3 Riesenkratzer (Echinorhynchus gigas), Vorderende; vergrößert. 4 Der medizinische Blutegel (Hirudo officinalis) von oben, a der durch einen Längsschnitt geöffnete Schlund, vergrößert; b Eikokon, vergrößert.

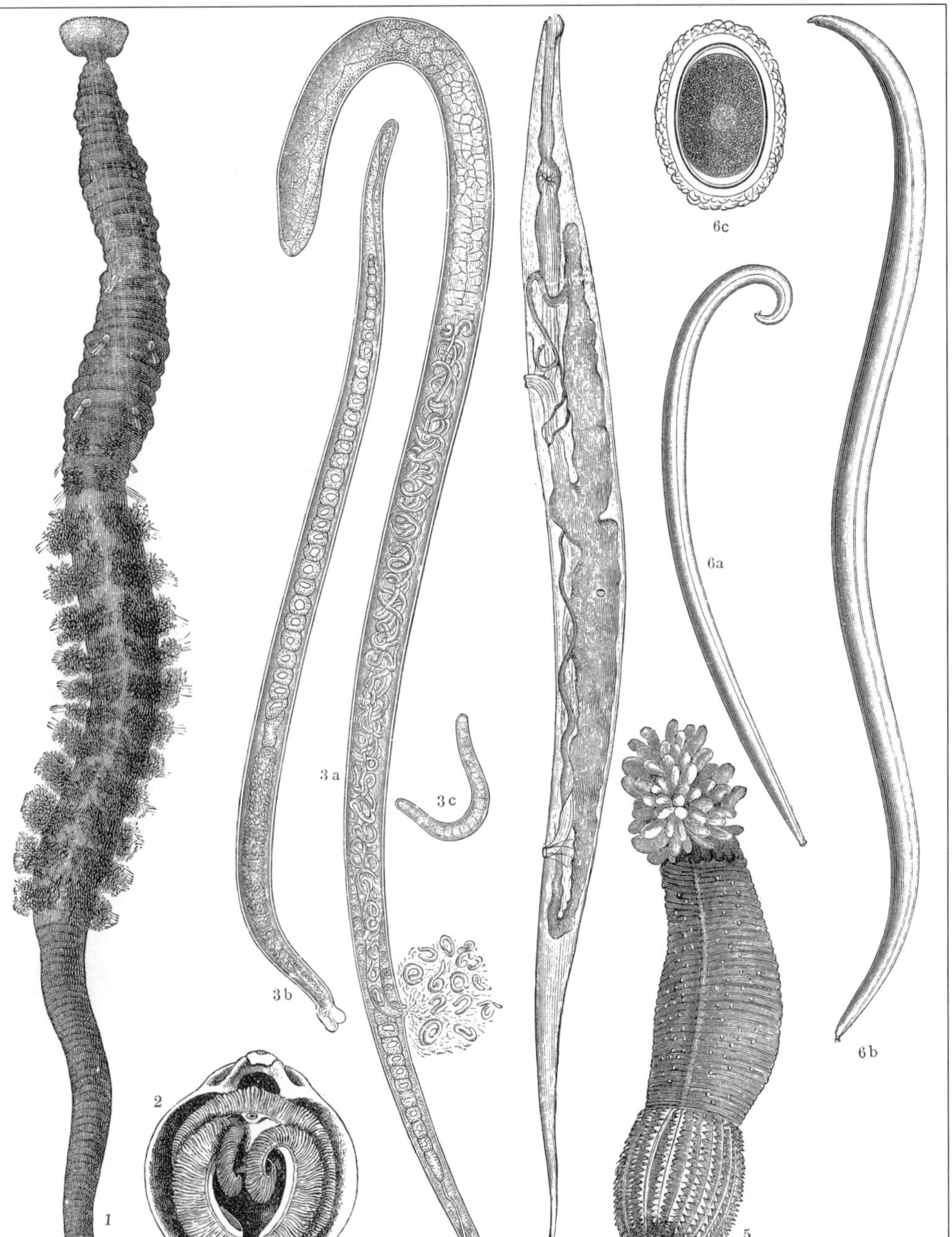

1 Arenicola piscatorum. $^1/_1$. 2 Rückenklappe von Terebratula caput serpentis. $^1/_1$. 3 Trichine (Trichina spiralis). $^{64}/_1$. a Weibchen, b Männchen, c junge Trichine. 4 Madenwurm (Oxyuris vermicularis). Vergrößert. 5 Priapulus caudatus. $^1/_1$. 6 Spulwurm des Menschen (Ascaris lumbricoides). $^1/_1$. a Männchen, b Weibchen, c Ei, stark vergrößert.

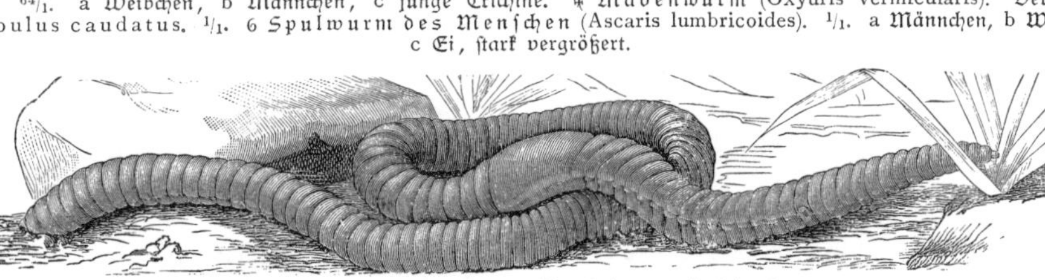

Gemeiner Regenwurm (Lumbricus agricola). $^1/_1$.

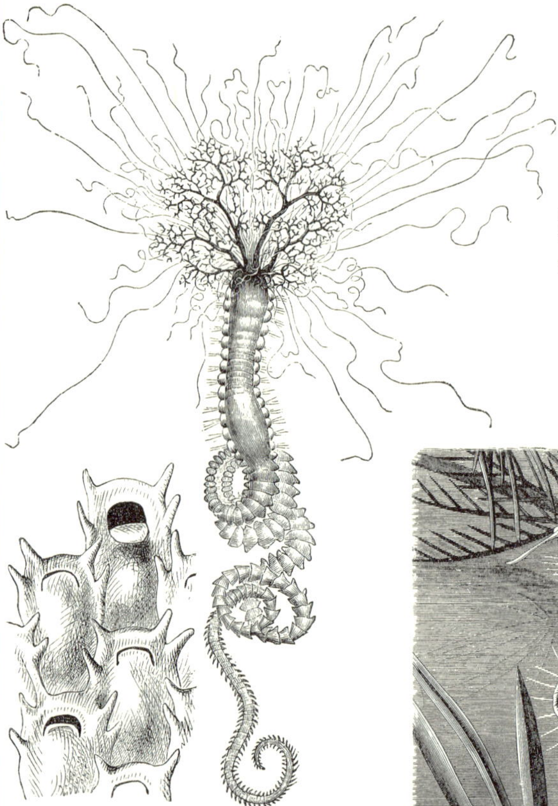

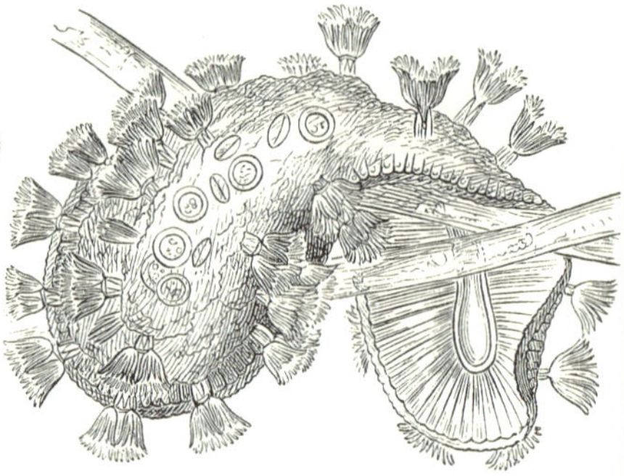

Cristatella mucedo. $^{2}/_{1}$.

Flustra foliacea, einige vergrößerte Zellen.

Terebella emmalina. $^{1}/_{1}$.

Wasserschlängelchen (Nais proboscidea). $^{10}/_{1}$.

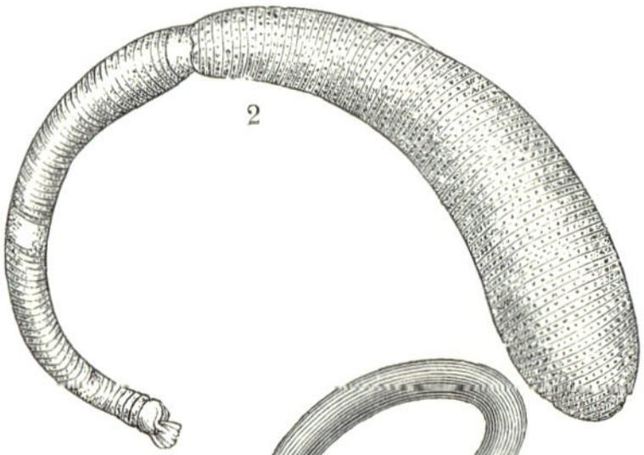

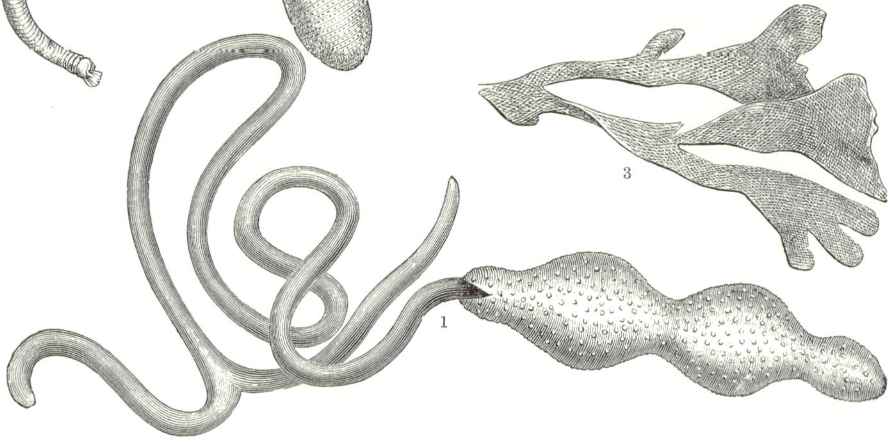

1 Bonellia viridis. 2 Phascolosoma elongatum. 3 Ein Stock von Flustra foliacea. $^{1}/_{1}$.

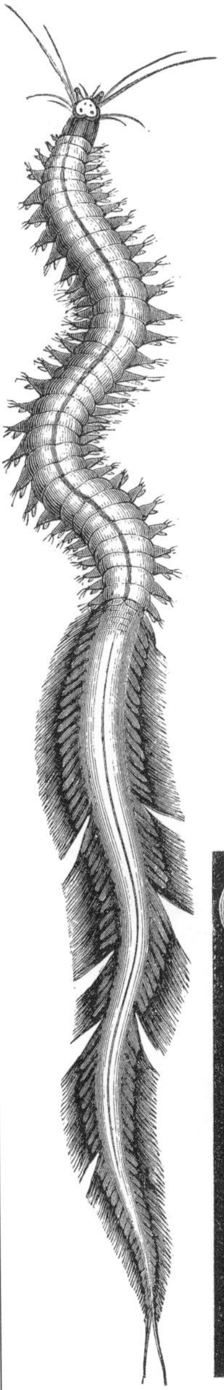

Heteronereis. 1/1.

Rochenegel (Pontobdella muricata). 1/1.

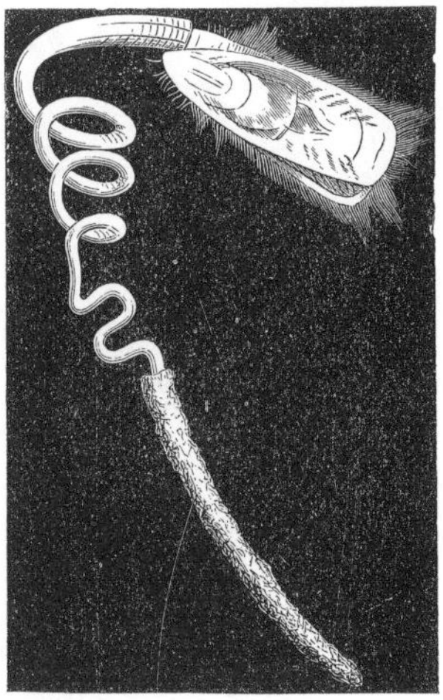

Lingula pyramidata. 1/1.

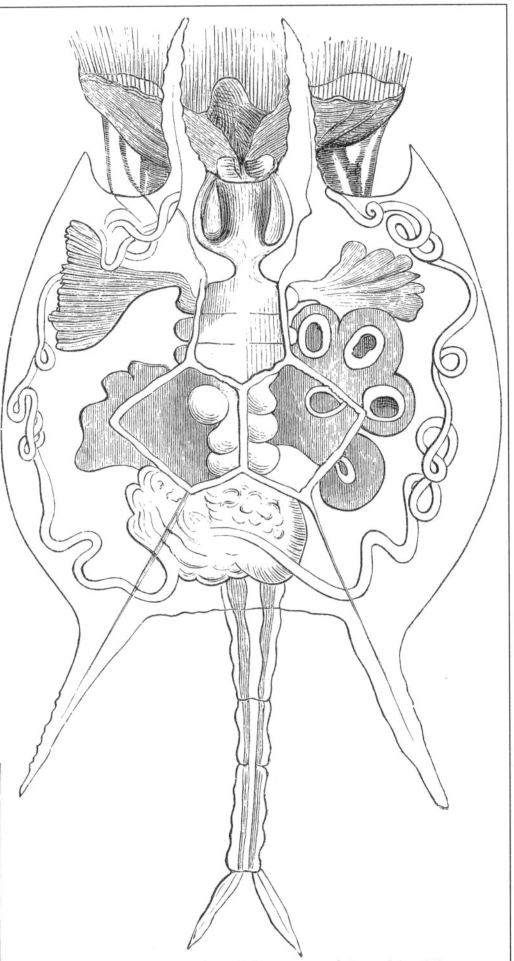

Schild-Rädertier (Noteus quadricornis). 300/1.

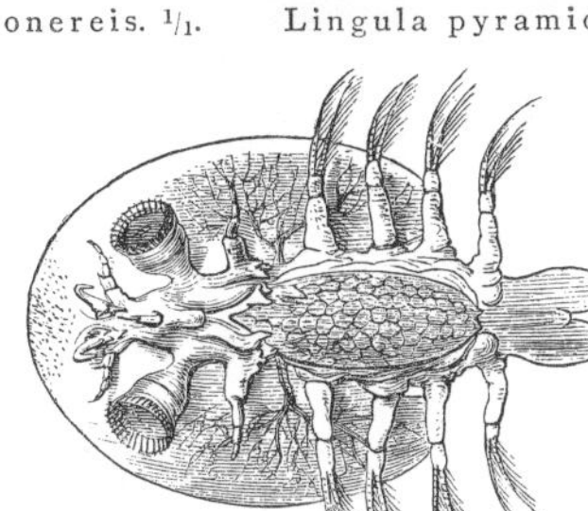

Karpfenlaus (Argulus foliaceus). 10/1.

Netzkoralle (Retapora cellulosa). 1/1.

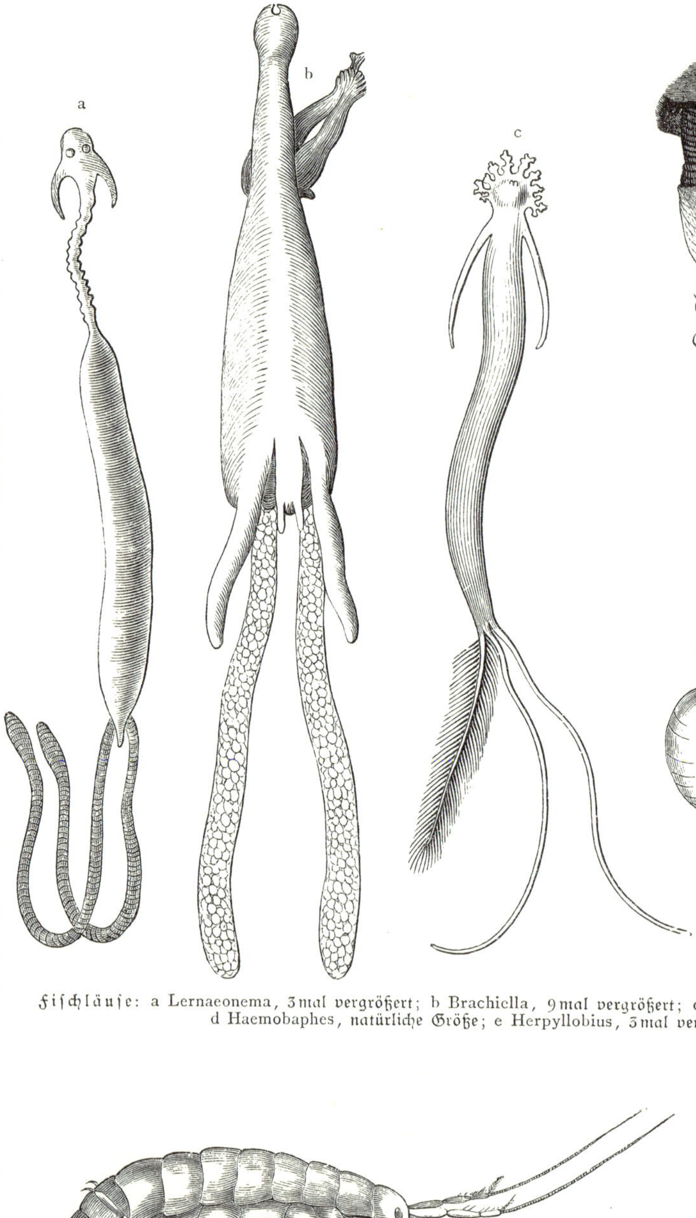

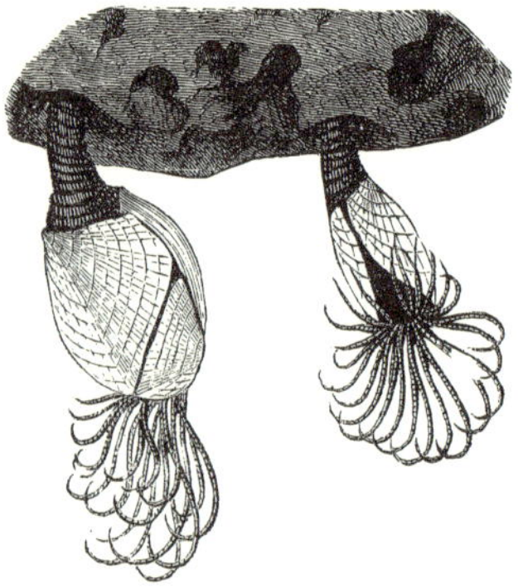

Entenmuschel (Lepas anatifera). 1/1.

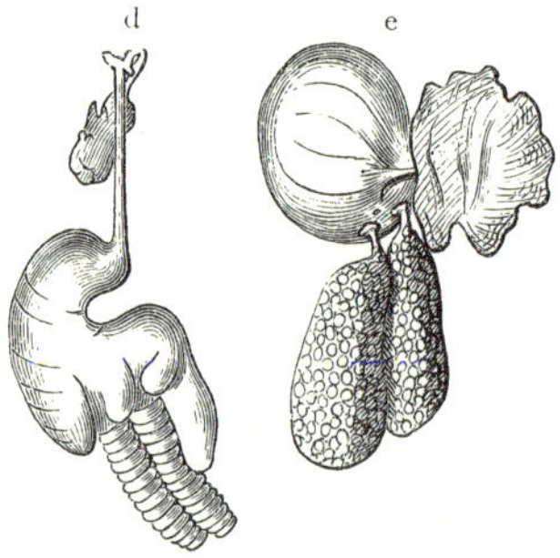

Fischläuse: a Lernaeonema, 3mal vergrößert; b Brachiella, 9mal vergrößert; c Pennella, 5mal vergrößert; d Haemobaphes, natürliche Größe; e Herpyllobius, 3mal vergrößert.

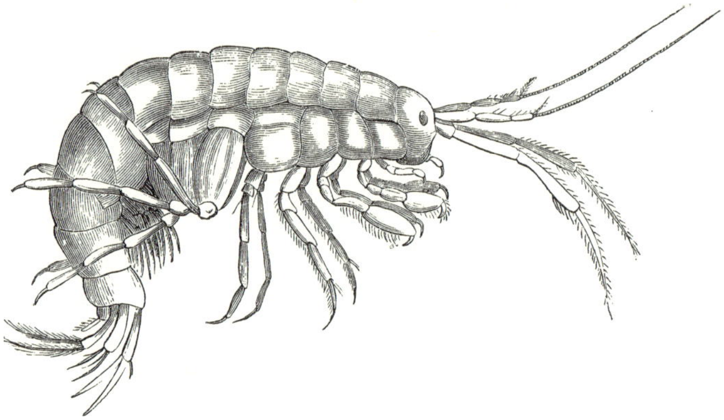

Gemeiner Flohkrebs (Gammarus pulex). 2/1.

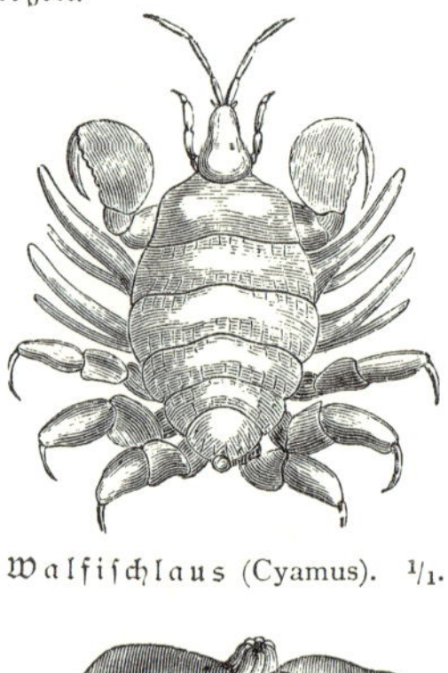

Walfischlaus (Cyamus). 1/1.

Wurzelkrebs (Sacculina carcini). 1/1.

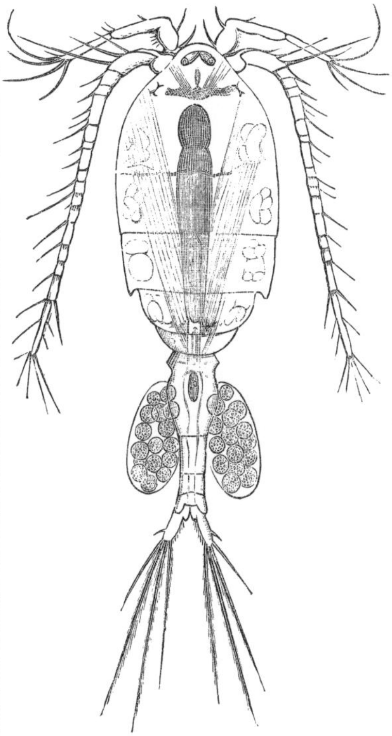

Hüpferling (Cyclops), mit Eiern. Stark vergrößert.

a Kiemenfuß (Branchipus Grubei), Männchen; b Weibchen, beide 1/1. c Salzkrebschen (Artemia salina), Männchen. Vergrößert.

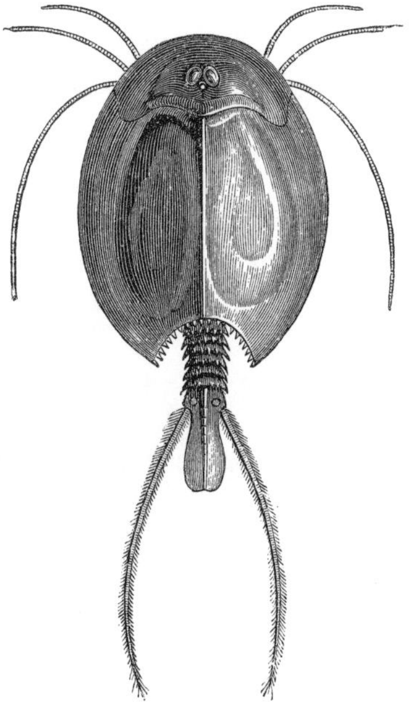

Krebsförmiger Kiefenfuß (Apus cancriformis). 1/1.

Megalasma striatum. 1/1.

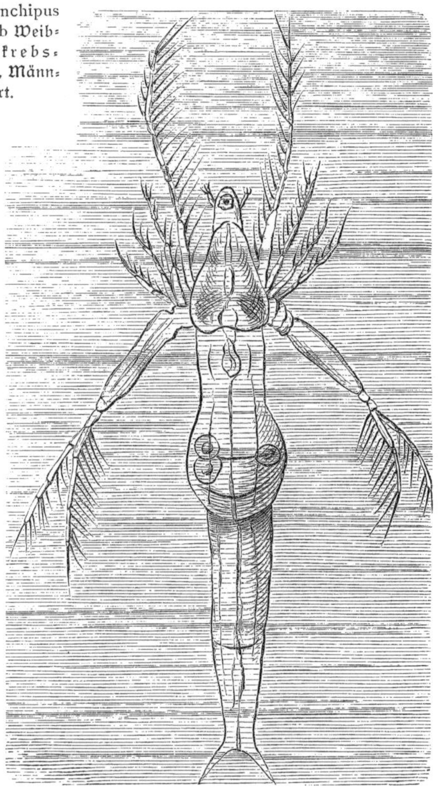

Leptodora diaphana. 12mal vergrößert.

Cystosoma Neptuni. Etwas verkleinert.

Gespenstkrebschen (Caprella). Etwas vergrößert.

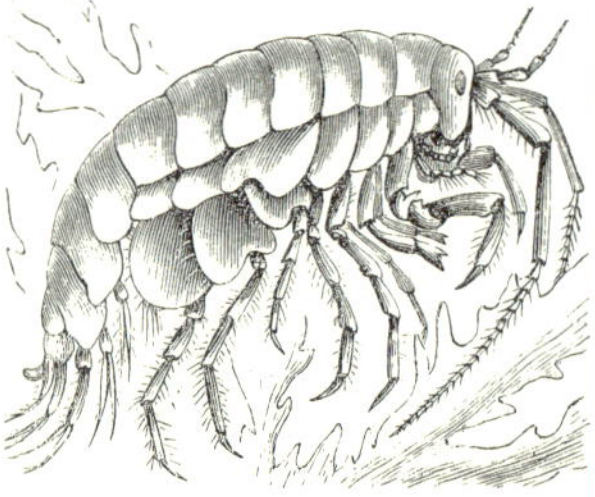

Sandhüpfer (Talitrus saltator). Vergrößert.

Großer Garnat (Palaemon serratus). $^1/_1$.

Thaumatocheles Zaleuca. $^1/_1$.

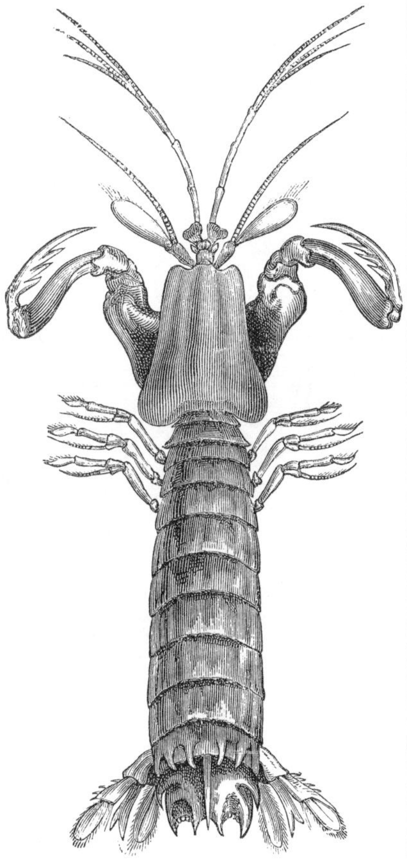

Heuschreckenkrebs (Squilla mantis).
Etwas verkleinert.

1
2

1 Kellerassel (Oniscus scaber). 2 Rollassel (Armadillo vulgaris). $^1/_1$.

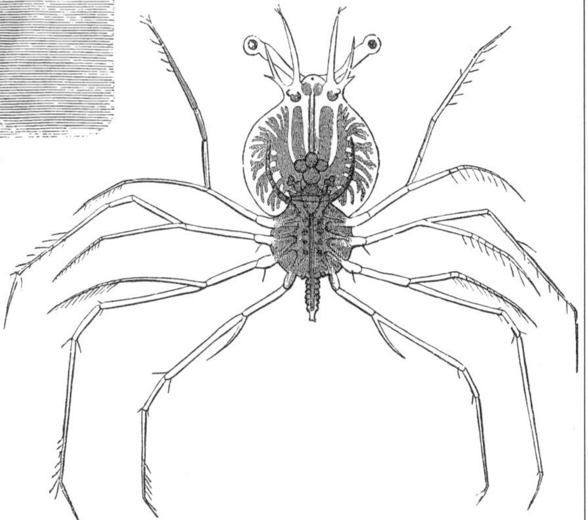

Blattkrebs (Phyllosoma). $^1/_1$.

Gemeiner Flußkrebs (Astacus fluviatilis). 1/2.

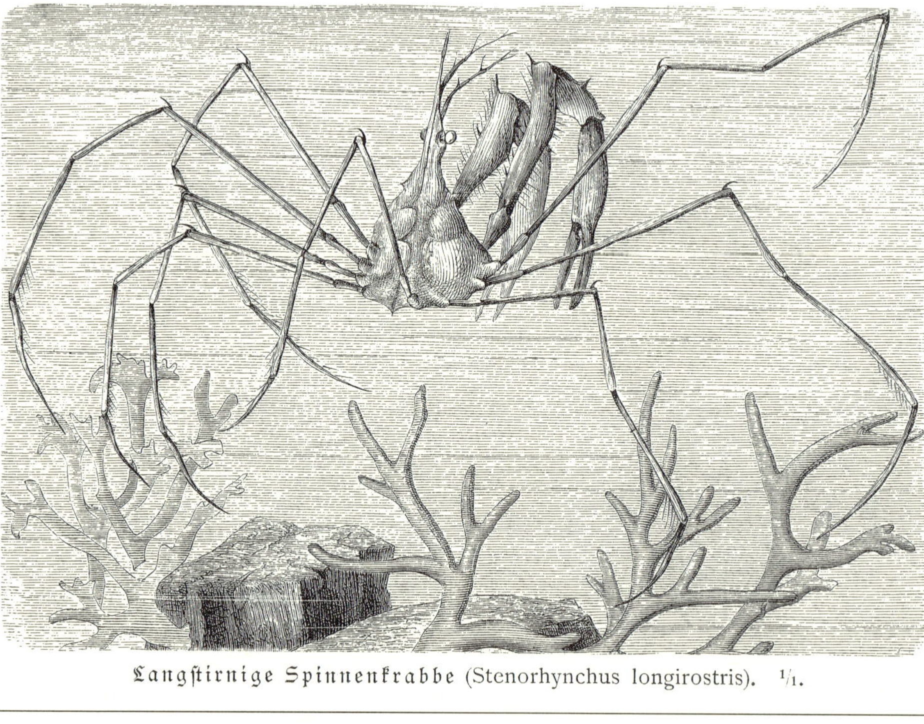

Langstirnige Spinnenkrabbe (Stenorhynchus longirostris). 1/1.

Einsiedlerkrebs (Pagurus Bernhardus). 1/1.

Wollkrabbe (Dromia vulgaris). 1/1.

Großer Taschenkrebs (Cancer pagurus).
Junges Exemplar.

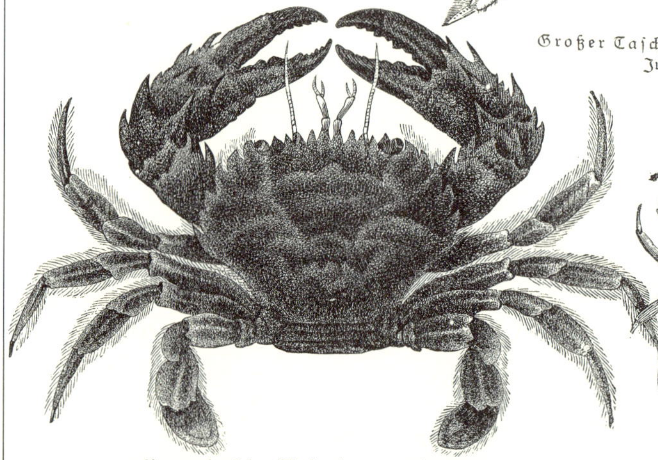

Bogenkrabbe (Thalamita natator). 1/1.

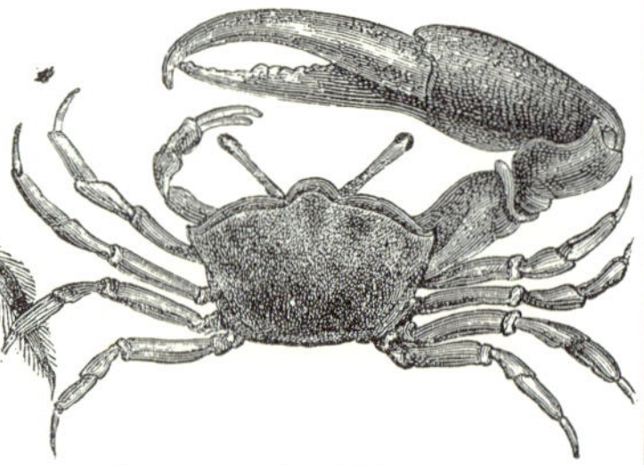

Winkerkrabbe (Gelasimus). 1/1.

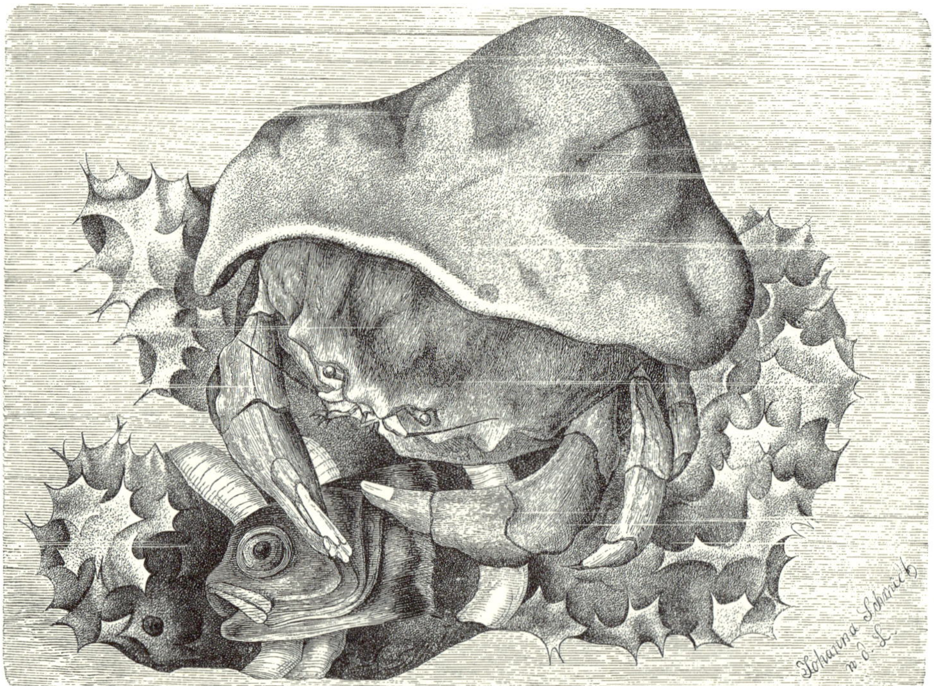

Wollkrabbe (Dromia vulgaris), mit einem Korkschwamme bedeckt. 1/1.

Gemeine Krabbe (Carcinus maenas). 1/1.

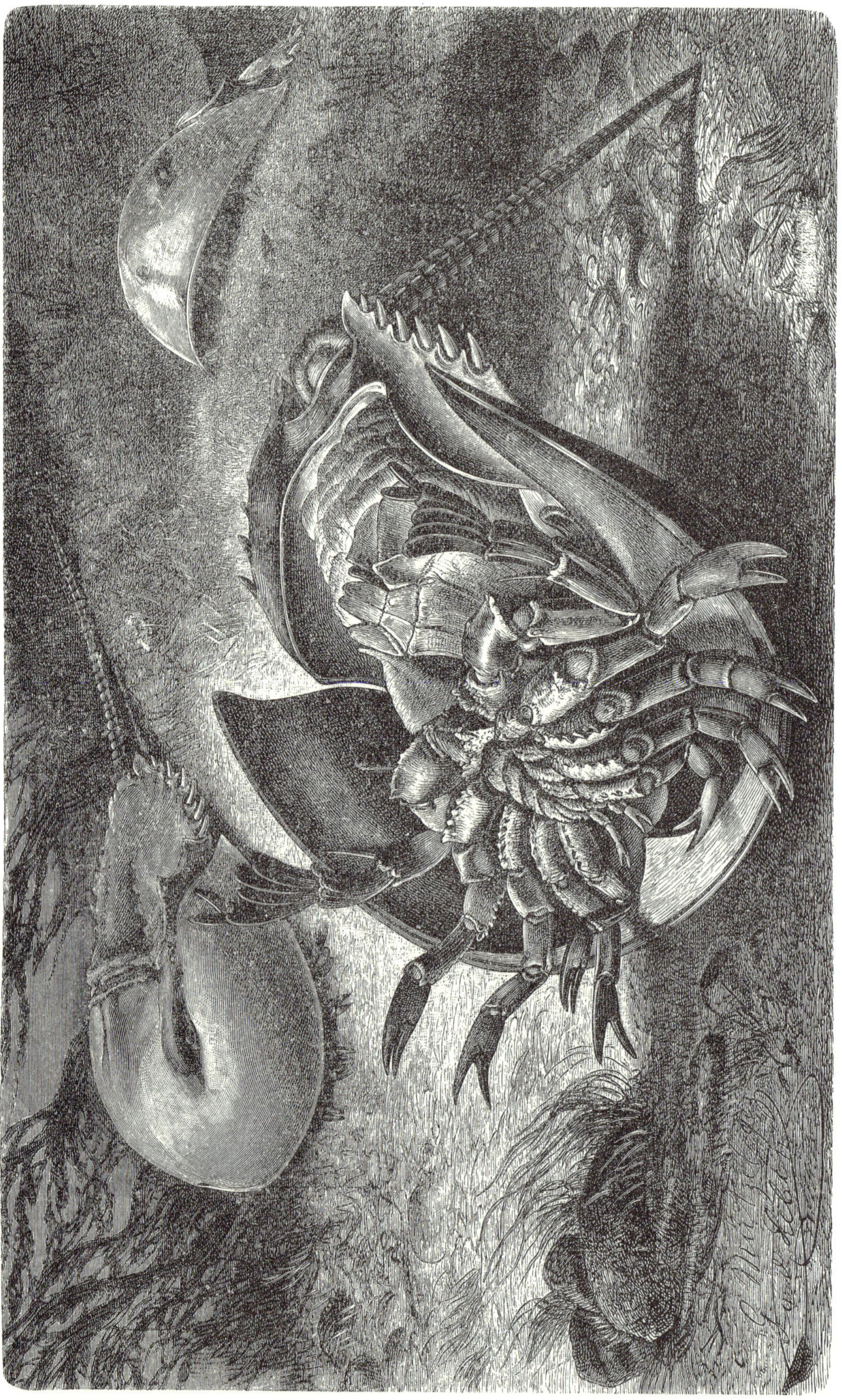

Molukkenkrebs (Limulus moluccanus). Größe 36 cm.

Gemeine Walzenspinne (Solpuga araneoides) im Kampfe mit einem Skorpion. 1/1.

Fadenskorpion (Thelyphonus caudatus). 1/1.

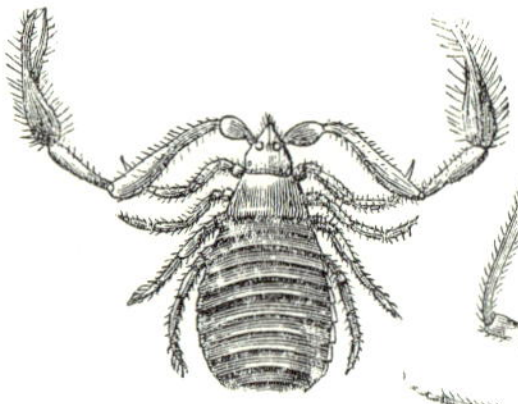

Bücherskorpion (Chelifer cancroides). Stark vergrößert.

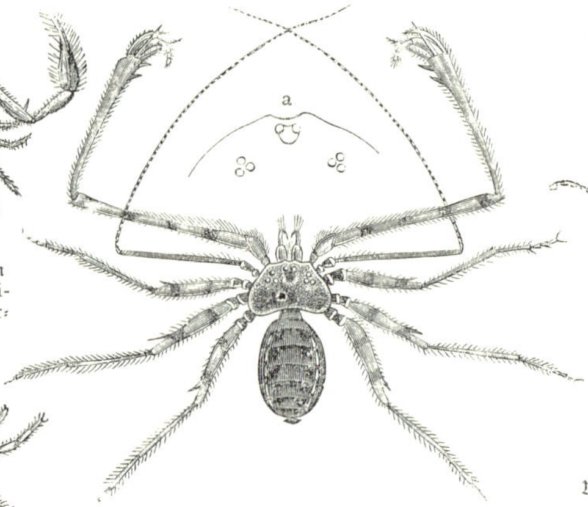

Langarmiger Tarantelskorpion (Phrynus lunatus). 1/1. a Vergrößerte Anordnung der Augen.

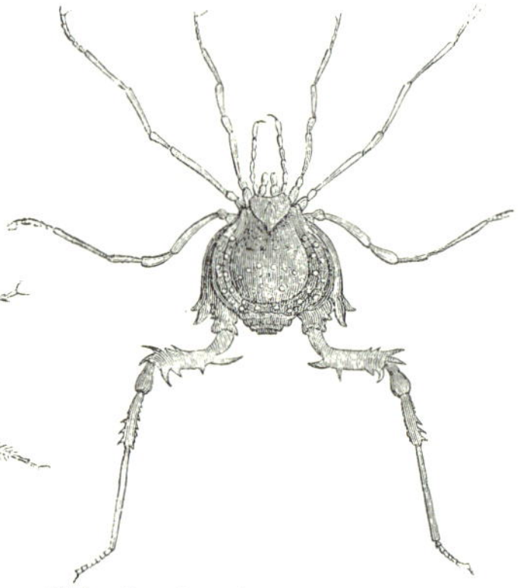

Männchen des Krummbeinkankers (Gonyleptes curvipes). 1/1.

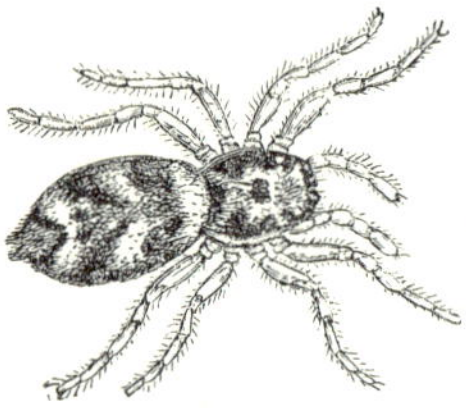

Harlekinspinne (Salticus scenicus). Weibchen. 1/2.

Gartenluchsspinne (Pardosa saccata), Weibchen mit dem Eiersack, Augenstellung von der Hinteransicht. Alles vergrößert.

Männchen der Apulischen Tarantel (Tarantula Apuliae). 1/1.

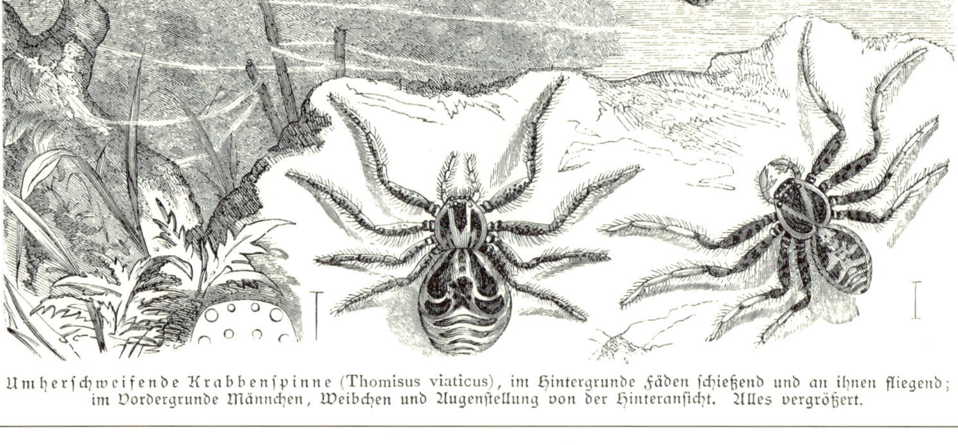

Umherschweifende Krabbenspinne (Thomisus viaticus), im Hintergrunde Fäden schießend und an ihnen fliegend; im Vordergrunde Männchen, Weibchen und Augenstellung von der Hinteransicht. Alles vergrößert.

a b

Gemeine Wasserspinne (Argyroneta aquatica). Etwas vergrößert. a Nest, b Augenstellung.

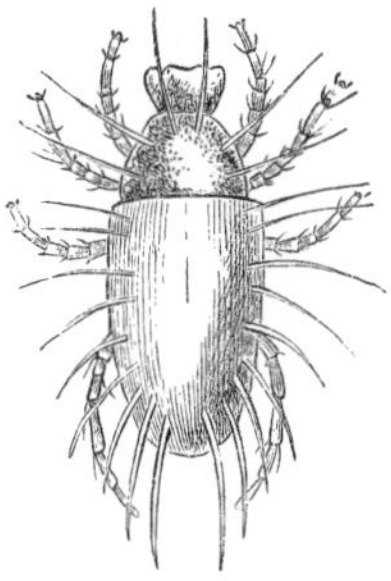

Käsemilbe (Tyroglyphus siro). Stark vergrößert.

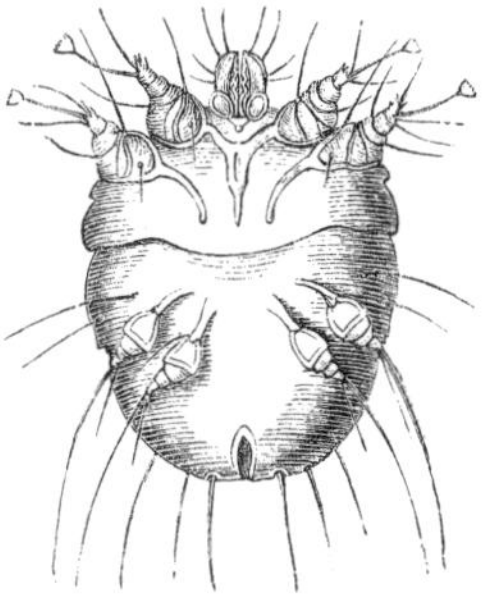

Krätzmilbe des Menschen (Sarcoptes hominis), Weibchen von der Bauchseite. 80 fach vergrößert.

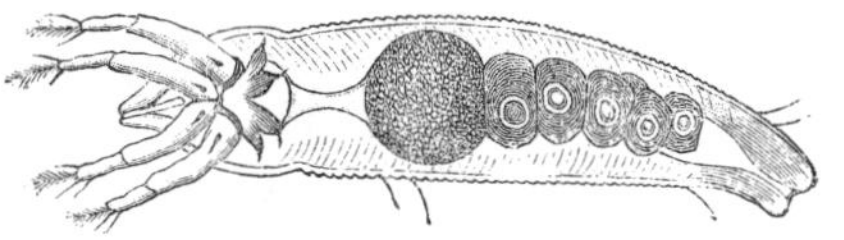

Phytoptus vitis vom Weinstock. Stark vergrößert.

Winkelspinne (Tegenaria domestica). 1/1.

Javanische Bogenspinne (Gasteracantha arcuata). 1/1.

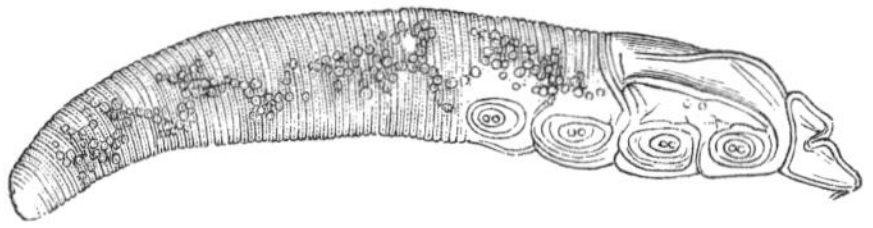

Haarbalgmilbe des Menschen (Demodex hominis). 600 mal vergrößert.

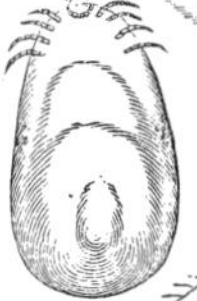

Gemeiner Holzbock (Ixodes ricinus). 2/1.

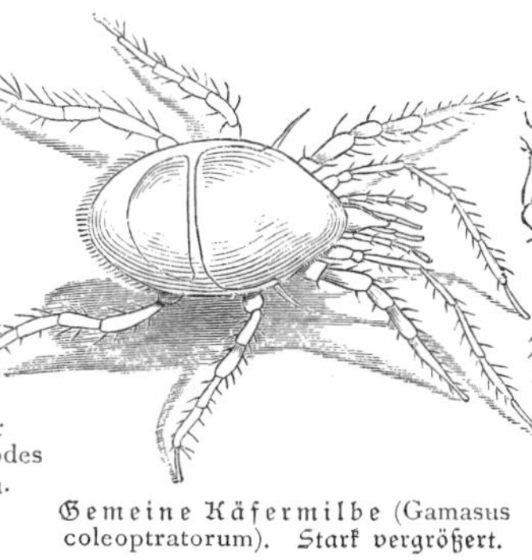

Gemeine Käfermilbe (Gamasus coleoptratorum). Stark vergrößert.

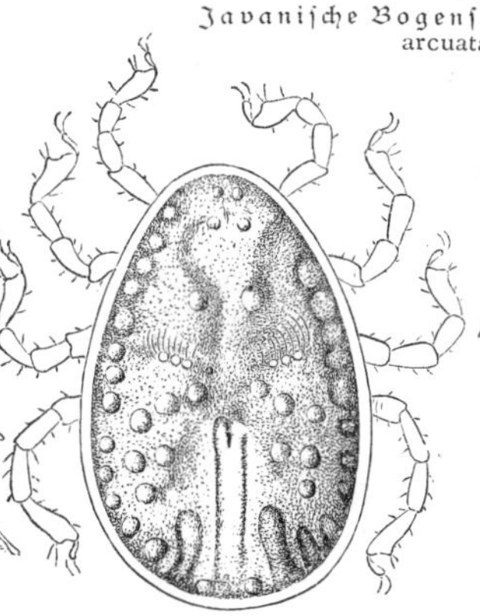

Saumzecke (Argas reflexus). Stark vergrößert.

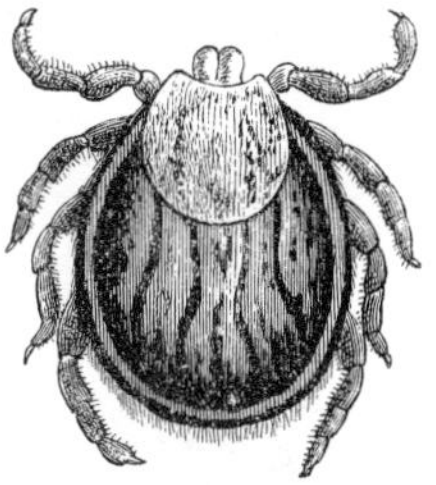

Violetter Holzbock (Ixodes reduvius). Vergrößert.

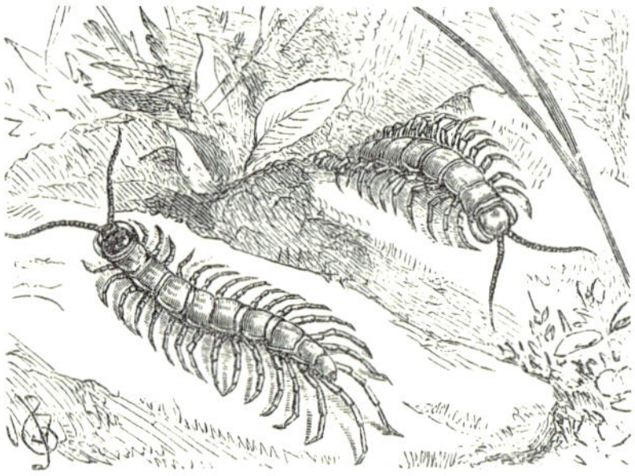

Brauner Steinkriecher (Lithobius forficatus). 1/1.

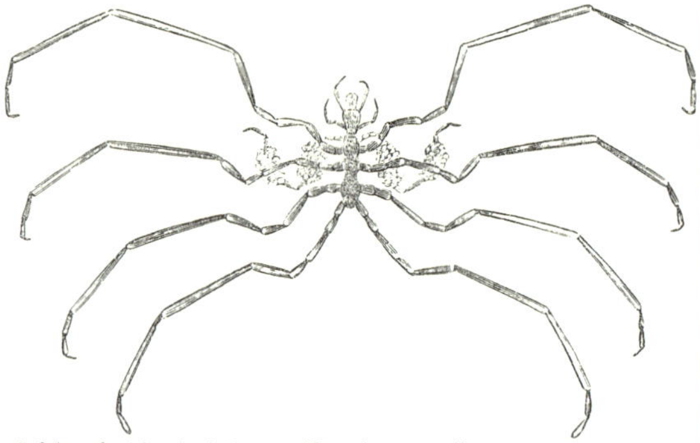

Schlanke Krebsspinne (Nymphon gracile). Stark vergrößert.

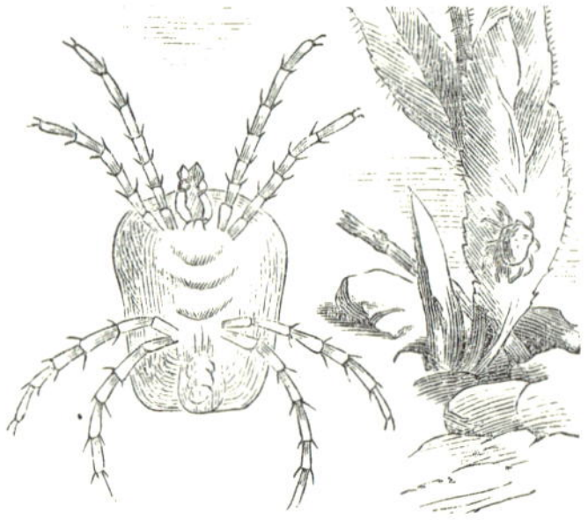

Kochenillemilbe (Trombidium holosericeum) von der Bauchseite. Achtmal vergrößert und auf einem Blatte in natürlicher Größe.

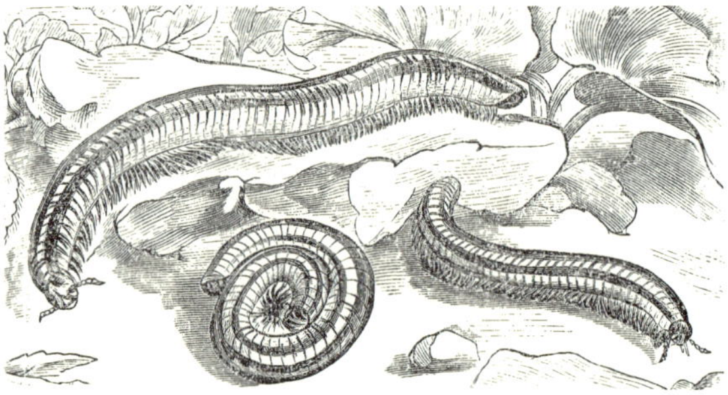

Sandassel (Julus sabulosus). Zwei Stück vergrößert.

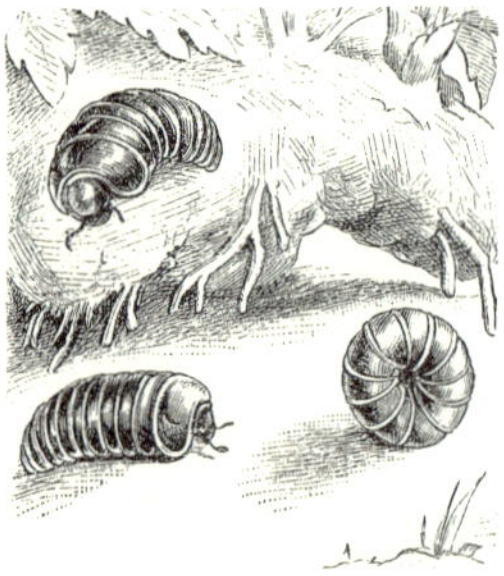

Gesäumte Schalenassel (Glomeris marginata). 1/1.

Großer Ohrwurm (Forficula gigantea), Männchen. 1/1.

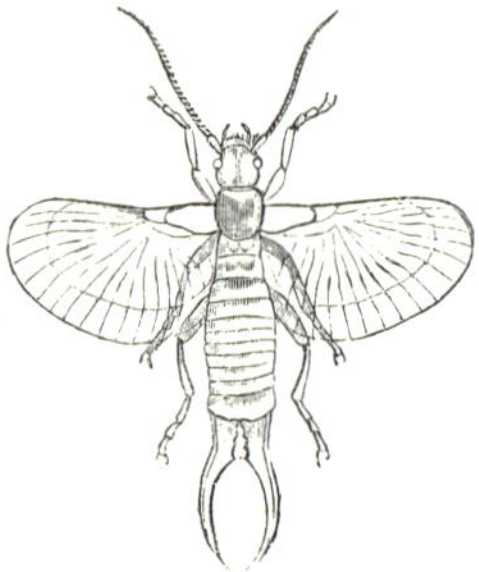

Gemeiner Ohrwurm (Forficula auricularia), fliegend. 1/1.

Küchenschabe (Periplaneta orientalis). 1/1.

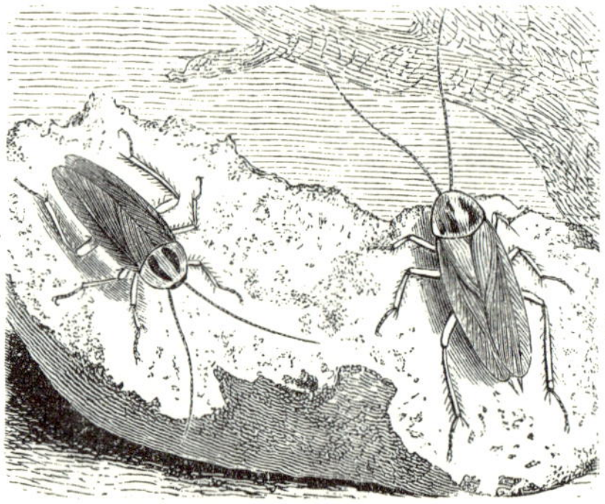

Deutsche Schabe (Blatta germanica). a Weibchen, b Männchen. 1/1.

Rossis Gespenstschrecke (Bacillus Rossii) nebst Larven. 1/1.

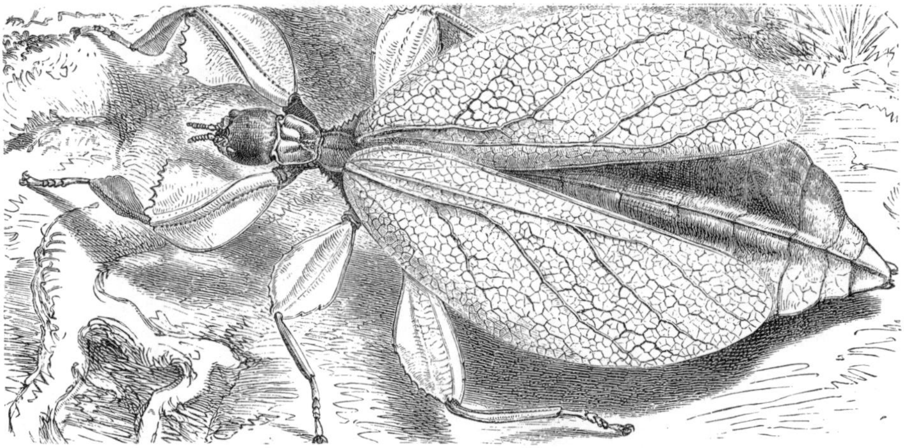

Wandelndes Blatt (Phyllium siccifolium). 1/1.

1

2

3

1 Wanderheuschrecke (Pachytylus migratorius) nebst Larve (2); 3 nördliche Form (P. cinerascens). 1/1.

Weibchen des Getreide-Blasenfußes (Limothrips cerealium). Stark vergrößert.

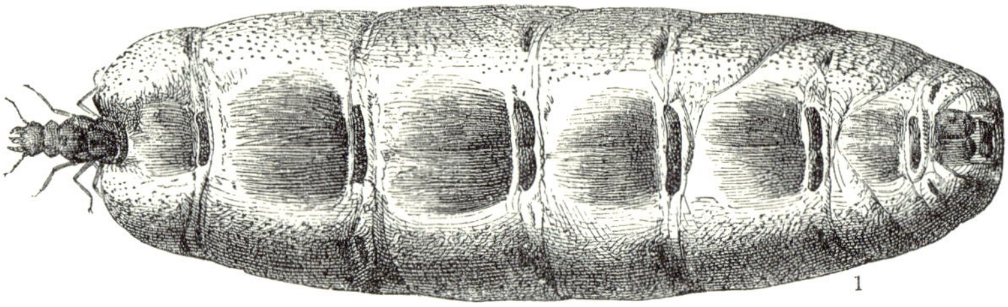

1

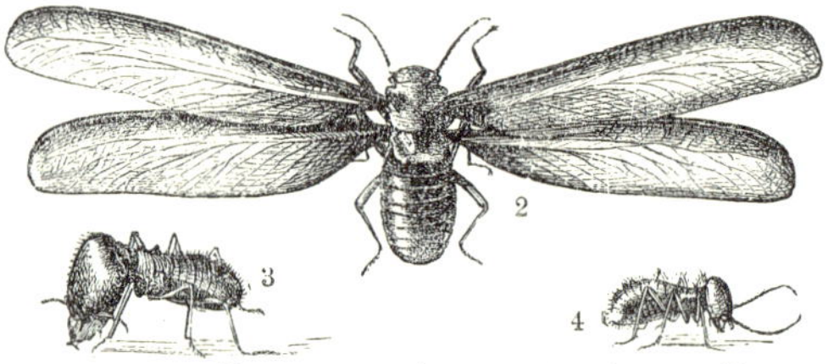

2 3 4

1 Weibchen von Termes regina, 2 Männchen von Termes dirus, 3 „Arbeiterin", 4 „Soldat" derselben. 1/1.

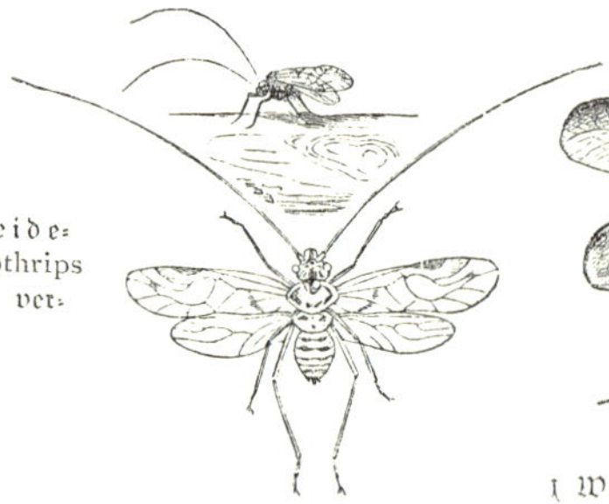

Liniierte Holzlaus (Psocus lineatus). 1/1 und dreimal vergrößert.

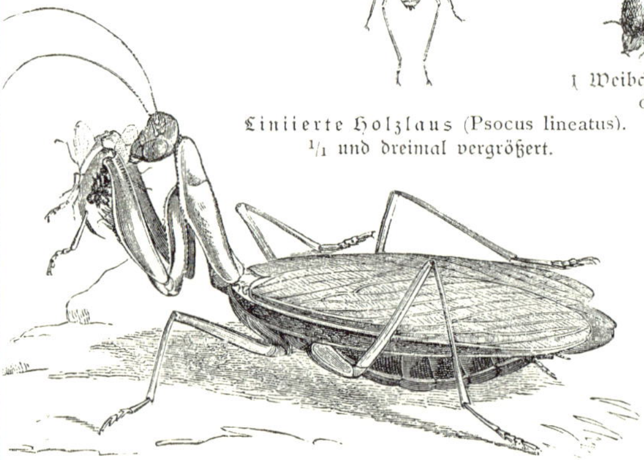

Gottesanbeterin (Mantis religiosa), Weibchen. 1/1.

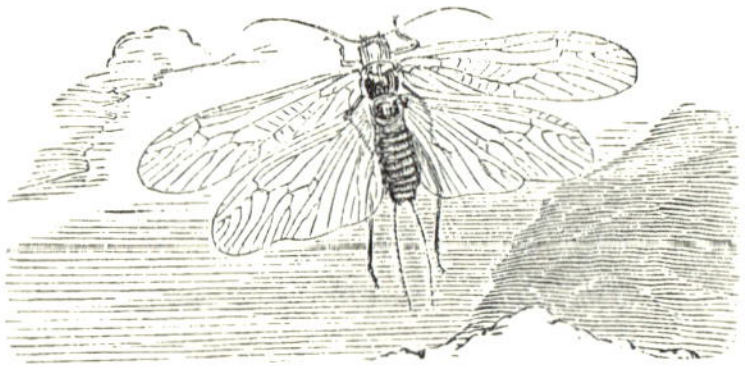

Zweischwänzige Uferfliege (Perla bicaudata). 1/1.

Werre (Gryllotalpa vulgaris) mit Nest, Jungen und Eiern. 1/1.

Heimchen (Gryllus domesticus). 1/1.

a b c d

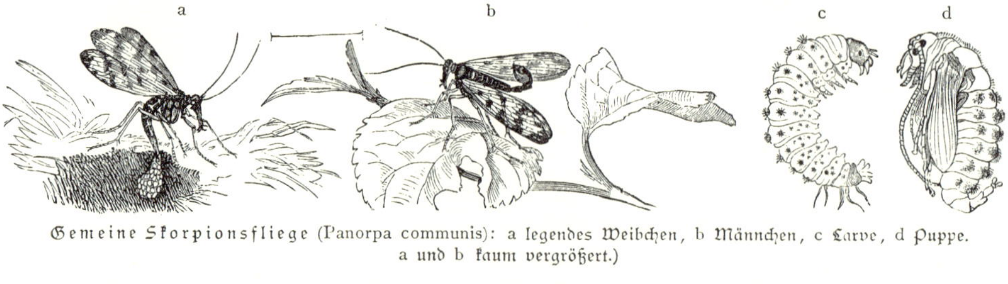

Gemeine Skorpionsfliege (Panorpa communis): a legendes Weibchen, b Männchen, c Larve, d Puppe. a und b kaum vergrößert.)

1 Larvenhülse einer Schmaljungfer (Agrion). 2 Larve einer solchen mit vorgestreckter Maske. 3 Gemeiner Plattbauch (Libellula depressa). 4 Lebende Larve einer Libellula mit vorgestreckter Maske. 5 Dieselbe als zurückgelassene Haut nach dem Ausschlüpfen. $^1/_1$.

Männchen der Gemeinen Eintagsfliege (Ephemera vulgata). $^1/_1$.

Wasserflorfliege (Sialis lutaria): 1 Eier, 2 Larve, 3 Puppe, 4 Fliege. Die Larve und die obere Eierpartie vergrößert.

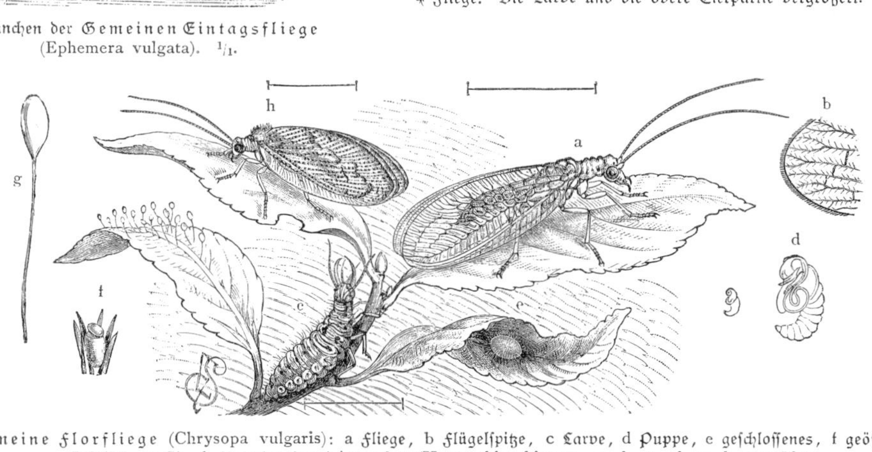

Gemeine Florfliege (Chrysopa vulgaris): a Fliege, b Flügelspitze, c Larve, d Puppe, e geschlossenes, f geöffnetes Gespinst, g Ei. h Rauhe Landjungfer (Hemerobius hirtus). a, b, c, d, g, h vergrößert.

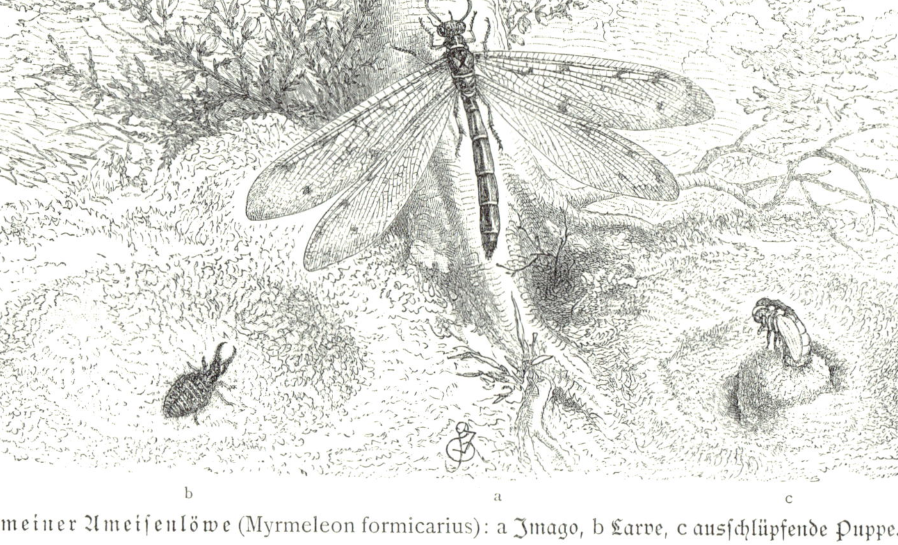

b a c

Gemeiner Ameisenlöwe (Myrmeleon formicarius): a Imago, b Larve, c ausschlüpfende Puppe. 1/1.

Verschiedene Frühlingsfliegen-Gehäuse:

1 Schneckenhausförmige aus Tennessee, 2 köcherförmige in Forellenbächen, wie die vorigen und 5 aus feinen Sandkörnchen bestehend, 3 und 4 Gehäuse in Bergflüssen aus Steinen, 6 aus Planorbisgehäusen, 7—10 aus Pflanzenteilen zusammengesetzte Gehäuse. 1/1.

Rautenfleckige Frühlingsfliege (Limnophilus rhombicus). Vergr.

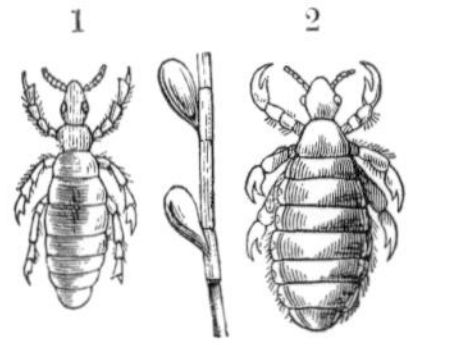

1 Kopflaus (Pediculus capitis) nebst Eiern. 2 Kleiderlaus (P. vestimenti). Vergr.

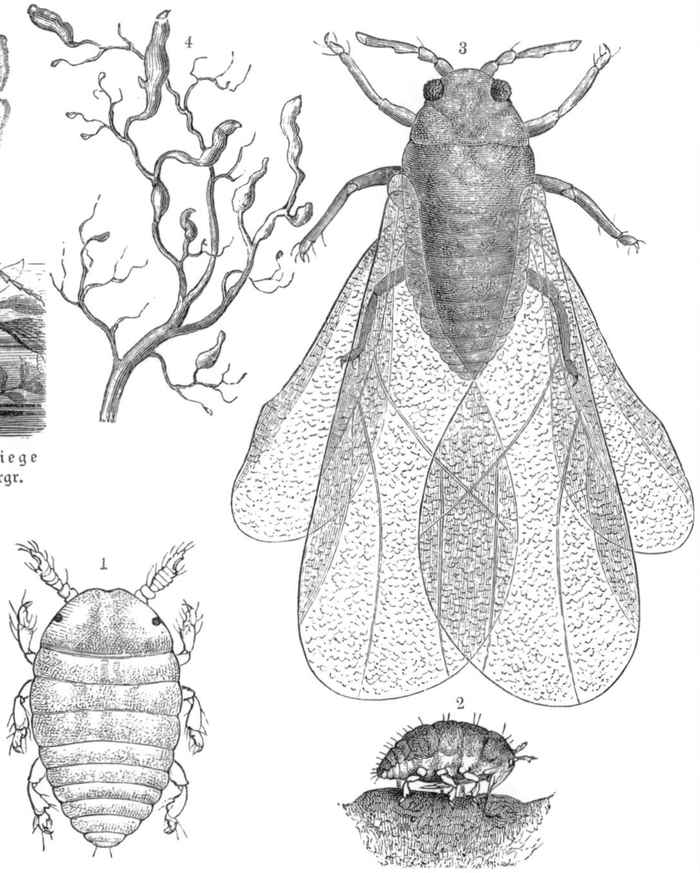

Reblaus (Phylloxera vastatrix): 1 Wurzellaus von der Rückenseite, 2 von der Seite und saugend, 3 geflügelte Laus. Alles stark vergrößert. 4 Stück einer Rebwurzel, an welcher die Laus sitzt und durch ihr Saugen die Anschwellungen erzeugt hat.

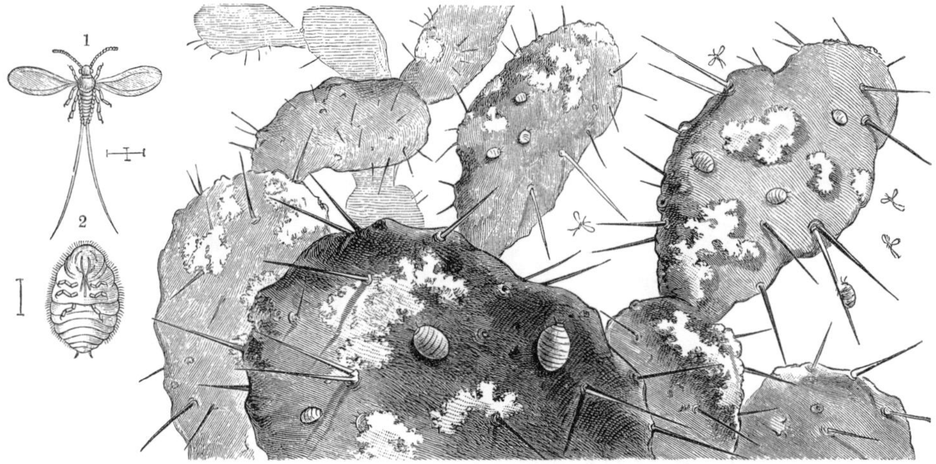

Cochenille (Coccus cacti) auf dem Nopalkaktus. 1 Männchen, 2 Weibchen. Stark vergrößert. Auf dem Kaktus Wachsausschwitzungen und etwas vergrößerte Weibchen, auch fliegende Männchen. 1/1.

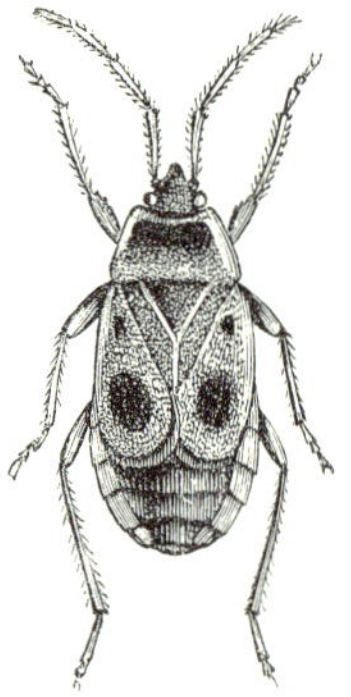

Flügellose Feuerwanze (Pyrrhocoris apterus). 3/1.

1 Mannacikade (Cicada orni). 2 Gemeine Singcikade (Cicada plebeja) nebst Larve. Vergrößert.

Deutsche Wasserwanzen: 1 Gemeiner Rückenschwimmer (Notonecta glauca), fliegend und schwimmend. 2 Grauer Wasserskorpion (Nepa cinerea), eine Libellenlarve aussaugend, 3 seine Larve, 4 seine Eier. 5 Gemeine Schwimmwanze (Naucoris cimicoides). 6 Geoffroys Ruderwanze (Corisa Geoffroyi). 7 Stabwanze (Ranatra linearis). 8 Teichläufer (Limnobates stagnorum). 9 Sumpf-Wasserläufer (Hydrometra paludum). 10 Eier und Larven eines Wasserläufers. 11 Larve von Velia currens. 1/1.

Europäischer Laternenträger (Pseudophana europaea). 1/1. Dazu vergrößerter Vorderkörper in verschiedenen Ansichten.

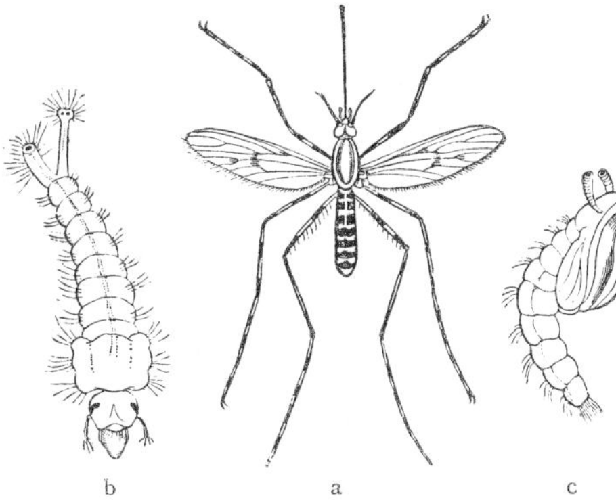

Ringelmücke (Culex annulatus): a Weibchen, b Larve, c Puppe. Alle vergrößert.

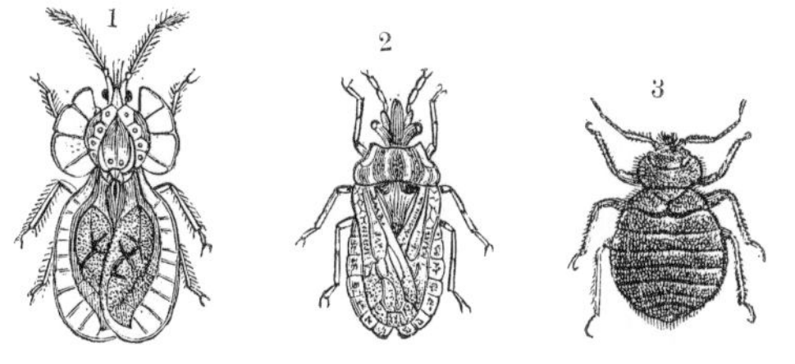

1 Verwandte Buckelwanze (Tingis affinis). Achtmal vergrößert. 2 Gemeine Rindenwanze (Aradus corticalis). Sechsmal vergrößert. 3 Bettwanze (Cimex lectularius). Stark vergrößert.

Hottentotten-Wanze (Eurygaster maurus). 1/1.

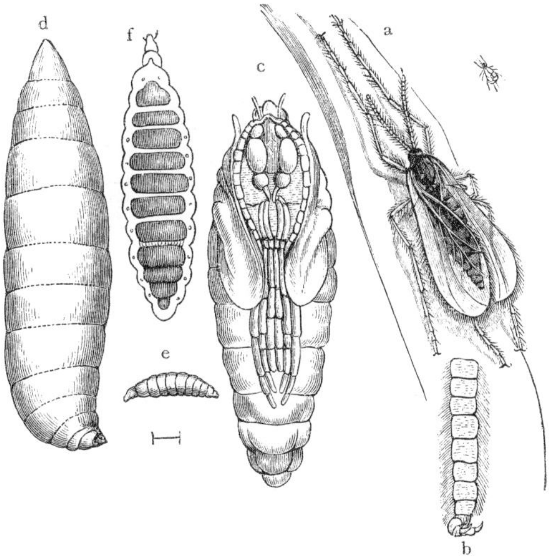

Hessenfliege (Cecidomyia destructor): a Weibliche Mücke, b Hinterleib der männlichen, c die im Tönnchen d eingeschlossene Mumienpuppe, e und f Larve in verschiedenen Größen. Alles vergrößert.

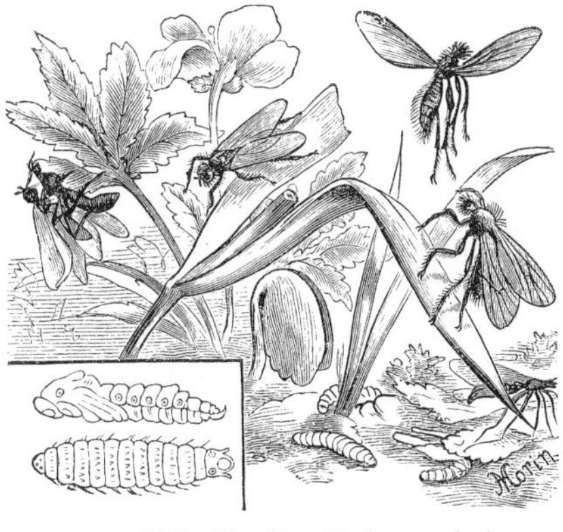

Gärtner (Bibio Marci) nebst Larve und Puppe. Die beiden letzteren vergrößert.

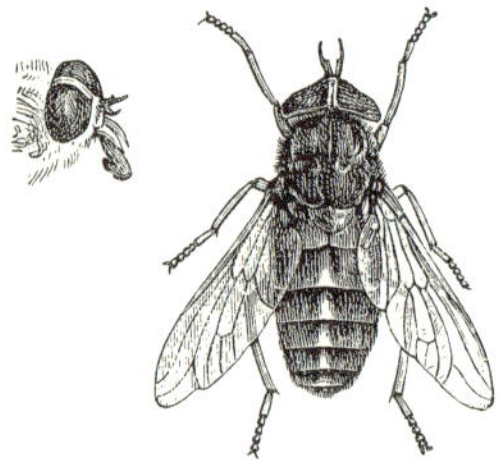

Weibliche Rinderbremse (Tabanus bovinus), mit Seitenansicht des Kopfes. 1/1.

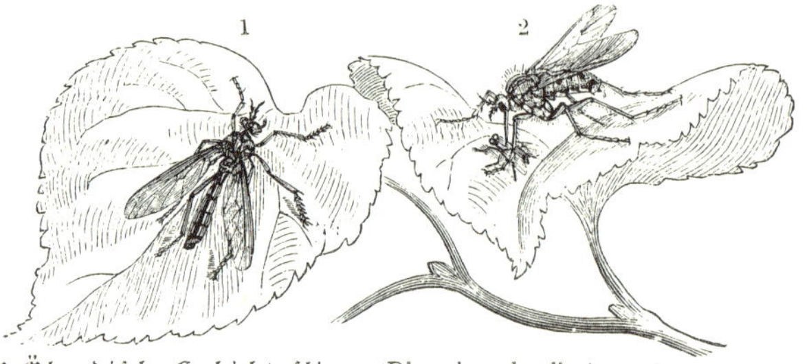

1 Öländische Habichtsfliege (Dioctria oelandica). 2 Gewürfelte Schnepfenfliege (Empis tessellata). 1/1.

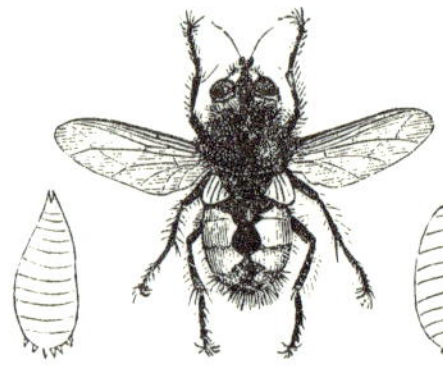

Wilde Raupenfliege (Echinomyia ferox) nebst Larve und Puppe. 1/1.

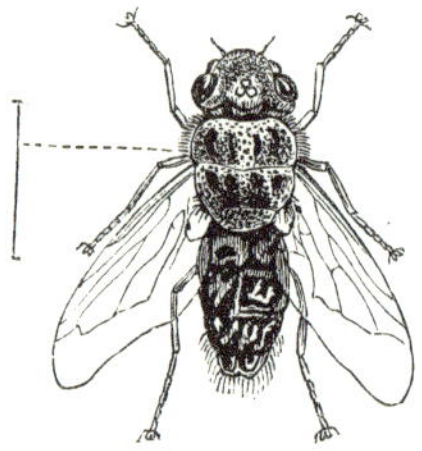

Nasenbreme des Schafes (Oestrus ovis). Vergr.

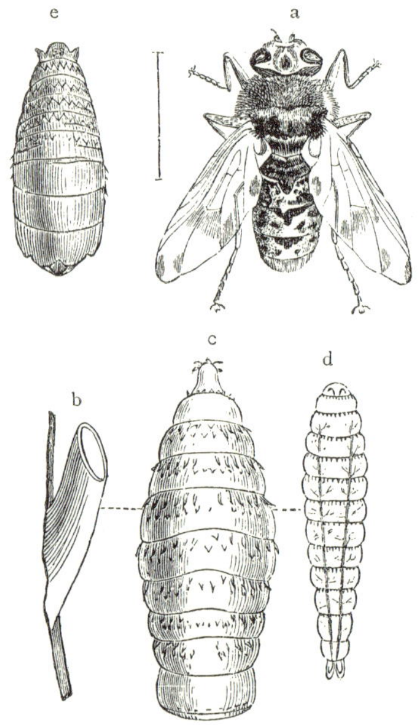

Magenbreme des Pferdes (Gastrophilus equi): a Fliege, b Ei an einem Haare, c Larve auf der letzten, d auf der ersten Entwickelungsstufe, e Tönnchen. Alle vergrößert.

Gemeiner Trauerschweber (Anthrax semiatra) nebst dem Puppengehäuse, aus welchem er als Schmarotzer geschlüpft ist. 1/1.

Brummfliege (Musca vomitoria): 1 Fliege, 2 Eier, 3 Larven, 4 Tonnenpuppe. 5 Schmeißfliege (Sarcophaga carnaria): 6 neugeborne Larven, 7 erwachsene Larve derselben. 8 Stubenfliege (Musca domestica) nebst Larve. 9 Wadenstecher (Stomoxys calcitrans). 10 Kopf der Stubenfliege. 11 Vorderes Fußglied der Schmeißfliege. 12 Von Pilzen getötete Stubenfliege. Nur 10 und 11 vergrößert.

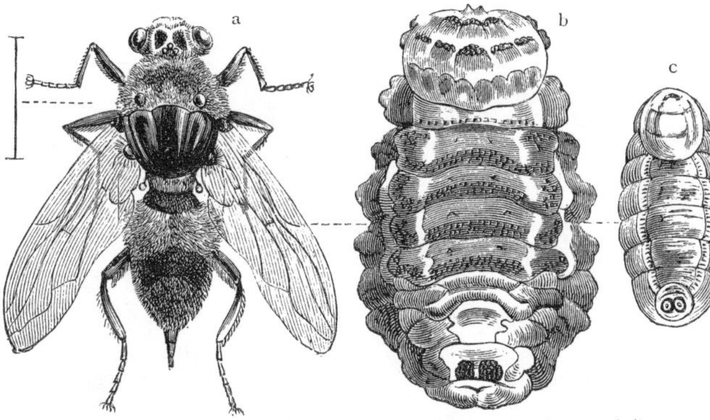

Biesfliege (Hypoderma bovis): a Fliege, b Larve, c Puppe, beide von der Bauchseite. Alle vergrößert.

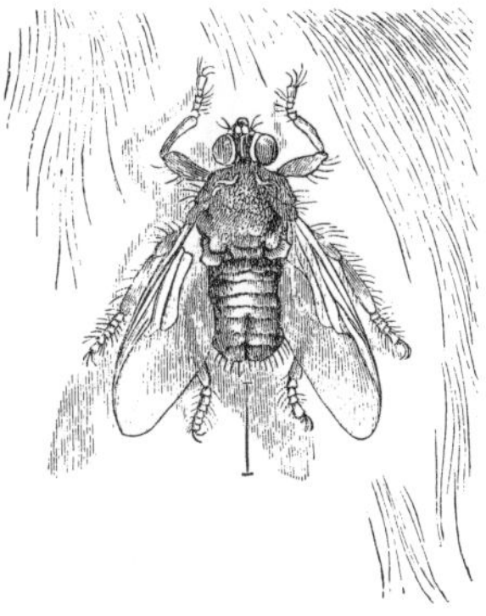

Pferde-Lausfliege (Hippobosca equina). Vergrößert.

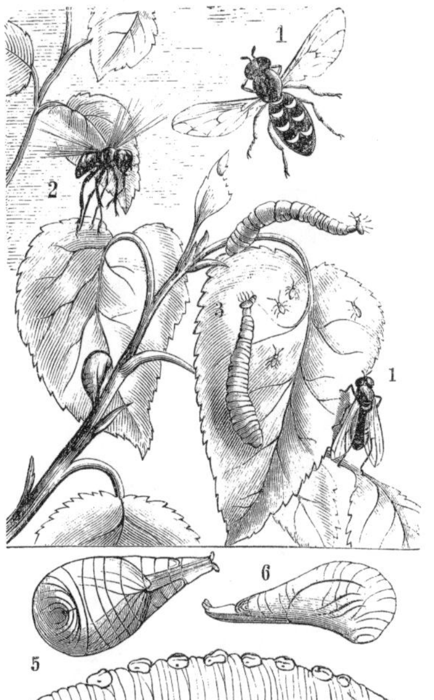

Mondfleckige Schwirrfliege (Syrphus seleniticus): 1 Fliege, 2 rüttelnde Fliege, 3 Larven auf der Blattlausjagd, 4 zusammengezogene Larve, 5 Puppe von vorn, 6 von der Seite; 4—6 vergrößert.

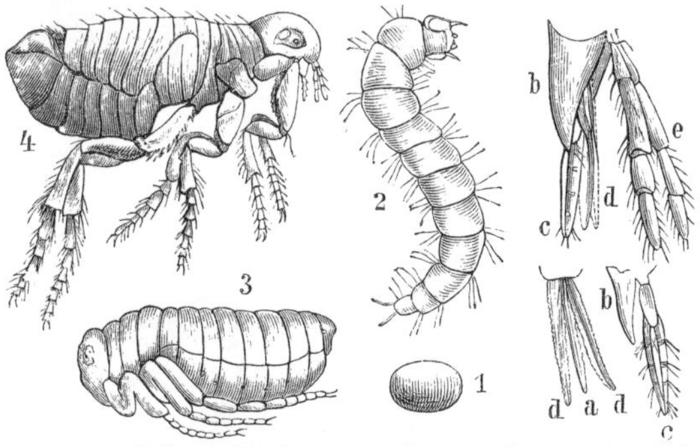

Gemeiner Floh (Pulex irritans): 1 Ei, 2 Larve, 3 Puppe, 4 der Floh: a Oberlippe, b Kinnbacken, c Taster der Unterlippe, d diese selbst, e Taster der nicht sichtbaren Kinnladen. Alles vergrößert.

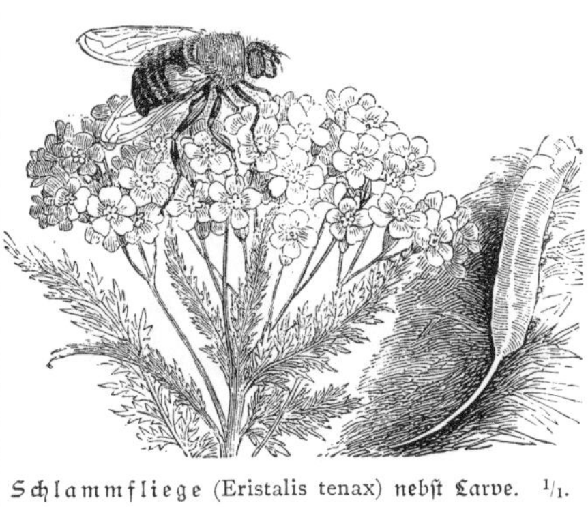

Schlammfliege (Eristalis tenax) nebst Larve. 1/1.

Baumweißling (Pieris crataegi) nebst Raupen und Puppen. 1/1.

Kiefernschwärmer (Sphinx pinastri) nebst Raupen verschiedenen Alters und Puppe.

1 Segelfalter (Papilio podalirius) nebst Raupe und Puppe. 2 Landkärtchen, gelbes (Vanessa levana), Wintergeneration; 4 Landkärtchen, schwarzes (Vanessa prorsa), Sommergeneration; 3 Raupen; 5 Puppen. 1/1.

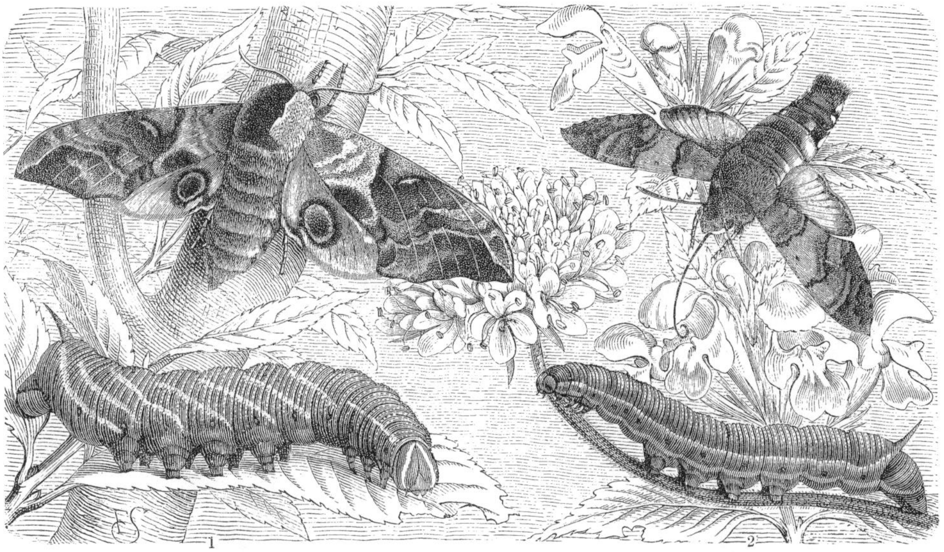

1 2

1 Abendpfauenauge (Smerinthus ocellatus) nebst Raupe. 2 Täubchen (Macroglossa stellatarum) nebst Raupe. 1/1.

6 7 4 5

1 2 3

1 Weibchen des Eisvogels (Limenitis populi). — Dukatenfalterchen (Polyommatus virgaureae), 2 Weibchen, 3 Männchen. 4 Gefleckter Feuerfalter (Polyommatus Phlaeas). 5 Adonis-Bläuling (Lycaena Adonis). 6 Komma (Hesperia comma), Weibchen. 7 Perlenband (Nemeobius Lucina). 1/1.

Mauerauge (Pararge Megaera). 1/1.

Männchen des Blaukopfes (Diloba coeruleocephala) mit Raupe. 1/1.

1 2

1 Hornissenschwärmer (Trochilium apiforme) nebst Raupe und Puppenhülse. 2 Weidenbohrer (Cossus ligniperda) nebst Raupe und Puppenhülse. 1/1.

1 Brauner Bär (Arctia caja); 2 und 3 Varietäten; 4 Raupe. 5 Steinbrech-Widderchen (Zygaena filipendulae); 6 Raupe. 7 Weißfleck (Syntomis Phegea). 1/1.

1 Großer Gabelschwanz (Harpyia vinula), 2 seine Raupe in verschiedenen Größen, 3 Puppengespinst an einem Stamme, 4 Raupe des Buchenspinners (Stauropus fagi). 1/1.

1 Eichenprozessionsspinner (Cnethocampa processionea), Männchen, Wanderung der Raupen, 3 ein Glied einer Raupe, 4 Puppe, 5 die Gehäuse von mehreren, 2 ein Stück Brennhaar der Raupe; 2 und 3 vergrößert.

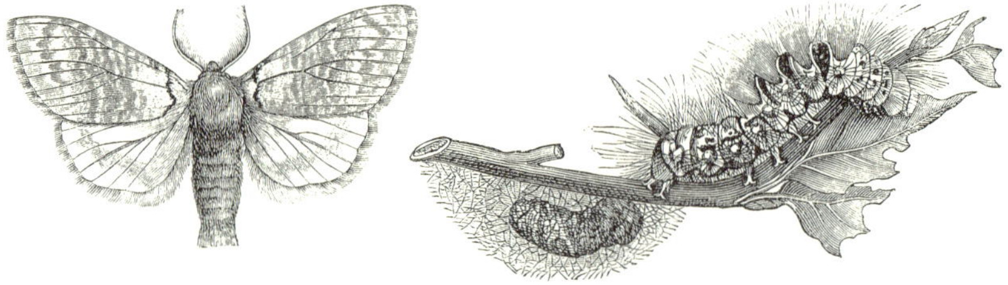

Kopfhänger (Dasychira pudibunda), Männchen, Puppengespinst, Raupe. 1/1.

Kiefernspinner (Gastropacha pini).

a Männchen, b Weibchen, c Eier, d Raupen, e Puppengespinst sowie einige seiner Feinde: (f) der Puppenräuber nebst (g) Larve, (h) die Sichel= und (i) die Eierwespe des Spinners. 1/1.

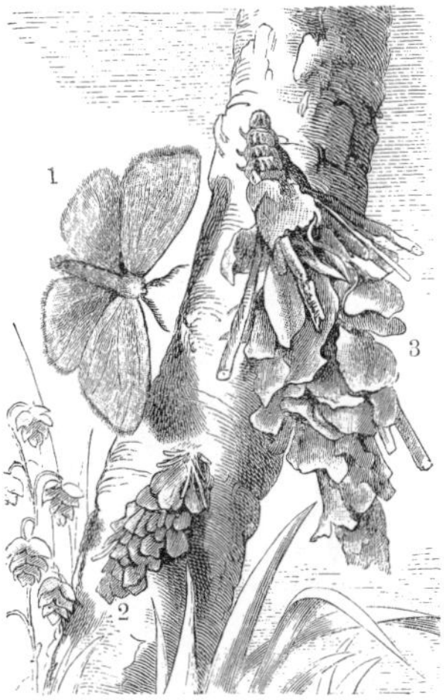

Gemeiner Sackspinner (Psyche unicolor): 1 Männchen, 2 weiblicher Sack (angesponnen), 3 männlicher Sack mit der Raupe. 1/1.

Forleule (Trachea piniperda) nebst Raupe. 1/1.

1 Futtergras-Eule (Neuronia popularis) nebst Raupe. 2 Mangold-Eule (Brotolomia meticulosa). 3 Gemeine Graseule (Charaeas graminis). 1/1.

Nonne (Ocneria monacha): 1 und 2 Männchen, 3—5 Weibchen, 6 Raupenspiegel, 7 Raupe, 8 Puppe. 1/1.

Rotes Weiden-Ordensband (Catocala nupta) nebst Raupe. 1/1.

Weiblicher Birkenspanner (Amphidasis betularia) nebst Raupen und Puppe. 1/1.

Gänsefußspanner (Larentia chenopodiata) nebst Raupe. 1/1.

Stachelbeerspanner (Abraxas grossulariata) nebst Raupe und Puppe. 1/1.

1 Sogenannte Obstmade, 2 ihr Schmetterling (Grapholitha pomonella). 3 Mehlzünsler (Asopia farinalis). 1/1.

Rübsaatpfeifer (Botys margaritalis) nebst Raupe. 1/1.

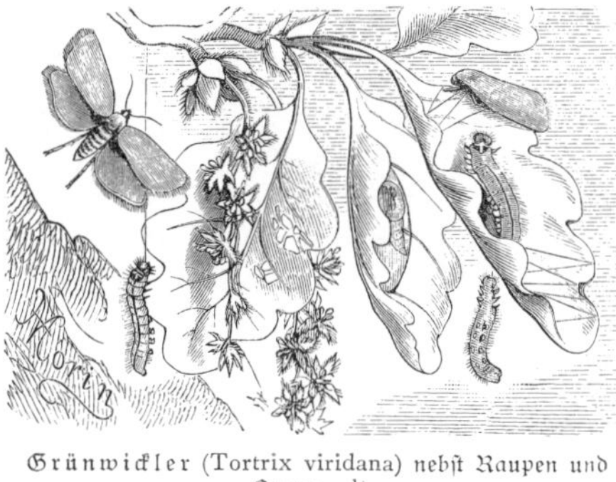

Grünwickler (Tortrix viridana) nebst Raupen und Puppe. 1/1.

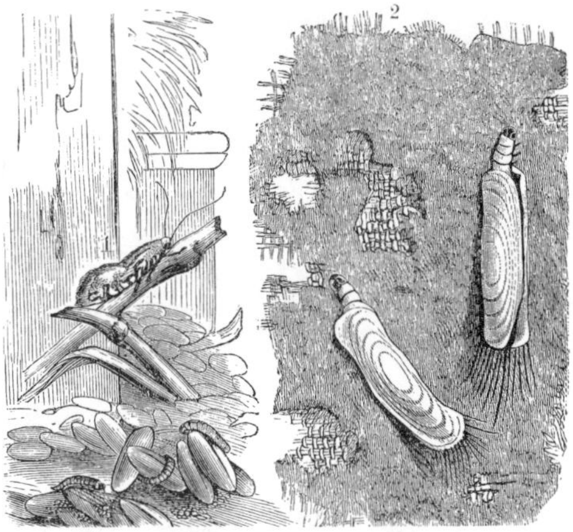

1 Kornmotte (Tinea granella) nebst Raupe. 2 Raupe der Kleidermotte (Tinea pellionella). 1/1.

1 Kieferngallwickler (Retina resinella), 2 sogenannte Kieferngalle mit der Puppenhülse. 3 Glypta resinanae, ein Feind des Kieferngallwicklers. 4 Kieferntriebwickler (Retina Buoliana), 4a dessen Puppe, 5 Raupe im aufgeschnittenen Triebe, 6 deren Puppenhülse. 1 und 4a vergrößert.

Großer Halbdeck-Bockkäfer (Necydalis major). 1/1.

Koloradokäfer (Leptinotarsa decemlineata) in allen seinen Ständen. 1/1.

Mondfleckiger Erbsenwickler (Grapholitha dorsana), nebst Raupe. Vergrößert.

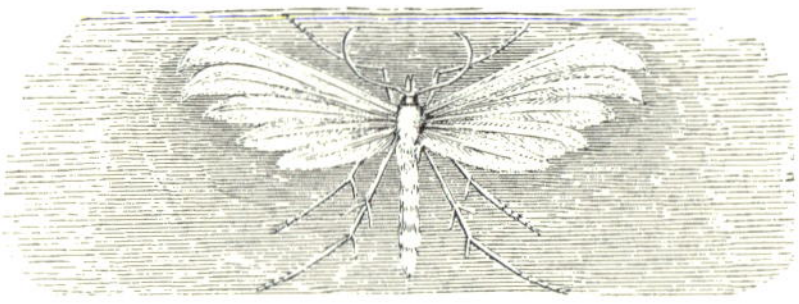

Weißes Geistchen (Pterophorus pentadactylus). 1/1.

5 4 6

2 3 1

Marienkäfer: 1 Micraspis duodecimpunctata in natürlicher Größe und unterstes Stück vergrößert. 2 Siebenpunkt (Coccinella septempunctata) und 2 Puppen in natürlicher Größe; 3 seine vergrößerte Larve zwischen Blattläusen. 4 Coccinella impustulata. 1/1. 5 Coccinella dispar in zwei Färbungen. 6 Chilocorus bipustulatus. 1/1.

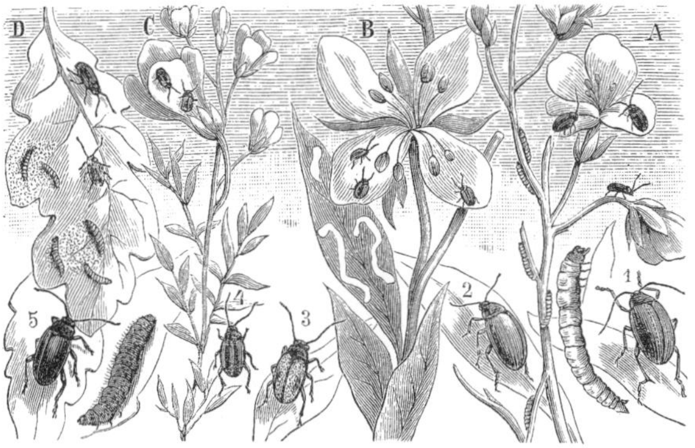

1 Raps-Erdfloh (Psylliodes chrysocephala). 2 Kohl-Erdfloh (Haltica oleracea). 3 Bogenstreifiger Erdfloh (Phyllotreta flexuosa). 4 Gelbstreifiger Erdfloh (Phyllotreta nemorum). 5 Eichen-Erdfloh (Haltica erucae). Alle vergrößert. 1 und 5 mit vergrößerter Larve. A. Raps mit Erdfloh, B. Weidenröschen mit gelbstreifigem E., C. Schaumkraut mit bogenstreifigem E., D. Eichenblatt mit E. und dessen Larve. 1/1.

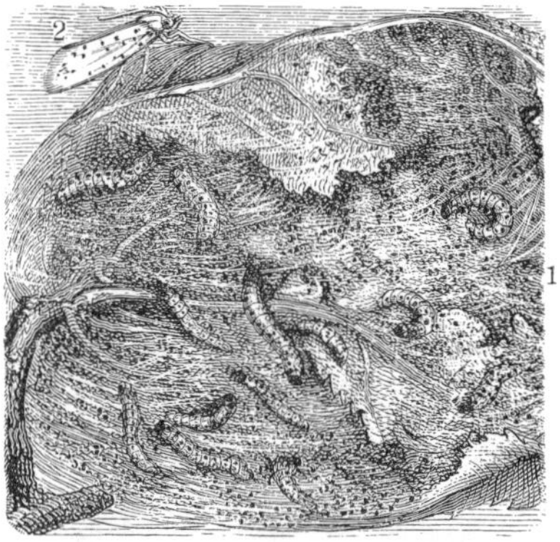

Apfelbaum-Gespinstmotte (Hyponomeuta malinella): 1 ein Gespinststück mit Raupen, 2 die Motte. 1/1.

1 Lilienkäfer (Crioceris merdigera) und Larven. 2 Spargelhähnchen (C. asparagi) nebst Larve. 3 Zwölfpunktiges Zirpkäferchen (C. duodecimpunctata) nebst Larven. 1/1.

1 Moschusbock (Aromia moschata). 2 Waldbock (Spondylis buprestoides). 1/1.

Großer schwarzer Rüsselkäfer (Otiorhynchus niger) nebst Larven und Puppe. Natürliche Größe und vergrößert.

Langrüßler (Balaninus nucum) nebst Larve. Käfer auch vergrößert.

1 Weidenbock (Lamia textor), 2 Weibchen. 3 Männchen des Zimmerbockes (Acanthocinus aedilis). 4 Pappelbock (Saperda carcharias) auf den Gängen seiner Larve. 5 Aspenbock (Saperda populnea) und die durch seine Larve an der Zitterpappel erzeugten Knoten. 1/1.

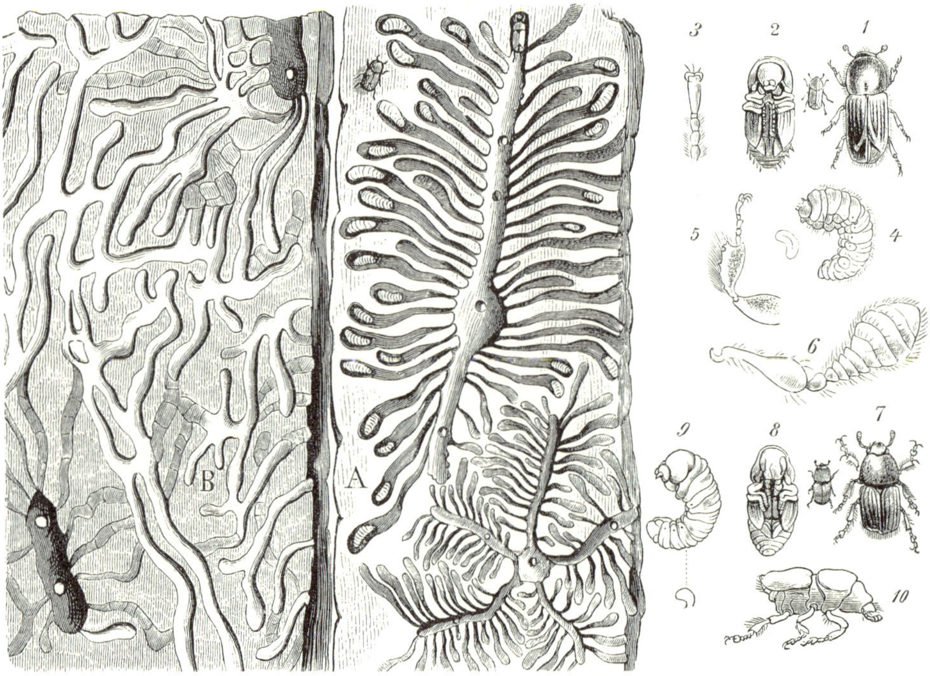

Borkenkäfer: A. Lotgang als Brutstätte des Buchdruckers (Bostrychus typographus) und Sterngang von Bostrychus chalcographus. Vergrößert: 1 Bostrychus typographus, 2 Puppe, 3 ein Fuß, 4 Larve, 5 Bein, 6 Fühler; B. Gänge des großen Rüstersplintkäfers (Eccoptogaster scolytus). Vergrößert: 7 der Käfer, 8 die Puppe, 9 die Larve, 10 Birkensplintkäfer (Eccoptogaster destructor).

Kleiner Kiefernrüsselkäfer (Pissodes notatus), an einer Kiefer thätig, deren untere Partie entrindet ist, um das Puppenlager zu versinnlichen. Außerdem Käfer, Larve und Puppe etwas vergrößert.

Bunter Ameisenkäfer (Clerus formicarius), Larve mit Puppe. Alles vergrößert.

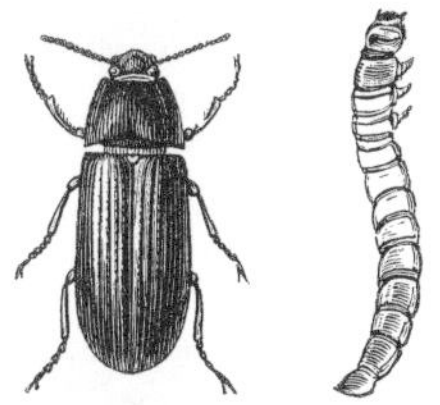

Müller (Tenebrio molitor) und seine Larve. Beide vergrößert.

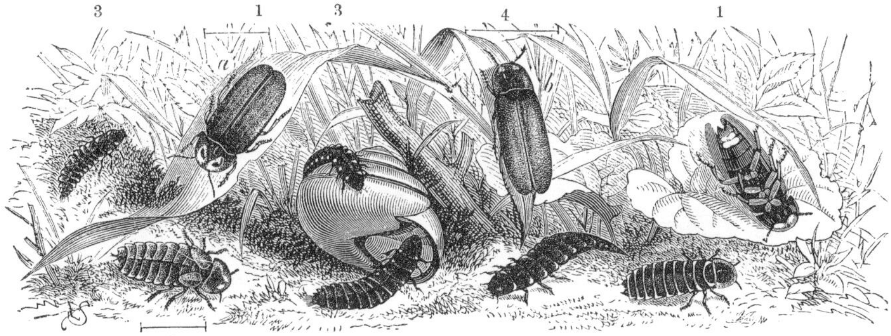

Kleines Johanniswürmchen (Lampyris splendidula), 1 Männchen von der Rücken- und Bauchseite, 2 Weibchen, 3 Larve. Großes Johanniswürmchen (L. noctiluca), 4 Männchen, 5 Weibchen, 6 Larve. Nur 1, 2 und 4 vergrößert.

Spanische Fliege (Lytta vesicatoria) nebst erster Larve. Vergrößert.

Bunter Maiwurm (Meloë variegatus). Vorn eierlegendes Weibchen, an den Bienen und in den Blüten die erste Larvenform, die zweite an den Kokons links. 1/1.

Schnellkäfer: 1 Corymbites pectinicornis. 2 Elater sanguineus. 3 Corymbites signatus. 1/1.

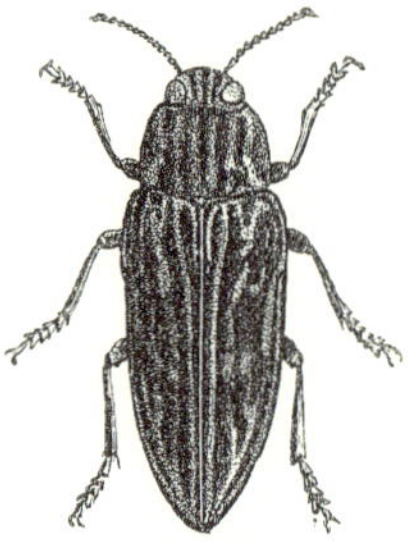

Großer Kiefern-Prachtkäfer (Chalcophora mariana). 1/1.

Männchen des gemeinen Nashornkäfers (Oryctes nasicornis). 1/1.

1 Gemeiner Rosenkäfer (Cetonia aurata). 2 Gebänderter Pinselkäfer (Trichius fasciatus). Beide in natürlicher Größe.

Gemeiner Maikäfer (Melolontha vulgaris) nebst Puppe und Larve. 1/1.

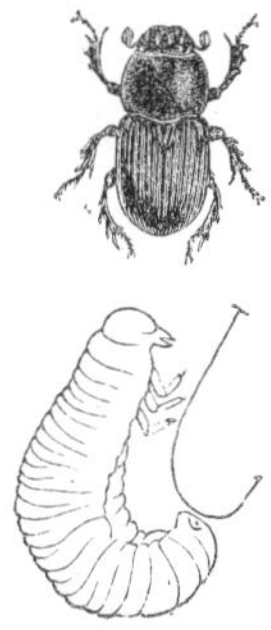

Grabender Dungkäfer (Aphodius fossor) nebst Larve. Vergrößert.

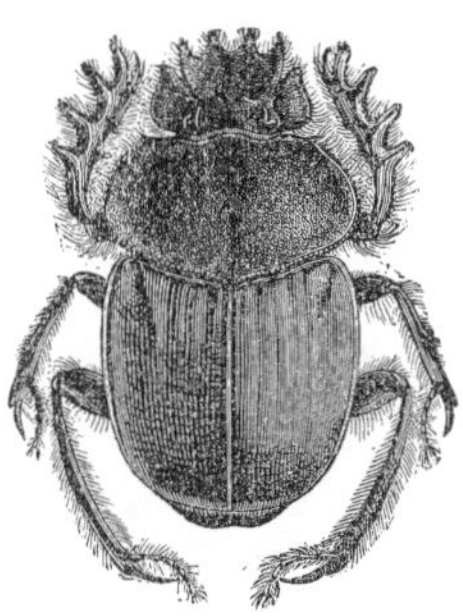

Heiliger Pillendreher (Ateuchus sacer). 1/1.

Sandkäfer (Cicindela hybrida) in schwacher Vergrößerung.

Heimische Totengräber nebst Larve vom Gemeinen Totengräber (Necrophorus vespillo). 1/1.

Raubkäfer: 1 Stinkender Moderkäfer (Ocypus olens). 2 Kurzhaariger Staphyline (Staphylinus pubescens). 3 Erzfarbener Mistlieb (Philonthus aeneus). 4 Roter Pilzkurzflügler (Oxiporus rufus). 5 Ufer-Moderkäfer (Paederus riparius). 6 Goldstreifiger Moderkäfer (Staphylinus caesareus). 3, 4 und 5 schwach vergrößert.

1 Garten-Laufkäfer (Carabus hortensis). 2 Puppenräuber (Calosoma sycophanta). 3 Goldhenne (Carabus auratus) nebst Larve. Alle in natürlicher Größe.

Gesäumter Fadenschwimmkäfer (Dyticus marginalis): 1 Männchen, 2 Weibchen, 3 Eier, 4 Puppe, 5 Larve an einer Kaulquappe. 6 und 7 laufkäferartiger Kolbenwasserkäfer (Hydrous caraboides) nebst Larve. 8 gefurchter Fadenschwimmkäfer (Acilius sulcatus), Weibchen. 9 Hydroporus elegans. 10 Cnemidotus caesus. 1/1.

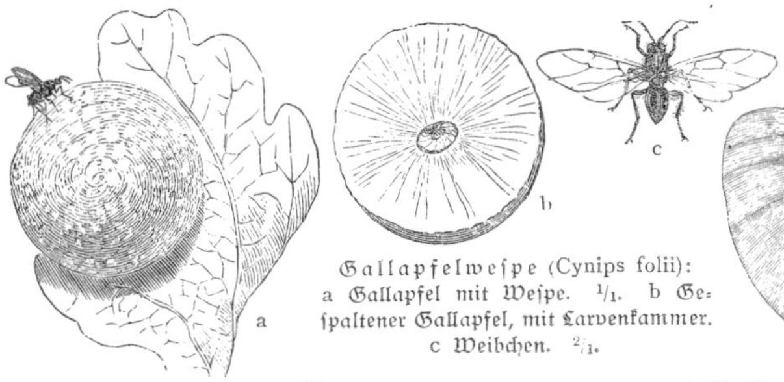

Gallapfelwespe (Cynips folii): a Gallapfel mit Wespe. $^1/_1$. b Gespaltener Gallapfel, mit Larvenkammer. c Weibchen. $^2/_1$.

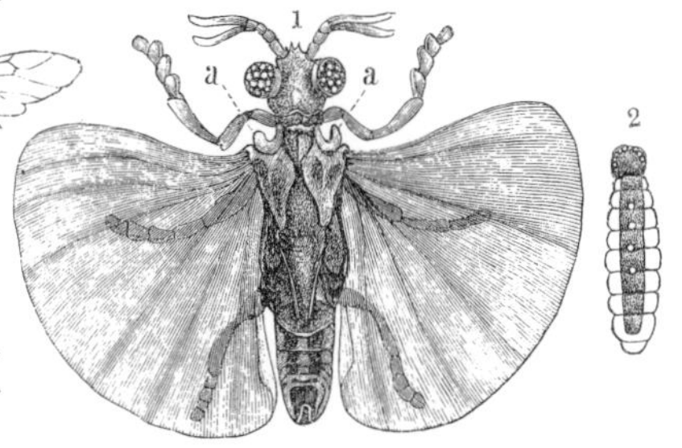

1 Peckis Gast (Xenos Peckii): a verkümmerte Vorderflügel. 2 Rossis Gast (Xenos Rossii): Weibchen von der Bauchseite. Beide stark vergrößert.

Birken-Knopfhornwespe (Cimbex betulae): a Larven, b Männchen. $^1/_1$.

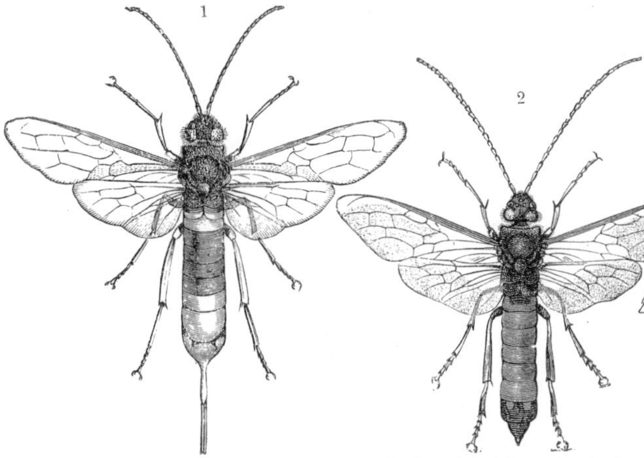

1 Weibchen und 2 Männchen der Riesen-Holzwespe (Sirex gigas). $^1/_1$.

Gemeine Rosen-Gallwespe (Rhodites rosae), vergrößert, und ihre Galle.

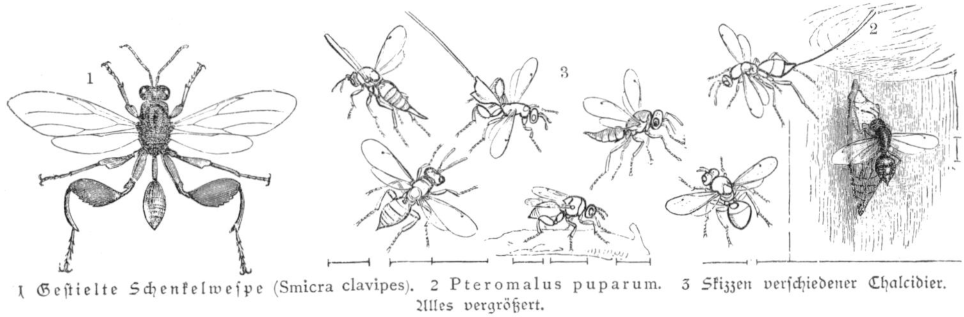

1 Gestielte Schenkelwespe (Smicra clavipes). 2 Pteromalus puparum. 3 Skizzen verschiedener Chalcidier. Alles vergrößert.

Weibchen. 3/2.

Kiefern-Kammhornwespe (Lophyrus pini). Larven, Männchen und Tönnchen. 1/1.

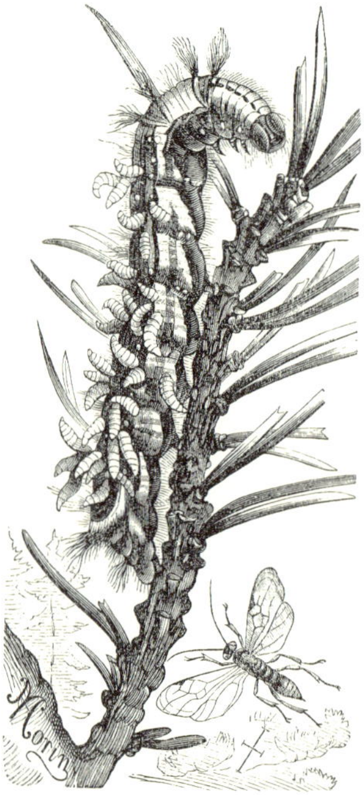

Weibchen des Microgaster nemorum (vergrößert) und seine Larven (1/1), die sich aus einer Kiefernspinnerraupe herausbohren.

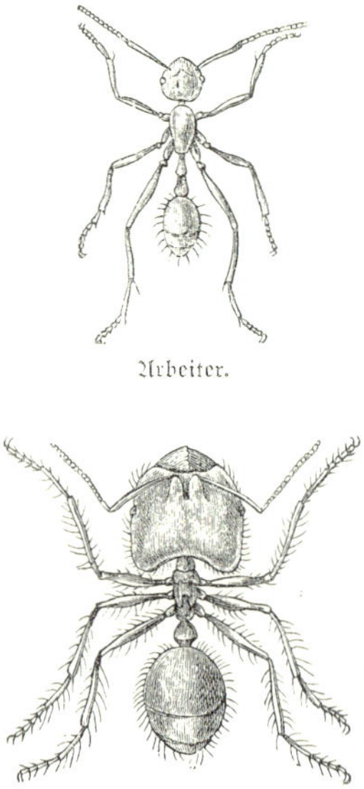

Arbeiter.

Soldat.

Pheidole pallidula. 1/1.

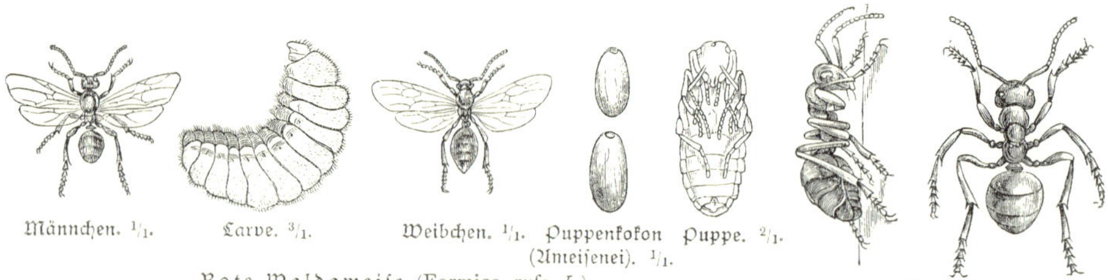

Männchen. 1/1. Larve. 3/1. Weibchen. 1/1. Puppenkokon (Ameisenei). 1/1. Puppe. 2/1. Arbeiter. 2/1.

Rote Waldameise (Formica rufa *L.*).

Schlupfwespen: 1 Männchen des Ichneumon pisorius und Puppe des Fichtenschwärmers, der es entsprossen. 2 Cryptus tarsoleucus, Männchen. 3 Weibchen von Mesostenus gladiator. 4 Männchen und eierlegendes Weibchen des Ephialtes manifestator. 1/1.

1 Ophion undulatus, eine Cucullienraupe anstechend. 2 Weibchen der Kiefernspinner-Sichelwespe (Anomalon circumflexum). $^1/_1$.

Gemeine Sandwespe (Ammophila sabulosa). $^1/_1$.

1 4 3 2 5

Goldwespen: 1 Glänzende Dorngoldwespe (Stilbum splendidum). 2 Blaue Goldwespe (Chrysis cyanea). 3 Gemeine Goldwespe (Chrysis ignita). 4 Königliche Goldwespe (Hedychrum lucidulum), Weibchen. 5 Elampus aeneus. 2 und 5 vergrößert.

Europäische Spinnenwespe (Mutilla europaea): 1 Weibchen, 2 Männchen. Rotköpfige Dolchwespe (Scolia erythrocephala): 3 Männchen, 4 Weibchen. 1 und 2 vergrößert.

1 Natalensische Wegwespe (Pompilus natalensis). 2 Pompilus trivialis. 3 Seine Larve, an einer Spinne saugend. 4 Priocnemis variegatus. 5 Agenia punctum in zwei Stücken, das eine Zellen bauend. 1/1.

1 Weibchen, Eingangsröhren und geöffnetes Nest der Mauer-Lehmwespe (Odynerus parietum). 2 Gemeine Goldwespe (Chrysis ignita). 3 Nest und Weibchen der Französischen Papierwespe (Polistes gallica). 1/1.

Weibchen der Hornisse (Vespa crabro), a in der Rücken-, b in der Seitenansicht. 1/1.

Arbeiterin.

Königin.

Drohne.

Italienische Biene. Ägyptische Biene.
Bienen (Apiariae). 1/1.

Bienenwabe mit offenen und gedeckelten Zellen und Durchgangsweg.

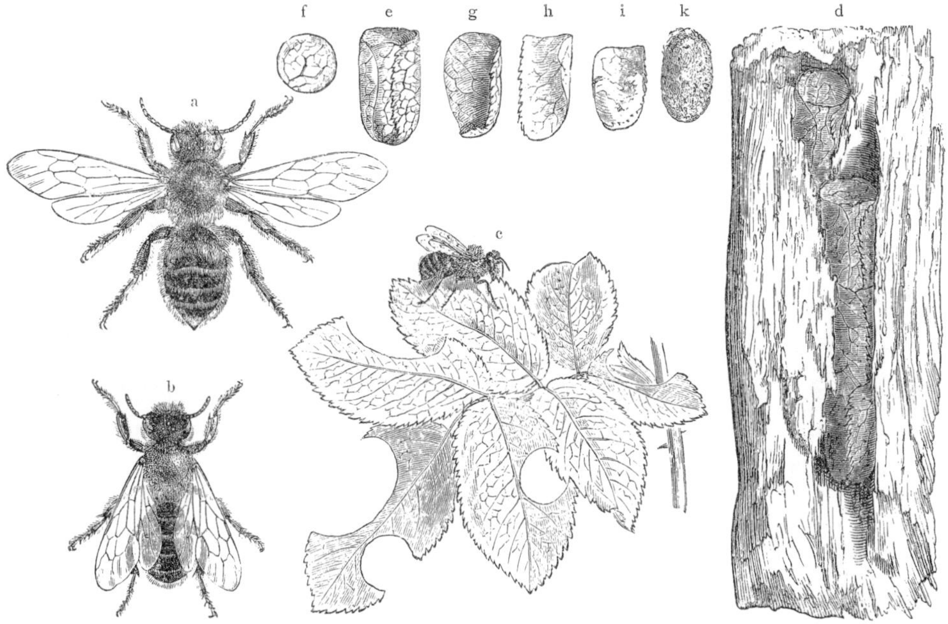

Gemeine Tapezierbiene (Megachile centuncularis).

a Weibchen, b Männchen, vergrößert; c Rosenblatt mit mehreren Ausschnitten und der arbeitenden Biene in natürlicher Größe; d ein Nest in einem Weidenstamme; e eine einzelne Zelle; f Deckelstück; g und h Seitenstücke; i senkrechter Schnitt durch eine Zelle mit dem am Boden liegenden Futterbrei; k Puppengehäuse. 1/1.

1, 2 **Rauhfüßige Bürstenbiene** (Dasypoda hirtipes), Weibchen, Männchen. 3, 4 **Schencks Erdbiene** (Andrena Schencki), Männchen, Weibchen. 5, 6 **Greise Erdbiene** (A. cineraria), Weibchen, Männchen. 7, 8 **Braungeschenkelte Erdbiene** (A. fulvicrus), Männchen, Weibchen. 9, 10 **Große Ballenbiene** (Hylaeus grandis), Männchen, Weibchen. 1/1.

Schenkelsammlerinnen: 1 und 2 Rauhhaarige Pelzbiene (Anthophora hirsuta), Weibchen und Männchen. 3 und 4 Abgestutzte Pelzbiene (A. retusa), Weibchen und Männchen. 5 Wand-Pelzbiene (A. parietina), Weibchen. 6 und 7 Gemeine Hornbiene (Eucera longicornis), Weibchen und Männchen. 1/1.

1 Weibchen der Erdhummel (Bombus terrestris) mit Nest. 2 Steinhummel (Bombus lapidarius). 1/1.

Schienensammlerinnen: 1, 2 Weißfleckige Wespenbiene (Nomada Roberjeotiana), Männchen, Weibchen. 3 Gemeine Waffenbiene (Melecta punctata). 4, 5 Kegelbiene (Coelioxys rufescens), Weibchen, Männchen. 1, 2, 5 etwas vergrößert.

Austernbank und Austernfischerei im Mittelmeer.

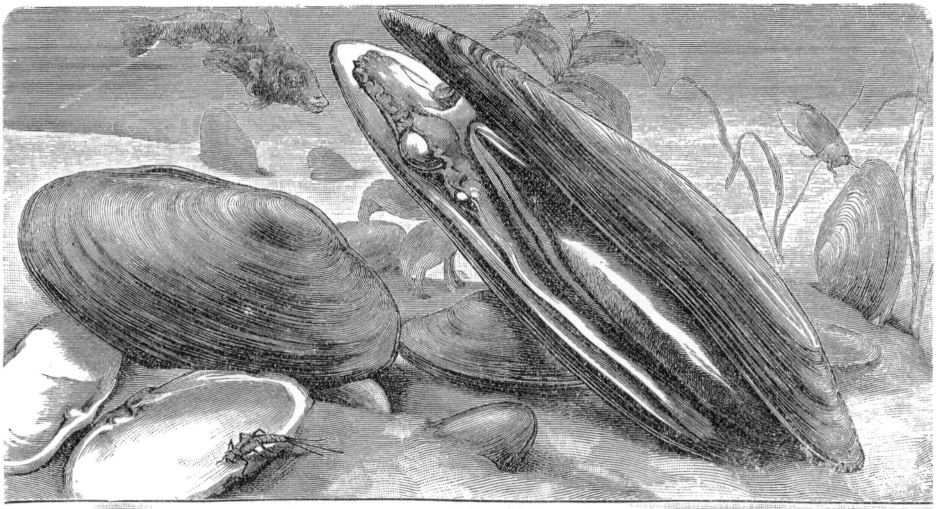

Flußperlenmuschel (Margaritana margaritifera).
Rechts ein halbgeöffnetes Exemplar mit Mantelperle; hinten wandernde Muscheln. 1—8 verschiedene Perlenformen. 1/1.

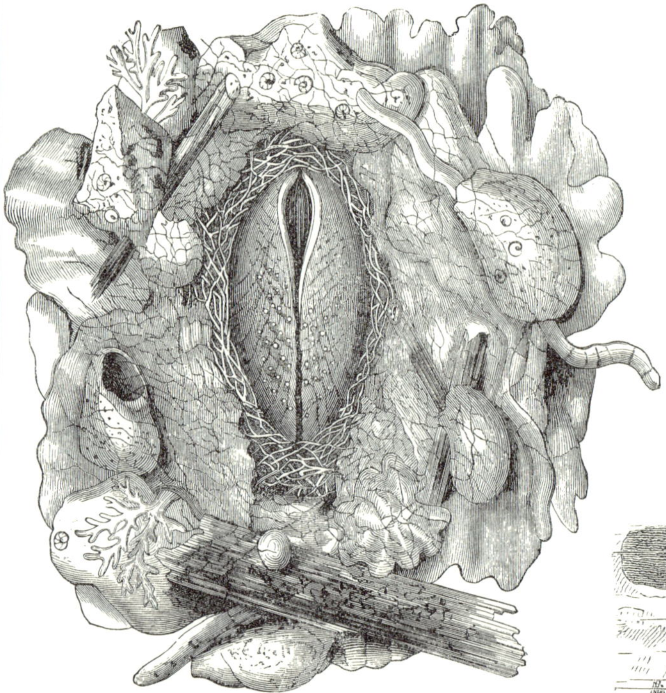

Nest der Feilmuschel (Lima hians). 1/1.

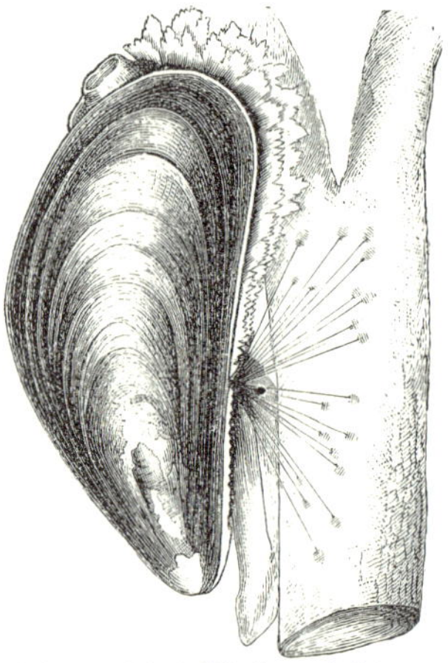

Miesmuschel (Mytilus edulis), geschlossen und festsitzend. 1/2.

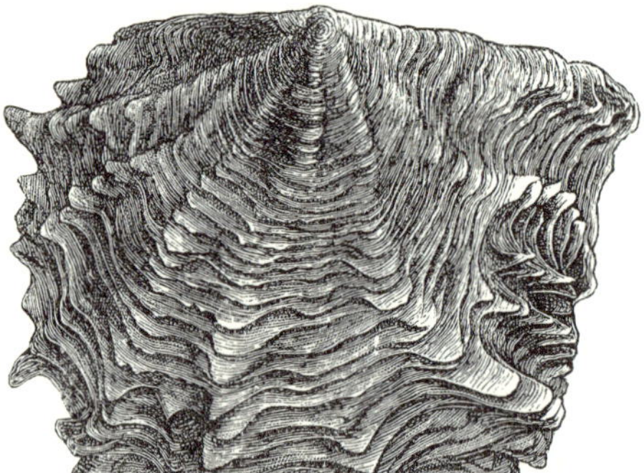

Perlenmuschel (Meleagrina margaritifera). 1/2.

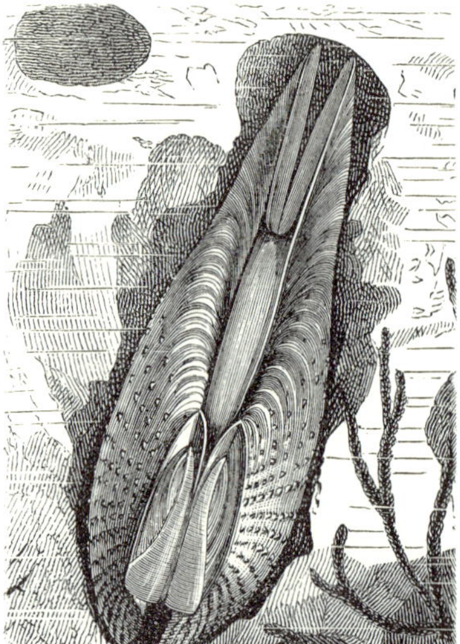

Steinbohrer (Pholas dactylus). 1/1.

Stachelige Herzmuschel (Cardium echinatum). 1/1.

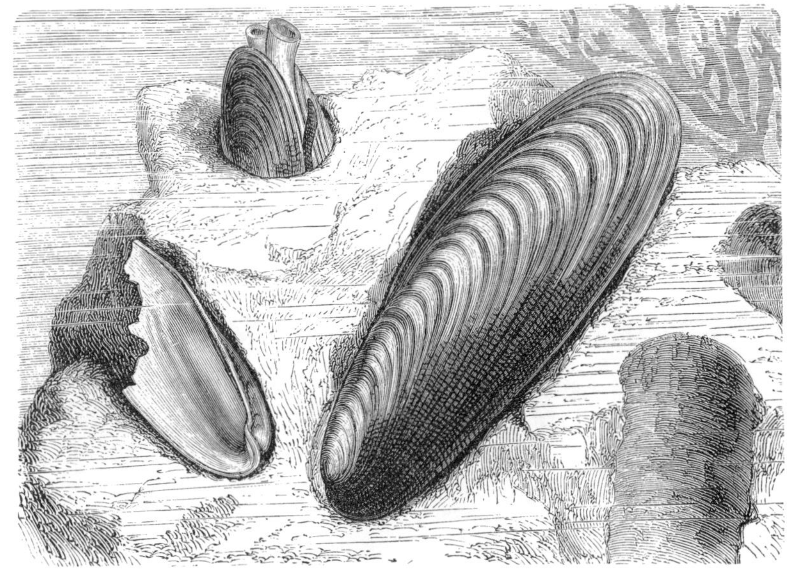

Steindattel (Lithodomus lithophagus). $^1/_1$.

Grüne Samtschnecke (Elysia viridis). Vergrößert.

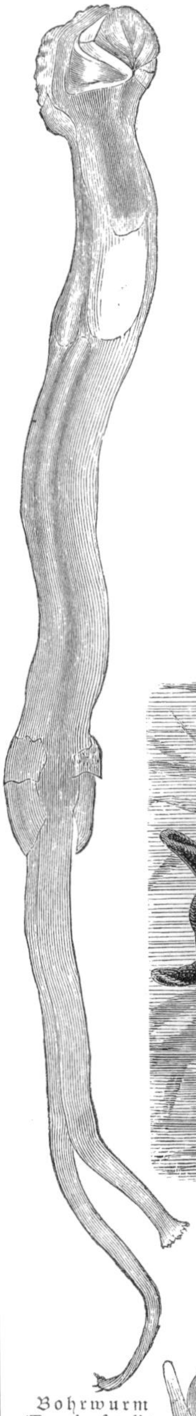

Bohrwurm (Teredo fatalis). $^1/_1$.

Vielwarzige Fadenschnecke (Aeolis papillosa). $^1/_1$.

Gemeine Bäumchenschnecke (Dendronotus arborescens). Vergrößert.

Weiße Griffelschnecke (Ancula cristata). Stark vergrößert.

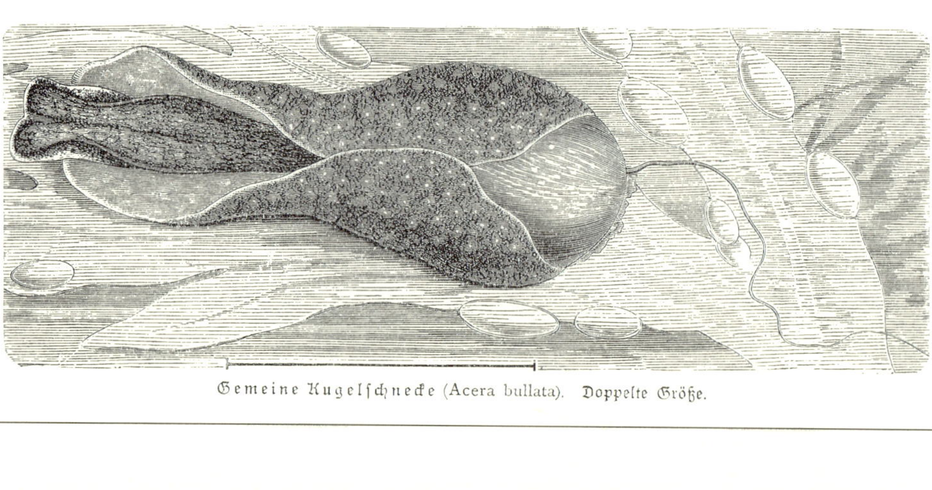

Gemeine Kugelschnecke (Acera bullata). Doppelte Größe.

Tellerschnecke (Planorbis corneus). 1/1.

Große Schlammschnecke (Limnaea stagnalis). 1/1.

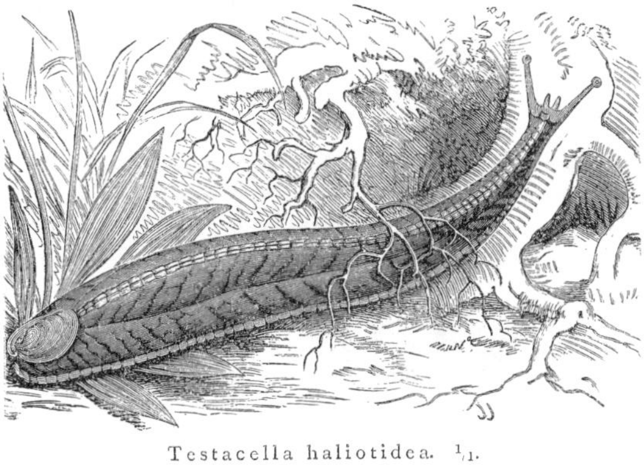

Testacella haliotidea. 1/1.

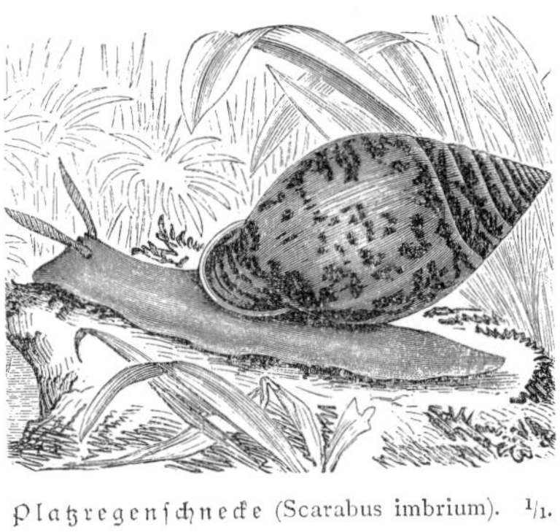

Platzregenschnecke (Scarabus imbrium). 1/1.

1 Weinbergschnecke (Helix pomatia). 2 Gartenschnecke (Helix hortensis). 3 Wegschnecke (Arion empiricorum). 4 Hainschnecke (Helix nemoralis). 1/1.

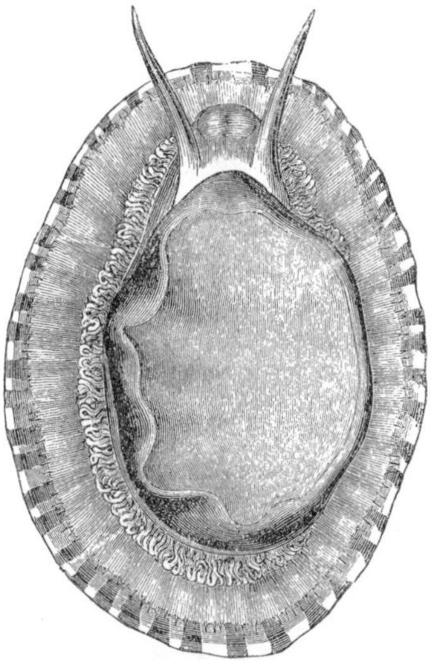

Algerische Napfschnecke (Patella algira) von unten. 1/1.

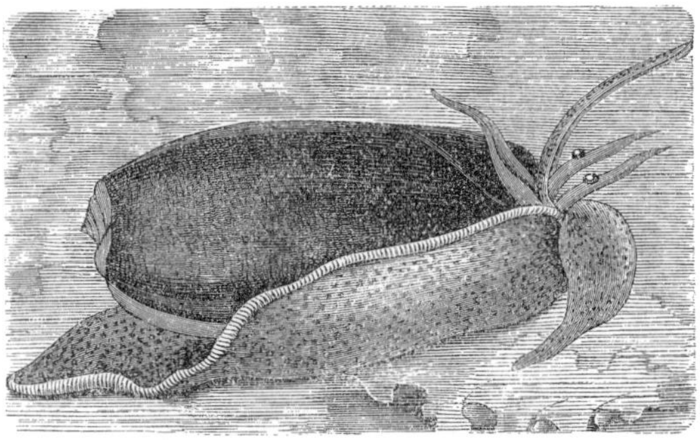

Schwarze Olive (Oliva maura). 1/1.

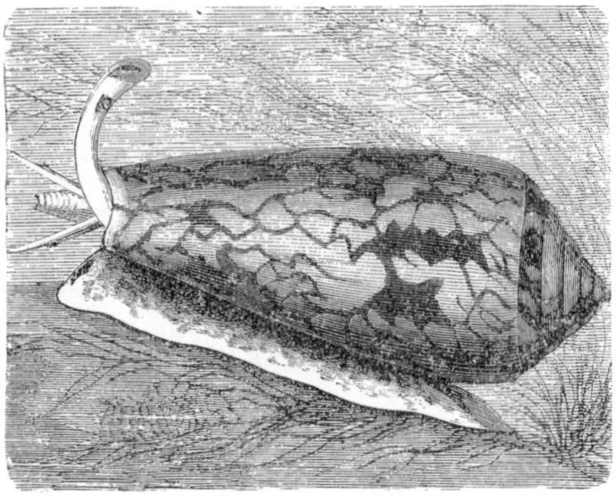

Kegelschnecke (Conus textilis). 1/1.

Gewöhnliche Wurmschnecke (Vermetus lumbricalis). Etwas vergrößert.

Gebänderte Häubchenschnecke (Lacuna divaricata). Vergrößert.

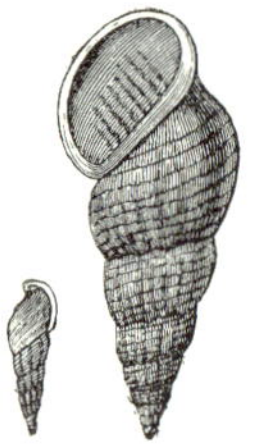

Gerippte Rissoe (Rissoa costata). Nat. Größe und vergr.

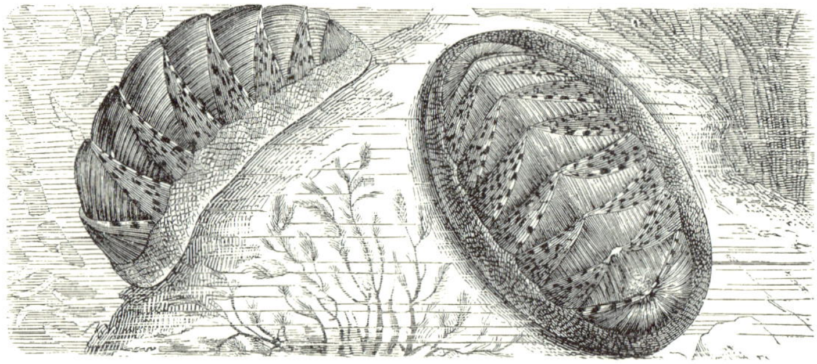

Elegante Käferschnecke (Chiton elegans). 1/1.

Kauri (Cypraea moneta) 1/1.

Tönnchenschnecke (Dolium perdix). 1/3 natürl. Größe.

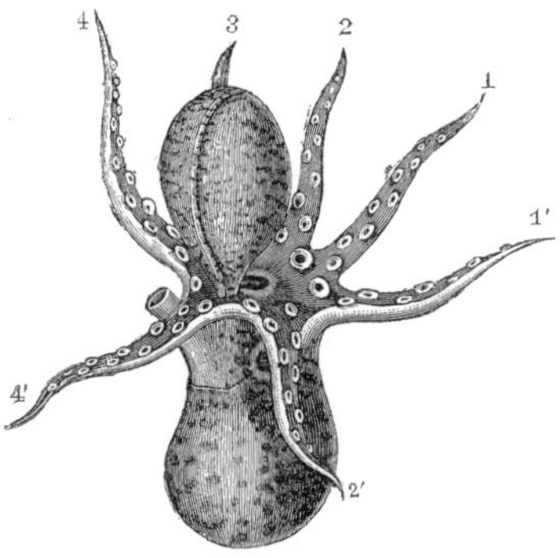

Männchen von Argonauta argo, mit noch eingeschlossenem Hectocotylusarm. $^4/_5$. Die Arme sind bezeichnet, wie sie gezählt werden.

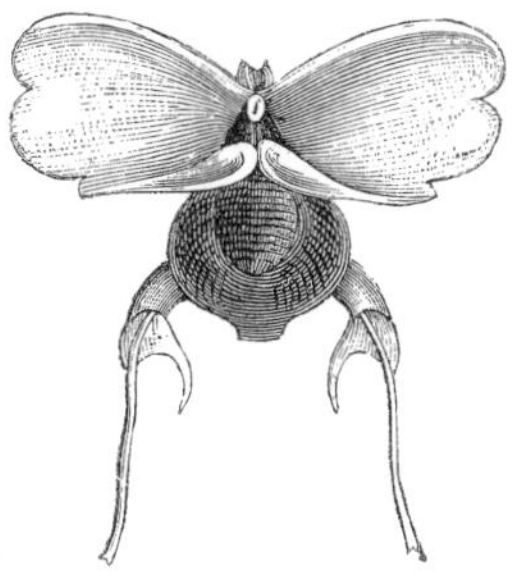

Hyalea tridentata. $^1/_1$.

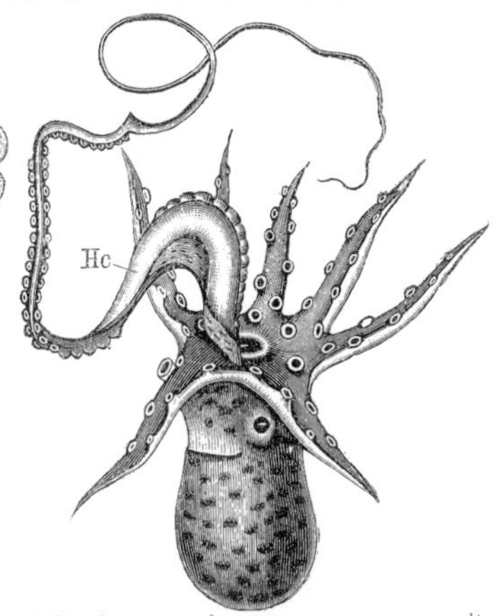

Männchen von Argonauta argo, mit freiem Hectocotylusarm (Hc). $^4/_5$.

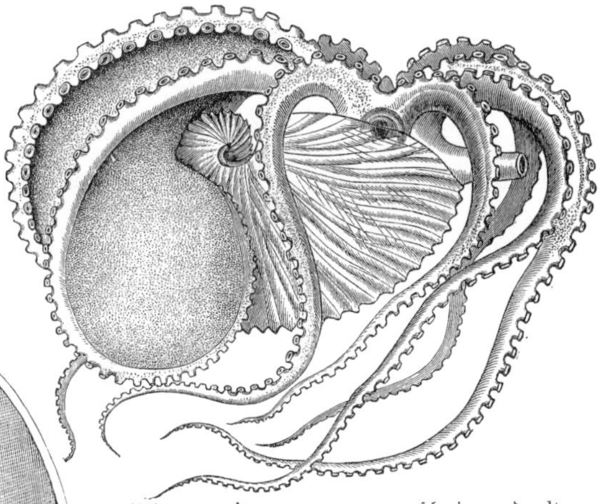

Weibchen von Argonauta argo, schwimmend. $^1/_2$.

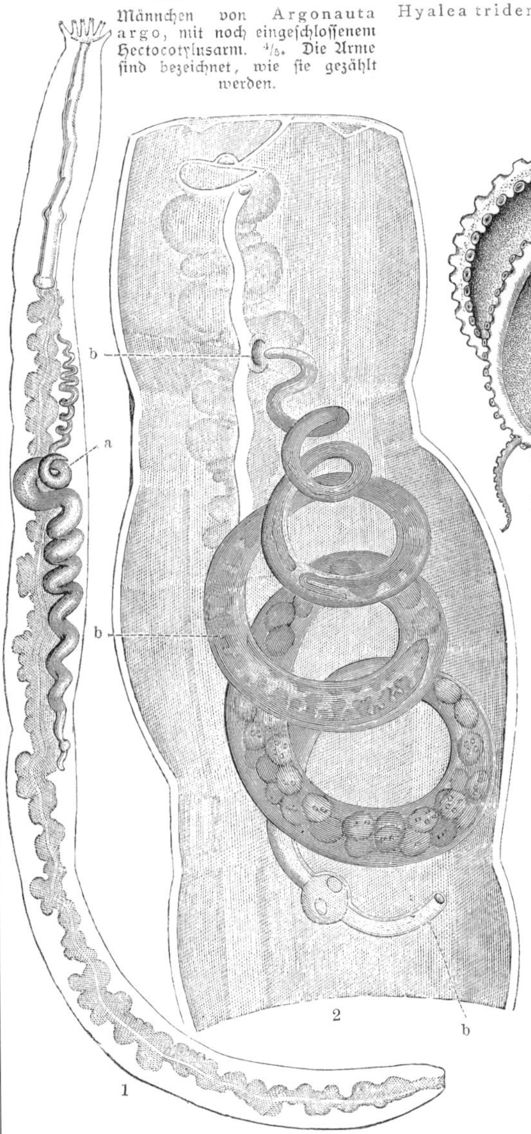

1 Die Holothurie Synapta digitata mit dem parasitischen Schneckenschlauch Entoconcha mirabilis bei a. $^1/_1$. 2 Mittelstück der Synapta digitata mit dem Schneckenschlauch (b). Vergr.

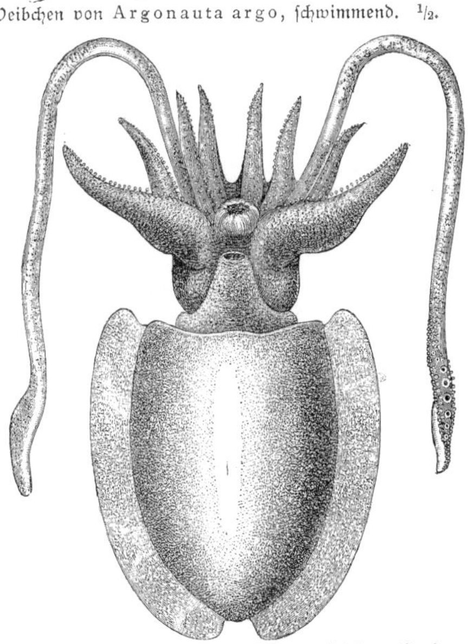

Weibchen des gemeinen Tintenfisches (Sepia officinalis). $^1/_2$.

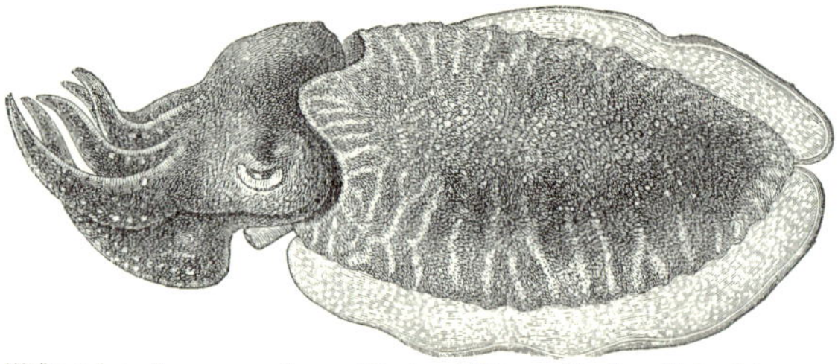

Männchen des gemeinen Tintenfisches (Sepia officinalis). $^{1}/_{2}$.

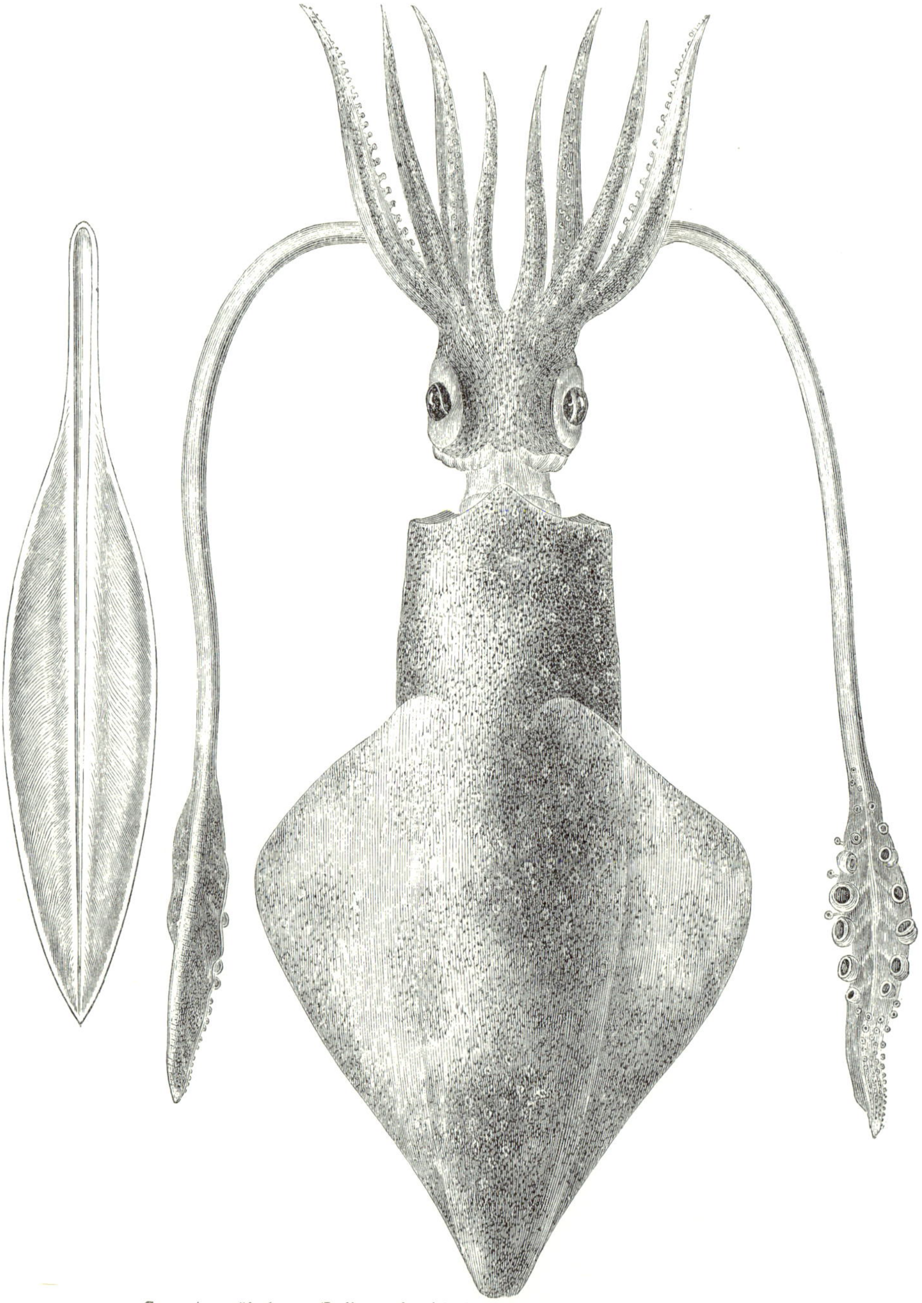

Gemeiner Kalmar (Loligo vulgaris), daneben der hornige Rückenschulp. $^{1}/_{1}$.

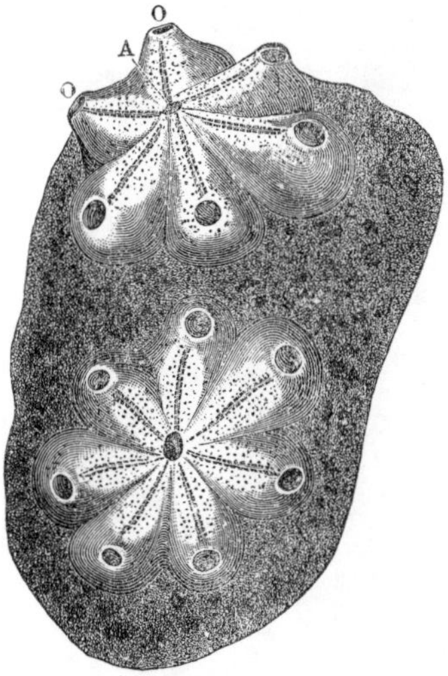

Botryllus albicans. 8/1. O Vorderöffnung, A gemeinsame Kloake für mehrere Einzeltiere.

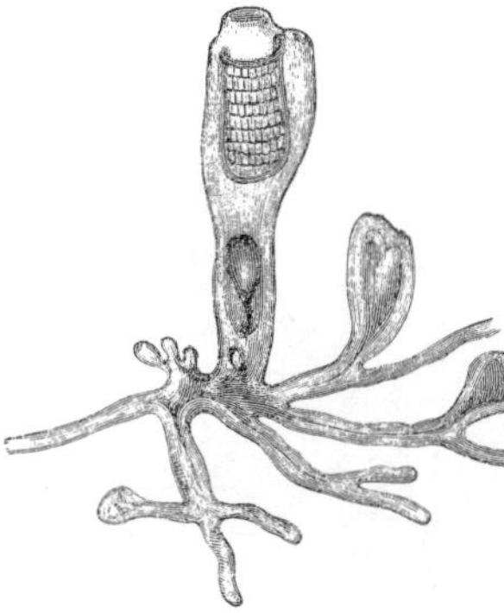

Clavellina lepadiformis. 1/1.

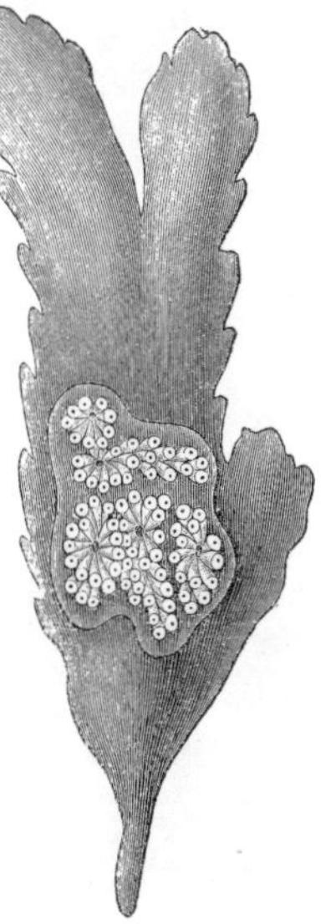

Botryllus albicans. Ein flacher Stock auf einem Tang. 1/1.

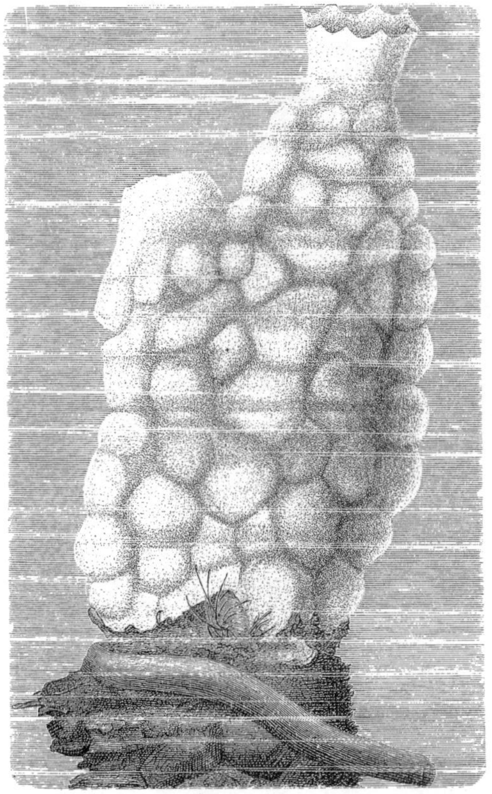

Phallusia mamillaris. 1/1.

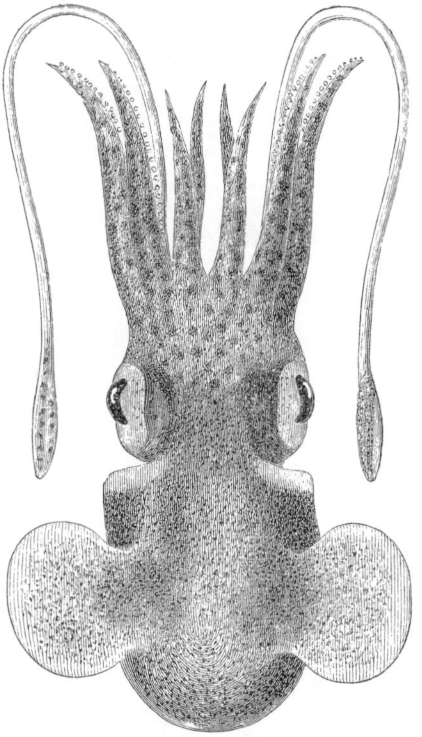

Sepiola Rondeletii, von der Rückenseite. Sehr großes Exemplar. 1/1.

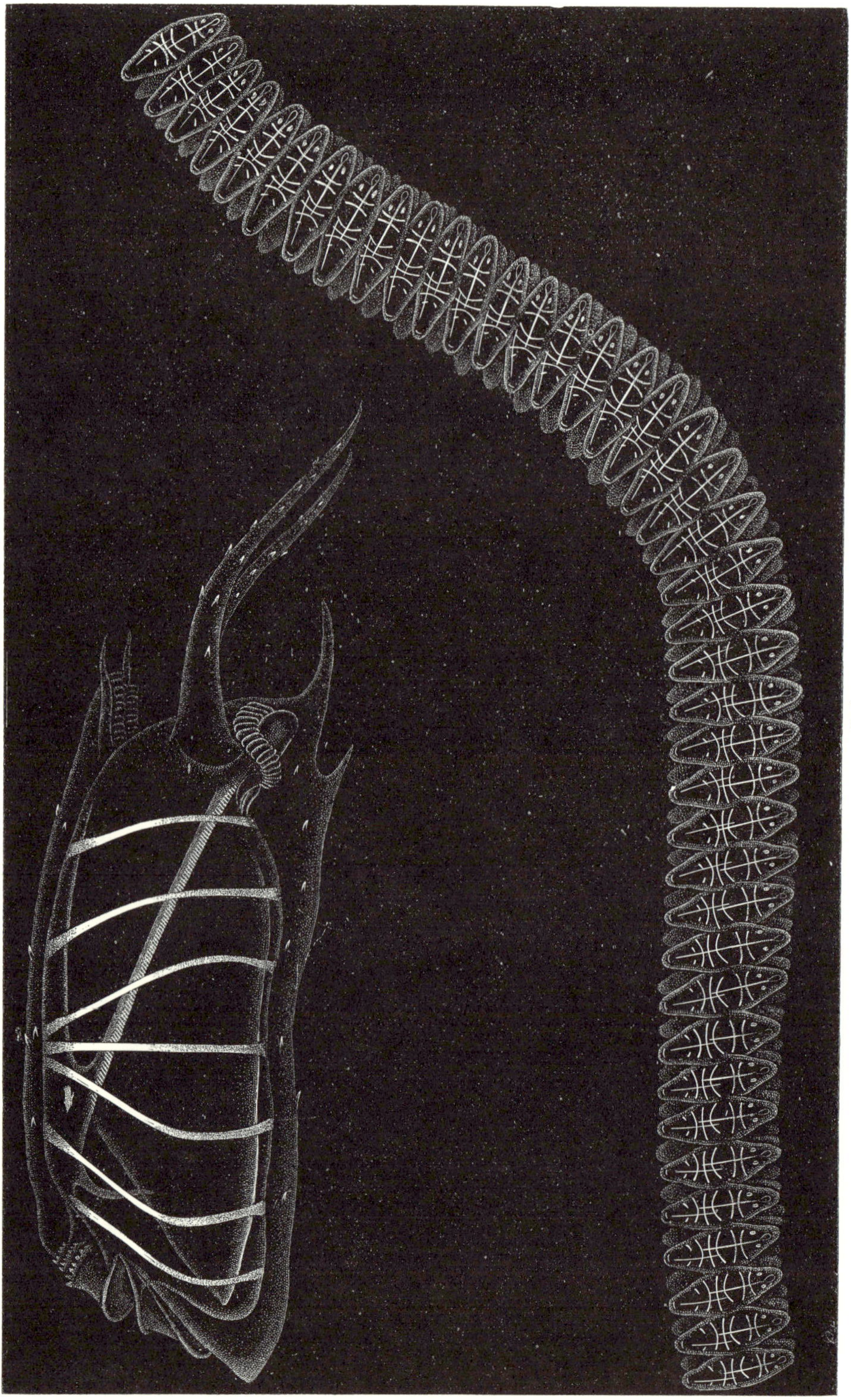

Salpen.

(Salpa maxima, Einzelform. — Salpa democratica, Kettenform.) 1/1.